高等学校试用教材

机 械 基 础

(第 二 版)

刘泽深　郑贵臣　陈保青　主编

中国建筑工业出版社

图书在版编目（CIP）数据

机械基础/刘泽深，郑贵臣，陈保青主编.—2版.北京：
中国建筑工业出版社，2005（2024.3重印）
高等学校试用教材
ISBN 978-7-112-02695-1

Ⅰ.机… Ⅱ.①刘…②郑…③陈… Ⅲ.机械学－
高等学校－教材 Ⅳ.TH11

中国版本图书馆 CIP 数据核字(2005)第 090028 号

本书是 1989 年出版的《机械基础》的修订版。内容包括：机械基础概论，机械工程材料，铸造，锻造和冲压，焊接，金属切削加工，板金加工；平面机构的结构分析，平面连杆机构，凸轮机构，间歇机构；螺纹连接与焊接，带传动和链传动，齿轮传动，蜗杆传动等。

本次修订对全书作了调整，加强了系统性，调整了章节次序，使全书更明确地分为机械工程材料、机械制造基础和机械设计基础三部分，但又相互有机地结合。本书可供高等学校近机类和非机类各专业作为教材。

高等学校试用教材

机 械 基 础
（第 二 版）

刘泽深　郑贵臣　陈保青　主编

*

中国建筑工业出版社出版、发行（北京西郊百万庄）
各地新华书店、建筑书店经销
廊坊市海涛印刷有限公司印刷

*

开本：787×1092 毫米　1/16　印张：29　字数：704 千字
1996 年 6 月第二版　2024 年 3 月第二十二次印刷
定价：**38.00** 元
ISBN 978-7-112-02695-1
（14901）

版权所有　翻印必究
如有印装质量问题，可寄本社退换
（邮政编码 100037）

第二版前言

本书是1989年出版的《机械基础》一书的修订版。

全书内容作了调整，加强了系统性，调整了章节的次序，使本书更明确地分为机械工程材料、机械制造基础和机械设计基础三个部分，但又相互有机地结合，便于学习和教学使用。

本书按学科的新发展更新了有关内容，如工程材料、带传动、链传动、齿轮传动和滚动轴承等采用了新的国家标准。全书加强了设计内容，减少了具体工艺和操作性的内容（这部分内容通过实习掌握和了解），提高了本书的教学适用性。

修订后全书字数约减少10%，以适应教学时数的压缩，课堂讲授时数在70～90学时。本书经全国供热通风空调以及燃气工程专业学科指导委员会审查通过，作为上述专业的统编教材，也适用于其他近机类和非机类各专业，其具体内容有针对性和选择性。本书内容力求简洁明了，并有利于加强自学。

参加本书编写的有刘泽深（绪论、16、19章）；郑贵臣（1、2、5章）；孙连山（2章）；孙永海（3、4章）；李元钊（6、7、8章）；杨志强（9、10章）；赵中燕（11、12、13章）；陈宏毅（14、23章）；李力（15、19、22章）；李国璋（15、17、20、21章）；陈保青（15、18章）。

全书由刘泽深、郑贵臣、陈保青主编。

本书由清华大学吴宗泽教授主审，全体编者表示衷心感谢。

由于编者水平所限，书中欠妥、不足与错误之处，请读者指正。

编　者
1995年5月

目 录

绪 论 …………………………………………………………………………………… 1
第一章 机械基础概论 …………………………………………………………………… 2
　§1-1 机械的设计与制造 ……………………………………………………………… 2
　§1-2 机械设计的基本准则 …………………………………………………………… 6
第二章 机械工程材料 …………………………………………………………………… 9
　§2-1 金属的机械性能 ………………………………………………………………… 9
　§2-2 金属和合金的晶体结构 ………………………………………………………… 13
　§2-3 铁碳合金相图 …………………………………………………………………… 17
　§2-4 碳钢 ……………………………………………………………………………… 20
　§2-5 钢的热处理 ……………………………………………………………………… 24
　§2-6 合金钢 …………………………………………………………………………… 32
　§2-7 铸铁 ……………………………………………………………………………… 35
　§2-8 有色金属及其合金 ……………………………………………………………… 39
　§2-9 非金属材料 ……………………………………………………………………… 41
第三章 铸 造 …………………………………………………………………………… 46
　§3-1 砂型铸造 ………………………………………………………………………… 46
　§3-2 合金的铸造性能和铸造特点 …………………………………………………… 55
　§3-3 铸件结构工艺性 ………………………………………………………………… 58
　§3-4 特种铸造 ………………………………………………………………………… 61
第四章 锻造和冲压 ……………………………………………………………………… 66
　§4-1 金属的塑性变形 ………………………………………………………………… 67
　§4-2 金属的加热 ……………………………………………………………………… 71
　§4-3 锻造 ……………………………………………………………………………… 73
　§4-4 薄板冲压 ………………………………………………………………………… 78
第五章 焊 接 …………………………………………………………………………… 85
　§5-1 手工电弧焊 ……………………………………………………………………… 85
　§5-2 气焊和气割 ……………………………………………………………………… 90
　§5-3 其它焊接方法 …………………………………………………………………… 94
　§5-4 常用金属材料的焊接 …………………………………………………………… 98
　§5-5 焊接应力与变形 ………………………………………………………………… 101
　§5-6 焊接结构工艺性 ………………………………………………………………… 102
　§5-7 焊接缺陷及检验 ………………………………………………………………… 103
第六章 公差与配合 ……………………………………………………………………… 106
　§6-1 互换性的基本概念 ……………………………………………………………… 106
　§6-2 光滑圆柱体的公差与配合 ……………………………………………………… 106
　§6-3 形状与位置公差 ………………………………………………………………… 113
　§6-4 表面粗糙度 ……………………………………………………………………… 115
第七章 金属切削加工 …………………………………………………………………… 126

§7-1　金属切削加工的基础知识 …………………………………………… 126
§7-2　外圆面的加工 ……………………………………………………… 128
§7-3　孔的加工 …………………………………………………………… 141
§7-4　平面的加工 ………………………………………………………… 147
§7-5　切削加工零件的结构工艺性 ……………………………………… 156

第八章　板金加工 …………………………………………………………… 161
§8-1　概述 ………………………………………………………………… 161
§8-2　板金件常用材料 …………………………………………………… 161
§8-3　板金加工工艺 ……………………………………………………… 162
§8-4　钢管的弯曲加工和连接 …………………………………………… 170

第九章　平面机构的结构分析 ……………………………………………… 172
§9-1　平面机构的组成 …………………………………………………… 172
§9-2　平面机构运动简图 ………………………………………………… 173
§9-3　平面机构具有确定运动的条件 …………………………………… 175

第十章　平面连杆机构 ……………………………………………………… 181
§10-1　平面四杆机构的类型及其演化 …………………………………… 181
§10-2　平面四杆机构的基本特性 ………………………………………… 187
§10-3　平面四杆机构的设计 ……………………………………………… 188

第十一章　凸轮机构 ………………………………………………………… 193
§11-1　凸轮机构的应用与分类 …………………………………………… 193
§11-2　从动件的常用运动规律 …………………………………………… 194
§11-3　盘形凸轮轮廓曲线设计 …………………………………………… 197
§11-4　设计凸轮时应注意的几个问题 …………………………………… 200

第十二章　间歇机构 ………………………………………………………… 203
§12-1　棘轮机构 …………………………………………………………… 203
§12-2　槽轮机构 …………………………………………………………… 206

第十三章　平衡与调速 ……………………………………………………… 209
§13-1　回转构件的平衡 …………………………………………………… 209
§13-2　机械速度波动的调节 ……………………………………………… 212

第十四章　螺纹连接与焊接 ………………………………………………… 220
§14-1　螺纹参数 …………………………………………………………… 220
§14-2　机械制造中常用的螺纹 …………………………………………… 221
§14-3　螺旋副的受力分析、效率及自锁 ………………………………… 225
§14-4　螺纹连接的基本类型及螺纹连接件 ……………………………… 227
§14-5　螺纹连接的拧紧和防松 …………………………………………… 230
§14-6　螺栓组连接的受力分析 …………………………………………… 233
§14-7　螺栓连接的强度计算 ……………………………………………… 236
§14-8　高温条件下工作的螺栓连接 ……………………………………… 247
§14-9　焊缝的强度计算 …………………………………………………… 248
§14-10　影响焊缝强度的因素和提高焊缝强度的结构措施 …………… 250

第十五章　带传动和链传动（附绳传动） ………………………………… 254
§15-1　带传动概述 ………………………………………………………… 254

§15-2	带传动的工作状态分析	257
§15-3	单根V带能传递的功率	260
§15-4	V带传动的设计计算	264
§15-5	V带带轮的结构	268
§15-6	链传动的主要类型、特点和应用	271
§15-7	滚子链和链轮结构	272
§15-8	链传动的运动分析	276
§15-9	滚子链传动的设计计算	276
§15-10	链传动的布置和张紧	281
§15-11	钢丝绳传动	283

第十六章 齿轮传动 … 292

§16-1	齿轮传动概述	292
§16-2	渐开线齿轮传动的原理	293
§16-3	渐开线齿轮的参数和几何尺寸	295
§16-4	渐开线标准齿轮的啮合传动	298
§16-5	渐开线齿廓的根切现象和最少齿数	299
§16-6	斜齿圆柱齿轮传动	301
§16-7	轮齿的受力分析与计算载荷	304
§16-8	齿轮传动的失效形式及设计准则	306
§16-9	标准圆柱齿轮的强度计算	307
§16-10	齿轮材料及其热处理	314
§16-11	齿轮的许用应力	315
§16-12	齿轮传动的精度等级与齿轮的结构设计	321
§16-13	圆锥齿轮传动	329
§16-14	齿轮传动的润滑和效率	337

第十七章 蜗杆传动 … 339

§17-1	概述	339
§17-2	普通圆柱蜗杆传动的主要参数和几何尺寸计算	340
§17-3	蜗杆和蜗轮的材料及结构	344
§17-4	蜗杆传动的受力分析和强度计算	345
§17-5	蜗杆传动的效率、润滑和散热计算	348

第十八章 轮系及减速器 … 353

§18-1	概述	353
§18-2	轮系的分类	353
§18-3	轮系传动比的计算	354
§18-4	减速器	361

第十九章 轴、轴毂连接及联轴器 … 371

§19-1	轴的类型及材料	371
§19-2	轴的结构设计	373
§19-3	轴的强度计算	374
§19-4	轴的刚度计算	379
§19-5	轴的临界转速计算	380

§19-6 轴毂连接 …………………………………………………………………… 383
§19-7 联轴器 ……………………………………………………………………… 386

第二十章 滑动轴承 …………………………………………………………………… 393
§20-1 滑动轴承的种类、特点和应用 …………………………………………… 393
§20-2 非液体摩擦滑动轴承的结构 ……………………………………………… 394
§20-3 轴瓦结构和轴瓦材料 ……………………………………………………… 395
§20-4 润滑剂和润滑装置 ………………………………………………………… 398
§20-5 非液体摩擦滑动轴承的计算 ……………………………………………… 402

第二十一章 滚动轴承 ………………………………………………………………… 406
§21-1 滚动轴承的结构、类型和代号 …………………………………………… 406
§21-2 滚动轴承类型的选择 ……………………………………………………… 413
§21-3 滚动轴承的计算 …………………………………………………………… 413
§21-4 滚动轴承的组合设计 ……………………………………………………… 422

第二十二章 弹簧 ……………………………………………………………………… 430
§22-1 概述 ………………………………………………………………………… 430
§22-2 弹簧的制造、材料和许用应力 …………………………………………… 431
§22-3 普通圆柱形螺旋弹簧的设计计算 ………………………………………… 433

第二十三章 压力容器 ………………………………………………………………… 441
§23-1 容器的构造、分类及基本要求 …………………………………………… 441
§23-2 内压薄壁圆筒与球壳的强度计算 ………………………………………… 443
§23-3 内压薄壁容器封头的强度计算 …………………………………………… 448
§23-4 容器的压力试验及密封性试验 …………………………………………… 449
§23-5 容器的开孔及其补强 ……………………………………………………… 451
§23-6 压力容器焊接质量的检验 ………………………………………………… 453

参考文献 ………………………………………………………………………………… 456

绪　　论

　　人类从利用最原始的工具开始，到今天使用各种现代化机器从事生产和征服自然的活动，经历了极其漫长的历史进程。现代机器的出现及其迅速发展，标志着人类文明的一次次飞跃。没有现代化的机器生产就没有现代的人类文明。

　　自然科学的发展和技术科学的许多成就都很快地在机械中得到了广泛应用，并促进了机械科学和机械工程技术的发展。

　　机械工业是国民经济的基础工业之一，它直接担负着向所有生产部门、科研机构和国防建设提供各种机械和设备的重要任务。机械工业的发展水平是社会生产力发展水平的重要标志之一。因此，它在实现我国社会主义现代化的进程中占有非常重要的地位。

　　一、本课程的性质和主要内容

　　从事各种专业的工程技术人员和科研人员都必须了解和熟悉有关的机械和装备，从而才能够正确地使用、管理、维护以及设计和制造某些机械装备。

　　本门课程主要传授机械设计与机械制造方面有关的一些重要的基本知识和基础理论，培养和训练机械设计与计算的基本技能。因此，本课程是培养各类高级工程技术人员的重要技术基础课程之一。

　　本门课程主要包括三部分内容：

　　1. 介绍一般机械工程中常用金属材料的组织、性能及其热处理方面的基本知识；介绍金属材料毛坯与零件的常用加工方法及其结构工艺性；

　　2. 机械设计中常用机构的原理、特点、应用及其基本的设计方法；

　　3. 机械设计中一般参数的通用零部件的工作原理、结构、失效形式与设计准则及其设计计算方法。

　　二、本课程的主要教学要求

　　1. 使学生熟悉常用金属材料的主要性能；了解金属材料热处理方面的基本知识；了解金属材料常用加工方法的原理和加工工艺性。从而能够较合理的选用金属材料及其热处理要求，较正确的选用毛坯和使零件有较合理的结构工艺性；

　　2. 熟悉机械设计中常用机构的原理、特点及应用方面的基本知识，培养具有一定分析、选用和设计常用机构的基本能力；

　　3. 熟悉并掌握机械中常用零部件的工作原理、结构、失效形式与设计准则和进行设计计算的方法，培养初步运用手册和规范进行设计的基本能力。

　　本课程要求有金工实习与课程设计等教学环节相配合，以加强实践性教学环节。

　　在学习本课程前，学生应具备机械制图、理论力学和材料力学等课程的基本知识。

第一章 机械基础概论

§1-1 机械的设计与制造

一、机械制造的一般过程

各种机器制造的步骤由于其用途、性能要求和生产条件的不同，因而不尽一样，但大体说来，它们由设计到生产的一般过程和主要内容基本上是一致的。

（一）机械设计的主要内容

1. 根据工作要求和市场需要确定设计任务这是确定机械设计各项内容的前提。

2. 选择机器的工作原理

机器的工作原理是实现预期职能的根本依据。同样的预期职能，可以采用不同的工作原理来实现，例如加工齿轮，我们可采取用刀具将齿轮的齿一个一个地切削出来的工作原理；而在某些情况下，也可以采取用压力加工的办法将齿轮所有的齿一次冲压出来的工作原理。显然，采用的工作原理不同，设计出来的机器也就根本不同。机器的工作原理是随着生产和科学技术的发展而不断发展的。人们不断探讨与创造更先进的工作原理，一台机器是否先进，在很大程度上决定于所采用的工作原理是否先进。选定机器的工作原理，需要广泛的基础知识、专业知识和实践经验。

3. 机器的运动设计

机器运动设计的任务是根据选定的工作原理，妥善地选择所需要的机构，拟定机器的机构组合方案，并进行机构的运动设计，把原动机的运动转变为执行部分预期的机械运动。

4. 进行机器的动力设计

机器的运动设计完成后，即可进而根据其所受载荷、工作速度以及机构运动简图中各构件的运动及动力参数对机器进行动力分析，以便确定出各构件所受的力、以及机器所需的驱动功率，作为机器零件进行强度设计和为机器选择合适的原动机的依据。

5. 进行机械零部件的工作能力设计及结构设计

为了使设计的机器能够实现预期的使用目的，要进行工作能力设计，并且还要根据零件的受力情况、装配关系、工艺要求等确定出各零件的具体结构形状和尺寸。通过机械零部件的工作能力设计及结构设计，将机构运动简图改变为具体的装配图进而设计出全部零件图。

6. 工艺设计

机器及零件的结构、装配图纸全部完成后，要根据制造单位的生产条件，设计每个零件的加工工艺路线及各分部和总装配工艺。除此之外，还要设计出各加工过程的操作工艺规程（包括通用的和专用的），以及加工过程所必须的工艺装备，主要为工、量、卡具等。

（二）机械的生产过程

一台机器的生产过程是指机器由原材料到成品之间的各个相互联系的劳动过程的总和。主要包括所需材料的购入、保管，生产准备工作，毛坯的制造，零件的加工，部件和机器的装配，检验，油漆以及包装等。

机械制造基础是研究金属材料加工工艺的一门综合性科学。属于这些加工工艺的有金属学及热处理、铸造、压力加工、焊接和切削加工等。机械生产中的主要加工过程如下：

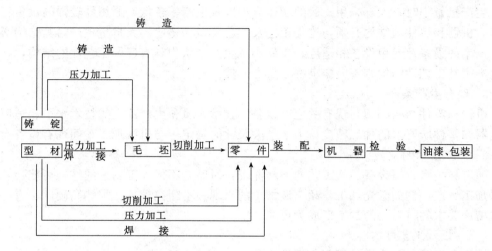

组成机器的多数零件是先用铸造、压力加工或焊接等方法制成毛坯，再经切削加工而成；为了改善金属材料的某些性能，常需要进行热处理。最后将制成的各种零件加以装配，即成为机器。

在不同的机械制造工业中，各种金属加工方法所占地位及其在产品中所占比重，有很大不同。例如金属结构和锅炉、船舶等，主要由钢板的焊接结构件组成，焊接就是主要的加工方法；机床制造业中，铸件所占比重很大，铸造是主要的加工方法。

各种金属加工方法都在向着高质量、高生产率和低成本的方向迅速发展。因而机械零件的制造工艺也将随之发生变化。例如球墨铸铁的出现，可用一些铸件代替一部分锻件，电火花、激光切割等无切削、少切削加工新工艺的发展，已使愈来愈多的零件改变了传统的制造工艺，节省了大量金属和加工工时，提高了劳动生产率。

二、机器的合理设计及工艺性

（一）设计工艺性

衡量一项机械设计的设计质量，一般从两个方面评定，首先是使用质量，其次是工艺性。使用质量是指机器设备应具有较高的效能，良好的耐用性，较轻的自重，以及操作简便而安全等等；工艺性是指机器的设计不仅要保证其有良好的工作性能，而且还要注意它们能否制造，是否便于制造。在设计中对于制造工艺、使用维修方面各种技术问题的考虑和反映就是所称的设计工艺性。它具体体现在它们的结构中，机器及零部件结构的合理与否，反映了它们设计工艺性的优劣程度，故又称设计工艺性为结构工艺性。例如一台机器单从工作原理看比较合理，但所设计的结构与制造工艺水平不相适应，甚至无法制造，或者非常费工、费料，很不经济。又如机器的结构设计得过分复杂，或提出不合理的过高技术条件,难以保证制造精度,或者对某些零部件的标准化、系列化缺乏考虑,只能进行单件小批量生产等等。这些就是缺乏设计工艺性观念。所以设计工艺性的好坏是衡量设计质量的主要标志之一。

(二) 影响设计工艺性的因素

影响设计工艺性的因素主要有三个方面:

1. 生产类型

生产批量小时,大都采用一般的制造方法以及生产率较低、通用性较强的设备和工艺装备。机器和零件的结构必须与这类工艺及工艺装备相适应。大批量生产时其结构必须与高生产率的设备及专用设备相适应。单件小批生产中认为具有良好工艺性的结构,在大批量生产中其工艺性结构则不一定良好,反之亦然。

2. 现有生产条件

机器和零件结构必须与现有的生产设备、技术人员和生产工人的技术水平相适应。例如机器和零件所要求的加工精度、毛坯最大尺寸的确定等与机械加工车间现有设备有关。

3. 工艺技术的发展

随着新技术、新设备、新工艺的不断涌现,对原先不便加工制造的结构可能会转变为可以加工制造,例如激光加工、超声波加工的出现和不断完善,在那些高硬度、有特殊形状和精度要求的材料上的加工已成为可能。

(三) 设计工艺性内容

按照主要目的和作用的不同,设计工艺性大体包括三方面的内容:

1. 提高产品的质量和劳动生产率

包括机器和零件的结构工艺性,结构设计的标准化、系列化、通用化等。

2. 符合制造工艺要求

机械零件毛坯的选择和制造,零件的加工,机器的装配、维修的工艺性。

3. 节约材料、降低消耗

即机器和零件结构的省料性、省工性等。

三、机器、机构和零件

在人们的日常生活和工作中,经常接触和使用机器,例如汽车、拖拉机、内燃机、各种风机以及洗衣机、缝纫机等。这些机器用途不一,具有不同的构造和型式,例如图 1-1 所示的鼓风机,由电动机、带及带轮、主轴、轴承、叶轮(未画)、外壳、螺钉、螺母等组成。电动机经带和主轴系带动叶轮回转,达到鼓风作用。又如图 1-2 所示的内燃机,由气缸、活塞、连杆、曲轴、齿轮、凸轮、气阀、气阀杆、弹簧、销钉、螺母、垫圈等组成。燃气推动活塞作往复移动,经连杆转变为曲轴的连续转动。当燃气推动活塞运动时,进排气阀有规律地启闭,把燃气的热能转换为曲

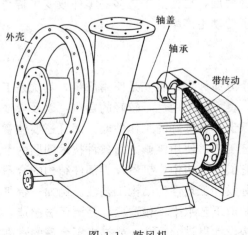

图 1-1 鼓风机

轴转动的机械能。从上述两个实例进行归纳，品类繁多的机器均具有下述共同特征。

（1）任何机器都是人为的实物组合体；

（2）机器各部分之间具有确定的相对运动，例如上述的内燃机中，连杆与活塞之间，曲轴与连杆之间，风机中的主轴和带轮之间；

（3）机器在工作时能代替人类完成机械功或能量转换，例如内燃机将热能转化为机械能，风机则利用电机将电能转变为机械能完成有益的功。

通常机器由三个基本部分组成：动力部分、传动部分和工作部分。

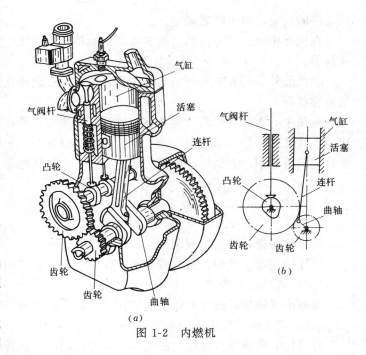

图 1-2 内燃机

无论分解哪一台机器，它的机械系统总是由一些机构组成；每个机构又是由许多零件组成。所以，机器的基本组成要素就是机械零件。

机构也是人为的实物组合，其各部分之间具有确定的相对运动。机构具有机器的前两个特征，只是不考虑能否完成机械功或能量转换的问题。例如，在内燃机中，凸轮、气阀杆和气缸体组成凸轮机构，将凸轮的连续转动变为气阀杆的有规律的往复移动；鼓风机中的两带轮与机架组成带传动机构，使两带轮按一定传动比转动。

由此可见，若撇开机器完成机械功或转化能量的作用，而仅从结构和运动的角度来看，机构与机器并没有什么区别。因此，习惯上用"机械"一词作为它们的总称。

组成机构的各个相对运动部分称为构件。构件可以是单一的零件，也可以是几个零件组成的刚性连接体。如图 1-3 所示内燃机的连杆是一个构件，它由连杆体、连杆盖、轴瓦、螺栓以及开口销、螺母等几个零件组成，这些零件组成一个刚性体进行运动。由上述可知，零件和构件的区别在于：零件是单独加工出来的加工单元体，而构件则是一个运动单元体。

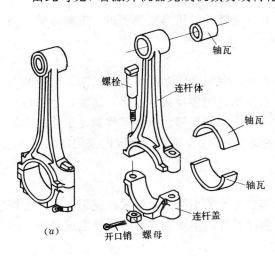

图 1-3 内燃机连杆

机构中，均有一个固定的构件作为机架，在活动构件中，至少有一个原动件，其余为从动件。当原动件的运动规律给定后，其余从动件的运动规律也随之确定。

在机器中由一些零件组成的实体，具有特定的功能，称为部件，如轴承、联轴器、离合器等。

除机器外，另有一些静止的实物组合体有贮存或转化能量的作用，则称为装置，例如压力容器等。

机械中的零件可以分为两类，一类称通用零件，是在各种机械中都能遇到的具有同一功用及性能的零件，如齿轮、轴、螺栓、键、弹簧等。另一类称为专用零件，只出现在一些特定的机械中，如曲轴、风机的叶片、内燃机的活塞等。

§1-2 机械设计的基本准则

一、机械设计的基本要求

设计的机器、机构，虽然各自的工作条件不一。但均应满足下述基本要求：

（一）满足社会需求

根据市场调节，设计有竞争能力、工艺造型新颖的对路产品。

（二）满足使用要求

所设计的机械要有效地完成人们预期的目的，这包括执行职能的可能性和可靠性。例如汽车在规定行驶里程内正常行驶，通风机在工作期限内有效进排风量。这些要以正确设计和选择机构组合以及机械的零、部件来保证。

（三）满足经济性的要求

机器力求结构简单，具有良好的结构工艺性能，使用中效率高、消耗低。尽量采用标准的零、部件，便于维修。进行经济分析、成本分析。

（四）满足安全性要求

这一要求应包括人身和机器设备两个方面。

（五）满足其他特殊要求

有些机器和机构各自还有一些特殊要求，如经常搬动的机器要便于拆、装和运输；高温下工作的机器要有耐热的性能。

二、机械零件工作能力计算准则

机械零件的工作能力，是零件在保证给定参数，完成规定功能所处的状态。给定的参数，是根据零件的用途和对零件提出的不同要求而制定的各种特性指标。例如，用于传递动力的轴必须不发生疲劳断裂；高速轴运转时不发生共振等等。机械零件满足工作能力的要求，这一项设计内容需要依机械零件各自的主要失效形式，确定设计准则来加以保证。主要是：

（一）强度

机械零件强度不足而发生破坏，是目前大多数零件的主要失效形式。应保证零件在规定的使用情况下，不致发生断裂和永久变形。强度计算是本课程内容的重要组成部分。

（二）刚度

刚度是指零件在载荷作用下抵抗弹性变形的能力。其弹性变形量超过了许用值，就会因刚度不够而失效。例如，齿轮轴的弯曲挠度过大会破坏齿轮的正确啮合；机床主轴的刚度过小将影响工件的加工质量。对刚度要求高的零件应进行此项计算,使其不超过允许值。

(三) 振动稳定性

当作用在零件上的周期性载荷频率等于机械系统或零件的固有频率时,将发生共振,这时零件的振幅将急剧增大,这种现象称为失去振动稳定性。因此对于高速运转的机械,例如高速风机的主轴应进行稳定性计算。

(四) 寿命

有的机械零件在工作初期虽能满足各种要求,但工作一定时间后由于某种原因而失效。大部分机械零件均在变应力条件下工作,因而疲劳破坏是引起零件失效的主要原因。关于疲劳寿命,通常是求出使用寿命时的疲劳极限来作为计算的依据。

三、机械零件毛坯(材料)及其选用原则

机械零件所用毛坯材料种类繁多,其中金属材料特别是黑色金属材料应用得最广泛。

(一) 毛坯的种类

1. 型材

普通碳素钢及优质碳素钢通常用热轧、冷轧和冷拉等方法制成型材供应,按截面形状分为:圆钢、方钢、六角钢、角钢、工字钢、槽钢、钢板、钢带、钢丝、钢管、异型型钢等。用于制造机械零件的多为圆钢。

热轧型材尺寸较大,精度低,多用于一般零件的毛坯。冷轧和冷拉型材尺寸较小,精度较高。多用于毛坯精度要求较高的中小型零件,冷轧和冷拉型材价格较高。

2. 铸件

形状复杂的毛坯,宜采用铸造方法制造。目前生产中的铸件大多数是用砂型铸造的,少数尺寸较小的优质铸件可采用特种铸造,例如离心铸造、熔模铸造、压力铸造等。

3. 锻件

锻件有自由锻锻件和模锻锻件两种。自由锻造锻件是在各种锻锤和压力机上由手工操作而成型的,精度低、加工余量大、生产率不高、且结构简单,适用单件和小批量生产以及大型锻件。

模锻件是采用专用锻模,在吨位较大的锻锤或压力机上锻出的锻件,精度高、表面质量好、机械强度高、生产率高,适用于产量较大的中小型锻件。

4. 焊接件

用型材以小拼大,或有时可用板材冲压成零件或半成品,然后焊接成型。焊接毛坯,生产周期短、节省材料、制造方便。

(二) 毛坯选择

毛坯的选择应考虑下列一些因素的影响:

1. 零件材料的工艺性能(如铸造性、可锻性)及对材料组织和性能的要求

零件的材料选定后,毛坯的种类大体可确定。例如材料为铸铁与青铜的零件不能锻造,只能选用铸件。重要的钢质零件,为保证良好的机械性能,不论结构形状简单或复杂,均不宜直接选取轧制型材,而应选用锻件。

2. 零件的结构形状与外形尺寸

机械零件的结构形状是影响毛坯选择的重要因素。例如,常见的各种阶梯轴,如各台阶直径相差不大,可直接选取圆棒料,如各台阶直径相差较大,为节约材料和减少机加工

时，则宜选取锻件；一些非旋转体的板条形钢质零件，多为锻件。零件的外形尺寸对毛坯选择也有较大影响，大型零件，目前只能选择毛坯精度和生产率都比较低的砂型铸造和自由锻造以及焊接毛坯。中小型零件则可选模锻及各种特种铸造的毛坯。同一零件采用不同方法制造，其结构形状也不同。

3. 生产量的大小

产量较大时，应采用精度与生产率都比较高的毛坯制造方法。反之亦然。这是由于毛坯制造所用设备及装备费用虽然较高，但可以由材料消耗的减少和机械加工费用的降低来补偿。

4. 现有生产条件

选择毛坯时，还要考虑现场毛坯制造的实际工艺水平，设备状况及外协的可能性和经济性。

习　　题

1-1　何谓机器的设计工艺性？它的内容及影响因素有哪些？

1-2　举例说明机器、机构和机械的含义。

1-3　机械零件的工作能力是什么？简述机械零件毛坯种类及选用原则。

第二章 机械工程材料

机械工程材料是指用于机械制造工程的各种材料总称。它分为金属材料和非金属材料两大类。金属材料是最主要的机械工程材料,主要包括黑色金属,通常指铁和以铁为基的合金,例如钢、铸铁等;有色金属,即除黑色金属以外的所有金属及其合金,例如铜及其合金、铝及其合金等。非金属材料是指除金属材料以外的材料。它主要包括无机材料,如水泥、陶瓷、玻璃及石棉制品等和有机材料,如塑料、木材、橡胶及皮革等。

§2-1 金属的机械性能

金属材料的性能包括使用性能和工艺性能。使用性能是指金属材料在使用过程中所表现出来的性能,包括机械性能(又称力学性能)、物理性能(如导电性、导热性等)、化学性能(如耐蚀性、抗氧化性等);工艺性能是金属材料在各种加工过程中所表现出来的性能,包括铸造性能、锻造性能、焊接性能、热处理性能和切削加工性能等。通常选用金属材料时是以机械性能的指标作为主要依据。

一、强度

强度是指材料在常温、静载下抵抗产生塑性变形或断裂的能力。根据承受的外力不同,强度可分为拉伸、压缩、扭转、弯曲、剪切等几种。各种强度间有一定的联系。我们常以拉伸强度作为最基本的强度值,手册与规范上所标出的强度值,一般都指拉伸强度。

抗拉强度由拉伸试验测定。将金属按国家标准制成如图 2-1 所示的标准拉伸试样,在材料试验机上进行拉伸试验。试验结果可以画出以绝对伸长量 ΔL 为横坐标,以拉伸载荷 F 为纵坐标的拉伸图。图 2-2 所示为退火低碳钢拉伸图。

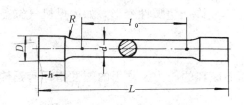

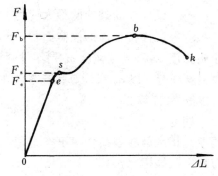

图 2-1 标准拉伸试样示意图　　图 2-2 退火低碳钢拉伸图

图中,Oe 为弹性变形阶段,当载荷 F_e 去除后,试样可恢复到原来的形状和尺寸。过 e 点后,即载荷超过 F_e 时,试样除发生弹性变形外,还发生部分塑性变形,此时,载荷除去后,试样不能完全恢复到原有长度。当载荷增加到 F_s 时,拉伸图在 S 点出现水平线段,即表示载荷不增加,试样继续伸长,这种现象称为屈服。屈服现象过后,试样又随载荷增加而逐渐伸长。在拉伸图 b 点，载荷为 F_b 时，试样出现局部变细的缩颈现象。试样出现缩颈后，变形集中在缩颈处。由于截面缩小，继续变形所需的载荷也减小，当载荷达到 F_k 时，试样在缩颈处断裂。

根据拉伸图，可以求出金属的拉伸强度指标值。强度指标通常以"应力"表示。当金属受载荷作用而未引起破坏时，其内部产生与载荷相平衡的内力，单位面积上的内力，称为应力，用符号 σ 表示。

常用的强度指标有弹性极限、屈服强度和抗拉强度。

（一）弹性极限

材料产生完全弹性变形时所能承受的最大应力值，用符号 σ_e 表示。

$$\sigma_e = \frac{F_e}{A_0} \quad \text{MPa}$$

式中　F_e——试件产生完全弹性变形时的最大载荷，N；
　　　A_0——试件拉伸前的横截面积，mm^2。

（二）屈服强度

屈服强度是金属产生屈服现象的应力，用符号 σ_s 表示。

$$\sigma_s = \frac{F_s}{A_0} \quad \text{MPa}$$

式中　F_s——试样产生屈服现象时的拉伸载荷，N；
　　　A_0——试样拉伸前的横截面积，mm^2。

有些金属材料（如高碳钢）无明显屈服现象，它们的屈服强度很难测定。通常规定产生 0.2％塑性变形时的应力作为条件屈服强度，用 $\sigma_{0.2}$ 表示。

（三）抗拉强度

抗拉强度是金属在断裂前所能承受的最大应力，用符号 σ_b 表示。

$$\sigma_b = \frac{F_b}{A_0} \quad \text{MPa}$$

式中　F_b——试样在断裂前的最大应力，N；
　　　A_0——试样拉伸前的横截面积，mm^2。

屈服强度 σ_s 和抗拉强度 σ_b 是零件强度设计的重要依据。若是要求零件在使用时不断裂，如钢丝绳等，以 σ_b 来计算；若零件在使用时不允许产生塑性变形，如内燃机气缸盖螺栓等，以 σ_s 来计算。

二、塑性

塑性是指金属在载荷作用下产生塑性变形而不破坏的能力。常用的塑性指标有延伸率（δ）与断面收缩率（ψ）。

（一）延伸率

延伸率用下式表示：

$$\delta = \frac{l_1 - l_0}{l_0} \times 100\%$$

式中　l_0——试样受拉前原标距长度，mm；
　　　l_1——试样拉断后标距长度，mm。

由于总伸长是均匀伸长与产生局部缩颈后的伸长之和，所以 δ 值的大小与试样长度有关。为了便于比较，试样必须标准化，规定试样的标距长度为其直径 d 的 5 倍或 10 倍，则延伸率分别以 δ_5 和 δ_{10} 表示。一般 δ_{10} 以 δ 示意。

（二）断面收缩率

断面收缩率用下式表示：

$$\psi = \frac{A_0 - A_1}{A_0} \times 100\%$$

式中　A_0——试样受拉前原横截面积，mm^2；

　　　A_1——试样断裂处横截面积，mm^2。

材料的 δ 和 ψ 值愈大，其塑性愈好。

三、硬度

硬度是指材料抵抗硬物压入的能力。硬度愈高，金属抵抗局部塑性变形的能力愈大。硬度试验比较简单，系非破坏性试验，无损于零件，同时，硬度和强度之间存在着一定的近似关系。所以硬度这个指标在生产实践中得到广泛的应用。

常用的硬度指标有：布氏硬度、洛氏硬度和维氏硬度等。

（一）布氏硬度

布氏硬度测定原理（图 2-3）是用一定直径 D 的淬火钢球（或硬质合金球），在一定的载荷 F 作用下，垂直压入试件表面，根据所加载荷的大小和所得压痕深度 h 来计算硬度值。根据国家标准（GB231—84）规定，硬度值写在布氏硬度符号前。当压头用淬火钢球时，符号为 HBS；压头用硬质合金球时，符号为 HBW。

由于测量压痕深度 h 较困难，因此一般用测量压痕直径 d 来求布氏硬度值。

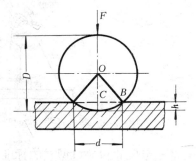

图 2-3　布氏硬度试验机原理示意图

由图 2-3 所示可计算出

$$\text{布氏硬度值} = 0.102 \times \frac{2F}{\pi D (D - \sqrt{D^2 - d^2})}$$

上式中，F 和 D 是试验时选定的。

布氏硬度值的确定，只需用刻度放大镜测量试件压痕直径 d，然后直接查表即可求得。布氏硬度值与 σ_b 之间存在一定的近似关系，例如：

低碳钢　　$\sigma_b \approx 3.6$HBS

高碳钢　　$\sigma_b \approx 3.4$HBS

调质合金钢　$\sigma_b \approx 3.25$HBS

（二）洛氏硬度

洛氏硬度测定原理是根据压痕的深度来衡量硬度的。测定时，常用顶角为 120°的金刚石圆锥体作为压头（图 2-4）。先加初载荷使压头压入 b 处，与试样表面接触良好，以 b 处作为衡量压入深度的起点，再加主载荷使压头压入 c 处，停留一定时间后将主载荷卸除，由于材料弹性变形的

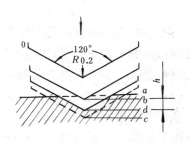

图 2-4　洛氏硬度测定原理图

恢复，压头回升到 d 处，此时的压痕深度 h 作为测量的硬度值，此数值由硬度计表盘上的指针指出，它没有单位，直接用数字表示。表盘上的硬度值是这样确定的，即压头端点每移动 0.002mm，表盘上指针转过一小格。当压头由 b 处移至 d 处时，指针转过的格数立为 $bd/0.002$。为了适应习惯上数值愈大硬度愈高的概念，故用一适当常数 K 减去 $bd/0.002$ 作为硬度值。洛氏硬度用符号 HR 表示，

$$HR = K - \frac{bd}{0.002}$$

式中 K——常数（金刚石压头为 100；淬火钢球压头为 130）。

洛氏硬度法根据所用压头和载荷不同，可以分成三种标度，其符号分别以 HRA、HRB、HRC 表示。HRC 载荷为 1500N，用以测量一般淬火钢件，适用范围在 HRC20～67 之间。HRA 载荷为 600N，测量更硬的材料或者测量极薄层材料的硬度（如渗碳层及氮化层的硬度）。HRB 压头为 ϕ1.588mm 钢球，载荷为 1000N，常用以测量较软的材料，如退火、正火、调质钢等。

洛氏硬度法操作迅速、简便、压痕小、无损于工件表面，经常用来测量成品及薄的零件。在生产中以 HRC 的应用最广。

四、冲击韧性

冲击韧性是金属在冲击载荷作用下抵抗断裂的一种能力。目前工程技术上常用一次摆锤冲击试验来测定金属抵抗冲击载荷的能力，测定原理如图 2-5 所示。

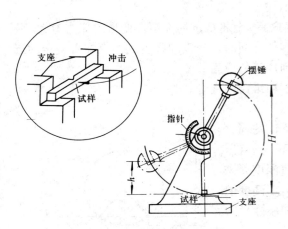

图 2-5 摆式冲击试验机

将一定尺寸和缺口型式的标准试样放在冲击试验机的支座上，然后将摆锤从一定高度落下，冲击试样。冲击试样所消耗的功 A_K，直接由试验机的指针指示出来。用 A_K 除以试样缺口处截面积 A 即得冲击韧性值 a_K：

$$a_K = \frac{A_K}{A} = \frac{G(H-h)}{A} \quad \text{J/cm}^2$$

式中 A_K——冲击试样所消耗的功，J；
　　　G——摆锤重量，N；
　　$(H-h)$——摆锤落下的高度，m；
　　　A——试样缺口处横截面积，cm²。

由于 a_K 值的大小不仅决定于金属本身，同时还随试样尺寸、形状及试验温度的不同而变化。因而 a_K 只是一个相对指标。目前国际上直接采用冲击功 A_K 作为冲击韧性的指标。

实践证明，冲击韧性对材料微观组织变化的反应是很敏感的。因而 A_K 值是生产上常用来检验冶炼、热加工、热处理质量的重要指标。

应当指出，在工程上大多数的零件是在小能量多次冲击载荷下工作的。研究表明，在小能量的情况下，金属承受多次重复冲击的能力主要取决于强度指标，而不是决定于冲击值。如目前广泛采用球墨铸铁制造内燃机的曲轴，其冲击值并不大，A_K 约为 12J，然而使

用良好。因此对于小能量多次冲击下工作的零件，不必要求过高的冲击值，而主要应该具有足够的强度。

五、疲劳强度

机器中有不少零件，如发动机中的曲轴、连杆、传动轴等，都是在变载荷下工作，零件中将产生随时间而交替变化的应力，这种应力就称为"交变应力"。在这种条件下工作的零件，虽然最大应力低于金属在静载荷下的屈服强度，但经过长期使用，也能发生突然断裂的事故，例如气锤的锤杆，机车及车辆中的车轴等，都会发生这种破坏。通常将这种破坏称为"疲劳破坏"。疲劳断裂与静载荷下的断裂不同，零件发生疲劳断裂时不产生明显的塑性变形，断裂是突然发生的，因此，具有很大的危险性。所以寻找提高材料疲劳抗力的途径，防止疲劳断裂事故的发生具有重大实际意义。

材料在交变应力下经受无限次循环（对钢铁为 10^7 次，有色金属为 10^8 次）而不发生破坏的最大应力称为材料的疲劳极限，一般用 σ_r 来表示。图 2-6 为疲劳曲线图，σ_{-1} 为对称循环应力时的疲劳强度。

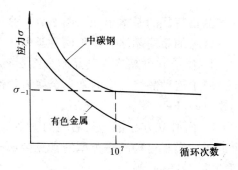

图 2-6　材料的疲劳曲线

金属的疲劳强度与本身的质量、零件表面状况、结构形状及承受载荷的性质等许多因素有关。生产中可以通过降低零件的表面粗糙度值和采取各种表面强化方法，如表面淬火、喷丸处理等来提高材料的疲劳强度。

§2-2　金属和合金的晶体结构

金属与合金的性能是由它们的内部组织结构决定的。化学成分的改变将引起组织结构的变化，但在不改变化学成分的条件下，也可以通过改变金属与合金的内部组织结构，从而达到改变其性能的目的。因此，了解金属与合金的内部组织结构，对于掌握金属材料的性能是非常重要的。

一、金属的晶体结构与结晶过程

（一）金属的晶体结构

自然界中一切固态物质可以分为晶体与非晶体两大类。实验表明，二者的根本区别在于内部原子（离子）是否在空间成有规律的排列。少数物质如普通玻璃、松香、赛璐珞等是非晶体，其内部原子处于杂乱无秩序的状态。大多数固体状态的无机物（包括所有的金属）都是晶体。晶体具有以下的特点：

1. 原子在空间呈有规律的排列。
2. 具有一定的熔点。

为了说明原子在空间的排列规律，图 2-7a 用假想的线条把各原子中心联起来，便构成了图 2-7b 所示的空间格子，称为结晶格子，简称晶格。晶格中由一系列原子所组成的平面称为晶面。可以把晶格看成是由若干晶面排列而成的。

为了说明金属晶体内原子排列的特征，即金属晶格的类型，通常从晶格中取出一个能

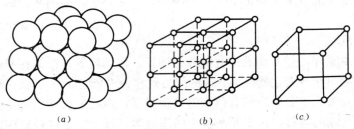

图 2-7 简单立方晶格的描述
(a) 晶体中的原子排列；(b) 晶格；(c) 晶胞

代表晶格特征的基本单元（图 2-7c）来描述，这一基本单元称为晶胞。

常见的金属晶格有以下两种类型：

1. 体心立方晶格　其晶胞如图 2-8a 所示。即在立方体的中心和八个顶角各有一个原子。属于这种晶格类型的常见金属有：铬（Cr）、钨（W）、钼（Mo）、钒（V）、912℃以下的铁（α—Fe）等。

2. 面心立方晶格　其晶胞如图 2-8b 所示。立方体的八个顶角和六个面的中心各有一个原子。属于这种晶格类型的常见金属有：铝（Al）、铜（Cu）、镍（Ni）、912～1394℃之间的铁（γ-Fe）等。

金属的性能与它的晶格类型有很大关系。例如，具有面心立方晶格的金属塑性比体心立方晶格的金属好。晶格类型相同的各种金属，由于原子构造、直径大小以及原子间的中心距不同，其性能也不相同。

（二）金属的结晶过程

金属从液态转变为固态（晶体状态）的过程称为结晶。每种金属都有一定的平衡结晶温度（或理论结晶温度），用 T_0 代表。在此温度时，液态金属与其晶体处于平衡状态。只有冷却到低于平衡结晶温度才能有效地进行结晶，因此实际结晶温度总是低于平衡结晶温度。

金属的结晶温度可以用热分析法测定。热分析的过程如下：先将金属熔化，然后以很缓慢的速度冷却，每隔一定时间记录下金属的温度，最后绘成温度——时间曲线，称为冷却曲线。纯金属的冷却曲线如图 2-9 所示。结晶时，由于放出结晶潜热补偿了热量的散失，故在结晶过程中温度不变，曲线上出现水平线段。实际结晶温度 T_n 低于平衡结晶温度 T_0。

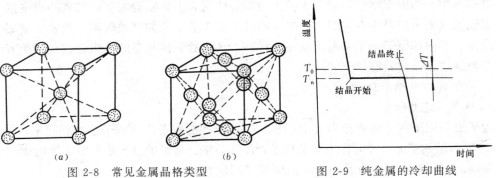

图 2-8 常见金属晶格类型
(a) 体心立方晶体；(b) 面心立方晶格

图 2-9 纯金属的冷却曲线

的现象称为"过冷"。二者之差即 $\Delta T = T_0 - T_n$ 称为"过冷度"。金属液体的冷却速度愈大，则实际结晶温度愈低，即过冷度 ΔT 愈大；当冷却速度极其缓慢时，实际结晶温度与平衡结晶温度趋于一致，即过冷度趋于零。

液态金属的结晶过程可分为两个基本过程，即晶核的形成和晶核的长大。

图 2-10 为结晶过程示意图。当温度降至结晶温度时，在液态中个别微小体积内出现结晶核心（晶核）。随后，晶核吸取周围的原子呈规则排列而逐渐长大成晶体。同时又有新的晶核陆续出现，也同样不断长大，直至全部晶体扩大到互相接触，液体金属完全消失，结晶过程结束。晶核在长大过程中，起初尚能保持较规则的外形，但当其互相接触时，便不能自由长大，因此最后形成了许多互相接触而外形不规则的晶粒。

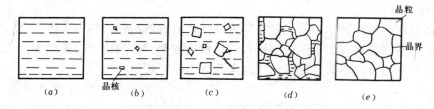

图 2-10　纯金属结晶过程示意图

实践证明，结晶过程中晶核生成和晶核长大的过程是一个普遍规律，一切结晶过程都不例外。如果单位时间内产生的晶核数愈多，或晶核生成速度愈快，则结晶完成后得到的晶粒愈细小。加快液态金属的冷却速度即增大过冷度，将使晶核数显著增加，晶粒变细；也可在液态金属中加入少量其他物质（称为变质剂），形成大量不熔的固态微粒，成为人工晶核，使晶粒细化。晶粒愈细，金属的机械性能特别是韧性愈好。金属晶粒的大小除受液态结晶过程影响外，还可通过固态下的热加工（轧制，锻造等）和热处理等途径来改善。

二、纯铁的同素异晶转变

通过实验得知，少数金属，如铁（Fe）、钴（Co）、钛（Ti）、锡（Sn）等，在结晶成固态后继续冷却时，还会从一种晶格转变为另一种晶格，这种转变称为"同素异晶转变"。

纯铁的同素异晶转变具有十分重要的意义。图 2-11 是纯铁的冷却曲线。铁在结晶后具有体心立方晶格（称为 δ-Fe），冷却到 1394℃ 时，转变为面心立方晶格（称为 γ-Fe），直到 912℃，γ-Fe 又转变为体心立方晶格的 α-Fe。

金属的同素异晶转变同样是原子重新排列的过程，实质上也是一种结晶过程，一般称为"重结晶"。它同样遵守生核和成长的结晶基本规律，也有结晶热效应产生。但是，由于在固态下原子的扩散比液态下困难得多，因而转变所需要的时间较长，冷却速度稍快，实际转变的温度就大大降低，即过冷度转大。此外，由于晶格不同，原子排列密度不同，因而金属的体积将要发生变化。

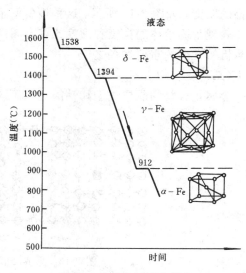

图 2-11　纯铁的冷却曲线

三、合金的晶体结构

纯金属的机械性能一般较低，而且价格较高，因此在机械制造中应用不多，工程上大量使用的金属材料都是合金。合金是两种或两种以上的金属元素或金属与非金属元素组成的具有金属特性的物质。

组成合金的元素称为组元，简称元。一般说来，组元就是组成合金的化学元素，稳定化合物也可以作为合金组元。例如，铁碳合金的组元是铁和碳；黄铜的组元是铜和锌。按照合金中的组元数目不同，可分为二元合金，三元合金等。

合金的结构比纯金属结构复杂，由于构成合金的组元之间相互作用的不同，可以将合金结构分成固溶体、金属化合物、机械混合物等三种类型。

（一）固溶体

固溶体是两种或两种以上的元素在固态下互相溶解所构成的均匀固体。在固溶体中，保持原有晶格的基础金属（如上例中的铁和铜）称为溶剂，被溶解的元素称为溶质。由于溶质元素原子分布的方式不同，固溶体可以大致分为以下两种：

1. 置换固溶体　当合金两组元的原子直径大小相近，则在形成固溶体时，溶质原子置换了晶格中的溶剂原子，形成置换固溶体，如图 2-12a 所示。如 Ni、Si 溶解于铁中时，Ni，Si 的原子就置换铁晶格中铁原子的位置。

2. 间隙固溶体　溶质元素的原子溶入溶剂晶格的间隙之中就形成间隙固溶体，如图 2-12b 所示。由于晶格间隙很小，只有原子直径很小的元素，如碳、氢、氮、硼等，才能溶入而构成间隙固溶体。

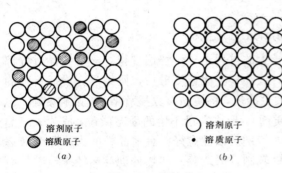

图 2-12　固溶体
(a) 置换固溶体；(b) 间隙固溶体

由于各种元素的原子大小不一，化学性质也不尽相同，当它们形成固溶体时，会造成晶格的畸变，如图 2-13 所示。这种畸变使金属晶体在塑性变形时晶面之间相对滑动阻力增加，表现为固溶体的强度和硬度比纯金属高，这种强化现象称为固溶强化，它是提高金属材料机械性能的重要途径之一。

（二）化合物

金属化合物的晶格类型和性能完全不同于组成它的任一组元。金属化合物有一定的化

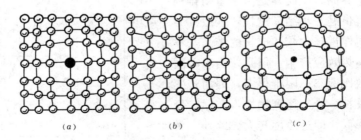

图 2-13　形成固溶体时的晶格畸变示意图
(a) 溶质原子比溶剂原子大的置换固溶体；(b) 溶质原子比溶剂原子小的置换固溶体；(c) 间隙固溶体

学成分。一般用分子式来表示其组成。例如铁碳合金中常见的化合物为 Fe_3C，根据分子式计算可知其含碳量为 6.69%。它的晶格类型既不同于铁也不同于碳，是一种复杂的晶格。

金属化合物一般具有很高的硬度和脆性，它能提高合金的强度、硬度和耐磨性，但会降低其塑性和韧性。

（三）机械混合物

机械混合物大都由两种或两种以上的固溶体或是由固溶体和金属化合物所组成。工业上所采用的绝大多数合金组织是机械混合物类型的，如钢、铸铁、硬铝、铸造铝硅合金以及轴承合金等。其性能除了决定于组成物的性能外，还与它们的形状、大小、相对数量以及分布情况有关。机械混合物比单一固溶体有更高的硬度和强度，但塑性较差。因此钢在锻造时总是把钢加热变成为单一固溶体，然后进行锻造。

§2-3 铁碳合金相图

铁碳合金主要是铁和碳两种元素组成的合金。它是现代工业中应用最广泛的金属材料。钢与铁均属铁碳合金范畴，不同成份的铁碳合金，在不同的温度下具有不同的组织，因而表现不同的性能。铁碳合金相图（又称状态图、平衡图）是研究在平衡条件下（极其缓慢加热或冷却）铁碳合金的成分、组织和性能之间的关系及其变化规律。它是研究钢铁材料、制定热加工工艺的重要理论依据。

在铁碳合金中，铁和碳可形成一系列化合物（Fe_3C、Fe_2C、FeC），其中含碳 6.69% 时形成 Fe_3C，而含碳大于 6.69% 的铁碳合金由于脆性大没有实用价值，所以铁碳合金相图实际上是 Fe——Fe_3C 相图。

一、铁碳合金的基本组织

纯铁虽有较好的塑性，但其强度、硬度低，价格高，工程中很少直接使用，通常使用铁和碳的合金。

在铁碳合金中，由于含碳量和温度的不同，铁原子和碳原子相互作用，可以形成铁素体、奥氏体、渗碳体、珠光体和莱氏体等组织。

（一）铁素体

铁素体是碳溶在 α-Fe 中形成的间隙固溶体，用符号 F 表示。由于 α-Fe 是体心立方晶格，晶格的空隙比较小，因而溶碳能力较小，在常温下能溶 0.0008% 的碳，在 727℃时，溶碳量可达 0.02%。由于它的溶碳量较小，所以它的性能和纯铁接近（σ_b＝250MPa，80HBS，δ＝50%）。

（二）奥氏体

奥氏体是碳溶在 γ-Fe 中的间隙固溶体，用符号 A 表示。γ-Fe 是面心立方晶格，它的晶格空隙比 α-Fe 的晶格空隙稍大，所以溶碳量能力就大些。727℃时为 0.77%，随着温度升高，溶碳量增加，在 1148℃时达到最大为 2.11%。在平衡状态下，奥氏体在铁碳合金内存在的最低温度是 727℃。

奥氏体的强度、硬度不高，塑性很好，是钢在高温下进行压力加工时所要求的组织。

（三）渗碳体

渗碳体是铁和碳的化合物，其分子式为 Fe_3C。渗碳体的硬度很高（＞800HBS），而塑性很差，几乎为零，是一个硬而脆的组织，它在钢中起主要的强化作用。

Fe_3C 是亚稳定化合物，在一定条件下可能分解为铁和石墨，即：

$$Fe_3C \longrightarrow 3Fe+C（石墨）$$

这一反应对铸铁有着重要的意义

（四）珠光体

珠光体是铁素体和渗碳体的机械混合物（$F+Fe_3C$），用符号 P 表示。其性能介于铁素体和渗碳体之间，$\sigma_b \approx 750MPa$，布氏硬度约为180HBS，$\delta \approx 20 \sim 25\%$。珠光体的显微组织如图 2-14 所示，其中铁素体和渗碳体呈片层状存在。

（五）莱氏体

莱氏体是含碳量为4.3%的液态合金缓冷到1148℃时，从液态合金中同时结晶出奥氏体和渗碳体的机械混合物，用符号 L_d 表示。在727℃以下成为珠光体和渗碳体的混合物，称为变态莱氏体，用符号 L'_d

图 2-14 珠光体显微组织图

表示。其性能硬而脆，不易进行切削加工，也不能进行锻造。

二、铁碳合金相图

铁碳合金相图如图 2-15 所示。图中左上角部分因为实际应用较少，可以简化为图 2-16。含碳量低于2.11%的铁碳合金通称为钢，含碳量大于2.11%的铁碳合金通称为生铁。

（一）铁碳合金相图中的特性点

相图中各特性点的温度、含碳量及其物理意义见表 2-1。

铁碳合金相图各主要特性点　　　　　　　　　　表 2-1

点的符号	温度（℃）	含碳量（%）	说　　　明
A	1538	0	纯铁的熔点
C	1148	4.30	共晶点 $L_E \rightleftharpoons A_E + Fe_3C$
D	~1227	6.69	渗碳体的熔点
E	1148	2.11	碳在 γ-Fe 中最大溶解度
F	1148	6.69	渗碳体的成分
G	912	0	α-Fe $\rightleftharpoons \gamma$-Fe 同素异晶转变点
K	727	6.69	渗碳体的成分
P	727	0.02	碳在 α-Fe 中最大溶解度
S	727	0.77	共析点 $A_S \rightleftharpoons F_P + Fe_3C$
Q	室温时	0.0008	碳在 α-Fe 中溶解度

（二）铁碳合金相图中的特性线

铁碳合金相图中的主要特性线的名称、含义见表 2-2。

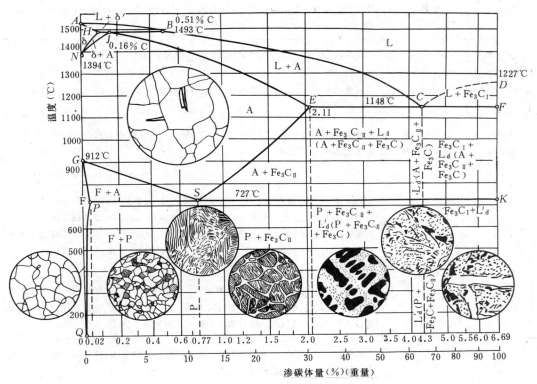

图 2-15 铁碳合金相图

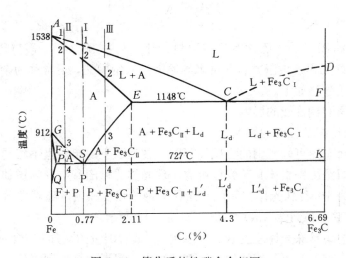

图 2-16 简化后的铁碳合金相图

铁碳合金相图中主要特性线　　表 2-2

特性线	名称	含义
ACD 线	液相线	任何成分的铁碳合金在此线以上均处于液态，液态合金缓冷到 AC 线时，从液体中开始结晶出奥氏体；缓冷到 CD 线时，从液体中开始结晶出渗碳体，这种渗碳体称一次渗碳体
AECF 线	固相线	任何成分的铁碳合金缓冷到此线时全部结晶为固体
ECF 水平线	共晶线	凡含碳量＞2.11% 的液态铁碳合金缓冷到该线时均发生共晶转变，生成莱氏体
PSK 水平线	共析线（又称 A_1 线）	凡含碳量＞0.02% 的铁碳合金（奥氏体）缓冷到该线（727℃）时均发生共析转变，由奥氏体生成珠光体
ES 线	Acm 线	碳在 γ-Fe 中的溶解度曲线。随着温度的降低，含碳量在减少，在 1148℃时，含碳量为 2.11%（E 点），在 727℃时含碳量为 0.77%（S 点）。或者说含碳＞0.77% 的铁碳合金由高温缓冷时从奥氏体中析出渗碳体的开始线，该渗碳体称为二次渗碳体（Fe_3C_{II}）；加热时为二次渗碳体溶入奥氏体的终了线
PQ 线		碳在 α-Fe 中的溶解度曲线。随着温度的降低，含碳量在减少，在 727℃时含碳量为 0.02%，在室温时为 0.0008%。因此，由 727℃缓冷时，铁素体中多余的碳将以渗碳体的形式析出，这种渗碳体为三次渗碳体（Fe_3C_{III}）
GS 线	A_3 线	含碳＜0.77% 的铁碳合金缓冷时由奥氏体中析出铁素体的开始线；或者说加热时铁素体转变为奥氏体的终了线

§2-4　碳　钢

　　碳钢除了铁和碳以外，还含有锰（Mn）、硅（Si）、硫（S）、磷（P）、氧（O）、氮（N）等元素。这些元素是由于矿石和冶炼等原因进入钢中的，通常称为杂质。对钢的性能有一定影响，现在分述如下。

一、碳及杂质对钢性能的影响

（一）碳对钢组织及性能的影响

　　从铁碳合金状态图可知，钢的含碳量不同，在室温下的组织也不相同。

　　亚共析钢组织是由铁素体和珠光体组成。珠光体的量随着碳量的增加而增加，直至共析成分整个组织为 100% 珠光体。因此，亚共析钢的强度和硬度随着碳量的增加而直线上升，而塑性（δ、Ψ）和韧性（a_k）下降。如图 2-17 所示。

　　过共析钢的组织是珠光体和网状二次渗碳体。随着碳量的增加（当含碳量＞1%时），网状二次渗碳体愈完整、粗大，钢的硬度愈高。强度、塑性和韧性则降低。因此，一般碳钢中其含碳量不超过 1.4%。

（二）杂质对碳钢组织和性能的影响

1. 锰的影响

锰是炼钢时用锰铁脱氧而残留在钢中的元素。锰具有很好的脱氧能力，因此能够清除钢中的FeO，改善钢的品质，特别是降低钢的脆性。Mn可以和S形成MnS，以消除硫的有害作用，改善钢的热加工性能。因此，碳钢中必须保证一定的含锰量。锰在铁中有一定的固溶度，对钢有一定的强化作用。

2. 硅的影响

硅也是作为脱氧剂加入钢中的。硅的脱氧作用比锰还要强，能消除FeO对钢的品质的不良影响。

硅大部分溶于铁素体中，它能提高钢的强度。碳钢中一般含硅量较少，对钢性能影响也不显著。

3. 硫的影响

硫是在炼钢时由矿石和燃料带入钢中的杂质，是有害元素。

硫不溶于铁，以FeS形式存在。FeS和Fe形成的共晶体（或单独FeS）分布在奥氏体晶界上，当钢材在800～1000℃进行锻压加工时，由

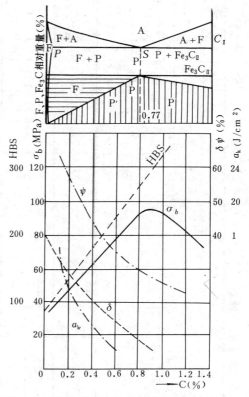

图 2-17 碳钢成分、组织与性能之间的关系

于晶界处FeS塑性不好而使钢有脆性；在1000～1200℃进行锻压加工时，由于FeS-Fe共晶体（熔点为985℃）已经熔化，破坏了晶粒的结合，导致钢材沿晶界开裂，这种现象称为"热脆"。为了避免热脆，钢中含硫量通常都要严格控制。

4. 磷的影响

磷是由矿石带到钢中来的，也是一种有害元素。磷在钢中全部溶于铁素体中，它虽然能使铁素体得到强化，但却使室温下钢的塑性、韧性急剧降低，使钢变脆，这种现象称为"冷脆"。磷的存在还使焊接性能变坏，因此钢中含磷量也要严格控制。

但是磷能提高切削性能，故易切削钢中含磷量达0.05～0.15%。磷在铜、稀土、钛等元素配合下可减弱或抑制磷的有害作用，而发挥磷能提高钢的强度和抗大气腐蚀的作用。

二、碳钢的分类、牌号及用途

碳钢根据含碳量不同，可分为低碳钢（≤0.25%C）、中碳钢（>0.25～0.6%C）和高碳钢（>0.6%C）三种。又根据质量和用途的不同可分为碳素结构钢，优质碳素结构钢和碳素工具钢。

（一）碳素结构钢

碳素结构钢的平均含碳量在0.1%～0.6%范围。这类钢中有害杂质磷（≤0.045%）、硫（≤0.055%）量和非金属夹杂物较多，机械性能一般，但价格便宜，生产量大、通常轧制成各类板材、型材等使用。

碳素结构钢牌号、化学成分和力学性能

表 2-3

牌号	等级	化学成分(%) 不大于					脱氧方法	屈服点 σ_s(MPa) 钢材厚度(直径)$\delta(d)$(mm) 不小于					抗拉强度 σ_b(MPa)	伸长率 δ_5(%) 钢材厚度(直径)$\delta(d)$(mm) 不小于					冲击试验	
		C	Mn	Si	S	P		≤16	>16~40	>40~60	>60~100	>100~150	>150		≤16	>16~40	>40~60	>60~100	>100~150	温度 t(℃)	V型冲击功(纵向) A_{kV}(J) 不小于
Q195		0.06~0.12	0.25~0.50	0.30	0.050	0.045	F,b,Z	(195)	185					315~390		32					
Q215	A	0.09~0.15	0.25~0.55	0.30	0.050	0.045	F,b,Z	215	205	195	185	175	165	335~410	31	30	29	28	27	26		
	B				0.045																20	27
Q235	A	0.14~0.22	0.30~0.65	0.30	0.050	0.045	F,b,Z	235	225	215	205	195	185	375~460	26	25	24	23	22	21		
	B	0.12~0.20	0.30~0.70		0.045																20	27
	C	≤0.18	0.35~0.80		0.040	0.040	Z														0	
	D	≤0.17			0.035	0.035	TZ														−20	
Q255	A	0.18~0.28	0.40~0.70	0.30	0.050	0.045	Z	255	245	235	225	215	205	410~510	24	23	22	21	20	19		
	B				0.045																20	27
Q275		0.28~0.38	0.50~0.80	0.35	0.050	0.045	Z	275	265	255	245	235	225	490~610	20	19	18	17	16	15		

注:本类钢通常不进行热处理,因此只考虑其力学性能和有害杂质含量,不考虑总含碳量。

碳素结构钢的牌号是由代表钢材屈服点的字母、屈服点值、质量等级符号、脱氧方法符号四部分按顺序组成。其中质量等级共分四级，分别以 A（S≤0.05%、P≤0.045%)、B（S≤0.045%、P≤0.045%)、C（S≤0.040%、P≤0.040%)、D（S≤0.035%、P≤0.035%)表示。脱氧方法符号分别用"F"表示沸腾钢；"b"表示半镇静钢；"Z"表示镇静钢；"TZ"表示特殊镇静钢，通常钢号中"Z"和"TZ"符号可省略。

碳素结构钢牌号表示方法举例：Q235—AF，牌号中"Q"代表钢材的屈服点"屈"字汉语拼音字首，235 表示 $\sigma_s \geq 235$MPa，"A"表示质量等级，"F"表示沸腾钢。

碳素结构钢的牌号、化学成分和性能见表 2-3。

碳素结构钢应用范围：Q195、Q215—A 有较高的塑性和较低的强度，主要用来制造铆钉、地脚螺钉、烟筒等。Q235—A、Q255—A 强度较高，用来制作各种不重要的机器零件、如拉杆、套环和连杆等。Q235—B、Q255—B、Q275 用来制作建筑、桥梁工程上质量要求较高的焊接结构件。Q235—C、Q235—D 用于重要焊接结构件。

（二）优质碳素结构钢

这类钢含有害杂质硫（≤0.04%)、磷（≤0.04%)及非金属夹杂物较少，钢材的均匀性也较好。主要用于制造较重要的机器零件，一般都要经过热处理之后使用。

优质碳素结构钢的编号用二位数字表示，这二位数字即是钢中平均含碳量的万分数。例如，45 钢，表示含碳量为 0.45% 的优质碳素结构钢。优质碳素结构钢的机械性能见表 2-4 所示。

08F 钢含碳量很低，强度低、塑性好，常轧制成薄板，主要用于冷冲压方法生产机器的外壳、容器、通风管道等。

10、15、20、25 钢，其强度低而塑性好，常用来制造容器和焊接件。例如液化石油罐常用 20 号钢制造。这些钢号还用来制作螺钉、螺母、垫圈以及渗碳件等。

优质碳素结构钢的机械性能 表 2-4

钢号	正火状态					热轧	退火
	σ_b (MPa)	σ_s (MPa)	δ_5 (%)	ψ (%)	A_k (J)	硬度（HBS）	
	不小于					不大于	
08F	300	180	35	60	—	131	—
10	340	210	31	55	—	137	—
15	370	220	27	55	—	143	—
20	420	250	25	55	—	156	—
35	540	320	20	45	56	187	—
40	580	340	19	45	48	217	187
45	610	360	16	40	40	241	197
50	640	380	14	40	32	241	207
60	690	410	12	35	—	255	229
65	710	420	10	30	—	255	229

30、35、40、45、50钢,其强度较高、韧性和加工性也较好。应用时通常进行热处理。主要用于制造齿轮、套筒、轴类等较重要的机器零件。其中以45钢应用最广泛。

60、65钢经热处理后,提高其强度和弹性,主要用于制造各种弹簧、轧辊等。

(三)碳素工具钢

碳素工具钢含碳量一般均在0.7%以上,在淬火和低温回火后有很高的硬度和耐磨性,可用来制造刀具、量具和模具等。

碳素工具钢牌号用"碳(T)"字表示,其后的数字代表钢中平均含碳量的千分数。如碳7(T7)表示平均含碳量为0.7%。碳素工具钢均为优质钢。如牌号的数字后面还有"高(A)"字,则为高级优质碳素工具钢。如碳7高(T7A)、碳10高(T10A)等。表2-5为碳素工具钢不同热处理状态下的硬度值。

碳素工具钢的硬度值　　　　　表2-5

钢号	退火状态		试样淬火	
	硬度值(HBS)	压痕直径(mm)	淬火温度(℃)和冷却剂	硬度值(HRC)
	不大于	不小于		不大于
T7	187	4.40	800～820 水	62
T8	187	4.40	780～800 水	62
T9	192	4.35	760～780 水	62
T10	197	4.30	760～780 水	62
T11	207	4.20	760～780 水	62
T12	207	4.20	760～780 水	62
T13	217	4.10	760～780 水	62

T7、T8钢韧性较好,但耐磨性差一些,可用作各种钳工工具,如钢丝钳、手锤等。

T9、T10、T11钢韧性、耐磨性适中,可用作冲模、冲头、丝锥、锯条、板牙等。

T12、T13钢耐磨性高而韧性低,可用作锉刀、拉丝模等。

§2-5 钢的热处理

钢的热处理是将钢在固态下加热、保温和冷却,以改变其组织,从而获得所需性能的一种工艺方法。任何一种热处理工艺过程都包括加热、保温和冷却三个阶段,可用温度-时间坐标图形来表示,称为热处理工艺曲线,如图2-18所示,热处理和其它加工工艺方法(如铸造、锻压、焊接、切削加工等)不同,它的目的不是改变钢件的外形及尺寸,而是改变其组织和性能。

根据加热、冷却及组织性能变化特点不同,钢的热处理可分为下列两类:

(1)普通热处理　包括退火、正火、淬火和回火等。

(2)表面热处理　包括表面淬火和化学热处理(如渗碳、氮化等)。

热处理在机械制造中应用极其广泛。工模具和重要的机器零件,都要经过热处理,才能具备所要求的性能,并能延长寿命,节约钢材。热处理还可以改善钢件的加工工艺性能,从而提高劳动生产率和加工质量。

一、钢的热处理机理

（一）钢在加热时的转变

从铁碳合金相图中知道,共析钢加热到 A_1 温度以上时,珠光体转变为奥氏体,钢只有呈奥氏体状态,然后通过不同的冷却方式,使奥氏体转变为不同的组织,从而获得所需的性能。因此,要掌握热处理的规律,首先要研究钢在加热时的转变。

1. 转变温度

如图 2-19 所示,对于亚共析钢加热到 A_1 只能使珠光体向奥氏体转变,还要继续升高温度才能使过剩铁素体逐渐转变为奥氏体,直到临界点 A_3 以上成为单一奥氏体组织。同样,对于过共析钢则要加热到 A_{cm} 温度,二次渗碳体才完全溶于奥氏体中,对于共析钢只要加热到 A_1 温度,珠光体即转变为奥氏体。

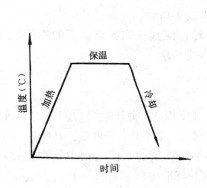

图 2-18 热处理工艺曲线

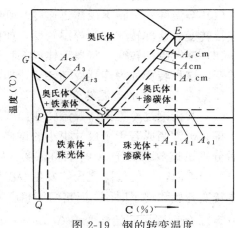

图 2-19 钢的转变温度

在实际加热条件下,加热速度总是比较快的,由于过热,转变温度总要比相图所示高些,分别用 A_{c1}、A_{c3}、A_{ccm} 表示。加热速度越快 A_{c1}、A_{c3}、A_{ccm} 越高。同理,冷却时的冷却速度也较快,由于过冷实际转变温度要比相图所示低些,分别用 A_{r1}、A_{r3}、A_{rcm} 来表示。

由此可知,实际转变温度不是固定不变的,它随着加热和冷却速度不同而变化。

2. 奥氏体的形成

以共析钢为例（如图 2-20 所示）,将其加热至 A_{c1} 温度以上时,在铁素体和渗碳体的交界处形成奥氏体晶核。然后附近的铁素体逐渐向奥氏体转变,渗碳体不断向奥氏体中溶解

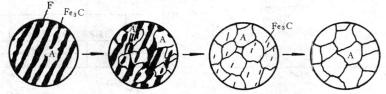

图 2-20 共析钢中奥氏体形成过程示意图

则奥氏体不断长大。由于渗碳体溶解速度较铁素体转变速度慢,所以当铁素体全部转变为奥氏体之后,剩余未溶渗碳体继续溶解。剩余渗碳体完全溶解之后,奥氏体中的碳浓度仍不均匀。原先是渗碳体的地方,碳浓度较高;原先是铁素体的地方,碳浓度较低。所以必须保温,通过扩散使奥氏体成分均匀化。

3. 奥氏体晶粒大小

钢加热到临界点以上,刚形成的奥氏体晶粒是细小的。但随着加热温度的升高或高温下延长保温时间,就会出现晶粒长大的现象。奥氏体晶粒的长大,是因为在较高温度下,原子扩散比较容易,使晶粒之间互相吞并,减少晶界表面积,从而变成粗晶粒。

奥氏体晶粒大小对热处理后钢的性能影响很大,如细小的奥氏体晶粒冷却后,得到细晶粒组织。

(二) 奥氏体冷却时的转变

钢经加热获得均匀的奥氏体后,当以不同的速度冷却到临界温度以下时,奥氏体将转变为性能不同的组织。

奥氏体的转变有以下两种转变方式:

(1) 等温转变 将奥氏体迅速冷却到临界点以下给定的温度进行保温,使其在该温度下进行转变。这种转变称为等温转变,如图 2-21 中曲线 1 所示。

(2) 连续冷却转变 将奥氏体以某种速度连续冷却,使其在临界点以下的不同温度进行转变。这种转变称为连续冷却转变,如图 2-21 中曲线 2 所示。

1. 过冷奥氏体的等温转变

(1) 共析钢过冷奥氏体等温转变曲线 (C 曲线)

将共析钢制成若干个尺寸很小的试样,加热到 A_{c1} 温度以上,使其组织为均匀的奥氏体。然后分别迅速放入低于 A_1 的不同温度 (如 710℃、650℃、550℃、500℃、450℃、350℃……) 中等温,迫使过冷奥氏体发生等温转变。再在不同温度的等温过程中,测出过冷奥氏体转变开始和终了时间,把它们按相应的位置标记在时间-温度坐标上 (如 a_1、b_1、a_2、b_2、……等)。分别连接开始转变点 (a_1、a_2……) 和转变终了点 (b_1、b_2……),便得过冷奥氏体等温转变曲线,如图 2-22 所示。由于其形状类似英文字母 C,常称为 C 曲线。

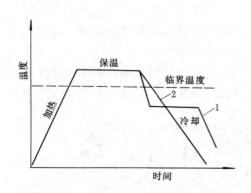

图 2-21 等温冷却与连续冷却曲线

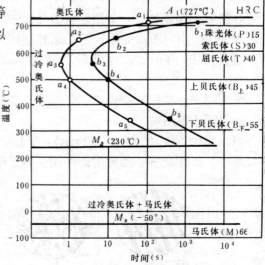

图 2-22 共析钢的奥氏体等温转变曲线

由图可知，不同的过冷度，奥氏体开始转变之前均有一段停留时间，这段时间称为孕育期。孕育期的长短标志着过冷奥氏体的稳定性。曲线拐弯处（约550℃），俗称"鼻尖"，孕育期最短，过冷奥氏体稳定性最小。

C曲线下部有两条水平线，一条为过冷奥氏体向马氏体转变的开始温度线（M_s）；另一条为过冷奥氏体向马氏体转变的终了温度线（M_z）。

（2）共析钢奥氏体等温转变产物的组织和性能

共析钢奥氏体等温转变产物随转变温度的不同，可分为三种类型：

(a) 高温转变 A_1～550℃之间，转变产物为珠光体类型组织。等温转变温度不同，则珠光体片层间距不同，即弥散度不同。按不同的片层间距分为珠光体、索氏体和屈氏体三种。珠光体较粗，索氏体较细，屈氏体最细，图2-23为它们的显微组织。

 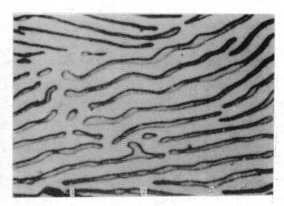

400×　　　　　　　　　　200×（电镜）

图 2-23 珠光体类型显微组织

1—珠光体（渗碳体＋铁素体）；2—渗碳体；3—铁素体

珠光体、索氏体和屈氏体的大致形成温度及性能如表2-6所列。

过冷奥氏体高温转变产物的形成温度及性能　　　表 2-6

组织名称	表示符号	形成温度范围	硬　度	能分辨片层的放大倍数
珠光体	P	A_1～650℃	170～200HBS	＜500×
索氏体	S	650～600℃	25～35HRC	＞1000×
屈氏体	T	600～550℃	35～40HRC	＞2000×

奥氏体向珠光体类型组织的转变和其它结晶过程一样，由生核与长大两个基本过程所组成。这是一种扩散型的转变。

(b) 中温转变 550℃～M_s之间。在这一温度范围，过冷奥氏体的孕育期又重新增长。由于转变温度低，这时铁原子不能扩散，碳原子扩散能力减弱，虽然分解产物仍为渗碳体和铁素体的机械混合物，但铁素体中溶解的碳超过了正常的溶解度，而处于过饱合状态，渗碳体也不再是片状，这种组织称为贝氏体，用符号"B"表示。由于转变温度的不同，形成的贝氏体形态也不相同。通常将550～350℃间形成的贝氏体称为上贝氏体；350℃～M_s之间形成的叫下贝氏体。由于下贝氏体既有高的强度和硬度（可达55HRC），又有较好的塑性和韧性，故生产中有些工件要通过等温淬火获得下贝氏体组织。

(c) 低温转变　温度低于 M_s 点（230℃）则发生马氏体转变。马氏体转变与上述两种转变不同，是在一定温度范围内（$M_s \sim M_z$ 之间）连续冷却时完成的，碳也不能扩散，属于非扩散型转变。这样就使 α-Fe 中溶有过饱和的碳。碳在 α-Fe 中的过饱和固溶体称为马氏体。

马氏体中过饱和的碳原子引起 α-Fe 晶格畸变，使马氏体具有很高的硬度，而塑性、韧性几乎等于零。马氏体中含碳量愈高，则硬度愈大（可达65HRC）。低碳钢因含碳量较少，不能形成较大过饱和程度的固溶体，故不能得到较高的硬度。马氏体是一种不稳定的组织，而且存在较大的内应力和脆性，在加热过程中将引起碳原子析出，而转变成其它较稳定的组织。

2. 过冷奥氏体的连续冷却转变

实际生产中的热处理，大都是连续冷却。由于连续冷却转变可以看成是无数个短时间等温转变的复合，而等温转变曲线测定比较容易，又能很好地说明连续冷却时的组织转变，所以往往是用等温转变的 C 曲线近似地分析连续冷却时的转变。

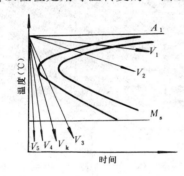

图 2-24　在共析碳钢等温转变 C 曲线上估计连续冷却后的过冷奥氏体转变产物

图2-24所示是把连续冷却速度 V_1、V_2、V_3……，画在等温转变 C 曲线上，根据它与 C 曲线相交的位置，便可大致估计出按该速度冷却会得到什么样的组织和性能。

如 V_1 相当于随炉缓冷（退火），根据它与 C 曲线相交的温度离 A_1 较近，可以判断过冷奥氏体会转变为珠光体组织。V_2 相当于空冷（正火），它与 C 曲线相交温度较低；可认为转变为索氏体组织。V_4 相当于水冷（淬火），不与 C 曲线相交，转变为马氏体。V_3 相当于油冷则获得屈氏体与马氏体的混合组织。V_k 是向马氏体转变的最低冷却速度，称为临界冷却速度。临界冷却速度主要取决于 C 曲线的位置。凡能增加过冷奥氏体稳定性，使 C 曲线右移的因素（如在碳钢中加入合金元素等），都使临界冷却速度降低，因而在较低冷却速度条件下也能获得马氏体。例如，合金钢在油中冷却就能获得马氏体，而碳钢一般须在水中冷却才能获得马氏体。

应该指出，M_s 和 M_z 与冷却速度无关，而与奥氏体的化学成分有关。奥氏体含碳量愈高，M_s 和 M_z 则愈低。含碳量大约超过0.6%以上，M_z 便降至0℃以下，由于通常淬火只是将钢冷至室温，达不到 M_z，因此高碳钢淬火后总有少量奥氏体未转变成马氏体，这部分剩余奥氏体称为残余奥氏体。显然含碳量愈高，淬火钢中残余奥氏体愈多。

二、钢的热处理方法

(一) 钢的退火

将钢加热到适当温度，保温一定时间，然后缓慢冷却（一般随炉冷却），以获得接近相图中组织的热处理工艺称为退火。

1. 退火的目的

退火的主要目的是：
(1) 降低钢的硬度，便于切削加工。
(2) 消除内应力，以防止钢件的变形与开裂。
(3) 改善组织，细化晶粒，以提高钢的机械性能。
(4) 为淬火做好组织准备。

2. 退火方法

根据钢的成分和工艺目的不同，常用的退火方法主要有以下三种：

(1) **完全退火**（又称重结晶退火） 将钢加热至 A_{c3} 以上 30～50℃，保温一定时间后缓慢冷却的热处理工艺。完全退火主要适用于亚共析钢。

(2) **球化退火** 将钢加热至稍高于 A_{c1}，保温一定时间后随炉冷却的方法。球化退火主要用于过共析钢，使珠光体中的片状渗碳体及二次渗碳体球化，以降低硬度，改善切削加工性能。

(3) **去应力退火** 去应力退火又称低温退火。一般加热到 500～600℃，保温一定时间，然后随炉冷至 200～300℃ 以下出炉空冷。其主要目的是消除内应力。

(二) 钢的正火

将钢加热到 A_{c3} 或 A_{ccm} 以上 30～50℃，保温一定时间后在空气中冷却的热处理工艺称为正火。

由于正火冷却速度较快，故得到的组织较细，硬度和强度有所提高，但消除应力不如退火彻底。此外，正火比退火的生产周期短，冷却时不占用设备。

正火的主要应用是：

(1) 对低碳钢用正火代替退火。
(2) 对于普通的结构零件，尤其是比较厚的零件，可用正火作为最终热处理。
(3) 对于重要的结构零件，用正火作为预备热处理，以减少最终热处理（淬火）的变形和开裂。
(4) 用于过共析钢在球化退火前进行正火，可以抑制或消除网状二次渗碳体，以便保证球化退火的质量。

(三) 钢的淬火

将钢加热到 A_{c3} 或 A_{c1} 以上 30～50℃，保温一定时间，然后以大于临界冷却速度的冷速冷却，从而获得马氏体组织的热处理工艺称为淬火。

1. 淬火温度的确定

亚共析钢淬火加热温度为 A_{c3} 以上 30～50℃。如果淬火温度过高，则将获得粗大的马氏体组织，同时容易引起钢件较严重的变形或开裂。如果淬火温度过低（如 A_{c3} 以下），淬火组织中出现铁素体，会降低硬度。

过共析钢淬火加热温度为 A_{c1} 以上 30～50℃，这样可获得均匀细小的马氏体和粒状渗碳体的混合组织。如果加热温度过高，将获得粗大马氏体组织，同时由于渗碳体溶解过多，淬火后钢中残余奥氏体量增加，降低钢的硬度和耐磨性。如果加热温度过低（A_{c1} 以下），得不到马氏体组织，钢的硬度达不到要求。

2. 淬火冷却介质

淬火要快冷才能获得马氏体。但冷速愈快，内应力愈大，变形和开裂的倾向愈大。根据 C 曲线可知，理想的淬火冷却介质在 C 曲线鼻尖附近（过冷奥氏体最不稳定区域）冷却能力应大，在 400℃ 以下，过冷奥氏体较稳定，冷却速度可稍慢些。但是到目前为止还没有找到一种淬火冷却介质能符合这一理想淬火冷却速度的要求。

目前生产中常用的淬火冷却介质是水和油。

（1）水　其冷却能力较强，5～10% 食盐水冷却能力更强。常用于碳钢的淬火。由于冷速较快，易使零件产生内应力、变形和裂纹等缺陷。

（2）油　其冷却能力较水弱得多。常用的有机油、锭子油、变压器油等。主要用于合金钢的淬火。

3. 淬火方法

由于淬火冷却介质不能完全满足对淬火质量的要求。所以在热处理时多从淬火方法上加以解决。最常用的淬火方法有以下两种。

（1）单液淬火法

将加热到淬火温度的钢件放入一种冷却介质冷却。该法操作简单，容易实现机械化自动化。

（2）双液淬火法

将加热到淬火温度的钢件先放入水中急冷，保证冷却曲线不与 C 曲线相交，当冷至 300℃ 左右时，立即从水中取出放入油中冷却，使马氏体转变在较慢的冷速下进行，以减少内应力。但要掌握好出水时间，操作较复杂。

（四）钢的回火

将淬火后的钢件，重新加热到 A_1 以下某一温度，保温一定时间，然后冷却至室温的热处理工艺称为回火。淬火后一般都要进行回火。

1. 回火的目的

回火的主要目的是：

（1）减少或消除淬火内应力。

（2）使钢件的强度、硬度和塑性、韧性适当的配合，获得所需要的机械性能。

（3）稳定钢件的组织和尺寸。淬火后的组织为马氏体和少量残余奥氏体，它们都是不稳定组织，能自发地向稳定组织转变，从而引起钢件性能、形状和尺寸的变化。通过回火使这些组织转变为较稳定组织，以保证钢件在使用过程中不再发生尺寸和形状的改变。

2. 回火的种类及应用

根据加热温度的不同，回火可分为以下三种：

（1）低温回火　回火温度低于 250℃，回火后的组织为回火马氏体，硬度为 58～64HRC。低温回火能降低残余应力和脆性，适当提高钢件的韧性，保持淬火后得到的高硬度。广泛用于要求耐磨的各种工具及高硬度零件。

（2）中温回火　加热温度范围为 350～500℃。回火后的组织为回火屈氏体，硬度为 35～45HRC。中温回火得到高的弹性极限，主要适用于弹簧、锻模等。

（3）高温回火　加热温度范围为 500～650℃。回火后的组织为回火索氏体，硬度为 25～35HRC（251～323HBS）。生产中常把淬火加高温回火称为调质处理。调质处理的目的是使零件具有较好的综合机械性能，即强度、塑性和韧性都比较好。广泛用于各种重要的机器零件，特别是受交变载荷的零件，如连杆、主轴、齿轮等。

高温回火得到的索氏体与一般正火得到的索氏体相比,不仅强度高,塑性和韧性也较好。这是因为调质处理得到粒状渗碳体;而正火得到片状渗碳体。

（五）钢的表面淬火

钢的表面淬火主要用于在动载荷和摩擦条件下工作的零件,这些零件要求表面具有高硬度和耐磨性,而心部有足够的强度和韧性。

表面淬火的基本原理是将零件表层以极快的速度加热到临界温度以上,而心部受热较少还来不及达到临界温度,立即快速冷却,使表层获得马氏体,心部仍保持淬火前的组织。这样,钢件便得到表层耐磨,心部韧性好的性能。

根据加热方法不同,表面淬火主要有感应加热和火焰加热两种。

1. 感应加热表面淬火法

感应加热的原理如图 2-25 所示。当感应线圈内通以交流电时,在其周围就产生交变磁场。在交变磁场作用下,钢件中感应出频率相同的交变电流。这个感应电流在钢件截面上分布是不均匀的,表面层电流密度最大,这种现象称为集肤效应。由于电流的热效应,使钢件表层在几秒到几十秒的时间内迅速加热到淬火所需的高温。

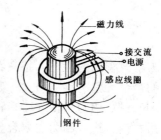

图 2-25 感应加热表面淬火原理示意图

实验研究证明,通过选用适当的电流频率可以得到不同零件所要求的淬硬层深度。如电流频率在 100～500kHz 称为高频,淬硬层深度为 0.5～2.5mm;电流频率在 500～10000Hz 称为中频,淬硬层深度为 2～10mm;电流频率为 50Hz 称为工频,淬硬层深度可达 10～20mm。

2. 火焰加热表面淬火法

火焰加热表面淬火是由乙炔—氧或煤气—氧等火焰加热零件表面。火焰温度很高,能将零件表面迅速加热到淬火温度,然后用水立即急冷。调节喷嘴的位置和移动速度,可获得不同厚度的淬硬层。

火焰表面淬火不需特殊设备,方法简便,适用于单件或小批生产的大型零件,也可用于零件的局部淬火。由于加热温度不易控制,淬火质量不稳定,故在机械制造中应用不广。

（六）钢的化学热处理

化学热处理是将钢件放入某种介质中,加热到一定温度,保温一定时间,使介质通过化学反应,分解出某一种或几种元素的活性原子渗入零件表层,改变表层化学成分和组织,从而使零件获得所需工作性能的热处理方法。

化学热处理的种类很多,常用的有渗碳和氮化两种。

1. 钢的渗碳

渗碳是向钢件的表层渗入碳原子的过程。其目的是提高零件表面硬度及耐磨性,而心部仍保持较高的韧性。

渗碳用钢一般采用低碳钢或低碳合金钢,如 15、20、20Cr、20MnB、20CrMnTi 等,以保证零件心部具有较高的塑性和韧性。渗碳后零件表层含碳量可达 0.8～1.2%,尚需进行淬火和低温回火,才能达到所需的硬度和耐磨性。

渗碳方法常用的有气体渗碳和固体渗碳两种。

常用的渗碳剂有煤油、甲苯、木炭加碳酸钡等。渗碳温度一般为900～950℃。

2. 钢的氮化

氮化是向钢件表面层渗入氮原子的过程。其目的是提高表面的硬度、耐磨性、疲芳强度和耐蚀性。

通常是把氨气通入500～560℃的氮化炉中，使其产生活性氮原子，渗入钢的表面使其形成氮化物。因此，钢中须含有能生成稳定氮化物的合金元素。通常氮化用钢为合金结构钢，如38CrMQAlA等。

§2-6 合 金 钢

为了改善钢的性能，特意在钢中加入一种或几种合金元素，这种钢称为合金钢。目前常用的合金元素有锰（Mn）、硅（Si）、铬（Cr）、镍（Ni）、钼（Mo）、钨（W）、钒（V）、铝（Al）、钛（Ti）、硼（B）、稀土元素（Re）等。根据我国的资源情况，已经建立了以含硅、锰、钼、钒、硼为主要合金元素的我国合金钢系统。

一、合金元素在钢中的作用

合金元素在钢中的作用非常复杂，不仅与钢中铁和碳两种基本元素发生作用，而且合金元素之间也相互作用，从而改变钢的组织和性能。下面仅就对性能的影响作简要说明。

（一）提高钢的机械性能

加入合金元素能提高钢的机械性能，主要是由于以下的原因：

1. 大多数合金元素均能在不同程度上溶入铁素体，形成合金铁素体，使铁素体晶格畸变，引起强度、硬度增加，而塑性、韧性有所降低（而铬、镍在一定含量范围内可使韧性增加）。

2. 与碳亲合力强的合金元素，能与碳形成碳化物（如 TiC、VC、MoC、Cr_7C_3、Fe_4W_2C 等），或溶于渗碳体形成合金渗碳体［如 $(Fe,Cr)_3C$、$(Fe,W)_3C$ 等］，这些合金碳化物和合金渗碳体一般都具有极高的硬度，在钢中起强化作用。当它们在钢中分散度愈大时，钢的强度、硬度愈高。

3. 除锰和磷外，绝大部分合金元素都不同程度地阻碍奥氏体晶粒的长大，从而细化了钢的晶粒，提高了钢的机械性能。

（二）改善钢的热处理性能

加入合金元素能改善钢的热处理性能，主要包括提高钢的淬透性和回火稳定性。

钢的淬透性是指钢在淬火后获得淬硬层深度的能力。淬火时，工件的冷却速度由外向内逐渐降低，中心部分的冷却速度有可能达不到临界冷却速度，因而得不到淬火组织而不能淬硬。钢的临界冷却速度愈低，淬硬层愈深，表明钢的淬透性愈好。

合金元素（除 Co 外）由于在奥氏体中的扩散较慢，增加了奥氏体的稳定性，因而降低了钢的临界冷却速度，使钢的淬透性增加。

合金元素对回火过程有很大影响，一般说来，合金元素能使淬火钢在回火过程中的组织分解和转变速度减慢，从而使钢的硬度随回火温度升高而下降的程度减弱，即增加了回火稳定性。

但是，某些合金钢在高温回火时，如果回火后慢冷，就会出现回火脆性。锰、铬、镍、钒等元素都能使钢出现回火脆性。对于用这类合金钢制成的中小型零件，回火后采用快速冷却，可以防止上述回火脆性的产生。

（三）使钢获得特殊性能

当向钢中加入某些合金元素达到一定限度后，钢的组织发生变化，从而具有某些特殊性能，如耐蚀性、耐热性等。

二、合金钢的分类、编号和用途

合金钢按用途可分为合金结构钢、合金工具钢和特殊性能钢三类。

（一）合金结构钢

合金结构钢主要用于制造形状复杂或截面较大，要求淬透性好，以及机械性能要求高的零件。合金结构钢主要包括普通低合金钢、渗碳钢、调质钢、弹簧钢、滚动轴承钢等。

合金结构钢的编号原则是采用"数字＋化学元素＋数字"的方法。前面的数字表示钢的平均含碳量，以 0.01％为单位，例如平均含碳量为 0.25％，则以 25 表示；合金元素用化学符号（或汉字）表示；后面的数字表示合金元素的平均含量，以 1％为单位。当合金元素的平均含量少于 1.5％时，编号中只标明元素，一般不标明含量，如果平均含量等于或大于 1.5％、2.5％、3.5％等，则相应以 2、3、4 等表示。例如，含 0.37～0.45％C、0.8～1.1％Cr 的铬钢，以 40Cr（或 40 铬）表示。

若为含硫、磷量较低（S≤0.02％、P≤0.03％）的高级优质钢，则在钢号的最后加"A"（或"高"）。例如，38CrMoAlA（38 铬钼铝高）等。

此外，为了表示某些钢的用途，在钢号的前面再附加字母。例如，滚动轴承钢在钢号前面加"G"（或"滚"），其数字表示平均含铬量，以 0.1％为单位，例如，含有 0.95～1.5％C、1.30～1.65％Cr 的滚动轴承钢，以 GCr15（滚铬 15）表示。

1. 普通低合金钢

这是一种低碳结构钢，合金元素含量较少，一般在 3％以下，但其强度显著高于相同含碳量的碳钢，因而常称它为低合金高强度钢。这种钢具有较好的韧性、塑性、可焊性和耐蚀性。目前广泛用于制造桥梁、车辆、船舶、锅炉、高压容器、钻井架、输油管道、电视塔等。常用的普通低合金钢有 09Mn2、12MnV、16Mn、16MnCu 等。其中 16Mn 钢是我国普通低合金钢中发展最早、应用广泛的钢种。例如，用 16Mn 钢制造南京长江大桥，比用 Q235 钢可节约钢材 15％左右，用 16Mn 钢制造的自行车，能减轻车体重量。

2. 渗碳钢

渗碳钢是用来制造既要耐磨、又要承受冲击载荷的渗碳零件。

常用的合金渗碳钢牌号有 20Cr、20CrMnTi、20Mn2V、20Mn2TiB 等。

3. 调质钢

调质钢用来制造一些受力复杂的重要零件。含碳量一般在 0.30～0.50％，属于中碳钢。含碳量过低，影响强度；反之则韧性不够。调质钢一般都要进行调质处理（即淬火后高温回火），才能充分发挥材料的潜力，具有良好的综合机械性能。

40Cr 是最常用的合金调质钢，其强度较同样含碳量的碳钢高 20％，并且有良好的塑性。其它常用的合金调质钢有 40Mn2、35SiMn、40CrMnSi、40MnVB 等。

4. 弹簧钢

弹簧是各种机械和仪表中的重要零件。它主要利用弹性变形时所储存的能量起到减振和回复作用。弹簧钢必须具有高的弹性、疲劳强度和足够的韧性，应进行淬火和中温回火。弹簧钢的含碳量比调质钢高，一般在 0.50～0.70% 之间。由于碳素弹簧钢（如 65、70 钢）的淬透性较差，对于截面尺寸较大、负载较重的弹簧常用 65Mn、60Si2Mn、65Si2MnWA 等合金弹簧钢制造。

5. 滚动轴承钢

滚动轴承钢主要用来制造滚动轴承的滚珠、滚柱和套圈等，要求有高而均匀的硬度、耐磨性、良好的疲劳强度和耐润滑剂腐蚀的能力，并应进行淬火和低温回火。常用的滚动轴承钢有 GCr9、GCr15、GCr15SiMn、GMnMoV 等。

部分常用的合金结构钢牌号、性能和用途，见表 2-7。

部分常用合金结构钢牌号、性能和用途　　　　　表 2-7

牌号	热处理	毛坯尺寸 (mm)	机械性能				应用举例
			σ_b (MPa)	σ_s (MPa)	δ_5 (%)	HRC	
16Mn	供应状态（热轧）	≤16	520	350	21		船舶、桥梁、车辆、大型容器、大型钢结构、起重机械
20Cr	渗碳、淬火 200℃回火	15	850	550	10	表面层 60～65	齿轮、小轴、活塞销
20CrMnTi	渗碳、淬火 200℃回火	15	1100	850	10	表面层 60～65	汽车、拖拉机上的变速箱齿轮
35SiMn	淬火 590℃回火	25	900	750	15		除低温(-20℃)韧性稍差外，可全面代替 40Cr
40Cr	淬火 500℃回火	25	1000	800	9		作重要调质件如轴类、连杆、螺栓、进气阀和重要齿轮
60Si2Mn	淬火 460℃回火		1300	1200	$\delta_{10}=5\%$		截面≤25mm 的弹簧，如车辆板簧、缓冲卷簧
GCr15	淬火 150～160℃回火					62～66	小型滚动轴承

（二）合金工具钢

合金工具钢的编号原则和合金结构钢类似，其区别在于平均含碳量以 0.1% 为单位，而平均含碳量≥1% 时不予标出（高速钢例外，含碳量<1% 时也不标出）。例如，含有 0.85～0.95%C、1.20～1.60%Si、0.95～1.25%Cr 的硅铬钢，以 9SiCr（或 9硅铬）表示；含有 1.30～1.50%C、1.30～1.60%Cr、0.45～0.75%Mn 的铬锰钢，以 CrMn（或铬锰）表示。

合金工具钢常用于制造形状复杂、截面尺寸大、精度要求高的工具，以及要求高温下仍保持高硬度和耐磨性的刀具和模具。

合金工具钢按用途可分为刃具钢、模具钢和量具钢。常用的刃具钢有 W18Cr4V、9SiCr、

9Mn2V 等,常用的模具钢有 5CrMnMo、5CrNiMo、Cr12、Cr12MoV、3Cr2W8V 等,常用的量具钢有 CrMn、CrWMn 等。

(三) 特殊性能钢

特殊性能钢是指具有特殊的物理、化学性能的钢,如不锈钢、耐热钢等。其编号方法与合金工具钢相同。

1. 不锈钢

不锈钢具有抵抗空气、水、酸、碱或其它介质腐蚀作用的能力。

腐蚀是金属在外部介质作用下逐渐破坏的过程,一般包括化学腐蚀和电化学腐蚀两种。

钢在高温下的氧化属于典型的化学腐蚀;电化学腐蚀是由于金属在电解质溶液中形成原电池或微电池,发生电化学作用而引起的。腐蚀过程中有电流产生,受到腐蚀的是电极电位较低、成为阳极的金属。金属在大气条件下的锈蚀属于电化学腐蚀。

为提高金属的耐蚀性,原则上可采用下列方法:使金属表面形成致密的氧化膜,将金属与外部介质隔绝;尽可能使金属具有单一组织,因为单一组织的耐蚀性比机械混合物组织高;提高金属的电极电位,减少两极的电位差,以抑制电化学腐蚀过程。

为达到上述目的,一般在钢中加入较多数量的铬、镍等合金元素。实践证明,在钢中加入 13%Cr 后,可使其电极电位由 $-0.56V$ 突然升高至 $0.2V$。在加入铬的同时加入镍,可形成单一奥氏体组织,也可显著提高耐蚀性。常用的不锈钢牌号有:铬不锈钢如 1Cr13、2Cr13、3Cr13、4Cr13 等和铬镍不锈钢如 1Cr18Ni9、1Cr18Ni9Ti 等。铬镍不锈钢无磁性,其耐蚀性、塑性和韧性均较铬不锈钢好,并且有良好的焊接性能,因此应用较广泛。

2. 耐热钢

耐热钢是指在高温下抗氧化,并且有一定高温强度的钢。

钢中加入足够的铬、硅、铝等合金元素后,能生成致密的高熔点的氧化膜(Cr_2O_3、SiO_2、Al_2O_3 等),以保护钢不受高温气体的继续氧化,如钢中加入 12%Cr,抗氧化温度可达 800℃,加入 30%Cr,则可达 1100℃。钢中加入钨、钼、钒等合金元素能明显地提高钢的高温强度。

常用的耐热钢牌号有 15CrMo、12CrMoV、4Cr9Si2、4Cr10Si2Mo 等。此外,1Cr18Ni9Ti 不锈钢亦具有较好的高温强度和抗氧化能力,故也可作为耐热钢使用,可用于温度达 650℃ 的过热器管等。

15CrMo 和 12CrMoV 是典型的锅炉钢,分别用来制造壁温≤510℃的蒸汽导管、热交换器等。4Cr9Si2 和 4Cr10Si2Mo 是我国目前应用最多的两种气阀用钢,分别用作在 700℃ 和 750℃ 以下工作的内燃机的排气阀。

§2-7 铸 铁

铸铁是含碳量大于 2.11% 的铸造铁碳合金,并含有硅、锰和少量的磷、硫等杂质元素。铸铁中的碳可以呈化合状态的渗碳体(Fe_3C)存在;也可以呈游离状态的石墨形式存在。根据碳在铸铁中存在形式及石墨形态的不同,铸铁可分为:白口铸铁、灰口铸铁、可锻铸铁、球墨铸铁等。

白口铸铁断口呈银白色,性能硬而脆,很难进行切削加工,所以工业上应用很少。下面主要介绍其余三种铸铁。

一、灰口铸铁

灰口铸铁中的碳大部或全部以片状石墨形式存在。

(一) 铸铁的石墨化及其影响因素

碳以石墨形式析出的现象称为石墨化。影响铸铁石墨化的因素主要有铸铁的化学成分和冷却速度。

1. 化学成分的影响

碳和硅是强烈地促进石墨化的元素。碳、硅含量愈高，愈易石墨化。硫是强烈阻止石墨化的元素。锰也是阻止石墨化的元素，但它与硫有很大的亲合力，在铸铁中能与硫形成 MnS，减弱硫对石墨化的有害作用。

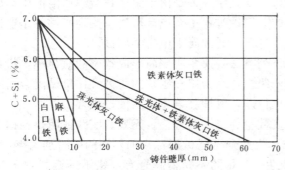

图 2-26 化学成分（C+Si）%和铸件壁厚对铸铁组织的影响

2. 冷却速度的影响

冷却速度对铸铁石墨化的影响也较大，冷却速度愈慢，愈有利于石墨化。化学成分和冷却速度（铸件壁厚）对铸铁组织的综合影响如图 2-26 所示。

(二) 灰口铸铁的组织与性能

由于化学成分和冷却条件的不同，灰口铸铁中可出现三种不同基体的灰口铸铁：铁素体灰口铸铁（铁素体基体＋石墨）、铁素体——珠光体灰口铸铁（铁素体和珠光体为基体＋石墨）、珠光体灰口铸铁（珠光体基体＋石墨）。其显微组织如图 2-27 所示。其中黑色片状为石墨。

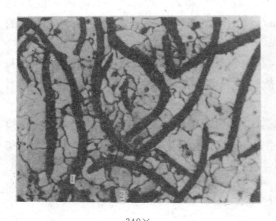
340×
1—石墨；2—铁素体

340×
1—石墨；2—珠光体

图 2-27 灰口铸铁的显微组织

灰口铸铁的组织相当于在钢的基体上加上片状石墨。石墨的强度、硬度很低（$\sigma_b \approx 0$，HBS＝2～6），石墨的存在相当于钢的基体上有许多细小的裂纹，破坏了基体组织的连续性。因此灰口铸铁的抗拉强度及疲劳强度低，塑性、韧性很差。石墨愈多，片状石墨愈粗大，分布愈不均匀，机械性能愈低。此外基体组织对铸铁强度也有一定影响，珠光体基体灰口铸铁强度最高。

石墨虽然降低了铸铁的机械性能，但却使铸铁获得了许多钢所不及的优良性能。如灰口铸铁具有良好的切削加工性、减磨性、减震性和铸造性等。

由于灰口铸铁有上述优良性能，再加上价格便宜，因此应用广泛。如承受压力和要求消震性的床身、机架和受摩擦的导轨等零件及许多机械性能要求不高而形状复杂的零件均采用灰口铸铁制造。

(三) 灰口铸铁的牌号和用途

我国1985年制定的灰口铸铁国家标准中，灰口铸铁的牌号用灰铁汉语拼音字首"HT"，再加上数字表示。例如HT200，200表示抗拉强度不小于200MPa。

灰口铸铁的牌号、性能及主要用途见表2-8。

灰口铸铁的牌号、性能及主要用途　　　　　　　　表2-8

灰口铸铁牌号	抗拉强度(MPa) 不小于	硬 度(HBS)	主　要　用　途
HT100	100	143～229	受力很小，不重要的零件，如盖、手轮、重锤等
HT150	150	163～229	一般受力不大的铸件，如底座、刀架座、普通机器座等
HT200 HT250	200 250	170～241	机械制造中较重要的零件，如机床床身、齿轮、划线平台、冷冲模上托、底座等
HT300 HT350	300 350	187～255 197～269	要求高强度、高耐磨性、高气密性的重要铸件，如重型机床床身、机架、高压油缸、泵体等

注：抗拉强度值均是以直径30mm试棒测得。

二、可锻铸铁

可锻铸铁是由白口铁铸件经长时间退火而获得的一种高强度铸铁。

可锻铸铁中的石墨呈团絮状分布在铁素体（图2-28a）或珠光体（图2-28b）的基体上。由于石墨呈团絮状，对基体的割裂作用大大减轻，因此强度和韧性得到较大的改善。但可锻铸铁并不能锻造。按热处理条件不同，可分为黑心可锻铸铁和白心可锻铸铁两类。白心可锻铸铁，由于韧性差，退火周期长等原因，应用较少。部分黑心可锻铸铁的牌号和性能见表2-9。

部分可锻铸铁的牌号及机械性能　　　　　　　　表2-9

牌　号	抗拉强度 σ_b (MPa) 不小于	延伸率 $\delta\%$ ($l_0=3d$) 不小于	硬 度(HBS)	应 用 举 例
KTH300—06 KTH370—12	300 370	6 12	不大于150 不大于150	汽车拖拉机零件，如后桥壳、轮壳、转向机构壳体；某些机床附件；管接头、低压阀门等
KTZ450—06 KTZ700—02	450 700	6 2	150～200 240～290	曲轴、连杆、齿轮、凸轮轴、摇臂等

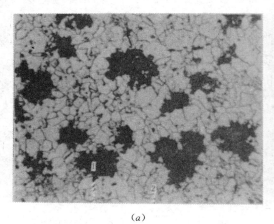

(a) 200×
1—石墨；2—铁素体

(b) 340×
1—石墨；2—珠光体

图 2-28 可锻铸铁的显微组织

牌号中"KTH"表示铁素体黑心可锻铸铁；"KTZ"表示珠光体黑心可锻铸铁。牌号后面的两组数字，第一组数字表示最低抗拉强度，第二组数字表示最低延伸率。

由于可锻铸铁比灰口铸铁具有较高的强度和韧性，因此常用于制造形状较复杂、尺寸较小而承受冲击、振动的薄壁小零件。如蒸汽管、自来水管接头、汽车拖拉机后桥外壳、低压阀门等。可锻铸铁生产过程中，对原材料要求较严格，生产周期长，成本较高，某些可锻铸铁件目前已被球墨铸铁所代替。

三、球墨铸铁

球墨铸铁是将灰口铁水经球化处理和墨化处理后而得到的。球化处理是在铁水出炉时加入少量球化剂和墨化剂，使石墨呈球状析出。我国目前使用较普遍的球化剂为稀土-镁合金。由于镁是强烈阻止石墨化的元素，易使铸铁成白口，所以还应加入适量的墨化剂——硅铁，以促进石墨化。

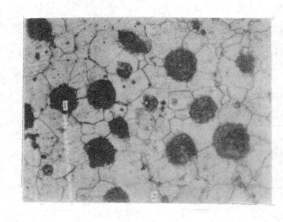

200×
图 2-29 球墨铸铁的显微组织
1—石墨；2—铁素体

球墨铸铁的基体也有铁素体、铁素体＋珠光体和珠光体三种类型。在铸态下，球墨铸铁的基体一般是铁素体加珠光体。若要得到铁素体球墨铸铁或珠光体球墨铸铁，常需通过热处理。图 2-29 为铁素体基体的球墨铸铁的显微组织。

球状石墨对基体的割裂作用大为减弱，因此机械性能较灰口铸铁大大提高，同时塑性、韧性也大为改善，故球墨铸铁可以代替某些铸钢、锻钢和有色金属，制造高负荷、受磨损和冲击作用的重要零件，如曲轴、蜗轮、大齿轮等。

部分球墨铸铁的牌号和性能见表 2-10。

球墨铸铁牌号用"QT"表示，其后面两组数字分别表示最低抗拉强度和最低延伸率。

部分球墨铸铁的牌号和机械性能　　　表 2-10

牌 号	基 体	σ_b (MPa)	δ (%)	硬 度 (HBS)
		不 小 于		
QT400—18	铁素体	400	18	≤130～180
QT500—7	铁素体＋珠光体	500	7	170～230
QT600—3	珠光体	600	3	190～270
QT800—2	珠光体	800	2	245～335

§2-8　有色金属及其合金

除黑色金属（钢、铁）以外的其它金属与合金统称有色金属。但由于它们具有许多特殊的性能，所以也得到了广泛的应用。有色金属种类很多，本节仅就常用的铝及其合金、铜及其合金作简单介绍。

一、铝及其合金

铝及其合金的比重小，具有较高的导电性、导热性和抗腐蚀性。铝及其合金塑性好，可进行冷变形，也可进行铸造。

（一）纯铝

纯铝可分为高纯铝及工业纯铝两大类，前者供科研及制作电容器等特殊需求用，纯度可高达 99.996～99.999％。工业纯铝根据杂质含量有八个牌号，分别用 L_1、L_2、L_3、L_4、L_{4-1}、L_5、L_{5-1}、L_6 表示，其中"L"是"铝"的汉语拼音字首，序号表示纯度，序号数愈大，则纯度愈低。工业纯铝主要用来制作电线电缆、器皿及配制合金用。

纯铝的强度很低，不能作为结构材料使用。

（二）铝合金

铝与硅、铜、镁、锌等元素组成的合金称为铝合金。

图 2-30 为铝合金相图的一般类型。位于 D' 点左侧的合金，加热时均可得到单一固溶体，塑性好，适于压力加工，故称形变铝合金。位于 D' 右侧的合金出现共晶体，塑性较差，适于铸造，故称为铸造铝合金。

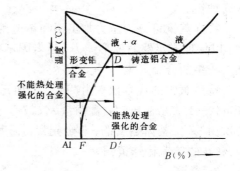

图 2-30　铝合金相图的一般类型

形变铝合金中，成分在 F 点左侧的合金其固溶体成分不随温度而变化，属于不能热处理强化的铝合金；成分在 FD' 之间的合金，其固溶体成分随温度而改变，有溶解度变化，属于能热处理强化的铝合金。

形变铝合金按性能及用途分为防锈铝合金、硬铝合金、超硬铝合金、锻造铝合金等几类。牌号分别用汉语拼音字首加序号组成，如 LF5、LC4、LD6 等。

铸造铝合金按主要合金元素不同，可分为四类：Al—Si 铸造铝合金；Al—Cu 铸造铝合金；Al—Mg 铸造铝合金；Al—Zn 铸造铝合金，表示代号为 ZL×××。"ZL"为"铸铝"汉语拼音字首,第一位数字表示合金类别,如"1"表示铝硅系;"2"表示铝铜系;"3"表示铝镁系;"4"表示铝锌系;第二、三位数字表示合金的顺序号。如ZL101为1号铸造铝硅合金(其牌号为ZAlSi7Mg),ZL203为3号铝铜合金(其牌号为ZAlCu4),ZL301为1号铝镁合金(其牌号为ZAlMg10),ZL401为1号铝锌合金(其牌号为ZAlZn11Si7)。

二、铜及其合金

铜及其合金具有良好的导电性、导热性;铜还是抗磁物质。铜及某些铜合金塑性较好,容易冷、热成型。铜合金大多具有良好的减摩性和较好的铸造性能。

(一) 纯铜(紫铜)

纯铜一般分为两大类:工业纯铜和无氧铜。工业纯铜按杂质的含量又分为三种,其代号分别为 T_1、T_2、T_3 表示。"T"为"铜"的汉语拼音字首,序号愈大,纯度愈低。无氧铜含氧量极低,其代号为TU1、TU2。

纯铜因强度低,不宜直接作结构材料。

(二) 铜合金

常用的铜合金可分为黄铜、青铜两大类。

1. 黄铜

黄铜是以锌为主要添加元素的铜合金。按其化学成分可分为普通黄铜和特殊黄铜两大类,按其生产方法的不同又可分为压力加工黄铜和铸造黄铜两大类。

普通黄铜是铜和锌组成的合金。一般说来普通黄铜具有较高的强度,良好的塑性及耐蚀性,价格低廉,应用较广泛,其代号用黄铜的汉语拼音字首"H"加数字表示,数字代表平均含铜量。例如H68表示普通黄铜,平均含铜量为68%,余量为锌。

特殊黄铜是在铜锌合金中再加入其他合金元素所组成的铜合金。常加入的合金元素有铅、锡、铝、锰、硅、镍等。分别称为黄铜铅、锡黄铜、铝黄铜等。加铅可改善黄铜的切削加工性。加铝、锡、镍、锰、硅等可提高强度、硬度及耐蚀性。锡黄铜具有较高的抗海水腐蚀性。

特殊黄铜可分为压力加工用和铸造用两种,前者加入合金元素较少,使之溶入固溶体中,以保证有足够的变形能力。后者因不要求有很高的塑性,为了提高强度和铸造性能,可加入较多的合金元素。

特殊黄铜的代号依次由"H"、主加元素符号、铜百分含量、合金元素百分含量组成。如HSn62—1表示锡黄铜,含铜量为62%,含锡量为1%,余量为锌。若为铸造黄铜则其牌号依次由"Z"、基体金属铜、合金元素符号及百分含量,如ZCuZn31Al2为约31%Zn、2%Al、67%Cu的铸造特殊黄铜。

2. 青铜

青铜是除黄铜以外的铜合金。其中含锡的称锡青铜;不含锡的则称无锡青铜或特殊青铜,如铝青铜、硅青铜、铍青铜、铅青铜、锰青铜等。

青铜一般具有较高的耐蚀性、较高的导电性、导热性及良好的切削加工性。

青铜也分为压力加工用和铸造用两大类。

青铜的代号依次由"Q"(青字汉语拼音字首)、主加元素符号、主加元素的百分含量、其他元素含量组成。例如QSn4—3表示含锡4%,其他元素3%,余量为含铜量。若是铸造用青铜,代号之前加"Z"字。

§2-9 非金属材料

金属材料虽然具有某些优良的性能，但仍不能满足密度小、耐蚀性、电绝缘性和一些特殊的要求。生产中有时还要采用非金属材料（如塑料、橡胶、陶瓷等）和复合材料。下面简要介绍几种非金属材料和复合材料。

一、塑料

塑料是由树脂和添加剂组成。树脂是组成塑料的最基本成分，在塑料中起粘结作用，它不仅决定塑料的类型（热塑性或热固性），而且还决定塑料的主要性能（物理、化学性能，机械性能及电性能等）。添加剂是为了改变塑料的性能而加入的其它成分。

塑料的种类很多，分类方法也不相同。通常按塑料受热后的性质分为热塑性塑料和热固性塑料两大类。

（一）热塑性塑料

这类塑料加热时软化并熔融，成为可流动的粘稠液体，冷却后成型并保持所得形状；若再加热，又可软化并熔融，可反复多次。属于此类的塑料见表2-11。

部分常用热塑性塑料的特点和用途 表 2-11

名称、代号	主要特性	用途
聚乙烯（PE）	耐腐蚀性和电绝缘性好，高压聚乙烯的柔顺性，透明性较好；低压聚乙烯强度较高，耐寒性良好	高压聚乙烯：制薄膜 低压聚乙烯：做耐蚀件、绝缘件、涂层
聚丙烯（PP）	比重小（约0.9），强度、硬度比低压聚乙烯高，耐热性好，可在100℃左右工作，耐蚀性、高频绝缘性好，且不受湿度影响。但低温发脆，不耐磨、易老化	可做一般孔械零件（如齿轮、接头）、耐蚀件（如泵叶轮、化工管道、容器）、绝缘件（如表面涂层、录音带）
丙烯腈-丁二烯-苯乙烯共聚体（ABS）	兼有三组元的共同性能，坚韧、质硬、刚性好，耐蚀性、电绝缘性、成型加工性好	做一般机械的减摩、耐磨及传动件，如凸轮、齿轮、电机外壳
聚酰胺（尼龙，PA）	有坚韧、耐磨、耐疲劳、耐油、耐水等综合性能。但吸水性大，成型收缩不稳定	做一般机械零件，减摩、耐磨及传动件。如轴承、齿轮、凸轮、铰链；尼龙纤维做降落伞、潜水服
聚甲基丙烯酸甲酯（PMMA）	又称有机玻璃，透明性好，着色性好，耐热性低，长期使用温度只有75～80℃	制造透明件与装饰件，如飞机机舱，灯罩，光学镜头，电视，雷达屏幕
聚甲醛（POM）	有优良的综合机械性能，突出的冲击强度，尺寸稳定性高，减摩、耐老化性能良好，吸水性小，可在104℃下长期工作，遇火易燃烧，在大气中易老化	制减摩、耐磨及传动件。如轴承、滚轮、齿轮、线圈骨架
聚砜（PSF）	优良的耐热、耐寒、抗蠕变及尺寸稳定性，耐酸、碱和高温蒸汽。可在-65～+150℃下长期工作；聚芳砜可在-240～+260℃下使用，且耐辐射、硬度高，可电镀金属、涂金属	制高强度、耐热、绝缘、减摩、耐磨及传动件（如齿轮、凸轮、接触器） 聚芳砜还可用于低温件

（二）热固性塑料

这类塑料受热后软化，成型后保持所得形状。这种变化不仅有物理变化（塑化），还有化学变化（固化）。而且树脂变化前后的性能完全不同。所以这种变化是不可逆的。属于此类的塑料见表2-12。

常用热固性塑料的特点和用途　　　　表 2-12

名称	主要特性	用途
酚醛塑料	优良耐热、绝缘、化学稳定性及尺寸稳定性和抗蠕变性均优于许多热塑性塑料。电性能及耐热性随填料而定	主要为塑料粉。常用做一般机械零件、耐蚀零件及水润滑轴承
氨基塑料	优良的电绝缘性，耐电弧性好，硬度高、耐磨，耐油脂及溶剂，难燃、自熄，着色性好，对光稳定	主要为塑料粉。常做一般机械零件、绝缘件和装饰件
环氧塑料	在热固性塑料中强度较高，电绝缘性优良，化学稳定性好。因填料不同，性能有所差异	主要为浇铸料，制塑料模、电气、电子元件及线圈的灌封与固定，及修复机件
有机硅塑料	优良的电绝缘性能，高电阻，高频绝缘性能好，可在180～200℃长期使用，憎水性好，防潮性强，耐辐射，耐臭氧，也耐低温	浇铸料，用于电气、电子元件及线圈的灌封与固定，塑料粉，用于压制耐热件、绝缘件

二、橡胶

（一）橡胶的特点及应用

橡胶是天然或人造的高分子材料。橡胶制品是在纯橡胶中加入各种配合剂，经过硫化处理所得到的产品。

橡胶具有高弹性，优良的伸缩性和积储能量的能力。另外，橡胶还有良好的耐磨性、隔音性和电绝缘性。

橡胶的特性与配合剂的种类、硫化工艺等密切相关。

橡胶制品用途很广。除经常看到的轮胎外，在机械行业中，经常用来做密封件、减振、防振件；各种导线、电缆及电机绝缘等。此外，还可制成耐辐射、制动、导磁等特性的橡胶制品。

（二）橡胶的种类

根据原材料来源不同，橡胶可分为天然橡胶和合成橡胶。

1. 天然橡胶

天然橡胶的主要成分是聚异戊二烯。天然橡胶的强度和弹性比多数合成橡胶好，但耐热老化性和耐大气老化性能较差，不耐臭氧、油类和有机溶剂，易燃。

天然橡胶可用硫磺作硫化剂。当其用量少时橡胶较柔软；若用量多时，橡胶就会丧失弹性，这种橡胶称为硬橡胶，其强度较高，电绝缘性好，对化学药品比较稳定。

天然橡胶制品常见的有轮胎、电线电缆的绝缘层以及通用橡胶制品等。

2. 合成橡胶

合成橡胶种类很多，现介绍以下几种：

（1）丁苯橡胶　它是由70～75％的丁二烯和25～30％的苯乙烯聚合而成。

丁苯橡胶耐热性比天然橡胶好，并有良好的耐磨性和绝缘性，是应用最广泛的合成橡胶之一。但加工性和自粘性不如天然橡胶，其它物理性能与天然橡胶接近，是天然橡胶理想的代用品。适于制造轮胎、胶鞋、胶布、胶管等制品。

（2）氯丁橡胶　它是由氯丁二烯聚合而成。氯丁橡胶的机械性能与天然橡胶相近、耐氧、耐臭氧性能及耐油、耐溶剂性较好。但比重大、成本高、电绝缘性差、加工时易粘辊、烧焦和粘模。常用来做胶管、胶带、电缆胶粘剂和门窗嵌条等。

（3）聚氨酯橡胶　是由氨基甲酸酯聚合而成，它属于特种橡胶。聚氨酯橡胶耐磨性、耐油性好；但耐水、酸、碱性差，摩擦易生热。常用来做胶辊、实心轮胎、同步齿形带及耐磨制品。

（4）硅橡胶　它是有机硅聚合物。硅橡胶耐热、耐寒、导热、散热性好，透气性极高。但常温强度低，耐油、耐溶剂性差。主要用来做绝缘、密封、胶粘及保护材料。

（5）氟橡胶　氟橡胶品种较多，如偏二氟乙烯和全氟丙烯的共聚物等。这类橡胶的特点是耐热、耐油、耐有机溶剂及耐化学药品性能好，耐臭氧和老化性能也很好。但高温机械性能差、耐寒性差。主要用来做特种电线、电缆的护套材料及用于有机溶剂和化学药品腐蚀的场合。

三、陶瓷材料

陶瓷是一种无机非金属材料，在机械工程中主要作为结构材料和工具材料。

（一）陶瓷的分类

按着成分、性能和用途陶瓷材料分为普通陶瓷和特种陶瓷，普通陶瓷见表 2-13。

（二）常用工业陶瓷

常用工业陶瓷见表 2-13。

普通及常用工业陶瓷的名称、性能和用途　　　　表 2-13

名　称	性　能　特　点	用　途　举　例
普通陶瓷	这类陶瓷质地坚硬，不氧化生锈，耐腐蚀，不导电，能耐一定高温，成本低，加工成型性好。但强度低，只能承受 1200℃高温	广泛用于电气、建筑、化工等行业。例如用于受力不大，温度较低，且在酸碱介质中工作的容器、反应塔、管道等，供电系统的绝缘子等
氧化铝陶瓷	以 Al_2O_3 为主要成分的陶瓷，强度高，硬度高，耐高温可达 1600～1980℃，高温下蠕变很小，耐酸碱腐蚀，绝缘性好。但脆性大	制高温容器及火花塞，切削刀具，耐磨零件等
氮化硅陶瓷	具有良好的化学稳定性除氢氟酸外，能耐各种酸碱的腐蚀。硬度高，良好的电绝缘性、耐磨性、自润滑性，使用温度比 Al_2O_3 低	制作高温轴承，热电偶套管，叶片，切削刀具，用于耐磨的密封环
碳化硅陶瓷	高温强度大，其抗弯强度在 1400℃下仍保持 500～600MPa，较高的热传导能力，良好的热稳定性、耐磨性、耐蚀性和抗蠕变性	制作火箭尾喷管，浇注用喉嘴以及热电偶套管等较高温度的结构材料
氮化硼陶瓷	具有良好的耐热性，热稳定性，是良好的高温绝缘材料和散热材料，化学稳定性好，自润滑性好，但硬度低	制作热电偶套管，散热绝缘零件，模具及金属切削的磨料及刀具

四、复合材料

由两种或两种以上物理、化学性质不同的物质,经人工组合而成的多相固体材料,称为复合材料。复合材料可以改善或克服单一材料的弱点,充分发挥其优点,并得到单一材料不易具备的性能和功能。常见的钢筋混凝土、玻璃钢等就是复合材料。

(一) 复合材料的分类

按基体分类:分为非金属基体(高聚物、陶瓷等)和金属基体两大类。

按增强相的种类和形状分类:分为颗粒复合材料、层叠复合材料和纤维增强复合材料。

按性能分类:分为结构复合材料和功能复合材料。

(二) 常用复合材料

1. 纤维增强复合材料

纤维增强复合材料主要包括:玻璃纤维复合材料(玻璃钢),由玻璃纤维和树脂复合而成;碳纤维复合材料(碳纤维树脂复合材料、碳纤维金属复合材料、碳纤维陶瓷复合材料);硼纤维复合材料(硼纤维树脂复合材料、硼纤维金属复合材料)。

2. 层叠复合材料

层叠复合材料是由两层或两层以上不同材料复合而成。常见的有:双层金属复合材料,如不锈钢——碳素钢复合钢板、合金钢——碳素钢复合钢板等;塑料——金属多层复合材料,如 SF 型三层复合材料,以钢为基体,烧结铜网或铜球为中间层,表层为塑料的自润滑复合材料作无油润滑条件下的轴承;夹层结构复合材料,由两层薄而强的面板,中间夹着一层轻而弱的芯子组成,这样既减轻了自重又得到隔热、隔声、绝缘等性能。

3. 颗粒复合材料

颗粒复合材料是由一种或多种材料的颗粒均匀分散在基体材料内所组成的材料。常见的有:金属陶瓷,将陶瓷颗粒分散在基体金属中;石墨——铝合金颗粒复合材料,将石墨颗粒悬浮于铝合金液中,浇注为铸件,就是良好的轴承材料。

习　题

2-1　什么是金属材料的机械性能?主要包括哪几项?各自的定义和代表符号是什么?

2-2　15 钢从钢厂出厂时,其机械性能指标应不低于下列数值(按 GB699—88) $\sigma_b=375\text{MPa}$、$\sigma_s=225\text{MPa}$、$\delta_5=27\%$、$\psi=55\%$,现将本厂购进的 15 钢制成 $d=10\text{mm}$ 圆形截面短试件($l_0=50\text{mm}$),经过拉伸试验后,测得 $F_b=33.81\text{kN}$、$F_s=20.68\text{kN}$、$l_1=65\text{mm}$、拉断后的最小直径 $d=6\text{mm}$,试问这批 15 钢机械性能是否合格?

2-3　什么是铁素体、奥氏体、珠光体和渗碳体?主要性能如何?

2-4　默画 Fe—Fe_3C 相图,说明图中特性点、线的含义,并填写各区域的组织组成物。

2-5 根据铁碳相图确定下列三种钢在所指定的温度时显微组织的名称。

钢 牌 号	温 度 ℃	显微组织名称	温 度 ℃	显微组织名称
20	770		600	
T8	680		770	
T10A	700		770	

2-6 选择下列钢件的热处理方法，并指出它们的组织。
(1) 45 钢制轴；(2) T8 钢制凿子；(3) 65Mn 钢制弹簧。

2-7 有两个 T10 钢制薄试样，分别加热到 780℃和 860℃，然后保温相同时间，再以大于临界冷却速度冷至室温，试问：
(1) 哪个温度淬火后晶粒粗大；
(2) 哪个温度淬火后马氏体含碳量较多；
(3) 哪个温度淬火后未溶碳化物较少；
(4) 哪个温度淬火后残余奥氏体量较多；
(5) 哪个温度淬火合适？为什么？

2-8 试说出下列牌号各代表什么钢以及牌号中数字和字母符号的含义。
20Cr、40Cr、55Si2Mn、GCr15、9SiCr、Cr12、1Cr18Ni9。

2-9 合金钢为什么常在油中淬火？在油中淬火有何优点？

2-10 为了制作：(1) 渗碳零件 (2) 调质零件 (3) 弹簧 (4) 冷冲模，在下列钢中正确选择所需要的钢号。并说明所选钢号的大致成分和应采用的最终热处理的名称。
40Mn2、16Mn、W18Cr4V、5CrNiMo、Cr12MoV、15Cr、60Si2Mn。

2-11 灰口铸铁、可锻铸铁、球墨铸铁牌号如何表示，各举一例说明并比较其性能。

2-12 指出下列牌号（或代号）具体合金名称，并说明字母和数字的含义。
LF21；ZL102；H68；ZCuZn16Si4。

第三章 铸 造

熔炼金属,制造铸型,并将熔融金属浇入铸型,凝固后获得一定形状和性能铸件的成形方法称为铸造。其实质是金属在熔融状态下成形。

铸造的主要优点是可生产形状复杂和大型的零件,如气缸体、箱体、机床床身等;工业中常用的金属材料都可用铸造方法制造毛坯,而且其质量可小至几克,大至数百吨;此外,铸造所用的原材料来源广泛,设备投资较少,铸件的成本低。

铸造存在的主要缺点是铸件的质量不够稳定,废品率较高,同种金属材料若制成铸件,其机械性能不如锻件高。铸造工序多,劳动条件较差。随着铸造合金材料和铸造技术的不断发展,这些缺点正在逐步克服。

铸造可分为砂型铸造和特种铸造两大类。其中,砂型铸造是最基本的铸造方法,应用最为广泛。

§3-1 砂型铸造

用型砂紧实成型的铸造方法称为砂型铸造。目前,用砂型铸造方法生产的铸件,约占铸件总产量的80%以上。

一、砂型铸造的基本工艺过程

砂型铸造的生产工艺过程如图3-1所示。

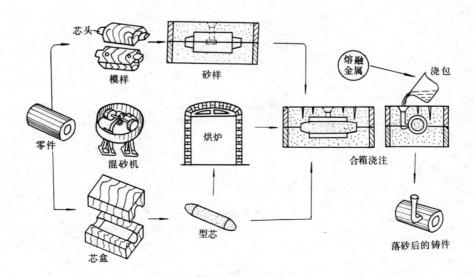

图3-1 砂型铸造生产工艺过程

主要工序为制造模样与型芯盒、制备型砂与型芯砂、造型、造芯（必要时需烘干）、装配铸型、熔化金属与浇注、铸件清理与检验等。大量生产时，造型、造芯等基本工序采用机械化操作，是按流水作业进行的，如图 3-2 所示。

二、型砂和型芯砂

铸型一般是用型砂按模样制作的砂

图 3-2　造型—浇注—落砂流水线

样和由型芯砂用芯盒作出的型芯组装而成的，在浇注时与高温熔融金属相作用。因此，型（芯）砂性能的优劣，对铸件的质量影响很大。据统计，半数左右的铸造缺陷是由型（芯）砂的性能不良引起的。为适应造型（芯）、浇注和铸件收缩等生产过程的需要，确保铸件质量，对型（芯）砂要有可塑性、耐火性、适度的强度、良好的排气性和能在铸件收缩时易被压溃的溃散性等方面的性能要求。

型（芯）砂主要是由原砂（天然砂）、粘结剂等原材料混制而成。

型（芯）砂的种类很多，一般常以粘结剂命名。如粘土砂、油砂、合脂砂、树脂砂、水玻璃砂和双快水泥砂等。其中，粘土砂、油砂应用最广。

粘土砂是以普通粘土或膨润土（陶土）作粘结剂与原砂加水混制，并常加一定比例的煤粉和木屑，以防粘砂和提高型砂的溃散性。

油砂是用植物油（桐油、亚麻仁油等）作粘结剂的型（芯）砂。油砂工艺性能好，溃散性高，适用于制造复杂的型芯，但成本高。合脂砂是用制皂工业的副产品——提取合成脂肪酸后剩余的残渣（简称合脂），稀释后作粘结剂的型（芯）砂。合脂砂的性能与油砂相近，价格低廉，作为油砂的代用品在生产中得到迅速的推广。

型（芯）砂的选用，应根据不同的铸造合金、铸件重量和铸型种类等具体因素，进行综合考虑。

三、模样和芯盒

模样与芯盒是用来形成铸型型腔和制造砂芯所用的工艺装备。单件小批生产中，广泛采用木材来制作；在大批大量生产时，常用铝合金和塑料制作模样与型芯盒。

模样、芯盒的形状，不仅要与铸件的外形和内腔形状分别相适应，还需要从保证铸件质量及工艺方便等方面考虑，主要有如下的要求：

（一）分型面的确定

铸型组元间的接合面称为分型面（如两箱造型中的上型与下型的接合面）。确定分型面的方法，应在保证铸件质量的前提下，以工艺操作方便为出发点。

一般情况下，浇注时处于上部位置的部分，铸造缺陷要比下面多。所以，在确定分型面时，通常要考虑将铸件重要的加工面或性能要求高的部位，置于下面或侧面进行浇注。

图 3-3 所示为起重机卷扬筒铸件分型面的两种选择方案，为保证筒壁性能的均匀一致，(b) 方案是合理的。

（二）加工余量

为保证铸件加工面尺寸和零件精度，在铸件工艺设计时预先增加而在机械加工时切去

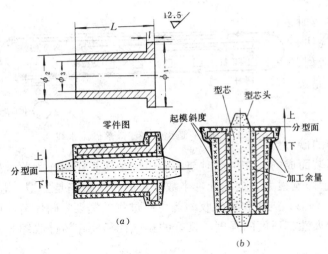

图 3-3 起重机卷扬筒铸件的分型面选择方案
(a) 在对称中心分型；(b) 在大端面分型

的金属层厚度称为加工余量。其值大小，应根据铸造合金、待加工面位置、铸件大小、复杂程度及零件加工精度要求等具体确定。一般小型铸件的加工余量为 2～6mm。

（三）起模斜度和铸造圆角

为使模样容易从铸型中取出或型芯自芯盒脱出，平行于起模方向在模样或芯盒壁上的斜度称为起模斜度。其值大小，是由起模深度、模样和芯盒的材料、造型（芯）方法等因素来确定，起模斜度通常为 0.5～4°。

铸造圆角指铸件两表面相交处的圆弧过渡。铸造圆角可使造型时不易损坏铸型，并可改善铸件转角处的机械性能，避免产生缩孔和裂纹等缺陷。铸造圆角半径一般为 3～10mm。

（四）收缩余量

铸件在冷却过程中要产生收缩。为了补偿铸件收缩，模样比铸件图纸尺寸增大的数值称为收缩余量。其值大小，要根据铸造合金种类的不同予以确定。如铸铁为 1%，铸钢为 2%，铝合金和青铜为 1.5%。

（五）芯头

模样上的突出部分，在型内形成芯座，用来固定型芯在铸型中的位置。芯头的形状与尺寸，对于型芯在铸型中装配的工艺性和稳定性有很大的影响。

四、造型和造芯

造型和造芯是用造型（芯）混合料及模样（芯盒）、砂箱和造型（芯）工具等工艺装备制造砂样和型芯的过程。造型和造芯是砂型铸造的基本工序，有手工操作和机器操作两种方式。

（一）手工造型方法

手工造型适用于单件和小批生产，主要有以下几种方法：

1. 整模造型

模样是整体的，铸型型腔通常位于下砂箱，如图 3-4 所示。整体模样容易制作，没有分型面，铸件可以避免错箱缺陷，尺寸精度高。适用于最大截面在端部且为平面的形状简单的铸件。

2. 分模造型

将模样从最大截面处分开，在上、下两砂箱中分别造型，如图 3-5 所示。分模造型起模容易，造型方便，应用最为广泛。

3. 挖砂造型

当铸件最大截面在中部，且模样又不便分成两半时常采用挖砂造型，其过程如图 3-6 所

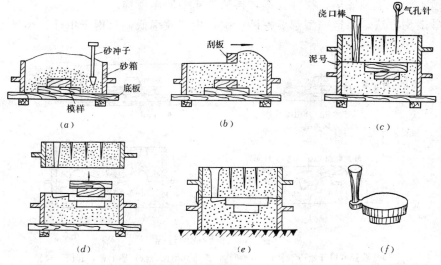

图 3-4 整模造型过程

(a) 造下型：填砂、春砂；(b) 刮平、翻箱；(c) 翻转下型，造上型，扎气孔；
(d) 敞箱、起模、开浇口；(e) 合箱；(f) 落砂后的铸件

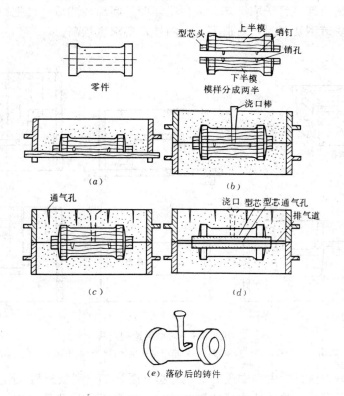

图 3-5 分模造型过程

(a) 用下半模造下箱；(b) 放好上半模，撒分型砂，放浇口棒造上箱；(c) 开外浇口，扎通气孔；
(d) 起模开内浇口，下型芯，开排气道，准确合箱；(e) 落砂后的铸件

示。在下箱造型中，要有一个将阻碍起模的型砂挖掉的过程。挖砂之后，撒上分型砂，扣箱填砂造上箱。造型完毕，移开上箱，再从下箱中取出模样。

挖砂造型方法，每造一型都要挖砂一次，生产效率低，只用于单件、小批生产。

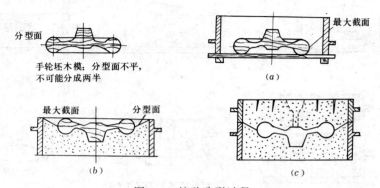

图 3-6 挖砂造型过程
(a) 放置木模开始造下箱；(b) 翻转，挖出分型面；(c) 造上箱，起模，合箱

4．活块造型

当模样上具有阻碍起模的凸台时（图 3-7），可将其作成活块，用销钉与模样主体连接。起模时，先将活块连接钉子取下来，模样主体即可起出，然后，再把留在型腔中的活块从侧面取出。活块造型费工时，对造型工人的技术要求也较高。

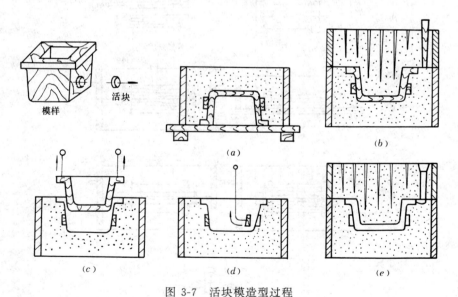

图 3-7 活块模造型过程
(a) 造下箱；(b) 造上箱；(c) 起出模样主体；(d) 取出活块；(e) 合箱

除上述造型方法外，生产中还有地坑造型（图 3-8）、刮板造型（图 3-9）等。其中，地坑造型是在地平面以下的砂坑中或特制的地坑中制造下型的造型方法。适用于单件小批生产的大、中型铸件。刮板造型则多用于单件生产的较大回转体铸件。

（二）制造型芯

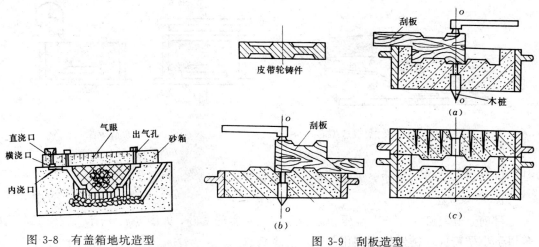

图 3-8 有盖箱地坑造型

图 3-9 刮板造型
(a) 刮板绕 0-0 转动刮制下型；(b) 刮板绕 0-0 转动刮制上型；(c) 合箱

图 3-10 与图 3-11 分别表示用型芯盒造芯和用刮板造芯的过程。其中，用型芯盒造芯是最常见的一种方法。

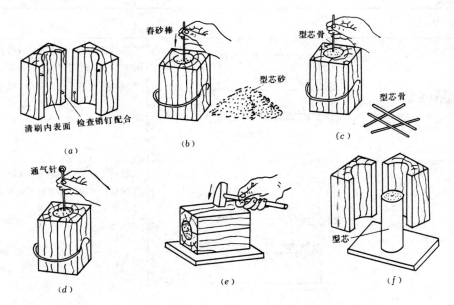

图 3-10 用型芯盒造型芯过程
(a) 检查型芯盒是否配对；(b) 夹紧两半型芯盒，分次加入型芯砂，分层舂紧；(c) 插入刷有泥浆水的型芯骨，其位置要适中；(d) 继续填砂舂紧，刮平，用通气针扎出通气孔；(e) 松开夹子，轻敲型芯盒，使型芯从型芯盒内壁松开；(f) 取出型芯，上涂料

为了增加型芯的强度，使型芯便于排气以及提高型芯表面的耐火性，在制造型芯时应在芯内预放型芯骨；在型芯上扎通气孔；并在型芯表面涂刷由石墨粉、粘土和水配制而成的涂料。型芯一般都经烘干使用。

（三）机器造型的概念

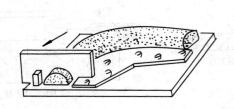

图 3-11 用刮板造型芯

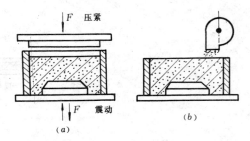

图 3-12 紧砂方法
(a) 震压式；(b) 抛砂式

机器造型，主要是使紧砂和起模操作机械化。

1. 紧砂方法

目前，造型机大部分以震压和抛砂等方式来实现紧砂，如图 3-12 所示。震压式造型机多用于小型铸件，抛砂机则多用于大、中型铸件。

2. 起模方法

常用的起模方法见表 3-1。

机器造型常用的两种起模方法　　　　　　　表 3-1

起模方法	图　　示	说　　明
顶箱起模法	（砂箱、顶杆、型板）	型砂紧实后，顶杆上升将砂箱顶起与型板分离。适用于形腔形状简单，且高度较小的铸型
翻转落箱起模法		起模时，将砂箱翻转180°后再使其下落脱模。这种起模方法不易掉砂，适用于形状复杂的较高铸件

（四）浇注系统和冒口

1. 浇注系统

为熔融金属填充型腔和冒口而开设于铸型中的一系列通道称为浇注系统，通常由外浇口、直浇口、横浇口和内浇口等几个部分组成，如图 3-13 所示。

外浇口又称浇口杯，一般作成漏斗形或盆形。浇口杯除了挡渣还有增加填充压头的作用。浇口杯的高度必须高出整个铸型。

直浇口上大下小，具有约 2° 的锥度，以便造型时易于拔出浇口棒；浇注时，其底部产生较高的流速且不易吸入空气。

横浇口主要是向内浇口分配熔融金属和挡渣,其横截面通常为梯形。

内浇口直接与型腔相连,是铸型的引注口。若为保证内浇口一开始就充满铁水,直浇口的出口截面积应比内浇口的总截面积大20%左右。内浇口与铸件相连接处要薄些,以便去除浇口时不损坏铸件。

2. 冒口

冒口的主要作用是补给铸件凝固收缩时所需的熔融金属,以免产生缩孔。此外,冒口还可起排气、集渣和观察铸型是否浇满的作用。

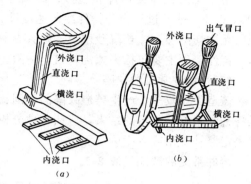

图 3-13 浇注系统和冒口
(a)典型的浇注系统;(b)带有浇注系统和冒口的铸件

补缩冒口要有足够大的尺寸,且常放在铸件的最厚、最高处,以保证冒口最后凝固能够起到补缩作用。

五、铸铁的熔化和浇注

铸铁的熔化和浇注,是获得高质量铸件的重要环节。例如,若铁水的化学成分不合格,铸件的机械性能就无法保证;浇注温度或浇注速度不恰当,也容易产生各种铸造缺陷。

铸铁的熔化(熔炼)设备有冲天炉和工频电炉等。其中以冲天炉应用最为广泛。冲天炉的大小是以每小时能熔化多少吨铁水来表示的。例如,2吨冲天炉是指每小时能熔化两吨铁水。

冲天炉熔炼铸铁前要先准备炉料,包括金属料、燃料和熔剂。金属料主要是由新生铁、回炉铁(浇冒口、废铸铁及经浇结或压成团块的金属切屑等)、废钢和铁合金(硅铁、锰铁等)组成。加入废钢可降低铁水含碳量,加入铁合金主要是调整铁水的化学成分或熔炼合金铸铁,要得到一定化学成分的铁水,对于金属料要进行配料计算;铸造焦炭是专供冲天炉熔炼铸铁的燃料,要求焦炭孔隙度小、强度大、固定碳高且有害杂质硫和磷的含量低,熔剂的主要作用是降低熔渣的熔点并使其容易流动,以便于与铁水分离,常用的熔剂有石灰石($CaCO_3$)、萤石(CaF_2)等。

冲天炉熔炼时,所熔化的金属炉料重量与消耗的焦炭重量之比称为铁焦比,这是衡量冲天炉性能的重要经济指标。目前,铁焦比为8∶1~12∶1,应在保证铁水质量的前提下设法提高铁焦比。

铸铁的熔化即是用准备好的炉料经冲天炉熔炼出一定化学成分铁水的过程。

出炉的铁水首先要放入浇包中,再由浇包浇注到铸型中去。

铸铁的浇注是将熔融金属(铁水)浇入铸型的过程。

浇注温度应按铸件情况具体掌握,一般中、小型铸件为1250~1350℃;薄壁铸件为改善充型效果,通常把浇注温度提高到1350°~1400℃。

浇注速度要适中,太快容易冲坏铸型或使铸件产生气孔;太慢则难以使熔融金属充满型腔,容易使铸件产生浇不足等缺陷。

六、铸件落砂、清理和铸件缺陷

(一)铸件落砂和清理

用手工或机械使铸件和型砂、砂箱分开的操作称为落砂。一般铸件的落砂温度应在400℃以下,落砂过早会使铸件冷却速度过大,容易产生变形和裂纹,有时还会产生白口组织而无法切削加工。若落砂过晚,则会影响砂箱周转和造型面积的充分利用。

铸件清理主要包括去掉浇冒口、清除铸件内外表面的芯砂和型砂、毛刺及飞边等。

(二)铸件常见的缺陷

铸造工序较多,产生铸造缺陷的原因比较复杂。有时虽然是某个工序的问题,但可能是各种因素综合作用的结果,应认真地分析。对于有缺陷的铸件,应视具体情况按设计要求决定修补使用或者报废。

铸件常见的缺陷见表 3-2。

铸件常见的缺陷及产生原因 表 3-2

缺陷名称	特 征	产生缺陷的主要原因
气 孔	由气泡形成,孔壁圆滑 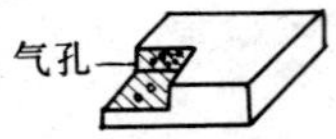	型砂含水过多,透气性差;起模、修型时刷水太多;型芯烘干不良或通气孔堵塞;浇注温度过低或浇注速度过快等
缩 孔	由收缩引起,孔壁粗糙不规则,多产生于厚壁热节处 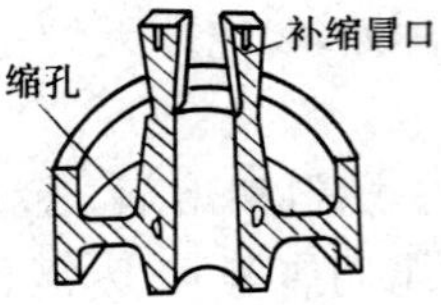	铸件上有局部金属堆积的厚大部位,结构设计不合理;浇、冒口开设位置不对或冒口太小;浇注温度太高或合金的化学成分不合格,收缩过大
砂眼或渣眼	砂眼:孔内充塞型砂;渣眼:孔内充塞熔渣 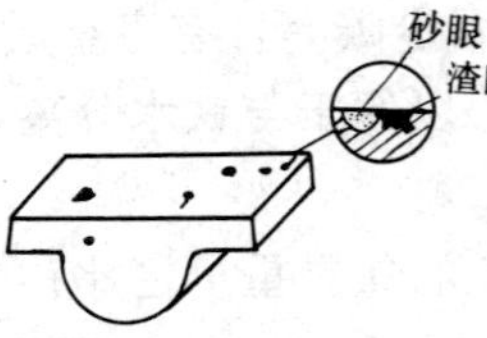	铸型内有未清理干净或合箱时溅入的散砂,以及由于铸型强度不足,发生冲砂时产生砂眼 扒渣不净,挡渣不良,浇注系统未起挡渣作用或浇注温度太低,熔渣不易上浮等,易产生渣眼
裂 纹	铸件开裂 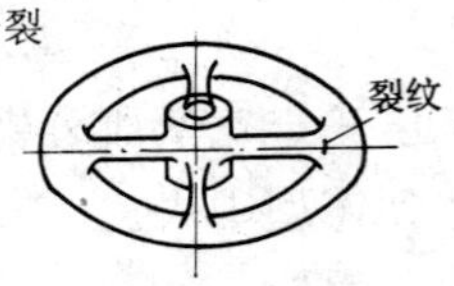	铸件壁薄厚相差太大;砂型与砂芯的溃散性差;落砂太早
粘 砂	铸件表面粘有砂粒 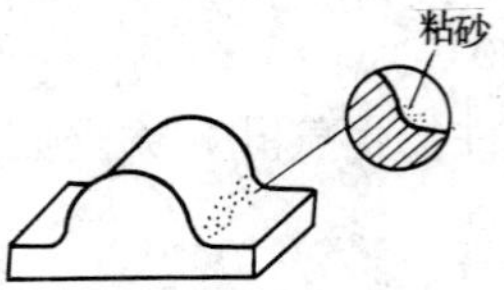	型砂或芯砂的耐火性不足;型腔表面未刷涂料或涂料太薄;浇注温度过高

续表

缺陷名称	特　征	产生缺陷的主要原因
冷　隔	 铸件表面有未完全熔合的缝隙	浇注温度太低；浇注中曾有断流或浇注速度太慢，浇注系统开设位置不当或浇口太小
浇不足	铸件不完整 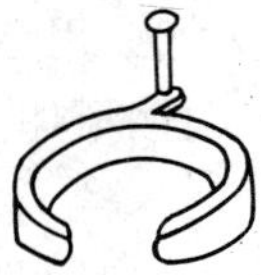	浇注温度太低；铸件太薄；浇入熔融金属的量不足或浇注时从分型面流出；合金的流动性太差
错　箱	铸件沿分型面有位置错动 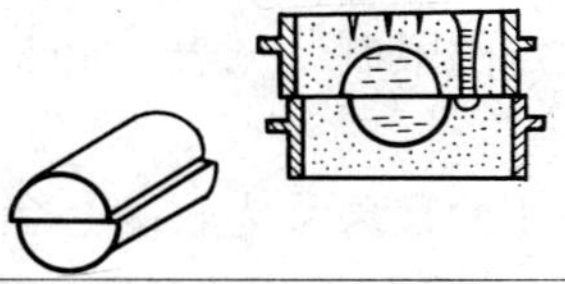	模样的上、下两半模定位不好；合箱时未对准
铸铁件白口	灰口铸铁件，出现白口组织	铸件太薄，冷却速度太快；铸件成分不合格、落砂过早

§3-2　合金的铸造性能和铸造特点

合金在铸造过程中表现出来的工艺性能称为合金的铸造性能，主要是指流动性和收缩。铸造性能直接影响铸件质量，常见的铸件缺陷如缩孔、气孔、变形以及裂纹等，均与合金的铸造性能有关。

一、合金的流动性

熔融金属的流动能力称为合金的流动性，它是影响熔融金属充型能力的主要因素之一。流动性愈好，熔融金属填充铸型的能力就愈强，不易产生冷隔和浇不足，容易浇注出轮廓清晰、壁薄而复杂的铸件。合金的流动性好，还有利于熔融金属中的非金属夹杂物上浮和气体排出，凝固收缩部位也容易得到熔融金属的补充，气孔、缩孔等铸造缺陷就不易产生。

影响合金流动性的因素很多，其中主要是合金的化学成分、浇注温度和铸型条件等。

（一）合金的化学成分

不同成分的铸造合金，具有不同的结晶特点，流动性不同。

在铁-碳合金中，共晶铸铁是在最低的恒温条件下结晶成固态金属的。相对其它成分的合金来讲，由于熔融金属过热度大，流动性最好，最适合于铸造。合金的结晶间隔愈宽，初生的树枝状晶体，不仅阻碍熔融金属的流动，且因其导热系数大，使冷却速度加快，故其流动性差。

增加亚共晶铸铁碳和硅的含量，可缩小结晶温度范围，能提高流动性。磷能降低熔融线的温度和铁水的粘度，可提高流动性。硫则会使铁水的流动性降低。

（二）浇注温度

合理地提高浇注温度，能降低熔融金属的粘度，增加含热量，延长熔融状态存在的时间，可以改善流动性。但浇注温度过高会增大吸气量和收缩量，容易产生其它铸造缺陷（缩孔、缩松、粘砂和晶粒粗大等）。通常，灰口铸铁的浇注温度不高于1400℃，碳素铸钢则以1500～1550℃为宜。

（三）铸型条件

浇注系统设计得不合理，例如，直浇口太短，内浇口过窄，以及砂型内含水过多，铸型排气不畅等，均会使流动性降低。

当铸型的散热条件不同时，也会影响合金的流动性。用金属型铸造时，冷却速度快，合金的流动性不如砂型铸造；熔融金属在湿型中的流动性不如干型。

（四）铸件结构

铸件壁厚太薄，冷却快，使合金保持在熔融状态的时间就相对缩短，熔融合金粘度增大，铸型对于流动的阻力也随之增加，可能使铸件产生浇不足。为此，在铸件设计时，对于不同的铸造合金和铸造方法，最小壁厚都有一定的限制（见表3-4）。

二、合金的收缩

铸件在凝固和冷却过程中，其体积和尺寸缩小的现象称为收缩。金属从浇注温度到室温要经过熔融收缩、凝固收缩和固态收缩三个阶段。熔融收缩和凝固收缩是铸件产生缩孔、缩松的基本原因，固态收缩只引起铸件外部尺寸的变化，是铸件产生内应力、裂纹和变形的主要原因。

（一）影响合金收缩的因素

1. 化学成分

在铸铁中增加碳和硅的含量，能促使石墨析出，体积膨胀，收缩相对减小。而铸钢和白口铸铁无石墨化过程，收缩就大。

2. 外部因素

（1）浇注温度　成分相同的合金浇注温度愈高收缩愈大。

（2）阻碍作用　铸件收缩时，要受到本身结构和铸型的阻碍。

铸件薄厚不均，各部分冷却速度不同。冷却快的薄壁部分，可认为是无阻碍收缩（因此时厚壁部分处于塑性状态），但当冷却较慢的厚壁部分收缩时，就受到了已处于弹性状态的薄壁部分的阻碍。

砂样和砂芯的溃散性不良，将造成对收缩的阻碍，对于形状复杂和薄壁铸件，这种阻碍作用尤其不可忽视。

（二）收缩对铸件质量的影响

1. 缩孔与缩松

铸件的缩孔与缩松是由于合金在熔融收缩和凝固收缩时得不到熔融金属的补充所引起的。其中，面积大而集中的孔洞称为缩孔（图3-14a）；细小而分散的孔洞称为缩松（图3-14b）。

一般说来，熔融态和固态收缩大（如铸钢、白口铸铁、铸造铝青铜等）；凝固温度范围小（如纯铁、共

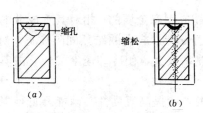

图3-14　缩孔与缩松

晶和接近共晶成分的灰口铸铁等）的合金，容易形成集中缩孔；凝固温度范围宽（如高碳钢等）的合金，易于形成缩松。

集中缩孔，可以用合理地控制铸件的凝固顺序；正确地设置冒口的工艺方法，使缩孔集中于冒口，再予以消除，如图 3-15 所示。图中冷铁的作用是增加厚大部位的冷却速度，可以防止产生缩孔。

2. 应力、变形和裂纹

铸件在固态的冷却过程中，如果不能自由收缩，将产生收缩应力。

（1）应力、变形及其防止 铸件在应力作用下，总是通过变形来减缓其内应力。因此，铸件常发生不同程度的变形。图 3-16 所示的 T 形梁，由于壁厚不均，冷却后厚壁部分向里凹，薄壁部分向外凸，形成了弯曲塑性变形。

掌握了铸件的塑性变形规律，必要时可采用预制反变形的模样，抵消铸件的变形。或者使用防变形筋，防止铸件的变形，如图 3-17 所示。为防止由于底面收缩造成 AB 端敞口尺寸胀大，预先加上如虚线所示的防变形拉筋，待铸件经热处理定形后，再将拉筋去除。

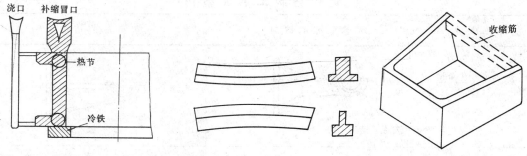

图 3-15 补缩冒口和冷铁的设置　　图 3-16 铸件的变形　　图 3-17 收缩筋的使用

（2）裂纹及其防止 按其形成温度，有热裂纹和冷裂纹之分。热裂纹是合金处于固态线附近的温度时所产生的。由于形成温度高，断口严重氧化，呈暗黑色。冷裂纹是铸件在低温下形成的，断口无氧化或呈轻微氧化色。

合理设计铸件结构以防止应力集中；增加型（芯）砂的溃散性及控制好落砂温度等，都是预防铸件裂纹的具体措施。

三、常用合金的铸造特点

对于合金铸造性能分析可知，灰口铸铁的熔点低、流动性好、收缩小，对型砂的耐火性要求不高，一般不需设置冒口，可以浇注形状复杂和薄壁铸件。

铸钢的熔点高、流动性差、收缩大、铸造时易产生缩孔、缩松和裂纹等缺陷。所以，对于铸钢件应在结构设计和铸造工艺上采取必要的措施。此外，铸钢件还必须进行热处理，以消除粗晶组织和较大的残余应力。

铜合金的熔点低，可用细颗粒的型砂造型，得到表面光洁的铸件。铜合金的流动性好，可以允许较薄的铸件壁厚，但铜合金容易氧化、收缩大、容易产生缩孔和缩松等缺陷。为此，在铸造工艺上应采取措施。例如，为了防止高温时铜的氧化而使铜变脆，在熔炼青铜时必须加入脱氧剂（0.3～0.6％磷铜）；为防止氧化和去除熔入合金中的杂质，还必须使用熔剂，如加入萤石、苏打、硼砂等。

铝合金的熔点低，可用细砂造型。合金的流动性好，可以浇注薄壁铸件。但是，铝合金收缩大，熔融状态时氧化和吸气能力很强。所以，熔炼铝合金时，应在熔剂层（如KCl、NaCl等）下快速精炼，为了排除铝合金中所吸收的气体，出炉前通入氯气进行精炼，将熔融铝中溶解的气体和Al_2O_3夹杂物带出液面而去除。

§3-3 铸件结构工艺性

结构工艺性是指产品的结构在满足使用要求的前提下，能用生产率高、劳动量小、材料消耗少和成本低的办法制造出来。凡符合以上要求的产品结构，被认为是具有良好的结构工艺性。结构合理的铸件，不仅模样制造、造型、造芯和铸件清理等操作方便，还能防止铸造缺陷的产生，保证铸件质量。

表3-3给出了铸件结构工艺性好与不好的对比实例，以供参考；砂型铸造铸件的最小允许壁厚见表3-4；推荐的铸件正交壁的连接和壁厚过渡方法见表3-5。

铸件结构工艺性举例　　　　　　表3-3

设计准则	工艺性差的结构	改进后的结构
铸件外形，应力求简单，尽量用平直轮廓代替曲线形状	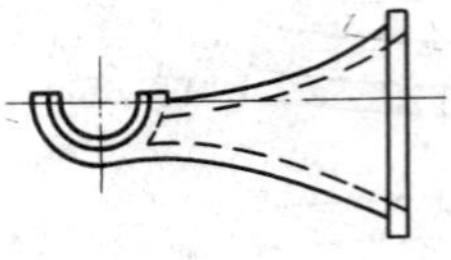 制模复杂，造型不便	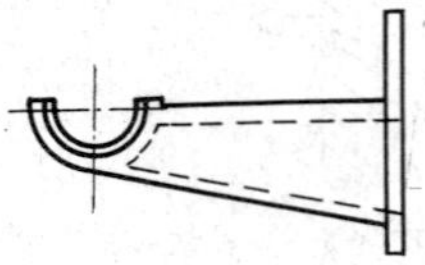
凡顺着起模方向的不加工表面，应尽可能给出结构斜度	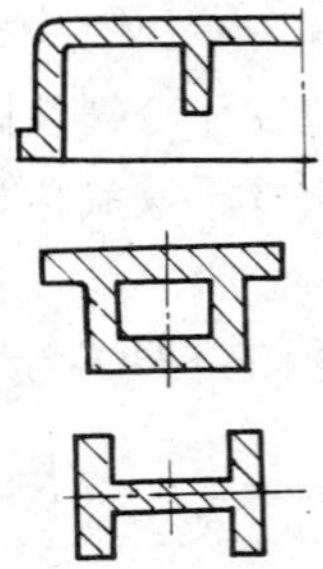	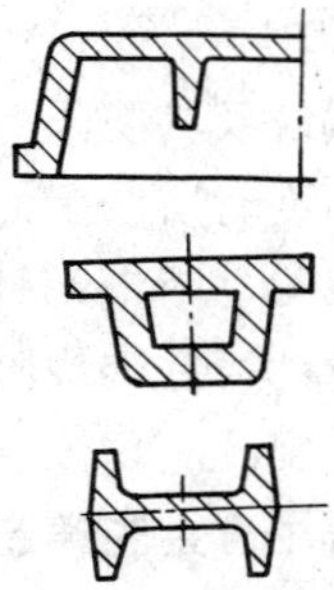
分型面数目要少	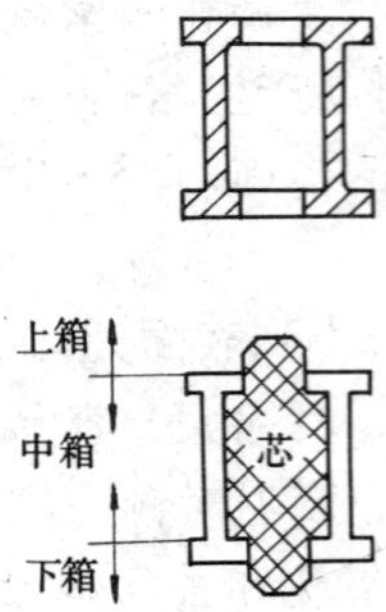	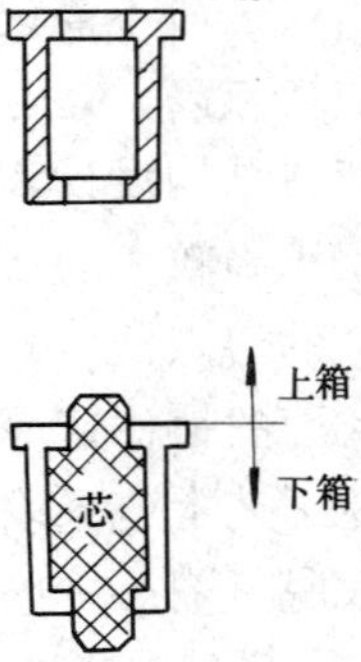

续表

设计准则	工艺性差的结构	改进后的结构
凸台、筋条、法兰等凸起部分，应便于起模	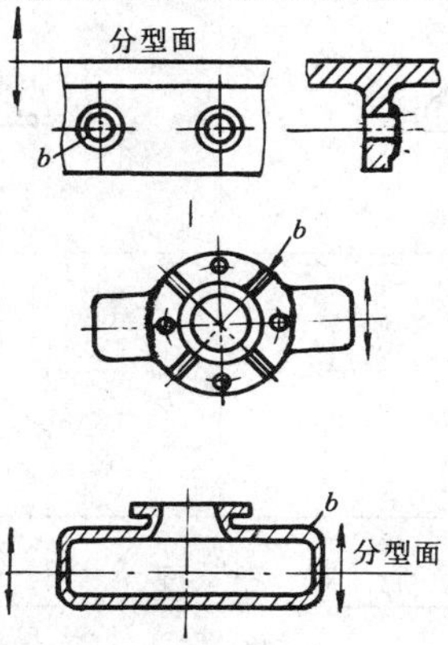	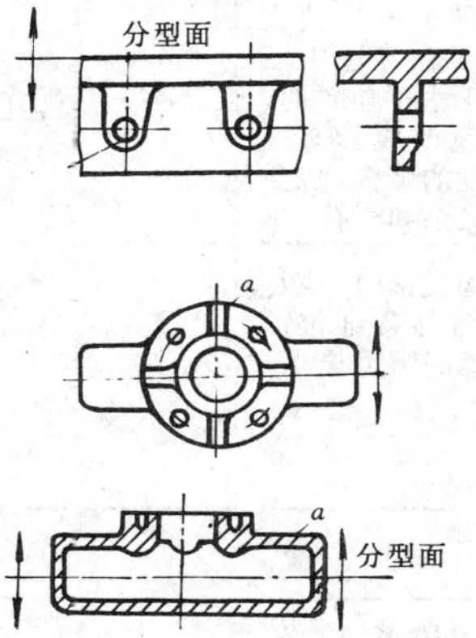
尽量不用或少用型芯	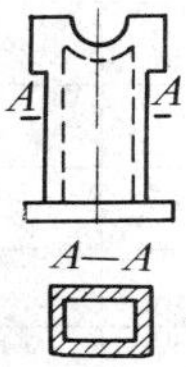	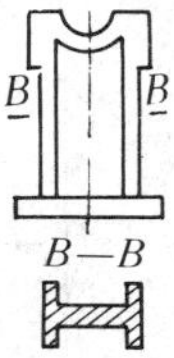
型芯在铸型中必须牢固和便于排气	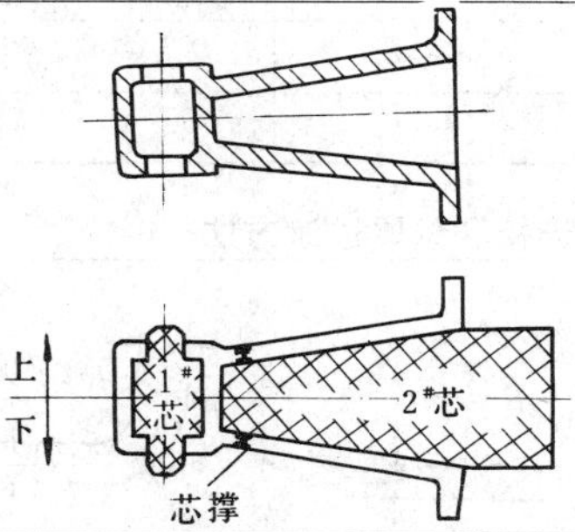	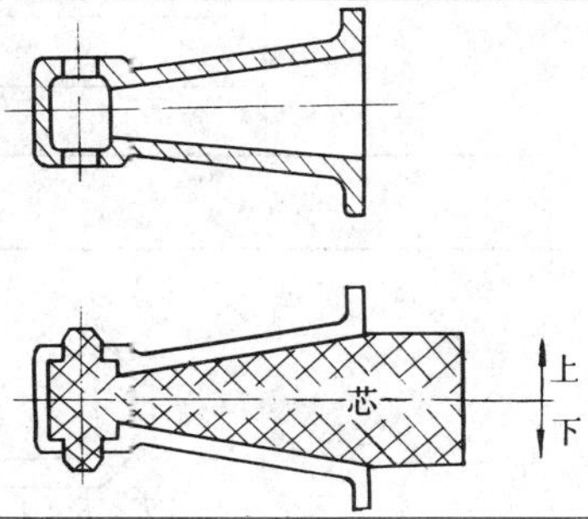
壁厚应尽可能均匀，否则易在厚壁处产生缩孔、缩松、内应力和裂纹	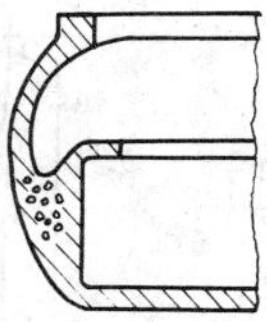	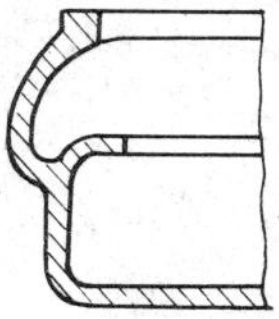
铸件的内外表面转角应以圆角连接	柱状晶层内出现的对角线分界面形成铸件机械性能薄弱环节 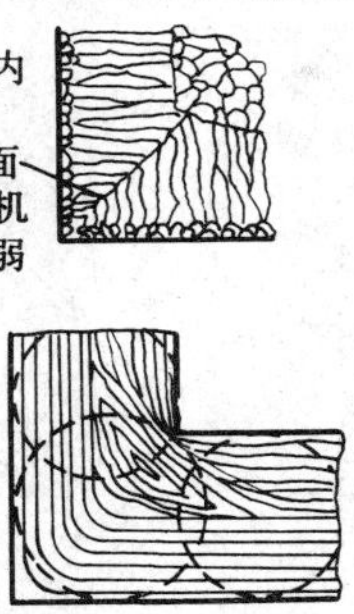	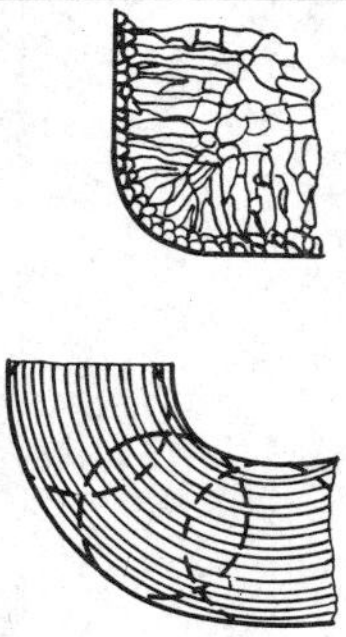

设 计 准 则	工 艺 性 差 的 结 构	改 进 后 的 结 构
铸件上若有较大的平面在浇注中只能处于水平位置时，应尽量改成具有一定斜度的结构，以免形成夹杂和气孔	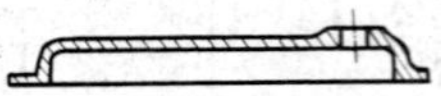	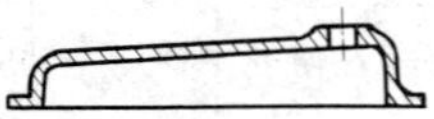
结构设计时，应尽量使铸件各部位冷却收缩时阻力最小		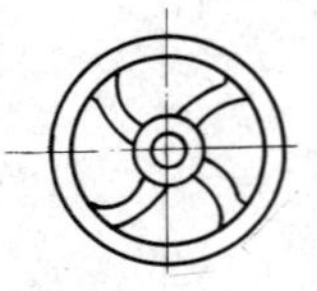

铸 件 的 允 许 壁 厚　　表 3-4

砂型铸造铸件的最小允许壁厚（mm）	材 料 名 称	铸件的外形尺寸 （mm）		
		200×200 以下	～500×500	500×500 以上
	灰 口 铸 铁	3～5	8～10	12～15
	铸　　　钢	4～6	10～12	15～20
	球 墨 铸 铁	6	6～12	12～20
	可 锻 铸 铁	5	5～8	—
	铝　合　金	3～4	4～6	6～8
	铜　合　金	3～5	6～8	—

正交壁的连接和壁厚过渡方法　　表 3-5

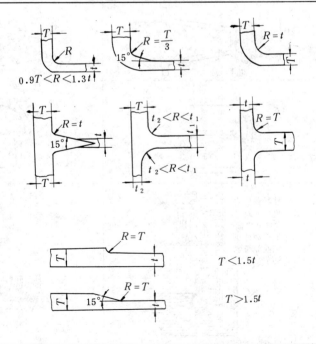

§3-4 特 种 铸 造

为了适应社会发展对铸件质量、品种和数量要求日增趋势的需要,除了砂型铸造以外,特种铸造得到了迅速的发展。特种铸造弥补了砂型铸造容易产生铸造缺陷、生产率和金属利用率低、劳动条件差、铸件表面粗糙和尺寸精度低等方面的不足。常用的铸造方法有熔模铸造、金属型铸造、压力铸造和离心铸造。

一、熔模铸造

熔模铸造是用易熔材料如蜡料制成模样,在模样上包覆若干层耐火材料,制成型壳,熔出模样后经高温焙烧即可浇注的铸造方法。

(一)熔模铸造的工艺过程

熔模铸造工艺过程如图 3-18 所示。

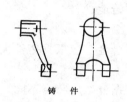

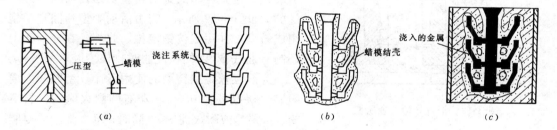

图 3-18 熔模铸造工艺过程
(a)制造蜡模和蜡模组;(b)蜡模组结壳和脱蜡;(c)浇注金属

1. 制造压型

压型是制造蜡模的模具,一般用钢、铝合金等制成,小批生产可用易熔合金、环氧树脂、石膏等制造。

2. 制造蜡模

蜡模材料是由石蜡和硬脂酸各50%配制而成。这种蜡料熔化温度为70~90℃。将熔化的蜡料冷却至糊状状态,再压入压型型腔,冷却后即得蜡模。

一般熔模铸件都较小,为了节省浇注系统的金属材料,通常将经修整后的几个蜡模粘合到同一个浇注系统上,组成蜡模组。

3. 硬化结壳

先将蜡模组浸上水玻璃加石英粉调成的涂料,然后向其表面撒上一层石英粉,再放入氯化铵水溶液中硬化,便可在蜡模表面形成一层1~2mm厚的薄壳。这样重复4~6次,蜡模表面就可结成5~10mm厚的砂壳。

4. 脱蜡

脱蜡是熔去模样形成型腔的操作，大都在热水或蒸气中进行，脱蜡温度一般为85~90℃。脱出的蜡料经回收处理后，再重新配制使用。

5. 焙烧型壳和浇注铸件

脱蜡的型壳要放入850~900℃炉内焙烧，以提高其强度并排除残蜡和水分。为了防止浇注时型壳变形或破裂，通常将型壳放在铁箱里，周围填入砂粒或铁丸，然后再进行浇注。

（二）熔模铸造的特点及应用

熔模铸造因型壳内腔表面光洁且无分型面，铸件表面可获得12.5~6.3μm的表面粗糙度和IT14~IT11的尺寸精度，使加工余量大大减少，金属利用率可达到90~95%。

对于生产难以用压力加工和切削加工方法成形的金属零件，熔模铸造是一种较好的方法。但由于蜡模和型壳强度的限制，多用于成批生产形状复杂的小型铸钢零件。

二、金属型铸造

将熔融金属浇入金属铸型获得铸件的方法称为金属型铸造。

（一）金属铸型

制造金属型的材料一般是铸铁和钢，有时也用铜、铝合金。应根据铸件大小和铸造合金类型不同进行选择。

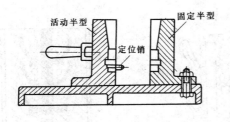

图3-19 垂直分型式金属型

金属铸型根据分型面特点不同，有多种不同的形式。垂直分型式金属铸型，是目前应用最广泛的，如图3-19所示，它由活动半型和固定半型组成铸型，并用定位销定位。此外，在分型面上还制有通气槽，以便在浇注时排出型腔内的气体。

为能延长金属铸型的使用寿命，型腔表面要喷刷一层厚度为0.5mm左右的耐火涂料（石英粉、石墨粉或耐火泥等）。同时，每次浇注后要刷一次涂料（煤油、植物油、氧化锌或灯烟等），以形成隔热气膜。

（二）金属型铸造的特点及应用

1. 由于金属铸型可以连续使用，改善了劳动条件，简化了生产工艺，提高了劳动生产率，也容易实现机械化生产。

2. 铸件的表面粗糙度一般为12.5~6.3μm，尺寸精度可达IT14~IT12。由于熔融金属在金属型内冷却速度较快，因此铸件晶粒较细，组织致密，机械性能较砂型铸件有明显提高。例如，用砂型铸造生产的铜合金和铝合金铸件，若采用金属型生产，抗拉强度可提高10~20%。

3. 金属型铸件的加工余量较小，一般可小到0.5~1.0mm，提高了金属材料的利用率。

金属型铸造的主要缺点是金属型的成本较高，不适用于单件小批量生产；金属型冷却速度较快，生产薄壁铸件有一定困难，生产铸铁件容易出现白口；金属型无溃散性，为防止阻碍铸件冷却收缩，通常采用早脱型的办法。同时金属型无透气性，必须采取各种措施排气。

金属型铸造主要用于大批量生产有色合金铸件，如内燃机中的铝活塞、气缸体及铜合金轴瓦等。

三、压力铸造

熔融金属在高压下高速充型,并在压力下凝固的铸造方法称为压力铸造。例如,压铸铝合金需要40~70MPa的比压,熔融金属注入型腔的速度可达5~40m/s,而充型时间仅用0.1~0.2s。

压力铸造是在压铸机上进行的。卧式冷压室压铸机的工作过程如图3-20所示。将熔融金属注入压缸后,活塞即以高速向左运动,将其压入型腔。冷却后活塞退回,压型分开,铸件即被顶杆推出。

压力铸造所用的铸型也是金属型,常采用具有耐热、抗氧化和耐磨特性的3Cr2W8A合金钢制造。

压力铸造的缺点是压铸设备费用高;由于熔融金属充型速度过快,既无法补缩也难以排气,在铸件内容易形成气孔、缩孔和缩松,为此,压铸件壁厚以1~5mm为宜。此外,为防止压铸件内在高压下形成的气孔,加热膨胀时造成铸件变形或裂纹,压铸件不能进行热处理。

压力铸造适用于大批大量生产10kg以下的低熔点有色金属铸件。黑色金属由于熔点高,压型寿命低,目前应用还不广泛。

近些年来,为适应生产需要,出现了低压铸造方法,它是将熔融金属在0.02~0.07MPa的比压下注入铸型,如图3-21所示。

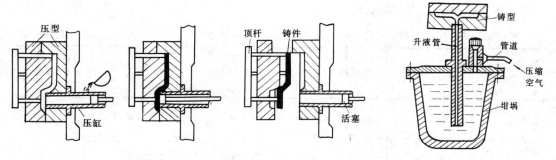

图3-20 卧式冷压室压铸机工作原理图　　　图3-21 低压铸造

低压铸造与压力铸造相比,是一种设备简单、经济效益较好且容易获得优质铸件的好方法,在生产铝、镁合金铸件时常被采用。

四、离心铸造

将熔融金属浇入绕水平或立轴旋转的铸型(图3-22),在离心力作用下,凝固成形的铸件轴线与旋转铸型轴线重合的铸造方法称为离心铸造。主要适用于具有中心轴对称形式的管、筒类铸件。若采用离心浇注方法,也可以用来浇注成形铸件(图c)。离心铸造的铸型,通常采用金属型。

当铸件长度与直径之比不大于1时,一般宜采用立式离心铸造,如法兰盘、滑轮、齿轮、皮带轮等铸件。长度与直径之比大于1的铸件,适于卧式离心铸造,例如气缸套、轴承套、水管等铸件。

离心铸造具有以下的特点:

1.铸件的致密度大,几乎可以避免气孔、缩孔等铸造缺陷,因为这些缺陷将集中于铸

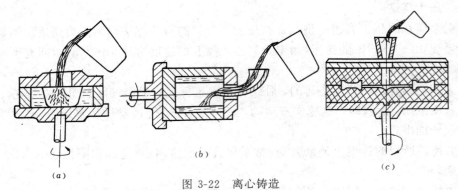

图 3-22 离心铸造
(a) 绕垂直轴旋转；(b) 绕水平轴旋转；(c) 离心浇注成形铸件

件的内表面，很容易用切削加工方法去除。

2. 离心铸造不需要型芯和浇注系统，使铸造工艺大为简化，并可以节省金属材料，提高生产率，降低铸件成本。

3. 能够浇注流动性较差的合金与薄壁铸件；还可用双金属离心铸造的方法获得复合铸件，如钢套内孔镶铜双金属轴承，既可满足零件不同部位的使用性能要求，又节省了贵重金属材料。

离心铸造的主要缺点是铸出的内孔不准确，必须留出较大的加工余量。

表 3-6 为几种铸造方法的比较。

几 种 铸 造 方 法 比 较　　　　　表 3-6

比较项目＼铸造方法	砂型铸造	熔模铸造	金属型铸造	压力铸造	离心铸造
铸造合金	不限制	碳钢、合金钢为主	有色金属为主	有色金属为主	铸铁、铸钢、铜合金及轴承合金
铸件大小或质量	一般无限制	一般小于 25kg	中、小件	一般 10kg 以下	无特殊要求
铸件形状复杂程度	不限制	不限制	一般	一般	中心线对称的管、筒类铸件
铸件允许最小壁厚	3～5mm	1mm	1～5mm 为宜	2～3mm	6mm
铸件表面粗糙度	粗糙	12.5～6.3μm	12.5～6.3μm	3.2～0.8μm	
铸件的尺寸精度	IT15～IT14	IT14～IT11	IT14～IT12	IT13～IT11	
铸件内部质量	晶粒粗、易产生铸造缺陷	晶粒较粗大	晶粒细小	铸件内部有气孔，不能热处理	
铸件强度	低	低	较高	高	较高
铸件生产批量	无限制	成批、大量	成批、大量	大量	成批

习 题

3-1 绘图说明砂型铸造的基本工艺过程，并指出铸造的实质是什么？

3-2 设计模样与型芯盒时，应考虑哪些因素？

3-3 结合一具体铸件，绘制出分模造型的主要过程。

3-4 不改变习题3-4图滚筒铸件的结构并采用立式浇柱，除图中所示的三箱造型方法之外，怎样把它改成二箱造型？

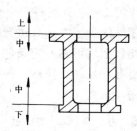

习题 3-4 图　滚筒铸件

3-5 浇注系统和冒口的作用是什么？

3-6 何谓铁焦比？冲天炉的大小用什么来表示？炉料包括哪些？为什么要加入熔剂和铁合金？

3-7 结合流动性与收缩，试述灰口铸铁、铸钢、铸铜及铸铝合金的铸造特点？

3-8 铸件结构工艺性的含义是什么？在表3-3～表3-5内所列各项，哪些属于造型工艺对铸件结构的要求？哪些属于合金铸造性能对铸件结构的要求？

3-9 常用的特种铸造方法有哪几种？并用列表方法对它们进行简要的比较。

第四章 锻造和冲压

锻造和冲压，俗称锻压生产，按其工艺特性，皆属于金属的压力加工。

金属压力加工是通过外力的作用，使金属坯料产生塑性变形，从而获得具有一定形状、尺寸和机械性能的型材、毛坯或零件的加工方法。进行锻压生产的材料大都具有不同程度的塑性，钢和大多数有色金属及其合金均可在一定条件下进行压力加工。

金属压力加工的生产方式主要有：轧制、挤压、拉拔、自由锻造、模型锻造及薄板冲压等。它们的工作原理和主要用途，见表4-1。

金属压力加工的生产方式　　　　　　表4-1

生产方式	工作原理图	工作原理	主要用途
轧制	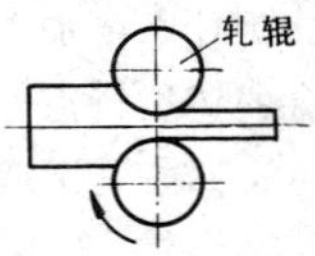	使金属坯料通过两个回转轧辊之间的空隙，而产生塑性变形	板料、管材和各种型材等
挤压	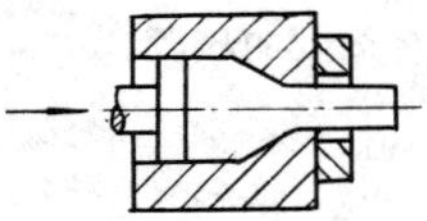	使金属坯料从模孔挤出而成形	棒材、管材和各种形状复杂截面的型材或零件
拉拔	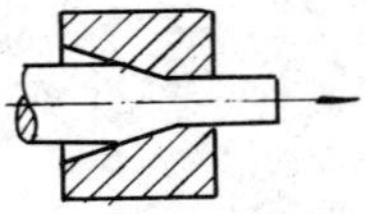	将金属坯料从模孔拉出而成形	线材、管材和型材
自由锻造	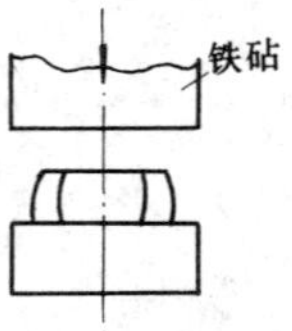	将金属坯料，置于上下铁砧之间，在冲击力或压力下成形	形状较简单，精度较低的单件小批锻件
模锻	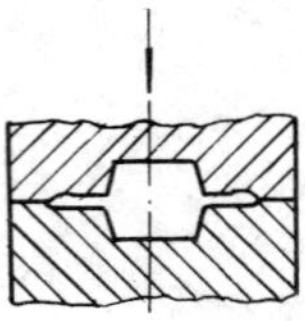	将金属坯料，置于具有一定形状的模膛内，在冲击力或压力下成形	形状较复杂，精度较高的大批大量锻件
冲压	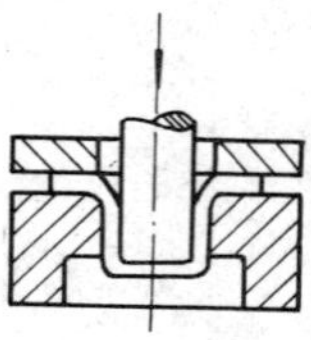	将金属板料，置于冲模间，产生切离或变形	薄板冲压件

可见，轧制、挤压和拉拔主要以生产原材料为主。自由锻、模锻和冲压等，主要用于制造各种机器零件或毛坯。

金属通过塑性变形后，能获得细而均匀的晶粒，并能压合铸态组织内部的缺陷（如微小的裂纹、缩松和气孔等），因而提高了金属的机械性能；除自由锻外，其它几种生产方法都具有很高的生产率。

但锻压也有不足之处，它与铸造相比不能获得形状较为复杂的零件。

锻压生产亦在不断发展，如50年代末发展起来的高速锤锻造工艺方法，已成功的用于形状较为复杂的薄壁高筋类零件的锻造生产。此外，目前尚处于开发阶段的金属超塑性成形技术，已在部分有色金属的压力加工中得到应用，随着研究工作的进一步深化，它将对传统的金属加工方法产生深远的影响。

§4-1　金属的塑性变形

一、金属塑性变形的实质

塑性变形是各种压力加工的共同基础。因此研究金属的塑性变形，对改进锻压加工工艺，提高产品质量和合理使用材料等都具有重要意义。

工业上使用的金属材料都是多晶体，为了了解它的塑性变形实质，需首先了解单晶体金属的塑性变形。

（一）单晶体的塑性变形

图4-1所示，为单晶体在切应力作用下发生塑性变形的过程。其中，图 a 表示晶格未受

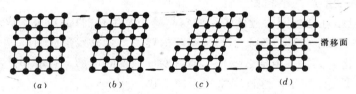

图 4-1　单晶体在切应力下塑性变形
(a) 未变形；(b) 弹性变形；(c) 弹塑性变形；(d) 塑性变形

力状态；图 b 表示切应力较小时晶格发生弹性变形；图 c 表示当切应力继续增大，超过了受切晶面的剪切抗力时发生相对滑移后的情形；图 d 表示当外力去除后，弹性变形消失，滑移面两侧的原子又重新处于平衡状态，但由滑移所造成的晶体变形则被保留下来，这就是塑性变形。

滑移面上的正应力（图 4-2a 中 σ）在材料抗力范围内只能引起一定程度的弹性（伸长）变形，若超过了其抗拉强度极限将发生晶体的断裂，并不能造成晶体的滑移。简言之，滑移变形只能在切应力（τ）的作用下，在变形抗力最小的受切晶面沿滑移阻力最小的方向上发生。

晶体内的滑移，是随外力的增加而逐步进行的。开始在某一滑移面上发生，尔后随着外力不断增大，则晶体又可以沿着另一些与此平行的晶面发生滑移。整个晶体经过相互滑移之后，就形成了如图 4-2b 所示的阶梯状。

（二）多晶体的塑性变形

多晶体金属的每个小晶粒内部塑性变形过程与单晶体的塑性变形过程相同。由于原子紊乱排列对滑移有阻碍作用使晶界处的变形抗力较高。因此，多晶体金属的塑性变形也主要是依靠晶内滑移来实现。晶内的滑移过程必然牵动相邻晶粒随之转动，从而使相关晶粒在变形过程中要发生位向的变化。当变形抗力最低的晶面处于与最大切应力方向平行的适当位置时，这些晶粒也将陆续开始各自的变形过程，直到变形晶粒由于位向转化，使最大切应力方向与变形抗力最小晶面处于不宜滑移的相对方位为止。可见，多晶体金属的塑性变形是从部分晶粒开始，分批进行并伴有晶粒的转动。由于滑移和转动的结果，晶粒形状顺着拉力方向被伸长了，如图4-3所示。

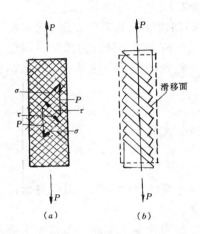

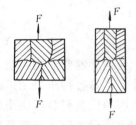

图 4-2　单晶体试样拉伸滑移示意图　　　图 4-3　晶粒形状的变化

二、冷变形和热变形

金属的塑性变形，可分为冷变形和热变形。

（一）金属冷变形后的组织和性能

金属经变形后，在滑移面附近区的晶格与晶粒均发生扭曲；晶粒被破碎，如图4-4所示；同时在塑性变形中由于各部分变形不均又引起内应力（又称残余应力）。

由于组织变化，其性能也随之变化，随着变形程度的增加，强度和硬度上升，而韧性和塑性下降，如图4-5所示。这种现象称为加工硬化。

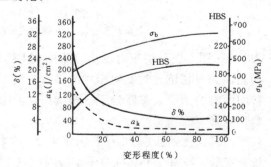

图 4-4　滑移区附近的碎晶及晶格扭曲示意图　　　图 4-5　冷变形对低碳钢机械性能的影响

加工硬化，在生产实践中有很大的实用意义。它是提高金属强度和硬度的重要工艺方法之一，如高强度钢丝就是通过冷拔后达到高强度的。此外，加工硬化也使冷拉和冷冲成型工艺成为可能。但加工硬化给金属进一步加工带来了困难，为了便于继续加工，必须插入热处理工序（退火）来消除这种硬化现象。

金属经过塑性变形后，其内部组织发生了一系列的变化，使其内能增加，而处于不稳定状态，因此具有自发向稳定状态转变的趋势，但这种趋势在常温下，由于原子扩散能力较低，使它向稳定状态转变很难进行。如果将其适当加热，原子具有一定的扩散能力时，不稳定的晶体结构就会发生转变，通过回复与再结晶自发地转变为新的、正常的结晶组织，加工硬化随即消失。经冷变形后的金属，随着加热温度的不同，其组织和性能将发生如下的变化（图4-6）：

1. 回复

当加热温度不高时，原子扩散能力尚低，显微组织无明显变化，晶格的扭曲程度有所减少，内应力有明显下降，强度略有下降，塑性略有升高，这一现象称为回复。因此，工业上常对冷变形金属加热，即所谓"去应力退火"处理。例如，用冷拉钢丝卷成弹簧后，要进行一次250～300℃低温加热，以消除内应力并定型。

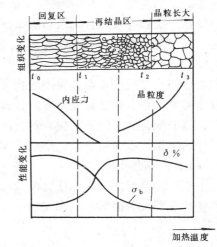

图4-6 冷变形金属加热时组织和性能变化

2. 再结晶

加热温度继续升高时，由于扩散能力增大，金属的显微组织便发生明显变化，这时在破碎晶粒的晶界处及滑移面上形成结晶核心，并逐渐消除旧晶粒而形成新的晶粒，原来被破碎拉长的晶粒变成了细而均匀的等轴晶粒，这一过程称为再结晶。经过再结晶后，金属的机械性能恢复到了变形前的状态，内应力和加工硬化完全消除。

根据实验，金属的再结晶温度（$T_{再}$）与其熔点（$T_{熔}$）（均以绝对温度表示）之间有如下关系：

$$T_{再} = (0.35 \sim 0.4) T_{熔}$$

由上式可见，金属的熔点愈高，再结晶温度也愈高。

纯铁的再结晶温度为450℃；铅和锡低于室温。合金的再结晶温度比纯金属高。例如钢的再结晶退火温度为680～720℃。

生产上采用再结晶退火，就是把冷加工硬化状态的金属加热到再结晶温度以上，使其发生再结晶，从而达到消除加工硬化，提高金属塑性的目的。例如，用冷冲压制成的压力容器封头，为了消除加工硬化，保证其工作安全，均进行再结晶退火。

因此，所谓冷变形，就是在再结晶温度以下进行的变形，变形过程中无再结晶现象，变形的结果产生加工硬化。

（二）热变形后的组织和性能

金属在再结晶温度以上产生变形称为热变形。在热变形过程中也有加工硬化产生，但很快被同时再结晶软化所消除，因而也可将热变形看作加工硬化和再结晶的重叠结果。

热变形不仅金属变形抗力降低，消耗能量减少，金属塑性增高不易开裂，同时经过热变形后内部组织和性能也将发生如下变化：

1. 改善了铸态组织内部缺陷和细化了晶粒

压力加工最原始坯料是铸锭。铸锭的组织晶粒粗大不均匀，并有气孔、微裂缝以及非金属夹杂物和偏析等冶金缺陷，机械性能较差。但铸锭经过压力加工后，由于进行了较大的塑性变形和再结晶,改变了粗大的晶体组织,从而获得细小的再结晶组织,如图4-7所示。同时其中的气孔、缩松等被压合,组织的致密度得到了改善,其强度和韧性有较大的提高。

2. 形成纤维组织

在热变形过程中铸态金属中的粗大晶粒和各种非金属夹杂物沿着金属变形方向伸长,当再结晶后,晶粒变为细小的新晶粒,而在晶界和晶内的夹杂物仍呈条状保留下来,形成所谓"纤维组织",如图4-8所示。

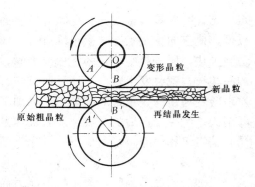

图 4-7 金属热轧过程中的晶粒变化

由于纤维组织的出现,从而使金属的机械性能具有明显的各向异性,纵向的强度、塑性和韧性显著大于横向,见表4-2。

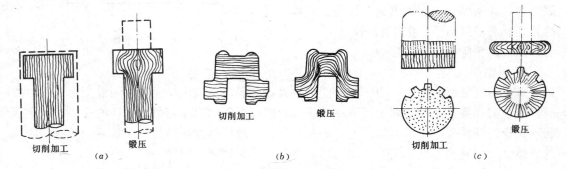

图 4-8 用不同方法制造的零件,其纤维组织分布示意图
(a) 螺钉;(b) 曲轴;(c) 齿轮

45钢热变形后的机械性能与纤维方向的关系 表 4-2

钢坯取样方向	σ_b (MPa)	$\sigma_{0.2}$ (MPa)	δ (%)	ψ (%)	α_k (J/cm²)
纵 向	715	470	17.5	62.8	52
横 向	672	440	10	31	30

几种常用钢锻造钢锭时经常采用的锻造比 表 4-3

钢 种	锻造比(y)	钢 种	锻造比(y)
碳素结构钢	2~3	高速钢	5~12
合金结构钢	3~4	不锈钢	4~6

变形程度越大,纤维组织越明显。在锻造生产中,常以锻造比y(锻前金属坯料的横截面积与锻后锻件的横截面积之比)来表示变形程度。正确的选择锻造比与锻件质量密切相关,y值过大会明显的降低横向性能;过小则纵向性能难以达到锻件的要求。常用金属材料在锻坯时一般采用如表4-3所示的锻造比。应当指出,在使用轧制钢材或锻坯生产锻件时,由于坯料已属热变形组织,锻造时主要考虑锻件的纤维方向是否能够变形到所要求的方位,锻造比常取$y=1.3$左右。

纤维组织的化学稳定性很高，用热处理或其它方法都不能消除，只有通过锻压（如反复镦粗—拔长）才能改变它的方向和分布。因此，在选择零件成形工艺方法时，必须考虑纤维组织的合理分布，一般应遵循下列原则：使纤维方向与零件的外形轮廓相符合而不被切断；使零件所受的最大正应力与纤维方向一致，最大的切应力与纤维方向垂直。从图4-8所示的螺钉、曲轴、齿轮中，可看出直接采用轧材进行切削加工制成的零件，常使纤维组织被切断，因而零件的性能较差。如果采用正确的锻压方法，使纤维组织分布较合理，零件的性能可大大提高。

热变形的主要缺点是加热时的氧化和冷却时的收缩，使零件的尺寸精度和表面粗糙度值不如冷变形好，工件截面的内外温差大，使其组织性能不均匀。

三、金属的可锻性概念

金属的可锻性是衡量材料经受压力加工时难易程度的工艺性能。可锻性常用金属塑性和变形抗力来衡量。塑性好，变形抗力小，则金属的可锻性好；反之则差。

影响金属可锻性的因素主要有以下两个方面：

（一）化学成分和组织结构

1. 化学成分

纯金属的可锻性比合金好，例如纯铁的塑性比碳钢好，而变形抗力小。对碳钢而言，随含碳量增加，塑性逐渐降低，变形抗力逐渐增大，可锻性相应变差。一般说，钢中的合金元素含量愈多，合金成分愈复杂，可锻性愈差。钢中的硫和磷含量超过一定值时，也使可锻性降低。

2. 组织结构

金属组织状态不同，对可锻性影响很大。固溶体（如铁素体、奥氏体等）可锻性好，而碳化物（如渗碳体等）可锻性差，不能锻造。晶粒细小而均匀的组织，变形能均匀地分散到各个晶粒内，故塑性较好，但变形抗力较大。粗大的柱状晶粒，由于大小不均，且晶界强度低，易在晶界造成应力集中，出现裂缝，故塑性差。

（二）工艺条件

1. 变形温度

在一般情况下，随着变形温度的升高，金属的塑性增加，变形抗力下降。热变形抗力通常只有冷变形的1/5～1/10。

2. 变形速度

变形速度是指单位时间内的变形程度。

随着变形速度的增加，由于消耗在塑性变形的一部分能量转化为热能，使金属塑性开始上升，变形抗力逐步下降，可锻性提高。但一般压力加工过程中的上述热效应，尚不足以明显改善坯料的塑性。高速锤锻造，打击速度超过20m/s，锻坯变形时间极短（约为0.001～0.002s），由于变形区金属瞬间产生的热量来不及散出，较高的热效应可明显地提高金属的可锻性。目前，可用高速锤锻成形方法锻制出的形状较复杂的薄壁毛坯或零件如叶片、气门、涡轮盘、壳体等已有数百种。

§4-2 金属的加热

由于加热可以提高金属材料的可锻性，降低其变形过程中抵抗工具作用的阻力，所以压力加工除拉丝和薄板冲压外,一般皆采用热压加工法。金属在加热过程中,要产生晶体结构的相变和表面化学反应等一系列具体变化。为此,控制好加热工序是保证压力加工生产中产品质量的重要环节。

一、钢加热时可能产生的缺陷

(一) 氧化

钢加热到高温时,表面层的铁与炉中的氧化性气体(如 CO_2、O_2、H_2O 和 SO_2)发生化学反应,结果使钢表面层氧化。氧化不仅造成材料的损耗(如大锻件脱落下来的氧化支厚度可达 7~8mm),而且氧化皮的硬度很高,将加剧模具的磨损,降低模锻精度和使锻件表面粗糙。要减少金属氧化可采用快速加热,缩短加热时间及在保护性气氛中加热。

(二) 脱碳

钢在高温时,表面层的碳和炉气中的氧化性气体及某些还原性气体(H_2)发生化学反应,造成钢表面层含碳量减少的现象称为脱碳。脱碳严重的钢,锻造时易龟裂。钢的脱碳层深度应小于锻件的加工余量。

(三) 过热

钢加热超过某一温度时,奥氏体晶粒会迅速长大,形成粗大晶粒,这种现象称为过热。过热使钢机械性能降低。

(四) 过烧

钢加热到接近熔化温度时,不仅奥氏体晶粒粗大,而且氧化性气体渗入晶界,使晶界氧化,破坏了晶界间联系,金属失去了塑性,成为废品,这种现象称为过烧。

所以,为了避免过热和过烧,必须控制加热温度和保温时间。

二、锻造温度范围

为了保证金属具有较好的可锻性,必须在规定温度范围内进行锻造。所谓锻造温度范围,是指始锻温度和终锻温度之间的温度区间。

(一) 始锻温度

即开始锻造的温度。在不出现过烧或较大过热前提下,提高始锻温度,能增加金属的可锻性,有利于塑性变形。如始锻温度过低,则会缩小锻造温度范围,使锻造操作时间相应减少,从而增加加热次数,因此碳钢始锻温度应低于 AE 线 150~250℃,一般为 1250~1050℃。

(二) 终锻温度

即终止锻造的温度。它既要保证终锻前坯料有足够的塑性,又要保证锻后获得细化的再结晶组织。若终锻温度过高,将使金属晶粒长大,得到粗大组织,降低锻件的机械性能;若终锻温度过低,不仅锻造困难,同时还由于锻后再结晶来不及充分进行,而产生较大应力,可能导致产生裂缝。终锻温度约在 750~800℃。

图 4-9 碳钢的锻造温度范围

碳钢的锻造温度范围如图 4-9 所示。

§4-3 锻 造

锻造是压力加工的重要生产方法。它不仅可以加工出一定形状和尺寸精度的锻件，同时也改善了金属的铸态组织，提高了锻件的机械性能。一般在冶金联合企业中，在建轧钢车间的同时，都要配建锻工车间。因为很多低塑性的优质合金钢锭由于受粗轧设备能力的限制，大都需经锻造开坯后方可进行轧制加工。

锻造按使用的工具不同，可分为自由锻造和模型锻造两大类。

一、自由锻造

锻造时，金属在砧铁间水平面的各个方向自由流动而不受约束，故称为自由锻造。锻件的形状和尺寸主要是由锻工的操作技术来保证的。

自由锻造又可分为手工锻和机器锻两种。手工锻只能生产小型锻件，适用于修理工作及机器锻的辅助工作。机器锻是目前工厂广泛采用的自由锻造方法。

（一）自由锻设备

自由锻常用的设备是空气锤、蒸汽—空气锤和水压机等。

空气锤是应用最广泛的自由锻造设备，其外形和工作原理如图4-10所示。电动机通过减速器和曲柄连杆机构，带动活塞在压缩气缸内作上下往复运动，用以压缩气缸中的空气。当压缩活塞上升时，将压缩空气经控制阀压入工作气缸内的上部，使工作活塞带动锤杆、上砧铁向下运动，对锻件进行锤击。当压缩活塞向下运动时，将空气经控制阀压入工作气缸的下部，使工作活塞连同上砧铁上升。锤击力大小决定于控制阀的开启程度，操作时可通过踏杆踏下的轻重程度来调节。

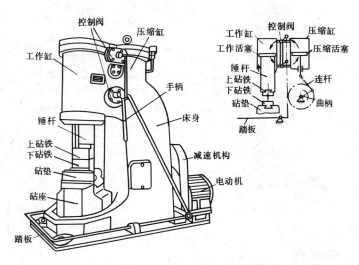

图 4-10 空气锤

空气锤有四个动作，通过踏板或手柄调节两个控制阀的不同位置，实现锤杆连续打击、单次打击、上悬和下压等动作，以满足锻造工艺的各种需要。

空气锤的吨位是以落下部分（包括工作活塞、锤杆、上砧铁）的重量来表示的，一般小于 0.75t，主要是根据锻件的尺寸和重量来选择空气锤的吨位。

空气锤的特点是不需要辅助设备，操作方便，但锤击力不大，广泛用于锻造小型锻件。

（二）自由锻造基本工序

自由锻造时，锻件的形状是经过一些不同的基本工序，将坯料逐步锻成的。自由锻造的基本工序有镦粗、拔长、冲孔、弯曲、切割、错移和扭转等。生产中最常用的是前三种工序，见表4-4。

自由锻造常用工序图例及应用　　　　　　　　　　　表 4-4

工序名称	图例	操作说明	应用
镦粗：降低坯料高度，增加横截面的工序	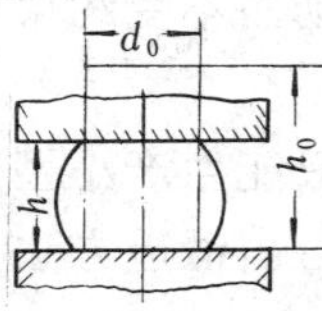 (a) 平砧镦粗 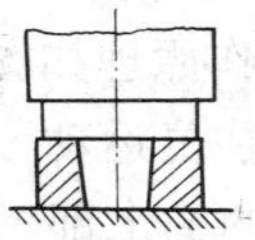 (b) 局部墩粗	为了避免镦弯，坯料高度（h_0）与直径（d_0）之比应小于2.5。坯料加热要均匀，坯料两端面要平整且与轴线垂直，以免镦歪。锻打时坯料应不断转动，以便变形均匀	盘形零件（如齿轮、圆盘）作为冲孔前的准备工序，以减少冲孔深度或增加以后拔长工序的锻造比
拔长：坯料横截面减小，而长度增加的工序	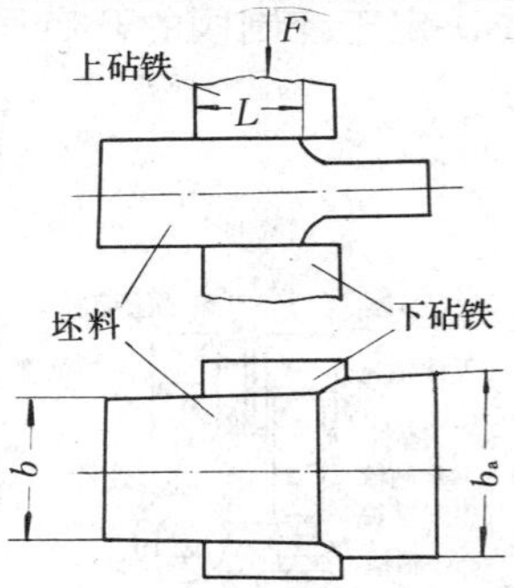 (a) 平砧上拔长 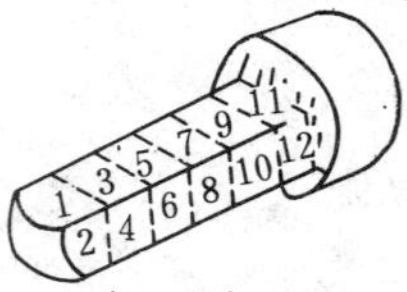 (b) 平砧上拔长 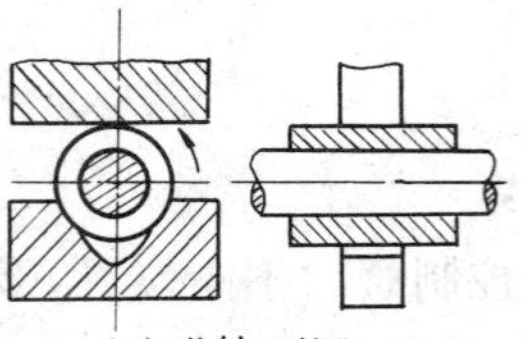 (c) 芯轴上拔长	为了提高拔长效率，进给量 l 应小于坯料宽度，一般 $l=(0.4\sim0.8)b$，如图 a 所示。拔长过程中，要反复翻转90°向前进给，如图 b 所示。不论坯料原始截面形状如何，都要拔成方形后，最后锻成所需要的截面形状。在芯轴上拔长时，应先将坯料镦粗冲孔，再套到芯轴上拔长	长而截面小的锻件（轴类、杆类）、空心轴（空心主轴、套筒、圆环等）

续表

工序名称	图 例	操作说明	应 用
	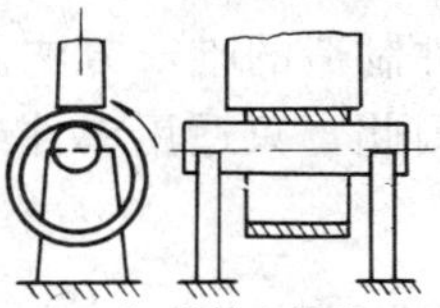 (d) 芯轴上扩孔		
冲孔：在坯料上冲出通孔或盲孔的工序	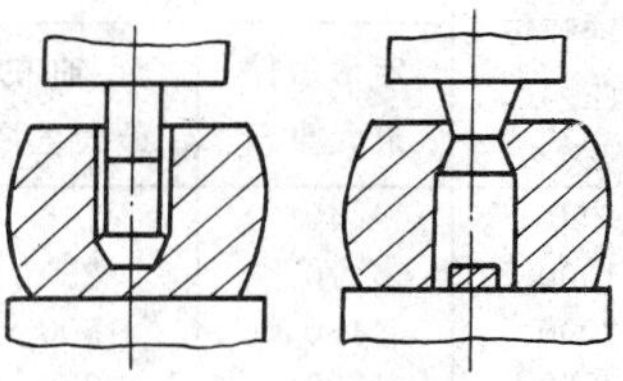 (a) 双面冲孔 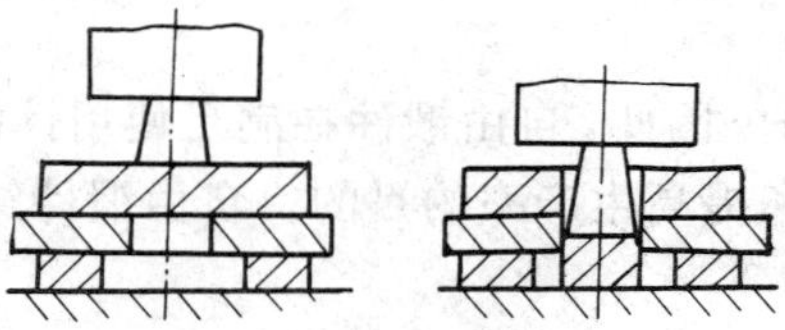 (b) 板料冲孔	冲孔前，要先将锻坯镦粗且平整，使外径达到孔径的2.5倍。当锻坯的厚度较大时，应从坯料两端面进行冲孔。当 $a<25$mm 时，一般不冲凸	齿轮坯、套筒、圆环、薄壁钢管及高压气缸等

不同锻件的锻造工序　　　　　　　　　　　表 4-5

锻件类别		图 例	锻造工序
Ⅰ	实心圆截面光轴及阶梯轴	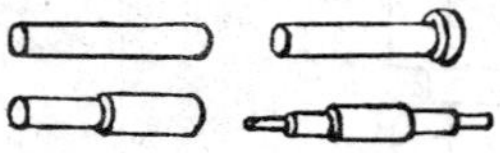	拔长（镦粗及拔长）切肩及锻台阶
Ⅱ	实心方截面光杆及阶梯杆	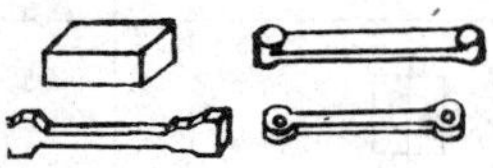	拔长（镦粗及拔长）切肩、锻台阶及冲孔
Ⅲ	单拐及多拐曲轴	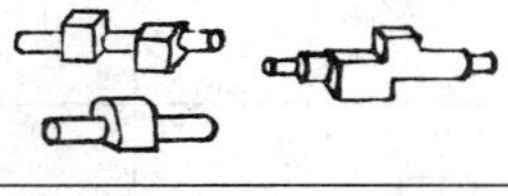	拔长（镦粗及拔长）错移、锻台阶、切肩及扭转
Ⅳ	空心光环及阶梯环	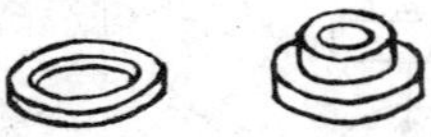	镦粗、冲孔、在芯轴上扩孔
Ⅴ	空心筒		镦粗、冲孔、在芯轴上拔长
Ⅵ	弯曲件	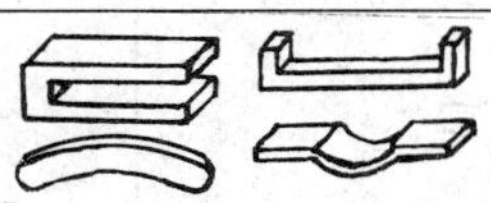	拔长、弯曲

选择自由锻造工序,是根据工序的变形特点及锻件的形状、尺寸和技术要求等来决定的。一般可根据锻件的类型按表4-5选择。

自由锻造设备具有很大的通用性,锻件可以小至几克,大至几百吨。自由锻造常用于对机械性能要求高、形状简单的毛坯,也是大型锻件制造的唯一方法。但对工人技术水平要求较高,加工余量大,劳动强度大,生产率低。因此,只适用单件或小批生产。选择锻锤吨位的数据可见表4-6。

根据锻件重量选择锻锤吨位的大概数据　　　　　　　　　　　表4-6

锻锤吨位 (kg)	锻件重量 (kg)		坯料最大横截面 (边长,mm)	锻锤吨位 (kg)	锻件重量 (kg)		坯料最大横截面 (边长,mm)
	定形锻件最大重量	光轴的最大重量			定形锻件最大重量	光轴的最大重量	
100	2	10	50	750	40	140	135
150	4	15	60	1000	70	250	160
200	6	25	70	2000	180	500	225
300	10	45	80	3000	320	750	275
400	18	60	100	5000	700	1500	356
500	25	100	115				

（三）自由锻件结构工艺性

自由锻件是用简单的通用工具锻打成形的。因此,自由锻件在满足使用性能要求下,应力求结构合理,以达到锻造方便、节约材料和提高生产率的目的。自由锻件结构工艺性要点见表4-7。

自由锻件结构工艺性　　　　　　　　　表4-7

设计准则	工艺性较差的结构	改进后的结构
尽量避免锥体、斜面	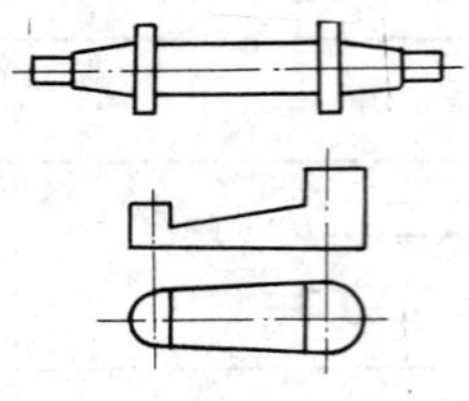	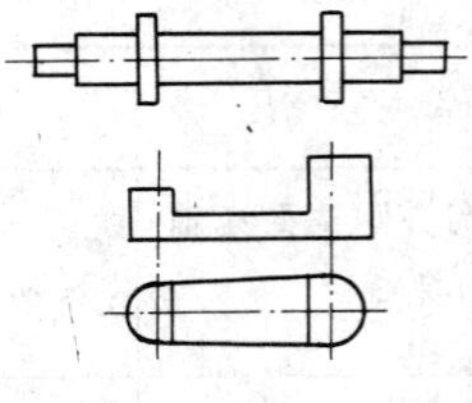
避免圆柱体与圆柱体相交	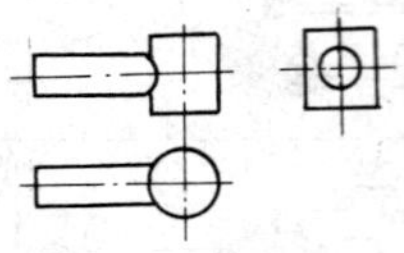	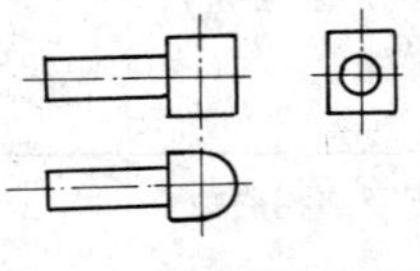
避免加强筋,小凸台及叉形体内侧有凸台	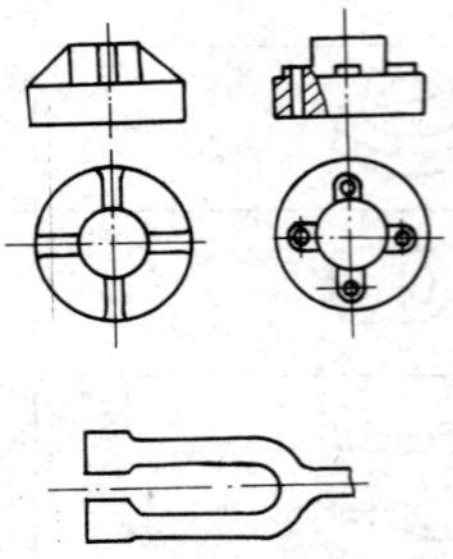	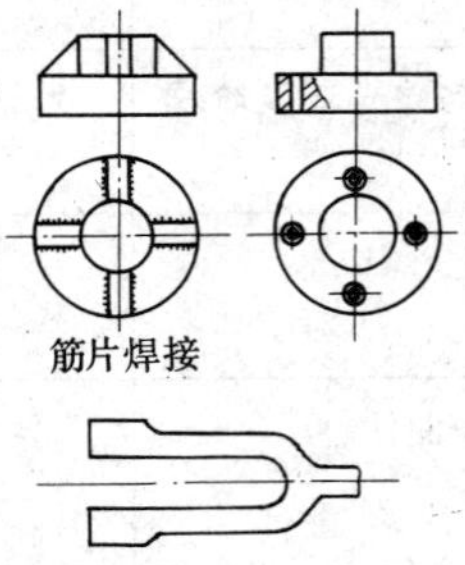 筋片焊接

续表

设 计 准 则	工艺性较差的结构	改进后的结构
对于横截面有急剧变化或形状复杂的零件,可采用组合结构		

二、模型锻造

模型锻造是把金属坯料放在具有一定形状的锻模模膛内变形,由于受到模膛形状的限制,最后获得与模膛形状一致的锻件。

模型锻造与自由锻造相比,其优点是生产率高,锻件精度高,表面光洁,机械加工余量和锻造公差较小,可节约材料 50% 以上,并可锻造形状较复杂的锻件。缺点是模锻需要专用设备和锻模,成本高,一般只能锻造 150kg 以下的小型锻件。因此,模锻只能适用于成批或大量生产的小型锻件。广泛用于汽车、拖拉机、飞机、坦克、工具等制造。

模锻又可分为锤上模锻和胎模锻两种。锤上模锻需要昂贵的锻造设备(最常用的是蒸汽—空气锤),只能适用于大量生产。

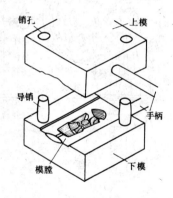

图 4-11 胎模结构示意图

胎模锻造是在自由锻造设备上用胎模使锻件成形。图 4-11 所示,为胎模结构,它由上、下模组成,一般不固定在锻锤和铁砧上,为了使上、下模吻合及不使锻件产生错移,常用销孔和导销定位。手柄供搬动和掌握胎模使用。

图 4-12 所示,为胎模锻造手锤的生产过程。

胎模锻与自由锻造相比,具有生产率高、锻件尺寸精度高、表面光洁、余量较少、节约金属、成本低等优点。与锤上模锻相比,它不需要昂贵的锻造设备、胎模制造简单方便、成本低、使用方便,但生产率和锻件尺寸精度低,胎模寿命短,工人劳动强度大。因此,胎模锻造广泛用于中、小批量生产的小型锻件。

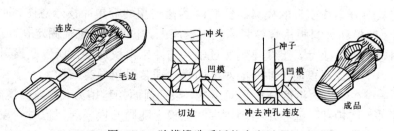

图 4-12 胎模锻造手锤的生产过程

§4-4 薄板冲压

薄板冲压是利用冲模使板料产生分离或变形，从而获得毛坯或零件的加工方法。使用的板料厚度一般在4mm以下，通常在常温下进行，故又称"冷冲压"。只有板料厚度超过8～10mm时，才采用热冲压。薄板冲压生产率高，产品重量轻、刚度和精度较高、互换性好、一般不需要切削加工，操作简单、生产过程易于实现机械化和自动化。它广泛应用于汽车、拖拉机、航空、电机、电器、仪表、国防和日常生活用品中。但冲模制造复杂，在小批量生产中应用受到一定限制。

一、冲压设备

冲压常用设备有剪床和冲床。

(一) 剪床

剪床是利用沿导轨作上下运动的上刀片与装在工作台上的下刀片相配合，将板料切成一定宽度的条料，以供下一步冲压工序使用。为了减少剪切力，宽而薄的板料，一般采用斜刀片（$a=2°$～$8°$）。对于窄而厚的板料，则采用平刃剪刀。现代剪床可剪切的金属板料厚度达42mm。

(二) 冲床

冲床是进行冲压加工的基本设备。图 4-13 为单柱冲床外形和传动简图。电动机通过胶带，带动大带轮转动，当踏下踏板时，离合器使大带轮与曲轴连接，曲轴旋转并通过连杆带动滑块作上下往

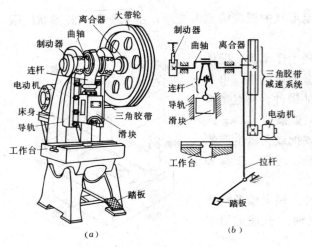

图 4-13 单柱冲床
(a) 外形；(b) 传动简图

复运动，从而进行冲压工作。当松开踏板时，离合器脱开，同时制动器使曲轴停止转动，并使滑块停留在最上位置。如果踏板不抬起，滑块继续进行冲压。

冲床的大小用吨位表示。冲床的吨位则表明滑块在最下端位置工作时所能产生的最大压力（吨）。

单柱冲床的吨位较小，一般为 6.3～200t。

(三) 冲模

冲模是使板料分离或变形的模具。图 4-14 为落料用的简单冲模示意图。冲模分为凸模和凹模两部分。凹模和卸料板用螺栓紧固在下模座上，下模座用螺栓固定在冲床工作台上，凸模用螺栓固定在上模座上，上模座则通过轴头与冲床滑块连接，所以凸模可以随滑块一起上下运动。为了保证凸模向下冲时能对准凹模，通常采用导套结构。

工作时，条料在凹模上沿两导板之间送进，碰到前面挡料销为止。当凸模向下冲压时，冲下来的工件进入凹模孔，而余下条料则夹在凸模上随同凸模一起回程时，碰到卸料板被推下。然后条料继续在两导板间送进，如此重复工作，不断冲下零件。

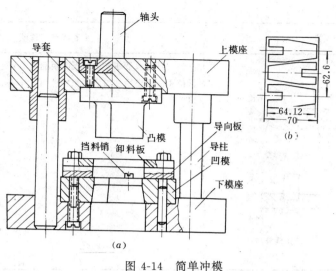

图 4-14 简单冲模
(a) 简单冲模;(b) 排料方式

二、薄板冲压基本工序

薄板冲压的基本工序有分离工序和变形工序。

(一) 分离工序

分离工序是将板料的一部分与另一部分相互分离的工序。它包括落料、冲孔和修整等工序,见表4-8。

分 离 工 序　　　　　　　　　　表 4-8

工序名称	图　　例	变形特点与说明
落料与冲孔	（图a 废料 成品） （图b 成品 废料） （图c） （图d）	这两个工序坯料变形过程相同,只是用途不同。落料时被冲下的部分为成品,带孔的周边为废料（图a）。冲孔时,被冲下的部分为废料,带孔的周边为成品（图b） 为了提高材料利用率,落料前应合理地确定工件在板料上的排列方式。对于要求较高的工件,可采用有接边排样法（图c）;对于精度不高的工件,可采用无接边排样法（图d）

续表

工序名称	图例	变形特点与说明
修整	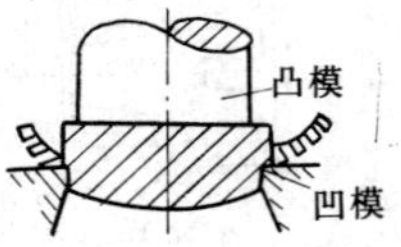 (a) 外圆修整 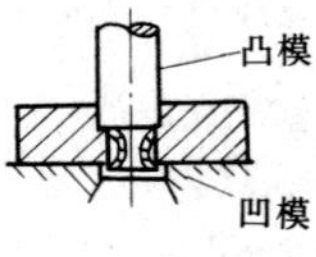 (凸模、凹模) (b) 内孔修整 (凸模、凹模)	当工件精度要求较高，表面粗糙度值要求低时，冲裁后立进行修整。修整后切口表面粗糙度可达 $1.6\mu m$，精度可达 IT6～IT7

（二）变形工序

变形工序是使板料产生塑性变形而不破坏的工序。它包括弯曲、拉深、翻边和成形等，见表 4-9。

变形工序　　　　　　　　　　　　表 4-9

工序名称	图例	变形特点与说明
弯曲	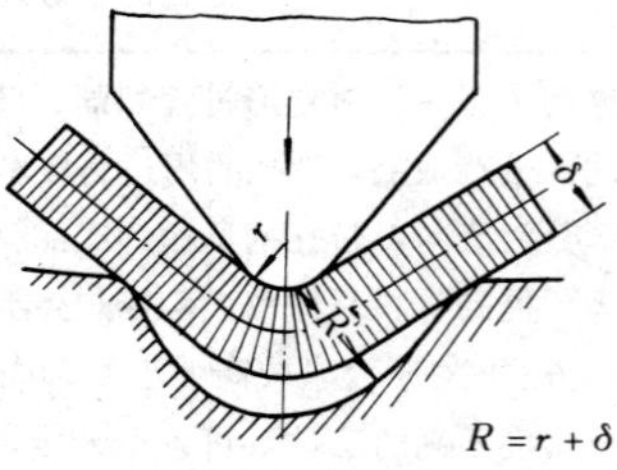 (a) 弯曲变形简图 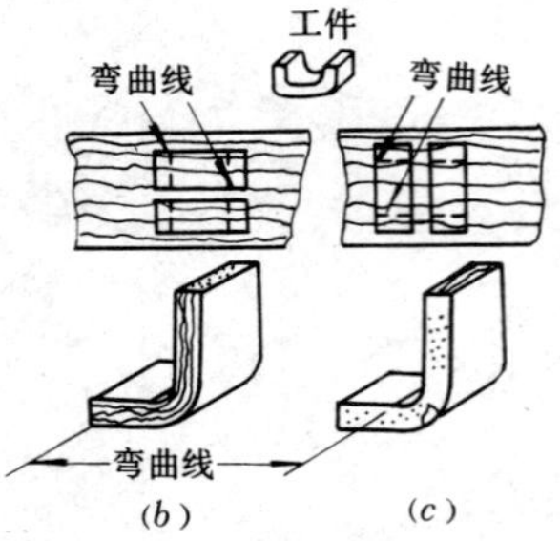 $R = r + \delta$ (b)(c) 弯曲时的纤维方向	为了保证弯曲时不发生裂缝，弯曲半径应为 $r_{\min} = (0.25～1)\delta$，塑性高的金属弯曲半径取小值 弯曲时尽可能使弯曲线处的正应力与坯料纤维方向一致（图 b）。否则容易发生破裂（图 c），或采用增大弯曲半径来避免 另外，应使模具角度比工件角度小一个回弹角。一般小于 $10°$

续表

工序名称	图 例	变形特点与说明
拉 深	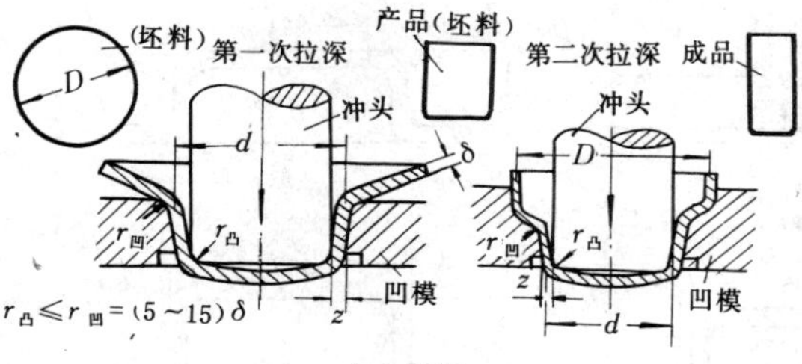 (a) 拉深 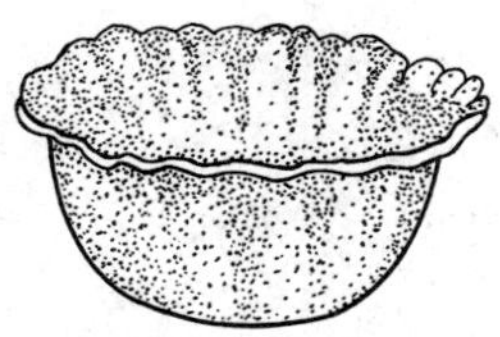 $r_凸 \leq r_凹 = (5\sim15)\delta$ (b) 折皱 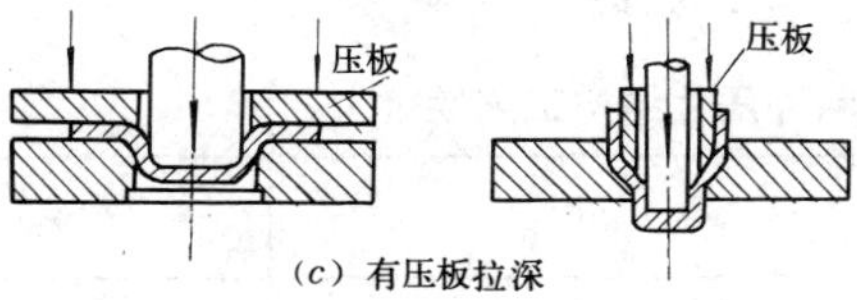 (c) 有压板拉深	拉深是使坯料变成各种空心零件的工序。为了避免拉破，冲头与凹模工作部分应作成圆角。冲头与凹模之间要留有一定的间隙 $Z=(1.1\sim1.2)\delta$。如果拉深系数 $\left(m=\dfrac{d}{D}\right)$ 太小时，应采用多次拉深。在拉深过程中，为了防止折皱（图 b），可采用压板压紧板料边缘（如图 c 所示）
翻 边	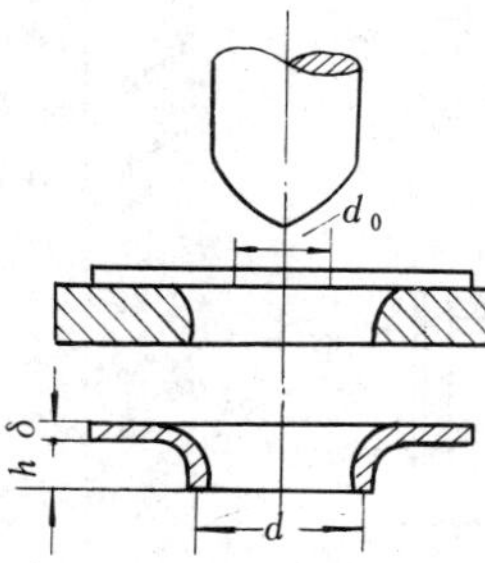	翻边是使带孔的坯料孔口周围获得凸缘的工序。翻边时，为了避免使孔边缘产生裂缝，一般取 $K=0.65\sim0.72$，$K=\dfrac{d_0}{d}$
成 形	 (a) 压筋 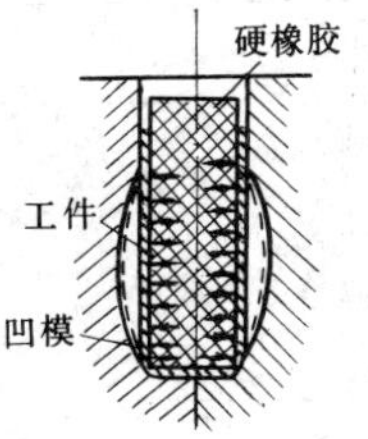 (b) 胀形	利用局部变形使坯料或半成品改变形状或加强刚性的工序

形状比较复杂的冲压件，往往要采用几个基本工序经多次冲压才能完成。变形程度较大时，还要进行中间退火。图 4-15 为座圈（材料 08F）的冲压工艺过程，由落料、拉深、冲孔和翻边等工序组成。

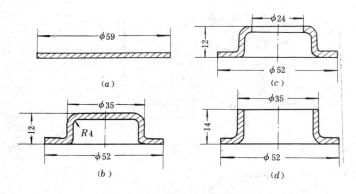

图 4-15　座圈的冲压工艺过程
(a) 落料；(b) 拉深；(c) 冲孔；(d) 翻边

三、薄板冲压件的结构工艺性

为保证冲压的质量、节省材料消耗、减少模具磨损、提高生产率、降低成本等，设计冲压件结构时，应使其具有良好的工艺性，如表 4-10 所示。

板料冲压件结构工艺性　　　　　　　　　　　表 4-10

图　　　例	说　　　明
（图示：冲压件与排样 (a)(b)；孔槽尺寸 (c) a>2δ b>δ c>δ d>δ e>2δ；(d) f>1.5δ g>1.5δ k>1.5δ l>0.9δ）	外形应力求简单、对称、结构优化，如某冲压件若由图(b)所示的结构改进为(a)，可使材料的利用率明显提高 冲压件上如有孔、槽等结构时，其相关尺寸要求可参考图(c)、(d)
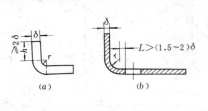 (a)　　　　(b)　L>(1.5~2)δ	弯曲半径不能小于材料许可的最小弯曲半径。弯曲边不能过短，否则不易成形，一般 h≥2δ（图 a）。弯曲时孔的位置应在圆弧之外，而且 L>（1.5~2）δ（图 b）

图 例	说 明
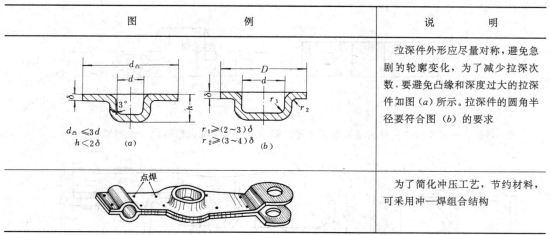	拉深件外形应尽量对称，避免急剧的轮廓变化，为了减少拉深次数，要避免凸缘和深度过大的拉深件如图（a）所示。拉深件的圆角半径要符合图（b）的要求
	为了简化冲压工艺，节约材料，可采用冲—焊组合结构

习　题

4-1　指出：工字钢、槽钢、铜丝、铜管等原材料以及机床主轴、重载齿轮、吊钩等毛坯和汽车油箱、电动机罩盖等零件，多用何种压力加工方法生产。

4-2　碳钢在 400℃，铅在 0℃进行塑性变形，是属于冷变形还是热变形？举一、二例说明为什么在机械制造中有的零件要采用冷变形制造？而有的零件要采用热变形？

4-3　为什么用锻造毛坯加工成形的轴、齿轮和螺栓的机械性能，要比棒料切削加工成形的高？在选择零件成形工艺时，应如何考虑纤维组织的合理分布？

4-4　锻造前为什么要先将金属加热？为何要控制锻造温度范围？

4-5　指出习题 4-5 图所示的法兰圈（材料为 45 钢）锻造时要经过哪些基本工序？每道工序的作用是什么？

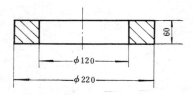

习题 4-5 图

4-6　在镦粗时，产生习题 4-6 图所示毛病的原因是什么？应如何避免。

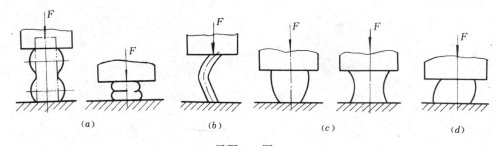

习题 4-6 图

4-7 试将下列两零件（习题4-7图）的结构作适当修改，使之适合于自由锻造工艺。并说明修改原因。

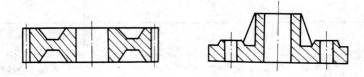

习题 4-7 图

4-8 习题4-8图所示冲压件的结构是否合理？将不合理部位加以修改，并说明原因。

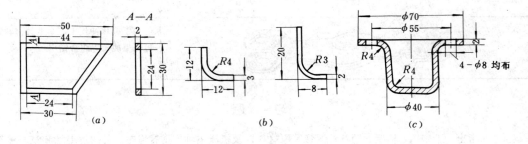

习题 4-8 图

第五章 焊 接

焊接是通过加热或加压，或两者并用，并且用或不用填充材料，使焊件达到原子结合的一种加工方法。它和铆接相比，主要有如下优点：生产率高、节省材料和改善劳动条件等。因此，被广泛应用在建筑结构、桥梁、管道、锅炉、船舶制造及其它行业中。焊接方法种类繁多，常用的有以下几种：

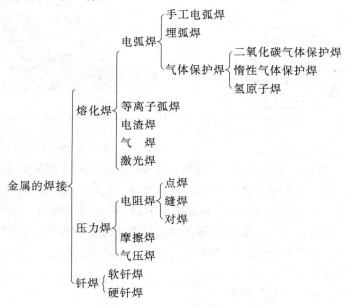

§5-1 手工电弧焊

手工电弧焊是熔化焊中最基本的焊接方法。用电弧热来熔化金属，整个焊接过程都是手工操作，如图 5-1 所示。

焊接前，先将焊件和焊钳通过导线分别与电焊机的两电极相连，用焊钳夹持焊条。引弧时，首先使焊条与焊件接触造成短路。由于焊条和焊件接触面凹凸不平，仅在某些点上接触，接触电阻值很大，电流通过接触点的密度很高，接触电阻热把这些接触点加热至熔化状态。随即微提焊条，高温的金属降低了电子逸出所需要的电场电压，在电场力作用下，阴极放出大量电子，撞击焊条和焊件空隙中的气体介质，造成气体电离。产生的

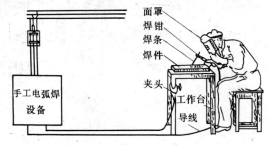

图 5-1 手工电弧焊焊接示意图

正离子冲向阴极,负离子及电子冲向阳极,途中进一步撞击、电离释放出大量的热和光,形成了焊接电弧。所以说,焊接电弧是气体介质中产生的强烈而持久的放电现象。

焊接电弧是由阴极区、弧柱和阳极区三部分组成,如图5-2所示。采用碳钢焊条焊接时,其温度、热量大致分布如下:阴极区温度为2400K,热量占电弧总热量30%;阳极区温度为2600K,热量占43%;弧柱中心温度为6000~8000K,热量占21%。

一、手工电弧焊的焊接过程

手工电弧焊的焊接过程如图5-3所示。电弧在焊条与焊件之间燃烧并产生热量,使焊件

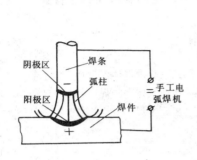

图5-2 电弧的构造

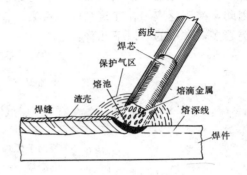

图5-3 手工电弧焊的焊接过程示意图

(基本金属或母材)部分熔化,形成一个凹坑,称为熔池。熔池中的液体金属是由熔化的基本金属和过渡而来的焊条金属熔滴所组成。当焊条金属熔滴和药皮到达熔池中时,将发生一系列的冶金反应。产生的大量气体充满着熔池四周,同生成的熔渣一起保护着熔池金属。随着电弧不断向前移动,基本金属和焊条金属陆续熔化成新的熔池,原先的熔池金属及熔渣冷却凝固成连续的焊缝和渣壳。

二、手工电弧焊机

手工电弧焊机有交流和直流两种。

(一)交流弧焊机

图5-4为BX1-330型交流弧焊机外形图。它是一个特殊的变压器,由固定铁芯、可移动铁芯和绕在铁芯上的线圈所组成。接通电源,可将工业用的电压(220V或380V)降低,使空载只有60~70V。改变线圈抽头,可粗调焊接电流,若需细调焊接电流,可转动调节手柄,改变可移动铁芯的位置来实现。电流调节范围为50~450A。

交流弧焊机构造简单,体积小,重量轻,价格低,效率高和维修方便。用直流弧焊机焊接时,电弧稳定,宜在焊接质量要求高或焊接薄件、有色金属、铸铁和特殊性能钢时采用。

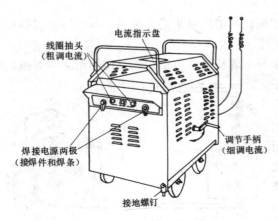

图5-4 BX1-330型交流弧焊机外形图

（二）直流弧焊机

直流手工电弧焊机可分为三类：旋转直流弧焊机、焊接整流器和逆变直流焊机。

1. 旋转直流弧焊机

它是由交流电动机和特殊的直流发电机所组成，电动机用来带动直流发电机供给焊接所需的直流电。电流调节分粗调和细调两种，前者靠改变抽头或炭刷位置；后者靠转动调节手柄。常见的有型号 AX-320、AX_1-500。由于噪声、能量损耗等原因，这类焊机已逐渐被淘汰。

2. 焊接整流器

焊接整流器是用大功率硅元件作为整流器，机内主要由三部分所组成：降压变压器、磁放大器（饱和电抗器和硅整流器）和输出电抗。降压变压器把工业用的电压380V降至焊接所需电压，输送给磁放大器，经过磁放大器交流变为直流，并能满足对焊接所需电源的要求。常见的焊接整流器型号有 ZX_5-315、ZX_5-500 等。

3. 逆变直流焊机

带有直流变交流的逆变装置的焊机称逆变直流焊机，这种焊机将直流变成2000～20000Hz频率的交流，然后再整流为直流，以满足手工焊、气体保护焊的要求，具有轻量化、节材、节电等优点。常见的有可控硅、场效应管逆变焊机。

用直流手弧焊机焊接时，有正接和反接之分。将焊件接阳极，焊条接阴极，这种接法称为正接，反之称反接。反接时，焊件（阴极）温度较低，常用来焊接薄钢板、有色金属和进行堆焊（在零件表面堆上一层金属，常用于修复磨损零件）等。

三、焊条

（一）焊条的组成

焊条是由焊芯和药皮所组成（图5-5）。它既用作电极，同时又作为填充焊缝的金属。

焊接时焊芯是形成焊缝金属的主要材料，它的化学成分和非金属夹杂物的多少将直接影响焊缝的质量，碳钢焊条常用的钢号有H08和H08A。焊条直径是用焊芯的直径来表示的，通常直径为2.5～6mm，长度为300～400mm。也有直径为6～8mm，长度为700mm的长焊条。

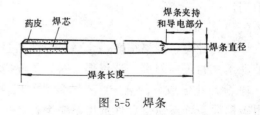

图5-5 焊条

药皮是由各种矿物质（大理石、长石、金红石、萤石等）、有机物（淀粉、纤维素等）、铁合金（锰铁、硅铁、钛铁等），辗成粉状，按不同配方用水玻璃粘结而成的。在焊接过程中药皮起到稳定电弧、保护熔池金属（造渣、造气）、去除熔池金属的氧化物和调节焊缝化学成分的作用，是保证焊缝质量主要因素之一。此外，还能使焊缝成形美观和减少飞溅等作用。

焊条应存放在干燥通风的环境中，受潮的焊条应烘干后再使用。

（二）焊条的种类

焊条按焊件材料的不同可分为若干类，如碳钢焊条、低合金钢焊条、不锈钢焊条、堆焊焊条、铸铁焊条、铜及铜合金焊条、铝及铝合金焊条及其它焊条等。

各类焊条按国家标准规定有一定的型号。GB5117-85规定碳钢焊条的型号是以字母E

后加上四位数字来表示。字母 E 代表焊条,四位数字中的前两位数字表示焊缝金属的抗拉强度最小值,第三位数字表示适用的焊接位置,最后一位数字表示药皮类型及电源种类。例如"E4303",E 表示焊条,E 字后面的两位数字 43 代表焊缝金属的抗拉强度不小于 420MPa,第三位数字 0 代表适用于全位置焊接,最后一位数字 3 代表氧化钛钙型药皮,焊接电源为交、直流两用。几种常用碳钢焊条的型号和相当的旧牌号及用途,见表 5-1 所示。

几种常用碳钢焊条的型号和相当的旧牌号及用途　　　　表 5-1

型　号	旧牌号	药皮类型	焊接位置	焊接电源	主　要　用　途
E4303	结 422	氧化钛钙型	全位置	交流或直流	焊接低碳钢结构
E4315	结 426	低氢型	全位置	交流或直流	焊接重要的低碳钢结构和中碳钢
E5015	结 507	低氢型	全位置	直　流	焊接中碳钢及低合金钢
E5016	结 506	低氢型	全位置	交流或直流	焊接中碳钢及低合金钢

由于焊条药皮组成物的不同,熔化后形成的熔渣所含物质也不同。若熔渣中的酸性氧化物比碱性氧化物多,这种焊条称为酸性焊条,如 E4303、E4322。反之为碱性焊条(低氢型焊条),如 E4315、E5015。

酸性焊条对焊缝处的铁锈、油脂和水分要求不严,电弧稳定,可用交、直流电源,容易脱渣,焊缝成形好,焊接时产生的有害气体也少,具有良好的焊接工艺性,应用较为广泛。但氧化性强,合金元素易烧损,脱硫、脱磷能力也差,因此焊缝金属的塑性、韧性和抗裂性能不高,适用于一般低碳钢和相应强度的结构钢。

碱性焊条氧化性弱,脱硫、脱磷能力强,所以焊缝金属的塑性、韧性和抗裂性能都比酸性焊条高;适用于焊接重要的低碳钢和中碳钢结构。但焊接工艺性不如酸性焊条。例如,用交流电源电弧不稳,有害气体多,要仔细清除焊接处的污物等,这类焊条吸湿性强,使用前需烘干。

(三) 焊条的选用

焊条的种类、规格很多,合理选用焊条是保证焊接质量、提高生产率、降低成本和改善劳动条件的重要因素。选用焊条时,主要应考虑如下几点:

1. 满足化学成分的要求。不同种类的焊件应选用不同类型的焊条。例如:低碳钢焊件选用碳钢焊条;不锈钢焊件选用不锈钢类焊条。

2. 满足等强度的要求。焊后焊缝强度应与母材强度相一致。例如,焊接材料为 Q235 时选用 E4303 焊条。

3. 考虑焊件形状、受力状况和结构重要性来选用焊条。受力复杂和动载的焊件,要求抗裂性高,宜选用同强度等级的碱性焊条;锅炉、油罐等压力容器也宜选用碱性焊条,某些焊接部位难以清理干净,应选用酸性焊条。

四、手工电弧焊工艺

(一) 接头型式和坡口形状

根据产品的使用条件和焊件的厚度,手工电弧焊可以采用不同的接头型式,如对接、角接、T 型和搭接接头等。为了保证焊透,必要时在接头处还要开出一定的坡口形状。各种接头型式和坡口形状,如图 5-6 所示。

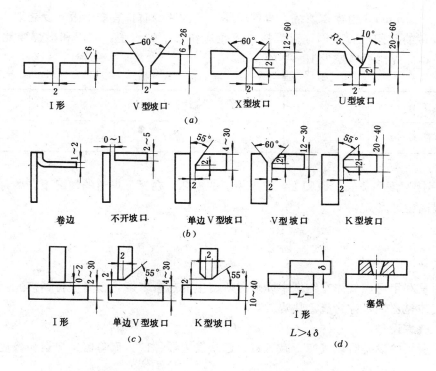

图 5-6 手工电弧焊焊接接头型式和坡口形状
(a) 对接接头；(b) 角接接头；(c) T形接头；(d) 搭接接头

（二）焊接的空间位置

焊接时，根据焊缝所处的空间位置不同，可分为平焊、立焊、横焊和仰焊（图 5-7）。平焊时，焊条熔滴易向熔池过渡，熔池金属不易外流且易成形，操作方便，焊缝质量高，立焊、横焊次之，仰焊最差。

（三）焊接工艺参数

手工电弧焊的焊接工艺参数主要有：焊条直径、焊接电流、焊接速度和弧长等。正确选择工艺参数是保证施焊质量和提高生产率的重要因素。

1. 焊条直径　主要依据焊件厚度而定，可参考表 5-2 选取。

2. 焊接电流　主要根据焊条直径来选择。对平焊低碳钢和普通低合金结构钢焊件，焊条直径为 3～6mm 时，可由下列经验公式算出：

$$I = Kd$$

式中　I——焊接电流；A；
　　　d——焊条直径，mm；
　　　K——经验系数，常取 30～50（A/

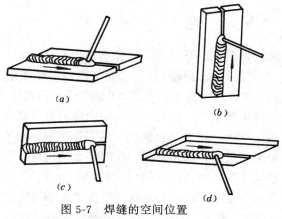

图 5-7 焊缝的空间位置
(a) 平焊；(b) 立焊；(c) 横焊；(d) 仰焊

mm)。当操作熟练，焊件较厚、气候寒冷时，宜取上限；反之取下限。此外，焊接的空间位置不同，对焊接电流也应作如下的修正：立焊和横焊要比平焊减少 10～15%；仰焊比平焊减少 15～20%。

焊条直径的选择　　　　　　　表 5-2

焊件厚度（mm）	<2	2～3	4～6	6～10	>10
焊条直径（mm）	2	3	3～4	4～5	5～6

3. **焊接速度和弧长**　原则上，应采用短的电弧，在保证焊透的情况下，尽可能增加焊速，以提高生产率。

§5-2 气焊和气割

气焊是利用可燃气体在纯氧中燃烧时所产生的热量来熔化金属进行焊接的。气焊常用的可燃气体是乙炔，称为氧乙炔焊。

一、气焊设备

气焊所用的设备有氧气瓶、减压器、乙炔发生器、回火保险器、焊炬和橡皮管等（图5-8）。

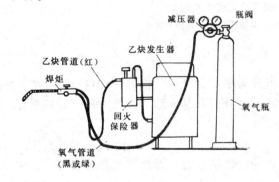

图 5-8　气焊设备示意图

（一）氧气瓶

氧气瓶是贮存高压氧气的容器。贮气的最高压力为 15MPa，容积 40L。瓶体表面涂上天蓝色以标识。瓶上装有瓶阀，打开瓶阀瓶内的氧气即流入减压器。

（二）减压器

减压器的作用是把高压氧气压力降低至气焊时所需的工作压力（0.3～0.4MPa），并维持稳定不变。

（三）乙炔发生器

乙炔发生器是产生乙炔气的装置，乙炔气是通过电石（CaC_2）和水作用而得到的。

根据这一原理，产生乙炔气的装置种类很多，其中 Q3-1 型是一种移动式中压乙炔发生器，结构属于排水式类型，它的外形、组成和工作原理如图 5-9 所示。使用时，从桶盖处加入清水和电石，再使内层 I 中的电石篮下降和水接触，产生的乙炔气聚集在内层 I 中，经过储气桶、回火保险器供气焊工作使用。当乙炔气使用量减少时，内层 I 的乙炔气量就会增多，压力也随之升高，此时将水从内层 I 压入隔层 II 内，电石与水逐渐分离，压力不再继续上升。当乙炔气使用量增加时，内层 I 压力降低，隔层 II 内的水又回流入内层 I，这样水又重新与电石接触，于是乙炔发生器又恢复正常工作状态。沉淀的电石渣（$Ca(OH)_2$）积累到一定数量，由桶底出渣口排出。

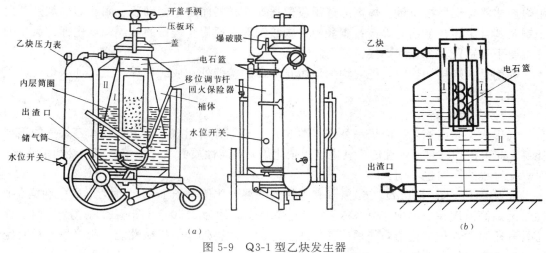

图 5-9 Q3-1 型乙炔发生器
(a) 外形图；(b) 工作原理图

（四）回火保险器

回火保险器是一种安全装置。其作用是防止火焰沿乙炔管道倒流（回火）至乙炔发生器内而产生爆炸事故。

（五）焊炬

焊炬的作用是将氧气和乙炔气以一定比例混合，并通过焊嘴口喷出，点燃后，就产生气焊时所需的火焰。

图 5-10 为低压式焊炬外形和原理示意图。打开氧气调节阀，氧气从喷嘴孔喷出。再打开乙炔调节阀，乙炔气经乙炔导管聚集在喷嘴孔周围被喷出的高压氧气一起吸入混合室内混合，并以一定的流速从焊嘴口喷出。调节氧气调节阀和乙炔调节阀，即可得到不同比例的混合气和流速。

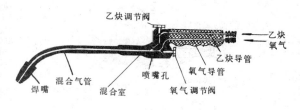

图 5-10 低压式焊炬

焊炬一般备有 5 个孔径大小不同的焊嘴，用来适应焊接不同厚度的焊件。

二、焊丝和焊剂

（一）焊丝

气焊时，要用焊丝作为填充金属，接头的质量直接和焊丝的成分有关。

焊接低碳钢时，一般用 H08A 作为焊丝，重要接头可选用 H08MnA 焊丝。焊接有色金属及铸铁时，选用和焊件化学成分相同或者含有其它元素的合金焊丝。

气焊用的焊丝规格，一般直径为 2～4mm。

（二）焊剂

气焊时，焊剂的加入主要为了防止金属的氧化及消除已形成的氧化物。此外，它还能改善熔池金属的流动性。

低碳钢气焊时通常不同焊剂,但对易氧化的合金钢、铸铁和有色金属焊接时,必须使用焊剂才能保证焊接质量。焊剂的选用应根据焊件材料而定,如硼砂、硼酸等焊剂主要用于铜及其合金和合金钢的焊接;碳酸钾、碳酸钠等主要用于铸铁的补焊;氯化钾、氯化钠等主要用于铝及其合金的焊接。

焊剂是在焊接加热前,把它均匀地撒在焊件的接缝处,或醮在焊丝上,加入熔池。

三、气焊工艺

(一) 气焊火焰

气焊火焰是由焰芯、内焰和外焰（图 5-11）三部分所组成。调节氧气和乙炔气的混合比例,即可得到三种（中性焰、氧化焰和碳化焰）不同性质的气焊火焰。不同性质的火焰,对焊接过程的影响也不同。

1. 中性焰（图 15-11a） 当氧气和乙炔气的混合比值等于 1～1.2 时,形成中性焰。中性焰的最高温度在内焰中,距焰芯前端 2～4mm 处,约为 3150℃（图 5-12）。另外,内焰处还具有还原性,与熔化金属作用能使氧化物还原,改善焊缝的机械性能。所以,气焊时应以内焰处来加热焊件和焊丝。

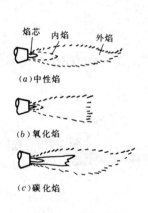

图 5-11 气焊火焰

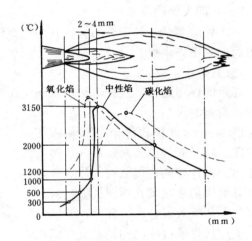

图 5-12 三种火焰的温度分布

中性焰用途最广,常用来焊接低碳钢、低合金结构钢、紫铜和铝合金等大多数金属材料。

2. 氧化焰（图 5-11b） 当氧气和乙炔的混合比值大于 1.2 时,火焰为氧化焰。最高温度约为 3300℃,焰芯、内焰和外焰都比中性焰短,且轮廓不明显,噪声也大。

氧化焰有过剩的氧气,整个火焰具有氧化性。因此,这种火焰很少采用,仅用于焊接黄铜和镀锌钢板,以防止锌在高温时蒸发。

3. 碳化焰（图 5-11c） 当氧气和乙炔气的混合比值小于 1.0 时,火焰为碳化焰。

碳化焰有过剩的乙炔气,它可分解为碳和氢气,对焊缝金属具有渗碳和防止氧化作用,故适用于焊接高碳钢、铸铁、硬质合金和高速钢等。

(二) 焊接工艺参数

气焊工艺参数主要指焊嘴大小、焊丝直径、焊炬倾斜角度以及焊接速度等。

焊嘴及其倾斜角度的选择是根据焊件材料和焊件厚度而定。焊接厚度大、熔点高、导热性好的金属材料，应选用较大的焊嘴孔径和倾角；反之选用较小的焊嘴孔径和倾角。倾角最大为90°，即焊炬与焊件相垂直。

焊丝直径主要决定于焊件厚度，可按表5-3选取。

焊件厚度与焊丝直径的关系　　　　　　　　　表5-3

焊件厚度（mm）	1.0~2.0	2.0~3.0	3.0~5.0	5.0~10	10~15
焊丝直径（mm）	1.0~2.0	2.0~3.0	3.0~4.0	3.0~5.0	4.0~6.0

焊接速度视焊工操作熟练程度、焊缝空间位置、焊件厚度及其它因素而定。

焊接方法有左焊法和右焊法，如图5-13所示。

工业上，气焊不如手工电弧焊用得广泛，这是因为气焊火焰温度低，加热缓慢，焊件易变形，生产率低。

但在某些焊接工作中，如薄钢板和薄壁钢管的焊接，有色金属的焊接，铸铁的补焊以及没有电源的地方等，气焊仍具有重要的意义。

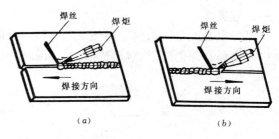

图5-13　左焊法和右焊法

(a) 左焊法；(b) 右焊法

四、气割

气割是根据高温的金属能在纯氧中燃烧的原理来进行的。

气割时，先用中性焰将被切割的金属割件预热到燃烧点（如低碳钢约为1300℃），然后喷出高压切割氧气，直接使预热金属燃烧，强烈氧化生成的熔渣当即被高压氧气流吹走（图5-14），同时燃烧放出大量的热又预热待切割的金属，随着割炬不断均匀地向前移动，割件被切出平整的切口。

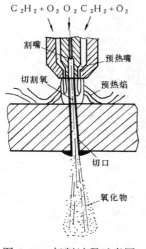

手工气割所用的割炬，如图5-15所示。和焊炬比较，割嘴结构不同于焊嘴，增加了输送切割氧气的管道和阀门。

根据气割原理，金属材料能否切割取决于下列条件：

1. 金属的燃点应低于其熔点，否则金属先熔化（变成熔割），使切口凹凸不平；

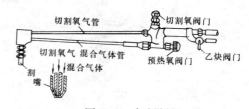

图5-14　气割过程示意图　　　　图5-15　气割割炬

2. 燃烧生成的氧化物其熔点应低于金属本身的熔点，以便氧化物熔化后被吹掉；
3. 金属燃烧时应放出足够的热量，以加热待切割的金属，有利于切割过程连续进行；
4. 金属导热性要低，否则热量散失，不利于预热到燃烧点。

低碳钢、中碳钢及普通低合金结构钢都符合上述条件，可以气割。对于含碳量为 0.7% 的碳钢，因为燃烧温度接近于熔点，切割质量难以保证。铸铁的燃点高于熔点，且生成的二氧化硅氧化物熔点也高，故不能气割。有色金属由于氧化物熔点较高，导热性能较好等原因也不能进行气割。这些材料可采用等离子弧进行切割。

§5-3 其它焊接方法

手工电弧焊和气焊在焊接生产中是两种最常用的焊接方法。此外，还有许多其它焊接方法来满足多方面的需要。

一、埋弧焊

埋弧焊也是利用电弧热来加热金属进行焊接的。埋弧焊和手工电弧焊的区别：

(1) 电弧在焊剂层下燃烧（埋弧），焊接时见不到电弧，如图 5-16 所示；

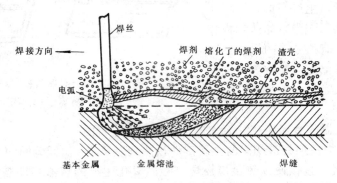

图 5-16 埋弧焊焊缝剖面图

(2) 埋弧焊有半自动和自动两种，用焊接小车代替人工操作即埋弧自动焊可完成整个焊接过程，如图 5-17 所示。

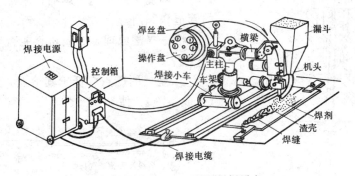

图 5-17 MZ-1000型埋弧焊设备

（一）埋弧焊的焊接过程

焊接前，先要使焊接小车的机头行走轨迹对准焊件接缝，焊丝和焊件相接触，从漏斗中流出焊剂撒在焊件接缝处。焊接时，启动操作盘上的按钮，焊丝和焊件之间立即产生电弧。电弧热使焊件和周围的焊剂熔化，部分焊剂被蒸发，蒸发形成的高温气体排开电弧周围的空气和焊剂，使电弧与外界空气隔绝，自成一个封闭空间。电弧在此空间内继续燃烧，焊丝便不断送进、熔化，并与熔化的焊件金属形成熔池。随着电弧不断向前移动，焊剂不断从漏斗中流出进行覆盖，焊接熔池也随之冷却凝固成焊缝。比重较轻的熔渣（熔化的焊剂）浮在熔池上面，冷却后变成渣壳。

（二）焊丝和焊剂

埋弧焊的焊丝，直径规格有 3、4、5、6mm 等几种。焊接低碳钢和普通低合金结构钢常用焊丝有 H08A、H08MnA 和 H10Mn2 等。

焊剂制成颗粒形状，焊剂型号的选用要与焊丝相配合才能保证规定的机械性能。例如，焊剂 HJ431 与焊丝 H08A 配合焊接低碳钢及某些低合金钢。

（三）埋弧焊的特点及应用

埋弧焊与手弧焊比较，具有生产率高、焊缝质量好、节省焊条和电能、劳动条件好等优点。

埋弧焊的缺点是焊件接头的加工与装配要求严格，焊接时不及手工焊接灵活。只适合于在平焊位置进行焊接，焊接厚的、长的直线焊缝和直径较大的环形焊缝，所以在船舶、锅炉、起重机械制造业中得到广泛应用。

二、气体保护电弧焊

手弧焊和埋弧焊都是以熔渣为主保护焊接区的，焊后要进行繁琐的清渣工作，对某些易氧化的金属（如铝合金），残留的渣壳对焊件有严重的腐蚀性，并且立焊或仰焊都有困难。因此，研究了用气体保护的电弧焊，以克服上述缺点。

（一）氩弧焊

氩弧焊是以氩气作为保护气体的电弧焊。按所用的电极不同，可分为不熔化电极（钨极）和熔化电极两种，如图 5-18 所示。

钨极氩弧焊是采用高熔点的钨棒作为电极，在氩气的保护下，依靠钨棒和焊件间产生的电弧热，来熔化焊件及填充金属的焊接方法。钨极本身不熔化，只起发射电子产生电弧的作用。因焊接电流受钨棒的限制，电弧功率不大，所以只适用于薄板的焊接。

熔化电极氩弧焊是采用连续送进的焊丝作为电极，在氩气的保护下，依靠焊丝和焊件间产生的电弧热，来熔化焊件和焊丝的焊接方法。它可采用较大的焊接电流，所以电弧功

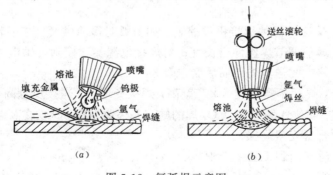

图 5-18 氩弧焊示意图
(a) 钨极氩弧焊；(b) 熔化电极氩弧焊

率也大,能用来焊接厚板。

氩气是一种惰性气体,不与金属起化学反应,也不溶解于液态金属中。因此,用氩气作保护气体是非常有效和可靠的。此外,热量较集中,工件变形小,电弧稳定,焊缝机械性能和抗腐蚀性较好,所以它是一种高质量的焊接方法。

氩弧焊的缺点是氩气成本较高,不适合在有风条件下焊接。它主要用来焊接高强度合金钢、高合金钢、铝、镁及其合金和稀有金属锆、钽等材料。

(二) 二氧化碳气体保护焊

二氧化碳气体保护焊是利用 CO_2 作为保护气体的气体保护焊,简称 CO_2 焊。它用焊丝作电极并兼作填充金属,有自动和半自动两种。例如 NBC-400 型焊机,它由焊接电源、焊枪、送丝机构、供气系统和控制系统组成,如图 5-19 所示。

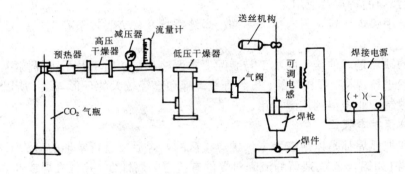

图 5-19 CO_2 半自动焊结构示意图

CO_2 焊的焊接电源,只能使用直流,可单独配电源,也可组成一体式。

焊枪是焊工手中进行焊接的工具,其作用是导电、导丝(把送丝机构送出的焊丝导向熔池)和导气(将 CO_2 气体导向焊枪喷嘴喷射出来)。

送丝机构将焊丝按一定速度连续不断地送出,它由送丝电动机、减速装置、送丝滚轮、压紧机构等组成。

供气系统由 CO_2 气瓶、预热器、干燥器、减压器、流量计及气阀等组成。其作厎是使 CO_2 气瓶内的液态 CO_2 变为一定流量、质量满足要求的气态 CO_2,供焊接使用。保护气体的通断由气阀控制。

控制系统实现对 CO_2 焊的焊接程序控制。如引弧时提前供气,结束时滞后停气;控制送丝电动机动作,焊前调节焊丝伸出长度;对焊接电源实现控制,供电可在送丝之前,或与送丝同时接通,停电时送丝先停而后断电等。

CO_2 焊成本低,焊后不需清渣,生产率高,焊接变形小,焊接质量高,明弧焊接,易于控制,适宜于各种空间位置的焊接。CO_2 焊的缺点是飞溅较多,CO_2 在高温时会分解具有强烈的氧化性,导致合金元素烧损。

CO_2 焊已被广泛应用到工业生产中。

三、电阻焊

电阻焊是在压力作用下,利用电流通过焊件及其接头处产生的电阻热,把焊件局部加热到塑性状态或熔化状态，形成焊接接头的一种焊接方法。

电阻焊可分为对焊、点焊和缝焊三种，如图 5-20 所示。

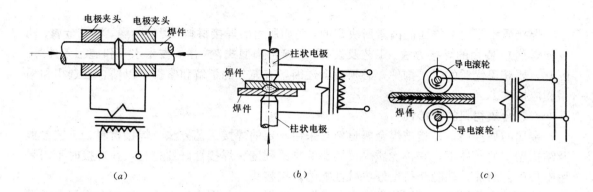

图 5-20 电阻焊示意图
(a) 对焊；(b) 点焊；(c) 缝焊

（一）对焊

对焊可以分为电阻对焊和闪光对焊。

1. 电阻对焊

电阻对焊（图 5-20a）时，先将两个要对接的焊件放在焊机的电极夹头上，对齐、夹紧，再施加一定的压力使焊件两端面接触。然后通电加热，等接触处的金属加热到稍低于它的熔化温度（塑性状态），这时再增大压力并切断电源。焊件在压力作用下，被焊接在一起。

2. 闪光对焊

闪光对焊与电阻对焊的区别是，接通电源后使两焊件相互靠近，个别小凸点接触。接触点处迅速被加热至熔化、蒸发状态，在电磁斥力的作用下，熔化金属发生爆破，以火花形状（闪光）从接触处射出（图 5-21）。焊件继续靠近，端部的接触点不断形成，闪光连续进行。待焊件端面全部熔化，立即对焊件加压并切断电源，使焊件牢固地焊接在一起。

（二）点焊

图 5-20b 为点焊示意图。点焊时，先将焊件压紧在两柱状电极间，通电加热使焊件间的接触处熔化形成熔核，断电后，在压力作用下熔核冷却凝固变成焊点。

点焊只适用于搭接接头，板厚一般为 <5～6mm，点焊目前在汽车、飞机制造中得到广泛应用。

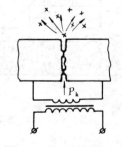

图 5-21 闪光过程示意图

（三）缝焊

缝焊是用旋转的滚轮来代替点焊的柱状电极（图 5-20c）。通电后，在旋转的滚轮压力作用下，焊件被压紧并向前移动，产生一连串的焊点，形成焊缝（图 5-20c）。常采用的缝焊是断续缝焊，即滚轮连续转动，焊件连续移动，而焊接电流断续通过。

缝焊主要用于汽车油箱、容器、自行车车圈等薄壁结构。由于它的焊点重叠，电流分流很大，因此焊件不能太厚，一般不超过 3mm。

§5-4 常用金属材料的焊接

焊接质量是由多方面的因素所决定的，例如所用的焊接材料（焊接金属、填充金属、药皮和焊剂），使用的焊接方法、工艺及设备，焊接结构型式，操作的技术水平和施工条件等。因此，要获得优质的焊接构件，必须对上述因素有充分的了解和掌握，以便合理选用和采用相应措施。

一、金属材料的焊接性

金属的焊接性，是指被焊金属材料在采用一定的焊接工艺方法、焊接材料、工艺参数及结构型式的条件下，获得优质焊接接头的难易程度。焊接性好的材料，在焊接时不需采用附加工艺措施，就能获得良好机械性能的焊接接头。

同样的金属材料，所用的焊接方法不同，其焊接性差别也很大，如铝合金采用电弧焊则焊接性能较差，但采用氩弧焊则可焊性良好。

焊接性是产品设计、施工准备及正确拟定焊接工艺的重要依据。一般情况下，钢材的焊接性用抗裂性来评定。

二、焊接接头的金相组织对机械性能的影响

焊接接头是由焊缝、熔合区和热影响区三部分组成（图5-22）。

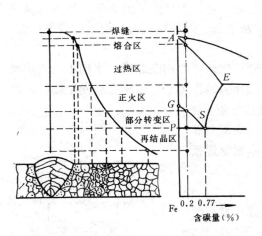

图 5-22 焊接接头的组织

（一）焊缝

焊缝区金属的结晶与一般金属结晶一样，从熔池开始结晶，朝着散热相反方向生长，形成柱状晶粒。因焊缝冷却速度较快，所得组织较平衡状态为细。又因焊条药皮有掺合金作用，故最后得到的焊缝金属机械性能并不低于焊件金属。

（二）熔合区

熔合区加热温度处于液态线和固态线之间。该区为部分铸态组织和过热的粗晶粒所组成，塑性和冲击韧性很差，是接头中的薄弱区。这一区域虽然很窄，但对焊接接头的性能有较大影响。

（三）热影响区

焊缝两侧的金属随着离焊缝的距离不同，受热温度分布是不均匀的，它们的冷却速度也各不相同。焊接过程使热影响区相当于受到不同规范的热处理，因此会引起组织和性能的变化。其中对焊接接头性能影响较大的是过热区。

过热区的金属被加热到1100℃至固态线的温度范围内，奥氏体晶粒急剧长大，冷却后得到粗大组织，同样使塑性和冲击韧性变差。尤其是钢中含碳量和合金元素含量提高时，淬火倾向增加，危害更大。

在焊接过程中，热影响区是不能避免的，它的宽度大小也是衡量焊接质量的一个指标。

一般说来，热影响区愈窄，焊接接头中的内应力愈大，容易出现裂缝；热影响区愈宽，则对接头机械性能不利，焊接变形也大。可见热影响区过窄或过宽都是不利的，那么应如何正确选择热影响区的宽窄呢？一般的原则是：在保证不产生裂缝的前提下，尽量减小热影响区的宽度，对提高焊接接头的性能是有利的。同一工件在正常施焊情况下焊接低碳钢时，不同的焊接方法对热影响区宽度的影响见表5-4。

不同焊接方法热影响区的大小　　　　　　　　　　表 5-4

焊 接 方 法	手 弧 焊	埋 弧 焊	气 焊
过 热 区（mm）	2.2	0.8～1.2	21.0
热影响区（mm）	6.0	2.5	27.0

三、碳钢的焊接

（一）低碳钢的焊接

低碳钢塑性好，淬火倾向小，焊缝和热影响区不易产生裂缝，具有良好的焊接性，是焊接结构中应用最广泛的材料。在一般情况下，低碳钢用各种焊接方法进行焊接，均能获得满意的接头质量，而无需采用特殊的工艺措施。但是焊件较厚，结构刚度较大，同时又要求接头质量较高以及低温下焊接，应考虑焊前预热，焊后去应力退火。

（二）中碳钢的焊接

随着含碳量的增加，焊接性也逐渐变差。因为钢中含碳量增加，淬火倾向加大，使热影响区易出现硬脆的淬火组织，降低金属的塑性，容易产生裂缝。所以焊接中碳钢时，需采用如下措施：

1. 焊前预热，焊后缓冷，从而降低淬火倾向与焊接应力，避免裂缝的产生。35号钢和40号钢的预热温度为150～250℃，含碳量更高或厚度和刚度更大的焊件，预热温度可提高到250～400℃。

2. 选用抗裂性能较高的碱性低氢焊条。如E5015、E5016等。

3. 尽量降低焊缝中的含碳量。可采用焊前开坡口（最好开成U型），施焊用细焊条、小电流、多层焊，以减少焊件材料在焊缝中的熔化比例，从而降低焊缝中的含碳量。

4. 可采取趁热（约800～850℃）锤击焊缝的方法，以提高焊缝的机械性能及减小焊接应力。

5. 焊后热处理。对于接头性能要求高的焊件，焊后还应进行热处理，来改善焊接接头的组织与性能。

四、普通低合金结构钢的焊接

合金钢的焊接性主要取决于钢中的含碳量以及合金元素的种类及数量。含碳量相同的合金钢比碳钢的焊接性要差。

对屈服强度较低的普通低合金结构钢，如09Mn2、16Mn等，焊接性与低碳钢相似，焊接时不必采取特殊措施。

屈服强度较高的普通低合金结构钢，热影响区淬硬倾向明显增大，焊接过程中和焊后极易产生裂缝。为了防止裂缝的出现，应选用低合金钢类的低氢焊条。焊前预热焊件，焊后缓冷或立即热处理，以减小其淬硬层组织和焊接应力。对焊件和焊丝要仔细清除油和锈，焊条和焊剂要严格进行烘干。

五、铸铁的补焊

铸铁的焊接性差，难焊的原因在于：

1. 焊接过程中冷却快，碳、硅烧损量又多，焊后焊缝及热影响区易得到白口组织，易开裂，且又难以切削加工。
2. 铸铁塑性差，强度低，在焊接应力作用下极易产生裂缝。
3. 碳、硅的烧损在熔池中产生大量的一氧化碳气体和二氧化硅熔渣，容易在焊缝中形成气孔、夹杂等缺陷。

铸铁的焊接只用于缺陷的修补，可分为热焊和冷焊两种。热焊是将修补的铸件全部或局部预热到 600～700℃。用热焊法时，焊件温度分布均匀，冷却缓慢，有利于消除白口组织和减少焊接应力，能有效地防止裂缝的产生，焊后还能进行切削加工。但工艺复杂，劳动条件也差，适合于补焊后要切削加工的重要铸件。冷焊是焊前不预热或预热温度低于 300～350℃ 时的焊接方法。它具有生产效率高，劳动条件好和成本低的优点。但要严格掌握工艺要点，有时还不能保证补焊质量。

铸铁的补焊常采用手工电弧焊和气焊。不论哪一种焊接方法，焊前都要铲除修补处的缺陷，开 70～90° 的坡口，清洁焊处表面。焊接时，不断搅拌熔池，使一氧化碳气体和熔渣上浮。焊后则趁热用小锤敲击焊缝。这些措施都会有利于减少缺陷的产生。

六、铜、铝及其合金的焊接

（一）铜及其合金的焊接

铜及其合金焊接中的主要困难是：

1. 导热性好，热量易散失。
2. 线膨胀系数大，收缩量也大，焊接时易产生应力和变形。
3. 易氧化、吸气和蒸发，导致气孔、夹渣等缺陷。
4. 焊缝及热影响区晶粒粗大，机械性能不高。

铜及其合金可用气焊、手工电弧焊和氩弧焊等方式焊接。氩弧焊焊接质量较好，气焊较为常用。

气焊时要仔细清除焊丝和焊件上的油污、氧化物等杂质，采用中性焰和焊剂，以减少氧化、气孔等缺陷；适当预热，选用号码较大的焊嘴，快速施焊，避免热量散失过多和金属过热而引起的脆性；焊后在 450～500℃ 用锤轻敲焊缝，以细化晶粒、消除内应力和改善接头的机械性能；焊接黄铜时，为了减少锌的蒸发，采用氧化焰来施焊。焊丝和焊剂应根据焊件材料不同进行选择。常用的焊丝为 HS201 或 HS202，焊接紫铜和锡青铜所用的焊剂为 CJ301。

（二）铝及其合金的焊接

铝及其合金焊接的主要困难是：

1. 铝在高温时，极易氧化生成 Al_2O_3，其熔点高（2050℃）且覆盖在焊件表面，妨碍焊接操作。氧化铝的比重（3.9）比铝大，在熔池中容易下沉形成夹杂。
2. 高温下的铝，强度和塑性很低，以致不能支持熔池金属造成下塌而引起焊缝成形的恶化。
3. 铝及其合金从固态转变成熔融状态时，颜色无明显变化，难以判断金属是否熔化，给操作带来一定的困难。

气焊铝及其合金所用的措施：焊前应清除焊接处的污物，适当选用垫板；用中性焰或略具有还原性的火焰配合焊剂进行施焊；厚大件适当预热；焊接中尽量提高焊速，来减小热影响区；焊后清除焊缝上的熔渣和焊剂，以免引起腐蚀。

常用的焊丝为 HS301，焊剂为 CJ401。

氩弧焊容易保证焊接质量，被广泛用来焊接铝及铝合金。

§5-5 焊接应力与变形

金属结构焊后不可避免的要产生应力和变形。一般情况下，应力和变形的存在对焊接结构质量影响不大。但严重时，会降低承载能力、引起形状尺寸误差和产生裂缝，甚至造成废品。

一、焊接应力与变形的产生原因

现以图 5-23 所示的钢板堆焊为例来说明焊接应力与变形的产生。焊接时，焊缝区被局部加热到很高的温度，离焊缝愈远，温度愈低，焊件上将产生大小不等的纵向膨胀，这些不同程度的膨胀是处在同一个焊件上，它们互相牵连，不能自由伸长和缩短。受热时，温度较低的区域要阻碍温度较高区域金属的伸长，于是温度较高区域的金属受到压应

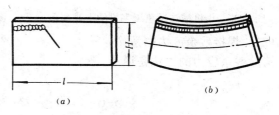

图 5-23 钢板边缘的堆焊
(a) 焊接开始；(b) 焊后

力作用，温度低的区域则产生拉应力。当压应力超过金属的屈服极限时，将产生塑性变形。冷却时，又由于互相牵连不能自由收缩，温度高的区域最后冷却，原先存在的压应力逐渐消失转变为拉应力，原来温度低的区域则转变成与其平衡的压应力。此时，高温时产生的塑性变形也被保留下来，因此，高温区的长度要比焊前的短，故产生图示的弯曲变形。由此可知，局部不均匀的加热和冷却是产生焊接应力和变形的根本原因。

二、预防或减小焊接变形和应力的工艺措施

预防或减小焊接变形和应力的工艺措施，可以通过选择合理的装配和焊接顺序。例如，焊前装配时，使焊件反方向变形，用以抵消焊后所发生的变形；焊前将焊件固定夹紧，来防止焊后的变形，但焊件内存在着较大的应力。在焊接顺序方面，尽量使焊缝收缩时不受较大的约束或使焊后的变形最小；在焊接长焊缝时（1m 以上），可采用对称焊、跳焊（图5-24）等焊接顺序。其它如焊前预热和焊后缓冷，锤击焊缝等来减少应力和变形。

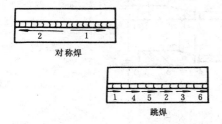

图 5-24 长焊缝的几种焊接顺序

三、焊接变形的矫正和焊接残余应力的消除

焊接时，虽然采取了一定的措施，但焊后仍可能产生较大的应力和变形，故需要对变形进行矫正和应力的消除。

(一) 焊接变形的矫正

1. 机械矫正法

机械矫正是利用机械力的作用，来矫正变形。机械力可采用压力机、辊床或手工锤击矫正。图 5-25 所示为机械矫正工字梁的上拱变形。

2. 火焰矫正法

火焰矫正法是利用金属局部受热后的收缩所引起的新变形，来抵消已产生的焊接变形，如图 5-26 所示。

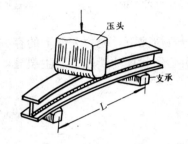 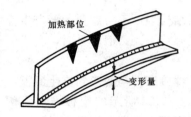

图 5-25 用机械法矫正工字梁的上拱变形　　图 5-26 用火焰法矫正工字梁的上拱变形

(二) 焊接残余应力的消除

消除残余应力的方法是退火。

§5-6　焊接结构工艺性

在设计焊接结构时，不仅要满足结构强度和使用工作条件等要求，还要考虑焊接工艺的特点，这样才能获得优质的产品。焊接结构工艺性设计应考虑以下几个方面：

一、焊件材料的选用

1. 在满足工作性能要求的前提下，应选择焊接性较好的材料，如低碳钢或强度等级较低的普通低合金结构钢。铸铁由于焊接性能差，所以除作铸件补焊外，一般很少采用焊接。
2. 选用尺寸规格较大的原材料，以减少焊缝数量。
3. 焊件最好采用相等的厚度，否则，接头处要逐渐过渡，如图 5-27 所示。
4. 不宜采用薄而带锐角的板料，在端部应尽量使角度变缓。

二、焊缝位置的安排

合理安排焊缝的位置如表 5-5 所示。

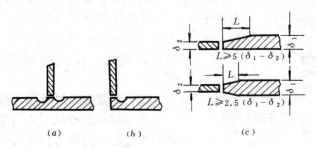

图 5-27 焊接接头过渡形式

焊缝位置安排	工艺性较差的结构	改进后的结构
1. 便于施焊 手工电弧焊要留出焊条操作空间	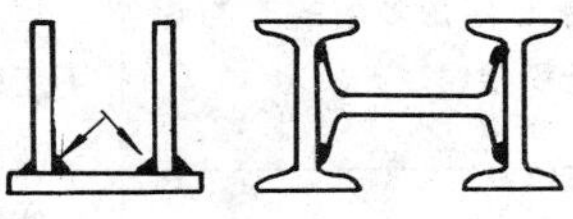	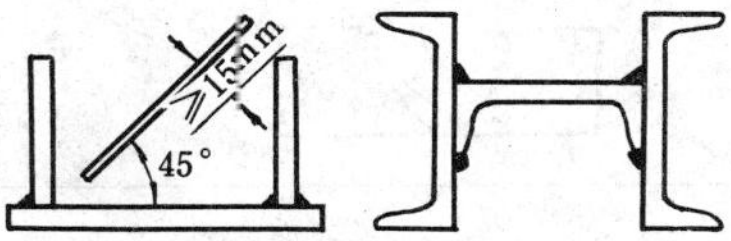
点焊和焊缝的电极应伸入方便	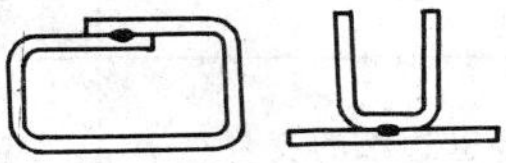	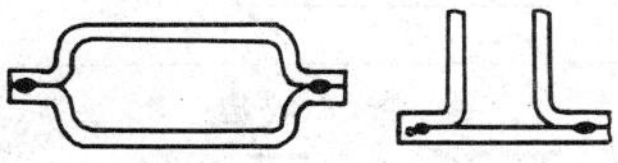
2. 有利于减小焊接应力和变形焊缝尽可能分散和对称	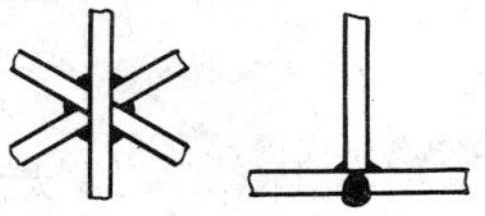	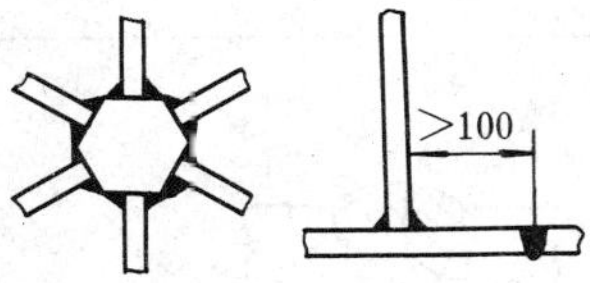
3. 避开最大应力或应力集中处	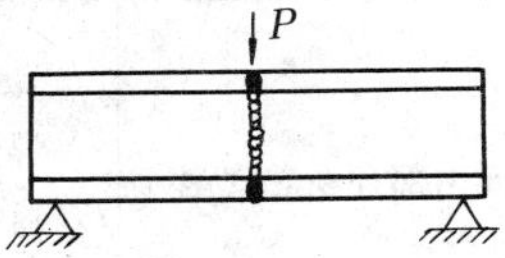	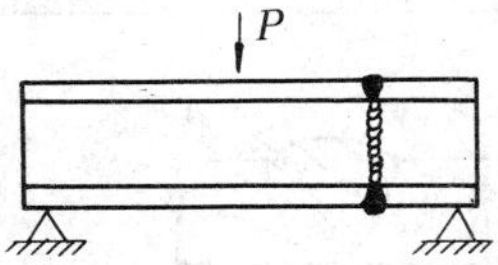

焊缝位置的安排　　　　表 5-5

§5-7 焊接缺陷及检验

金属结构中如果存在着焊接缺陷，将会直接影响到它的安全使用，甚至给生命财产带来不可弥补的损失，如锅炉爆炸、桥梁断裂等。因此，必须建立严格的检验制度，及时发现缺陷并找出产生原因，以便采用有效的措施，确保焊接质量。

一、焊接接头的缺陷

焊接生产中，常见的焊接缺陷及其产生的原因见表 5-6 所示。

焊接接头主要缺陷及产生原因　　　　表 5-6

缺陷名称	特征	产生的主要原因
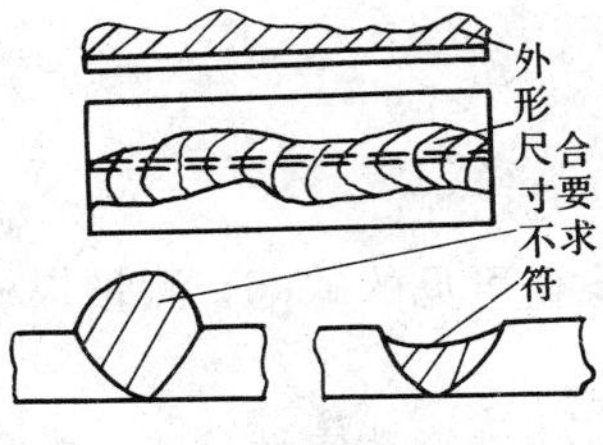 外形尺寸要求不符	焊缝高低不平 焊缝宽度不均匀，波形粗劣 加强缝过高过低	坡口角度不当或装配间隙不均匀，电流过大或过小；焊条角度选择不合适和运条不均匀

续表

缺 陷 名 称	特 征	产生的主要原因
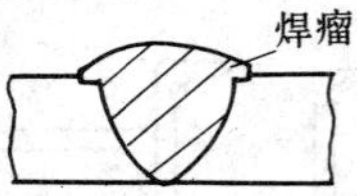 焊瘤	焊缝边缘上存在多余的未与焊件熔合的堆积金属	焊条熔化太快；电弧过长；运条不正确；焊速太快
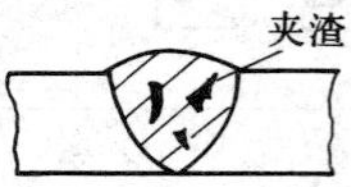 夹渣	焊缝内部存在着熔渣	施焊中焊条未搅拌熔池；焊件不洁；电流过小；焊缝冷却太快；多层焊时各层熔渣未清除干净
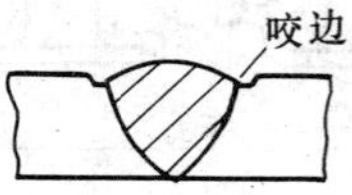 咬边	在焊件与焊缝边缘的交界处有小的沟槽	电流太大；焊条角度不对；运条方法不正确
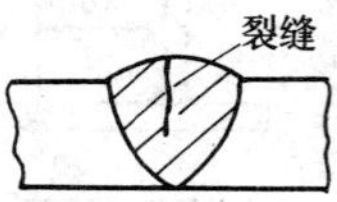 裂缝	在焊缝和焊件表面或内部存在的裂纹	焊件含碳、硫、磷高；焊缝冷速太快；焊接顺序不正确；焊接应力过大；气候寒冷
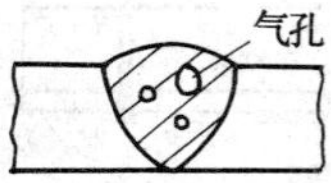 气孔	焊缝的表面或内部存在着气泡	焊件不洁；焊条潮湿；电弧过长；焊速太快；焊件含碳量高
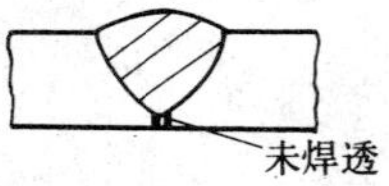 未焊透	熔敷金属和焊件之间存在局部未熔合	装配间隙太小、坡口间隙太小；运条太快；电流过小；焊条未对准焊缝中心；电弧过长

二、焊接质量检验

焊接检验工作一般包括三个阶段：焊前检验、生产检验和成品检验。

（一）焊前检验

焊前检验内容包括：技术文件、焊接材料的检查；焊接设备以及焊工操作水平的鉴定等。

（二）生产检验

焊接进行过程中的检验称为生产检验。主要检查焊接工艺参数是否正确以及执行工艺规程情况等。

（三）成品检验

成品检验是焊接后的检验，常用的成品检验方法主要有以下几种：

1. 外观检查 是用肉眼或借助放大镜来观察焊缝表面，检查可见的缺陷，测量焊缝外形尺寸是否符合要求等。

2. 致密性检验 为了保证受压容器和管道不渗漏，需对焊缝进行致密性检查。常用的方法有水压试验、气压试验和煤油试验。

3. 磁粉探伤 是用来检查磁性材料表面或近表面的缺陷。检查时，要将被检验的焊件放置在图 5-28 所示的磁场中，撒上磁粉（铁粉），无缺陷处磁力线在焊件表面的分布是均匀的。当有缺陷时，缺陷处的磁力线要发生弯曲，表面形成漏磁。根据磁粉吸附位置、形状和数量来判断缺陷处的位置、性质和大小。

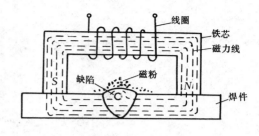

图 5-28 磁粉探伤原理图

4. 射线探伤 是用穿透能力很强的放射线通过检验的焊缝，部分能量被吸收，其吸收能量多少与穿透物质的密度有关，密度愈大衰减程度也愈大。因此，有缺陷的焊缝要比无缺陷的焊缝衰减小。根据这一原理使底片受到不同程度的感光，来显示焊缝中的缺陷。

常用的探伤射线有 x 射线和 γ 射线，如图 5-29 所示。γ 射线具有更强的穿透能力，可检查厚度达 300mm 的焊缝。

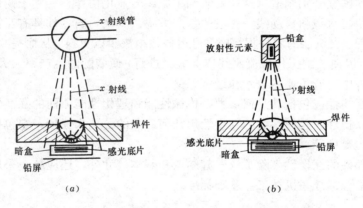

图 5-29 x 射线和 γ 射线探伤示意图
(a) x 射线；(b) γ 射线

5. 超声波探伤 超声波在金属内传播时遇到不同介质的界面，会产生反射，当有缺陷的焊缝通入超声波后，使反射波反映在示波器荧光屏上，可判断缺陷的种类、大小和位置。

习 题

5-1 E4303 焊条和 E5015 焊条的特点及用途有何不同？

5-2 平焊对接 20mm 厚的 Q235 钢板，试选择合适的设备、焊条及工艺措施、参数。

5-3 气焊主要适合于哪些工件的焊接？气割适用于哪些材料的切割？为什么？

5-4 埋弧焊、氩弧焊、CO_2 焊、电阻焊的特点和应用范围如何？

5-5 设计焊接结构时，要考虑哪些工艺性问题？

5-6 焊缝可能产生哪些缺陷？主要原因是什么？如何防止？

第六章 公差与配合

§6-1 互换性的基本概念

互换性是指制成的同一规格零件中,不需作任何挑选或附加加工(如钳工修配)就可装在机器(或部件)上,而且可达到原定使用性能的要求。

互换性的概念在日常生活中到处都可遇到。例如,灯泡坏了,电池用尽了,自行车、缝纫机、钟表的零部件坏了,都可以换个新的。其所以这样方便,就是因为合格的零部件具有在尺寸、功能上能够彼此互相替换的性能。

互换性在机械制造中具有重要作用。首先当零件具有互换性时,便可以在不同车间,不同工厂甚至不同国家分别制造,这样就有利于组织专业化协作,有利于使用现代化工艺装备,有利于采用流水线和自动线等先进的生产方式。其次,若零件具有互换性,便于机器设备的维护修理。当机器的零件损坏时,可用备件很快予以更换,从而提高机器的使用率。另外,互换性可以使装配工作按流水线作业方式进行,使装配的生产率大大提高。因此,互换性在国民经济中有着重要的技术和经济意义。

零部件的互换性应包括其几何参数,机械性能和理化性能方面的互换性。本章主要讨论几何参数的互换性。几何参数的互换性用几何参数的公差来保证,它包括尺寸公差、形位公差、表面粗糙度等。

要实现零部件的互换性,除了统一其结构和基本尺寸外,还应统一采用标准的公差与配合。公差与配合标准是机械工业基础标准之一。

§6-2 光滑圆柱体的公差与配合

光滑圆柱体结合是机械中应用最广泛的结合形式。光滑圆柱体的《公差与配合》标准也是应用最广泛的基础标准。

一、基本术语及定义

术语及定义是公差与配合标准的基础,也是从事机械工作的人员在公差配合方面共同的技术语言。

(一) 尺寸

用特定单位表示长度值的数字称为尺寸。在机械制造中,一般用毫米(mm)作为单位。

(二) 基本尺寸

设计给定的尺寸称为基本尺寸。它是设计者经过计算或选择确定的。该尺寸应符合标准长度、标准直径。通常用大写字母 D 表示孔的尺寸,用小写字母 d 表示轴的尺寸(图6-1)。

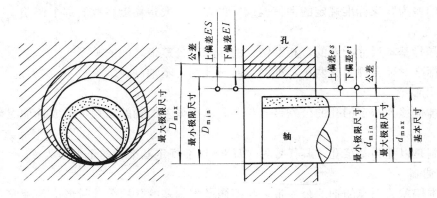

图 6-1 公差与配合示意图

（三）实际尺寸（D_a，d_a）

通过测量所得的尺寸。由于存在测量误差，所以实际尺寸并非尺寸的真值。

（四）极限尺寸

允许尺寸变化的两个界限值。两个界限值中较大的一个称为最大极限尺寸（D_{max}，d_{max}）；较小的一个称为最小极限尺寸（D_{min}，d_{min}）。

（五）尺寸偏差（简称偏差）

某一尺寸减其基本尺寸所得的代数差称为尺寸偏差。

最大极限尺寸减其基本尺寸的代数差称为上偏差（ES，es）；最小极限尺寸减其基本尺寸的代数差称为下偏差（EI，ei）；上偏差和下偏差统称为极限偏差。实际尺寸减其基本尺寸的代数差称为实际偏差。偏差可以为正值、负值或零。

（六）尺寸公差（简称公差）

允许尺寸的变动量称为尺寸公差。

公差等于最大极限尺寸与最小极限尺寸之代数差的绝对值；也等于上偏差与下偏差的代数差的绝对值。孔公差用 T_H 表示，轴公差用 T_S 表示，则有：

$$T_H = |D_{max} - D_{min}| = |ES - EI|$$
$$T_S = |d_{max} - d_{min}| = |es - ei|$$

（七）零线与公差带

图 6-1 是公差与配合的一个示意图，它表明了相互结合的孔、轴的基本尺寸、极限尺寸、极限偏差与公差的相互关系。在实用中，为简单起见，一般以公差带图（图 6-2）来表示。

在公差带图中，由代表上、下偏差的两条直线所限定的一个区域，称为公差带；用以确定偏差的一条基准直线称为零线，零线表示基本尺寸，位于零线上方的偏差为正，位于零线下方的偏差为负。

在国家标准中，公差带包括了"公差带的大小"与"公差带的位置"两个参数，前者由标准公差确定，后者由基本偏差确定。

标准公差是国家标准规定的，用以确定公差带大小

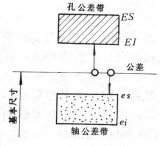

图 6-2 公差带图

的任一公差。

基本偏差为国家标准规定的上偏差或下偏差，一般指靠近零线的那个偏差。

（八）配合

配合是指基本尺寸相同的，相互结合的孔和轴公差带之间的关系。

国家标准对配合规定有两种基准制，即基孔制与基轴制。

1. 基孔制

是基本偏差为一定的孔的公差带，与不同基本偏差的轴的公差带形成各种配合的一种制度。

基孔制是以孔为基准孔，其代号为"H"。标准规定基准孔的下偏差为零。

2. 基轴制

是基本偏差为一定的轴的公差带，与不同基本偏差的孔的公差带形成各种配合的一种制度。

基轴制是以轴为基准轴，其代号为"h"。标准规定基准轴的上偏差为零。

按照孔、轴公差带相对位置不同，两种基准制都可形成间隙配合，过渡配合与过盈配合三类，如图 6-3、图 6-4、图 6-5 所示。

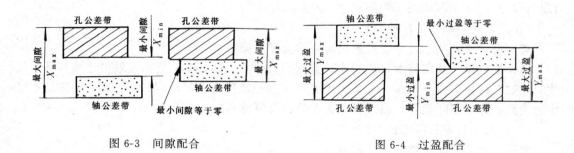

图 6-3　间隙配合　　　　　　　　　图 6-4　过盈配合

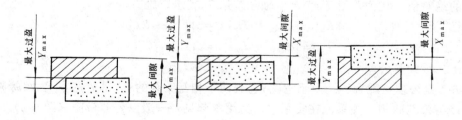

图 6-5　过渡配合

允许间隙或过盈的变动量称为配合公差。对间隙配合的配合公差，等于最大间隙与最小间隙之代数差的绝对值；对过盈配合，等于最小过盈与最大过盈之代数差的绝对值，对于过渡配合，等于最大间隙与最大过盈之代数差的绝对值。配合公差用 T_f 表示。

配合公差又等于相互配合的孔公差与轴公差之和，即 $T_f = T_H + T_S$。

二、公差与配合新国标

GB 1800～1804—79 是我国 1979 年制订的公差与配合的新国家标准。

新国标是按标准公差系列（公差带大小或公差数值）标准化和基本偏差系列（公差带

位置）标准化的原则制定的。

（一）标准公差系列

标准公差是国家标准规定的用以确定公差带大小的任一公差值。设置标准公差的目的在于将公差带的大小（尺寸的精确程度）加以标准化。

确定尺寸精确程度的等级称为公差等级。

标准公差用 IT 表示，公差等级共分为 20 级，用 IT 和阿拉伯数字表示为 IT01、IT0、IT1、IT2、IT3……IT18。其中 IT01 精度最高，IT18 精度最低。

标准公差数值见附表 6-1。

（二）基本偏差系列

设置基本偏差的目的是将公差带相对于零线的位置加以标准化，以满足各种配合性质的需要。

新国标对孔和轴分别规定了 28 种基本偏差（图 6-6）。它们用拉丁字母表示（孔用大写字母表示，轴用小写字母表示）。

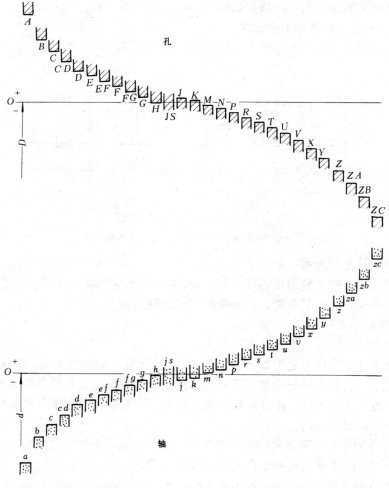

图 6-6　孔和轴的基本偏差系列

从图中可以看出,孔的基本偏差系列中,$A \sim H$ 在零线之上,其基本偏差为下偏差 ET；H 为基准孔,基本偏差 $ET=0$；$J \sim ZC$ 的基本偏差为上偏差 ES。JS 的基本偏差为 $ES=+\text{IT}/2$ 或 $EI=-\text{IT}/2$。

轴的基本偏差系列中,$a \sim h$ 在零线之下,其基本偏差为上偏差 es,h 为基准轴,基本偏差 $es=0$；$j \sim zc$ 的基本偏差为下偏差 ei。js 的基本偏差为 $es=+\text{IT}/2$ 或 $ei=-\text{IT}/2$。

1. 轴的基本偏差的确定

基本尺寸≤500mm 时,轴的基本偏差是以基孔制配合为基础来考虑的。

轴的基本偏差数值可直接查附表 6-2。

轴的基本偏差确定后,在已知公差等级的情况下,可确定轴的另一个极限偏差。

当轴的基本偏差为上偏差 es 或下偏差 ei,标准公差为 IT 时,则轴的另一极限偏差(下偏差或上偏差)为 $ei=es-\text{IT}$ 或 $es=ei+\text{IT}$。

2. 孔的基本偏差的确定

基本尺寸≤500mm 时,孔的基本偏差是根据同一字母的轴的基本偏差,按一定的规则换算得来的。

根据计算并编制出孔的基本偏差数值表,见附表 6-3,可直接查用。

(三) 公差与配合在图样上的标注

公差与配合在装配图、零件图上的标注如图 6-7 所示。

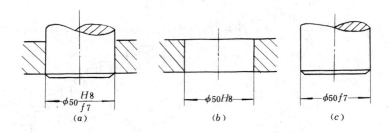

图 6-7　图样标注
(a) 装配图；(b) 零件图；(c) 零件图

三、公差与配合的选用

公差与配合标准的正确选用,对提高产品质量和降低生产成本具有十分重要的意义。它主要包括三个内容：确定基准制、公差等级与配合种类。

(一) 基准制的选用

基准制的选用,可从以下三个方面考虑：

1. 一般情况下,应优先选用基孔制。因为加工孔比加工轴要困难些,而且所用的刀具、量具尺寸规格也多些。采用基孔制,可大大缩减定尺寸刀具、量具的规格和数量。但在某些情况下,如用冷拔钢作轴,不必对轴加工,或在同一基本尺寸的轴上要装配几个不同配合的零件时,才采用基轴制。

2. 与标准件配合时,基准制的选择通常依标准件而定。例如,与滚动轴承内圈配合的轴应按基孔制,与滚动轴承外圈配合的孔应按基轴制。

3. 为了满足配合的特殊需要,允许采用任一孔、轴公差带组成配合,例如 $\dfrac{K7}{d11}$ 配合就是用不同公差等级的非基准孔公差和非基准轴公差带组成的。

（二）公差等级的选用

新国标推荐的各公差等级的应用范围见表 6-1。

公差等级的选用范围 表 6-1

公差等级	应用范围
IT01～IT2	
IT2～IT5	特别精密件的配合
IT5～IT7	机械制造中要求较高的重要配合，如机床主轴的轴颈、主轴箱体孔与精密滚动轴承配合，内燃机中活塞销与活塞销孔的配合，曲轴与轴套的配合
IT7～IT8	一般精度要求的配合。如一般机械中速度不高的轴与轴承的配合，农业机械中较重要的配合，重型机械中精度稍高的配合
IT9～IT10	一般要求的地方或精度要求一般的键与键槽的配合
IT11～IT12	不重要的配合
IT12～IT18	未注尺寸公差的尺寸精度。包括冲压件、铸锻件公差

（三）配合的选用

正确选用配合，能提高机器的质量、性能和使用寿命，并使加工经济合理。

设计时常用类比法选择配合种类。

公差带与配合的选择原则是：孔、轴公差带及配合，首先采用优先公差带及优先配合；其次采用常用公差带及常用配合；再次采用一般用途公差带。必要时可按 GB1800—79 所规定的标准公差与基本偏差组成孔、轴公差带与配合。

各种配合的特点及基本偏差的选用见表 6-2。

各种基本偏差的应用实例 表 6-2

配合	基本偏差	特点及应用实例
间隙配合	$a(A)$ $b(B)$	可得到特别大的间隙，应用很少，主要用于工作温度高，热变形大的零件的配合，如发动机中活塞与缸套的配合为 $H9/a9$
	$c(C)$	可得到很大的间隙，一般用于工作条件较差（如农业机械），工作时受力变形大及装配工艺性不好的零件的配合，也适用于高温工作的动配合，如内燃机排气阀杆与导管的配合为 $H8/c7$
	$d(D)$	与 IT7～IT11 对应，适用于较松的间隙配合（如滑轮、空转支带轮与轴的配合），以及大尺寸滑动轴承与轴的配合（如涡轮机、球磨机等的滑动轴承）。活塞环与活塞槽的配合可用 $H9/d9$
	$e(E)$	与 IT6～IT9 对应，具有明显的间隙，用于大跨距及多支点的转轴与轴承的配合，以及高速、重载的大尺寸轴与轴承的配合，如大型电机、内燃机的主要轴承处的配合为 $H8/e7$
	$f(F)$	多与 IT6～IT8 对应，用于一般转动的配合，受温度影响不大、采用普通润滑油的轴与滑动轴承的配合，如齿轮箱、小电机、泵等的转轴与滑动轴承的配合为 $H7/f6$
	$g(G)$	多与 IT5、IT6、IT7 对应，形成配合的间隙较小，用于轻载精密装置中的转动配合，用于插销的定位配合，滑阀、连杆销等处的配合，钻套孔多用 G
	$h(H)$	多与 IT4～IT11 对应，广泛用于相对转动的配合，一般的定位配合。若没有温度、变形的影响，也可用于精密滑动轴承，如车床尾座孔与滑动套筒的配合为 $H6/h5$

续表

配合	基本偏差	特 点 及 应 用 实 例
过渡配合	j_s（J_s）	多用于 IT4～IT7 具有平均间隙的过渡配合。用于略有过盈的定位配合，如联轴节、齿圈与轮毂的配合，滚动轴承外圈与外壳孔的配合多用 J_s7。一般用手或木槌装配
	k（K）	多用于 IT4～IT7 平均间隙接近零的配合，用于定位配合，如滚动轴承的内、外圈分别与轴颈、外壳孔的配合。用木槌装配
	m（M）	多用于 IT4～IT7 平均过盈较小的配合，用于精密定位的配合，如蜗轮的青铜轮缘与轮毂的配合为 $H7/m6$
	n（N）	多用于 IT4～IT7 平均过盈较大的配合，很少形成间隙。用于加键传递较大扭矩的配合，如冲床上齿轮与轴的配合。用槌子或压力机装配
过盈配合	p（P）	用于小过盈配合。与 $H6$ 或 $H7$ 的孔形成过盈配合，而与 $H8$ 的孔形成过渡配合。碳钢和铸铁制零件形成的配合为标准压入配合，如卷扬机的绳轮与齿圈的配合为 $H7/p6$。合金钢制零件的配合需要小过盈时可用 p（或 P）
	r（R）	用于传递大扭矩或受冲击负荷而需要加键的配合，如蜗轮与轴的配合为 $H7/r6$ 配合 $H8/r7$ 在基本尺寸<100mm 时，为过渡配合
	s（S）	用于钢和铸铁零件的永久性和半永久性结合，可产生相当大的结合力，如套环压在轴、阀座上用 $H7/s6$ 配合
	t（T）	用于钢和铁制零件的永久性结合，不用键可传递扭矩，需用热套法或冷轴法装配，如联轴节与轴的配合为 $H7/t6$
	u（U）	用于大过盈配合，最大过盈需验算。用热套进行装配。如火车轮毂和轴的配合为 $H6/u5$
	v（V），x（X），y（Y），z（Z）	用于特大过盈配合，目前使用的经验和资料很少，须经试验后才能应用。一般不推荐

【例 6-1】 设孔、轴配合的基本尺寸为 $\phi30$mm，要求间隙在 $0.020\sim0.055$mm 之间，试确定孔和轴的精度等级和配合种类。

【解】 （1）选择基准制 本例无特殊要求，选用基孔制，因此基准孔 $EI=0$。

（2）选择公差等级 根据使用要求得

$$T_f = x_{\max} - x_{\min} = (+55) - (+20) = 35\mu m$$

取 $T_H=T_S=T_f/2=17.5\mu m$。从附表 6-1 查得，孔和轴公差等级介于 IT6 和 IT7 之间。因为 IT6 和 IT7 属于高的公差等级；所以孔和轴应选取不同的公差等级：孔为 IT7，$T_H=21\mu m$；轴为 IT6，$T_S=13\mu m$。这样，得出孔的公差带为 H7。

选取的孔和轴的配合公差为 $34\mu m$，小于 T_f，故满足使用要求。

(3) 选择配合种类 根据使用要求，本例为间隙配合。知 $x_{\min}=EI-es$，而 $EI=0$，故 $es=-x_{\min}=-20\mu m$，此数值为轴的基本偏差数值，从附表 6-2 查得轴的基本偏差为 f，因此确定轴的公差带为 $f6$。根据查表数值，画出公差带图（图 6-8）。

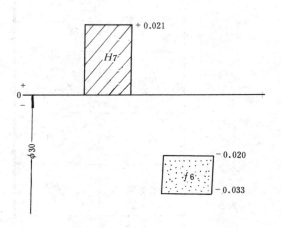

图 6-8 $\phi 30H7/f6$ 公差带图

(4) 验算设计结果 $\phi 30H7/f6$ 的最大间隙为 $+54\mu m$，最小间隙为 $+20\mu m$。它们分别小于要求的最大间隙（$+55\mu m$）和等于要求的最小间隙（$+20\mu m$），因此，设计结果满足使用要求。

§6-3 形 状 与 位 置 公 差

形状与位置公差简称形位公差。形位误差直接影响零件或机器的使用功能和寿命。

一、形位公差的基本概念

形状误差是指被测单一实际要素对其理想要素的偏离量，而形状公差是单一实际要素的形状所允许的变动全量。所谓要素即构成零件几何特征的点、线、面。

位置误差是指被测关联实际要素的位置对其理想要素的位置的偏离量；而位置公差是被测关联实际要素的位置对基准所允许的变动全量。所谓关联是指要素间的几何意义的功能关系，也就是被测要素对基准要素的几何功能关系。

形位公差的分类及有关符号见表 6-3。形位公差的大小即图纸上给定的形位公差值。它是公差带的宽度或直径。

二、形位公差等级和公差值的选择

GB1184—80 将形位公差规定了 12 个公差等级，即 1 级至 12 级，由 1 级起其精度依次降低。

确定形位公差值实质上是确定公差等级。选择形位公差等级的原则和方法同选尺寸公差等级基本一样，而且形位误差和尺寸误差都是综合反映在零件同一要素上而构成该要素的几何量误差。

形位公差的正确选用，关系到产品的质量，涉及零件的加工和检验，影响其制造成本。在机械设计时必须慎重解决并准确地标注到图样上。

形状和位置公差项目符号　　　表 6-3

分 类	项 目	符 号	分 类	项 目	符 号
形状公差	直线度	―	位置公差	平行度	∥
	平面度	▱	定向	垂直度	⊥
	圆度	○		倾斜度	∠
	圆柱度	⌭	定位	同轴度	◎
	线轮廓度	⌒		对称度	⚌
	面轮廓度	⌓		位置度	⌖
			跳动	圆跳动	↗
				全跳动	⌮

三、形位公差的标注

图 6-9 为形位公差的标注及应用示例,供参考。

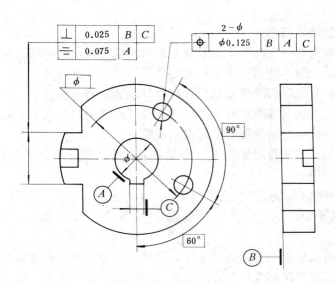

图 6-9　凸块上形位公差应用示例

图中框格,从左至右第一格为形位公差项目的符号,第二格为形位公差值,第三格以后为基准代号的字母。

§6-4 表面粗糙度

切削加工后的工作表面,总会留下加工痕迹。表面粗糙度是指加工表面上所具有的较小间距和微小峰谷不平度这种微观几何形状的尺寸特性,一般由所采用的加工方法和其它因素形成。

表面粗糙度对机械零件的配合性质、耐磨性、抗腐蚀性等有着密切的关系,它影响到机器的可靠性和使用寿命。因此,表面粗糙度是衡量现代机器或机械零件质量的重要指标之一。

"表面粗糙度"一词较确切地反映了零件表面微观几何形状的概念,它是指表面粗糙不平的程度。

一、有关术语及定义

1. 取样长度 l

用于判别或测量表面粗糙度时所规定的一段基准线长度。

规定和选择这种长度是为了限制和减弱表面波度对表面粗糙度测量结果的影响。

波距一般在 1mm 以下者属表面粗糙度,波距在 1~10mm 之间者属于表面波度。

2. 评定长度 l_n

评定轮廓时所必须的一段表面长度,它包括一个或几个取样长度。

评定长度主要是考虑到加工表面的不均匀而规定的一个指标,以保证测量结果更客观地反映被测表面的粗糙度特征。一般按 5 个取样长度来评定表面粗糙度。

二、表面粗糙度的评定参数

评定表面粗糙度的参数较多,常用下列两个参数:

1. 轮廓算术平均偏差 R_a

在取样长度 l 内轮廓上各点至轮廓中线偏距绝对值的算术平均值(图 6-10)

$$R_a = \frac{1}{l}\int_o^l y|(x)|dx \text{ 或近似 } R_a = \frac{1}{n}\sum_{i=1}^n |y_i|$$

R_a 是应用较普遍的参数,其概念较直观,易于理解,并且在仪器上进行处理运算较简单,目前的轮廓仪一般是测 R_a 的。

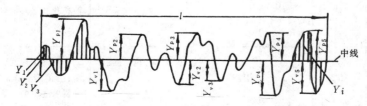

图 6-10 轮廓的最小二乘中线及最大峰高和最大谷深

2. 微观不平度十点高度 R_z

在取样长度内 5 个最大的轮廓峰高的平均值与 5 个最大的轮廓谷深的平均值之和(图 6-11)。

$$R_z = \frac{1}{5}\left(\sum_{i=1}^{n} y_{pi} + \sum_{i=1}^{n} y_{vi}\right)$$

式中 y_{pi}——第 i 个最大轮廓峰高;

y_{vi}——第 i 个最大谷底深度。

R_z 概念较严密直观,易于在光学仪器上测得。由于它们只考虑峰底和谷底几个点,反映微观几何形状高度方面的特性不如 R_a 充分。

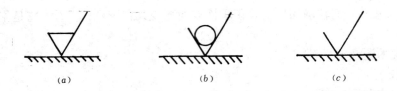

图 6-11 表面粗糙度符号

(a) 需要去除材料的表面;(b) 不需要去除材料的表面;(c) 不拘加工方法。

三、表面粗糙度参数值及其应用

表面粗糙度的参数值已标准化,设计时应按 GB1031—83《表面粗糙度参数及其数值》规定的参数值系列选取。表 6-4 为表面粗糙度应用举例。

表面粗糙度的表面特征、经济加工方法及应用 表 6-4

表面微观特性		R_a (μm)	R_z (μm)	加 工 方 法	应 用 举 例
粗糙表面	微见刀痕	≤20	≤80	粗车、粗刨、粗铣、钻、毛锉、锯断	半成品粗加工过的表面,非配合的加工表面,如轴端面、倒角、钻孔、齿轮皮带轮侧面、键槽底面、垫圈接触面等
半光表面	微见加工痕迹	≤10	≤10	车、刨、铣、镗、钻、粗铰	轴上不安装轴承、齿轮处的非配合表面,紧固件的自由装配表面,轴和孔的退刀槽等
	微见加工痕迹	≤5	≤20	车、刨、铣、镗、磨、拉、粗刮、滚压	半精加工表面、箱体、支架、盖面、套筒和其他零件结合而无配合要求的表面,需要发蓝的表面等
	看不清加工痕迹	≤2.5	≤10	车、刨、铣、镗、磨、拉、刮、压、铣齿	接近于精加工表面。箱体上安装轴承的镗孔表面,齿轮的工作面

续表

表面微观特性		R_a (μm)	R_z (μm)	加工方法	应用举例
光表面	可辨加工痕迹方向	≤1.25	≤6.3	车、镗、磨、拉、刮、精铰、磨齿、滚压	圆柱销、圆锥销，与滚动轴承配合的表面，普通车床导轨面，内、外花键定心表面等
光表面	微辨加工痕迹方向	≤0.63	≤3.2	精铣、精镗、磨、刮、滚压	要求配合性质稳定的配合表面，工作时受交变应力的重要零件，较高精度车床的导轨面
光表面	不可辨加工痕迹方向	≤0.32	≤1.6	精磨、珩磨、研磨、超精加工	精密机床主轴锥孔、顶尖圆锥面、发动机曲轴、凸轮轴工作表面，高精度齿轮齿面
极光表面	暗光泽面	≤0.16	≤0.8	精磨、研磨、普通抛光	精密机床主轴颈表面，一般量规工作表面，汽缸套内表面，活塞销表面等
极光表面	亮光泽面	≤0.08	≤0.4	超精磨、精抛光、镜面磨削	精密机床主轴颈表面，滚动轴承的滚珠，高压油泵中柱塞和柱塞配合的表面
极光表面	镜状光泽面	≤0.04	≤0.2		
极光表面	镜面	≤0.01	≤0.05	镜面磨削、超精研	高精度量仪，量块的工作表面，光学仪器中的金属镜面

表面粗糙度参数值的选择，既要满足零件表面的功能要求，同时也要考虑加工的经济性。一般选用原则如下：

1. 同一零件上，工作表面的 R_a 或 R_z 值比非工作面小。
2. 摩擦表面 R_a 或 R_z 值比非摩擦表面小。
3. 运动速度高，单位面积压力大，以及受交变应力作用的零件的圆角沟槽处，应有较小的粗糙度值。
4. 配合性质相同，零件尺寸愈小，其粗糙度值应愈小，同一精度等级，小尺寸比大尺寸、轴比孔的粗糙度值要小。
5. 配合性质要求高的配合表面，如小间隙的配合表面，受重载荷作用的过盈配合表面都应有较小的表面粗糙度值。
6. 对于配合表面，其尺寸公差，表面形位公差、表面粗糙度应当协调。一般情况下有一定的对应关系。

表 6-5 列出形状公差与表面粗糙度参数值的对应关系，可供参考。

表 6-5 形状公差与表面粗糙度参数值的关系

形状公差 t 占尺寸公差 IT 的百分比 t/IT（％）	表面粗糙度参数值占尺寸公差百分比	
	R_a/IT（％）	R_z/IT（％）
约 60	≤5	≤20
约 40	≤2.5	≤10
约 25	≤1.2	≤5

四、表面粗糙度的标注

GB1031—83 对表面粗糙度符号规定有三种，如图 6-11 所示。

表面粗糙度标注方法如图 6-12 所示。

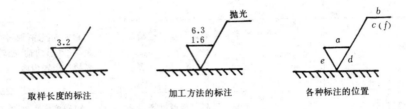

图 6-12　在表面粗糙度符号中的标注位置

a—评定参数值（μm）；b—加工方法；c—取样长度；d—纹理方向；e—加工余量（mm）；
f—粗糙度间距参数（mm）等

图 6-12a 表示用于去除材料的表面，取样长度 2.5mm，R_a 最大允许值为 3.2μm。

图 6-12b 表示零件表面最后经抛光获得，R_a 最大允许值为 6.3μm，最小允许值为 1.6μm。

表面粗糙度代（符）号在图样上应标注在可见轮廓线、尺寸界限或其延长线上，符号的尖端必须从材料外指向被注表面，如图 6-13 所示。

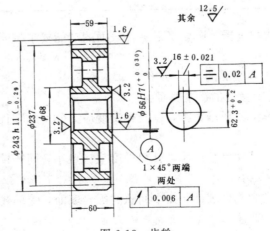

图 6-13　齿轮

旧国标 GB1031—68《表面光洁度》与新国标 GB1031—83《表面粗糙度参数及数值》的近似关系如下：

旧国标	∽	▽1	▽2	▽3	▽4	▽5	▽6	▽7	▽8
新国标	▽	50/▽	25/▽	12.5/▽	6.3/▽	3.2/▽	1.6/▽	0.8/▽	0.4/▽
旧国标	▽9	▽10	▽11	▽12	▽13	▽14			
新国标	0.2/▽	0.1/▽	0.05/▽	0.025/▽	0.012/▽	0.008/▽			

标 准 公 差 数 值　　　　附表 6-1

基本尺寸 (mm)	公差等级 (μm)								
	IT01	IT0	IT1	IT2	IT3	IT4	IT5	IT6	IT7	IT8
≤3	0.3	0.5	0.8	1.2	2	3	4	6	10	14
>3~6	0.4	0.6	1	1.5	2.5	4	5	8	12	18
>6~10	0.4	0.6	1	1.5	2.5	4	6	9	15	22
>10~18	0.5	0.8	1.2	2	3	5	8	11	18	27
>18~30	0.6	1	1.5	2.5	4	6	9	13	21	33
>30~50	0.6	1	1.5	2.5	4	7	11	16	25	39
>50~80	0.8	1.2	2	3	5	8	13	19	30	46
>80~120	1	1.5	2.5	4	6	10	15	22	35	54
>120~180	1.2	2	3.5	5	8	12	18	25	40	63
>180~250	2	3	4.5	7	10	14	20	29	46	72
>250~315	2.5	4	6	8	12	16	23	32	52	81
>315~400	3	5	7	9	13	18	25	36	57	89
>400~500	4	6	8	10	15	20	27	40	63	97

基本尺寸 (mm)	公差等级 (μm)			公差等级 (mm)						
	IT9	IT10	IT11	IT12	IT13	IT14	IT15	IT16	IT17	IT18
≤3	25	40	60	0.01	0.14	0.25	0.40	0.60	1.0	1.4
>3~6	30	48	75	0.12	0.18	0.30	0.48	0.75	1.2	1.8
>6~10	36	58	90	0.15	0.22	0.36	0.58	0.90	1.5	2.2
>10~18	43	70	110	0.18	0.27	0.43	0.70	1.10	1.8	2.7
>18~30	52	84	130	0.21	0.33	0.52	0.84	1.30	2.1	3.3
>30~50	62	100	160	0.25	0.39	0.62	1.00	1.60	2.5	3.9
>50~80	74	120	190	0.30	0.46	0.74	1.20	1.90	3.0	4.6
>80~120	87	140	220	0.35	0.54	0.87	1.40	2.20	3.5	5.4
>120~180	106	160	250	0.40	0.63	1.00	1.60	2.50	4.0	6.3
>180~250	115	185	290	0.46	0.72	1.15	1.85	2.90	4.6	7.2
>250~315	130	210	320	0.52	0.81	1.30	2.10	3.20	5.2	8.1
>315~400	140	230	360	0.57	0.89	1.40	2.30	3.60	5.7	8.9
>400~500	155	250	400	0.63	0.97	1.55	2.50	4.00	6.3	9.7

基本尺寸至 500mm 轴的基本偏差数值 (μm)

附表 6-2

基本偏差		a	b	c	cd	d	e	ef	f	fg	g	h	js	j			
		上偏差 (es)												下偏差 (ei)			
		所有公差等级												5, 6	7	8
基本尺寸 (mm) 大于	至																
—	3	−270	−140	−60	−34	−20	−14	−10	−6	−4	−2	0	偏差 $=\pm\dfrac{IT}{2}$	−2	−4	−6
3	6	−270	−140	−70	−46	−30	−20	−14	−10	−6	−4	0		−2	−4	—
6	10	−280	−150	−80	−56	−40	−25	−18	−13	−8	−5	0		−2	−5	—
10	14	−290	−150	−95	—	−50	−32	—	−16	—	−6	0		−3	−6	—
14	18															
18	24	−300	−160	−110	—	−65	−40	—	−20	—	−7	0		−4	−8	—
24	30															
30	40	−310	−170	−120	—	−80	−50	—	−25	—	−9	0		−5	−10	—
40	50	−320	−180	−130												
50	65	−340	−190	−140	—	−100	−60	—	−30	—	−10	0		−7	−12	—
65	80	−360	−200	−150												
80	100	−380	−220	−170	—	−120	−72	—	−36	—	−12	0		−9	−15	—
100	120	−410	−240	−180												
120	140	−460	−260	−200	—	−145	−85	—	−43	—	−14	0		−11	−18	—
140	160	−520	−280	−210												
160	180	−580	−310	−230												
180	200	−660	−340	−240	—	−170	−100	—	−50	—	−15	0		−13	−21	—
200	225	−740	−380	−260												
225	250	−820	−420	−280												
250	280	−920	−480	−300	—	−190	−110	—	−56	—	−17	0		−16	−26	—
280	315	−1050	−540	−330												
315	355	−1200	−600	−360	—	−210	−125	—	−62	—	−18	0		−18	−28	—
355	400	−1350	−680	−400												
400	450	−1500	−760	−440	—	−230	−135	—	−68	—	−20	0		20	32	—
450	500	−1650	−840	−480												

续表

基本偏差		k		m	n	p	r	s	t	u	v	x	y	z	za	zb	zc
基本尺寸 (mm)		4至7	≤3 >7						下 偏 差 (ei) 公 差 所 有 等 级								
大于	至																
—	3	0	0	+2	+4	+6	+10	+14	—	+18	—	+20	—	+26	+32	+40	+60
3	6	+1	0	+4	+8	+12	+15	+19	—	+23	—	+28	—	+35	+42	+50	+80
6	10	+1	0	+6	+10	+15	+19	+23	—	+28	—	+34	—	+42	+52	+67	+97
10	14	+1	0	+7	+12	+18	+23	+28	—	+33	—	+40	—	+50	+64	+90	+130
14	18	+1	0	+7	+12	+18	+23	+28	—	+33	—	+45	—	+60	+77	+108	+150
18	24	+2	0	+8	+15	+22	+28	+35	—	+41	—	+54	+63	+73	+98	+136	+188
24	30	+2	0	+8	+15	+22	+28	+35	+41	+48	+39	+64	+75	+88	+118	+160	+218
30	40	+2	0	+9	+17	+26	+34	+43	+48	+60	+47	+80	+94	+112	+148	+200	+274
40	50	+2	0	+9	+17	+26	+34	+43	+54	+70	+55	+97	+114	+136	+180	+242	+325
50	65	+2	0	+11	+20	+32	+41	+53	+66	+87	+68	+122	+144	+172	+226	+300	+405
65	80	+2	0	+11	+20	+32	+43	+59	+75	+102	+81	+146	+174	+210	+274	+360	+480
80	100	+3	0	+13	+23	+37	+51	+71	+91	+124	+102	+178	+214	+258	+335	+445	+585
100	120	+3	0	+13	+23	+37	+54	+79	+104	+144	+120	+210	+254	+310	+400	+525	+690
120	140	+3	0	+15	+27	+43	+63	+92	+122	+170	+146	+248	+300	+365	+470	+620	+800
140	160	+3	0	+15	+27	+43	+65	+100	+134	+190	+172	+280	+340	+415	+535	+700	+900
160	180	+3	0	+15	+27	+43	+68	+108	+146	+210	+202	+310	+380	+465	+600	+780	+1000
180	200	+4	0	+17	+31	+50	+77	+122	+166	+236	+202	+350	+425	+520	+670	+880	+1150
200	225	+4	0	+17	+31	+50	+80	+130	+180	+258	+228	+385	+470	+575	+740	+960	+1250
225	250	+4	0	+17	+31	+50	+84	+140	+196	+284	+252	+425	+520	+640	+820	+1050	+1350
250	280	+4	0	+20	+34	+56	+94	+158	+218	+315	+284	+475	+580	+710	+920	+1200	+1550
280	315	+4	0	+20	+34	+56	+98	+170	+240	+350	+310	+525	+650	+790	+1000	+1300	+1700
315	355	+4	0	+21	+37	+62	+108	+190	+268	+390	+340	+590	+730	+900	+1150	+1500	+1900
355	400	+4	0	+21	+37	+62	+114	+208	+294	+435	+385	+660	+820	+1000	+1300	+1650	+2100
400	450	+5	0	+23	+40	+68	+126	+232	+330	+490	+425	+740	+920	+1100	+1450	+1850	+2400
450	500	+5	0	+23	+40	+68	+132	+252	+360	+540	+475	+820	+1000	+1250	+1600	+2100	+2600

注：1. 基本尺寸小于1mm时，各级的 a 和 b 均不采用；
2. js 的数值：对IT7至IT11，若IT的数值（μm）为奇数，则取 $js=\pm\frac{IT-1}{2}$。

基本尺寸至 500mm 孔的基本偏差数值 (μm)　　　附表 6-3

基本偏差	下 偏 差 (EI)											上 偏 差 (ES)							
	A	B	C	CD	D	E	EF	F	FG	G	H	J_s	J			K		M	
所有的公差等级													6	7	8	≤8	>8	≤8	>8
基本尺寸(mm) 大于 — 至 3	+270	+140	+60	—	+20	+14	+10	+6	+4	+2	0		+2	+4	+6	0	0	−2	−2
3 — 6	+270	+140	+70	+34	+30	+20	+14	+10	+6	+4	0		+5	+6	+10	−1+Δ	—	−4+Δ	−4
6 — 10	+280	+150	+80	+46	+40	+25	+18	+13	+8	+5	0		+5	+8	+12	−1+Δ	—	−6+Δ	−6
10 — 14	+290	+150	+95	+56	+50	+32	—	+16	—	+6	0	偏差=±$\frac{IT}{2}$	+6	+10	+15	−1+Δ	—	−7+Δ	−7
14 — 18																			
18 — 24	+300	+160	+110	—	+65	+40	—	+20	—	+7	0		+8	+12	+20	−2+Δ	—	−8+Δ	−8
24 — 30																			
30 — 40	+310	+170	+120	—	+80	+50	—	+25	—	+9	0		+10	+14	+24	−2+Δ	—	−9+Δ	−9
40 — 50	+320	+180	+130																
50 — 65	+340	+190	+140	—	+100	+60	—	+30	—	+10	0		+13	+18	+28	−2+Δ	—	−11+Δ	−11
65 — 80	+360	+200	+150																
80 — 100	+380	+220	+170	—	+120	+72	—	+36	—	+12	0		+16	+22	+34	−3+Δ	—	−13+Δ	−13
100 — 120	+410	+240	+180																
120 — 140	+460	+260	+200	—	+145	+85	—	+43	—	+14	0		+18	+26	+41	−3+Δ	—	−15+Δ	−15
140 — 160	+520	+280	+210																
160 — 180	+580	+310	+230																
180 — 200	+660	+340	+240	—	+170	+100	—	+50	—	+15	0		+22	+30	+47	−4+Δ	—	−17+Δ	−17
200 — 225	+740	+380	+260																
225 — 250	+820	+420	+280																
250 — 280	+920	+480	+300	—	+190	+110	—	+56	—	+17	0		+25	+36	+55	−4+Δ	—	−20+Δ	−20
280 — 315	+1050	+540	+330																
315 — 355	+1200	+600	+360	—	+210	+125	—	+62	—	+18	0		+29	+39	+60	−4+Δ	—	−21+Δ	−21
355 — 400	+1350	+680	+400																
400 — 450	+1500	+760	+440	—	+230	+135	—	+68	—	+20	0		+33	+43	+66	−5+Δ	—	−23+Δ	−23
450 — 500	+1650	+840	+480																

N		
≤8	>8	
−4	−4	
−8+Δ	0	
−10+Δ	0	
−12+Δ	0	
−15+Δ	0	
−17+Δ	0	
−20+Δ	0	
−23+Δ	0	
−27+Δ	0	
−31+Δ	0	
−34+Δ	0	
−37+Δ	0	
−40+Δ	0	

续表

基本偏差																	Δ					
	P 至 ZC	P	R	S	T	U	V	X	Y	Z	ZA	ZB	ZC									
基本尺寸(mm)	上 偏 差 (ES)																					
	公 差 等 级																					
大于 至	≤7	>7												3	4	5	6	7	8			
— 3		−6	−10	−14	—	−18	—	−20	—	−26	−32	−40	−60	0								
3 6		−12	−15	−19	—	−23	—	−28	—	−35	−42	−50	−80	1	1.5	1	3	4	6			
6 10		−15	−19	−23	—	−28	—	−34	—	−42	−52	−67	−97	1	1.5	2	3	6	7			
10 14	在>7级相应数值上增加一个Δ值	−18	−23	−28	—	−33	—	−40	—	−50	−64	−90	−130	1	2	3	3	7	9			
14 18							−39	−45	—	−60	−77	−108	−150									
18 24		−22	−28	−35	—	−41	−47	−54	−63	−73	−98	−136	−188	1.5	2	3	4	8	12			
24 30					−41	−48	−55	−64	−75	−88	−118	−160	−218									
30 40		−26	−34	−43	−48	−60	−68	−80	−94	−112	−148	−200	−274	1.5	3	4	5	9	14			
40 50					−54	−70	−81	−97	−114	−136	−180	−242	−325									
50 65		−32	−41	−53	−66	−87	−102	−122	−144	−172	−226	−300	−405	2	3	5	6	11	16			
65 80			−43	−59	−75	−102	−120	−146	−174	−210	−258	−360	−480									
80 100		−37	−51	−71	−91	−124	−146	−178	−214	−258	−335	−445	−585	2	4	5	7	13	19			
100 120			−54	−79	−104	−144	−172	−210	−254	−310	−400	−525	−690									
120 140		−43	−63	−92	−122	−170	−202	−248	−300	−365	−470	−620	−800	3	4	6	7	15	23			
140 160			−65	−100	−134	−190	−228	−280	−340	−415	−535	−700	−900									
160 180			−68	−108	−146	−210	−252	−310	−380	−465	−600	−780	−1000									
180 200		−50	−77	−122	−166	−236	−284	−350	−425	−520	−670	−880	−1150	3	4	6	9	17	26			
200 225			−80	−130	−180	−258	−310	−385	−470	−575	−740	−960	−1250									
225 250			−84	−140	−196	−284	−340	−425	−520	−640	−820	−1050	−1350									
250 280		−56	−94	−158	−218	−315	−385	−475	−580	−710	−920	−1200	−1550	4	4	7	9	20	29			
280 315			−98	−170	−240	−350	−425	−525	−650	−790	−1000	−1300	−1700									
315 355		−62	−108	−190	−268	−390	−475	−590	−730	−900	−1150	−1500	−1900	4	5	7	11	21	32			
355 400			−114	−208	−294	−435	−530	−660	−820	−1000	−1300	−1650	−2100									
400 450		−68	−126	−232	−330	−490	−595	−740	−920	−1100	−1450	−1850	−2400	5	5	7	13	23	34			
450 500			−132	−252	−360	−540	−660	−820	−1000	−1250	−1600	−2100	−2600									

注：1. 基本尺寸小于1mm时，各级的A和B及大于8级的N均不采用；2. J_s的数值，对IT7至IT11，若IT的数值（μm）为奇数，则取$J_s=\pm\frac{IT-1}{2}$；3. 特殊情况，当基本尺寸大于250至315mm时，M6的$ES=-9$（不等于−11）；4. 对小于或等于IT8的K、M、N和小于或等于IT7的P至ZC，所需Δ值从表内右侧栏中选取；
例如：大于6至10mm的P6，Δ=3，所以$ES=-15+3=-12\mu m$。

123

习 题

6-1 试计算下列三对孔和轴配合的极限间隙或极限过盈以及配合公差，指出配合的性质，并作出公差带图。（单位为 mm）

孔公差带　　　　　　　　　轴公差带

(1) $\phi 30 {}^{+0.021}_{0}$ 　　　　　　$\phi 30 {}^{+0.041}_{+0.028}$

(2) $\phi 40 {}^{+0.034}_{+0.009}$ 　　　　　　$\phi 40 {}^{0}_{-0.016}$

(3) $\phi 60 {}^{+0.046}_{0}$ 　　　　　　$\phi 60 \pm 0.015$

6-2 查表绘出下列相配合的孔，轴公差带图，并说明各配合代号的含义及配合性质

(1) $\phi 30 \dfrac{H8}{f7}$　(2) $\phi 30 \dfrac{F8}{h7}$　(3) $\phi 30 \dfrac{H7}{h6}$　(4) $\phi 85 \dfrac{H8}{js8}$　(5) $\phi 60 \dfrac{H6}{p5}$

(6) $\phi 150 \dfrac{H8}{p8}$　(7) $\phi 60 \dfrac{H7}{k6}$　(8) $\phi 18 \dfrac{Js9}{h9}$　(9) $\phi 18 \dfrac{M6}{h5}$

6-3 按 $\phi 30 K6$ 加工一批轴，测量每一轴的实际尺寸，其中最大的尺寸为 $\phi 30.015$mm，最小的尺寸为 $\phi 30$mm。问这批轴规定的尺寸公差值是多少？这批轴是否全部合格？为什么？

6-4 有一孔、轴配合，基本尺寸为 $\phi 40$mm，要求配合的间隙为 $0.02 \sim 0.07$mm，试确定孔、轴公差等级，按基孔制选择适当的配合（写出代号）并绘出公差带图。

6-5 按尺寸 $\phi 90 {}^{+0.054}_{0}$ 和 $\phi 90 {}^{+0.048}_{+0.013}$ 分别加工的孔和轴。若实际测得一对孔和轴的尺寸分别为：$\phi 90.012$mm 和 $\phi 90.022$mm。试求孔、轴的实际偏差和实际过盈，并在公差带图上表示出它们的关系。

6-6 有一孔、轴配合，基本尺寸 $D=60$mm，$x_{max}=+40\mu m$，$T_H=30\mu m$，$T_S=20\mu m$，$es=0$。试求 ES、EI、ei、T_f 及 X_{min}（或 Y_{max}），并画出公差带图。

6-7 在某配合中，已知孔的尺寸标注 $\phi 20 {}^{+0.023}_{0}$ mm，$X_{max}=+0.011$mm，$T_s=0.022$mm，试分别用计算法和公差带图法求出轴的上、下偏差。

6-8 设孔、轴配合的基本尺寸和使用要求如下：

(1) $D=40$mm，$X_{max}=+0.07$mm，$X_{min}=+0.02$mm

(2) $D=100$mm，$Y_{max}=-0.13$mm，$Y_{min}=-0.02$mm

(3) $D=10$mm，$X_{max}=+0.01$mm，$Y_{min}=-0.02$mm 试确定各组的基准制、公差等级及配合种类，并画出公差带图。

6-9 在基孔制的某孔、轴同级配合中，其基本尺寸为 50mm，$T_f=0.078$mm，$X_{max}=+0.103$mm，试分别用计算法和公差带图法求孔与轴的上、下偏差。

6-10 有一孔、轴配合，基本尺寸为 $\phi 25$mm，要求 $X_{max}=+0.013$mm，$Y_{max}=-0.021$mm，试决定孔、轴公差等级，并选择适当的配合。

6-11 判断下列概念是否正确、完整。

(1) 公差可以说是允许零件尺寸的最大偏差。

(2) 公差通常为正值，但在个别情况下也可以为负值和零。

(3) 从制造上讲，基孔制的特点是先加工孔，基轴制的特点是先加工轴。

(4) 轴与孔的加工精度愈高，则其配合精度愈高。

(5) 过渡配合可能具有间隙，也可能具有过盈，因此，过渡配合可能是间隙配合，也可能是过盈配合。

6-12 标准公差、基本偏差、误差、公差等级这些概念有何区别和联系。

6-13 将习题 6-13 图传动轴的形位公差要求以框格符号标注在零件图上。

$\phi 32_{-0.030}^{0}$ mm 轴心线对两端 $\phi 20_{-0.021}^{0}$ mm 公共轴心线同轴度公差为 0.02mm。

$\phi 20_{-0.021}^{0}$ mm 两轴颈处的圆度公差为 0.004mm。

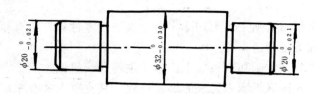

习题 6-13 图 传动轴

6-14 评定表面粗糙度时,为什么要规定取样长度?有了取样长度,为什么还要规定评定长度和轮廓中线?

第七章 金属切削加工

金属切削加工是用刀具从毛坯上切除多余金属，使零件具有符合要求的几何形状、尺寸及表面粗糙度的加工过程。

金属切削加工可分为钳工和机械加工。本章主要介绍机械加工。

机械加工是由工人操纵机床来完成的加工过程。其主要方式有车削、钻削、铣削、刨削、磨削等。在现代机械制造中，除了很少一部分零件可以采用精密铸造或精密锻造的方法直接获得外，绝大部分零件，特别是精度较高和表面粗糙度值较小的零件，一般都要进行切削加工。因此，切削加工在机械制造过程中占有重要的地位。

§7-1 金属切削加工的基础知识

一、切削加工的运动分析及切削用量

（一）切削加工的运动分析

机械零件的形状通常由外圆面、内圆面、平面和曲面所组成。切削加工应具备形成这些典型表面的切削运动，它包括主运动和进给运动两部分。

主运动是从工件上切下多余金属层所必须的基本运动。主运动既可由工件，也可由刀具来实现。

进给运动是使新的金属层不断投入切削，从而加工出完整表面所需的运动。进给运动可以是连续的或间断的，运动方向可以是直线、圆周或曲线。

不同加工方式的主运动和进给运动，见表7-1。

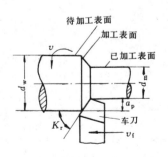

图 7-1 车削时工件上的加工表面

（二）切削用量

在切削过程中工件上形成了待加工表面、已加工表面和加工表面等三个表面，如图7-1所示。

切削用量主要是指切削速度、进给量和切削深度。

1. 切削速度 (v)

在单位时间内，工件和刀具沿主运动方向相对移动的距离称为切削速度。

如主运动为旋转运动，则

$$v = \frac{\pi d_w \cdot n}{100 \times 60} \quad \text{m/s}$$

式中　d_w——工件待加工表面的最大直径或刀具的最大直径，mm；

　　　n——工件或刀具每分钟的转速，r/min。

如主运动为往复运动，则其平均速度

$$v = \frac{2Ln_r}{1000 \times 60} \cdot \text{m/s}$$

式中　L——往复运动行程长度，mm；

　　　n_r——主运动每分钟的往复次数，str/min。

主 运 动 和 进 给 运 动　　　　表 7-1

加工方式	主运动	进给运动	加工方式	主运动	进给运动
车削	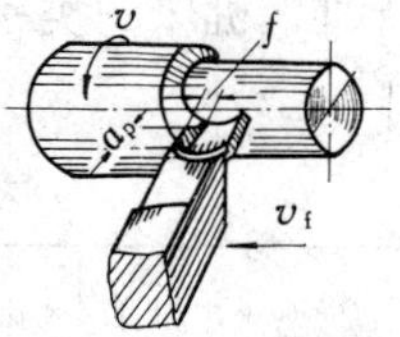 工件旋转	刀具连续移动	刨削（牛头刨床上）	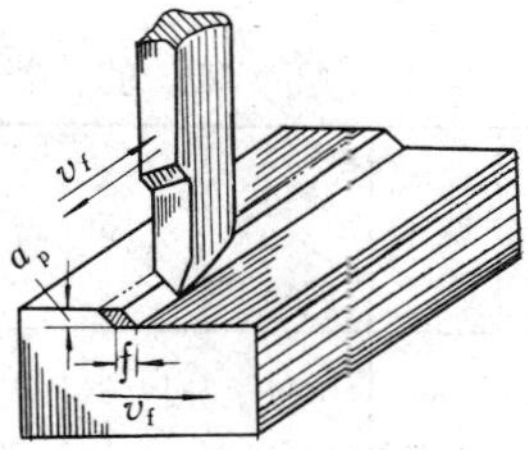 刀具往复移动	工件间歇移动
钻削	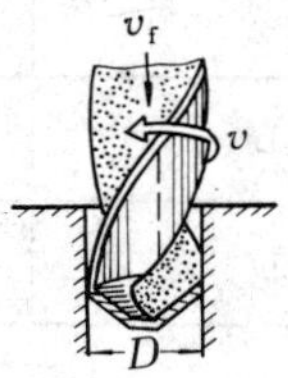 刀具旋转	刀具连续移动			
铣削	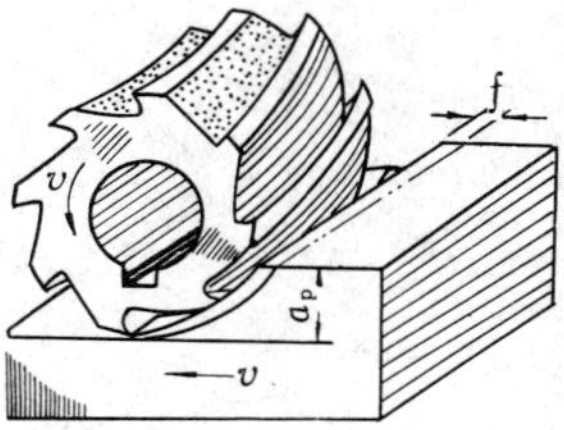 刀具旋转	工件连续移动	磨削	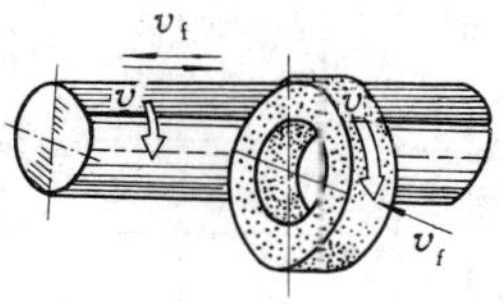 刀具旋转	工件旋转及往复移动，刀具间歇移动

2. 进给量（f）

工件或刀具每旋转一周，刀具或工件沿进给方向的相对位移量称为进给量，单位为 mm/r。

对于主运动为往复直线运动（如刨削等），一般仅规定间歇进给的进给量，其单位为 mm/d·str（d·str 为双行程）。

3. 切削深度（a_p）

待加工表面和已加工表面之间的垂直距离称为切削深度。切削深度的大小直接影响主切削刃的工作长度，反映了切削负荷的大小。对于外圆车削，则

$$a_p = \frac{d_w - d_m}{2} \quad \text{mm}$$

式中　d_w、d_m——分别为工件待加工表面和已加工表面的直径，mm。

切削用量反映了刀具与工件相互作用的条件和相对关系，是影响工件加工质量和生产率的重要因素。

二、金属切削机床的类型、编号

机床是金属切削加工的主要设备。加工不同尺寸形状和技术要求的零件需要用不同的机床。机械加工可分为车、钻、刨、铣及磨五种基本方式，相应的也就有车床、钻床、刨床、铣床及磨床五种基本机床。由于机床的种类很多，为便于组织生产和供使用部门选用和管理，有必要对机床进行分类和编号，以便根据机床的型号，即可了解机床的类别，主要规格、性能和特征。

我国自1957年1月颁布"机床型号编制办法"以来，已进行了多次修改。1976年颁发的《金属切削机床型号编制方法》(JB1838—76)是目前所采用的标准。机床的类别及分类代号见表7-2。

机 床 的 类 别 及 分 类 代 号　　　　表7-2

类别	车床	钻床	镗床	磨　　床			齿轮加工机床	螺纹加工机床	铣床	刨插床	拉床	电加工机床	切断机床	其他机床
代号	C	Z	T	M	2M	3M	Y	S	X	B	L	D	G	Q
参考读音	车	钻	镗	磨	2磨	3磨	牙	丝	铣	刨	拉	电	割	其

现举几个机床型号的实例加以说明。

【例7-1】　最大车削直径320mm的普通车床，其型号为：

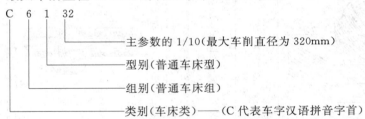

【例7-2】　经一次改进后的最大磨削外径320mm的万能外圆磨床，其型号为：

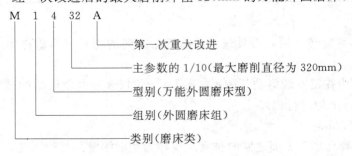

§7-2　外 圆 面 的 加 工

外圆面是轴、套、盘等类零件的主要表面，不同零件上的外圆面或同一零件上不同的外圆面，往往具有不同的技术要求，需要结合具体的生产条件，拟定较为合理的加工方案。

一、外圆面的技术要求

（一）本身精度　如直径和长度的尺寸精度和外圆面的圆度、圆柱度等形状精度。

（二）位置精度　与其他外圆面或孔的同轴度、与端面的垂直度等。

（三）表面质量　如表面粗糙度和表面硬度等。

二、外圆面的加工方案

对于一般金属零件，外圆面加工的主要方法是车削和磨削。要求精度高、表面粗糙度小时，往往还要进行研磨、超级光磨等光整加工。

表 7-3 给出了外圆面加工方案的框图，可作为拟定加工方案的依据和参考。

外圆面加工方案框图（R_a 的单位为 μm）　　　　　表 7-3

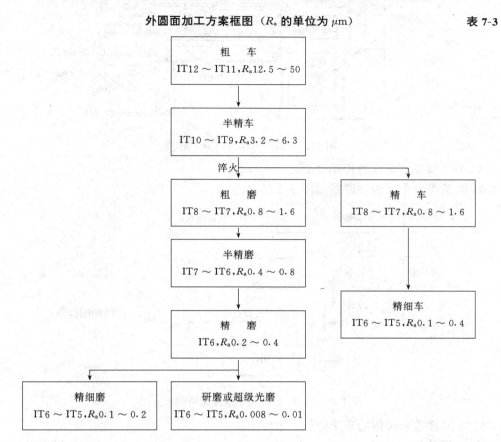

三、车削加工

在车床上用车刀加工工件的工艺过程称为车削加工。车削加工是机械加工中应用最广泛的一种加工方法。

通常车床占机床总数的一半以上。为了满足不同零件加工的需要以及提高车削加工的生产率，车床有很多类型。主要的有普通车床、六角车床、立式车床、自动和半自动车床、数控车床等。而其中应用最广泛的是普通车床。

（一）普通车床

普通车床通用性强，但自动化程度低，适用于单件、小批生产。现以常用的 C6132（旧型号 C616）型普通车床为例，介绍其组成和传动。

1. C6132 型普通车床的组成

C6132 型普通车床的外形结构如图 7-2 所示。它是由床身、床头箱、变速箱、挂轮箱、进给箱、光杠、丝杠、溜板箱、刀架和尾架等主要部件组成。

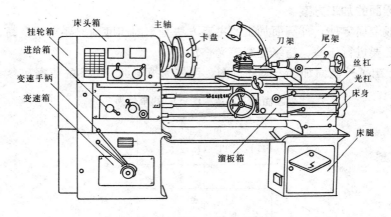

图 7-2　C6132 型普通车床外形图

2.C6132 型普通车床的传动分析

C6132 型普通车床传动路线如图 7-3 所示。

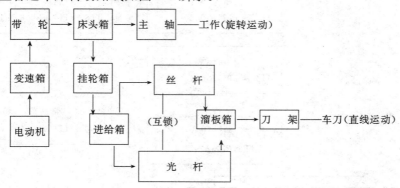

图 7-3　C6132 型普通车床传动路线示意图

C6132 型普通车床传动系统如图 7-4 所示。

（1）主运动传动分析

主运动是由电动机至主轴之间的传动系统来实现的。其传动路线可用传动链表示如下：

$$电动机 — I — \begin{Bmatrix} \dfrac{33}{22} \\ \dfrac{19}{34} \end{Bmatrix} — II — \begin{Bmatrix} \dfrac{34}{32} \\ \dfrac{28}{39} \\ \dfrac{22}{45} \end{Bmatrix} — III \dfrac{\phi 176}{\phi 200} — IV — \begin{Bmatrix} M_1 \\ \dfrac{27}{63} — V \dfrac{17}{58} \end{Bmatrix} — 主轴 \ VI$$

（1440r/min）

传动链中每一传动路线都对应着一种转速，因此通过不同齿轮的啮合，主轴可获得十二种不同的转速。

例如，主轴最高转速应取传动比最大的一条路线，计算如下：

$$n_{最高} = 1440 \times \dfrac{33}{22} \times \dfrac{34}{32} \times \dfrac{176}{200} = 2020 \text{r/min}$$

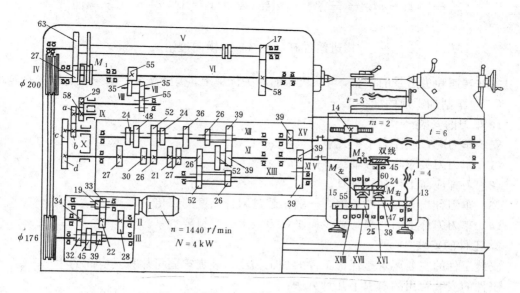

图 7-4　C6132型普通车床传动系统图

同理，主轴最低转速应取传动比最小的一条路线：

$$n_{最低} = 1440 \times \frac{19}{34} \times \frac{22}{45} \times \frac{176}{200} \times \frac{27}{63} \times \frac{17}{58} = 43.5 \mathrm{r/min}$$

主轴的反转是通过电动机的反转来实现的。

（2）进给运动的传动分析

车床的进给量是以主轴（工件）每转一转，刀具移动的距离来计算的，所以进给运动的传动链是以主轴为主动件，其传动链如下：

$$主轴\ Ⅵ - \begin{Bmatrix} \dfrac{55}{35} \\[4pt] \dfrac{55}{35} \cdot \dfrac{35}{55} \end{Bmatrix} - Ⅷ - \dfrac{29}{58} - Ⅸ - \dfrac{a}{b} \cdot \dfrac{c}{d} - Ⅺ -$$
（变向机构）

$$\begin{Bmatrix} \dfrac{27}{24} \\[4pt] \dfrac{21}{24} \\[4pt] \dfrac{27}{36} \\[4pt] \dfrac{30}{48} \\[4pt] \dfrac{26}{52} \end{Bmatrix} - Ⅻ - \begin{Bmatrix} \dfrac{39}{39} \cdot \dfrac{52}{26} \\[4pt] \dfrac{26}{52} \cdot \dfrac{52}{26} \\[4pt] \dfrac{39}{39} \cdot \dfrac{26}{52} \\[4pt] \dfrac{26}{52} \cdot \dfrac{26}{52} \end{Bmatrix} - ⅩⅢ - \dfrac{39}{39} - ⅩⅣ - 光杠 - \dfrac{2}{45} ⅩⅥ$$
（增倍机构）

131

$$\begin{cases} \dfrac{24}{60} - \text{XVII} - M_{\text{左}} - \dfrac{25}{55}\text{XVIII} - \text{齿轮、齿条}(z=14, m=2) - \text{纵向进给} \\ M_{\text{右}} - \dfrac{38}{47} \cdot \dfrac{47}{13} - \text{横进给丝杠}(t=4) - \text{横向进给} \end{cases}$$

主轴转速和进给量的调整，可从机床的有关标牌上，查出操纵手柄应在的位置来实现。

(二) 车削加工前的准备工作

1. 车刀的安装

安装车刀时，应注意下列几点：

(1) 车刀刀尖应与工件轴线等高。

(2) 刀杆应与工件轴线垂直。

(3) 车刀伸出方刀架的长度，一般不超过刀杆高度的二倍。

(4) 车刀刀杆下面的垫片要少而平，刀架上的螺钉要拧紧。

2. 工件的安装

安装工件的主要要求是保证工件的加工精度，装夹牢固可靠和具有高的生产率。

工件的安装常用的有以下几种方法：

(1) 三爪卡盘安装

三爪卡盘是车床上应用最广的通用夹具，适合于安装棒料、圆盘形等工件。它的构造如图 7-5 所示。当转动小圆锥齿轮时，大圆锥齿轮便随着转动，它背面的平面螺纹就使卡盘的三个卡爪同时向中心靠近或退出。使用三爪卡盘装卸工件迅速方便并能自动定心，且定心精度不高（0.05~0.15mm），工件上同轴度较高的表面，应在一次安装中车出。

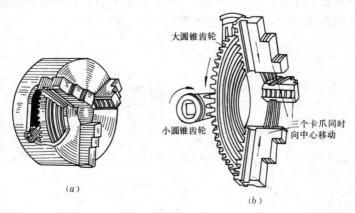

图 7-5 三爪卡盘

(a) 外形；(b) 内部结构

(2) 四爪卡盘安装

四爪卡盘的构造如图 7-6 所示。它的四个卡爪可以单独调整。每个卡爪后面有半瓣螺母与调节螺杆相配合，当转动螺杆时，卡爪即可沿卡盘的径向滑槽移动。

四爪卡盘由于四个卡爪是分别调整，且夹紧力大，所以适合于安装毛坯形状不规则或较大的工作。在四爪卡盘上安装时，需对工件进行找正，图 7-7 为在四爪卡盘上按划线找正的情形。用手转动卡盘检查划针所指的划线是否偏离转动中心,如有偏离,再分别调整相应之卡爪,找正较费时。

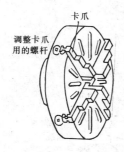

图 7-6 四爪卡盘

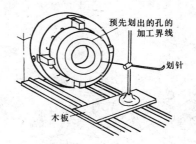

图 7-7 用四爪卡盘时工件的找正

(3) 顶尖安装

顶尖适合于安装长轴类工件,如图 7-8 所示。工件装夹在前、后顶尖之间,由卡箍、拨盘带动旋转,有时也可用三爪卡盘代替拨盘(图 7-9)。前顶尖装在主轴上,和主轴一起旋转,后顶尖装在尾架的顶尖套中。顶尖不能将工件顶得太紧或太松,以免影响加工质量。用顶尖安装时,工件两端面先用中心钻(图 7-10)钻出中心孔,中心孔的圆锥部分与顶尖配合;圆柱部分是用来容纳润滑油和保证锥面处配合贴切。两顶尖装夹工件,多用于工件在加工过程中,需多次装夹,而要求有同一的定位基准,以保证加工精度。

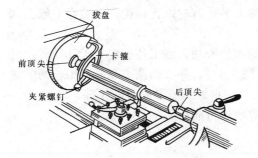

图 7-8 用顶尖拨盘安装工作

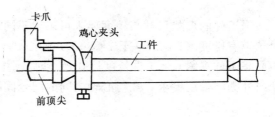

图 7-9 用卡盘代替拨盘

加工细长轴 $\left(\dfrac{\text{轴长}}{\text{直径}}>10\right)$ 时,常采用中心架(图 7-11)或跟刀架(图 7-12)作辅助支承,防止工件产生弯曲与振动,以提高加工精度。

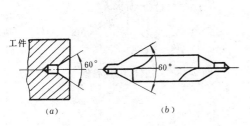

图 7-10 中心孔与中心钻
(a) 中心孔;(b) 中心钻

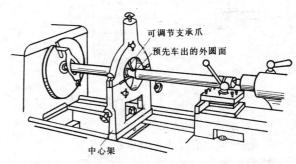

图 7-11 中心架的应用

（4）用花盘安装工件

形状复杂的工件可在花盘上安装（图 7-13），此时工件用弯板和螺钉压板等夹持在花盘上，并经过仔细找正，同时用平衡铁平衡，以防转动时产生振动。

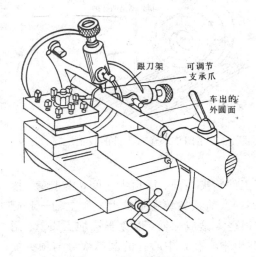

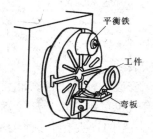

图 7-12 跟刀架的应用　　　　　图 7-13 用花盘和弯板装夹工件

（5）用心轴安装工件

对于孔已经加工好的盘套类工件，常采用心轴安装。这时以孔定位，安装在心轴上加工外圆。

根据工件的形状尺寸与精度要求可采用不同结构的心轴。当工件长度大于孔径时，可采用稍带有锥度（1∶1000 至 1∶2000）的心轴（图 7-14），靠心轴圆锥表面与工件间的摩擦力而将工件夹紧。当工件长度比孔径小时，则应使用带螺母压紧的心轴（图 7-15），为了保证内外圆同轴度要求，孔与心轴之间的配合间隙应尽可能小。

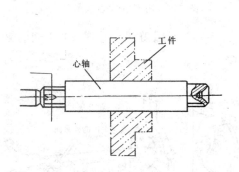

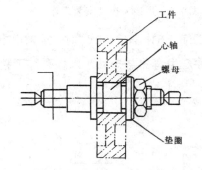

图 7-14 带锥度心轴　　　　　图 7-15 带螺母压紧心轴

(三) 基本车削方法

车床的加工范围见表 7-4。

基本车削方法有车外圆、车端面和台阶、切槽和切断、钻孔和镗孔以及车锥面。现汇总说明见表 7-5 和表 7-6。

车床的运动及加工范围   表 7-4

工序	图示	工序	图示
车外圆	45°外圆车刀，n，f	车螺纹	螺纹车刀，n，f
车端面	左偏刀，n，f	用样板刀车成型面	样板刀，n，f
车外圆和台阶	右偏刀，n，f	车成型面	圆头刀，n，f
车宽槽	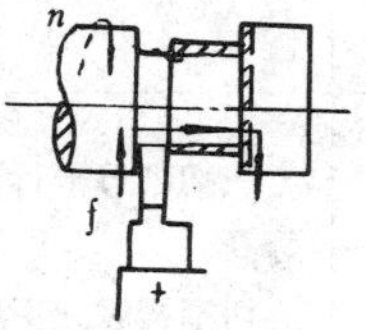 n，f	钻中心孔	中心钻，n，f
切断	切断刀，n，f	铰孔	铰刀，n，f
钻孔	钻头，n，f	滚花	滚花刀，n，f
镗孔	镗孔刀，n，f	绕弹簧	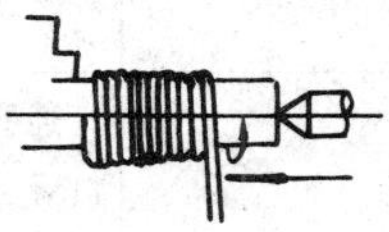
车锥体	右偏刀，小刀架移动，n，f		

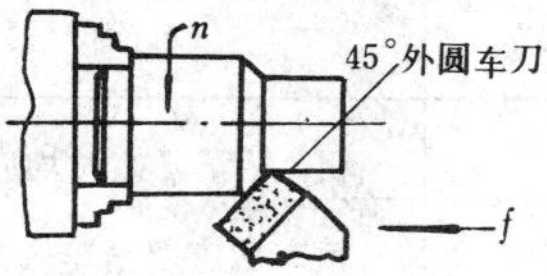

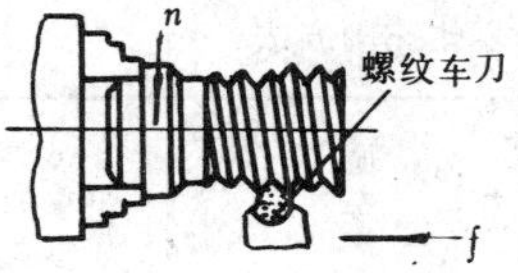

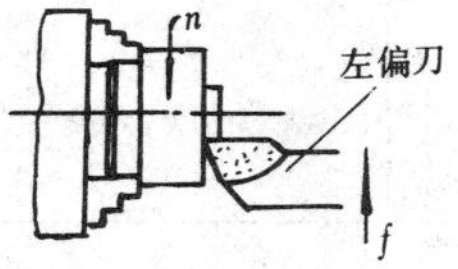

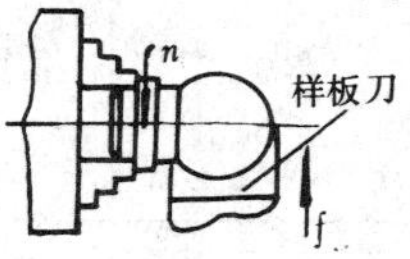

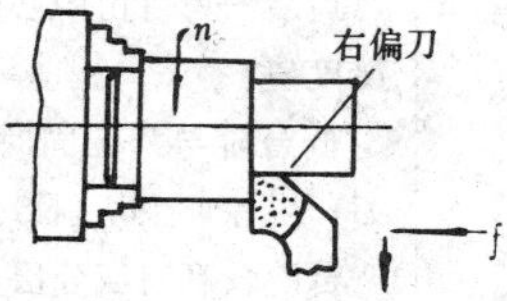

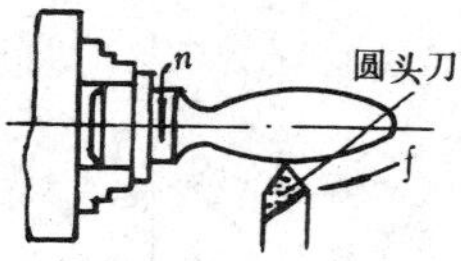

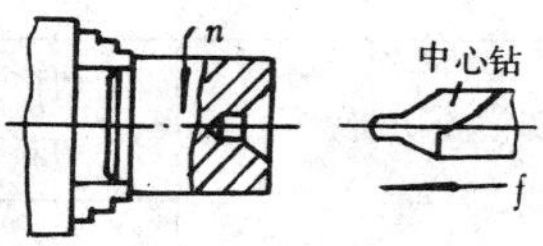

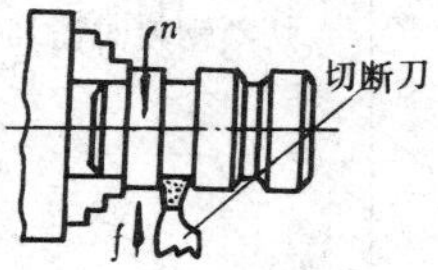

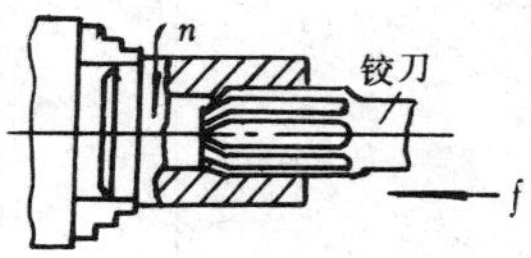

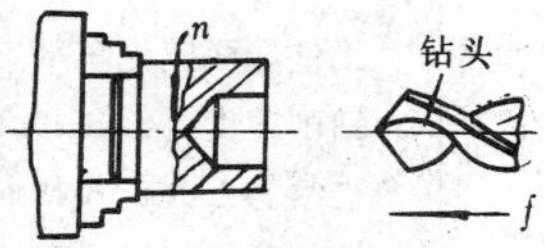

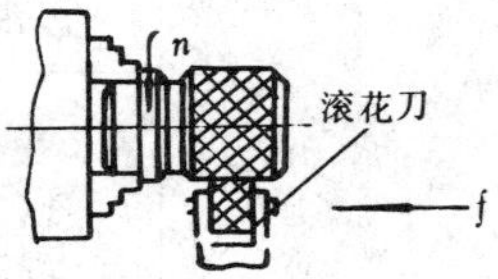

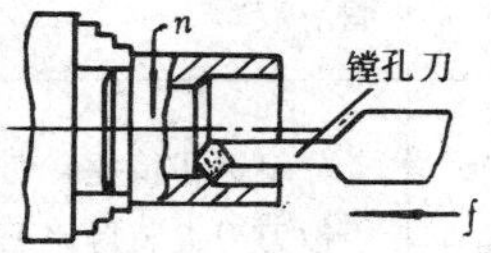

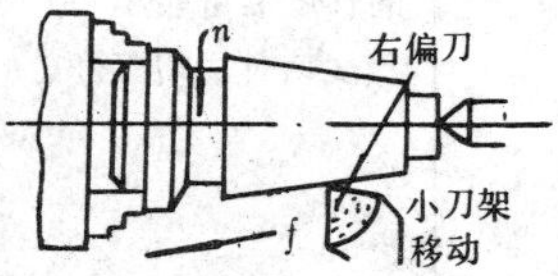

基本车削方法

表 7-5

基本车削方法	刀 具	工件安装方式	简 要 说 明
车外圆 粗 车 精 车	粗车刀 　直头车刀 　弯头车刀 　90°偏刀 （见表 7-4） 精车刀	卡盘安装 顶尖安装 卡盘安装 顶尖安装 心轴安装	粗、精车开始时均应试切 1～3mm 长度，以确定切深 粗车后应留精车余量 0.5～1mm
车端面和车台阶	弯头车刀 偏　刀 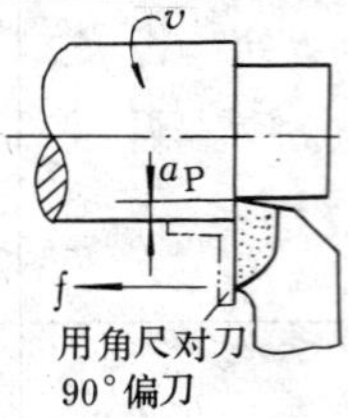	卡盘安装 顶尖安装	刀尖应与工件轴线等高 最后一刀可由中心向外切削，以减小表面粗糙度值 低台阶与外圆同时车出，装刀时用角尺对刀，以保证主切削刃垂直于工件轴线 台阶较高时应分层车出
切槽和切断	切槽刀 切断刀 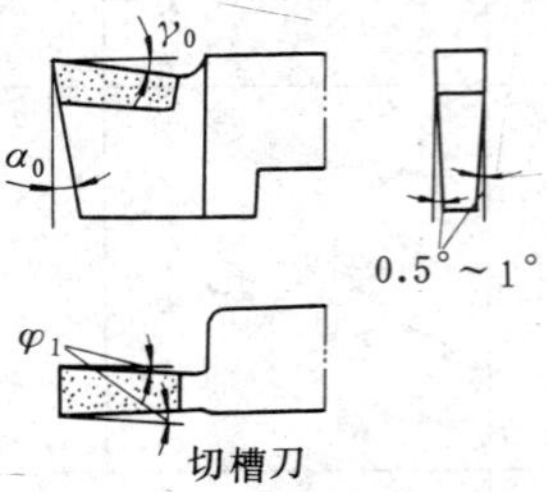	卡盘安装 顶尖安装	主切削刃平行于工件轴线，刀尖与工件轴线等高 切窄槽时，用相应宽度的切槽刀 切宽槽时，分几次切出 切断钢料时需加冷却润滑液
钻 孔	麻花钻头 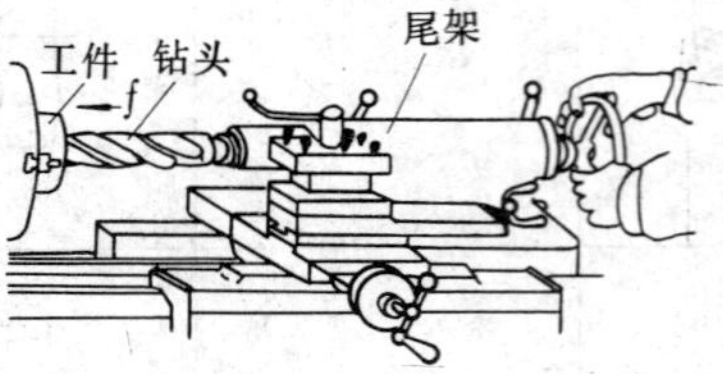	卡盘安装	工件端面应先车平 钻削速度：0.4～0.6m/s 进给量：0.1～0.2mm/r，手动进给 钻削开始与孔快要钻透时宜慢 需经常退出钻头排屑，钻削钢料时需加冷却润滑液
镗 孔	通孔镗刀（见表 7-4） 不通孔镗刀（见图） 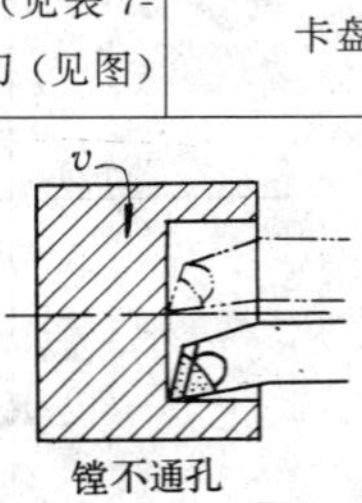	卡盘安装	分粗镗和精镗，切削用量比车外圆时小些 镗刀刀尖装得比工件轴线稍高一些 刀杆直径尽量选得大一点，镗刀杆伸出刀架的长度尽可能小 试切时，切深进刀的方向与车外圆时相反

车锥面常用的两种方法　　　　　　　　　　　　表 7-6

方　法	图　示	简　要　说　明
转动小刀架法	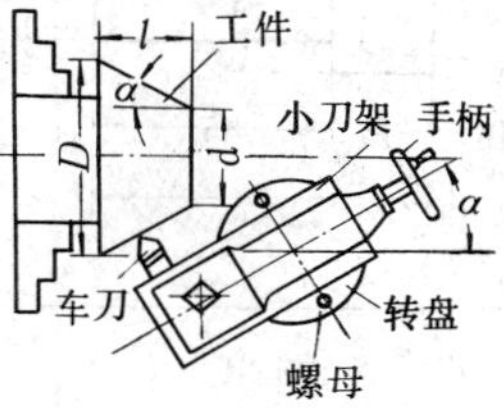	工件用卡盘安装，并将小刀架转盘扳转一个被切锥体的半锥角 α，只能手动进给 能加工大锥角的外、内短锥面 调整式：$\text{tg}\alpha=\dfrac{D-d}{2l}$
偏移尾架法	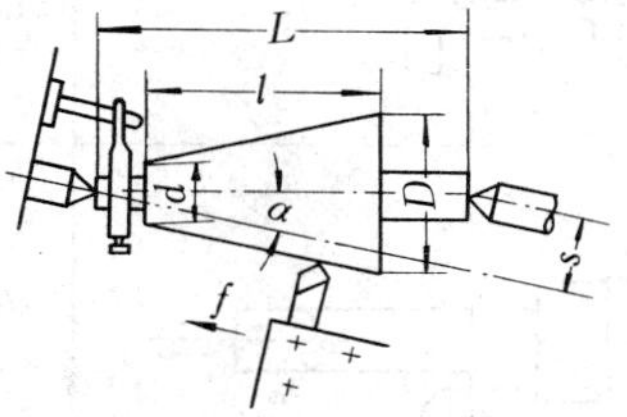	工件用顶尖安装，并将尾架顶尖偏移一个距离 S，利用车刀纵向进给车出所需锥面 可加工半锥角小的较长的外锥面，并能自动进给 调整式：$S=\dfrac{(D-d)L}{2l}$

车外圆、切槽和镗孔的切削深度的控制，可采用横溜板丝杠上的刻度盘。C6132 型车床横向丝杠的螺距为 4mm，刻度盘共分 200 格，每格刻度值为 0.02mm。根据切削深度就能计算出所需要转过的格数。

例如，当切削深度 $a_p=0.3$mm 时，刻度盘应转过的格数为 0.3/0.02＝15 格。

(四) 车削的工艺特点

1. 易于保证工件各加工面的位置精度。车削时，工件绕某一固定轴线回转，各表面具有同一的回转轴线，故易于保证加工面间同轴度的要求。
2. 车削过程是连续进行的，切削过程比较平稳，避免了惯性力和冲击的影响。
3. 适用于有色金属零件的精加工。
4. 刀具简单，制造、刃磨和安装均较方便。

(五) 车削工艺过程示例

制定车削工艺应考虑下列内容：

1. 根据毛坯和零件的技术要求 (包括精度、粗糙度以及热处理等)，确定零件的加工顺序。
2. 确定每一加工步骤中工件的安装方法及所用的机床、刀具、量具等以及检验方法。
3. 合理选用切削用量。

现以单件小批加工如表 7-7 所示之阶梯轴为例 (毛坯选用 φ35 圆钢)，说明其车削工艺过程见表 7-7。

轴 车 削 工 艺 过 程 表 7-7

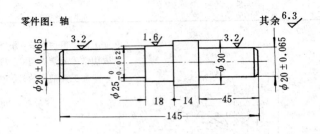
零件图：轴

序号	加工内容	加工简图	安装方式	机床刀具
1	1—车端面； 2—打中心孔； 3—调头安装； 4—车另一端面，定总长 145； 5—打中心孔	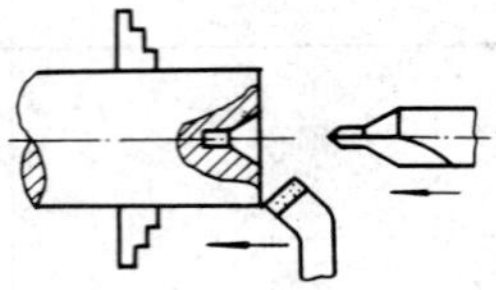	三爪卡盘安装	车床 45°弯头车刀 中心钻
2	粗车 φ30、φ25 和 φ20	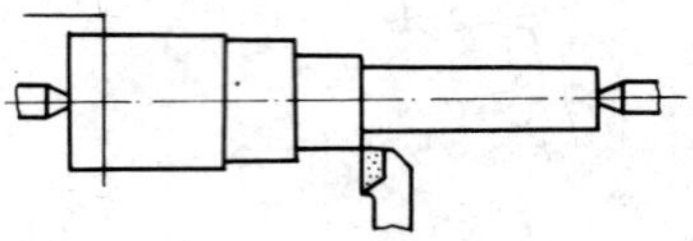	双顶尖安装	车床 90°偏刀
3	1—调头安装； 2—粗车 φ20； 3—精车 φ20 和台阶侧面； 4—倒角	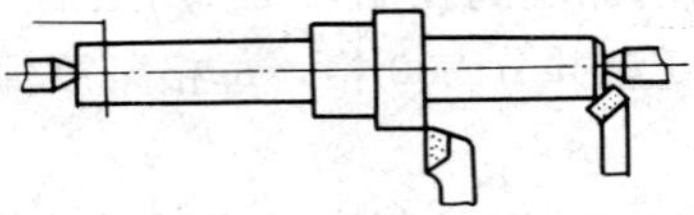	双顶尖安装	车床 90°偏刀 45°弯头车刀
4	1—调头安装； 2—精车 φ25，φ20 以及各台阶侧面； 3—倒角	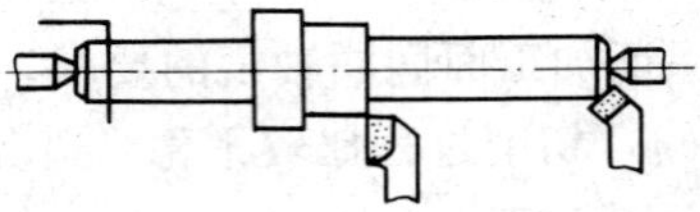	双顶尖安装	车床 90°偏刀 45°弯头车刀

说明：序号 4 中，调头安装工件时，卡箍内应垫铜皮，以免夹伤已经精车的表面。

四、磨削加工

在磨床上用砂轮加工工件的工艺过程称为磨削。

磨削不仅能加工一般材料，还可以加工用一般金属刀具难以加工的特硬的金属材料和非金属材料，如淬火钢、高强度合金、陶瓷材料等。近年来由于磨料、砂轮、磨床和磨削工艺的发展，进一步扩大了磨削加工的应用范围，成为一种从粗加工到超精加工等范围十分广泛的加工方法。磨削加工可磨削内外圆柱面、圆锥面、平面、齿轮、螺纹、花键以及复杂的成形表面，是零件精加工的主要方法。常见的磨削加工形式如图 7-16 所示。

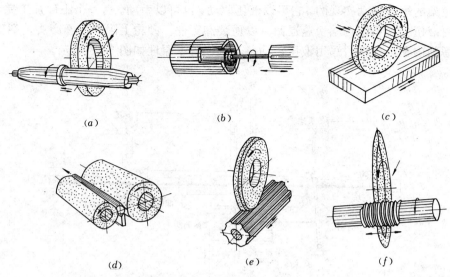

图 7-16 常见的磨削加工形式

(a) 外圆磨削；(b) 内圆磨削；(c) 平面磨削；(d) 外圆无心磨削；(e) 花键磨削；(f) 螺纹磨削

（一）砂轮

砂轮是磨削加工中使用的切削刀具。它是由磨料加结合剂用烧结方法制成的多孔物体。其中磨料是砂轮的主要成分，它担负着切削工作。因此磨料必须具有很高的硬度、耐热性以及一定的韧性，且其棱角应锋利。砂轮的切削性能决定于砂轮特性。砂轮特性包括磨料成分的粒度、硬度、结合剂及组织等参数。

（二）磨床

磨床的种类很多，常用的有万能外圆磨床、内圆磨床和平面磨床。万能外圆磨床的外形如图 7-17 所示。由床身、工作台、头架、尾架、砂轮架和内圆磨头等部分组成。由液压

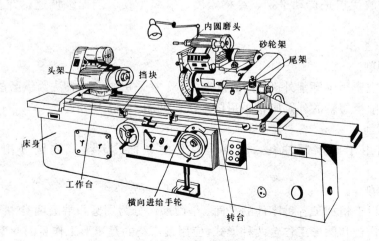

图 7-17 万能外圆磨床外形图

传动系统控制的工作台,沿床身上的导轨作纵向的直线往复运动。纵向行程长度通过调整挡块的位置来控制。工件安装在头架顶尖和尾架顶尖之间,并由拨盘带动旋转。横向送进是由砂轮架的横向移动实现的,它可以液压驱动,也可以手动。当一个工件加工完成时,砂轮架可由液压传动系统自动快速退回,以便装卸工件。砂轮上附有内圆磨头,翻下内圆磨头可以磨削内孔。工作台采用液压传动,其工作基本原理如图 7-18 所示。

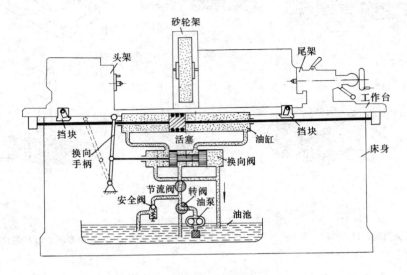

图 7-18 液压传动简图

图示位置为工作台向左运动,其进、回油路如下:

进油路:油池→油泵→转阀→节流阀→换向阀→油缸右腔、工作台向左移动。

回油路:油缸左腔→换向阀→油池。

当工作台向左移至使固定在工作台侧面的行程挡块与换向手柄相碰时,自右向左推动换向手柄移至虚线位置,并使换向阀中的活塞向左移至虚线位置。于是进、回油路换向,使工作台向右返回。如此反复循环,从而实现了工作台的纵向往复运动。

液压传动的优点是传动平衡、结构紧凑、操纵方便、能无级调速、并易于实现自动化。

(三)磨床工作

1. 外圆磨削

外圆磨削主要用于磨削外圆、锥面及端面等。常采用的磨削方法为纵磨法,如图 7-19a 所示。对于磨削粗短轴的外圆则常采用横磨法,如图 7-19b 所示。

2. 内圆磨削

内圆磨削用于磨削圆柱孔、圆锥孔及孔的端面。卡盘式内圆磨削如图 7-20 所示。

3. 平面磨削

平面磨削用于精加工各种零件的平面。平面磨床分为周磨和端磨两类(图 7-21)。每一类又有矩形工作台和圆形工作台两种形式。应用最广泛的是矩形工作台的周磨平面磨床。平面磨床工作台通常采用电磁吸盘来安装工作,工作方便。

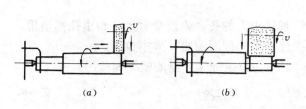

图 7-19 磨外圆
(a) 纵磨法；(b) 横磨法；

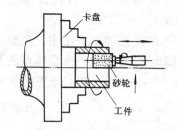

图 7-20 卡盘式内圆磨削示意图

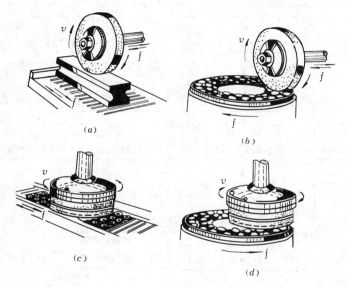

图 7-21 平面磨削
(a) 周磨矩形工作台；(b) 周磨圆形工作台；(c) 端磨矩形工作台；(d) 端磨圆形工作台

§7-3 孔 的 加 工

孔是组成零件的基本表面之一，零件上有多种多样的孔，如螺钉孔、回转体零件（套筒、法兰盘、齿轮）孔、箱体类零件上的孔、圆锥孔等。

一、孔的技术要求

（一）本身精度　孔径和长度的尺寸精度（圆度、圆柱及轴线的直线度等）。

（二）位置精度　孔与孔，或孔与外圆面的同轴度；孔与孔，或孔与其他表面之间的尺寸精度、平行度、垂直度及角度等。

（三）表面质量　如表面粗糙度、表面硬度等。

二、孔的加工方案

孔加工可以在车床、钻床、镗床、拉床或磨床上进行，大孔和孔系则常在镗床上进行。若在实体材料上加工孔，必须先采用钻孔。若是对已经铸出或锻出的孔，则可直接采用扩孔或镗孔。

至于孔的精加工，铰孔和拉孔适于未淬硬的中、小直径的孔；淬硬的孔只能用磨削、研磨、珩磨进行精加工。

在孔的光整加工方法中，珩磨多用于直径稍大的孔，研磨则对大孔和小孔都适用。

加工同样精度和表面粗糙度的孔，要比加工外圆面困难，成本也高。

表.7-8 给出了孔加工方案的框图，可以作为拟定加工方案的依据和参考。

孔加工方案框图（R_a 的单位为 μm）　　　　　　　表 7-8

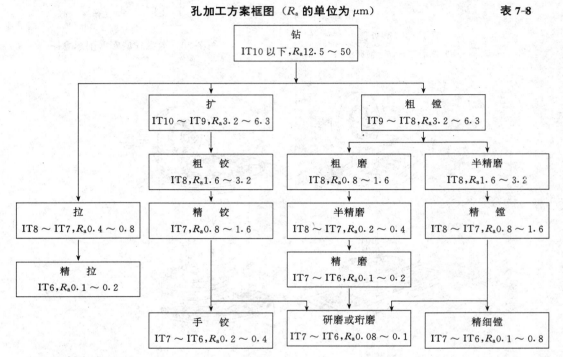

三、钻削加工

用钻头在实体材料上加工孔的工艺过程，称为钻削。钻削一般在钻床上进行。在钻床上钻孔时，钻头作旋转的主运动，同时又作轴向进给运动。钻孔的切削速度以钻头主切削刃上的最大线速度 v（m/s）来表示，进给量以钻头每转一转沿轴向移动的距离 f（mm/r）

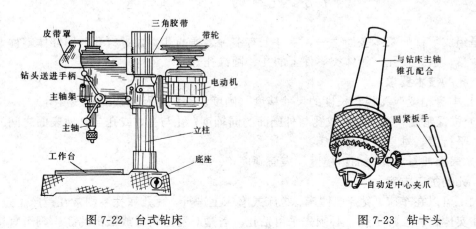

图 7-22　台式钻床　　　　　　　　　图 7-23　钻卡头

表示。

（一）钻床

钻床的种类很多，常用的有台式钻床、立式钻床和摇臂钻床三种。

1. 台式钻床（图 7-22）

台式钻床是一种放在台桌上使用的小型钻床，用来钻削直径不超过 12mm 的小孔，采用钻卡头（图 7-23）装夹钻头。

2. 立式钻床（图 7-24）

锥柄钻头可直接装夹在钻床主轴的锥孔内。主轴可自动进给。适用于钻削中、小型工件，直径较大的孔。

3. 摇臂钻床（图 7-25）

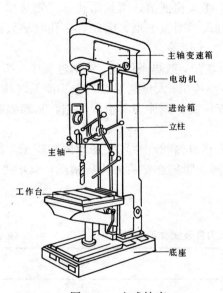

图 7-24 立式钻床

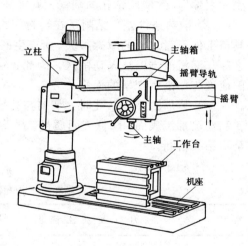

图 7-25 摇臂钻床

工件装夹在工作台上。主轴箱能沿摇臂上的导轨移动，而摇臂又能绕立柱回转和沿立柱上下移动，因此它适用于大工件及多孔工件的孔加工。

（二）钻床工作

钻床上所能完成的工作如图 7-26 所示。

在钻床上进行钻孔、扩孔和铰孔所用的刀具及操作说明见表 7-9。

（三）钻孔、扩孔和铰孔的工艺特点

钻孔、扩孔和铰孔时，刀具工作部分大都处在已加工表面的包围之中，因此，产生刀具的刚度、排屑、导向及冷却润滑等问题，其工艺特点分别叙述如下：

1. 钻孔

（1）钻头的刚性差　钻孔时极易"引偏"这是因为钻头直径受到所加工孔的限制，且钻头一般较长，同时，又要求在钻头上有尽可能大的容屑槽以利排屑，使得钻芯变细，因而刚性较差。由于钻头的刚性及导向性（钻孔时，钻头仅有两条很窄的棱边与孔壁接触）均

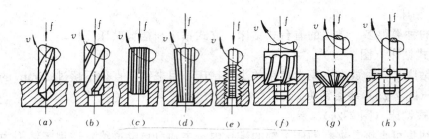

图 7-26 钻床上所能完成的工作
(a) 钻孔；(b) 扩孔；(c) 铰圆柱孔；(d) 铰圆锥孔；(e) 攻螺纹；(f) 锪圆柱孔
(g) 锪圆锥孔；(h) 刮端面

较差，两个主切削刃又很难磨得对称，径向力不能互相抵消，而且钻孔时首先与加工表面接触的是钻头具有很大负前角的横刃，使钻头进入切削很困难，因此，钻孔时钻头极易发生"引偏"，致使所钻孔的轴线歪斜或孔径扩大、不圆等。

(2) 散热条件差　钻削是在半封闭式空间内切削，散热条件差。钻削过程中，切屑、刀具与工件三者之间的摩擦很大，所产生的热量不易传出；大量高温切屑也不能及时排出，加之冷却润滑液难以注入切削区，因此，切削温度很高，致使刀具磨损加剧，从而限制了切削速度与钻削生产率的提高。

(3) 排屑困难　钻孔时，切屑与孔壁及钻头排屑槽间产生较大的摩擦和挤压，易拉毛和刮伤已加工表面，降低表面质量。严重时，切屑会阻塞在钻头的排屑槽里，卡死钻头，甚至将钻头折断。

3. 扩孔和铰孔

钻孔、扩孔和铰孔所用刀具及操作说明　　　　　　　　　　表 7-9

钻削	刀具及加工简图	简 要 说 明
钻孔	(a) 麻花钻 (b) 钻孔	1. 钻孔前，工件要划线定心并冲出小坑 2. 工件装夹：小件用虎钳装夹； 　　　　　　大件用压板螺钉装夹 3. 钻深孔时，钻头须经常退出，以利排屑与冷却，钻韧性材料需加冷却润滑液 4. 钻削孔径大于 30mm 的大孔时，则应先钻后扩、分两次钻出 5. 钻孔加工精度一般为 IT12～IT11，表面粗糙度值 $R_a = 20 \sim 10 \mu m$

钻削	刀具及加工简图	简 要 说 明
扩孔	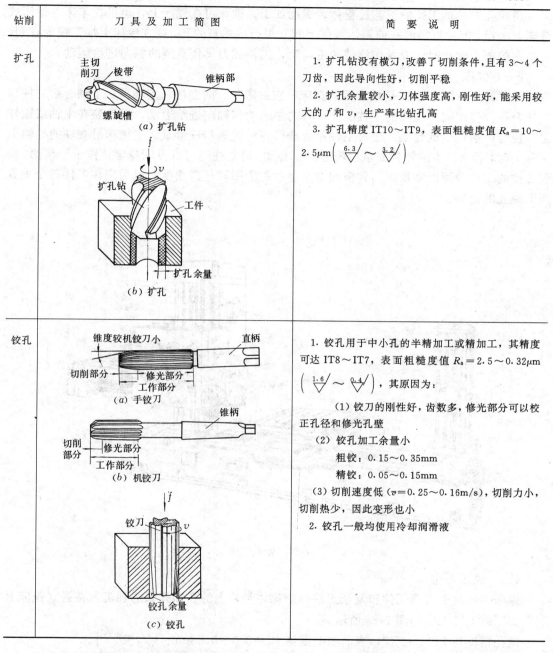 (a) 扩孔钻 (b) 扩孔	1. 扩孔钻没有横刃，改善了切削条件，且有 3～4 个刀齿，因此导向性好，切削平稳 2. 扩孔余量较小，刀体强度高，刚性好，能采用较大的 f 和 v，生产率比钻孔高 3. 扩孔精度 IT10～IT9，表面粗糙度值 $R_a=10$～$2.5\mu m$ $\left(\stackrel{6.3}{\triangledown}\sim\stackrel{3.2}{\triangledown}\right)$
铰孔	(a) 手铰刀 (b) 机铰刀 (c) 铰孔	1. 铰孔用于中小孔的半精加工或精加工，其精度可达 IT8～IT7，表面粗糙度值 $R_a=2.5$～$0.32\mu m$ $\left(\stackrel{1.6}{\triangledown}\sim\stackrel{0.4}{\triangledown}\right)$，其原因为： （1）铰刀的刚性好，齿数多，修光部分可以校正孔径和修光孔壁 （2）铰孔加工余量小 　　粗铰：0.15～0.35mm 　　精铰：0.05～0.15mm （3）切削速度低（$v=0.25$～0.16m/s），切削力小，切削热少，因此变形也小 2. 铰孔一般均使用冷却润滑液

当孔的精度要求较高和表面粗糙度值要求较小时，在钻孔之后还要进行扩孔和铰孔。扩孔钻和铰刀不存在麻花钻结构上的缺陷，并且扩孔和铰孔时是在已有的孔上加工，切削条件也有较大的改善，其工艺特点如下：

（1）切削深度小，容屑槽较浅，刀具刚性好，并且切下的切屑较窄，容易排出，不易拉伤已加工表面。

（2）刀齿较多，修光部分起导向和修光作用。

四、镗削加工

用镗孔刀具加工孔的工艺过程称为镗削加工。镗孔可在镗床上,也可在车床、钻床或铣床上进行,但大直径的孔或箱体零件上相互平行或垂直的孔,则在镗床上加工较为有利。

在镗床上镗孔时,刀具作旋转的主运动,工件或刀具作直线的纵向进给运动。

(一)镗床

卧式镗床(图7-27)是最常用的镗床。它由床身、前立柱、主轴箱、主轴、后立柱和工作台等部件组成。镗床的主轴能作旋转的主运动和轴向进给运动。刀具装在主轴或镗杆上,也可以装在平旋盘上,通过主轴箱可获得各种转速和进给量。主轴箱沿立柱的导轨上下移动时,后立柱上的镗杆支承也随之上下移动。后立柱还可以沿床身导轨作水平移动。安装工件的工作台可以实现纵向和横向进给运动并能回转任意角度,以适应在工件各个垂直面上镗孔的需要。

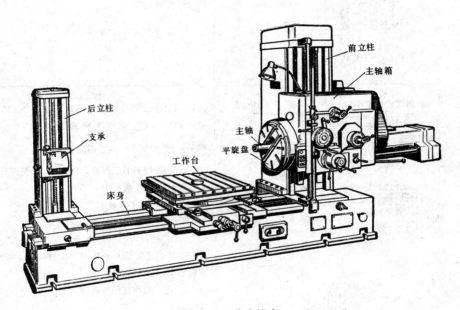

图7-27 卧式镗床

(二)镗床工作

镗床主要用于大型工件和复杂工件(如箱体类)上的孔和孔系的加工。在卧式镗床上进行加工的主要工作如图7-28所示。

镗孔精度为IT11~IT7,表面粗糙度值 $R_a = 2.5 \sim 0.63 \mu m \left(\bigtriangledown^{1.6} \sim \bigtriangledown^{0.8} \right)$。

(三)镗孔的工艺特点

镗孔所用的刀具结构简单,适应性广。镗孔的工艺特点如下:

1. 对直径大的孔,以及内成形表面、孔内环槽等,镗孔是唯一的加工方法。

2. 镗孔除了保证孔本身的精度外,还能保证孔的位置精度。

3. 镗孔可在多种机床上进行,回转体零件上的孔多在车床上加工,箱体零件上的孔多在镗床上加工。

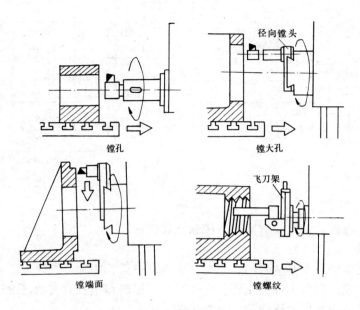

图 7-28 卧式镗床的主要工作

§7-4 平面的加工

平面是盘形和板形零件的主要表面,也是箱体类零件的主要表面之一。

一、平面的技术要求

与外圆面和孔不同,一般平面本身的尺寸精度要求不高,其主要技术要求是以下三个方面:

(一)形状精度 如平面度和直线度等。

(二)位置精度 如平面之间的尺寸精度以及平行度、垂直度等。

(三)表面质量 如表面粗糙度、表面硬度等。

二、平面的加工方案

平面可分别采用车、铣、刨、磨、拉等方法加工。要求更高的精密平面,可以用刮研、研磨等进行光整加工。回转体零件的端面,多采用车削和磨削加工;其它类型的平面,以铣削或刨削加工为主,淬硬的平面必须用磨削加工,拉削仅适于在大批大量生产中加工技术要求较高且面积不大的平面。

表 7-10 给出了平面加工方案的框图,可以作为拟定加工方案的依据和参考。

三、铣削加工

在铣床上用铣刀加工工件的工艺过程称为铣削加工。铣削时,铣刀的旋转为主运动,工件的移动为进给运动。

平面加工方框图（R_a 的单位为 μm）　　　　表 7-10

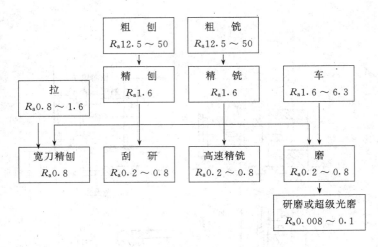

（一）铣床

铣床的种类很多，常用的有卧式铣床和立式铣床。

1. 卧式铣床（图 7-29）

卧式铣床的主轴是水平放置的。它是由床身、横梁、主轴、升降台、工作台和横向溜板等主要部件组成。安装工件的工作台可作纵向、横向和垂直方向的进给运动。工作台能在水平面内旋转一定角度的铣床称为万能铣床。

2. 立式铣床（图 7-30）

立式铣床与卧式铣床的区别在于其主轴垂直于工作台。主轴头还可以在垂直面内转动

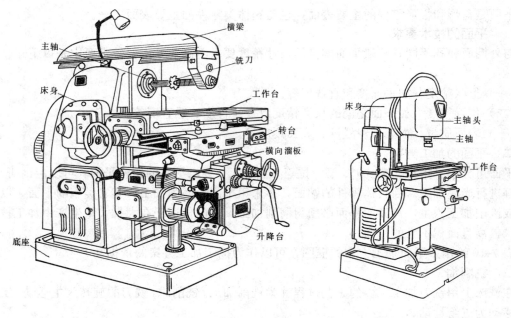

图 7-29　卧式万能铣床外形图　　　　　　图 7-30　立式铣床

一定角度,从而扩大了其工作范围。

(二)铣削方式

铣削是一种高生产率的平面加工方法,而铣平面又是铣削加工的主要工作之一。铣削平面的方式有周铣法和端铣法两种(图7-31)。

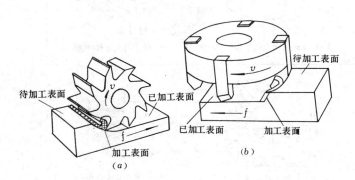

图 7-31 铣削
(a) 周铣法;(b) 端铣法

1. 周铣法

用铣刀圆周上的切削刃来铣削工件表面的方法称为周铣法。根据铣刀旋转方向与工件移动方向间的关系,周铣法又可分为逆铣法和顺铣法。在切削部位铣刀的旋转方向和工件的进给方向相反为逆铣法,反之则为顺铣法(图7-32)。目前生产中大都采用逆铣法。

2. 端铣法

用端铣刀的端面齿来铣削平面的方法称为端铣法(也称立铣)。端铣同时参加切削的刀齿多,切削力变化小,切削平稳。端铣刀的装夹刚性大,振动小,可镶硬质合金刀片,采用高速铣削。因此端铣加工质量好,生产率高,是平面加工的主要方式。

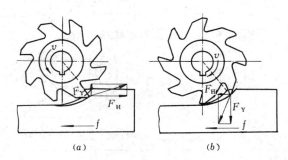

图 7-32 逆铣和顺铣
(a) 逆铣;(b) 顺铣

(三)铣床工作

在铣床上可以进行铣削平面、斜面、沟槽、齿轮、齿条及其他成形表面等。铣削加工精度一般可达 IT9~IT8,表面粗糙度值 $R_a = 10 \sim 1.25 \mu m \left(\overset{6.3}{\triangledown} \sim \overset{1.6}{\triangledown} \right)$。

1. 铣床上常用的几种加工方法见表 7-11。

2. 分度头

分度头是铣床的主要附件,它的作用是夹持工件和分度。铣削多边形、花键、齿轮等工件时都要用到分度头。

常用铣削加工方法　　　表 7-11

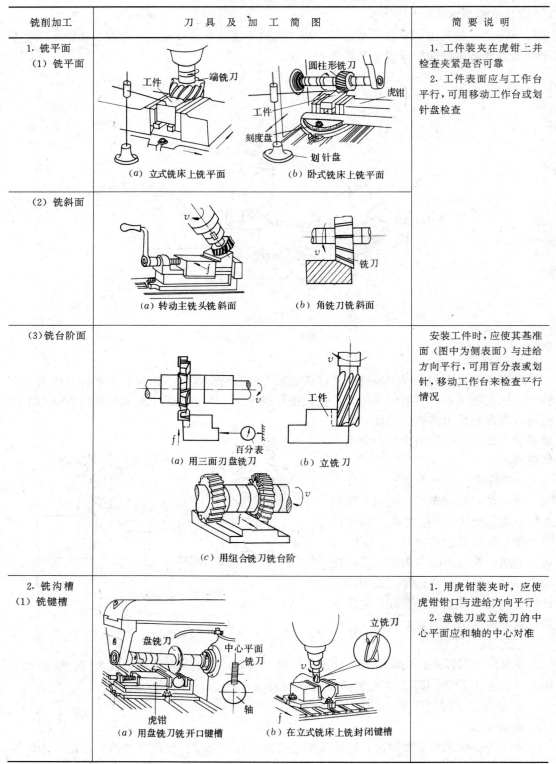

铣削加工	刀具及加工简图	简要说明
1. 铣平面 （1）铣平面	(a) 立式铣床上铣平面　(b) 卧式铣床上铣平面	1. 工件装夹在虎钳上并检查夹紧是否可靠 2. 工件表面应与工作台平行，可用移动工作台或划针盘检查
（2）铣斜面	(a) 转动主铣头铣斜面　(b) 角铣刀铣斜面	
（3）铣台阶面	(a) 用三面刃盘铣刀　(b) 立铣刀 (c) 用组合铣刀铣台阶	安装工件时，应使其基准面（图中为侧表面）与进给方向平行，可用百分表或划针，移动工作台来检查平行情况
2. 铣沟槽 （1）铣键槽	(a) 用盘铣刀铣开口键槽　(b) 在立式铣床上铣封闭键槽	1. 用虎钳装夹时，应使虎钳钳口与进给方向平行 2. 盘铣刀或立铣刀的中心平面应和轴的中心对准

续表

铣削加工	刀具及加工简图	简要说明
(2) 铣沟槽	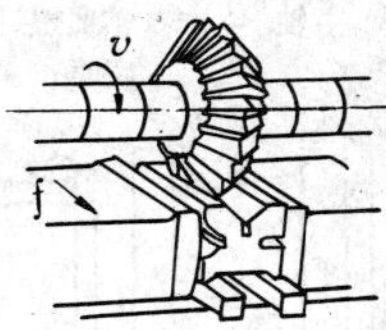 (a) 铣V形槽 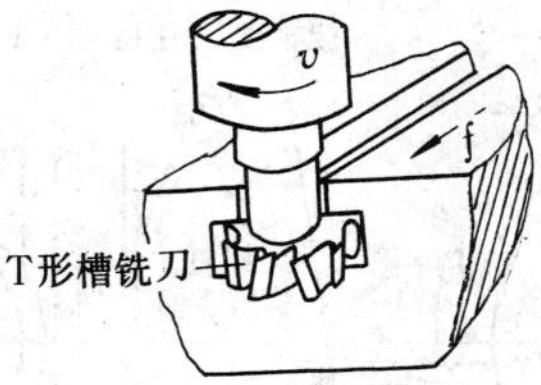　　(b) 铣T形槽	1. 用虎钳装夹时，应使虎钳钳口与进给方向平行 2. 盘铣刀或立铣刀的中心平面应和轴的中心对准
3. 铣齿轮	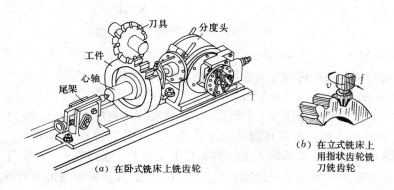 (a) 在卧式铣床上铣齿轮　　(b) 在立式铣床上用指状齿轮铣刀铣齿轮 铣削齿轮说明 1. 在铣床上用模数盘状（或指状）齿轮铣刀可铣削直齿和斜齿圆柱齿轮和直齿圆锥齿轮 2. 工件装在心轴上，心轴安装在分度头上 3. 铣齿一般分粗铣与精铣两次铣出 4. 成形法铣齿精度与生产率低，用于单件生产与修配中 5. 齿轮 m>20 时，常采用指状齿轮铣刀 6. 齿轮铣刀是根据被加工齿轮的模数和齿数来选择的，每把铣刀只适用于加工一定齿数范围的齿轮。铣刀号数与被加工齿轮齿数间的关系见下表	

铣刀号数	1	2	3	4	5	6	7	8
能铣制的齿数范围	12~13	14~16	17~20	21~25	26~34	35~54	55~134	135以上

分度头的外形结构如图 7-33 所示。它由底座、回转体、主轴等组成。主轴可随同回转体在 0°～90°范围内旋转任意角度，其前端锥孔内可装顶尖，外部有螺纹用以装卡盘或拨盘。回转体的侧面有分度盘。它两面都有许多圈数目不等的等分小孔。底座用以将分度头固定在工作台上。

四、刨削加工

在刨床上用刨刀加工工件的工艺过程称为刨削加工。

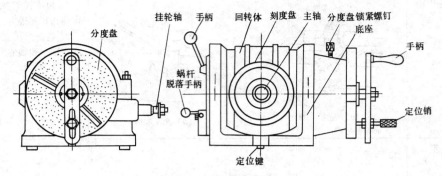

图 7-33 FW125型万能分度头

(一) 刨床

常用的刨床类机床有牛头刨床、龙门刨床和插床。

1. 牛头刨床

牛头刨床适用于加工中、小型工件,工件长度不超过900mm。B665型牛头刨床的外形如图7-34所示。刨刀安装在滑枕前端的刀架上(图7-35),连同滑枕一起在床身的水平导轨上作纵向的直线往复运动。工件装夹在工作台上,通过棘轮机构,工作台可沿着横梁导轨作水平方向的间歇性送进运动。横梁则可带动工作台沿床身的垂直导轨作升降运动,用以调整工作台的高度。

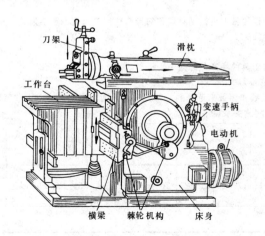

图 7-34 牛头刨床外形图

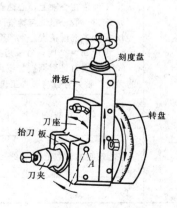

图 7-35 刀架

牛头刨床的传动系统如图7-36a所示。电动机经变速齿轮使摇杆齿轮转动,摇杆齿轮(图b)上的滑块就带动摇杆绕O点左右摆动,从而使滑枕在床身的水平导轨上作直线往复运动。

2. 龙门刨床和插床

(1) 龙门刨床(图7-37)主要用于大型工件及大、中型工件的多件同时加工。加二时,

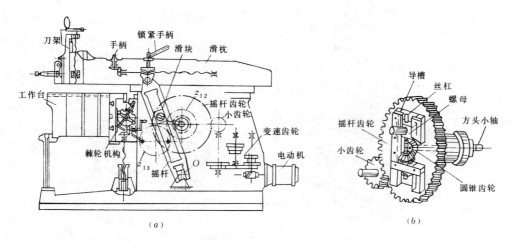

图 7-36 牛头刨床传动示意图
(a) 传动系统；(b) 另一种摇杆齿轮示意

工件安装在工作台上，工作台沿床身导轨作往复直线运动。刀具则根据加工要求，安装在垂直刀架与侧刀架上，分别沿横梁和立柱作间歇进给运动。横梁可以沿着两个立柱垂直升降，以适应不同高度工件的加工。龙门刨床工作台的往复运动均采用直流电动机驱动，或者采用液压传动，可以无级变速，并且运动平稳，操作方便。

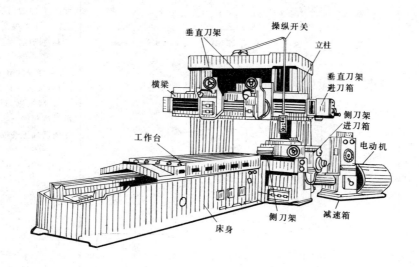

图 7-37 双柱龙门刨床外形

(2) 插床 (图 7-38) 插床又称立式刨床，主要用于单件、小批生产中插削内键槽（图 7-38b) 和多边形孔等。加工时插刀安装在滑枕的刀架上，由滑枕带动作直线往复运动（主运动)；工件安装在工作台上，可作纵向、横向和圆周向的进给运动。

(二) 刨床刨削工作

在刨床上可以加工水平面、垂直面、斜面和直槽。刨削的操作方法见表 7-12。

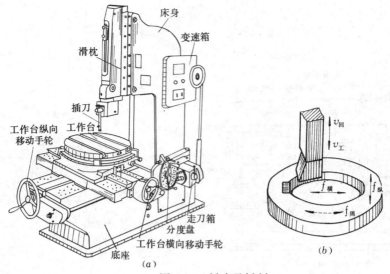

图 7-38 插床及插削

刨削的操作方法　　　　　　　　　　表 7-12

刨削加工	刀具及加工简图	简要说明
刨水平面	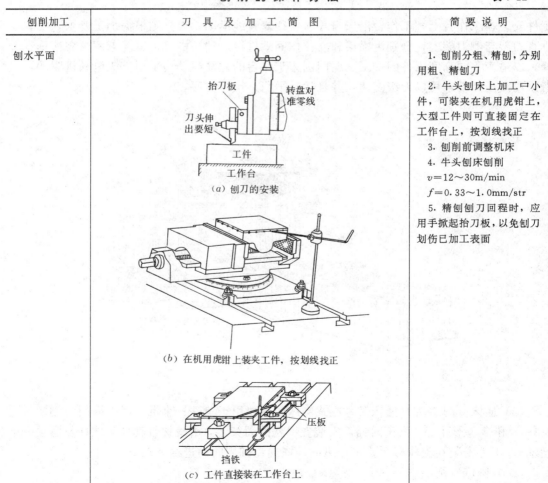 (a) 刨刀的安装 (b) 在机用虎钳上装夹工件，按划线找正 (c) 工件直接装在工作台上	1. 刨削分粗、精刨，分别用粗、精刨刀 2. 牛头刨床上加工口小件，可装夹在机用虎钳上，大型工件则可直接固定在工作台上，按划线找正 3. 刨削前调整机床 4. 牛头刨床刨削 $v=12\sim30$m/min $f=0.33\sim1.0$mm/str 5. 精刨刨刀回程时，应用手掀起抬刀板，以免刨刀划伤已加工表面

铣削加工	刀具及加工简图	简要说明
刨垂直面与刨斜面	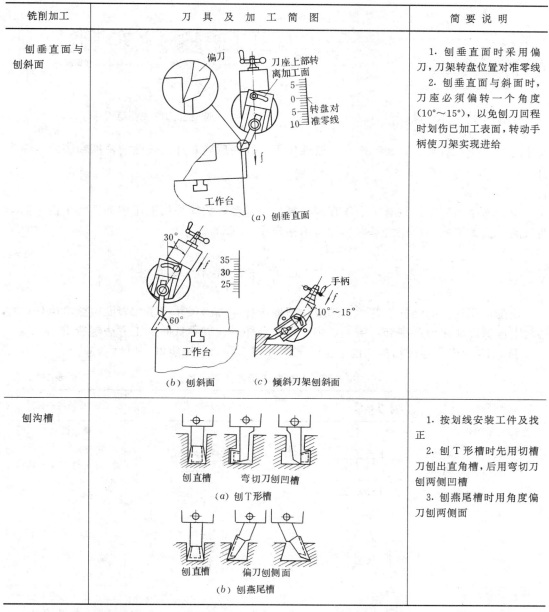 (a) 刨垂直面 (b) 刨斜面 (c) 倾斜刀架刨斜面	1. 刨垂直面时采用偏刀,刀架转盘位置对准零线 2. 刨垂直面与斜面时,刀座必须偏转一个角度(10°~15°),以免刨刀回程时划伤已加工表面,转动手柄使刀架实现进给
刨沟槽	(a) 刨T形槽 刨直槽 弯切刀刨凹槽 (b) 刨燕尾槽 刨直槽 偏刀刨侧面	1. 按划线安装工件及找正 2. 刨T形槽时先用切槽刀刨出直角槽,后用弯切刀刨两侧凹槽 3. 刨燕尾槽时用角度偏刀刨两侧面

五、拉削加工简介

在拉床上用拉刀加工工件的工艺过程称为拉削。拉削时只有一个主运动(图7-39)即拉刀的直线运动。而进给运动是由拉刀后一齿较前一齿递增 a_f 的高度来完成的。

(一)拉刀

拉刀是一种多刃刀具,其组成如图7-40所示。拉刀的特点如下:

1. 切削齿与被加工面的横截面形状相同,拉刀实质上是成形刀具。
2. 切削齿的高度逐齿递增 a_f,即为每齿进给量。切削齿担负切去全部加工余量的工作。
3. 拉刀的最后几个齿是修光齿,刀齿齿高相等,其形状和尺寸同被加工面的最后形状

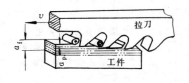

图 7-39 拉削过程

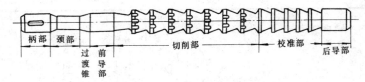

图 7-40 圆孔拉刀的主要组成部分

尺寸完全一样,对加工表面起修光、校准作用,并最后确定加工表面的精度和表面粗糙度值。

(二)拉床

拉床的结构简单,只有一个作直线往复的主运动,故均采用液压传动。整个机床的刚性很高,拉力平稳。拉床的基本参数是用额定拉力(t_f)表示。

§7-5 切削加工零件的结构工艺性

切削加工零件的结构工艺性,除应合理地选择零件的尺寸精度和表面粗糙度值外,在结构上应保证能用生产率高、劳动量小、材料消耗少、成本低的加工方法制造出来。

表 7-13 给出了零件结构切削加工工艺性好与不好的对比实例,以供参考。

零件结构切削加工工艺性对比　　　　表 7-13

设计准则	工艺性较差的结构	改进后的结构	改进后结构的优点
被加工面的尺寸应尽量小			1. 降低机械加工劳动量 2. 减少材料和刀具消耗
被加工面应位于同一水平面上			1. 有可能用高生产率方法(端铣、平面磨、拉削等)一次加工 2. 有可能同时加工几个零件 3. 使测量检验简化
尽量简化零件的形状并避免内表面加工			把阶梯孔改成简单的孔,降低切削加工劳动量

续表

设计准则	工艺性较差的结构	改进后的结构	改进后结构的优点
被加工面的结构刚性要好,必要时可增加加强筋	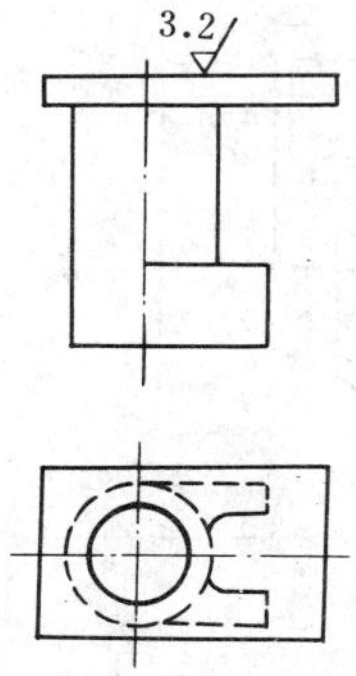	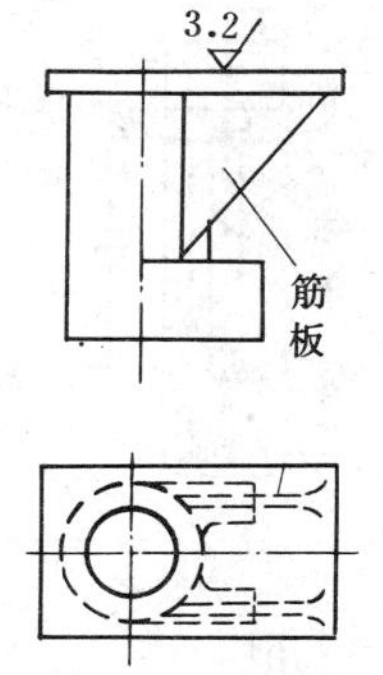	1. 可以提高切削用量 2. 可以提高加工精度和降低表面粗糙度值
槽的形状和尺寸应与立铣刀相适应	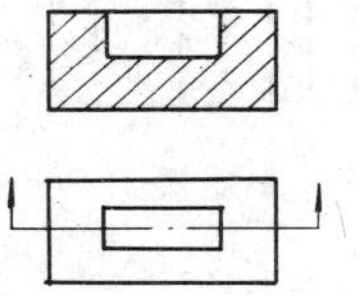	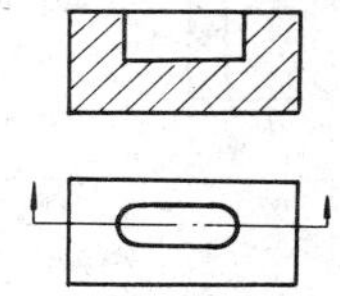	1. 便于加工,降低加工劳动量 2. 能采用标准刀具
不通孔或阶梯孔的孔底应与钻头的形状尺寸相符	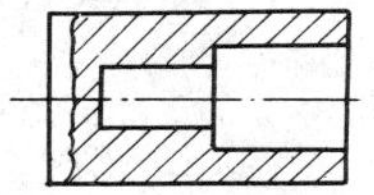	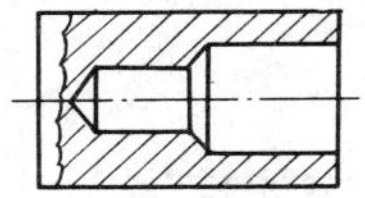	便于用标准钻头加工,可提高生产率
应避免不通的花键孔	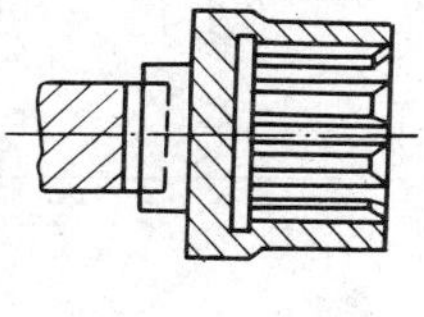	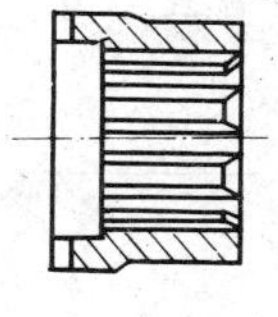	能用拉削加工法,以提高生产率及质量
孔的轴线应避免设置在倾斜方向	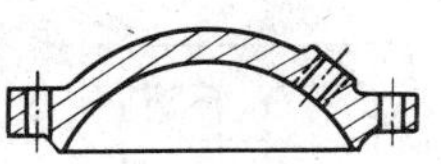	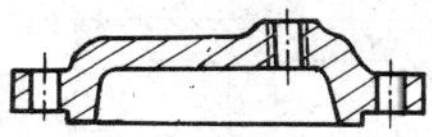	1. 简化夹具结构 2. 降低劳动量
钻头钻入和钻出表面应与钻头轴线垂直	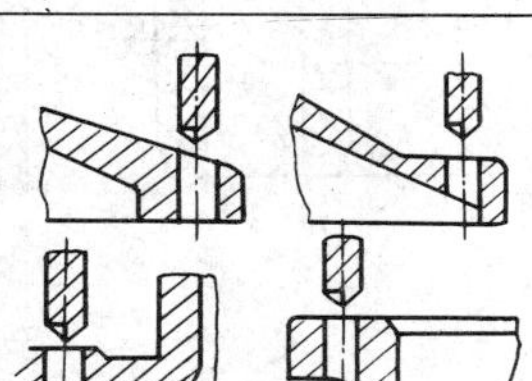	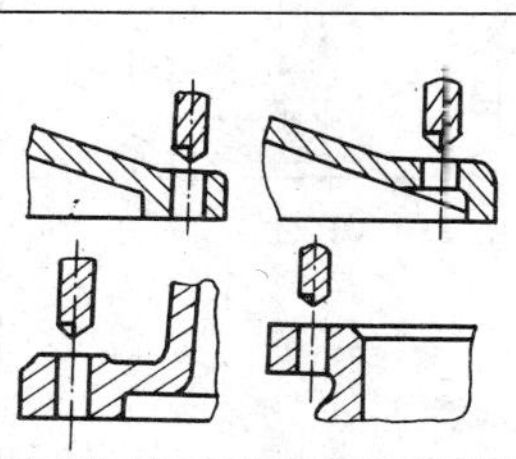	1. 防止刀具损坏 2. 提高钻孔精度 3. 提高生产率

续表

设计准则	工艺性较差的结构	改进后的结构	改进后结构的优点
孔的位置应使标准长度的钻头可以工作	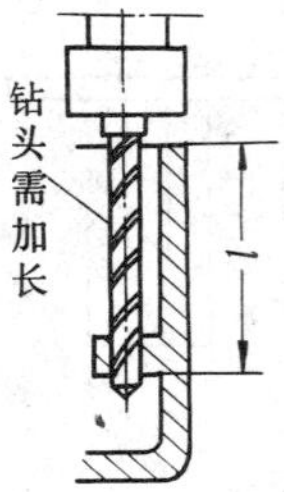 钻头需加长 $S > \dfrac{D}{2} + (2\sim5)$	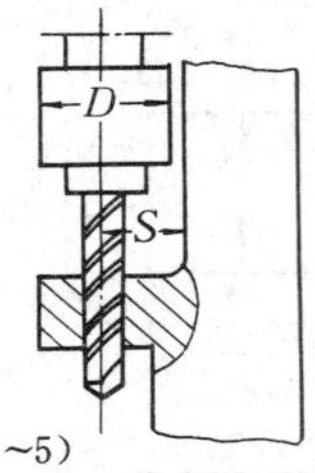	1. 能采用标准钻头并使其得到充分利用 2. 提高加工精度
孔中的槽需有退刀位置，以便用插刀加工	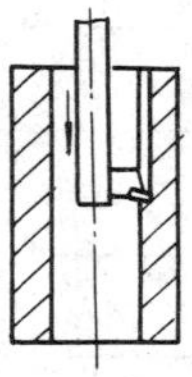	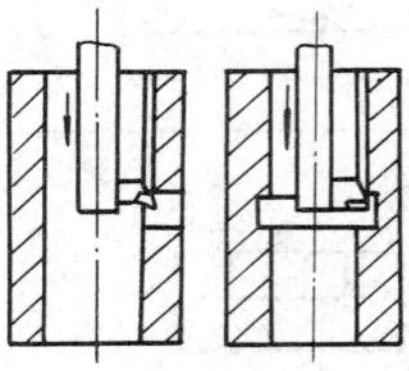	1. 避免损坏插刀 2. 保证槽的根部质量
不通的螺孔应具有退刀槽或螺纹尾扣（见图中的 f），最好改成通孔	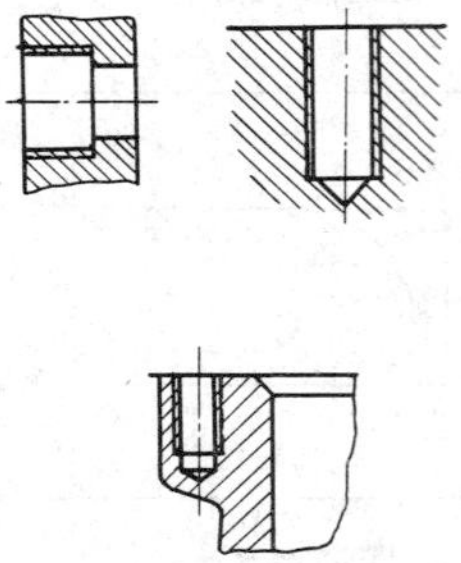	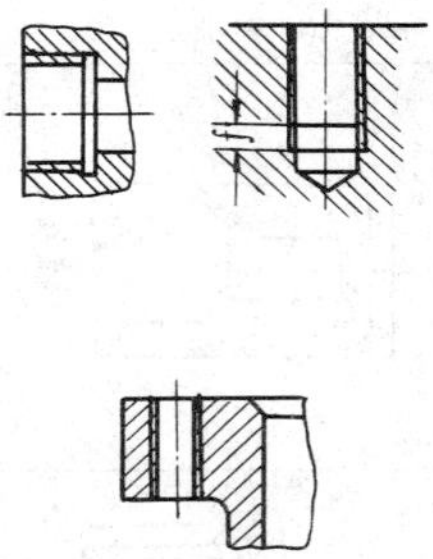	1. 改善螺纹质量 2. 改善刀具工作条件 3. 降低劳动量
箱体的同轴孔应是通孔、无台阶、孔径应向一个方向递减或从两边向中间递减、端面在同一平面上	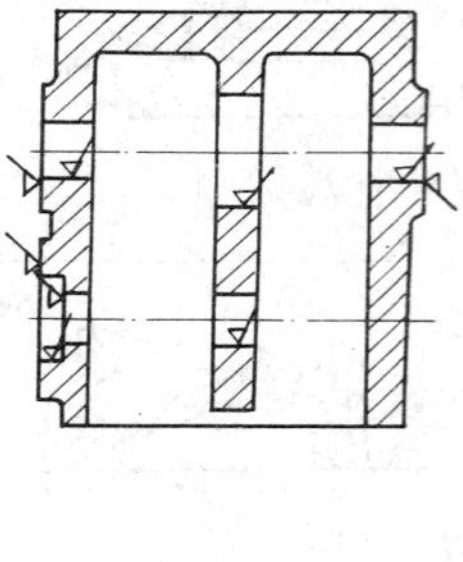	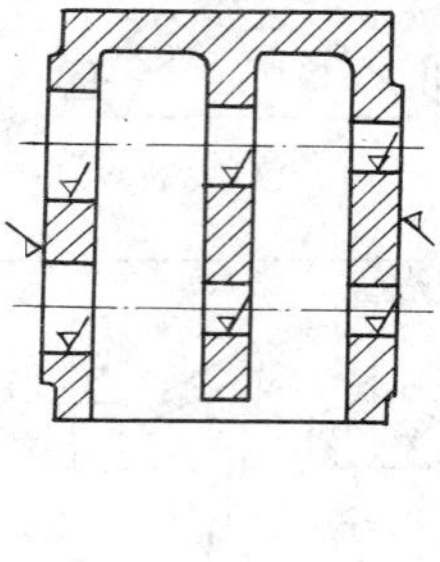	1. 通孔：镗杆可以在两端支承、刚性好 2. 无台阶、顺次缩小孔径：可在工件的一次安装中同时或依次加工全部同轴孔 3. 端面平齐：在一次调整中加工出全部端面

续表

设计准则	工艺性较差的结构	改进后的结构	改进后结构的优点
台阶轴的圆角半径、沉割槽和键槽的宽度以及圆锥面的锥度尽量统一			1. 可用同一把刀具加工 2. 减少调整时间
复杂的内孔面可以采用组合件			1. 简化内部复杂面的加工,减少劳动量 2. 刀具结构简化、刀具尺寸减小 3. 加工质量易于保证
合理地分拆和合并零件			选用型钢(无缝钢管)作为毛坯,外缘焊上套环,可减少加工量

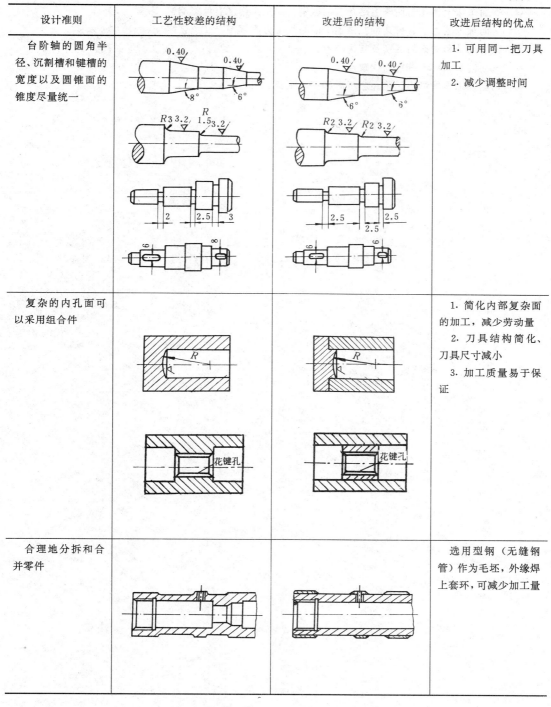

习 题

7-1 外圆面的加工方法有哪些?试述外圆面的加工方案框图。

7-2 车床上安装工件有哪些方法?分别用在什么场合?

7-3　内孔可以用什么方法加工？试述内孔的加工方案框图。
7-4　普通车床上钻孔与钻床上钻孔有何区别？对加工精度有何影响？
7-5　平面加工的方法有哪几种？试述平面的加工方案框图。
7-6　试述周铣和端铣的区别及其优缺点。
7-7　试述刨削相对于铣削的优缺点。
7-8　切削加工零件结构工艺性应考虑哪些原则？

第八章 板金加工

用手工或机械的方法,把金属薄板、型材和管材制成具有一定形状、尺寸和精度的零件的操作称作板金加工。在通风、空调管道及其部件制作方面应用较为广泛。

§8-1 概　　述

板金件大多由金属薄板和管件制成。由于它具有质量轻、强度和刚度较高,形状可以任意复杂,材料消耗少,不再需要机械加工,表面光洁等特点,因此在日常生活和工业生产当中得到广泛应用,如桶、盆、通风管道、物料输送管道、汽车覆盖件加工等,此外,还可应用于汽车外壳修复等工作当中。

金属薄板加工,通常系指剪切、弯曲、压延、翻边成形等方法。一般来说,凡用模具完成各种变形工序的称作板料冲压工艺,而用手工或机械将板料成形的工艺称作板金加工。

§8-2 板金件常用材料

板金件主要由金属薄板制作,有些板金件如通风管道和物料输送管道还需要钢管和型(钢)材作为辅助材料。

一、金属薄板

用热轧和冷轧方法生产厚度在4mm以下的钢板,称为薄钢板。板金件大多使用厚度在2mm以下的薄板,宽度由500至1500mm,长度由1000至4000mm。通常使用的有普通薄钢板、镀锌钢板、铝板、不锈钢板和塑料复合钢板等。

1. 普通薄钢板

普通薄钢板,由碳素结构钢(如Q235A)和优质碳素结构钢(如08、10、15等)经过热轧或冷轧的方法获得。

2. 镀锌薄钢板

镀锌薄钢板是用普通钢板表面镀锌制成的,又称"白铁皮"。其表面锌层起防腐作用,故一般不刷油防腐。

3. 铝合金板

铝合金板是以铝为主,加入一种或几种其它元素(如铜、镁、锰等)制成铝合金。纯铝强度低,用途受到限制,而铝合金有足够的强度,比重轻,塑性及耐腐蚀性好,易加工成型,此外铝在摩擦时不易产生火花,常用于通风工程中的防爆系统。铝合金板牌号有防锈铝LF5,硬铝LY12等。

4. 不锈钢板

不锈钢板在空气、酸及碱性溶液或其它介质中有较高的化学稳定性。在高温下具有耐酸耐腐蚀能力，多用于化学工业输送含有腐蚀性气体的通风系统中。不锈钢板牌号有 0Cr13A1、1Gr17 等。

5. 塑料复合钢板

塑料复合钢板是在普通薄钢板上喷一层 0.2 至 0.4mm 厚的塑料层。这种复合板具有强度高，又有耐腐蚀性能，常用于防尘要求较高的空调系统和温度在 -10° 至 70℃ 下的耐腐蚀系统的风管。

二、钢管

钢管分无缝钢管和有缝钢管两种。

（一）无缝钢管

无缝钢管分热轧管、冷拔管、挤压管等。按断面形状分圆形和异形两种，异型钢管有方形、椭圆形、三角形、星形等。根据用途不同，有厚壁和薄壁管，板金件多采用薄壁管。

（二）有缝钢管

有缝钢管又称焊接钢管，用钢带焊成，有镀锌与不镀锌两种，前者称为白铁管，后者称为黑铁管。

钢管的规格在公制中用外径和壁厚表示，在英制中以内径（英寸）表示。

钢管的尺寸标记方法是：外径×壁厚×长度，如管 D60×10×6000。

§8-3 板金加工工艺

板金加工工艺基本上可分为：划线、剪切、折方、卷圆（滚弯）、弯曲、咬口或焊接、法兰制作及上法兰等工序。本节主要介绍划线、滚弯、折方、咬口、弯管等工序。

一、划线

板金件大都由平整的金属板材制成，因此必须把板金件的实际表面尺寸，在金属板材上划成平面图形，这种方法称展开划线。

根据组成零件表面的展开性质，分可展表面和不可展表面两种。

零件的表面能全部平整地摊平在一个平面上，而不发生撕裂或皱折，这种表面称为可展表面。平面、柱面和锥面属可展表面。

如果零件的表面不能自然平整地展开摊平在一个平面上，则称为不可展表面，如圆球、圆环的表面和螺旋面等都是不可展表面，它们只能作近似的展开。

下面以通风管件制作为例说明展开方法。

（一）平行线法

凡是所制的通风管件是由平行线构成的（如圆柱形），就可以用平行线法展开。

圆弯头平行线划法步骤如下（图 8-1）：

1. 划出平面图和立面图，分别表示出周长和高。

2. 将周长分为若干等分，所分等分根据周长大小来决定，等分愈多，误差愈小。

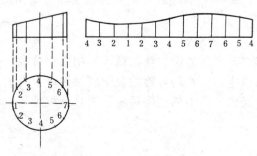

图 8-1 圆弯头的端节展开图

将这些分点投影到立面图上，示出其位置和高度。

3. 再将周长展开，示出各分点，由各分点引垂线，并根据立面图所示高度来截取垂线，连接各截点即构成展开图。

（二）放射线法

凡管件表面，是由交于一点的斜线所构成（如圆锥形），都可用放射线法进行展开。

斜口圆锥放射线法展开步骤如图 8-2。

（三）三角形法

三角形法是把管件表面分为一组或多组的三角形，利用直角三角形求实长的方法来展开。因直角三角形的斜边在平面图中等于底长，而在立面图中等于直角三角形的高，故可在平面图和立面图中求出底长和高，根据直角三角形的原理，斜边即可求出。

图 8-3 为正心天圆地方的展开图。

各种管件的展开，在风管和管件加工中再作介绍。

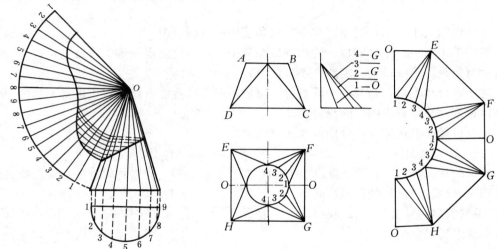

图 8-2　斜口圆锥展开图　　　　图 8-3　正心天圆地方展开图

二、金属薄板的连接

用金属薄板制作的通风管道及部件，可用咬口连接、铆钉连接、焊接等方法进行连接。本节主要介绍咬口连接。

将两块板料的边缘（或一块料的两边）折转咬合并彼此压紧，这种连接方法称作咬口（咬缝）。

（一）咬口的种类和应用

1. 咬口的种类

根据接头构造，常用咬口类型分为单平咬口、立咬口、转角咬口、联合角咬口和按扣式咬口等，如图 8-4 所示。

2. 咬口的应用

各种咬口主要应用在以下几个方面：

（1）单平咬口　用于板材的拼接缝、风管或部件的纵向闭合缝。

（2）单立咬口　用于圆形弯头、来回弯及风管的横向缝。

(3) 转角咬口、联合角咬口、按扣式咬口　用于矩形风管或部件的纵向闭合缝及矩形弯头、三通的转角缝。

（二）咬口宽度和留量

咬口宽度依所制管件的板厚而定，见表 8-1。

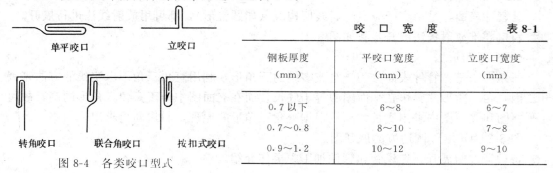

图 8-4　各类咬口型式

咬 口 宽 度　　　表 8-1

钢板厚度 (mm)	平咬口宽度 (mm)	立咬口宽度 (mm)
0.7 以下	6～8	6～7
0.7～0.8	8～10	7～8
0.9～1.2	10～12	9～10

咬口留量大小与咬口宽度、重迭层数和使用的机械有关。

对于单平咬口、单立咬口、转角咬口在其中一块板材上留量等于咬口宽，而在另一块板材上留量是两倍咬口宽，因此，咬口留量就等于三倍的咬口宽度。

对于联合角咬口，在其中一块板材上留量等于咬口宽度，而另一块板材上留量则是三倍咬口宽度，总留量为四倍的咬口宽度。

咬口留量应根据需要，分别留在板材两边。

（三）咬口的加工

咬口的加工过程，主要是折边（打咬口）、咬合压实等。折边的质量应能保证咬口的严密及牢固，故要求折边宽度一致，既平又直，否则咬口时就合不上，或咬口压实时出现张裂现象。

咬口可用手工或机械进行。

1. 手工咬口

手工咬口工艺过程如下：

(1) 单平咬口的加工（图 8-5）将预先划出扣缝弯折线的板材放在槽钢上，使扣缝的弯折线对准槽钢的边缘，

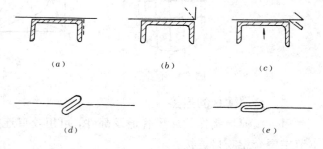

图 8-5　单平咬口加工步骤示意图

用手锤将伸出部分弯折成 90°（图 8-5a 中的虚线）；朝上翻转板料，并把弯折边向里弯（图 8-5b 中的虚线）；再向下折弯，不要扣死，留出适当间隙（图 8-5c）。用同样的方法弯齐另一块板料的边缘，然后将这两块板料相互扣上（图 8-5d）；锤击压合，并将扣缝的边部敲凹，以防松脱，最后压紧即成（图 8-5e）。

(2) 转角咬口与联合角咬口的加工过程分别如图 8-6、图 8-7 所示。

手工咬口劳动强度大，生产率低，质量不易保证，对工人技术水平要求较高，随着生产发展，出现了各种类型的咬口机械。

2. 机械咬口

(1) 咬口机械　有直线型咬口机及弯头咬口机，它们可以完成方形、矩形、圆形管及

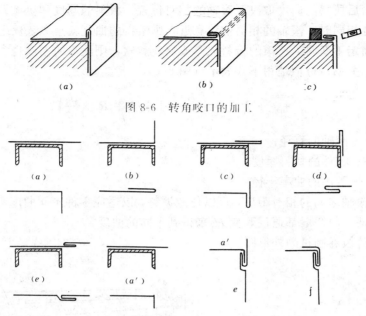

图 8-6 转角咬口的加工

图 8-7 联合角咬口的加工

弯头、三通、变径管的咬口成形,而且咬口形状准确,表面平整,尺寸一致,生产率高,在空调、通风管道加工中,获得广泛应用。

(2) 咬口成形过程 机械咬口是使板料通过多对槽形不同的旋转辊轮,使板边的弯曲由小到大,循序渐变,逐步成形。板材单平咬口的轧制过程如图 8-8 所示。

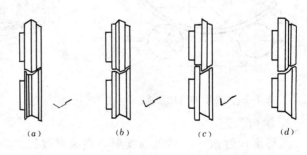

图 8-8 单平咬口的轧制过程

三、板材的滚弯和折方

由板材制作圆形风管时,需要把板材卷圆(滚弯)。制作矩形风管时,需要把板材折方。

(一) 板材的滚弯

通过旋转的滚轴,使板料弯曲的方法称为滚弯,又称卷圆。

1. 基本原理

滚弯的基本原理如图 8-9 所示。板料放在下滚轴上,上、下滚轴间的距离可以调整。当其距离小于板料厚度时,板料便产生弯曲,即所谓压弯。如果连续不断地滚压,板料在所滚到的范围内便形成圆滑的曲度(但板料的两端由于滚不到,仍是直的,在形成零件时,必须设法消除)。所以滚弯的实质,就是连续不断的压弯。即通过旋转的滚轴,使板料在滚轴和摩擦

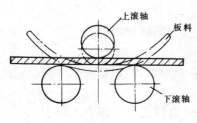

图 8-9 滚弯原理

力的作用下,自动向前推进并产生弯曲。

板料经滚弯后所得的曲度取决于滚轴的相对位置、板料的厚度和机械性能。如所滚的板料材质和厚度相同时,滚轴的相对位置愈近,则滚得的曲度就愈大,反之则愈小;若滚轴的相对位置固定不变时,所滚的板料愈厚或材料愈软,则滚得的曲度也愈大,反之则愈小。它们之间的关系可近似地用下式表示(图8-10)。

$$\left(\frac{d_2}{2}+t+R\right)^2=\left(\frac{B}{2}\right)^2+\left(H+R-\frac{d_1}{2}\right)^2$$

式中 d_1、d_2——滚轴的直径;
t——零件的材料厚度;
R——零件的曲率半径。

H 和 B 是滚轴之间的相对距离,可以任意调整,以适应零件不同曲度需要。由于改变 H 比改变 B 方便,故一般都通过改变 H 来得到不同的曲度。

图8-11为薄板卷圆机的外形图。

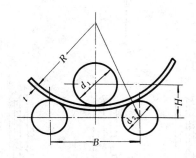

图8-10 决定曲度的参数

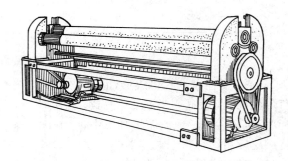

图8-11 薄板卷圆机

2. 滚弯工艺

圆形通风管道一般是等曲度形,在滚弯过程中,只要保持上滚轴不上下滚动,三根滚轴相互平行即可。当然,达到所要求的曲度需经过几次由小到大地试滚,才能最后确定。但是板料送进时一定要放正,否则滚出的零件将是扭曲的。

滚弯的最大优点是设备通用性大,一种型号的滚床可滚制若干不同曲度要求的圆管。而型材的滚弯,只需制造相应形状、尺寸的滚轮即可。

(二)板材的折方

矩形风管周长较小时,需设置一个或两个角咬口时,板材就需折方。折方可用手工或机械进行。折方机械又称折板机,它是依靠机械压力将板料在上下模间折弯成所需的形状。

四、风管及管件的加工及连接

制作风管的材料通常为普通薄钢板、镀锌钢板、铝板、不锈钢板等。

(一)圆形风管的加工

圆形风管展开比较简单,可直接在板料上划出,根据板厚留出咬口留量 M 和法兰翻边量(一般为10mm),如图8-12所示。

展开好的板料,可用手工或机械进行剪切、咬口、合缝等工序,即成风管。

(二)矩形风管的加工

矩形风管的展开方法与圆形风管相同，划线时应注意咬口留量，矩形的四边应严格角方，否则风管制成后，会产生扭曲、翘角现象。

矩形风管的展开如图 8-13 所示。

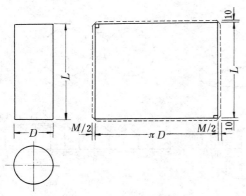

图 8-12　圆形风管展开

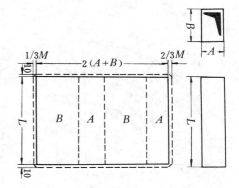

图 8-13　矩形风管的展开

（三）风管的加固

管径较大的风管，为了保证风管断面不变形，就需要加固。

对于圆形风管，由于本身刚度比矩形要强，加上两端法兰起着一定的加固作用，一般不作加固处理。只有在直径超过 700mm 时，每隔 1.5m 加设一个扁铁加固圈，并用铆钉固定在通风管上。

矩形风管加固如图 8-14 所示。

加固框可用扁钢或角钢制作，并在风管外部用铆钉固定，铆钉间距为 150~200mm，其个数不得少于 4 个。

有风口的管节，在有风口的面上可不做凸棱加固。

用软木保温时，风管一般不做凸棱加固。

（四）弯头的加工

弯头是用来改变通风管道方向的配件。根据其断面形状可分为圆形弯头、矩形弯头。

1. 圆形弯头

圆形弯头可按需要的中心角，由若干个带有双斜口的管节和两个带有单斜口的管节组对而成。

带有双斜口的管节叫"中节"，设在弯头两端带有单斜口的管节叫"端节"，端节为中节的一半。90°弯头由三个中节及两个端节组成。

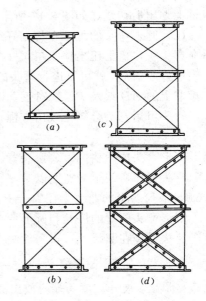

图 8-14　矩形风管加固

90°圆形弯头的加工过程如下：

（1）圆形弯头的展开　根据已知弯头直径 D、角度及确定的曲率半径 R 和节数，划出侧面图（图 8-15）。具体作法是：先划一个 90°直角，以交点 O 为圆心，以 R 为半径，引出弯头的轴线，取轴线和直角边的交点 E 为中点，以已知弯头直径 D 截取 A 和 B 两点，以 O

为圆心,经点 A 和 B 引出弯头的外弧和内弧。再将 90°圆弧等分,两端的两节就为端节,中间的六节就拼成三个中节。然后再划出各节的外圆切线。切线 AD 为端节的"背高",BC 为端节的"里高",由 ABCD 所构成的半个梯形,就为端节。

端节可用平行线法进行展开(图 8-16)。

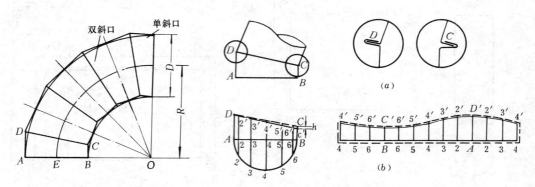

图 8-15　圆形弯头的侧面图　　图 8-16　弯头端节的展开

弯头的咬口,要求咬得严密一致,但当直径较小时,弯头的曲率半径也较小,实际操作时,由于弯头里的咬口不易打合得象弯头背处紧密,经常出现如图 8-16a 的情况,弯头组合后,造成不够 90°,所以在划线时,把弯头的"里高"BC 减去 h 距离,以 BC′ 进行展开(图 8-16b)。h 一般为 2mm 左右。

展开好的端节,应放出咬口留量,然后用剪好的端节或中节做样板,按需要的数量在板材上划出剪切线,如图 8-17 所示,并划出 AD 和 BC′ 线,以便组对装配使用。

(2) 圆形弯头的加工　将划好线的板材剪开,合好纵咬口,加工成带斜口的短管。然后在弯头咬口机上压出横咬口,并注意把各节的纵向咬口错开。

压好咬口后,就可以进行弯头的组对装配。装配时,应把短节上的 AD 线及 BC′ 线与另一短节上的 AD 线及 BC′ 线对正,以防止弯头发生歪扭。

弯头可用弯头合缝机或用方锤在工作台上进行合缝。

2. 矩形弯头

矩形弯头由两块侧壁、弯头背、弯头里四部分组成,如图 8-18 所示。

弯头背和弯头里的宽度以 A 表示,侧壁的宽度以 B 表示。矩形弯头的曲率半径一般为 1.5B,故弯头里的曲率半径 $R_1 = B$,弯头背的曲率半径 $R_2 = 2B$。

矩形弯头侧壁的展开和圆形弯头相同,用 R_1 和 R_2 划出,并应加单折边的咬口留量。为了避免法兰套在圆弧上,可另放法兰留量 M,M 为法兰角钢的边宽加 10mm 翻边。

弯头背的展开长度 L_2 为 $\frac{2\pi R_2}{4} = 1.57 R_2$,弯头里的展开长度 L_1 为 $1.57 R_1$,也可在侧壁上直接量出,展开长度两端应放出法兰留量 M。展开的宽度为矩形管边 A 加上双折边的咬口留量。

矩形弯头可用转角咬口连接,也可用联合角咬口连接。加工方法如前所述。

(五) 风管的连接

风管的管段长度,应按现场的实际需要和板材规格来决定。一般可按 3~4m 设置一副法兰。

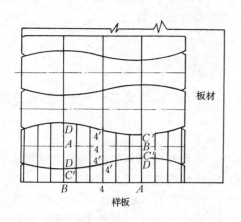

图 8-17 圆弯头下料

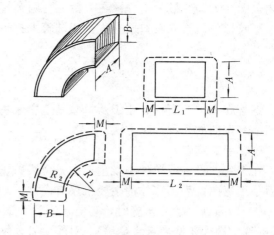

图 8-18 矩形弯头的展开

法兰盘用于风管之间和风管与配件的延长连接，并可增加风管强度。法兰盘可用扁钢或角钢制成。图 8-19 为圆形法兰盘和矩形法兰盘形状。法兰盘与风管的连接可用翻边、铆接和焊接。图 8-20 为矩形法兰盘的铆接图。

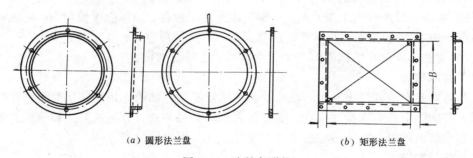

(a) 圆形法兰盘　　　　　　(b) 矩形法兰盘

图 8-19 法兰盘形状

（六）操作示例

圆形风管端部单立咬口和单平咬口的操作步骤（图 8-21）将划好线的管子放在方钢上，用方锤在整个圆周均匀錾出一条折印并錾成直角（图 8-21a）；錾成直角后，将折边打平并整圆（图 8-21b）；再在折边上折回一半即成双口（图 8-21c, d）；将加工好的单口放在双

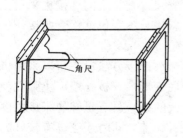

图 8-20 矩形法兰盘的铆接

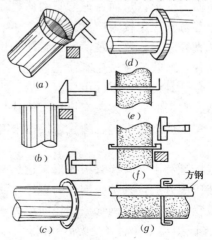

图 8-21 端部单立咬口和单平咬口的操作步骤

口内（图 8-21e），最后用方锤在方钢上将两个管件咬合，即成单立咬口（图 8-21f）。欲得到横平咬口，可将立咬口放在方钢或圆管上打平轧实即成（图 8-21g）。

§8-4 钢管的弯曲加工和连接

钢管在锅炉、石油、化工及机械制造中应用很广，使用时需弯成各种形状，下面分别介绍钢管弯曲的几种加工方法。

一、手工弯管

在无弯曲设备或单件小批生产中，弯头数量又少，制作弯曲模不经济，在这种情况下采用手工弯曲。手工弯曲的主要工序有灌砂、划线、加热和弯曲。

（一）灌砂 手工弯管时，为防止钢管断面变形，采用以下主要方法：管内充装填料（石英砂、松香和低熔点合金等）。对较大直径钢管，一般使用砂子。灌砂前用锥形木塞将钢管的一端塞住，在木塞上开有出气孔，以使管内空气受热膨胀时自由泄出，装砂后管子另一端也用木塞塞住。装入钢管的砂子应清洁、干燥、紧密。

对于直径较大的钢管，不便使用木塞时，可采用钢制塞板。

（二）划线 确定钢管的加热长度。

（三）加热 加热可用木炭、焦炭、煤气或重油作燃料。加热应缓慢均匀，普通碳素钢加热温度一般在 1050℃左右。对不锈钢及合金钢管最好用冷弯。

（四）弯曲 加热好的钢管可在手工弯管装置上进行弯曲。

二、有芯弯管

有芯弯管是在弯管机上利用芯轴沿模具回弯管子。芯轴的作用是防止管子弯曲时断面的变形。芯轴的形式有圆头式、尖头式、勺式、单向关节式、万向关节式和软轴式等。

有芯弯管的质量取决于芯轴的形状、尺寸及伸入管内的位置。

三、无芯弯管

无芯弯管是在弯管机上利用反变形法来控制钢管断面的变形，它使钢管在进入弯曲变形区前，预先给以一定量的反向变形，而使钢管外侧向外凸出，用以抵消或减少钢管在弯曲时断面的变形，从而保证弯管的质量。

无芯弯管应用较为广泛。当钢管的弯曲半径大于管径 1.5 倍时，一般都采用无芯弯管。只有对直径较大，壁厚较薄的钢管才采用有芯弯管。

此外，弯管的方法还有顶压弯管、中频弯管、火焰弯管及挤压弯管等。

板金件是由许多零件组合起来的，零件之间必须通过一定的方式联接，才能构成完整的产品。常用的联接方法有焊接、铆接、螺纹连接和胀接。钢管之间连接也采用上述几种方法。关于焊接、铆接、螺纹连接本书有关章节已有叙述，本章仅就钢管胀接作一简单介绍。

胀接是利用钢管和管板变形来达到密封和紧固的一种连接方法。它可以采用机械、爆炸和液压等方法，来扩张钢管的直径，使钢管产生塑性变形，管板孔壁产生弹性变形，利用管板孔壁的回弹对钢管施加径向压力，使钢管与管板的接头具有足够的胀接强度（拉脱力），保证接头工作时（受力后）钢管不会被从管孔中拉出来。同时还应具有较好的密封强度（耐压力），在工作压力下保证设备内的介质不会从接头上泄漏出来。

胀接的结构形式有光孔胀接、翻边胀接、开槽胀接等。具体胀接方法可参看有关资料。

习 题

8-1 试述板金展开划线的主要方法和步骤。

8-2 试述手工单平咬口、转角咬口、联合角咬口的加工步骤。

8-3 试述圆形弯头及矩形弯头的加工过程。

8-4 试述手工弯管的主要工序。

8-5 有芯弯管和无芯弯管各有什么特点,适用于什么场合?

第九章 平面机构的结构分析

由第一章所述已知,机构是具有确定运动的构件组合。显然,任意的构件组合不一定是机构。

机构有平面机构和空间机构之分,所有构件都在相互平行的平面内运动的机构称为平面机构,否则为空间机构。本章只研究平面机构的组成、机构运动简图和机构具有确定运动的条件。

§9-1 平面机构的组成

一、运动副

机构中构件的连接必须按一定的方式,而且被连接的两构件在连接处必须要有一定的相对运动。如图 1-2 所示的内燃机中活塞和气缸体之间、轴和轴承之间、凸轮和气阀杆之间以及两齿轮的齿和齿之间所构成的连接,都是既有连接、连接构件间又保持了一定的相对运动。这种由两构件直接接触而又保持一定的相对运动的活动连接称为运动副。两构件上能够直接参加接触而构成运动副的部分称为运动副元素。运动副元素包括点、线、面。平面机构中的运动副,称为平面运动副。

如图 9-1 所示,一未经运动副连接的活动构件 S,在平面坐标 XOY 中,具有三个独立运动,或者说有三个自由度,即随任意点 A 沿轴 X 和 Y 的两个独立移动和绕 A 在 XOY 平面内的独立转动。当构件通过运动副连接后,构件的自由度受到限制,这种限制称为约束。不同性质的运动副有着不同的运动副元素,同时引入不同数量的约束,并保留了相应的自由度。通常把平面运动副分为低副和高副两类。

1. 低副

凡是两构件之间以面接触而组成的运动副称为低副。根据两构件间的相对运动形式,低副又分为转动副和移动副。两构件之间的相对运动为转动的,称为转动副,如图 9-2 所示的铰链即构成一转动副,其中组成转动副的两构件之间,只能绕同一轴线相对转动或摆动。图 1-2 所示的内燃机中的曲轴与气缸体、曲轴与连杆、连杆与活塞销之间,也都组成转动副。两构件之间的相对运动为移动的,称为移动副。如图 9-3 所示,组成移动副的两构件之间,

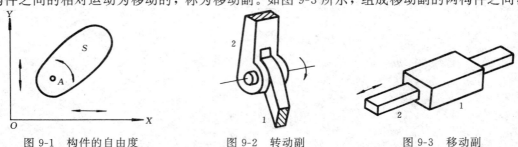

图 9-1 构件的自由度　　图 9-2 转动副　　图 9-3 移动副

只能沿某一直线作相对移动。如图 1-2 所示的内燃机中的活塞与气缸体之间、气阀杆与气缸体之间,组成的都是移动副。可见,被低副连接的两构件将产生两个约束而保留一个自由度。

2. 高副

两构件以点或线接触组成的运动副,称为高副。如图 1-2 所示的内燃机中相互啮合的两齿轮的轮齿之间、凸轮与气阀杆之间组成的运动副都是高副。被高副连接的两构件只在高副接触点的法线方向上的运动受到约束,而保留了另外两个自由度。

二、机构的组成

构件是机构中运动的基本单元,将两个以上的构件通过运动副连接而构成的系统称为运动链。若运动链的各构件构成首末封闭的系统,如图 9-4a 所示,则称为闭式运动链,简称为闭链。反之,若运动链的构件未构成首末封闭的系统,如图 9-4b 所示,则称为开式运动链,简称为开链。一般机构都是闭式运动链。

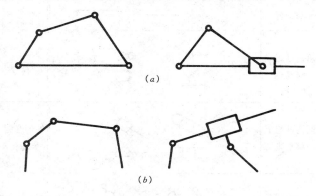

图 9-4 闭式运动链和开式运动链

若将运动链中的某一构件固定作为机架,当其中一个(或几个)构件按给定的运动规律相对于固定构件作独立运动,而其余构件能随之作确定的相对运动,则此运动链便成为了机构。机构中按给定规律作独立运动的构件称为原动件,其余各运动构件称为从动件。从动件的运动取决于机构的结构和原动件的运动。

§9-2 平面机构运动简图

按照一定比例,用标准的线条和符号来表示的机构各构件间相对运动关系的简图,称为机构运动简图。绘制机构运动简图,无论对分析现有机械还是设计新机械都是必要的。在简图中用国标规定的简单的线条和符号(见表 9-1)来代表构件和运动副,并表明与运动有关的构件数目、运动副的类型和数目、机构的运动尺寸(确定各运动副的相对位置的尺寸)等。在绘制简图时,不必考虑与运动无关的构件实际外形、断面尺寸、组成构件的零件数目与固连方式以及运动副的具体结构等。机构运动简图符号可查阅 GB4460-84。

绘制机构运动简图的一般步骤及举例

绘制机构运动简图的一般步骤是:

1. 分析机构的组成及运动情况,确定机架及原动件。

2. 从原动件开始,按照运动传递的顺序分析各构件的相对运动性质,确定构件的数目、运动副的类型和数目。

3. 合理选择视图,一般可以选择机构的多数构件所在的运动平面为投影面。必要时也可以就机械的不同部分选择两个或两个以上的投影面,然后展到同一图面上。个别部分也可以绘一局部简图。总之以表达简单清楚为原则。然后再适当选择机构原动件的位置,以便使图更清楚的表示出各构件间的相互位置关系。

4. 定出运动副的相对位置关系，适当选择比例尺，用标准规定的线条、符号绘制机构运动简图，并用数字按顺序标注各杆件号、用字母标注各运动副，原动件应该用箭头标注运动方向。

常用机构运动简图符号（摘自 GB4460—84） 表 9-1

名称	符号	名称	符号
机架		带传动	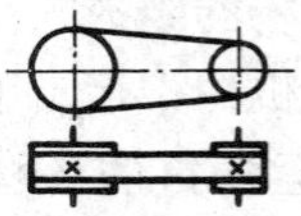
轴、杆			
两构件组成转动副		链传动	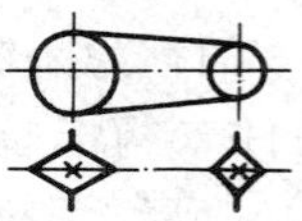
两构件组成移动副	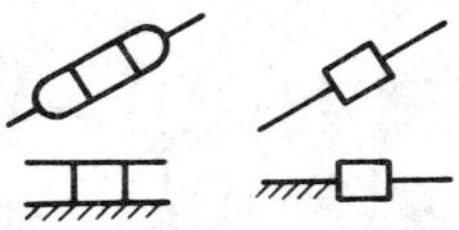	外啮合圆柱齿轮传动	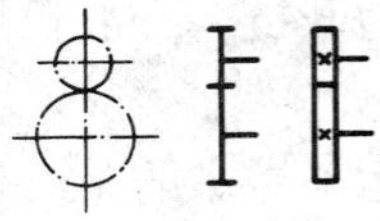
三副元素构件	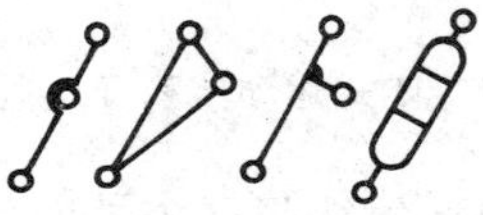	内啮合圆柱齿轮传动	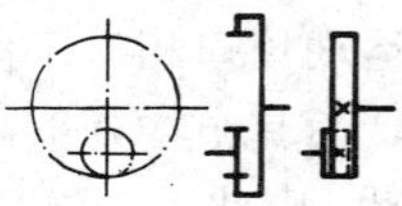
凸轮机构		齿轮齿条机构	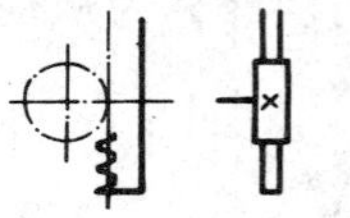
棘轮机构	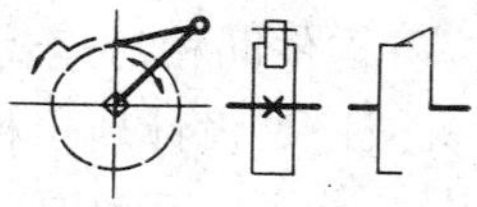	圆锥齿轮机构	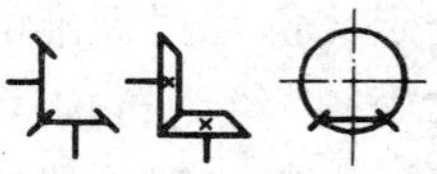
螺旋副		蜗轮蜗杆机构	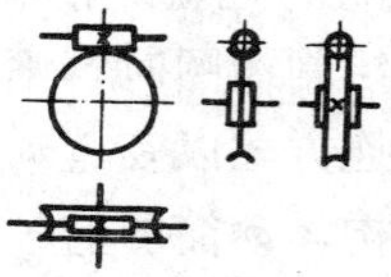
装在支架上的电机	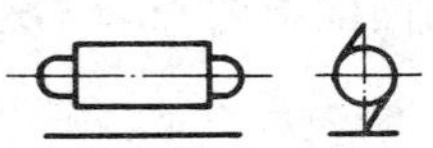		
联轴器	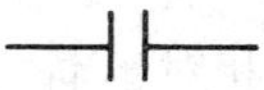	离合器	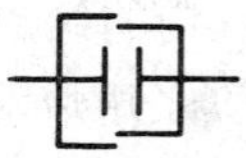

【例 9-1】 试画出图 9-5a 所示牛头刨床中驱动滑枕运动的机构运动简图。

【解】 首先观察并分析此机构的传动情况。电动机 M 通过带传动及齿轮传动装置（图中略）带动齿轮 2 转动，齿轮 2 驱动大齿轮 3 转动，画机构运动简图时若略去皮带传动及齿轮传动装置，则齿轮 2 为原动件，固定构件 1 为机架。

其次按传动顺序进行分析，齿轮 2 带动齿轮 3 转动后，安装在齿轮 3 上某一偏心位置的构件 4（滑块）带动构件 5，再由构件 5 的上端铰链使滑枕 7 在导轨中作往复直线移动。此机构中计有七个构件（包括机架），其中有八个低副（五个转动副、三个移动副）和一个高副。

最后按一定比例尺画出机构的运动简图如图 9-5b。

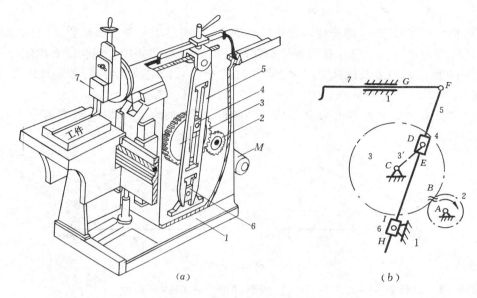

图 9-5　牛头刨床刨头驱动机构

§9-3　平面机构具有确定运动的条件

一、平面机构具有确定运动的条件

一构件所具有的独立运动的数目称为构件自由度。一机构具有确定运动时所需外加的独立运动的数目，称为机构的自由度数，简称自由度。那么，要使一个机构具有确定的运动，当然就应使机构外加的独立运动的数目等于机构的自由度数。在这里作为外加的独立运动的构件，称为机构的原动件。于是，平面机构具有确定运动的条件可以表述为：机构的原动件数应等于机构的自由度数。

若机构的原动件数少于自由度，就会出现运动不确定的情况；若机构的原动件数大于自由度，则机构中最薄弱的构件或运动副可能遭到破坏。而若自由度小于等于零，则这些构件组合不成为机构，而成为刚性的桁架结构。

二、平面机构自由度的计算

在一个平面机构中，若有 N 个构件，除去一个固定构件（机架）外，其余活动构件数目为 $n=N-1$，它们在未被运动副连接起来以前，每个活动构件有三个构件自由度，n 个活动构件则有 $3n$ 个构件自由度。由于一个低副（包括移动副和转动副）引入两个约束，一个高副引入一个约束，所以当它们被 P_l 个低副和 P_H 个高副连接成运动链后，共引入了（$2P_l$

$+P_H$) 个约束。于是运动链相对于机架的自由度数，亦即机构的自由度数 F，应为活动构件的自由度总数与运动副引入的约束总数之差，即

$$F = 3n - 2P_l - P_H \tag{9-1}$$

【**例 9-2**】 试计算图 9-6 所示机构的自由度

【**解**】 图 9-6a 所示机构中共有四个构件，常称为四杆机构。其中杆件 4 为机架，活动构件数 $n=3$，A、B、C、D 为四个转动副，故代入公式（9-1）求得其自由度为

$$F = 3n - 2P_l - P_H = 3 \times 3 - 2 \times 4 - 0 = 1$$

该机构自由度等于 1，即要使该机构运动确定，所需外加的独立运动数目（即原动件数目）等于 1。而由图 9-6a 可知，该机构原动件数目正等于 1，则该四杆机构具有确定的运动。

图 9-6b 所示机构为五杆机构，含活动构件数 $n=4$，低副数 $P_l=5$，故其自由度为

$$F = 3n - 2P_l - P_H = 3 \times 4 - 2 \times 5 - 0 = 2$$

该机构自由度等于 2，即要使该机构运动确定，需外加两个原动件，若只有一个原动件则运动不确定。

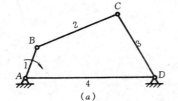 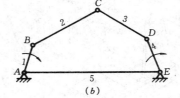

图 9-6 机构自由度计算

【**例 9-3**】 试计算图 9-5 所示牛头刨床驱动滑枕机构的自由度。

【**解**】 此机构中活动构件数 $n=6$，低副数 $P_l=8$，高副数 $P_H=1$，故其自由度为

$$F = 3n - 2P_l - P_H = 3 \times 6 - 2 \times 8 - 1 = 1$$

该机构自由度等于 1，原动件有一个即齿轮 2，该机构运动确定。

【**例 9-4**】 试计算图 9-7 所示简图的自由度。

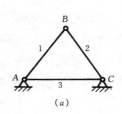 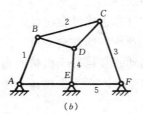 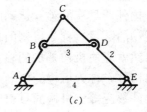

图 9-7 机构自由度计算

【**解**】 图 9-7a 中，$n=2$、$P_l=3$、$P_H=0$，故

$$F = 3n - 2P_l - P_H = 3 \times 2 - 2 \times 3 - 0 = 0$$

图 9-7b 中，$n=4$、$P_l=6$、$P_H=0$，故

$$F = 3n - 2P_l - P_H = 3 \times 4 - 2 \times 6 - 0 = 0$$

图 9-7c 中，$n=3$、$P_l=5$、$P_H=0$，故

$$F = 3n - 2P_l - P_H = 3 \times 3 - 2 \times 5 - 0 = -1$$

$F=0$ 说明图 9-7a、b 为静定桁架，不能运动；F 为负值说明图 9-7c 为超静定桁架。

三、计算平面机构自由度时应注意的事项

在计算机构自由度时，有时会遇到按公式（9-1）计算的自由度数与机构实际自由度数不符的情况，则往往是有些问题未能正确考虑的缘故。现将应注意的主要事项简述如下：

（一）复合铰链

两个以上的构件在同一轴线上以转动副相连接，就构成了所谓的复合铰链。这时不能把它看为一个转动副而应是若干个转动副。例如图 9-8a 所示的三个构件铰接于一点而构成的转动副，实际上可以看成是图 9-8b 中两个转动副无限接近至同一轴线的一种结构，所以它应该是两个转动副。由此推理，由 m 个构件铰接在一起而构成的复合铰链应该是 $(m-1)$ 个转动副。

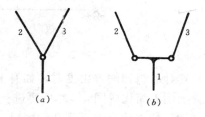

图 9-8 复合铰链

（二）局部自由度

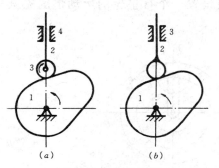

图 9-9 局部自由度

机构中与整体运动无关的自由度称为局部自由度。例如图 9-9a 所示的凸轮机构中，凸轮 1 为原动件，运动是通过安装在从动件 2 下端的滚子 3 传递的。当具有一定轮廓曲线的凸轮转动时，从动件即产生一定的直线往复运动，显然其整体自由度数为 1。但此时机构中 $n=3$、$P_l=3$、$P_H=1$，其自由度为

$$F = 3n - 2P_l - P_H = 3 \times 3 - 2 \times 3 - 1 = 2$$

答案与实际不符，原因是小滚子 3 有一个仅绕其自身轴线转动的自由度，它并不影响其它构件的运动，因而它只是一种局部自由度。计算时通常是先判定并去除机构中的局部自由度，再用公式（9-1）进行计算，如象图 9-9b 那样，在不影响机构整体运动的情况下设想把滚子与从动件刚化为一体，即 $n=2$、$P_l=2$、$P_H=1$，则

$$F = 3n - 2P_l - P_H = 3 \times 2 - 2 \times 2 - 1 = 1$$

局部自由度虽然并不影响机构的整体自由度，但却可以改善机构的运动性能，故在实际机械中常常使用。例如采用滚子或滚动轴承使高副接触处的滑动摩擦变为滚动摩擦，以减少磨损、提高寿命。

（三）虚约束

由运动副引入的约束中，有些约束是重复的不起新的约束作用的，这种不起独立作用的约束称为虚约束。在计算机构自由度时应当正确判断并加以排除。

例如图 9-10a 所示的平行四边形机构，构件 BC 总与 AD 平行，故作平动。BC 上各点的轨迹均为圆心在 AD 上而半径等于 AB 的圆。该机构的自由度为 1。

若在该机构中再加入与构件 1、3 平行并且长度相等的构件 5，如图 9-10b 所示，则因构件 5（即 EF）对整个机构的运动并无影响，故机构的自由度仍为 1。但按公式（9-1）对图 9-10b 机构计算时得自由度为零，这与实际运动情况不符。其原因是加入构件 5 后，机构中增加了一个活动构件 5 和两个转动副 E、F，即增加了三个自由度和四个约束，相当于对

机构多引入了一个约束,而这个约束实际是虚的。

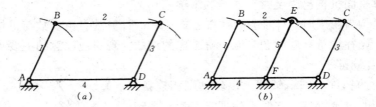

图 9-10 虚约束

在计算机构的自由度时,如有虚约束,应首先将产生虚约束的构件和运动副去掉,例如将上图 b 简化成图 a,然后再进行计算。

常见的虚约束有下列几种情况:

1. 在机构中,将两构件相联接,而当将此两构件在该联接处拆开后,两构件上的联接点的运动轨迹仍然重合时,则该联接引入一个虚约束。如图 9-10b 中的 E 点。

2. 机构中对运动无影响的对称部分。如图 9-11a 所示的周转轮系中,为了使受力均衡而对称设置了三个行星轮,实际上,它与图 b 中只设置一个行星轮的运动情况完全相同。

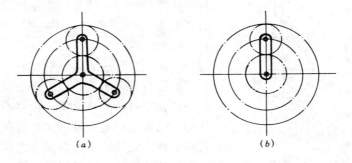

图 9-11 周转轮系

若按图 a 直接计算该周转轮系的自由度

$$F = 3n - 2P_l - P_H = 3 \times 6 - 2 \times 6 - 6 = 0$$

显然,此结果是与实际不符的。正确的计算应该首先除去由于对称部分引入的约束,将图 a 机构转化为图 b 机构,然后按 b 进行计算,即

$$F = 3n - 2P_l - P_H = 3 \times 4 - 2 \times 4 - 2 = 2$$

3. 两构件构成多个导路平行的移动副或轴线重合的转动副,如图 9-12 所示。其中只有一个移动副或转动副起独立约束作用,其余的都是虚约束。

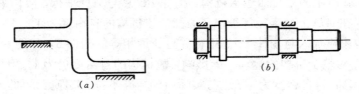

图 9-12 存在虚约束的移动副和转动副

由上所述可见，机构中的虚约束都有其特定的几何条件，而且要求精度都较高，若满足不了，则虚约束将成为真约束。故从保证便于加工装配等方面来说，应尽量减少机构中的虚约束，而为了保证机构的正常运转或考虑到刚度以及受力分布等原因，则常设有虚约束。

为了加深对上述注意事项的理解，下面再举一例。

【例 9-5】 试计算图 9-13a 所示筛子机构的自由度。

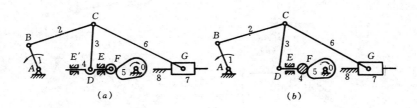

图 9-13 筛子机构

【解】 该机构共有七个活动构件，杆1和凸轮5为原动件。机构中的滚子有一个局部自由度，顶杆与机架在 E 和 E' 组成两个导路平行的移动副，其中之一为虚约束，C 处是复合铰链。今将滚子与顶杆焊成一体，去掉移动副 E' 并在 C 点注明回转副的个数，如图 9-13b 所示，由图 b 得，$n=7$、$P_l=9$（7个回转副和2个移动副）、$P_H=1$，其自由度为

$$F = 3n - 2P_l - P_H = 3 \times 7 - 2 \times 9 - 1 = 2$$

此机构自由度等于2，有两个原动件，故其运动确定。

习　题

9-1　试绘出图示机构的运动简图，并计算其自由度。

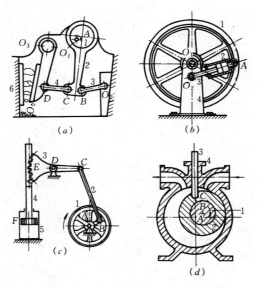

习题 9-1 图

(a) 颚式破碎机；(b) 回转柱塞泵；(c) 活塞泵；(d) 液压泵

9-2 试计算图示机构的自由度,并判定它们是否具有确定的运动。

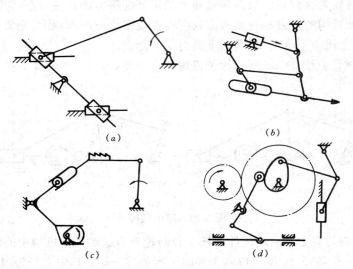

习题 9-2 图

第十章 平面连杆机构

平面连杆机构是由若干个构件用低副连接而组成的平面机构。如图10-1a所示,其中固定构件4为机架,与机架相连的构件1、3为连架杆,联接连架杆的构件2称为连杆。连架杆中能绕机架作整周转动的构件1称为曲柄,只能在某一范围内绕机架作往复摆动的构件3称为摇杆。连杆作平面运动,连杆上各点的轨迹能形成不同的封闭曲线,如图10-1b所示。因此不同尺寸的连杆机构可以获得不同运动规律的运行轨迹。连杆的存在是连杆机构的一个重要特点。

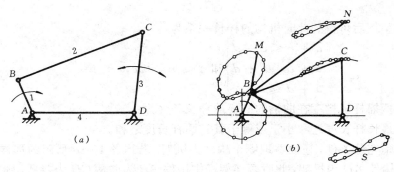

图10-1 平面连杆机构

虽然平面连杆机构在结构和设计上都不如高副机构简单,而且运动副的累积误差较大。但由于它能够实现多种运动规律和运动轨迹的要求;而且低副连接是面接触,单位面积上的压力较小,易润滑、磨损轻、工作可靠、寿命较长;另外,其接触表面都是圆柱面或平面,制造比较简单,易于获得较高的制造精度。所以,平面连杆机构广泛应用于各种机械和仪器设备中。

由四个构件组成的平面连杆机构称为平面四杆机构,它不仅应用广泛,而且是多杆机构的基础。

本章主要讨论平面四杆机构的基本类型、特性和常用的设计方法。

§10-1 平面四杆机构的类型及其演化

所有运动副都是转动副的平面四杆机构称为铰链四杆机构。它是平面连杆机构中最基本的形式,其它各种平面连杆机构都可以看作是由它演变而来的。

在铰链四杆机构中,机架和连杆总是存在的,因此可根据连架杆是曲柄还是摇杆将其分为三种基本类型即:曲柄摇杆机构、双曲柄机构和双摇杆机构。这三种机构类型既不相同又有其内在联系,而其关键是有无曲柄存在和机架的选择。所以下面先研究曲柄存在的条件。

一、铰链四杆机构中曲柄存在的条件

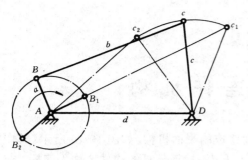

图 10-2 曲柄存在条件

下面以图 10-2 所示曲柄摇杆机构 $ABCD$ 为例进行分析。设图中机构的各杆长为 a、b、c、d，先取 AD 杆为机架，AB 为曲柄。从图中可以看出，当机构运动时，只要曲柄 AB 的 B 点能通过 B_1、B_2 两点位置（即曲柄与连杆的两次共线位置能够存在），AB 杆就能作整周转动，则曲柄存在。而此时图中形成了 $\triangle AC_1D$ 和 $\triangle AC_2D$，由三角形的边长关系可知：

在 $\triangle AC_1D$ 中： $\qquad b+a \leqslant c+d$

在 $\triangle AC_2D$ 中： $\qquad b-a+d \geqslant c$

$\qquad\qquad\qquad\qquad b-a+c \geqslant d$

将上三式整理后可得到此时机构的杆长关系为：

$$\left.\begin{array}{r} a+b \leqslant c+d \\ a+c \leqslant b+d \\ a+d \leqslant b+c \end{array}\right\} \text{和} \ a<b, a<c, a<d$$

即可得曲柄摇杆机构存在曲柄的必要的杆长条件为：

最短杆与最长杆长度之和小于或等于其它两杆长度之和。

但这还不是充分条件，还要看取哪个构件为机架。若像图 10-3a 所示的那样，取和最短杆 AB 相邻的构件 AD 为机架，此时两连架杆中构件 AB 为曲柄 CD 为摇杆，则此机构为曲柄摇杆机构，机构存在曲柄；若再像图 10-3b 以和最短杆 AB 相邻的另一构件 BC 为机架同样可得以上结果。注意此时两种情况最短杆都是连架杆。

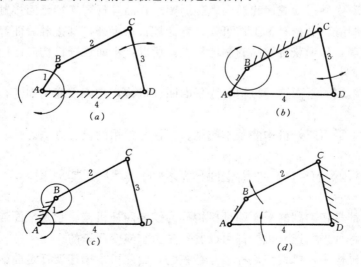

图 10-3 铰链四杆机构的基本类型及其演化

(a)、(b) 曲柄摇杆机构；(c) 双曲柄机构；(d) 双摇杆机构

就上面分析的曲柄摇杆机构的两种情况，曲柄 AB 可分别绕机架的 A 点和另一种情况

的机架的 B 点作整周转动。而摇杆 CD 则只能绕 D 点和另一种情况的 C 点作往复摆动。由运动的相对性，若像图 10-3c 以构件 AB 为机架，则构件 AD 和 BC 必能同时绕构件 AB 的 A、B 两点作整周转动。此时的两连架杆都为能作整周转动的曲柄，故为双曲柄机构。注意此时的最短杆为机架。同样道理若像图 10-3d 以构件 CD 为机架，此时的两连架杆 AD、BC 只能是绕 D、C 两点作往复摆动的摇杆，因此是双摇杆机构。注意这时最短杆既不在机架上，也不在连架杆上，而是连杆。

由此得铰链四杆机构曲柄存在的充分条件为：

1. 最短杆与最长杆长度之和小于或等于另外两杆长度之和；
2. 最短杆为连架杆或为机架。

上述两个条件必须同时满足，否则机构便不可能存在曲柄，因而只能是双摇杆机构。

二、铰链四杆机构的基本类型及其演化

由上分析可知，当铰链四杆机构满足存在曲柄的杆长条件时，取不同的杆件为机架（如图 10-3 所示）则可得铰链四杆机构的三种基本类型，即

1. 曲柄摇杆机构

当取和最短杆相邻的构件为机架（如图 10-3a、b 所示），此时两连架杆中，一个为曲柄，一个为摇杆，则此机构称为曲柄摇杆机构。如图 10-1 所示。这种机构常常以曲柄为原动件，可将曲柄的连续转动，转变成摇杆的往复摆动。此种机构应用广泛，如像图 10-4 所示的雷达天线俯仰角调整机构等。

在曲柄摇杆机构中若以摇杆为原动件，则可将摇杆的往复摆动转变为曲柄的连接转动。如图 10-5 所示的缝纫机踏板机构等。

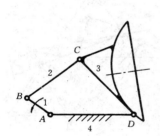

图 10-4　雷达天线俯仰角调整机构

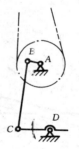

图 10-5　缝纫机踏板机构

2. 双曲柄机构

若以最短杆为机架（如图 10-3c 所示），则因两连架杆都是曲柄，故称为双曲柄机构。如图 10-6 所示的筛子机构，它可以将原动曲柄的等速转动转变为从动曲柄的变速转动，从而使筛子具有较大变化的加速度，筛子中的物料则因惯性作用而被筛分。

在双曲柄机构中，若其相对两杆平行且相等，则成为正平行四边形机构，如图 10-7 所示，这种机构在运动中，其两曲柄的转向相同、角速度相等，而其连杆作平移运动。如图 10-8 所示的机车车轮联动装置就是应用正平行四边形机构来传递动力的。而图 10-9 所示的摄影平台升降机构则是应用其连杆作平移运动的例子。

在双曲柄机构中，若其对边相等而不平行时，则成为反平行四边形机构。如图 10-10 所示的车门机构，运动时主、从动曲柄作反向转动，使两扇车门同时敞开或关闭。

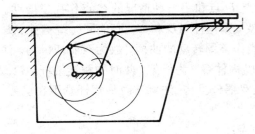
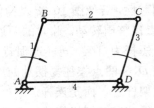

图 10-6　筛子机构　　　　　　　图 10-7　正平行四边形机构

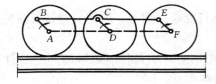
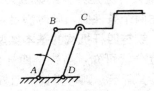

图 10-8　机车车轮联动机构　　　图 10-9　摄影平台升降装置

3. 双摇杆机构

若以和最短杆相对的构件为机架（如图 10-3d 所示），则因两连架杆均为摇杆，则称其为双摇杆机构。如图 10-11 所示的鹤式起重机即为双摇杆机构的应用例子，当摇杆 AB 摆动时，另一摇杆 CD 随之摆动，使悬挂在 E 点上的重物在近似的水平直线上运动，避免重物平移时因不必要的升降而消耗能量。

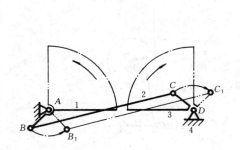
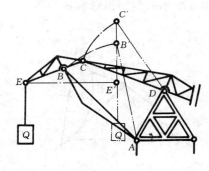

图 10-10　车门机构　　　　　　　图 10-11　鹤式起重机机构

三、具有移动副的四杆机构及其演化

1. 曲柄滑块机构

曲柄滑块机构是具有移动副的四杆机构的基本形式，它可以看作是由曲柄摇杆机构演化而来的。

如图 10-12a 所示为一曲柄摇杆机构，其铰链 C 的运动轨迹为弧线 mm。如果将摇杆 3 的长度增加到无穷大，转动副 D 将移至无穷远处，则铰链 C 的轨迹变为直线。若将构件 3 用滑块代替，则 D 副由转动副转化成了移动副，原机构也就演化成了图 b 所示的形式了。铰链 C 的轨迹线 mm 与曲柄 1 的固定铰链 A 的距离 e 称为偏距。当 $e \neq 0$ 时，称为偏置式曲柄滑块机构，如图 b 所示；当 $e = 0$ 时，称为对心式曲柄滑块机构，如图 c 所示。曲柄滑块机构在活塞式内燃机、往复式水泵、空气压缩机、冲床等机械中有着广泛的应用。

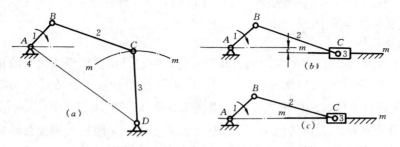

图 10-12 铰链四杆机构向曲柄滑块机构的演化

在曲柄滑块机构的基础上，再选择不同的构件为机架，则又可以演化出其它几种滑块机构。

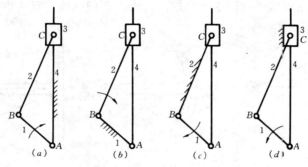

图 10-13 曲柄滑块机构固定件的演化

2. 导杆机构

如图 10-13a 所示曲柄滑块机构中，当改取杆 1 为机架时，即得图 10-13b 所示的导杆机构。其中杆 4 称为导杆，滑块 3 相对导杆 4 作滑动，并随杆 2 一起转动，一般取杆 2 为原动件。当 $L_1 \leqslant L_2$ 时，杆 2 和杆 4 均可作整周转动，称为转动导杆机构；当 $L_1 > L_2$ 时，杆 4 只能往复摆动，称为摆动导杆机构。

导杆机构常用作回转式油泵、牛头刨床、插床等的主体机构。

3. 摇块机构和定块机构

若改取图 10-13a 所示曲柄滑块机构的机架为杆 2，即得图 10-13c 所示的摇块机构。一般取杆 1 和杆 4 为原动件，当杆 1 作转动和摆动时，杆 4 相对杆 3 滑动，并一起绕 C 点摆动，杆 3 即为摇块。这种机构广泛应用于液压驱动装置、摆缸式内燃机等机械中。图 10-14 所示的卡车车厢自动翻转卸料机构就是摇块机构的应用例子。

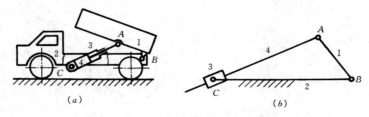

图 10-14 卡车车厢自动翻转卸料机构

若再将图 10-13a 中的机架改取为 3，即得图 d 所示的定块机构了。这种机构一般取杆

1为原动件，使杆2绕c点往复摆动，而杆4仅相对杆3作往复移动。杆3为定块。这种机构用于抽水泵和抽油泵中。

4．双滑块机构

双滑块机构则是含有两个移动副的四杆机构，它也是由曲柄滑块机构演化来的。

如在图10-15a所示的曲柄滑块机构中，由于铰链B相对于铰链C运动的轨迹为圆弧$\stackrel{\frown}{\alpha\alpha}$，所以若将连杆2作成滑块形式并使之沿圆弧导轨$\stackrel{\frown}{\alpha\alpha}$运动（如图10-15b所示），显然其运动性质并未发生变化，若再将图10-5a中杆2的长度增至无限长，则圆弧导轨$\stackrel{\frown}{\alpha\alpha}$将成为直线，于是该机构将演化成图10-15c所示的双滑块机构。在此机构中，由于从动件3的位移s与原动件1的转角φ的正弦成正比，即$s=l_1\sin\varphi$，所以通常称其为正弦机构。这种机构多应用在一些仪表和解算装置中。

用类似的方法，还可以将曲柄滑块机构演化成为正切机构、双转块机构等。

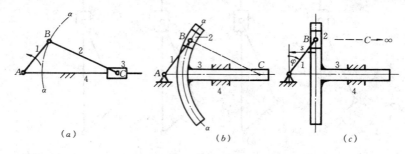

图10-15 曲柄滑块机构演化为双滑块机构

除此之外，通过改变构件的形状和相对尺寸还可以演化出一些其它形式的四杆机构。例如图10-16a所示为一曲柄滑块机构，当因结构需要使曲柄尺寸过小而不便加工，或因运动要求需加大曲柄的重量以增大惯性力时，则将回转副B同心放大至将A也包括在内，使图a中的杆1放大成图b中的圆盘1，圆盘1的几何中心为B，转动中心则为偏心A，故称圆盘1为偏心轮。该机构则称为偏心轮机构。当偏心轮1转动时，通过杆2使滑块3往复移动。偏心轮中A点和B点的距离称为偏心距e，它与原曲柄长度相等，其它各杆长也都相等，故图a和图b两机构为等效机构。

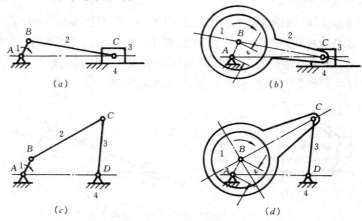

图10-16 偏心轮机构的演化

同理，图 10-16c 所示曲柄摇杆机构与图 10-16d 所示的偏心轮机构同样等效。

偏心轮机构广泛应用于剪床、冲床、颚式破碎机等机械中。

综上所述，虽然不同形式的四杆机构，各有其不同特点，却有其规律性的内在联系，都可以认为是由曲柄摇杆机构演化而来的。

§10-2 平面四杆机构的基本特性

一、急回特性及行程速比系数 K

图 10-17 所示为曲柄摇杆机构。当机构在图示的两个极限位置时，摇杆 3 分别处于 C_1D 和 C_2D 两个极限位置，其夹角 ψ 称为摇杆 3 的摆角；曲柄 1 相应的两个位置 AB_1 和 AB_2 之间所夹的锐角 θ 称为极位夹角。

由图 10-17 所示可知，当曲柄由 AB_1 顺时针转至 AB_2 时，其转角 $\varphi_1=180°+\theta$，而相应的时间为 t_1，摇杆 3 则由 C_1D 摆至 C_2D；而当曲柄继续顺时针转动，由 AB_2 转至 AB_1 时，其转角 $\varphi_2=180°-\theta$，相应的时间为 t_2，摇杆由 C_2D 摆回至 C_1D。当曲柄等速转动时，因 $\varphi_1>\varphi_2$，则 $t_1>t_2$，由此可知，铰链 C 由 C_1 至 C_2 的平均速度 $V_1=\overparen{C_1C_2}/t_1$ 必小于由 C_2 至 C_1 的平均速度 $V_2=\overparen{C_2C_1}/t_2$，即 $V_1<V_2$。令 K 为从动件的行程

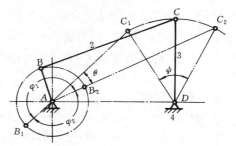

图 10-17 曲柄摇杆机构的急回特性

速比系数，它表示从动件在往返行程中平均速度的比值。则

$$K=\frac{V_2}{V_1}=\frac{\overparen{C_2C_1}/t_2}{\overparen{C_1C_2}/t_1}=\frac{t_1}{t_2}=\frac{\varphi_1}{\varphi_2}=\frac{180°+\theta}{180°-\theta} \tag{10-1}$$

由上式可知，行程速比系数 K 与极位夹角有关。当 $\theta\neq1$ 时，$K>1$，即从动件往返行程速度不等。这种性质称为机构的急回特性。K 值越大，表示机构的急回特性越明显。当 $\theta=0$ 时，$K=1$，则机构无急回特性。

由式 (10-1) 可得

$$\theta=180°\frac{K-1}{K+1} \tag{10-2}$$

对于要求有急回特性的机械（如插床、牛头刨床等）常常根据所给定的 K 值，先由公式 (10-2) 算出 θ 角，再结合其它条件进行设计（详见 §10-3）。

对于对心式曲柄滑块机构，因为 $e=0$，所以 $\theta=0$、$K=1$，则该机构无急回特性，对于偏置式曲柄滑块机构和导杆机构，因为 $\theta\neq0$、$K>1$，故均有急回特性。

二、压力角与传动角

对于机构的设计，不仅要满足预定的运动规律和运动轨迹的要求，还希望有良好的运动性能，效率高、运转轻便。如图 10-18 所示的曲柄摇杆机构，曲柄 1 为主动件，摇杆 3 为从动件。若不计摩擦并忽略杆 2 的质量，杆 2 则为二力杆，那么曲柄 1 通过连杆 2 作用在杆 3 上的压力 F 的方向与 BC 共线。则从动件所受压力 F 的方向与受力点 C 的速度 V_c 的

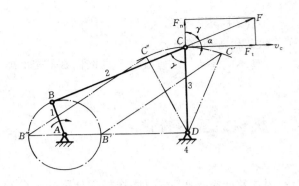

图 10-18 曲柄摇杆机构的压力角和传动角

方向之间所夹的锐角 α 称为压力角。力 F 的切向分力（沿 V_C 方向）$F_t = F\cos\alpha$，它是使从动件运动的有效分力，此分力越大对从动件的运动越有利，力 F 的法向分力（在垂直 V_C 的方向）$F_n = F\sin\alpha$，该力只能增加运动副的正压力而增大摩擦，故其越小对从动件越有利，显然，压力角 α 越小越好。压力角的余角 γ 称为传动角。当然传动角越大越有利于机构从动件的运动。实用上为了度量方便常以传动角 γ 来判别机构传力性能的优劣。

机构运转中传动角是变化的。为了保证机构传动良好，设计时对其最小传动角是有所要求的。在传递运动时，通常使机构的最小传动角 γ△≥40°，而在传递动力时，γ△≥50°。由机构的几何关系可以推证出，对于曲柄摇杆机构，最小传动角 γ△ 出现在曲柄与机架共线的位置。

三、死点位置

在曲柄摇杆机构中，若以摇杆为主动件而曲柄从动，当摇杆处于两极限位置时，连杆与曲柄共线，出现了传动角 γ=0° 的情况。这时通过连杆作用于从动件 AB 上的力恰好通过其回转中心，对曲柄 AB 不产生转动力矩，机构的此种位置称为死点位置。它使从动件出现卡住现象。在以滑块为主动的曲柄滑块机构中也同样有这种现象。例如图 10-5 所示的缝纫机踏板机构和图 1-2 所示的内燃机机构就常有这种现象。

在传动机构中必须能顺利通过死点位置。常常可以采用机构错位排列，即将两组以上的机构组合起来，而使各组机构的死点相互错开或采用安装飞轮加大惯性的办法来闯过死点位置。

在工程中，也常常利用机构的死点位置来实现一定的工作要求。如图 10-19 所示的工件夹紧机构，就是利用死点位置来夹紧工件，以保证加工时不松脱。

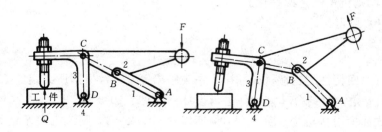

图 10-19 死点位置的利用

※§10-3 平面四杆机构的设计

平面四杆机构的设计主要是根据给定的运动条件、几何条件和动力条件来确定机构运动简图的尺寸参数。由于生产实践中对四杆机构的要求不同，给定的条件也各不相同，一般可归纳为以下两类问题：

(1) 实现给定的运动规律；
(2) 实现给定的运动轨迹。

四杆机构的设计方法有：图解法、解析法和实验法三种。图解法简明、直观、但精度较低；解析法精度较高，能解决的问题也比较广泛，但不直观，随着电子计算机的发展，其应用将渐渐扩大；实验法虽然理论分析少，精度也较低，但在工业中比较实用。设计时究竟采用哪种方法，应取决于所给定的条件和实际工作要求。本节只介绍简明实用的图解法。

一、实现给定的运动规律的设计

1. 按给定连杆的几个位置设计四杆机构

如图 10-20 所示，设已知连杆 2 的长度和它的三个位置 B_1C_1、B_2C_2、B_3C_3，试设计该铰链四杆机构。

在铰链四杆机构中，由于连架杆 1 和 3 分别绕两个固定铰链 A 和 D 作定轴转动，所以连杆上点 B 的三个位置 B_1、B_2、B_3 应位于同一圆周上，其圆心即为连架杆 1 的固定铰链 A。因此分别连接 B_1B_2 及 B_2B_3 并作两连线的中垂线，其交点即为固定铰链 A。同理可求得连架杆 3 的固定铰链 D。连线 AD 即为机架的长度。AB_1C_1D 即为所求的铰链四杆机构。

如果只给定连杆的两个位置，则点 A 和点 D 可分别在 B_1B_2 和 C_1C_2 各自的中垂线上任意选择。因此有无穷多解。为了得到确定的解，可根据具体情况添加辅助条件，例如给定最小传动角或提出其它结构上的要求等。

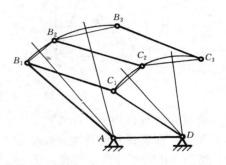

图 10-20 已知连杆的三个位置设计四杆机构

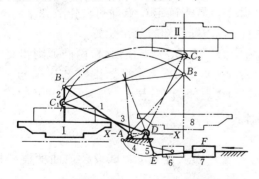

图 10-21 振实式造型机的翻转机构

【**例 10-1**】 试设计一铸造车间振实式造型机的翻转机构（如图 10-21 所示）。已知与翻台固联的连杆 2 的长度 $L_2=BC$ 及其两个位置 B_1C_1 和 B_2C_2，翻台的对应位置为 Ⅰ 和 Ⅱ，机构由液压缸驱动，砂箱被翻转到位置 Ⅱ 后托台 8 上升接应并起模。要求 AD 两铰链中心装在水平线 $X-X$ 上，试设计该翻转机构。

【**解**】 ①按选定作图比例尺 $\mu_l=$ 实际尺寸（m）/图面尺寸（mm），根据已知条件绘出两连架杆位置 B_1C_1 和 B_2C_2 及 $X-X$ 位置线。

②分别连接 B_1B_2 和 C_1C_2 并作它们的中垂线 B_{12} 和 C_{12}，分别与 $X-X$ 交于 A、D 两点。AB_1C_1D 即为所求的机构。

③由图中量取各杆件长度并用作图比例尺 μ_l 算出实际长度。得

$L_{AB}=\mu_l \cdot \overline{AB_1}$（m）　　$L_{DC}=\mu_l \cdot \overline{DC_1}$（m）　　$L_{AD}=\mu_l \cdot \overline{AD}$（m）

2. 按给定连架杆的几个对应位置设计四杆机构

如图 10-22 所示,已知四杆机构机架 AD 的长度和两连架杆的三个对应位置 AB_1、AB_2、AB_3,DE_1、DE_2、DE_3(注意,E 点不是铰链点,它仅是摇杆 3 上反映位置关系的一个相关点)。试设计该铰链四杆机构。

我们设想用已知连杆的几个位置设计四杆机构的方法来解决这种问题。在四杆机构中,当任取一构件为机架时,虽然机构的性质会有所不同,但不会影响构件间的相对运动关系,既然如此,若将原机构的其中一连架杆取为机架,当然另一连架杆就变成了新形成机构的连杆了。这样,就可以把原来已知连架杆的几个位置设计四杆机构的问题,转化为已知连杆的几个位置设计四杆机构的问题了。

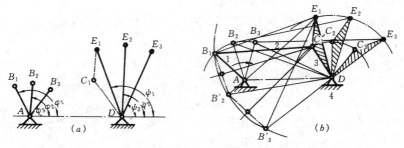

图 10-22 已知连架杆的三个位置设计四杆机构

在这个四杆机构中,若选取 CD 杆为机架,AB 便是连杆,AB_1 便是它的连杆所在的第一个位置,在确保各构件间所要求的相对位置不变的条件下,为了求得当取 CD 杆为机架时,连杆 AB 的另外两个位置,可设想将第二、三位置的机构刚化、并使它们分别绕 CD 杆的轴心 D 反转至使 C_2D、C_3D 与 C_1D 重合。这样就求得了取 CD 杆为机架时连杆 AB 所占据的 3 个位置 AB_1、AB_2、AB_3(图中未画出),显然此时该四杆机构就可以按已知连杆的几个位置来进行设计了,我们把这种方法称为反转法。

设计时,因为 D 点已知,故只需由 B 点的几个位置来确定 C 点即可。作法如下:

①按作图比例 u_l=实际长度(m)/图面长度(mm)作好已知的几个位置。

②分别以 D 为圆心以 DB_2 为半径和以 E_1 为圆心以 E_2B_2 为半径划弧,两圆弧则相交于 B_2' 点;再以 D 为圆心,以 DB_3 为半径和以 E_1 为圆心以 E_3B_3 为半径划弧相交于 B_3' 点。

③连接 B_1B_2' 和 $B_2'B_3'$ 并分别作其中垂线,其相交点即为 C_1 点。

图中 AB_1C_1D 即为所求机构,$\overline{B_1C_1}$ 即为连杆长。

3. 按给定的行程速比系数 K 设计四杆机构

如给定机构的行程速比系数 K、摇杆 3 的长度 C 及其摆角 ψ,试设计该曲柄摇杆机构。

此类问题设计的实质是确定曲柄的固定铰链点 A 的位置。一般可根据已知的行程速比系数 K 计算出极位夹角 θ。从而便可利用其它已知条件作出机构的两个极限位置而确定 A 点,进一步再确定机构各尺寸。作法如下:

①按式(10-2)算出极位夹角 θ。

②任选一点 D(如图 10-23)作摇杆 3 的两个极限位置 C_1D 和 C_2D,使其长度等于 C,其间夹角等于 ψ。

③连直线 C_1C_2,作 $\angle C_1C_2O=90°-\theta$ 与 C_1C_2 的中垂线交于 O 点。则 $\angle C_1OC_2=2\theta$。由

于同弧的圆周角为圆心角之半，故以 O 为圆心，OC_1 为半径作圆 L，则该圆周上任意点 A 与 C_1、C_2 连线间夹角 $\angle C_1 A C_2 = \theta$。此时 A 即为曲柄轴心，由于 A 点的位置可以任选，故有无穷多解。此时若已给出附加条件，如给出机架尺寸，则 A 点位置亦即确定，若没给出附加条件，则应以满足 $\gamma_{min} > (\gamma)$ 为原则来确定 A 点。

④当 A 点位置确定后，由于曲柄摇杆机构在极限位置时曲柄和连杆共线，则连接 AC_1 和 AC_2 得：
$$AC_2 = b + a$$
$$AC_1 = b - a$$

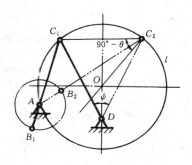

图 10-23　按行程速比系数 K 设计曲柄摇杆机构

式中 a 和 b 分别为曲柄和连杆的长度，将上两式联解得：
$$a = (AC_2 - AC_1)/2$$
$$b = (AC_2 + AC_1)/2$$

连线 AD 的长度即为机架的长度 d。

⑤检验 γ_{min} 使其满足 $\gamma_{min} > (\gamma)$，按设计所得尺寸画出机构简图 $ABCD$。

摆动导杆机构和偏置式曲柄滑块机构也均有急回特性，亦可按给定的行程速比系数 K 来设计。见图 10-24 和图 10-25。应注意，在摆动导杆机构中，导杆的摆角等于极位夹角，即 $\psi = \theta$；在偏置式曲柄滑块机构中，滑块的导路中心线与曲柄固定铰链中心 A 的垂直距离为偏心距 e。这给作图带来方便。

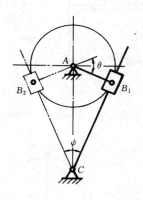

图 10-24　按 K 设计摆动导杆机构

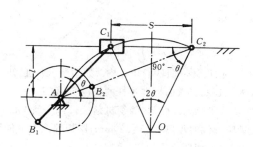

图 10-25　按 K 设计偏置式曲柄滑块机构

二、实现给定运动轨迹的设计

由前述已知，机构运动时，连杆上各点都能描绘出不同的封闭曲线，从而可以满足各种复杂的运动轨迹要求，然而，连杆曲线是高阶曲线，所以设计四杆机构使其连杆上某点实现任意的运动轨迹，是十分复杂的。为了便于设计，工程上常常利用已编辑成册的连杆曲线图谱来进行设计，设计者可从中选择一条与所要求曲线相似的连杆曲线，从而确定实现所给曲线的机构中各构件的相对尺寸。再根据两曲线比例大小的差别，放大或缩小其尺寸即可。

若图谱中没有所需的曲线，则可用实验法进行设计。

习 题

10-1 如图所示，设已知四杆机构各构件的长度为 $a=200$mm、$b=600$mm、$c=450$mm、$d=500$mm。

试问：①当取杆 a 为机架时，是否有曲柄存在，此时为什么机构？

②若各杆长度不变，能否获得双曲柄机构和双摇杆机构？如何获得？

10-2 试画图表示曲柄摇杆机构的极位夹角 θ、摆角 ψ、传动角 γ、压力角 α、最小传动角 γ_{min} 和死点出现的位置。

10-3 试问曲柄滑块机构最小传动角 γ_{min} 出现在什么位置。又问当忽略摩擦时，导杆机构的压力角等于多少？

10-4 试设计一翻料四杆机构，其连杆长 $BC=400$mm，连杆的两个位置关系如图所示，要求机架 AD 与 B_1C_1 平行，且在其下相距 350mm。

10-5 试设计一铰链四杆机构作为加热炉炉门的启闭机构（如图所示）。要求炉门打开后成水平位置时，炉门温度较低的一面朝上（如虚线所示），设固定铰链在 0-0 轴线上，其相关尺寸如图示。

10-6 已知：摇杆 $L_{CD}=80$mm，机架 $L_{AD}=120$mm，摇杆的一个极限位置与机架成 45°夹角，$K=1.4$，试设计该曲柄摇杆机构。

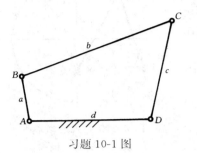

习题 10-1 图

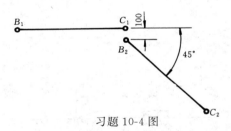

习题 10-4 图

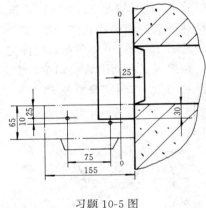

习题 10-5 图

10-7 试设计一曲柄滑块机构（如图所示）。已知滑块的行程 $H=200$mm，偏心距 $e=50$mm，行程速比系数 $K=1.25$。求曲柄和连杆的长度 L_1 和 L_2。

10-8 如图所示。已知：缝纫机踏板长 $L_{CD}=360$mm，踏板到大皮带轮轴线的距离 $L_{AD}=320$mm，踏板偏离水平位置上下各 15°。试求该四杆机构的 L_{AB} 和 L_{BC}。

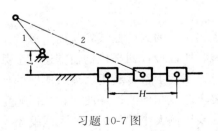

习题 10-7 图

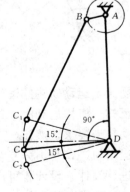

习题 10-8 图

第十一章 凸轮机构

§11-1 凸轮机构的应用与分类

凸轮机构的作用是将凸轮的转动转变为从动件的往复移动或摆动，在自动机械和自动装置中，应用十分广泛。下面举例说明凸轮机构的应用。

图 11-1 所示为内燃机的配气机构。当凸轮 1 转动时，气阀杆 2 能在固定的导轨中作往复运动，从而使气阀开启或关闭。图 11-2 所示为自动机床中的圆柱凸轮机构。机床的拖板 4 下有一滚子 2，并嵌在圆柱凸轮 1 的槽中，凸轮旋转时通过滚子及从动杆 3 带动拖板左右移动。

图 11-3 所示为一移动凸轮机构，凸轮 1 随机器的移动件一起移动而推动限位开关的滚子 2，使其上升，当凸轮移动到一定位置时，开关 3 便发出电讯号，从而起控制机器行程的作用。

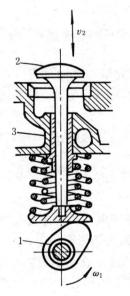

图 11-1 配气凸轮机构

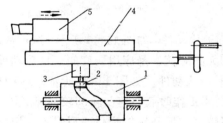

图 11-2 自动机床中的圆柱凸轮机构
1—圆柱凸轮；2—滚子；3—从动杆；4—拖板；5—刀架

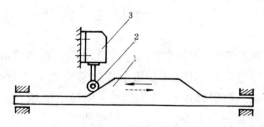

图 11-3 移动凸轮机构
1—凸轮；2—滚子；3—限位开关

从以上所举的实例可以看出，凸轮机构主要是由凸轮、从动件和机架三个基本构件组成。通常凸轮作匀速转动或作匀速移动，从动件则作移动或摆动。

凸轮机构的主要优点是：只要凸轮具有适当的轮廓曲线，就可使从动件实现复杂的运动规律（这在连杆机构中往往是难以做到的），并且它的结构简单紧凑。

凸轮机构的主要缺点是：从动件与凸轮是点或线接触，因而易于磨损，故凸轮机构一般用于工作时受力不大的自动机械和自动装置中，此外，凸轮轮廓曲线的加工也较困难。

凸轮机构的种类很多，通常按下列方式分类：

一、按凸轮的形状分

1. 盘形凸轮，如图 11-1 所示；
2. 圆柱凸轮，如图 11-2 所示；
3. 移动凸轮，如图 11-3 所示。

二、按从动件的端部结构分

1. 尖顶从动件，如图 11-4a 所示。它的优点是结构简单，而且不论凸轮轮廓曲线形状如何，尖顶都能保持与轮廓接触。但尖顶易于磨损，故只宜用于传力不大的低速凸轮机构中；

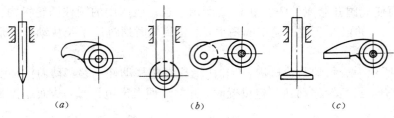

图 11-4 从动件的型式

2. 滚子从动件，如图 11-4b 所示。这种从动件的滚子与凸轮作滚动摩擦，不易磨损，它可承受较大的载荷。是应用最广的一种从动件；

3. 平底从动件，如图 11-4c 所示。这种从动件的受力方向恒与底面垂直（不计摩擦时），在高速工作时底面与凸轮间较易形成油膜，从而可以减少摩擦、磨损，故高速凸轮机构中应用较多。但凸轮轮廓呈凹形时不能用这种从动件。

除按上述方式分类外，还可以按从动件的运动形式分为往复直线移动式和往复摆动式。

§11-2 从动件的常用运动规律

在凸轮机构中通常凸轮为原动件。在凸轮的每一个运动循环内，从动件有几个不同的工作过程，现以图 11-5 所示尖顶移动从动件对心盘形凸轮机构为例说明如下：

以凸轮回转中心 O 为圆心，用最小半径 r_{min} 所画的圆称为基圆。在图示位置，尖顶与凸轮轮廓的 A 点接触，从动件相对凸轮回转中心 O 处在最近位置。当凸轮沿逆时针方向以等角速度 ω_1 转动时，在凸轮轮廓 AB 的推动下，从动件逐渐远离凸轮回转中心 O。凸轮上半径 OB 转到 OB' 位置时，凸轮转过 δ_t 角，从动件升到最远位置。这个过程称推程，δ_t 称推程运动角。从动件由最近到最远所走的距离 h 称升程。凸轮继续转动 δ_s 角。从动件尖顶与凸轮轮廓的圆弧 $\overset{\frown}{BC}$ 部分接触，在这段时间内从动件在最远位置停留不动，故 δ_s 角称远休止角。凸轮继续转动 δ_h 角，从动件由最远位置回到最近位置，该过程称为回程，δ_h 角称回程运动角。当凸轮继续转动 δ'_s 角时，从动件与凸轮轮廓的 $\overset{\frown}{DA}$ 圆弧部分接触，且保持最近位置

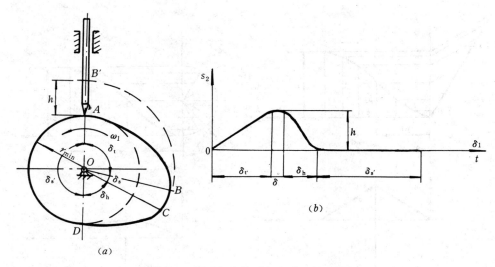

图 11-5 尖顶从动件对心盘形凸轮机构

不变，δ'_s 角称近休止角。图 11-5 (b) 表示了凸轮转角 δ_1 与从动件位移 S_2 的关系，称为从动件的位移线图。从动件的这些工作过程由机械的工艺要求来确定，过程的运动规律还与凸轮机构的运动性能与动力性能有关。下面介绍几种常见的从动件运动规律。

一、等速运动

从动件在推程或回程的速度保持为常数的运动规律称为等速运动规律。以推程为例，若以从动件的位移 S_2、速度 v_2 和加速度 a_2 为纵坐标，以时间 t 或凸轮转角 δ_1 ($\delta_1 = \omega_1 t$) 为横坐标，则推程的 S_2-t、v_2-t、a_2-t 线图如图 11-6 所示。

等速运动规律的缺点是从动件运动开始和终止的瞬间，理论上的加速度是无穷大，其惯性力将引起刚性冲击。因此，这种运动规律只适用于低速、轻载及从动件质量不大的场合。

二、等加速等减速运动

采用这种运动规律时，在推程中，通常取前半行程为等加速运动，后半行程为等减速运动，其加速度线图如图 11-7c 所示，速度线图如图 11-7b 所示。根据 $S = \frac{1}{2} at^2$ 可知，其位移线图为抛物线组成，抛物线图形可用计算法求出，也可用图解法确定。图 11-7a 为图解法：在横坐标上将长度为 $\delta_t / 2$ 的线段分成若干等分，图上为三等分，得 1、2、3 各点，过这些点作横坐标的垂直线。然后将 $h/2$ 分为三段，其上 1″、2″、3″ 三点与 0 点距离之比为 1：4：9，即 $\overline{01''}:\overline{02''}:\overline{03''} = 1:4:9$，过 1″、2″、3″ 向

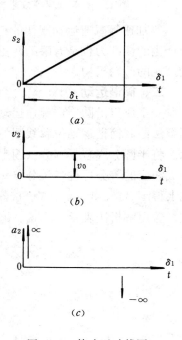

图 11-6 等速运动线图

对应的横坐标垂直线上投影得 1′、2′、3′；将这些点连成光滑的曲线即得到前半行程的等加速运动的位移曲线。用类似的方法可求得等减速段的位移曲线。

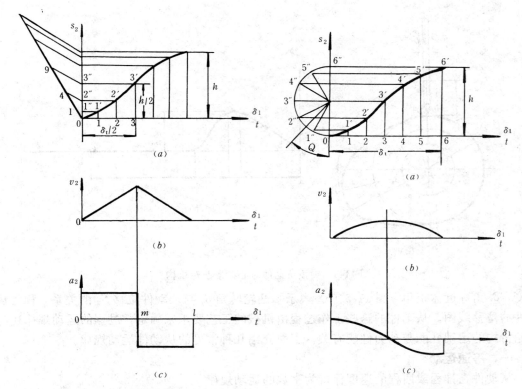

图 11-7 等加速等减速运动线图　　　　图 11-8 简谐运动线图

等加速等减速运动规律的特点是：在 o、m、l 各点的加速度有突变，但变化值有限，因而产生的惯性力也是有限的。由有限惯性力产生的冲击称柔性冲击。这种运动规律可用于较高速的凸轮机构。

三、简谐运动

一个质点沿圆周作等速运动时，它在该圆直径上的投影所构成的运动称简谐运动。用图解法绘制简谐运动位移线图的方法如下：以从动件的升程 h 为直径画半圆，如图 11-8a 所示。将半圆分成若干等分（图上六等分）得 $1''$、$2''$、$3''$、$4''$、$5''$、$6''$ 各点。把凸轮运动角 δ_t 分成相应的等分，过各等分点作横坐标的垂直线。然后将圆上的等分点投影到相应的垂直线上得 $1'$、$2'$、$3'$、$4'$、$5'$、$6'$ 各点，将这些点连成光滑的曲线即得所求的简谐运动位移曲线。若用解析法表示 $S_2-\delta_1$、$v_2-\delta_1$、$a_2-\delta_1$，在推程时从动件的简谐运动方程为：

$$\left. \begin{aligned} S_2 &= \frac{h}{2}\left(1 - \cos\pi\frac{\delta_1}{\delta_t}\right) \\ v_2 &= \frac{\omega_1 h}{2}\left(\frac{\pi}{\delta_t}\right)\sin\pi\frac{\delta_1}{\delta_t} \\ a_2 &= \frac{\omega_1^2 h}{2}\left(\frac{\pi}{\delta_t}\right)^2\cos\pi\frac{\delta_1}{\delta_t} \end{aligned} \right\} \quad (11\text{-}1)$$

由 $a_2-\delta_1$ 关系可以看出，它们之间是余弦关系，故又称简谐运动规律为余弦加速度运动规律。

这种运动规律与等加速等减速运动规律相似，具有柔性冲击，故宜用于较高速的凸轮机构。

为了避免柔性冲击及减少磨损，工程上还采用其它形式的运动规律，如正弦加速度运动规律、高次多项式运动规律等，或者将几种运动规律组合起来加以应用。

§11-3 盘形凸轮轮廓曲线设计

当从动件的运动规律已经确定，基圆半径 r_{min} 亦已选定以后，即可进行凸轮轮廓曲线的设计。设计凸轮轮廓曲线可用解析法，也可用图解法。下面介绍图解法设计几种常见的盘形凸轮轮廓的方法。

图解法设计凸轮轮廓曲线是根据相对运动原理利用反转法进行的。现先分析一已经设计好的凸轮机构如图 11-9a 所示。当凸轮以等角速度 ω_1 沿逆时针方向转动时，从动件能实现预期的运动规律。今若使整个凸轮机构以 $-\omega_1$ 方向绕轴 O 反转，显然这时凸轮对其从动件的相对运动不变。但此时凸轮可视为静止不动，而从动件将作复合运动，即从动件随同导路（即机架）绕轴 O 以 $-\omega_1$ 转动，同时又相对导路移动。这时从动件尖顶在从动件作此复合运动时的轨迹即凸轮轮廓，如图 11-9b 所示。此种设计方法称反转法。

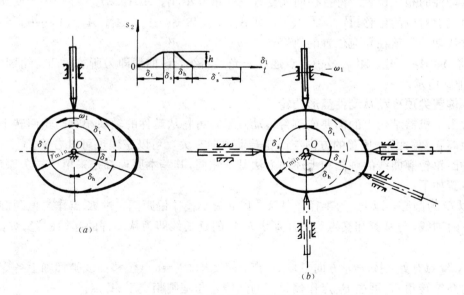

图 11-9 用反转法求盘形凸轮轮廓的原理

一、对心尖顶移动从动件盘形凸轮

设已知从动件的位移线图如图 11-10b 所示，凸轮的最小基圆半径 r_{min}，凸轮以 ω_1 沿逆时针方向转动。

作图步骤：

1. 以 O 为圆心，r_{min} 为半径作基圆（其比例尺与位移线图的比例尺相同），取 A 点为轮廓曲线起点，并画出从动件的起始位置。

2. 用反转法，从 OA 开始沿 $-\omega_1$ 方向，按位移曲线横坐标轴上各等分点所代表的凸轮

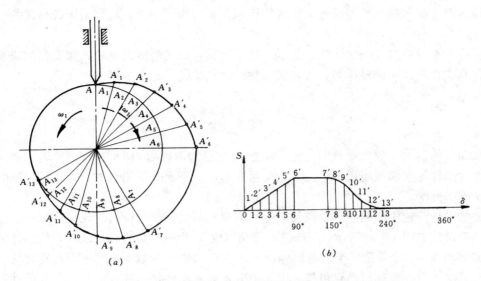

图 11-10 对心尖顶移动从动件盘形凸轮轮廓曲线的画法

转角,量取相应的等分点 A_1、A_2、A_3、……并作出径向线 OA_1、OA_2、OA_3、……,它们是反转时从动件的相应位置。将各径向线延长,并量取 $\overline{A_1A_1'}$、$\overline{A_2A_2'}$、$\overline{A_3A_3'}$、……,使其各等于位移曲线上对应的位移 $\overline{11'}$、$\overline{22'}$、$\overline{33'}$,即 S_1、S_2、S_3、……,A_1、A_2、A_3……,各点即是反转时从动件尖顶在相应位置的轨迹点。

3. 将 A、A_1'、A_2'、A_3'、……各点连成一光滑曲线,该曲线即为所求的凸轮轮廓曲线,如图 11-10a 所示。

二、偏置尖顶移动从动件盘形凸轮

有时为了机器结构上的需要或改善传动效果,可将从动件的轴线相对凸轮回转中心偏移一段距离 e(偏距)。偏置的方向与凸轮转动方向有关,可以左偏也可以右偏。

这种凸轮轮廓曲线的画法和上述的方法基本相同,其基本原理都是采用反转法原理,具体作图步骤如下:

1. 以 O 为圆心,以 r_{min} 为半径作基圆,以 e 为半径作偏距圆。过 K 点作与偏距圆相切的从动件的轴线,与基圆相交点为 A_0,直线 KA_0 的延长线即为从动件的起始位置。如图 11-11a 所示。

2. 从 K 点开始,按 $-\omega_1$ 方向量取 B_1 点,使 $\angle KOB_1 = \delta_1$(位移曲线坐标轴上各等分点所代表的凸轮转角),再过 B_1 点作偏距圆的切线,与基圆相交于 A_1' 点。

3. 延长 B_1A_1' 到 A_1 点,使 $\overline{A_1A_1'}$ 等于位移曲线上与 δ_1 相应的从动件位移 $\overline{11'}$,则 A_1 就是反转时凸轮轮廓曲线上的一点。依此类推,即可求出凸轮轮廓上的数个点 A_1、A_2……,将这些点连成光滑曲线,即得到凸轮轮廓曲线。

如采用滚子从动件时,其凸轮轮廓曲线设计方法与尖顶从动件相似,具体画法是:以滚子中心当作尖顶从动件的尖顶,按给定条件首先设计出一条凸轮轮廓曲线 β_0,如图 11-12 所示,此轮廓曲线称为凸轮的理论轮廓曲线。然后以理论轮廓曲线上各点为圆心、滚子半径为半径画一系列的滚子圆,这些圆的内包络线 β 便是滚子从动件凸轮的实际轮廓曲线。

若采用平底从动件,其画法是可将推杆中心线与平底的交点 A_0 当作尖顶从动件的尖

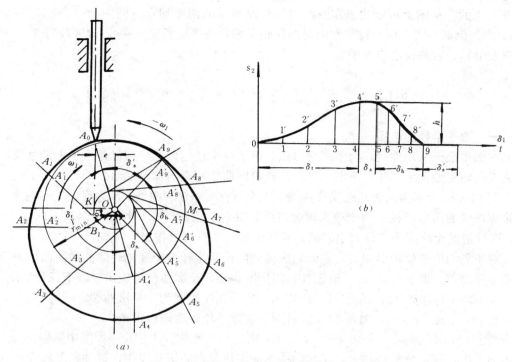

图 11-11 偏置凸轮机构轮廓曲线的画法

顶，画理论轮廓线上一系列的点 A_1、A_2、A_3……。然后过这些点垂直于推杆中心线画出各个位置相应的平底 A_1B_1、A_2B_2、A_3B_3、……。最后作这些平底的包络线，该包络线即为凸

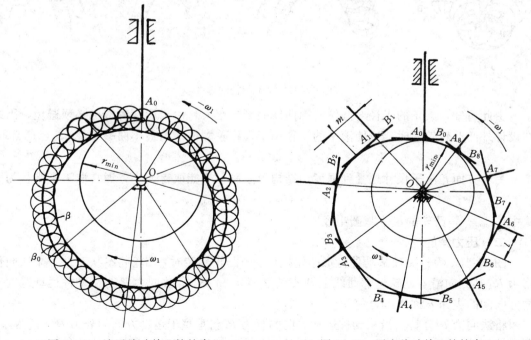

图 11-12 滚子从动件凸轮轮廓　　　　图 11-13 平底从动件凸轮轮廓

轮的实际轮廓曲线，如图 11-13 所示。从图上可以看出，平底与实际轮廓相切的点是随机构位置变化的，从图上可以找出左右两侧距导路最远的两个切点（图中为 A_1 和 A_6 两个位置），作为保证平底在所有位置都能与凸轮轮廓相切的平底长度分别为 m 和 l，平底左侧长度应大于 m，右侧长度应大于 l。

§11-4 设计凸轮时应注意的几个问题

一、滚子半径的选择

在采用滚子从动件时，为了减少磨损，滚子的半径越大越好。但是滚子半径过大，则会造成凸轮不能正常工作。下面从它对凸轮轮廓曲线的影响加以说明。

图 11-14a 所示为内凹凸轮轮廓曲线，A 为凸轮实际轮廓曲线，B 为理论轮廓曲线。实际轮廓曲线的曲率半径 ρ' 等于理论轮廓曲线的曲率半径 ρ 与滚子半径 r_T 之和，即 $\rho' = \rho + r_T$。这种情况无论滚子半径大小如何，实际轮廓曲线总可以作出。

对于外凸的凸轮轮廓曲线，实际轮廓曲线的曲率半径等于理论轮廓曲线的曲率半径与滚子半径之差，即 $\rho' = \rho - r_T$。根据其具体情况，实际轮廓曲线可能出现以下三种情况：

当 $\rho > r_T$ 时，$\rho' > 0$，如图 11-14b 所示，实际凸轮轮廓为一平滑曲线。

当 $\rho = r_T$ 时，$\rho' = 0$，如图 11-14c 所示，实际凸轮轮廓产生尖角。

当 $\rho < r_T$ 时，$\rho' < 0$，如图 11-14d 所示，实际凸轮轮廓发生相交，如图中阴影部分，在实际加工中，这部分将被切去，使从动件不能实现预期的运动规律，这种现象称为失真。

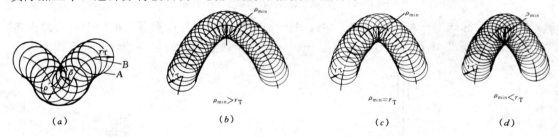

图 11-14　滚子半径的选择

由此可知，滚子的半径对凸轮轮廓曲线的影响很大，由于后两种情况必须避免，因此在设计外凸凸轮轮廓时，应使滚子的半径小于理论轮廓曲线的最小曲率半径 ρ_{min}，通常取

$$r_T \leqslant 0.8 \rho_{min}$$

另一方面，滚子尺寸还受到强度、结构等限制，不能取得太小，通常取滚子半径为

$$r_T = (0.1 \sim 0.5) r_{min}$$

式中　r_{min}——凸轮的最小基圆半径。

二、压力角的选择

图 11-15a 为一尖顶从动件盘形凸轮机构。当凸轮旋转时，凸轮将给从动件一个法向作用力 R，其方向沿着凸轮轮廓曲线上 A 点的法线 $n-n$ 方向，法向力 R 与从动件运动速度 v_2 的方向间的夹角 α 称为压力角。

将法向力 R 分解为沿从动件运动方向的分力 R' 和垂直于运动方向的分力 R''。显然，R' 是推动从动件运动的有效分力，而 R'' 使从动件与机架槽（导路）间的压力增大，从而使摩擦力增大。当压力角 α 增大到某一程度时，由 R'' 引起的推杆与其导路之间的摩擦阻力大于有效分力 R'，此时，无论凸轮加给从动件的力 R 多大，从动件均不能运动（卡死），凸轮机构的这种现象称为自锁。所以为了保证凸轮机构能正常工作，必须对压力角加以限制。因凸轮轮廓上各点的压力角是不相同的，在设计时应使凸轮轮廓上最大的压力角不超过某一许用值。根据实践经验，压力角的最大许用值 [α] 推荐如下：

对于移动从动件在推程时取 [α]≤30°；在回程时取 [α]≤80°。若压力角超过许用值，应修改设计，修改的方法是加大凸轮的基圆半径。

三、基圆半径的选择

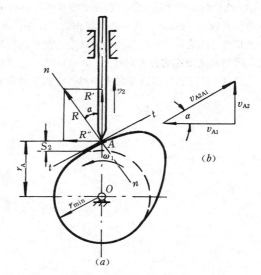

图 11-15 基圆半径大小对凸轮机构的影响

如图 11-15b 所示，设上述凸轮上 A 点的速度为 v_{A1}，从动件上 A 点的速度为 v_{A2}，由图可知

$$v_{A2} = v_{A1} \cdot \mathrm{tg}\alpha = r_A \cdot \omega_1 \cdot \mathrm{tg}\alpha$$

或

$$r_A = \frac{v_{A2}}{\omega_1 \cdot \mathrm{tg}\alpha}$$

又根据凸轮接触点的向径 r_A 与从动件位移 S_2 之间的关系为

$$S_2 = r_A - r_{\min}$$

故

$$r_{\min} = \frac{v_{A2}}{\omega_1 \cdot \mathrm{tg}\alpha} - S_2 \tag{11-2}$$

由上式可知，当从动件的运动规律给定后，v_{A2}、S_2 和 ω_1 均为已知，若 α 角愈小则凸轮的基圆半径 $r_{\min}$ 将愈大，凸轮机构尺寸就愈大。

从上述的凸轮机构的受力和凸轮机构的尺寸两方面对基圆半径提出了相互矛盾的要求，因此，在设计时必须根据具体情况，抓住主要矛盾，合理地解决这一对矛盾。一般是在压力角 α 不超过许用值 [α] 的原则下，尽可能用小的基圆半径，对尺寸不受限制的凸轮机构基圆半径可取得大些，通常取为

$$r_{\min} \geqslant 1.8 r_0 + r_T + (6 \sim 8)\mathrm{mm}$$

式中 r_0——凸轮轴的半径。

习 题

11-1 试绘制一对心移动尖顶从动件盘形凸轮机构的凸轮轮廓，已知凸轮以等角速度沿顺时针方向转动，凸轮的基圆半径 $r_{\min} = 30$mm，从动件的升程 $h = 20$mm，$\delta_t = 120°$，$\delta_f = 120°$，$\delta_s' = 120°$，从动件在推程及回程均作等加速等减速运动。

11-2　试绘制一偏置移动滚子从动件盘形凸轮机构的凸轮轮廓，已知凸轮以等角速度沿顺时针方向转动，凸轮的基圆半径 $r_{min}=50$mm，偏置距离 $e=10$mm（从动件偏向凸轮轴的左侧），$\delta_t=180°$，$\delta_h=180°$，从动件升程 $h=25$mm，从动件推程作简谐运动，回程作等速运动。

11-3　试绘制一对心移动平底从动件盘形凸轮机构的凸轮轮廓，已知凸轮的基圆半径 $r_{min}=50$mm，凸轮以等角速度沿逆时针方向转动，$\delta_t=180°$，$\delta_h=180°$，从动件推程作简谐运动，回程作等速运动。

11-4　试述凸轮基圆半径大小对凸轮机构的影响。

第十二章 间 歇 机 构

间歇机构是将机构中原动件的连续运动转换成从动件的时停时动的间歇运动的机构。间歇机构广泛地应用于各种机械中，如自动机床的进给机构，印刷机的送纸机构等。

间歇机构的类型很多，本章仅介绍应用最广的棘轮机构和槽轮机构。

§12-1 棘 轮 机 构

一、棘轮机构的工作原理、类型及特点

（一）工作原理

典型的棘轮机构如图12-1所示，它由棘轮4、棘爪3、5和摇杆2组成。棘轮4固定在轴1上，摇杆2空套在轴1上，棘爪3与摇杆2用回转副相联。当摇杆2沿逆时针方向摆动时，靠重力或弹簧力嵌入棘轮齿槽内的棘爪3驱使棘轮转过一定的角度。当摇杆2沿顺时针方向摆动时，棘爪3在棘轮的齿背上滑过，此时棘轮静止不动，从而实现时停时动的运动目的。为防止棘轮反转，安装了一个止动棘爪5。

（二）棘轮机构的类型及特点

按传递力的方式，常用的棘轮机构可分为棘爪式和摩擦式两大类。

1. 棘爪式棘轮机构

这种机构常分为三种形式：单动式棘轮机构，如图12-1所示，其特点是摇杆往复摆动一次，棘轮转过一定的角度；双动式棘轮机构，如图12-2所示，其特点是摇杆1作往复摆动时，其上的两个棘爪3交替地驱动棘轮沿一个方向作间歇运动；可变向的棘轮机构，如图12-3所示，这种棘轮机构中的棘轮齿形为矩形。通过棘爪3的位置（位于摇杆1左边、如图中实线位置，或翻转至摇杆1的右边、如图中虚线位置）来改变棘轮间歇运动的方向。

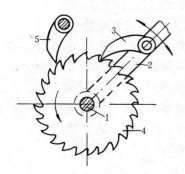

图12-1 棘轮机构的组成
1—轴；2—摇杆；3—棘爪；
4—棘轮；5—止动棘爪

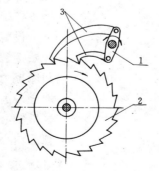

图12-2 双动式棘轮机构
1—摇杆；2—棘轮；3—棘爪

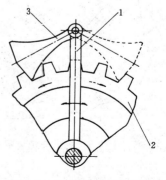

图12-3 可变向的棘轮机构
1—摇杆；2—棘轮；3—棘爪

上面介绍的几种棘爪式棘轮机构，在摇杆摆角一定的条件下，棘轮每次的转角是不能改变的，如果在棘轮外安装一个棘轮罩，如图 12-4 所示，用以遮盖摇杆摆角范围内的一部分齿，通过改变遮板的位置以得到所需的棘轮转角。

2. 摩擦式棘轮机构

图 12-5 所示为一种摩擦棘轮机构。当外套筒 1 逆时针方向转动时，因摩擦力的作用使滚子 3 楔紧在内外套筒之间，借助此摩擦力带动内套筒及轴一起转动。当外套筒顺时针方向转动时，滚子松开，故内套筒 2 及轴静止不动。

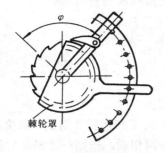

图 12-4 可调转角的棘轮机构

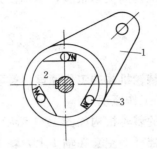

图 12-5 摩擦棘轮机构

1—外套筒；2—内套筒；3—滚子；

爪式棘轮机构具有结构简单，转角大小改变方便等优点，但棘爪与棘轮齿接触时有冲击大。传动平稳性差的缺点，故多用于低速、传递载荷不大的场合。摩擦棘轮传动平稳无噪声，工作可靠，故其应用日趋广泛。

二、棘轮机构的设计

（一）棘轮与棘爪的轴心位置

棘轮机构在工作时，棘轮和棘爪间产生相互作用力，棘爪可以看作是二力杆（不计自重），因此棘爪给棘轮的推力，其作用线必须通过棘爪的轴心 O_2，如图 12-6 中所示的直线 $\overline{GO_2}$。

（二）棘轮的齿面倾角

设棘爪和棘轮在图 12-6 中的 G 点开始接触，棘爪上受到法向反作用力 N 和摩擦力 F 的作用。为了使棘爪能顺利地进入齿槽底部，必须使法向反力 N 对棘爪轴心 O_2 的力矩，大于摩擦力 F 对棘爪轴心 O_2 的力矩。即

$$N \cdot L \cdot \sin\alpha > F \cdot L \cdot \cos\alpha$$

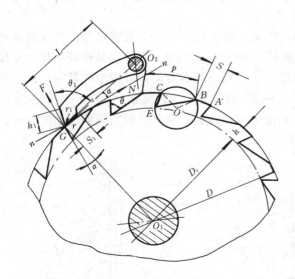

图 12-6 棘爪与棘齿不滑脱条件

因为
$$F = N \cdot f;\ \mathrm{tg}\varphi = f$$

则有 $\quad \text{tg}\alpha > f$

或 $\quad \alpha > \varphi$

式中 　L——棘爪长度；

$f \cdot \varphi$——分别为棘爪与棘齿面间的摩擦系数和摩擦角；

α——棘轮齿面与半径 O_1G 的夹角，称齿面倾角。

由上面分析可知，要保证棘爪能顺利的进入棘齿槽底部，棘轮的齿面倾角 α 必须大于接触面处的摩擦角 φ。

当 $f = 0.2$，$\varphi = 11°10'$，故一般取 $\alpha = 20°$。

三、棘轮机构的主要参数与几何尺寸

棘轮和棘爪的主要参数与几何尺寸计算分别见表 12-1 和图 12-6。

棘轮机构几何尺寸的计算公式　　　　表 12-1

名　　称	符　号	计 算 公 式 与 说 明
模　　数	m	由强度计算或类比法确定。常用模数有：1、2、3、4、5、6、8、10、12、16 等
齿　　数	Z	通常在 8～30 范围内选取，特殊用途不在此限
顶圆直径	D	$D = mZ$
齿　　高	h	$h = 0.75m$
根圆直径	D_i	$D_i = D - 2h$
周　　节	p	$p = \pi m$
齿 顶 厚	S	$S = m$
齿　　宽	b	$b = \psi_m m$，ψ_m 为齿宽系数 $\begin{cases} 铸铁 \psi_m = 1.5 \sim 6.0 \\ 铸钢 \psi_m = 1.5 \sim 4.0 \\ 锻钢 \psi_m = 1 \sim 2 \end{cases}$
齿槽圆角半径	r	$r = 1.5$mm
齿槽夹角	θ	$\theta = 60°$ 或 $55°$，可根据铣刀角度决定
棘爪长度	L	$L = 2p$
棘爪工作高度	h_1	一般取 $h_1 = 1.5m$
棘爪齿顶圆角半径	r_1	$r_1 = 2$mm
棘爪齿形角	θ_1	$\theta_1 = \theta - (1° \sim 3°)$
棘爪底平面长度	S_1	$S_1 = (1 \sim 0.8)m$

由表 12-1 算出棘轮的各部分尺寸后，按下述方法画棘轮齿形，如图 12-6 所示。先画出齿顶圆和齿根圆，以周节 p 等分齿顶圆，自任一等分点 A' 作弦 $\overline{A'B} = S = m$，再从 B 点到第二等分点 C 作弦 $\overline{BC}$，过点 C、B 分别作角 $\angle O'CB = \angle O'BC = 90° - \theta$ 得 O' 点，以点 O' 为圆

心，$\overline{O'B}$ 为半径画圆交齿根圆于 E 点，连 $\overline{CE}$ 得棘齿工作面，连 $\overline{BE}$ 得全部齿形。

§12-2 槽 轮 机 构

一、槽轮机构的组成、工作原理和特点

如图 12-7 所示，槽轮机构由具有径向槽的槽轮 2、带有圆销 A 的拨盘 1 和机架组成。主动件拨盘 1 作等速转动。在拨盘的圆销 A 尚未进入从动件槽轮的径向槽时，槽轮上的内凹锁住弧 β 被拨盘上的外凸圆弧卡住，槽轮静止不动。当圆销 A 开始进入槽轮的径向槽，如图 12-7 所示位置，锁住弧被松开，圆销驱使槽轮沿顺时针方向转动。当圆销 A 开始脱离径向槽时，槽轮的另一锁住弧又被拨盘外凸圆弧卡住。由此实现槽轮周期性的间歇运动。

槽轮机构不仅结构简单、机械效率高，且能平稳地实现间歇运动而无刚性冲击，故在自动化和半自动化机械中应用比较广泛。图 12-8 所示为电影放映机中的槽轮机构。图 12-9 所示为六角车床刀架的转位机构。

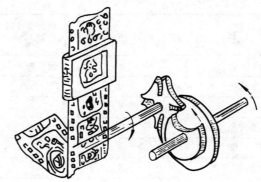

图 12-8 电影机上的槽轮机构

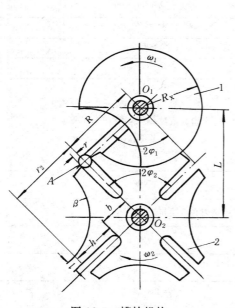

图 12-7 槽轮机构
1—拨盘；2—槽轮

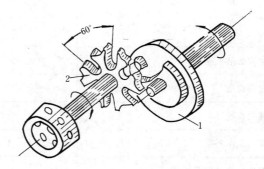

图 12-9 六角车床上的槽轮机构
1—拨盘；2—槽轮

二、槽轮机构的主要参数

槽轮机构的主要参数是槽轮的槽数 Z 和拨盘的圆销数 K。

为了避免圆销与槽轮的刚性冲击，应保证圆销开始进入和脱离径向槽的瞬时，槽轮的瞬时角速度为零，即 $\overline{O_2A}$ 应与 $\overline{O_1A}$ 垂直，如图 12-7 所示。设 Z 为均匀分布的径向槽数，当

槽轮转过 $2\varphi_2 = \dfrac{2\pi}{Z}$ 弧度时，拨盘的转角 $2\varphi_1$ 为

$$2\varphi_1 = \pi - 2\varphi_2 = \pi - \dfrac{2\pi}{Z}$$

在一个运动循环内，槽轮 2 的运动时间 t_m 与拨盘运动时间 t 之比，称为槽轮机构的运动特性系数，并用 τ 表示

$$\tau = \dfrac{t_m}{t}$$

当拨盘作等速转动时，其比值 τ 可用转角比来表示。对于只有一个圆销的槽轮机构

$$\tau = \dfrac{t_m}{t} = \dfrac{2\varphi_1}{2\pi} = \dfrac{\pi - \dfrac{2\pi}{Z}}{2\pi} = \dfrac{Z-2}{2Z} \tag{12-1}$$

由上式可知，因为运动特性系数 τ 必须大于零，故槽轮的槽数最少等于 3。同样也可以看出，对于只有一个圆销的槽轮机构，其 τ 总是小于二分之一，即槽轮每次转动的时间总小于其停歇的时间。若想使 τ 值大于 0.5，可在拨盘上均匀安装几个圆销。设圆销数目为 K，则

$$\tau = K \cdot \dfrac{Z-2}{2Z} \tag{12-2}$$

又因为间歇机构的运动特性系数 τ 应小于 1，故上式应满足

$$\tau = K \cdot \dfrac{Z-2}{2Z} < 1 \tag{12-3}$$

所以

$$K < \dfrac{2Z}{Z-2} \tag{12-4}$$

由此可得出槽轮径向槽数与圆销数之间的关系为

槽数 Z 3   4 $\geqslant 6$
销数 K 1～5   1～3   1～2

在常用的槽轮机构中，很少用槽数小于 3 和大于 9 的槽轮机构。因为槽数少时，槽轮的角速度变化很大，引起槽轮机构的冲击与振动。但槽数过多时，在中心距一定的情况下，槽轮的尺寸相对较大，转动时惯性力矩也大，而 τ 的变化很小。因此，常用槽轮的槽数 Z 为 4～8。

三、槽轮机构的几何尺寸

槽轮机构的有关几何尺寸计算见图 12-7 及表 12-2。

槽轮机构的几何尺寸计算公式   表 12-2

名　称	符　号	公　式　与　说　明
圆销的转动半径	R	$R = L \cdot \sin \dfrac{\pi}{Z}$，$L$——中心距
圆销半径	r	$r \approx \dfrac{1}{6} R$

续表

名称	符号	公式与说明
槽顶高	r_2	$r_2 = L \cdot \cos\dfrac{\pi}{Z}$
槽底高	b	$b = L - (R + r)$
槽深	h	$h = r_2 - b$
锁住弧半径	R_x	$R_x = K_A r_2$,其中 $\begin{array}{c\|ccccc} Z & 3 & 4 & 5 & 6 & 8 \\ \hline K_A & 1.4 & 0.7 & 0.48 & 0.34 & 0.2 \end{array}$ 并要求保证 $e = (0.6\sim0.8)r$,且不应小于 $3\sim5$mm e 为槽顶一侧壁厚
锁住弧张开角	γ	$\gamma = \dfrac{2\pi}{K} - 2\varphi_1 = 2\pi\left(\dfrac{1}{K} + \dfrac{1}{Z} - \dfrac{1}{2}\right)$

习 题

12-1 试比较棘轮机构、槽轮机构的特点和用途。

12-2 已知一棘轮机构,棘轮模数 $m=5$mm,齿数 $Z=12$,试确定棘轮的几何尺寸并画出棘轮齿形。

12-3 有一槽轮机构,槽数 $Z=4$,中心距 $L=100$mm,拨盘上有一个圆销,试求槽轮机构的运动特性系数 τ。

12-4 一槽轮机构,已知中心距 $L=80$mm,槽轮槽数 $Z=5$,拨盘上有一个圆柱销,圆销半径 $r=8$mm,试计算该机构的主要尺寸并画出其机构简图。

第十三章 平衡与调速

§13-1 回转构件的平衡

一、回转构件平衡的目的和分类

在机器中,有许多构件是绕某一固定轴线回转的,这些绕某一固定轴线回转的构件称为回转构件又称转子。如齿轮、砂轮、风机的叶轮、内燃机的曲轴、电机转子等。有些回转构件由于结构的不对称、材料的不均匀或制造误差等原因,使其重心(质心)偏离回转轴线,因此,当此构件回转时便产生离心力(惯性力)。离心力不仅使构件内部产生附加应力,而且还会在轴承上引起附加动压力,甚至使整台机器产生质期性振动与噪声,导致机器本身工作精度和可靠性下降。例如一个重 100N 的风机叶轮,质心偏离回转轴线 0.001mm,当其转速为 3000r/min 时,其离心力可达 1000N。

因此,如何设法调整回转构件的质量分布,使回转构件的不平衡重量得到平衡,以消除轴承的附加压力,减小机器的振动和噪声,改善机器的工作状况,这便是研究回转构件平衡的目的。

根据回转构件轴向长度 L 和直径 D 的比值,可将回转构件(转子)的不平衡状态分为两种。

(一)静平衡

对于轴向尺寸(宽度)较径向尺寸小得多的构件,如飞轮、砂轮等,其不平衡重量可以近似地认为分布在同一回转平面(垂直于回转轴线的平面)内。不平衡重量分布在同一回转平面内的回转构件的平衡,称为静平衡。

(二)动平衡

如果回转构件的轴向尺寸较大,如电动机的转子、发动机的曲轴等,则其不平衡重量不能近似地认为分布在同一回转平面内,这种构件的平衡称为动平衡。

二、回转构件的静平衡计算

如图 13-1a 所示的不平衡回转构件,当以角速度 ω 回转时,各偏心质量产生的离心力形成一个汇交于回转轴的平面汇交力系,要使这类转子平衡,只需在该回转平面内某一方位上加一适当的质量,使其产生的离心力与原有偏心质量所产生离心力分力之和等于零即可。如图 13-1a 中的偏心质量为 G_1、G_2、G_3,它们的质心分别为 C_1、C_2、C_3,其向径分别为 $\vec{r}_1$、$\vec{r}_2$、$\vec{r}_3$。这些偏心质量产生的离心力 $\vec{F}_1$、$\vec{F}_2$、$\vec{F}_3$ 组成一平面汇交力系。在该平面内加一平衡重量(质量)为 G_b,其重心(质心)的向径为 r_b。这一平衡重量产生的离心力 $\vec{F}_b$ 与原来的离心力系平衡,故得

$$\vec{F}_1 + \vec{F}_2 + \vec{F}_3 + \vec{F}_b = 0$$

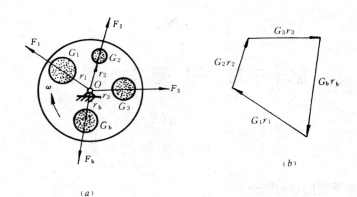

图 13-1 回转件的静平衡

若以重量表示，则上式可改写为

$$\frac{G_1}{g}\vec{r}_1\omega^2 + \frac{G_2}{g}\vec{r}_2\omega^2 + \frac{G_3}{g}\vec{r}_3\omega^2 + \frac{G_b}{g}\vec{r}_b\omega^2 = 0$$

由上式得

$$G_1\vec{r}_1 + G_2\vec{r}_2 + G_3\vec{r}_3 + G_b\vec{r}_b = 0 \tag{13-1}$$

式中 $G_1\vec{r}_1$、$G_2\vec{r}_2$、$G_3\vec{r}_3$ 为已知向量，$G_b\vec{r}_b$ 为未知向量，故可用向量图解法求出，如图 13-1b 所示。$G\vec{r}$ 通常称为重径积。

求出 $G_b\vec{r}_b$ 后，可根据回转构件的结构特点选定 $\vec{r}_b$ 的大小，从而求出 G_b 的值。

当偏心质量为若干个（设为 n 个）时，式（13-1）可改写为

$$\sum_{i=1}^{n} G_i\vec{r}_i + G_b\vec{r}_b = 0 \tag{13-2}$$

公式（13-2）为静平衡条件。

三、回转构件的动平衡计算

如图 13-2a 所示的回转件在 1、2、3 三个回转平面内有不平衡重量 G_1、G_2、G_3，其向径分别为 $\vec{r}_1$、$\vec{r}_2$、$\vec{r}_3$。当其转动时所产生的离心惯性力系为空间力系。要进行动平衡，一般要选定能装平衡重量的两个平面 T' 和 T''，根据静力学的原理，在向径不变的条件下，任一平面内的不平衡重量 G_i 都可用 T' 和 T'' 两个平面上的 G'_i 和 G''_i 来代替，其关系为

$$G'_1 = \frac{L''_1}{L}G_1; \quad G''_1 = \frac{L'_1}{L}G_1$$

$$G'_2 = \frac{L''_2}{L}G_2; \quad G''_2 = \frac{L'_2}{L}G_2$$

$$G'_3 = \frac{L''_3}{L}G_3; \quad G''_3 = \frac{L'_3}{L}G_3$$

因此，该回转件的不平衡完全可用 T' 和 T'' 两个回转平面内的不平衡来代替。计算 T' 和 T'' 两个平面的不平衡可用静平衡计算方法。对于回转平面 T'，由式（13-1）可得

$$G'_b \vec{r}'_b + G'_1 \vec{r}_1 + G'_2 \vec{r}_2 + G'_3 \vec{r}_3 = 0$$

$G'_b r'_b$ 可用向量图解法求出，如图 13-2b 所示，当选定 r'_b 后，即可算出 G'_b。

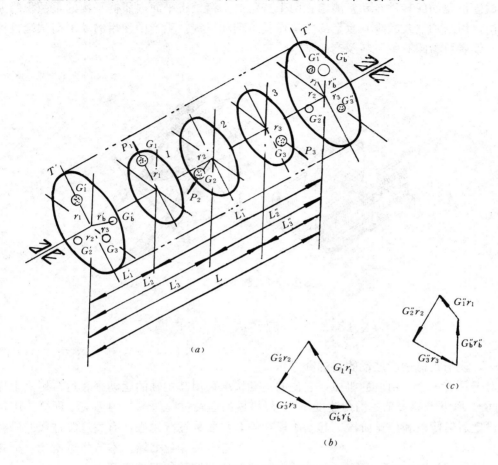

图 13-2 回转件的动平衡计算

同理，对于回转平面 T'' 有

$$G''_b \vec{r}''_b + G''_1 \vec{r}_1 + G''_2 \vec{r}_2 + G''_3 \vec{r}_3 = 0$$

$G''_b r''_b$ 的向量图解法如图 13-2c 所示。当选定 r''_b 后，即可算出 G''_b。

可以看出，动平衡问题要在两个平衡校正平面 T' 及 T'' 加、减重径积才能解决。所以往往动平衡的构件一定是静平衡的，而静平衡的构件则不一定是动平衡的。

四、回转构件平衡的试验法简介

在生产过程中，由于材料的不均匀性和加工、安装误差等影响，即使在设计时平衡好的回转构件还需用试验的方法加以平衡。

静平衡在如图 13-3 所示的（a）或（b）两种静平衡架上进行。用手盘转回转件，若有不平衡重量，则该回转件静止时其重心必处于最低位置。用橡皮泥或其它方法在重心相反的方向试加适当的平衡重量（或在重心方向减少适当重量），并逐步调整其大小或径向位置，直到该回转件盘转到任意位置都能保持静止不动，则该回转件已完全静平衡。

动平衡试验法是在动平衡机上进行。由前述动平衡原理可知，要使回转件完全动平衡，必须在两个选定的平衡校正平面内各加（或减少）适当的平衡重量才能达到平衡。利用动平衡试验机驱动回转件转动，测定在两个选定的平衡校正平面内所需平衡的重径积的大小和方位，用增加（或减少）重量的方法使其达到动平衡。生产中使用的动平衡试验机种类很多，读者可参阅有关资料及产品样本。

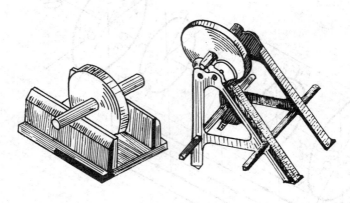

图 13-3　静平衡架

§13-2　机械速度波动的调节

一、调节机械速度波动的目的和方法

对于具有一个自由度的机械，它们的运动情况可用其主轴的运动来表达。用横坐标表示时间 t，用纵坐标表示主轴角速度 ω，一般机械的运转过程如图 13-4 所示，即分为起动阶段、稳定运转阶段和停车阶段。起动阶段和停车阶段称过渡过程，有关过渡过程的研究可参考有关专业书籍。本节将讨论稳定运转阶段速度波动的调节问题。

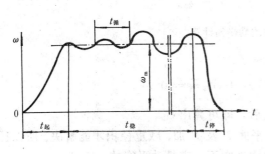

图 13-4　机械的运转过程

机械在稳定运转阶段的速度波动情况与作用在机械上的外力特性有关。这些外力可分为驱动力和阻抗力两大类，驱动力所作的功将使机械动能增加，因而转速上升；阻抗力所作的功使机械动能减少，转速下降。在稳定运转阶段的任意时间间隔内若驱动力所作的功均等于阻抗力所消耗的功，则机械主轴将保持匀速运动，即 ω—t 的关系为一条平行于横坐标 t 的直线，这种机械是不需要调速的。例如用电动机驱动离心式通风机或离心式水泵等。但有许多机械，例如用电动机驱动的曲柄式钢板剪切机、内燃机驱动的叶轮式水泵等，虽然在每一个稳定运转循环的时间间隔 $t_循$ 内驱动力所作的功等于阻抗力所消耗的功，但在一个循环内的某段时间间隔内它们并不相等。当驱动力所作的功大于阻抗力所消耗的功时，将出现盈功，盈功使机械动能增加；反之，将出现亏功，亏功使机械动能减少，这样就使机械运转速度发生波动。机械的速度波动会使运动副中产生附加动载荷，降低机械的效率，引起机械振动，影响机械零件的强度和寿命等。因此，对机械速度波动进行调节，将它限制在容许的波动范围内，以减少上述不良影响，这就是研究机械速度波动调节的目的。

机械在稳定运转阶段的速度波动情况有两种：即周期性的速度波动和非周期性的速度波动。相应的调节方法不同。

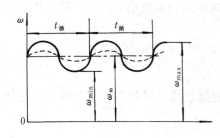

图 13-5　周期性速度波动

（一）调节周期性速度波动的方法

当机械动能的增减作周期变化时，其主轴的角速度也作周期性的波动，如图 13-5 所示，ω_{min}、ω_{m}、ω_{max} 代表机械主轴的最小角速度、平均角速度和最大角速度。这种速度波动的特点是主轴角速度 ω 经过一个运动周期 $t_{循}$ 后又回到初始状态，因而称为一个稳定运转循环。显然，在一个稳定运转循环内驱动力所作的功等于阻抗力所作的功，机械动能没有增减。但是，在周期中的某段时间间隔内，它们所作的功不相等，因而出现周期性的速度波动。对于这种周期性速度波动的调节方法是在机械的某一回转构件上加一转动惯量很大的轮子，称为飞轮。当驱动力所作的功大于阻抗力所作的功时，飞轮能将盈功转变为动能储存起来，由于飞轮转动惯量很大，因而其速度上升较少；反之，飞轮将动能释放出来以补亏功之不足，但其速度下降较少，从而使机械的速度波动变小。图 13-5 中虚线表示机械安装飞轮后主轴的速度波动情况。

（二）调节非周期性的速度波动的方法

如果驱动力所作的功在较长一段时间内不等于阻抗力所作的功，则机械的速度可能一直上升，以致超过机械强度所容许的极限速度，导致机械损坏，或一直下降，直至停车。汽轮发电机组若在供汽量不变，而用电量持续增加或减少时，就会出现上述情况。这种速度波动是不规则的，亦没有一定的周期，如图 13-6 所示。这种速度波动称非周期性速度波动。

非周期性的速度波动是由于输入、输出能量的持续增、减，所以不能用飞轮来调节，而要用一种能够控制输入能量的装置——调速器来完成。图 13-7 所示为机械式离心调速器的工作原理图。当负荷突然减小时，原动机 2 和工作机 1 的主轴转速升高，并通过圆锥齿轮

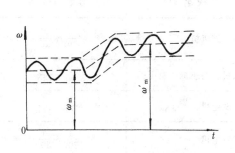

图 13-6　非周期性速度波动

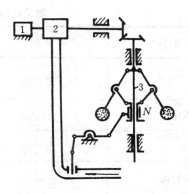

图 13-7　机械式离心调速器
1—工作机；2—原动机；3—调速器

传动使调速器主轴 3 的转速亦随之升高。这时，重球因离心惯性力增大而向上抬起，带动圆筒 N（相当于滑块）及一系列杆件，将节流阀关小，减少蒸汽的输入量，使输入功与负荷所消耗的功达到新的平衡，机械的速度稳定在一个新的较高数值 ω'_m 上，如图 13-6 所示。同样，当负荷突然增加时，机械的速度将稳定在一个新的较低数值上。

二、机械运转的平均速度和不均匀系数

对于周期性速度波动的波动情况常用平均速度 ω_m 和不均匀系数 δ 来表示。若主轴角速度随时间变化的规律为 $\omega = f(t)$，则一个周期内的实际平均角速度值 ω_m 可用下式求得

$$\omega_m = \frac{\int_0^{t_{循}} \omega dt}{t_{循}}$$

一般 ω 的变化规律十分复杂，不容易给出其简单的函数式，因此工程上常用算术平均值来近似地代替实际平均值，即

$$\omega_m = \frac{\omega_{max} + \omega_{min}}{2} \tag{13-3}$$

机械铭牌上的额定速度或名义速度均系指其算术平均值。习惯上用转速 n（r/min）来表示。

机械速度波动的不均匀程度用不均匀系数 δ 来表示，即

$$\delta = \frac{\omega_{max} - \omega_{min}}{\omega_m} \tag{13-4}$$

若已知 ω_m 和 δ，则可用上述公式求出最大角速度 ω_{max} 和最小角速度 ω_{min}

$$\omega_{max} = \omega_m \left(1 + \frac{\delta}{2}\right) \tag{13-5}$$

$$\omega_{min} = \omega_m \left(1 - \frac{\delta}{2}\right) \tag{13-6}$$

各种机械的不均匀系数 δ 是根据它们的工作要求来确定的。表 13-1 列出了一些常见机械不均匀系数 δ 的容许值。

常见机械不均匀系数 δ 的容许值　　　　　表 13-1

机 械 名 称	容许的 δ 值	机 械 名 称	容许的 δ 值
破碎机	$\frac{1}{5} \sim \frac{1}{20}$	水泵、鼓风机	$\frac{1}{30} \sim \frac{1}{50}$
冲床、剪床	$\frac{1}{7} \sim \frac{1}{10}$	蒸汽机、内燃机、空压机	$\frac{1}{80} \sim \frac{1}{150}$
轧钢机	$\frac{1}{10} \sim \frac{1}{25}$	直流发电机	$\frac{1}{100} \sim \frac{1}{200}$
汽车、拖拉机	$\frac{1}{20} \sim \frac{1}{60}$	交流发电机	$\frac{1}{200} \sim \frac{1}{300}$
金属切削机床	$\frac{1}{30} \sim \frac{1}{40}$	航空发动机	$< \frac{1}{200}$

三、飞轮设计的基本概念

（一）飞轮转动惯量的近似计算

飞轮设计的基本问题是根据机械实际所需的平均速度 ω_m 和容许的不均匀系数 δ 来确定飞轮的转动惯量 J。

精确分析计算飞轮的转动惯量 J 比较复杂。但在一般机械中，其它构件所具有的动能与飞轮相比，通常是较小的。因此，对于粗略计算可近似地用飞轮的动能代替整个机械的动能。当飞轮处在最大角速度 ω_{max} 和最小角速度 ω_{min} 时，相应地飞轮具有最大的动能 E_{max} 和最小的动能 E_{min}。E_{max} 与 E_{min} 的差值表示一个稳定运转周期内机械动能的最大变化量，它是对应于 ω_{min} 到 ω_{max} 区间的盈功或由 ω_{max} 到 ω_{min} 区间的亏功。常称 ω_{max} 和 ω_{min} 之间的盈功或亏功为最大盈亏功，并以 A_{max} 表示。根据能量守恒定律则有

$$A_{max} = E_{max} - E_{min}$$
$$= \frac{1}{2}J\omega_{max}^2 - \frac{1}{2}J\omega_{min}^2 = J\omega_m^2\delta$$

若飞轮的速度用转速 n（r/min）表示，$\omega_m = \frac{\pi n}{30}$，则可得

$$J = \frac{A_{max}}{\omega_m^2 \delta} = \frac{900 A_{max}}{\pi^2 n^2 \delta} \tag{13-7}$$

式（13-7）就是计算飞轮转动惯量的近似公式。只要知道 A_{max}、n 和 δ，即可计算出相应的飞轮转动惯量 J。

分析式（13-7），还可以得出下面几个很有意义的结论：

1. 当 A_{max} 和 ω_m 一定时，按式（13-7），飞轮转动惯量 J 与不均匀系数 δ 之间为双曲线关系，如图13-8所示。当 δ 数值较小时，略微减小 δ 值，企图略微提高机械运转的平稳性，就会使飞轮转动惯量急增，以致使飞轮十分笨重。因此，这种情况下过分追求机械运转的均匀性是不合理的。

2. 当 A_{max} 和 δ 一定时，飞轮转动惯量 J 与 ω_m 的平方成反比。要使飞轮转动惯量减小，以减少机械的总重量，理论上应将飞轮安装在机械的高速轴上。

3. 机械上安装飞轮只能减小其速度波动的幅值，绝不能使机械达到完全均匀运转的目的。

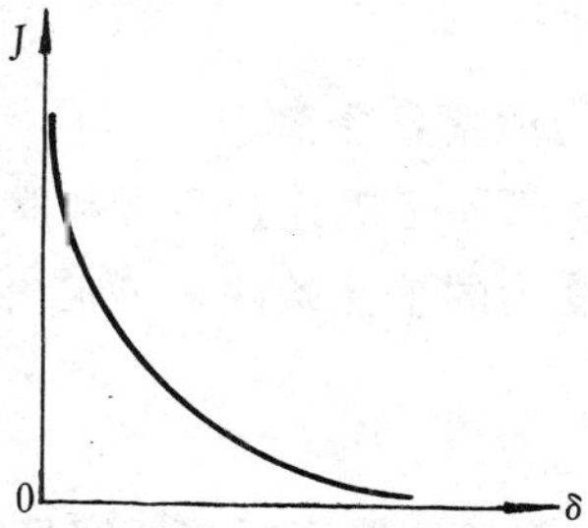

图13-8 飞轮转动惯量与不均匀系数的关系

（二）最大盈亏功的确定

要计算飞轮的转动惯量 J，必须首先知道最大盈亏功 A_{max}。现以四冲程内燃机驱动离心式水泵为例说明求 A_{max} 的方法，并进一步理解最大盈亏功的概念。

图13-9a 所示的曲柄滑块机构为内燃机的机构运动简图。其中滑块即活塞，曲柄即曲轴，H 为冲程。内燃机是靠气缸中燃气的燃烧、膨胀时产生的巨大压力推动活塞、连杆、使曲轴转动，输出力矩。四冲程内燃机需要活塞往复四次、曲轴转动两周才完成一个工作循环。图（b）中纵坐标 p 表示活塞左端气体的压强。$a \to b$、$b \to c \to d$、$d \to e \to b$、$b \to a$ 分别表示经简化的进气、压缩、燃烧膨胀、排气四个冲程的压强变化规律。显然，只有 $d \to e \to b$ 冲程才是内燃机输出功的过程。

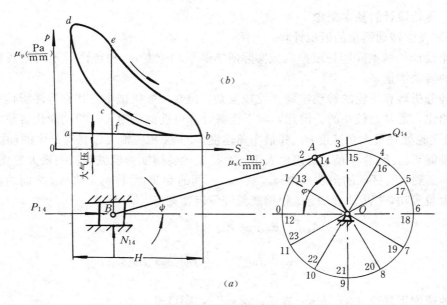

图 13-9 内燃机机构

根据活塞左端的压强变化规律曲线可以计算出一个循环中曲轴在各个位置时输出力矩的数值。现以膨胀行程中第 14 个位置为例说明力矩 M' 的求法。

由于活塞左、右两端均有大气压力，所以在位置 14 时活塞上的有效压强为 $\mu P\overline{(ef)}$，μP 是压强比例尺。故作用在活塞上的力 P_{14} 为

$$P_{14} = \mu P\overline{(ef)}\frac{\pi D^2}{4}$$

D 为活塞直径。

若不考虑连杆质量和摩擦力的影响，则作用在连杆上的力 Q_{14} 沿 BA 方向作用。根据活塞受力的平衡条件，可求出 Q_{14}

$$Q_{14} = \frac{P_{14}}{\cos\psi}$$

ψ 是在该位置连杆与活塞导路之间的夹角。

作用在曲轴上的驱动力矩 T'_{14} 为

$$T'_{14} = Q_{14} \cdot l_{OA} \cdot \sin(\psi + \varphi)$$
$$= \frac{P_{14} \cdot l_{OA} \cdot \sin(\psi + \varphi)}{\cos\varphi}$$

式中，P、ψ、φ 均随机构的位置而变化，因此，T' 是机构位置的函数。

当 T' 与曲轴回转方向相同时，T' 取正值，否则为负值。求出各个位置的力矩 T'，可以作出 $T'(\varphi)$ 曲线，如图 13-10 所示。

离心式水泵稳定工作时，作用在主轴上的阻力矩 T'' 为常数，如图 13-10。由于在一个稳定运转循环内驱动力矩所作的功等于阻力矩所消耗的功，故 T'' 为

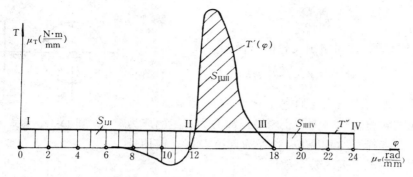

图 13-10 内燃机—离心式水泵最大盈亏功

$$T'' = \frac{\int_0^{4\pi} T'(\varphi)d\varphi}{4\pi}$$

显然，图 13-10 中 $T'(\varphi)$ 曲线与 T'' 直线所围成的各个面积 $S_{I II}$、$S_{III IV}$ 代表亏功（$T'(\varphi)$ 在 T'' 直线以下者）$S_{II III}$ 为盈功（$T'(\varphi)$ 在 T'' 直线以上者）。设位置 0 为一个运动循环的起始位置，对应该位置时的曲轴角速度为 ω_I，在 $\overline{I\,II}$ 阶段，由于出现亏功，机械动能不断减少，至 II 位置时，曲轴角速度达到最小，即 $\omega_{II} = \omega_{min}$。在 $\overline{II\,III}$ 阶段，出现盈功，机械动能不断增加，至 III 位置时，曲轴角速度达到最大，即 $\omega_{III} = \omega_{max}$。$\overline{III\,IV}$ 阶段，又出现亏功，至 IV 位置又回到另一运动循环的起始位置。在一个稳定运转循环内，必然有 $S_{II III} = S_{I II} + S_{III IV}$，故最大盈亏功 A_{max} 为

$$A_{max} = S_{II III} \cdot \mu_T \cdot \mu_\varphi = (S_{I II} + S_{III IV}) \cdot \mu_T \cdot \mu_\varphi$$

μ_T 和 μ_φ 分别表示力矩比例尺和角位移比例尺。面积 S 可用求积仪或方格坐标纸求得。

（三）飞轮主要尺寸的计算

飞轮转动惯量 J 确定以后，就可以确定飞轮的直径、宽度等有关尺寸。

若采用图 13-11 所示的轮辐式飞轮，由于飞轮的绝大部分质量集中于轮缘，且回转半径又大，故与轮缘相比，轮辐和轮毂的转动惯量很小，可以忽略不计。假定轮缘的质量 m 集中在平均直径 D_m 的圆周上，则

$$J = m\left(\frac{D_m}{2}\right)^2 = \frac{mD_m^2}{4} \tag{13-8}$$

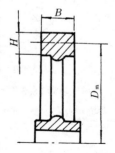

图 13-11 轮辐式飞轮

根据机器的结构和空间位置确定轮缘的平均直径 D_m 之后，由上式可计算出飞轮的质量 m。

设 V 表示轮缘的体积（m^3），H 表示轮缘的高度（m），B 表示轮缘的宽度（m），γ 为材料的密度（kg/m^3），则

$$m = V \cdot \gamma = \pi D_m H B \gamma \tag{13-9}$$

当飞轮材料及比值 $\dfrac{H}{B}$ 选定后，就可以求出轮缘的截面尺寸。

若采用图 13-12 所示的实心圆盘式飞轮，由理论力学知

217

$$J = \frac{1}{2}m\left(\frac{D}{2}\right)^2 = \frac{mD^2}{8} \qquad (13\text{-}10)$$

选定圆盘直径 D 后，便可求出飞轮的质量 m，且

$$m = V \cdot \gamma = \frac{\pi D^2}{4} B \gamma \qquad (13\text{-}11)$$

当材料选定后，即可求出飞轮的宽度 B。

一般飞轮的转速较高，为防止轮缘因离心力产生的应力过大而破裂，在选择平均直径 D_m 和外圆直径 D 时，应使外圆的圆周速度不大于下列的安全数值

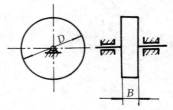

图 13-12　盘式飞轮

铸铁飞轮　　　　　　　　$v_{max} < 36\text{m/s}$
铸钢飞轮　　　　　　　　$v_{max} < 50\text{m/s}$

习　题

13-1　习题 13-1 图为一回转件，$m_1 = 8\text{kg}$，$m_2 = 4\text{kg}$，$r_1 = 80\text{mm}$，$r_2 = 110\text{mm}$，求在该平面什么方向加多大平衡质量 m_b（半径 $r_b = 100\text{mm}$）才能达到静平衡。

13-2　习题 13-2 图为一重量为 2000N 的回转件，其重心在平面Ⅲ内且偏离回转轴 e。在静平衡时由于条件限制，只能在平面Ⅰ、Ⅱ内两个互相垂直的方向上加平衡重量 G_A、G_B 使其达到静平衡。已知 $G_A = G_B = 20\text{N}$，$r_A = 200\text{mm}$，$r_B = 150\text{mm}$，其它尺寸如图示，单位为 mm，求回转件重心的偏移量 e 及其位置。静平衡后是否还要动平衡？

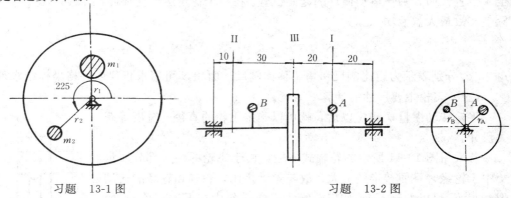

习题　13-1 图　　　　　　　　　　　　习题　13-2 图

13-3　习题 13-3 图为一长回转件，$m_1 = 4\text{kg}$，$m_2 = 1\text{kg}$，$r_1 = 100\text{mm}$，$r_2 = 120\text{mm}$，$a = 70\text{mm}$，$b = 130\text{mm}$，$c = 120\text{mm}$，$d = e = 20\text{mm}$。求在平衡平面Ⅰ、Ⅱ上 $r_{b1} = r_{b2} = 150\text{mm}$ 处加多大平衡质量才能平衡。

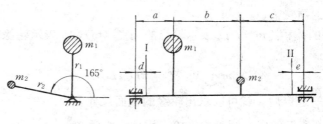

习题　13-3 图

13-4 习题 13-4 图为某机械主轴上的阻力矩 $T_r-\varphi$ 曲线。若作用在主轴上的驱动力矩 T_b 为一常数，主轴平均转速 n 为 300r/min，许用不均匀系数 $\delta=0.1$，忽略机械其它构件转动惯量的影响，试计算安装在主轴上的飞轮转动惯量 J。

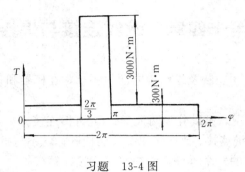

习题 13-4 图

第十四章 螺纹连接与焊接

为了满足制造、结构、安装及检修等方面的要求,在机器和设备中广泛地采用了各种连接。

连接,按其拆开的情况,可以分为两大类:1) 可拆连接——当拆开连接时,无须破坏或损伤连接中的零件,如键连接、销连接和螺纹连接等;2) 不可拆连接——当拆开连接时,至少要破坏或损伤连接中的一个零件,如焊接、铆接、粘接等。

本章将详细地介绍螺纹连接和焊接。键连接及销连接将放在"轴及轴毂连接"一章中介绍。

螺 纹 连 接

§14-1 螺 纹 参 数

螺纹的牙型有:三角形、矩形、梯形和锯齿形几种。现以三角形外螺纹为例,说明螺纹的主要参数(见图 14-1)。

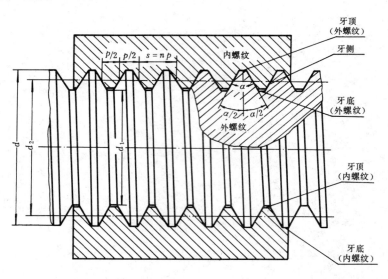

图 14-1 圆柱螺纹的主要参数

1. 大径 d 与外螺纹牙顶或内螺纹牙底相重合的假想圆柱面的直径,也称公称直径。
2. 中径 d_2 轴向截面内牙厚等于牙间宽的圆柱直径。
3. 小径 d_1 与外螺纹牙底或内螺纹牙顶相重合的假想圆柱面直径。

4. 螺距 p 相邻两螺纹牙在中径线上对应两点间的轴向距离。

5. 螺纹线数 n 螺纹可由一根或几根螺旋线卷绕在圆柱体上而形成，螺旋线的根数即为螺纹线数（见图14-2）。

6. 导程 s 在同一条螺旋线上，相邻两螺纹牙在中径线上对应两点间的轴向距离。导程 s 与螺距的关系为：

$$s = np \tag{14-1}$$

7. 螺纹升角 φ 在中径圆柱面上螺旋线的切线与垂直于螺纹轴线的平面的夹角（见图14-3），其计算式为：

$$\varphi = \text{arctg}\frac{s}{\pi d_2} \tag{14-2}$$

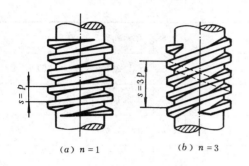

图14-2 单线螺纹与多线螺纹

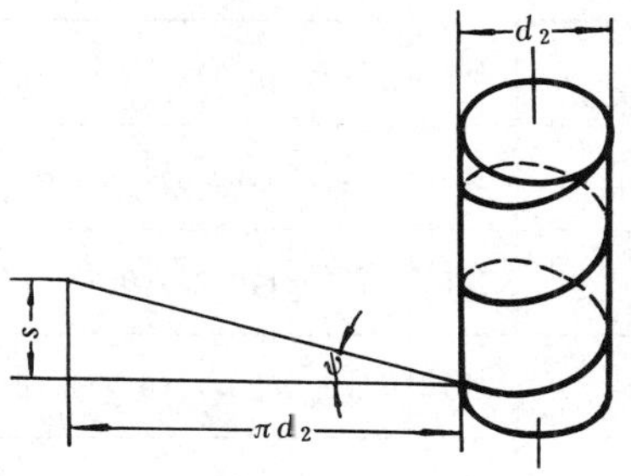

图14-3 螺纹的升角

8. 牙形角 α 在螺纹牙型上，相邻两牙侧间的夹角。

9. 螺纹旋合长度 两个相互配合的螺纹沿螺纹轴线方向相互旋合部分的长度。

此外，螺纹还按螺旋线绕向的不同分为左旋螺纹和右旋螺纹。一般多采用右旋螺纹，当有特殊要求时，才采用左旋螺纹。

§14-2 机械制造中常用的螺纹

根据母体形状，螺纹分为圆柱螺纹和圆锥螺纹。根据牙型，分为三角形螺纹、矩形螺纹、梯形螺纹和锯齿形螺纹等（见图14-4）。

图14-4 螺纹的形式
(a) 三角形螺纹；(b) 管螺纹；(c) 矩形螺纹；(d) 梯形螺纹；(e) 锯齿形螺纹

连接用的螺纹要求强度高、自锁性好，故采用牙形角 $\alpha=60°$ 的三角形螺纹。矩形、梯形和锯齿形螺纹主要用于传动。在我国，除矩形螺纹外，其它螺纹均已标准化，设计时可根据公称直径查阅有关标准而得到螺纹的基本尺寸。

三角形螺纹分为粗牙和细牙两种,表 14-1 摘录了部分常用普通粗牙及细牙螺纹的直径与螺距。当公称直径相同时,细牙螺纹的螺距小,升角小,螺纹深度浅(见图 14-5),因而自锁性较好且对零件的强度削弱小,一般适用于薄壁零件、受变载荷的连接及微调装置等。但细牙螺纹不耐磨、易滑扣,不宜经常装拆。所以,通常广泛采用粗牙螺纹。表 14-2 摘录了部分普通螺纹的基本尺寸。

普通螺纹直径与螺距(摘自 GB193—81)mm 表 14-1

公称直径 D、d		螺距 P		公称直径 D、d		螺距 P	
第一系列	第二系列	粗牙	细牙	第一系列	第二系列	粗牙	细牙
6		1	0.75,(0.5)	30		3.5	(3),2,1.5,1,(0.75)
8		1.25	1,0.75,(0.5)		33	3.5	(3),2,1.5,(1),(0.75)
10		1.5	1.25,1,0.75,(0.5)	36		4	3,2,1.5,(1)
12		1.75	1.5,1.25,1,(0.75),(0.5)		39	4	3,2,1.5,(1)
	14	2	1.5,1.25,1,(0.75),(0.5)	42	45	4.5	(4),3,2,1.5,(1)
16		2	1.5,1,(0.75),(0.5)	48		5	
20	18	2.5	2,1.5,1,(0.75),(0.5)		52	5	(4),3,2,1.5,(1)
	22			56		5.5	4,3,2,1.5,(1)
24		3	2,1.5,1,(0.75)	60		(5.5)	4,3,2,1.5,(1)
	27	3	2,1.5,1,(0.75)	64		6	4,3,2,1.5,(1)

注:1. M14×1.25 仅用于火花塞。
　　2. 括号内的螺距尽可能不用。

螺纹代号:

粗牙普通螺纹用字母"M"及"公称直径"表示,如 M24 表示公称直径为 24mm 的粗牙普通螺纹。

细牙普通螺纹用字母"M"及"公称直径×螺距"表示,如 M24×1.5 表示公称直径为 24mm,螺距为 1.5mm 的细牙普通螺纹。

当螺纹为左旋时,在螺纹代号之后加"左"字,如 M24×1.5 左,表示公称直径为 24mm,螺距为 1.5mm,方向为左旋的细牙普通螺纹。

管件连接中采用较细的三角形圆柱管螺纹(见图 14-4b)。这类螺纹仍属英制,其牙型角 $\alpha=55°$,公称直径近似为管子内径,它广泛应用于水、煤气及润滑管路系统中。图 14-6 为两种圆锥管螺纹,用于对密封要求较高的管路连接中。

矩形、梯形和锯齿形螺纹主要用于传动。矩形螺纹的效率高,但它有强度差、磨损后无法补偿间隙和定心性能差等缺点,一般很少采用。梯形螺纹的效率稍低于矩形螺纹,但没有矩形螺纹的那些缺点,因此应用较广。锯齿形螺纹(其工作面牙型角 $\beta=3°$)的效率几乎和矩型螺纹相同，但它只限于单侧工作。

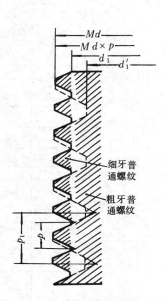

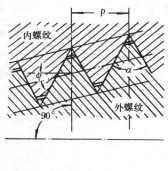

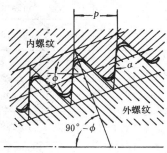

图 14-5 粗牙螺纹与细牙螺纹　　　　　　　　　图 14-6 圆锥螺纹

普通螺纹基本尺寸（摘自 GB196—81）mm　　　　表 14-2

公称直径 D、d		螺距 P	中径 D_2 或 d_2	小径 D_1 或 d_1	公称直径 D、d		螺距 P	中径 D_2 或 d_2	小径 D_1 或 d_1
第一系列	第二系列				第一系列	第二系列			
6		**1**	5.350	4.917		18	1	17.350	16.917
		0.75	5.513	5.188			(0.75)	17.513	17.188
		(0.5)	5.675	5.459			(0.5)	17.675	17.459
8		**1.25**	7.188	6.647	20		**2.5**	18.376	17.294
		1	7.350	6.917			2	18.701	17.835
		0.75	7.513	7.188			1.5	19.026	18.376
		(0.5)	7.675	7.459			1	19.350	18.917
10		**1.5**	9.026	8.376			(0.75)	19.513	19.188
		1.25	9.188	8.647			(0.5)	19.675	19.459

续表

公称直径 D、d		螺距 P	中径 D_2 或 d_2	小径 D_1 或 d_1	公称直径 D、d		螺距 P	中径 D_2 或 d_2	小径 D_1 或 d_1
第一系列	第二系列				第一系列	第二系列			
10		1	9.350	8.917	22		2.5	20.376	18.294
		0.75	9.513	9.188			2	20.701	19.835
		(0.5)	9.675	9.459			1.5	21.026	20.376
12		**1.75**	10.863	10.106			1	21.350	20.917
		1.5	11.026	10.376			(0.75)	21.513	21.188
		1.25	11.188	10.647			(0.5)	21.675	21.459
		1	11.350	10.917		24	**3**	22.051	20.752
		(0.75)	11.513	11.188			2	22.701	21.835
		(0.5)	11.675	11.459			1.5	23.026	22.376
	14	**2**	12.701	11.835			1	23.350	22.917
		1.5	13.026	12.376			(0.75)	23.513	23.188
		1.25*	13.188	12.647	27		**3**	25.051	23.752
		1	13.350	12.917			2	25.701	24.835
		(0.75)	13.513	13.188			1.5	26.026	25.376
		(0.5)	13.675	13.459			1	26.350	25.917
16		**2**	14.701	13.835			(0.75)	26.513	26.188
		1.5	15.026	14.376	30		**3.5**	27.727	26.211
		1	15.350	14.917			(3)	28.051	26.752
		(0.75)	15.513	15.188			2	28.701	27.835
		(0.5)	15.675	15.459			1.5	29.026	28.376
	18	**2.5**	16.376	15.294			1	29.350	18.917
		2	16.701	15.835			(0.75)	29.513	29.188
		1.5	17.026	16.376		33	**3.5**	30.727	29.211
							(3)	31.051	29.752
							2	31.701	30.835

注：1. * M14×1.25 仅用于火花塞。
  2. 直径优先选用第一系列，其次第二系列。
  3. 括号内的螺距尽可能不用。
  4. 用黑体字表示的螺距为粗牙。
  5. 大于 M64 的基本尺寸见 GB196—81。

§14-3 螺旋副的受力分析、效率及自锁

一、螺旋副的受力分析

现以图14-7所示的起重螺旋（设该螺旋为矩形螺纹）为例来说明螺旋副中力的关系。举重量Q（即轴向载荷）可以认为均布于螺纹中径d_2的圆周上。为了分析方便，假定把Q集中作用在该圆周上的一点A上（见图14-7b），加在螺旋上的力矩T_1可以看作相当于在A点加一圆周力P，力P在垂直于螺旋轴线的水平面内。T_1与P的关系为

$$T_1 = \frac{Pd_2}{2} \tag{14-3}$$

螺旋除受有Q、P两力作用外，还受到接触面间的法向反力N、摩擦阻力fN（f为接触面间的摩擦系数）的作用。为了便于分析，从图14-7b中的A点附近螺旋线mm上截取一微小长度，放大如图14-8所示。由于截取的螺旋线长度极微小，因此可以用直线来代替该段螺旋线。按升角的定义，力P与mm的夹角即为升角φ。反力N应垂直于mm，摩擦力fN在mm线上。

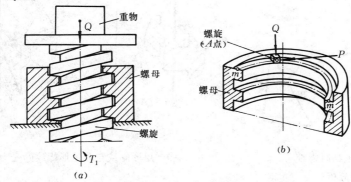

图14-7 起重螺旋

当推动重物沿螺旋线等速上升时，摩擦力向下，因而总反力R与载荷Q之间的夹角为升角φ与摩擦角ρ之和。由力的平衡条件可知，R、P和Q三力的合力应为零。由图14-8的力多边形闭合图可以解得

$$P = Q\mathrm{tg}(\varphi + \rho) \tag{14-4}$$

式中 ρ——摩擦角，其计算式为

$$\rho = \mathrm{arctg}\frac{fN}{N} = \mathrm{arctg}f$$

将式（14-4）代入式（14-3），可得到转动螺旋副所需要的力矩为

$$T_1 = \frac{Qd_2}{2}\mathrm{tg}(\varphi + \rho) \tag{14-5}$$

上述分析是在牙型角$\alpha=0°$的矩形螺纹上进行的。对于非矩形螺纹，其差别可以从图14-9a（矩形螺纹）和b（非矩形螺纹）的比较而得出类似的结果。图14-9为螺旋的轴向截面，即按图14-8的a-a处截取而得。如果忽略螺纹升角的影响，在轴向力Q的作用下，矩形螺纹的法向反力$N=Q$，摩擦阻力$fN=fQ$；非矩形螺纹的法向反力$N'=\dfrac{Q}{\cos\dfrac{\alpha}{2}}$，摩擦阻

力 $fN' = f\dfrac{Q}{\cos\frac{\alpha}{2}}$。显然，在相同的轴向载荷作用下，非矩形螺纹的摩擦阻力要比矩形螺纹大 $\dfrac{1}{\cos\frac{\alpha}{2}}$ 倍。若把法向反力的增加看作摩擦系数的增加，则摩擦阻力可写为

$$\frac{f}{\cos\frac{\alpha}{2}}Q = f_v Q$$

式中　f_v——当量摩擦系数

$$f_v = \frac{f}{\cos\frac{\alpha}{2}} = \operatorname{tg}\rho_v$$

ρ_v——当量摩擦角；

$\dfrac{\alpha}{2}$——螺纹的牙型半角。

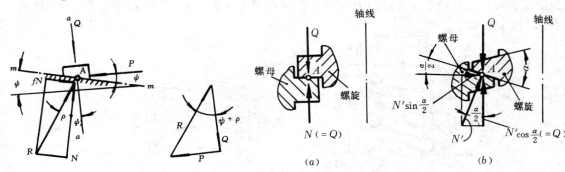

图 14-8　举起重物时螺旋副的受力分析　　图 14-9　矩形螺纹与非矩形螺纹的受力分析

因此，只需将式（14-4）及式（14-5）中的摩擦角 ρ 换成当量摩擦角 ρ_v，就可以得出非矩形螺纹的力的关系式：

$$\left.\begin{array}{l} P = Q\operatorname{tg}(\varphi + \rho_v) \\ T_1 = \dfrac{Qd_2}{2}\operatorname{tg}(\varphi + \rho_v) \end{array}\right\} \tag{14-6}$$

式（14-6）中，ρ_v 值的计算公式因螺纹的牙型不同而异：

$$\left.\begin{array}{ll} \text{矩形螺纹：} & \rho_v = \operatorname{arctg} f = \rho \\ \text{锯齿形螺纹：} & \rho_v = \operatorname{arctg} 1.001 f \\ \text{梯形螺纹：} & \rho_v = \operatorname{arctg} 1.035 f \\ \text{三角形螺纹：} & \rho_v = \operatorname{arctg} 1.155 f \end{array}\right\} \tag{14-7}$$

二、螺旋传动的效率

对于一个作匀速运动的机构，因其动能在整个运动过程中都保持不变，即动能增量为零。如果忽略构件重力的影响，那么这个机构的效率为：

$$\eta = \frac{\text{理想驱动力（力矩）}}{\text{实际驱动力（力矩）}} \tag{14-8}$$

式中 理想驱动力（力矩）——当机构摩擦力等于零时用以克服实际生产阻力（阻力矩）所需的驱动力（力矩）；

实际驱动力（力矩）——计及摩擦力时用于克服实际生产阻力（阻力矩）所需的驱动力（力矩）。

对于螺旋传动机构，在忽略支承面的摩擦阻力矩时，计及螺纹牙间摩擦时所需的实际驱动力矩为 $T = \dfrac{Qd_2}{2}\mathrm{tg}(\varphi+\rho_v)$；无摩擦时所需的理想驱动力矩为 $T_0 = \dfrac{Qd_2}{2}\mathrm{tg}\varphi$。

则可得螺旋传动的效率为

$$\eta = \frac{T_0}{T} = \frac{\dfrac{Qd_2}{2}\mathrm{tg}\varphi}{\dfrac{Qd_2}{2}\mathrm{tg}(\varphi+\rho_v)} = \frac{\mathrm{tg}\varphi}{\mathrm{tg}(\varphi+\rho_v)} \qquad (14\text{-}9)$$

三、自锁螺旋

当起重螺旋的轴向载荷 Q 作为主动力使得螺旋等速下降时，摩擦力向上，P 为支持力（见图 14-10）。由图 14-10 中的力多边形闭合图可解得：

对矩形螺纹

$$P = Q\mathrm{tg}(\varphi-\rho) \qquad (14\text{-}10)$$

对其他螺纹

$$P = Q\mathrm{tg}(\varphi-\rho_v) \qquad (14\text{-}11)$$

由式（14-11）可知，当 $\varphi \leqslant \rho_v$ 时，$P \leqslant 0$；就是说，这时无论轴向载荷 Q 有多大，螺旋不会自动下降，只有当 P 等于零或者变为推动力（即与图 14-10 所示 P 力的方向相反）时，螺旋才会下降。这种现象称为自锁，其自锁条件为

$$\varphi < \rho_v \qquad (14\text{-}12)$$

一般 $\rho_v \approx 6°\sim 8°$，为了保证自锁，可以取 $\varphi \leqslant 4.5°$。自锁螺旋的效率 $\eta < 50\%$。因此，对具有自锁性的螺旋传动，不能企求高效率。

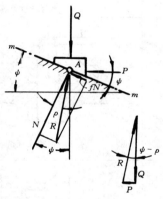

图 14-10 自锁螺旋的受力分析

§14-4 螺纹连接的基本类型及螺纹连接件

一、螺纹连接的基本类型

螺纹连接有以下四种基本类型

1. 螺栓连接

螺栓连接用于连接两个较薄的零件，其特点是被连接件上不必切制螺纹，装拆方便，成本低廉，所以它的应用最为广泛。

螺栓连接又分为普通螺栓连接和铰制孔用螺栓连接。

2. 双头螺柱连接

这种连接多用于较厚的被连接件或为了结构紧凑而必须采用盲孔的连接。

3. 螺钉连接

将螺钉直接旋入被连接件的螺纹孔中，省去了螺母，故结构比双头螺柱简单。

4. 紧定螺钉连接

这种连接常用来固定两零件的相对位置，并可传递不大的力或扭矩。

上述四种螺纹连接类型的结构、尺寸关系及应用可见表14-3。

螺纹连接的主要类型 表14-3

类型	结构	尺寸关系	应用
螺栓连接	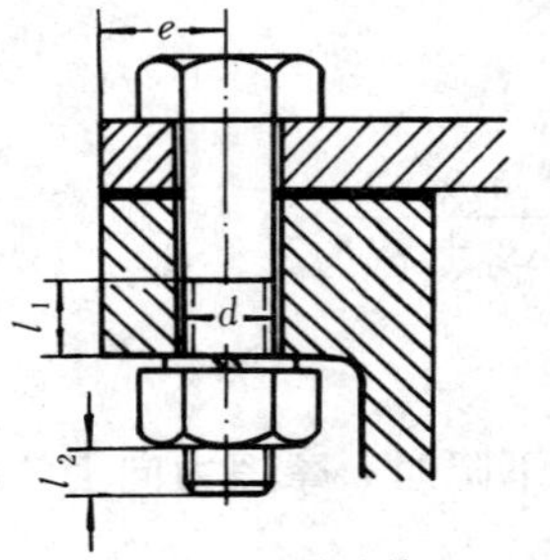 普通螺栓连接 铰制孔用螺栓连接	螺纹余留长度 l_1 　静载荷 $l_1 \geqslant (0.3\sim0.5)d$ 　冲击载荷或弯曲载荷 $l_1 \geqslant d$ 　变载荷 $l_1 \geqslant 0.75d$ 　铰制孔用螺栓 l_1 尽可能小 螺纹伸出长度 $l_2 \approx (0.2\sim0.3)d$ 螺栓轴线到边缘的距离 $e=d+(3\sim6)$ mm	用于通孔，螺栓损坏后容易更换
双头螺栓连接	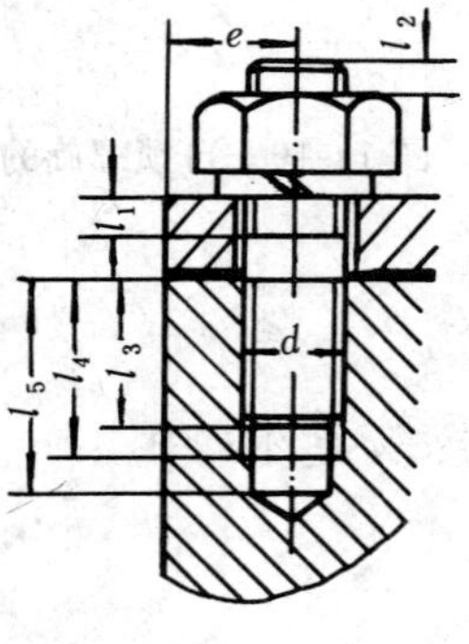	座端拧入深度 l_3 　当螺孔为 　钢或青铜 $l_3 \approx d$ 　铸　铁 $l_3=(1.25\sim1.5)d$ 　铝合金 $l_3=(1.5\sim2.5)d$ 螺纹孔深度 $l_4=l_3+(2\sim2.5)d$ 钻孔深度 $l_5=l_4+(0.5\sim1)d$ l_1、l_2、e 值同螺栓连接	多用于盲孔，被连接件需经常拆卸时
螺钉连接			多用于盲孔，被连接件很少拆卸时

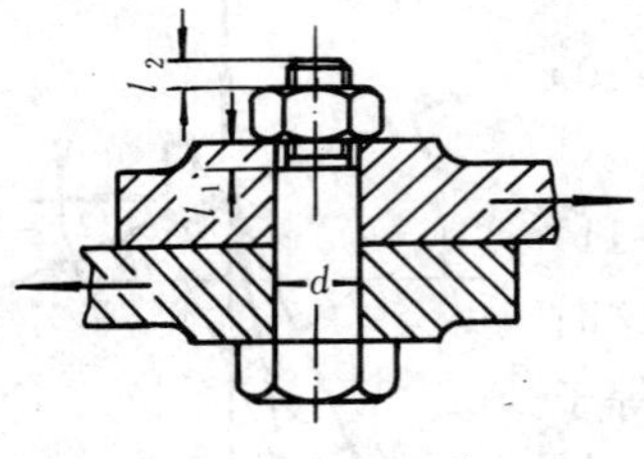

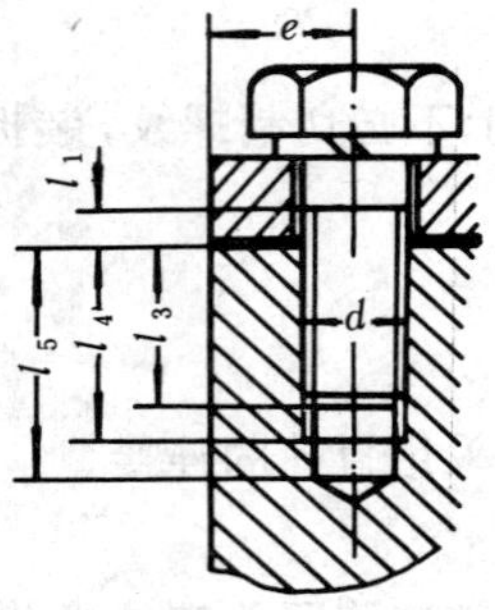

类型	结 构	尺寸关系	应 用
紧定螺钉连接			用以固定两个零件的相对位置，可以传递不大的力和扭矩

二、螺纹连接用标准连接零件

常用的螺纹连接用标准连接零件有螺栓、双头螺柱、螺母、垫圈和防松零件等。设计时应参照手册按有关标准选取。

1. **螺栓** 按加工精度不同有粗制螺栓和精制螺栓两种。螺栓的头部形状，常用的有标准六角头、六角头铰制孔用螺栓，其结构形式见图 14-11。

2. **双头螺柱** 两端均制有螺纹，旋入被连接件螺纹孔的一端称为座端，另一端为螺母端，公称长度为 L。

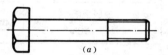

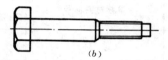

图 14-11 螺栓的结构形式
a—标准六角头；b—六角头铰制孔用螺栓

3. **紧定螺钉** 其结构特点在于头部和尾部的形式很多，可以适应不同拧紧程度的需要。图 14-12 和图 14-13 分别为紧定螺钉的头部及尾部形式。

4. **螺母** 最常用的是六角螺母，按螺母高度不同，分标准螺母、扁螺母和厚螺母。如要求减轻重量且不常拆卸，可选用扁螺母，经常拆卸时应选用厚螺母。

5. **垫圈** 垫圈的作用是增加被连接件的支承面积，以减少接触处的压强和避免拧紧螺母时擦伤被连接件的表面或防止螺母松脱（用弹簧垫圈）。

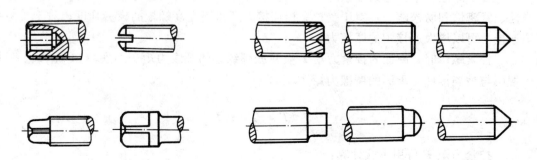

图 14-12 紧定螺钉头部形式　　　　图 14-13 紧定螺钉的尾部形式

三、螺纹紧固件的强度级别

国家标准规定,螺纹紧固件按机械性能分级。强度级别用数字表示:螺栓用中间带"·"的两个数字表示,点前的数字为 $\frac{\sigma_{Bmin}}{100}$ (MPa),点后的数字为 $10\times\left(\frac{\sigma_{Smin}}{\sigma_{Bmin}}\right)$,两个数字乘积的 10 倍即为材料的最低屈服极限 σ_{Smin} (MPa)。螺母用一位数字表示,为 $\frac{\sigma_{Bmin}}{100}$ (MPa)。为了防止螺纹副咬死及减少磨损,选材时应使螺母材料的级别比螺栓材料的级别低。螺栓(螺钉、双头螺柱)和螺母的强度级别和推荐材料牌号见表 14-4。

螺栓、螺母的强度级别(摘自 GB38-76) 表 14-4

	级别(标记)	4.6	4.9	5.6	5.9	6.6	6.9	8.8	10.9	12.9
螺栓、双头螺柱、螺钉	抗拉强度 σ_{Bmin}(MPa)	400		500		600		800	1000	1200
	屈服极限 σ_{Smin}(MPa)	240	360	300	450	360	540	640	900	1080
	硬度(HB)	110		145~216		175~225		230~305	295~375	355~430
	推荐材料牌号	15 Q235	10 Q215	25 35	15 Q235	45	35	35 45	40Cr 15MnVB	30CrMnSi 15MnVB
螺母	级别(标记)			5				6	8	10
	抗拉强度 σ_{Bmin}(MPa)			500				600	800	1000
	材料牌号			10,Q215				15,Q235	35	40Cr 15MnVB

§14-5 螺纹连接的拧紧和防松

一、螺纹连接的拧紧

在实际应用中,绝大多数螺纹连接在装配时都需要拧紧。拧紧的目的是增强连接的刚性、紧密性和防松能力;对于受拉螺栓连接,还可以提高螺栓的疲劳强度;对于受剪螺栓连接,可以增大连接中的摩擦力。

拧紧螺母时,施加的拧紧力矩 T 要克服螺纹副的螺纹力矩 T_1 [见(14-6)式] 和螺母端面与被连接件支承面的摩擦力矩 T_2,即

$$T = T_1 + T_2$$

拧紧力矩 T 可用下式计算:

$$T = k_t F' d \tag{14-13}$$

式(14-13)中的 k_t 称为拧紧力矩系数。k_t 的大小与接合面的加工状况和润滑条件有关，k_t 值一般在 0.1~0.3 之间，通常取 $k_t=0.2$。

图14-14所示为螺纹连接各零件在拧紧时的受力情况，应注意螺栓杆所受力矩为 T_1。

小直径的螺栓在拧紧时容易因拧紧力矩过大而断裂，因此，对于重要的螺栓连接不宜采用小于 M12~M16 的螺栓（与螺栓强度级别有关）。

对于重要的螺栓连接，应根据连接的紧密要求、载荷性质、被连接件刚度等工作条件来决定所需拧紧力矩的大小，以便装配时控制。

控制拧紧力矩较简便的方法是采用测力矩扳手（图14-15），可直接读出拧紧力矩值，或采用定力矩扳手（图14-16），当达到所需拧紧力矩值时，扳手将自动打滑。

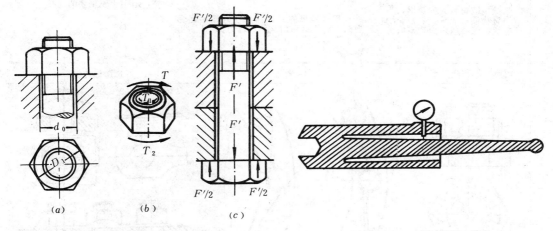

图14-14 拧紧时连接中各零件的受力
(a) 螺母支承面；(b) 螺母所受扭矩；
(c) 螺栓和被连接件所受预紧力

图14-15 测力矩扳手

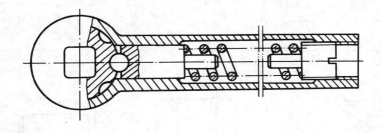

图14-16 定力矩扳手

二、螺纹连接的防松

在静载荷作用下且温度变化不大时，连接作用的螺纹能够满足自锁条件。但在冲击、振动或变载荷作用下，或温度变化大时，连接有可能松动，甚至松开，这就容易发生事故。所以在设计螺纹连接时，必须考虑防松问题。

连接防松的关键在于防止螺纹副的相对转动。可采用的措施很多，就其工作原理来看，有利用摩擦力防松、采用机械方法防松及永久止动防松三大类。具体方法参见表14-5。

常用的防松方法   表 14-5

	弹簧垫圈	双螺母	锁紧螺母
摩擦力防松	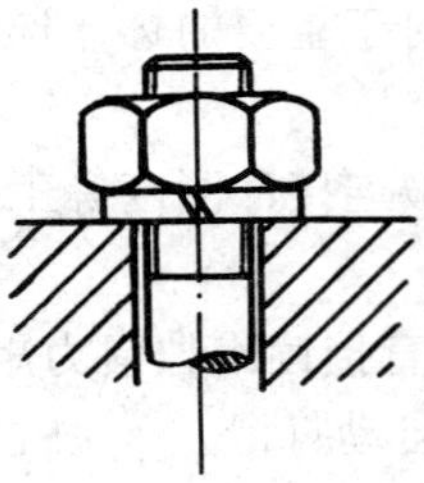 弹簧垫圈材料为弹簧钢，装配后弹簧垫圈被压平，其反弹力能使螺纹间保持压紧力和摩擦力	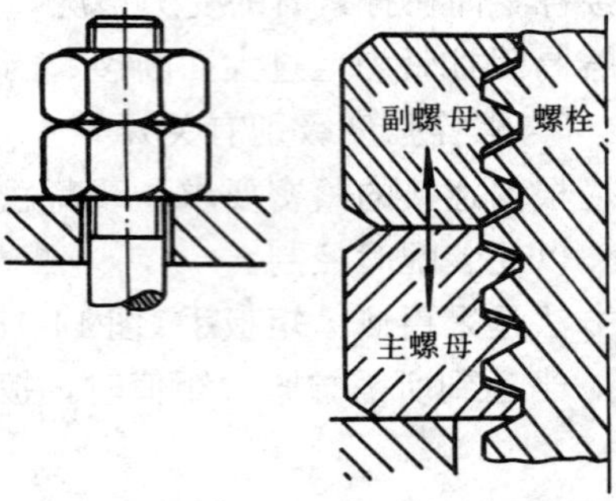 利用两螺母的对顶作用使螺栓始终受到附加的拉力和附加的摩擦力。由于多用一个螺母，且工作并不十分可靠，目前已很少采用（图中标注：副螺母、螺栓、主螺母）	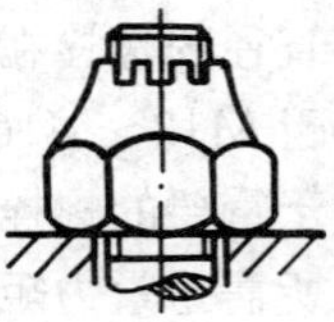 开有窄槽的螺母上端预先被压成椭圆，当拧入螺栓时，螺母上端椭圆口胀开并使旋合螺纹可压紧。锁紧螺母结构简单，防松可靠，适用于较重要的连接
	槽形螺母和开口销	串联钢丝	止动垫片
机械防松	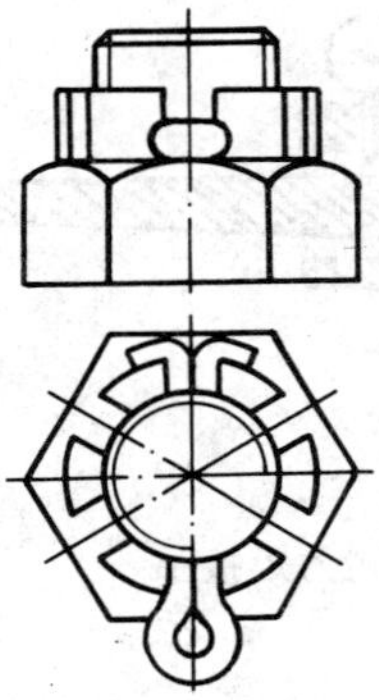 槽形螺母拧紧后，用开口销穿过螺栓尾部小孔和螺母的槽，也可以用普通螺栓拧紧后再配钻开口销孔	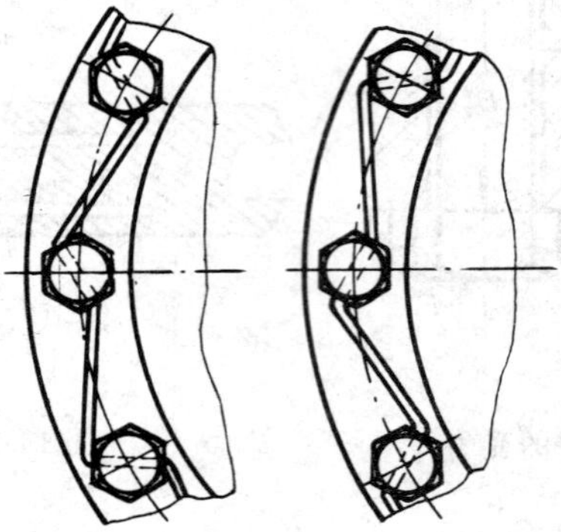 用低碳钢丝穿入一组螺栓头部的孔内，使其相互制动。使用时必须注意钢丝穿入的正确方向。适用于螺钉组连接，防松可靠，但装拆不便（图中标注：正确、错误）	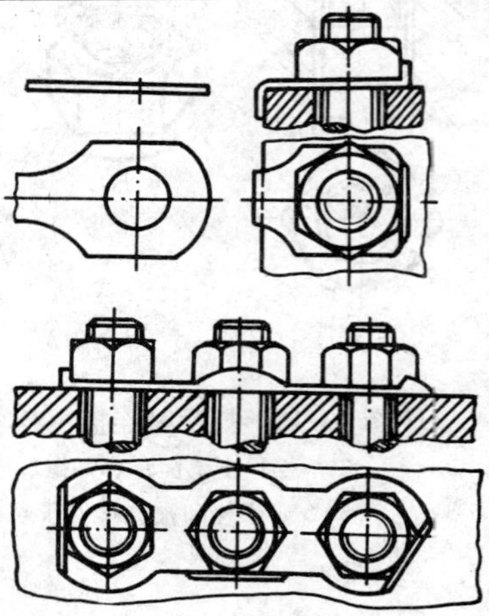 将垫片摺边，以固定螺母和被连接件的相对位置
	端面冲点	侧面焊死防松	粘接
永久止动防松	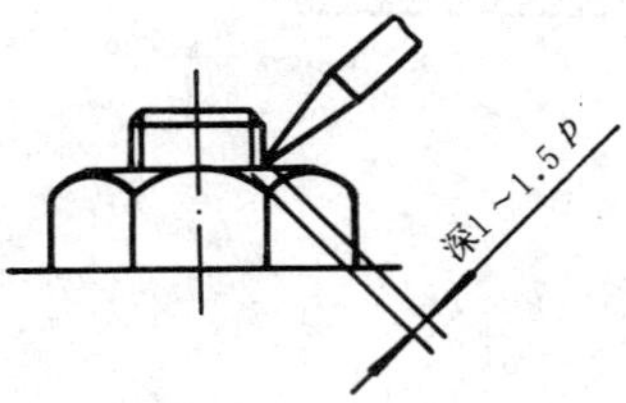 $d > 8$mm 冲三点 $d < 8$mm 冲二点 （深 $1\sim1.5\,p$）	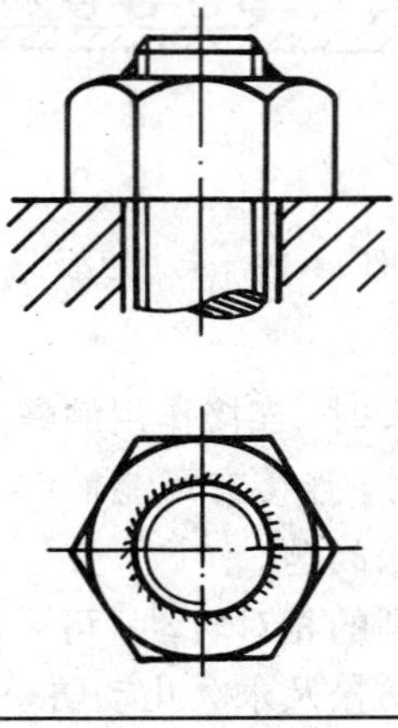	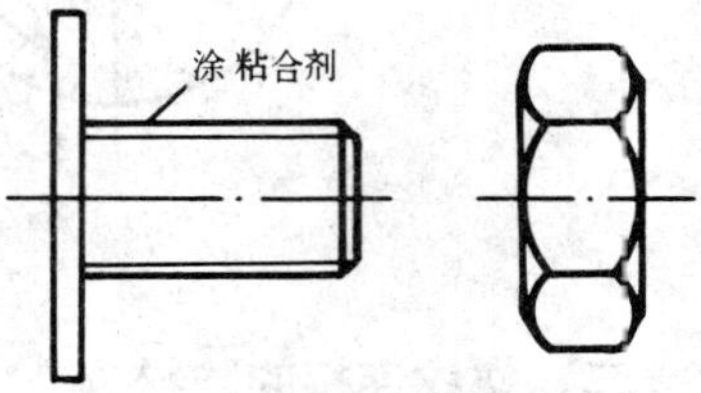 通常采用厌氧性粘结剂涂于螺纹旋合表面，拧紧螺母后粘接剂能自行固化，防松效果良好（图中标注：涂粘合剂）

§14-6 螺栓组连接的受力分析

大多数情况下螺栓都是成组使用的,这种成组使用的螺栓连接叫螺栓组连接。设计时,常根据被连接件的结构和连接的载荷来确定连接的传力方式、螺栓的数目及布置形式。为了减少所用螺栓的规格和提高连接的结构工艺性,通常都采用相同材料、直径和长度的螺栓。

螺栓组连接受力分析的任务是求出连接中受力最大的螺栓及其载荷。分析时,通常作以下三个假设:1)被连接件为刚体;2)各螺栓的拉伸刚度及剪切刚度都相同(即各螺栓的材料、直径和长度都相同),预紧力也相同;3)螺栓的应变没有超出弹性范围。

以下将对螺栓组的各种受力情况进行较详细的分析与讨论。

一、受轴向力 Q 作用的螺栓组连接

图 14-17 为气缸盖的螺栓组连接。载荷的作用线与螺栓的轴线平行,并通过螺栓组形心。计算时,认为各螺栓平均受载。设螺栓数目为 Z,则每个螺栓所受的轴向工作载荷为

$$F = \frac{Q}{Z} \quad (14\text{-}14)$$

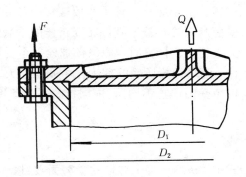

此外,螺栓还受有预紧力作用。螺栓所受总拉力的求法见 §14-7。

二、受横向力 R 作用的螺栓组连接

图 14-18 所示为板件连接。载荷 R 的作用线通过螺栓组形心并与螺栓的轴线相垂直。连接既可以

图 14-17 受轴向力的螺栓组连接

采用普通螺栓连接(指装配后螺栓杆与钉孔壁之间存在间隙的螺栓连接),也可用铰制孔用螺栓连接(这种连接在装配后螺栓杆与钉孔壁之间无间隙)。从螺栓的受力形式来分,普通螺栓连接又叫受拉螺栓连接,铰制孔用螺栓连接又叫受剪螺栓连接。

当用受拉螺栓连接时(见图 14-18a),螺栓只受预紧力 F',横向载荷靠接合面间因螺栓

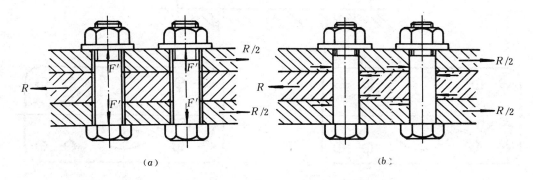

图 14-18 受横向力作用的螺栓组连接
(a) 用受拉螺栓连接;(b) 用受剪螺栓连接

的预紧力而产生的摩擦力来传递。

假设各螺栓连接接合面间的摩擦力相等,并集中在螺栓中心处,则根据板的平衡条件有

或

$$\left.\begin{array}{r}f_sF'mZ = k_fR \\ F' = \dfrac{k_fR}{f_smZ}\end{array}\right\} \tag{14-15}$$

式中 f_s——接合面摩擦系数,对于钢铁零件,当接合面干燥时,$f_s=0.10\sim0.16$;当接合面沾有油时,$f_s=0.06\sim0.10$;

m——接合面对数;

Z——螺栓数目;

k_f——考虑摩擦传力的可靠性系数,$k_f=1.1\sim1.5$。

当用受剪螺栓连接时(见图14-18b),载荷靠螺栓受剪和螺栓与被连接件间相互挤压来传递。由于螺栓要拧紧,故连接中还受有预紧力和摩擦力,但一般忽略不计。因为靠螺栓受剪及螺栓与被连接件相互挤压的承载能力要比靠预紧力在接合面间产生摩擦力的承载能力大得多。计算时,假设各螺栓每个受剪面所受的工作剪力均为F_s。(实际上由于板是弹性体,两端螺栓所受的剪力比中间螺栓大。所以,沿载荷方向布置的螺栓数目不宜超过 6 个,以免受力严重不均),根据板的平衡条件得:

或

$$\left.\begin{array}{r}mZF_s = R \\ F_s = \dfrac{R}{Zm}\end{array}\right\} \tag{14-16}$$

式中 m——每个螺栓的受剪面数目;

Z——螺栓数目。

三、受旋转力矩 T 作用的螺栓组连接

图 14-19 所示为底板螺栓连接。假设在 T 作用下底板有绕通过螺栓组形心的轴线 O-O

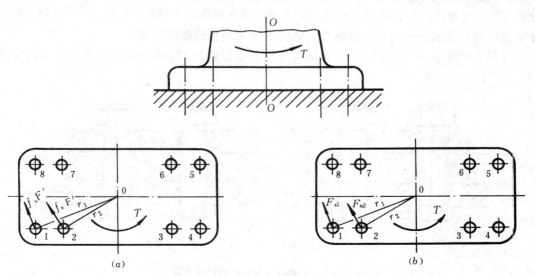

图 14-19 受旋转力矩的螺栓组连接
a—用普通螺栓连接;b—用铰制孔用螺栓连接

（简称旋转中心）旋转的趋势，则每个螺栓连接处都受有横向力。此时既可以采用普通螺栓连接，也可以采用铰制孔用螺栓连接。

当采用普通螺栓连接（图14-19a）时，假设各螺栓连接接合面处的摩擦力相等并集中在螺栓中心处且与螺栓中心到底板旋转中心O的连线垂直。根据底板的静力平衡条件得：

或
$$\left.\begin{array}{r} f_s F' r_1 + f_s F' r_2 + \cdots\cdots + f_s F' r_z = k_f T \\ F' = \dfrac{k_f T}{f_s \sum\limits_{i=1}^{z} r_i} \end{array}\right\} \quad (14\text{-}17)$$

式中　　F'——螺栓所需要的预紧力，N；
　　$r_1, r_2\cdots\cdots r_i$——各螺栓中心到底板旋转中心的距离（角注代表螺栓序号），mm；
　　　　f_s——接合面间的摩擦系数；
　　　　k_f——考虑摩擦传力的可靠系数。

当采用铰制孔用螺栓连接（图14-19b）时，各螺栓的工作载荷F_s与其到底板旋转中心的连线垂直。忽略连接中的预紧力和摩擦力，则根据底板的静力平衡条件有

$$F_{s1} r_1 + F_{s2} r_2 + \cdots\cdots + F_{sz} r_z = T \quad (14\text{-}18)$$

根据螺栓的变形协调条件知，各螺栓的剪切变形量与其中心到底板旋转中心的距离成正比。由于各螺栓的剪切刚度相同，所以各螺栓所受的剪力也与这个距离成正比。即：

$$\frac{F_{s1}}{r_1} = \frac{F_{s2}}{r_2} = \cdots\cdots = \frac{F_{sz}}{r_z} \quad (14\text{-}19)$$

显然，有 $\dfrac{F_{Smax}}{r_{max}} = \dfrac{F_{si}}{r_i}$

则
$$F_{si} = \frac{F_{smax}}{r_{max}} r_i \quad (14\text{-}20)$$

将式（14-20）代入式（14-18），有：

$$\frac{F_{smax}}{r_{max}} \sum_{i=1}^{z} r_i^2 = T \quad (14\text{-}21)$$

则
$$F_{smax} = \frac{T r_{max}}{\sum\limits_{i=1}^{z} r_i^2} \quad (14\text{-}22)$$

F_{smax}是距底板旋转中心最远的螺栓（1、4、5、8）所受的剪力。设计时，每个螺栓都应按F_{smax}来确定直径。

四、受翻转（倾覆）力矩M作用的螺栓组连接

图14-20所示为另一种底板螺栓连接。这种连接采用普通螺栓，拧紧后螺栓受预紧力作用。假设被连接件是弹性体，但其接合面始终保持为平面，在M作

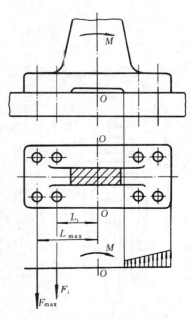

图14-20　受翻转力矩作用的螺栓组连接

用下底板有绕通过螺栓组形心的轴线 O-O 翻转的趋势。

根据接合面始终保持为平面的假设,在这一组螺栓中,离 O-O 轴线越远的螺栓变形越大(仅指 O-O 轴线左侧的螺栓),则螺栓所受的轴向载荷也越大,轴向载荷的大小与螺栓到 O-O 轴线的距离成正比。即

$$\frac{F_{\max}}{F_i} = \frac{L_{\max}}{L_i}$$

或

$$F_i = \frac{F_{\max}}{L_{\max}} L_i \tag{a}$$

显然,O-O 轴线左侧的底板在各螺栓处受到的轴向反力与 O-O 轴线右侧的底板所受到的不均匀分布的反力对 O-O 轴线的力矩之和,应当与外加的翻转力矩 M 相平衡。当螺栓为对称布置时,底板所受到的总反力矩可以视为 O-O 轴线左侧各力(F_i、$F_{\max}$)对 O-O 轴线的力矩之和的两倍,即:

$$M = 2\sum_{i=1}^{Z'} F_i L_i \tag{b}$$

将(a)式代入(b)式中,有

$$F_{\max} = \frac{ML_{\max}}{2\sum\limits_{i=1}^{Z'} L_i^2} \tag{14-23}$$

式中 L_i——第 i 个螺栓的轴线到 O-O 转轴之间的距离,mm;

$L_{\max}$——受力最大的螺栓轴线到 O-O 转轴之间的距离,mm;

Z'——转轴一侧的螺栓数目。

§14-7 螺栓连接的强度计算

螺栓的小径及其它各部分尺寸是根据等强度原则及使用经验规定的。一般情况下,除小径外,其余部分都不需要进行强度计算。螺栓连接的计算,主要是确定螺栓的小径并按标准选出螺栓的规格,或按已知的螺栓尺寸来校核其强度。

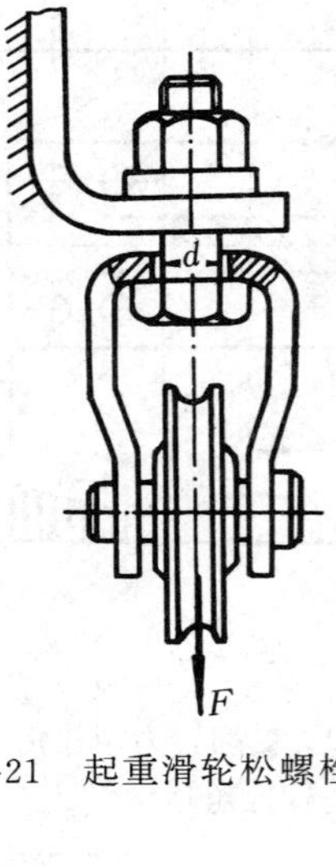

一、受拉螺栓连接

在计算螺栓的强度时,一般取螺纹小径圆截面为危险截面。

(一)松螺栓连接

这种连接(见图14-21)只能承受静载荷,螺栓在工作时才受拉力 F 的作用。图 14-21 所示的起重滑轮螺栓,其螺栓部分的强度条件为:

$$\sigma = \frac{4F}{\pi d_1^2} \leqslant [\sigma] \tag{14-24}$$

图 14-21 起重滑轮松螺栓连接

式中 d_1——螺纹小径，mm；

$[\sigma]$——松螺栓连接的许用拉应力，$[\sigma] = \dfrac{\sigma_s}{S}$，MPa；

S——安全系数，依连接的重要程度由有关手册中选取。

（二）紧螺栓连接

这种连接既能承受静载荷，也能承受变载荷。

1. 螺栓仅受预紧力的连接

图 14-18a 所示的螺栓连接中，螺栓的螺纹部分受预紧力 F' 和螺纹力矩 $T_1 = \left(\dfrac{F'd_2}{2}\cdot \mathrm{tg}(\varphi + \rho_v)\right)$ 的作用。这时螺栓危险截面（即螺纹小径 d_1 处）除受有拉应力 $\sigma = \dfrac{4F'}{\pi d_1^2}$ 外，还受有螺纹力矩 T_1 所引起的扭转剪应力 τ_T，

$$\tau_T = \dfrac{T_1}{\dfrac{\pi d_1^3}{16}}$$

将 $T_1 = \dfrac{F'd_2}{2}\mathrm{tg}(\varphi + \rho_v)$ 代入上式。对于 M10～M68 的普通三角螺纹，取 $\dfrac{d_2}{d_1}$ 及 φ 的平均值及取 $\rho_v = \mathrm{arctg}0.15$ 代入上式，可得

$$\tau_T \approx 0.5\sigma$$

由于螺栓是塑性材料，在拉伸正应力和扭转剪应力同时作用下，可依第四强度理论得到螺纹部分的强度条件为：

$$\sigma = \sqrt{\sigma^2 + 3\tau_T^2} = \sqrt{\sigma^2 + 3\cdot(0.5\sigma)^2} \approx 1.3\sigma \leqslant [\sigma]$$

或 $$\sigma = \dfrac{4\times 1.3F'}{\pi d_1^2} \leqslant [\sigma] \tag{14-25}$$

式中 $[\sigma]$——紧连接螺栓的许用应力，MPa。

由此可见，紧连接螺栓的强度可以按纯拉伸计算，但需将拉力增大 30%，以考虑螺纹力矩的影响。

普通螺栓连接是靠接合面间的摩擦力来传递横向载荷的。这种连接在冲击、振动或变载荷下不够可靠，而且所需螺栓直径也较大，因为螺栓受的力大。例如，当接合面对数为 1 时，一个螺栓为产生摩擦力 R' 所需要具有的预紧力 $F' = \dfrac{k_f R'}{f_s}$，当 $f_s = 0.2, k_f = 1.1$ 时，$F' = 5.5R'$。但是，由于构造简单和装配方便，这种连接也常被采用。

为了避免上述缺点，可采用各种抗剪件来传递横向力，如图 14-22 所示。

近年来发展了高强度螺栓摩擦连接，螺栓材料的 σ_B 高达 1200MPa（一般螺栓材料的 σ_B 为 800～1000MPa），螺栓经强力拧紧后，

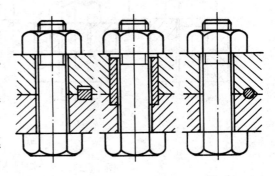

图 14-22 减荷装置

预紧力可以达到 $(0.75 \sim 0.85)\sigma_s$，甚至更高；再经喷砂、喷丸、火焰清理、适当生锈再刷去浮锈等方法增大接合面间的摩擦系数；改进连接的结构型式及螺栓的布置，合理选取螺母和垫圈的材料，以增大连接的摩擦力。这种连接在桥梁、建筑等钢结构中应用较广。

接合面间的摩擦系数依被连接件的材料及接合表面状态的不同由表 14-6 查取。

连 接 接 合 面 间 的 摩 擦 系 数　　　　　　表 14-6

被连接件	表面状态	f_s 值
钢或铸铁零件	干燥的加工表面 有油的加工表面	$0.10 \sim 0.16$ $0.06 \sim 0.10$
钢结构	喷砂处理 涂富锌漆 轧制表面、钢丝刷清理浮锈	$0.45 \sim 0.55$ $0.35 \sim 0.45$ $0.30 \sim 0.35$
铸铁对榆、杨木（或砖、混凝土）	干燥表面	$0.40 \sim 0.50$

2. 螺栓既受预紧力又受轴向工作载荷的连接

若分析时考虑到被连接件也是弹性体，则连接中各零件的受力关系属于静不定问题。拧紧后螺栓受预紧力 F'，工作时还受到由被连接件传来的工作载荷 F（见图 14-23）。但螺栓的总拉力 F_0 在一般情况下并不等于 F' 与 F 之和。当应变在弹性范围之内时，可以根据静力平衡条件和变形协调条件进行分析。

图 14-23b 所示为螺栓被拧紧后而连接尚未承受工作载荷时的情况。根据静力平衡条件，螺栓所受的拉力应与被连接件所受的压力大小相等，均为 F'。用 c_1 和 c_2 分别表示螺栓和被连接件的刚度，则螺栓的伸长量为 $\delta_1 = \dfrac{F'}{c_1}$；被连接件的缩短量为 $\delta_2 = \dfrac{F'}{c_2}$。螺栓与被连接件的受力和变形还可以用图线来表示。图 14-24a 为这时螺栓与被连接件的受力和变形

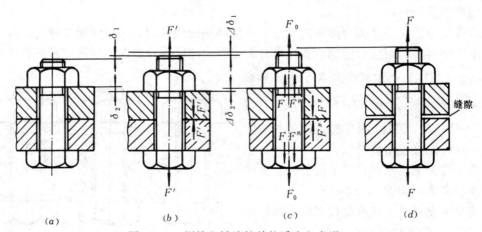

图 14-23　螺栓和被连接件的受力和变形
(a) 开始拧紧；(b) 拧紧后；(c) 受工作载荷时；(d) 工作载荷过大时

的关系曲线。将螺栓与被连接件的力—变形曲线合并,得到 b 图。图 14-23c 和图 14-24c 是螺栓受工作载荷时的情况。这时,螺栓受到总拉力 F_0 作用,其拉力增量为 F_0-F',伸长增量为 $\triangle\delta_1$;而被连接件则随之舒展放松,其压力减少到剩余预紧力 F'',压力减量为 $F'-F''$,

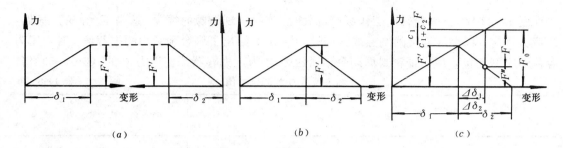

图 14-24 螺栓和被连接件的力与变形的关系
(a) 拧紧时;(b) 将 (a) 中的两图合并;(c) 受工作载荷时

压缩量的减量为 $\triangle\delta_2$。根据螺栓的静力平衡条件有:

$$F_0 = F + F'' \tag{14-26}$$

式 (14-26) 表明,螺栓的总拉力为工作载荷与被连接件给它的剩余预紧力之和。

依螺栓与被连接件的变形协调条件有:

$$\triangle\delta_1 = \triangle\delta_2$$

以 $\triangle\delta_1 = \dfrac{F_0 - F'}{c_1} = \dfrac{F + F'' - F'}{c_1}$ 和 $\triangle\delta_2 = \dfrac{F' - F''}{c_2}$ 代入上式,有

$$F'' = F' - \frac{c_2}{c_1 + c_2}F \tag{14-27}$$

或

$$F' = F'' + \frac{c_2}{c_1 + c_2}F \tag{14-28}$$

及

$$F_0 = F' + \frac{c_1}{c_1 + c_2}F \tag{14-29}$$

式 (14-29) 是螺栓总拉力的另一种表达形式。即螺栓的总拉力等于预紧力加上部分工作载荷。总拉力 F_0 的大小与相对刚度 $\dfrac{c_1}{c_1 + c_2}$ 有关,当 $c_2 \gg c_1$ 时,$F_0 \approx F'$;当 $c_2 \ll c_1$ 时,$F_0 = F' + F$。由此可见,当连接的载荷很大时,不宜采用刚性小的垫片。

相对刚度的大小,与螺栓和被连接件的材料、结构、尺寸及工作载荷作用位置、垫片等因素有关,可以通过计算或试验得到。

在一般设计计算中,当被连接件为钢或铸铁件时,可不必计算 c_1 和 c_2 值,而直接从表14-7中选取相对刚度 $\dfrac{c_1}{c_1 + c_2}$ 的值。

通常,连接是在受工作载荷之前拧紧的,螺纹力矩为 $\dfrac{F'd_2}{2}\mathrm{tg}(\varphi + \rho_v)$。为了安全,考

相对刚度 $\dfrac{c_1}{c_1 + c_2}$ 值   表 14-7

连接型式	$\dfrac{c_1}{c_1 + c_2}$
连杆螺栓	0.2
钢板连接+金属垫(或无垫)	0.2~0.3
钢板连接+皮革垫	0.7
钢板连接+铜皮石棉垫	0.8
钢板连接+橡胶垫	0.9

虑到在实际使用中可能会在工作载荷下被补充拧紧（这应尽量避免），螺纹力矩则为 $\dfrac{F_0 d_2}{2} \text{tg}(\varphi + \rho_v)$。于是，螺栓中螺纹部分的强度条件为：

$$\sigma = \dfrac{4 \times 1.3 F_0}{\pi d_1^2} \leqslant [\sigma] \qquad (14\text{-}30)$$

图 14-23d 为当螺栓轴向工作载荷过大时，连接出现缝隙的情况，这是不允许的。显然，F'' 应大于零，以保证连接的刚性或紧密性。表 14-8 给出了剩余预紧力的推荐值。对于压力容器的紧密连接，应保证密封面剩余预紧压强 P'' 为压力容器工作压力 P 的 （2～3.5）倍。

剩余预紧力 F'' 的推荐值　　　　　　　　　　　表 14-8

连　接　情　况		剩余预紧力 F''
紧固连接	工作拉力 F 无变化	$F'' = (0.2 \sim 0.6) F$
	工作拉力 F 有变化	$F'' = (0.6 \sim 1) F$
紧　密　连　接		$F'' = (1.5 \sim 1.8) F$

对于仅受轴向工作载荷的螺栓连接，设计时通常是先求出工作载荷 F，然后根据连接的工作要求选择 F''，再由式（14-26）求出 F_0，以计算螺栓的强度。至于为保持 F'' 所需要的 F' 则可由式（14-28）求出。当 F 和 F' 已知时，可用式（14-29）求出 F_0，用式（14-27）计算出 F'' 以便检查是否达到需要值。

式（14-30）适用于受静载荷作用的螺栓连接的强度计算。当螺栓受变载荷作用时，需按应力幅来计算，并验算静载下的强度。由图 14-25 知，当工作载荷在 0 到 F 之间变化时，螺栓拉力在 F' 到 F_0 之间变化。影响受变载荷作用的零件疲劳强度的主要因素是应力幅。螺栓的拉力变幅为

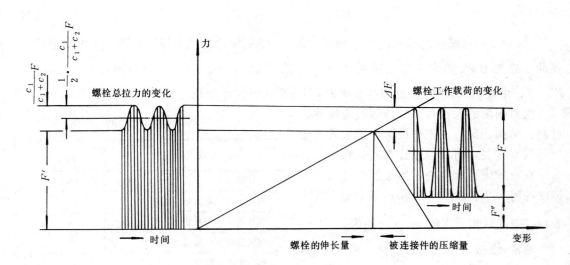

图 14-25　受轴向变载荷的螺栓连接

$$\frac{F_0 - F'}{2} = \frac{1}{2} \frac{c_1}{c_1 + c_2} F$$

因此，螺纹部分的强度条件为

$$\sigma_a = \frac{c_1}{c_1 + c_2} \cdot \frac{2F}{\pi d_1^2} \leqslant [\sigma_a] \tag{14-31}$$

式中　$[\sigma_a]$——螺栓的许用应力幅。

二、受横向载荷作用的铰制孔用螺栓连接

铰制孔用螺栓连接在受到横向载荷 R 作用时（参见图 14-26），连接的主要失效形式是：钉杆被剪断以及钉杆与孔壁间的挤压应力使得连接中较弱的材料（多为板孔）压溃。计算时，螺栓的预紧力及结合面间的摩擦力可忽略不计。

设螺栓每个受剪面所受的剪力为 F_s，则螺栓杆截面的剪切强度条件为：

$$\tau = \frac{4F_s}{\pi d_0^2} \leqslant [\tau] \tag{14-32}$$

式中　F_s——螺栓每个受剪面所受的剪力，N；
　　　d_0——螺栓的光杆直径，mm；
　　　$[\tau]$——螺栓材料的许用剪应力，MPa。

螺栓杆与螺栓孔壁间的挤压应力 σ_P 及强度表达式为：

$$\sigma_P = \frac{F_s}{d_0 \delta_{\min}} \leqslant [\sigma]_P \tag{14-33}$$

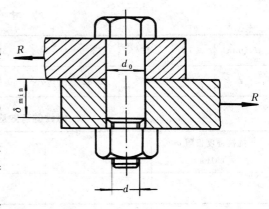

图 14-26　受横向载荷的铰制孔用螺栓

式中　$\delta_{\min}$——螺栓杆与孔壁间的最小接触长度，在一般情况下可取 $\delta_{\min} \geqslant 1.25 d_0$，mm；
　　　$[\sigma]_P$——螺栓或孔板材料的许用挤压应力，MPa。

考虑到各零件的材料和受挤压长度可能不同，应取 $\delta_{\min} \cdot [\sigma]_P$ 之乘积小的为计算对象。

三、螺纹连接的许用应力

螺纹连接的许用应力与许多因素有关，如螺栓的材料、热处理工艺、构造尺寸、载荷性质、工作温度、加工装配质量、使用条件等，在确定许用应力时必须综合考虑上述各因素。一般机械设计时可参照表 14-9～表 14-12 来确定许用应力及安全系数。

表中　σ_s——螺栓材料的屈服极限（查表 14-4），MPa；
　　　σ_{-1L}——螺栓材料在拉压对称循环下的疲劳极限，可用公式 $\sigma_{-1L} = 0.23(\sigma_B + \sigma_S)$ 计算拉压疲劳极限；用公式 $\sigma_{-1} = 0.27(\sigma_B + \sigma_S)$ 计算弯曲疲劳极限；
　　　ε——尺寸系数（查表 14-10）；
　　　k_m——螺纹制造工艺系数，车制：$k_m = 1$；辗制：$k_m = 1.25$；
　　　k_σ——螺纹的有效应力集中系数（查表 14-11）。

受轴向载荷作用的紧螺栓连接的许用应力　　　　　　　　表 14-9

螺栓的受载情况	许用应力	不控制预紧力时的安全系数 S				控制预紧力时的安全系数 S
			直　径			不分直径
		材料	M6～M16	M16～M30	M30～M60	
静载	$[\sigma]=\dfrac{\sigma_S}{S}$	碳钢	4～3	3～2	2～1.3	1.2～1.5
		合金钢	5～4	4～2.5	2.5	
变载	按最大应力 $[\sigma]_L=\dfrac{\sigma_S}{S}$	碳钢	10～6.5	6.5		1.2～1.5
		合金钢	7.5～5	5		
	按循环应力幅 $[\sigma]_a=\dfrac{\varepsilon k_m \sigma_{-1L}}{S_a k_\sigma}$		$S_a=2.5\sim 5$			$S_a=1.5\sim 2.5$

尺　寸　系　数　ε　　　　　　　　表 14-10

d (mm)	≤12	16	20	24	32	40	48	56	64	72	80
ε	1	0.88	0.81	0.75	0.67	0.65	0.59	0.56	0.53	0.51	0.49

螺纹的有效应力集中系数 k_σ　　　　　　　　表 14-11

抗拉强度极限 σ_B (MPa)	400	600	800	1000
k_σ	3	3.9	4.8	5.2

表 14-12 给出了铰制孔用螺栓连接在横向载荷作用下螺栓及被连接件的剪切和挤压许用应力计算式。

受横向载荷作用的铰制孔用螺栓连接的许用应力　　　　　　　　表 14-12

		剪　切		挤　压	
		许用应力	安全系数 S	许用应力	安全系数 S
静　载	钢	$[\tau]=\dfrac{\sigma_S}{S}$	2.5	$[\sigma]=\dfrac{\sigma_S}{S}$	1.25
	铸铁			$[\sigma]=\dfrac{\sigma_B}{S}$	2～2.5
变　载	钢	$[\tau]=\dfrac{\sigma_S}{S}$	3.5～5	按静载降低 20～30%	
	铸铁				

从表 14-9 可以看出，在轴向静载荷作用下，螺栓不控制预紧力时的安全系数 S 值随螺栓直径的不同而不同。在设计时，只能采用试算法。即先假定螺栓直径的范围（如假设所选螺栓的直径在 M6～M16 之间或在 M16～M30 之间），然后取安全系数的平均值来进行设计，从而得到所需的螺栓直径。若算出的螺栓直径不在最初假设的范围之内，则需重新假设螺栓直径的范围，重新选取安全系数再次进行设计。显然。这种方法比较麻烦，给设计工作增加了困难。

下面介绍一种简化计算的方法，可以一次得到所需螺栓的直径。这个方法叫做"假想危险断面面积法"。

由式（14-30）知，在轴向静载荷作用下，螺栓的强度条件为：

$$\sigma = \frac{1.3F_0}{\frac{\pi d_1^2}{4}} \leqslant [\sigma]$$

而

$$\frac{\pi d_1^2}{4} = A$$

式中　A——螺栓的危险断面面积，mm^2。

由表 14-9 知，许用应力

$$[\sigma] = \frac{\sigma_s}{S}$$

则有

$$\frac{1.3F_0}{A} \leqslant \frac{\sigma_s}{S}$$

即

$$\frac{A}{S} \geqslant \frac{1.3F_0}{\sigma_s}$$

令 $\frac{A}{S} = A_s$，称为假想危险断面面积。

则有

$$A_s \geqslant \frac{1.3F_0}{\sigma_s} \tag{14-34}$$

设计时，F_0 已经计算出来；当螺栓材料确定之后，σ_s 也就知道了。于是，所需的假想危险断面面积 A_s 就可以求出来。我们把常用的 M6～M48 螺栓在轴向静载荷作用下的安全系数，按螺栓直径的不同用插值法计算出来，并算出每种螺栓直径所对应的假想危险断面面积 A_s 之值，列成表 14-13。使用时，按所需的 A_s 值，从表 14-13 中就可以查出应选的螺栓直径，免去了试算的麻烦，简化了设计过程。

【**例 14-1**】　已知一螺栓所受总拉力为 8320N，试确定其直径。

【**解**】

1. 确定螺栓的强度级别及材料

依表 14-4，选螺栓的强度级别为 5.6 级，材料为 35 钢，其 $\sigma_s = 300MPa$

2. 确定螺栓直径

按不控制预紧力考虑，所需的假想危险断面面积为

$$A_s \geqslant \frac{1.3F_0}{\sigma_s} = \frac{1.3 \times 8320}{300} = 36.053 mm^2$$

由表 14-13 知，应选 M16 的 35 钢普通螺栓，

其 $A_s = 50.11\text{mm}^2 > 36.053\text{mm}^2$

螺栓的假想危险断面面积 A_s　　　　表 14-13

公称直径 d (mm)	小径 d_1 (mm)	危险断面面积 $A = \dfrac{\pi}{4}d_1^2$ (mm²)	安全系数 碳钢	安全系数 合金钢	假想危险断面面积 A_s (mm²) 碳钢	假想危险断面面积 A_s (mm²) 合金钢
6	4.918	19.0	4	5	4.75	3.8
8	6.647	34.7	3.8	4.8	9.13	7.23
10	8.376	55.1	3.55	4.6	15.52	11.98
12	10.106	80.2	3.35	4.4	23.94	18.23
(14)	11.835	110.0	3.15	4.2	34.92	26.19
16	13.835	150.3	3	4	50.11	37.58
(18)	15.294	183.7	2.8	3.77	65.61	48.73
20	17.294	234.9	2.65	3.56	88.64	65.98
(22)	19.294	292.4	2.5	3.34	116.95	87.54
24	20.752	338.2	2.36	3.15	143.32	107.37
(27)	23.752	443.1	2.18	2.8	203.25	158.25
30	26.211	539.6	2	2.5	269.79	215.83
36	31.670	787.7	1.84	2.5	428.12	315.10
42	37.129	1028.7	1.69	2.5	640.66	433.09
48	42.588	1424.5	1.53	2.5	931.05	569.80

注：括号内直径为第二系列。

【例 14-2】 图 14-27 所示为一凸缘联轴器，上半图表示采用铰制孔用螺栓连接，下半图表示采用普通螺栓连接。螺栓中心圆直径 $D_1 = 195\text{mm}$，凸缘厚度 $H = 26\text{mm}$，联轴器传递的扭矩 $T = 1.1 \times 10^6 \text{N·mm}$；联轴器材料为 ZC35 正火，其 $\sigma_s = 280\text{MPa}$；试确定采用普通螺栓及铰制孔用螺栓时所需的螺栓直径。计算时取 $k_f = 1.2$。

【解】

一、按采用普通螺栓连接计算

1. 计算螺栓所需的预紧力 F'

由式（14-17）有：

$$F' = \frac{k_f T}{f_s \sum_{i=1}^{z} r_i}$$

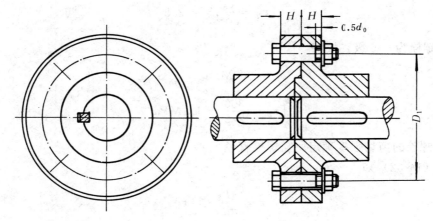

图 14-27

其中　由题给定 $k_f=1.2$；
　　　由表 14-6 取 $f_s=0.14$；
　　　由题图知 $Z=8$，

$$r_1=r_2=\cdots\cdots=r_8=\frac{D_1}{2}=\frac{195}{2}=97.5\text{mm};$$

于是可算出螺栓所需的预紧力

$$F'=\frac{1.2\times1.1\times10^6}{0.14\times8\times97.5}=12090\text{N}$$

2. 确定所需螺栓直径 d

（1）选取螺栓的强度级别及材料

由表 14-4 选螺栓的强度级别为 5.6 级，材料为 35 号钢，则其 $\sigma_S=300\text{MPa}$。

（2）确定螺栓直径

按不控制预紧力考虑，螺栓所应具有的假想危险断面面积为：

$$A_S\geqslant\frac{1.3F'}{\sigma_S}$$

则

$$A_S\geqslant\frac{1.3\times12090}{300}=52.39\text{mm}^2$$

由表 14-13 知，应选 M18 的碳钢普通螺栓，其 $A_S=65.61\text{mm}^2>52.39\text{mm}^2$。

二、按采用铰制孔用螺栓连接计算

1. 计算螺栓各受剪面所受到的最大工作剪力 F_{Smax}

$$F_{Smax}=\frac{Tr_{max}}{\sum_{i=1}^{z}r_i^2}=\frac{T}{Zr}=\frac{1.1\times10^6}{8\times97.5}=1410\text{N}$$

2. 计算 $[\tau]$

由表 14-12 知

$$[\tau] = \frac{\sigma_\mathrm{s}}{S}, S = 2.5$$

由于螺栓为 5.6 级，故知

$$\sigma_\mathrm{s} = 300\mathrm{MPa}$$

则

$$[\tau] = \frac{300}{2.5} = 120\mathrm{MPa}$$

3. 按螺栓的剪切强度确定所需螺栓直径

由式（14-32）知

$$\tau = \frac{4F_\mathrm{S}}{\pi d_0^2} \leqslant [\tau]$$

以 F_Smax 代替 F_S，并改写成设计计算式，有

$$d_0 \geqslant \sqrt{\frac{4F_\mathrm{Smax}}{\pi[\tau]}} = \sqrt{\frac{4 \times 1410}{\pi \times 120}}$$
$$= 3.87\mathrm{mm}$$

应按螺栓的剪切强度来确定螺栓直径。即 $d_0 \geqslant 3.87\mathrm{mm}$，依 GB27—88 可知，应选 M6 的铰制孔用螺栓，其 $d_0 = 7\mathrm{mm}$。

4. 校核挤压强度

（1）计算 $[\sigma]_\mathrm{P}$

由表 14-12 知

$$[\sigma]_\mathrm{P} = \frac{\sigma_\mathrm{s}}{S}, S = 1.25$$

由题知，联轴器材料的 $\sigma_\mathrm{s} = 280\mathrm{MPa}$，而所选螺栓材料的 $\sigma_\mathrm{s} = 300\mathrm{MPa}$，故只需校核联轴器上螺栓孔的挤压强度，则

$$[\sigma]_\mathrm{P} = \frac{280}{1.25} = 224\mathrm{MPa}$$

（2）校核挤压强度

$$\sigma_\mathrm{P} = \frac{F_\mathrm{Smax}}{d_0(H - 0.5d_0)}$$
$$= \frac{1400}{7(26 - 0.5 \times 7)} = 8.89\mathrm{MPa} < [\sigma]_\mathrm{P} = 224\mathrm{MPa}$$

强度足够.

从以上的计算可以看到，采用铰制孔用螺栓的直径要比采用普通螺栓的直径小得多，而且铰制孔用螺栓连接还有固定被连接零件相对位置的作用；但是，所需费用却比采用普通螺栓连接要昂贵得多。

§14-8 高温条件下工作的螺栓连接

在锅炉、热管道等设备中,螺纹紧固件主要用于可拆卸的阀门、人孔及手孔盖、节流板等部位。紧固件材料的选择,除应保证有较高的强度、较低的缺口敏感性、较大的持久塑性外,还应注意:

1. 工作温度大于400℃的螺栓用钢,应具有较好的抗松弛能力;
2. 螺栓用钢应具有较高的冲击值,回火脆性及热脆性倾向要小,以防突然脆断;
3. 长期在高温下工作后,不发生"咬合"现象。

螺栓、螺母材料不同或热处理规范不同以及表面氮化、发蓝、加工尽量光洁或采用特殊涂料(但不可用一般机油)等,均可防止咬合。但两种材料应有相近的线膨胀系数,不允许一个用珠光体钢,另一个用奥氏体钢来制造。螺栓用钢的强度和硬度应比螺母高些。

高温螺栓连接用钢牌号及应用范围可参见表14-14。

高温螺栓连接用钢　　　　表 14-14

钢号	紧固件	压力(表压)(MPa)	介质温度(℃)	热处理规范	温度(℃)	σ_0(MPa)	$\sigma_松$(MPa)
Q235F	螺栓、螺母	<2.2	≤220				
Q235	螺栓、螺母	<2.2	≤350				
25、35	螺栓	不限	≤435				
	螺母	不限	≤480				
30CrMoA	螺栓	不限	≤480	880℃ 水淬	450	250	90 (5000h)
	螺母	不限	≤510	620℃ 回火	500	200	44 (5000h)
35CrMoA	螺栓	不限	≤480	860℃ 水淬	450	250	100 (5000h)
	螺母	不限	≤510	620℃ 回火	450	250	
25Cr2MoVA	螺栓	不限	≤530	930℃ 油淬	500	250	130 (10^4h)
	螺母	不限	≤550	640℃ 回火	500	250	
25Cr2Mo1VA	螺栓	不限	≤550	930℃ 油淬	550	350	60~75 (10^4h)
	螺母	不限	≤585	680℃ 回火	550	350	
20Cr2Mo1VA	螺栓	不限	≤570	1000℃ 油淬	565	350	120 (10^4h)
	螺母	不限	~600	700℃ 回火	565	350	
30Mo	螺栓	不限	-30~200	860℃ 水淬 620℃ 回火			

螺栓的高温脆断将造成重大事故,高温脆断主要发生在25Cr2Mo1VA等合金钢螺栓

中。在高温下工作 2~5 年后，这些螺栓的硬度上升、冲击值下降，金相组织呈网状，在螺母与螺杆旋合的第一道螺纹处发生裂纹或断裂。

目前所采取的措施主要是加强监督及定期测试,当发现冲击值 a_k 小于允许值或 HBS>300 时，应对螺栓进行恢复热处理。一般采用二次正火加一次回火的规范。

焊 接

焊接是目前在各工业部门中应用得最广泛的一种连接方法。在暖通及燃气类专业设备中，更是广泛的采用了焊接这种连接方式。如在各种压力容器（如锅炉、氨罐、液化气罐、空压站的贮气罐）、输配气及供热管道等产品的制造中。

§14-9 焊缝的强度计算

在焊接中，电焊应用最为广泛。因此，我们只介绍电焊焊缝的强度计算。表 14-15 为电弧焊常见接头焊缝的静强度计算公式示例。

常用焊接接头的焊缝静强度计算　　　　　　表 14-15

接头	受力类型	简　图	计算公式	附　注
对接接头	受拉受压	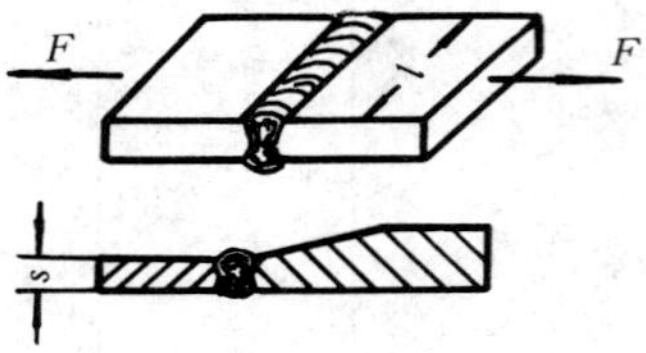	拉： $\sigma=\dfrac{F}{sl} \leqslant [\sigma']_T$　(14-35′) 压： $\sigma=\dfrac{F}{sl} \leqslant [\sigma']_c$　(14-35)	$[\sigma']_T$ 为对接焊缝的许用拉应力 $[\sigma']_c$ 为对接焊缝的许用压应力
对接接头	受弯	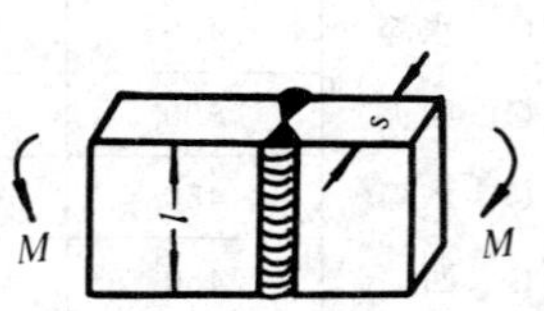	$\sigma=\dfrac{M}{\dfrac{sl^2}{6}} \leqslant [\sigma']_T$　(14-36)	
搭接接头	受拉受压	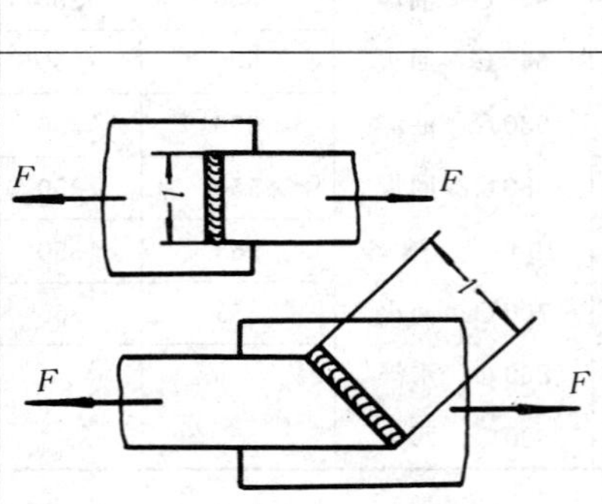	$\tau=\dfrac{F}{0.7kl} \leqslant [\tau']$　(14-37)	$[\tau']$ 为填角焊缝受剪时的条件许用应力，k 为焊角高度（下同）

接头	受力类型	简 图	计 算 公 式	附 注
正交接头	受拉受压	双侧焊缝	拉： $\tau = \dfrac{F}{2 \times 0.7kl} \leqslant [\tau']$ (14-38') 压： $\tau = \dfrac{F}{2 \times 0.7kl} \leqslant [\sigma']_c$ (14-38)	在承受压应力时，考虑到板的端面可以传递部分压力，许用应力可以从$[\tau']$提高到$[\sigma']_c$
	受拉受压	双面坡焊	拉： $\sigma = \dfrac{F}{sl} \leqslant [\sigma']_T$ (14-39') 压： $\sigma = \dfrac{F}{sl} \leqslant [\sigma']_c$ (14-39)	对于未焊透的焊缝，计算厚度取实际值，许用应力降为$[\tau']$
	受弯		$\sigma = \dfrac{M}{\dfrac{sl^2}{6}} \leqslant [\sigma']_T$ (14-40)	

当用侧焊缝连接不对称剖面元件（如角钢）时，在俯视图上应使焊缝形心线与元件剖面的形心线重合，以减小偏心载荷。参见图14-28，用 e_1、e_2 分别表示两侧边（焊缝）到元件形心线的距离（由角钢标准查取），l_1、l_2 表示两条焊缝的长度。根据 $\Sigma l = l_1 + l_2$，$\dfrac{l_1}{l_2} = \dfrac{e_2}{e_1}$ 两个条件可得：

$$\left. \begin{array}{l} l_1 = \dfrac{F}{0.7k[\tau']} \cdot \dfrac{e_2}{e} \\ l_2 = \dfrac{F}{0.7k[\tau']} \cdot \dfrac{e_1}{e} \end{array} \right\} \quad (14\text{-}41)$$

式中 k——焊角高度，mm。

焊缝的许用应力按专业规范选取。对于采用与母材强度等级相当的焊接材料焊成的低碳结构钢，如无专业设计规范规定，电弧焊缝在静载荷下的许用应力值见表14-16。

手工电弧焊常用的焊条，有E4303、E4315、E5001、E5003及E5011等。

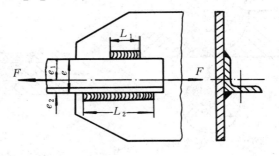

图14-28 不对称剖面元件焊接的计算简图

静载荷作用下焊缝的许用应力（MPa）　　　　　表 14-16

应力种类	E4303 焊条或熔剂层下的自动焊接在下列钢号上	
	Q215	Q235、Q255
压应力 $[\sigma']_c$	200	210
拉应力（用精确方法检查焊缝质量）$[\sigma']_T$	200	210
拉应力（用普通方法检查焊缝质量）$[\sigma']_T$	180	180
条件应力 $[\tau']$	140	140

注：对于采用单面焊接的角钢元件，上述许用应力值均应降低 25%。

§14-10　影响焊缝强度的因素和提高焊缝强度的结构措施

影响焊缝强度的主要因素是：(1) 焊接材料；(2) 焊接工艺；(3) 焊缝结构。

焊缝的熔积金属中既有焊条成分，又有母体金属成分。尤其是用自动电弧焊完成的焊缝中，约有 60% 是母体金属；所以，焊缝强度既决定于焊条成分，又决定于母体金属成分。

焊缝的强度在很大程度上还决定于焊接工艺。不适当的焊接顺序，会在焊缝中引起很高的焊接应力，甚至在冷却收缩时焊缝就已破裂。不正确的焊接工艺，还能造成未焊透、夹渣、咬边等缺陷（见图 14-29），使得焊缝强度降低，在交变应力下尤其显著。

焊缝结构影响着焊缝中的载荷和应力分布。合理的结构应能构成被焊件的平缓结合，并能使焊缝受力比较均匀。由图 14-30c 及 d 中所示的力流可以看出，非等腰三角形剖面焊缝在这方面优于等腰三角形焊缝。图 14-30a 所示为自动电弧焊对接焊缝的剖面形状。有凸起的加强部分，但由于因此而形成了应力集中源，在变载荷作用下反而会削弱焊缝的强度。所以，在重要的焊缝中，常需用机械加工的方法把凸起部分切除（见图 14-30c）。

在搭接接头的侧焊缝（图 14-31）中，载荷并不是均匀分布的。焊缝越长，不均匀现象

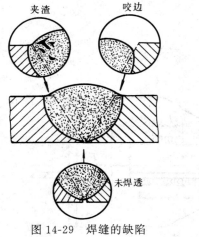

图 14-29　焊缝的缺陷

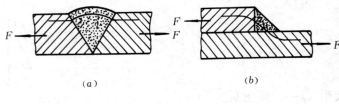

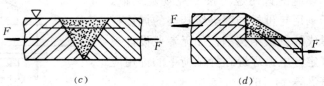

图 14-30　焊缝中的力流情况

(a) 对接焊缝；(b) 等腰三角形剖面的端焊缝；(c) 削去加强部分的对接焊缝；(d) 非等腰三角形剖面的端焊缝

越严重。在设计时应限制焊缝长度 L 不超过 $50k$，k 为焊缝厚度。

在搭接接头中，因为两端的作用力不在同一平面内，所以接头受到弯曲作用。如果采用双面端焊缝，则在每一条焊缝上还要产生一对大小相等、方向相反的力 R，组成一个力偶矩，以平衡外力矩（见图 14-32a）。搭接长度 u 越小，焊缝中平衡力矩的力就越大，通常规定 $u \geqslant 5s$。显然，如果

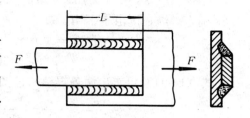

图 14-31 搭接接头的侧焊缝

是单面焊接，焊缝中的弯曲应力将很大，这时应将接头做成图 14-32b 所示的形式。

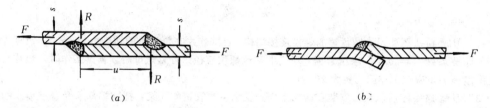

图 14-32 搭接接头受到的弯曲作用
(a) 双面端焊缝中的抗弯力；(b) 单面端焊缝的合理结构

当焊缝承受弯曲时，要把强度较弱的焊缝底面放在受压的一面，如图 14-33 所示。

焊接零件的结构应尽量减少产生焊接应力的可能性。如图 14-34 所示，为了减少焊缝交叉处的焊接应力，切去了加强筋交叉处的一角。

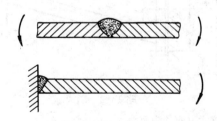

图 14-33 受弯焊缝的合理受力方向

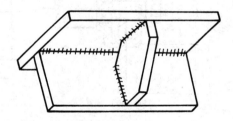

图 14-34 焊缝交叉处加强筋的合理结构

【例 14-3】 计算如图 14-28 所示之焊接接头，角钢所受的拉力为 100kN；采用精确方法确定焊缝长度。

【解】

1. 确定许用应力 $[\sigma']_T$

采用由 Q215 钢轧制的角钢。由表 14-16 知，其许用拉应力为 200MPa，考虑到系单面焊接，还应再降低 25%，则

$$[\sigma']_T = 200 \times (1 - 25\%) = 150 \text{MPa}$$

2. 计算所需角钢的截面积

由于焊缝与母体金属等强度，所需角钢的截面面积为

$$A = \frac{F}{[\sigma']_T} = \frac{100000}{150} = 667 \text{mm}^2$$

依 GB9787—88 选 70×70×5 角钢,其截面面积为 688mm², $e_1=50.9$mm, $e_2=19.1$mm

3. 确定焊缝长度由表 14-16 知

$$[\tau'] = 140 \times (1-25\%) = 105\text{MPa}$$

而 $e=e_1+e_2=50.9+19.1=70$mm

依式 (14-41) 可求出两条焊缝的长度分别为：

$$l_1 = \frac{F}{0.7k[\tau']} \cdot \frac{e_2}{e} = \frac{100000}{0.7 \times 5 \times 105} \cdot \frac{19.1}{70} = 74.2\text{mm}$$

$$l_2 = \frac{F}{0.7k[\tau']} \cdot \frac{e_1}{e} = \frac{100000}{0.7 \times 5 \times 105} \cdot \frac{50.9}{70} = 197.7\text{mm}$$

当两条焊缝长度满足上述要求时方能保证焊缝强度。

习　题

14-1　习题 14-1 图所示为圆盘锯的螺栓连接结构，已知作用在锯齿上的切削力为 400N，设锯片与夹紧盘间的摩擦系数 $f_s=0.1$。求压紧锯片所需的轴端螺纹直径（拧紧螺母后，锯盘工作时，垫片与锯盘间产生的摩擦力矩应较工作阻力矩大 20%）。

14-2　习题 14-2 图所示为一安装在砖墙上面的支承供热管道的托架，托架端部承受管道传来的铅垂压力 P，已知 $P=10$kN，其余尺寸如图。托架底面与砖墙接合面间的摩擦系数 $f_s=0.4$，试设计此托架底板的螺栓组连接。

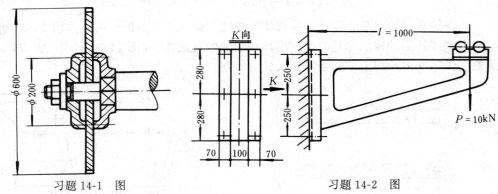

习题 14-1 图　　　　　　　习题 14-2 图

14-3　试推导习题 14-3 图所示夹紧连接的螺栓受力计算式（螺栓数目为 2）。

14-4　习题 14-4 图所示为龙门起重机导轨托架，它由两块边板和一块承重板焊成。两块边板各用 4 个螺栓与立柱相连接。托架所承受的最大载荷为 20kN，问：

(1) 此连接应采用普通螺栓连接还是铰制孔用螺栓连接？为什么？

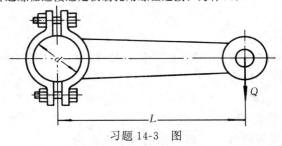

习题 14-3 图

(2) 如用铰制孔用螺栓连接，已知螺栓的许用剪应力为 28MPa，设螺栓与被连接件的挤压强度足够，问螺栓的直径应为多少？

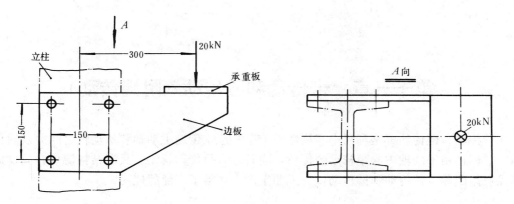

习题 14-4 图

14-5 试确定习题 14-5 图所示连接角钢和钢板的侧焊缝尺寸。角钢尺寸为 $100\times100\times10$mm，材料为 Q235 钢，承受拉伸载荷 $F=350$kN，采用 E4303 焊条，用手工电弧焊焊接。

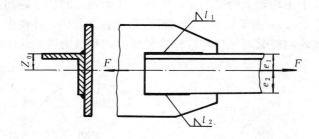

习题 14-5 图

第十五章 带传动和链传动（附绳传动）

带传动和链传动都是利用中间挠性件（带或链），传递主动轴和从动轴之间的运动和动力。它们适用于两轴中心距较远的传动，同其它常用传动相比，具有结构简单、成本低廉等优点。因此，带传动和链传动，在工业生产中获得了广泛的应用。

§15-1 带传动概述

一、带传动的类型及应用

带传动是由固联于主动轴上的主动轮、固联于从动轴上的从动轮和张紧在两轮上的环形传动带所组成（图15-1）。由于张紧，静止时带已受到预拉力，并使带与带轮的接触面间产生正压力。当主动轮回转时，靠带与带轮接触面间的摩擦力带动从动轮回转，依此传递一定的运动和动力。

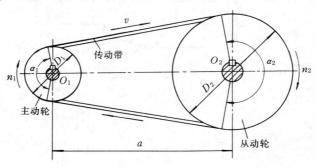

图15-1 带传动的组成

按截面形状，传动带可分为：矩形截面的平型带（图15-2a）；梯形截面的V带（图15-2b）；圆形截面的圆形带（图15-2c）和具有楔形截面的多楔带（图15-2d）。同步齿形带传动（图15-3）使用也日益广泛，工作时依靠带齿和轮齿间的相互啮合来传递运动和动力。它适用于大功率、高速度和传动比大的场合，对制造、安装要求较高。

V带在有沟槽的带轮上工作，其侧面是工作面。相同的张紧力时，V带传动较平型带

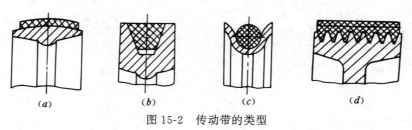

图15-2 传动带的类型
(a) 平型带；(b) V带；(c) 圆型带；(d) 多楔带

传动能产生更大的摩擦力。因此，在传递相同功率时，V带传动结构更紧凑些。

带传动主要用于两轴平行，且回转方向相同的场合，这种传动称为开口传动。

带传动为获得必要的张紧力并便于装拆，应有张紧装置。张紧方法通常有移动式和摆动式张紧装置，如图15-4a、b所示，借调节螺钉改变中心距以达到张紧；自动浮动架式张紧装置，如图15-4c所示，它利用电机的自重使电机座绕固定支点回转以实现张紧；当两轴的中心距不能调节时，可采用张紧轮装置，如图15-5所示，(a)为外侧张紧，(b)为内侧张紧。调节张紧轮的轴心位置使传动带获得预紧，V带传动，一般采用内侧张紧。

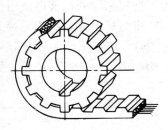

图15-3 齿形带

带传动的优点是：适用于两轴中心距较大的传动；传动带具有良好的弹性，可以缓和冲击和吸收振动；过载打滑，对其它零件起一定的保护作用；结构简单，传动平稳，噪声小。

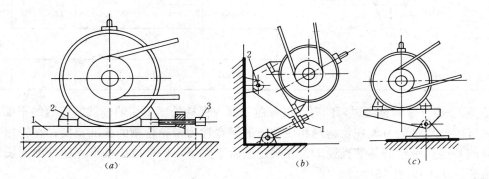

图15-4 带传动的张紧装置

带传动的缺点是：传动的外廓尺寸较大；需要张紧装置；由于带的弹性滑动，不能保证准确的传动比；带的寿命较短，约为1000～5000h。

综上所述，带传动宜用于功率不大的场合（一般小于75kW），带的工作速度一般为5～25m/s，传动比$i \leqslant 7$（少数可达10），传动效率$\eta = 0.90 \sim 0.96$。

二、V带的结构与标准

V带的结构如图15-6所示。其中包布层是胶帆布制成，起抗磨和保护作用；伸张层和

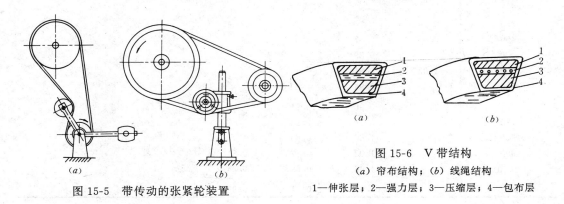

图15-5 带传动的张紧轮装置

图15-6 V带结构
(a) 帘布结构；(b) 线绳结构
1—伸张层；2—强力层；3—压缩层；4—包布层

压缩层由弹性较好的胶料构成，以提高抗弯能力；强力层则承受基本拉力，由帘布或线绳制成。线绳结构较柔软，有利于提高带的寿命，适用于带轮较小的传动。为提高带的承载能力，近年来国外已普遍使用化学纤维线绳材料。

V带是标准件，制成无接头的环形。按剖面尺寸不同，分为Y、Z、A、B、C、D、E七种型号，其剖面尺寸见表15-1。其中线绳结构的，目前国产的只有Z、A、B、C四种，帘布结构制造方便、应用广泛、型号齐全。

三角胶带剖面尺寸及每米长质量　　　　　　　表 15-1

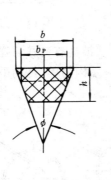

型 号	Y	Z	A	B	C	D	E
b (mm)	6	10	13	17	22	32	38
b_p (mm)	5.3	8.5	11	14	19	27	32
h (mm)	4	6	8	11	14	19	25
φ	40°						
q (kg/m)	0.04	0.06	0.10	0.17	0.30	0.60	0.87

节宽 b_p 是当带垂直底边弯曲时，在弯曲平面内保持长度不变的周线所组成的平面（节面）的宽度。V带的节面在轮槽内相应位置的槽宽称为带轮轮槽的基准宽度；在轮槽基准宽度处的直径是带轮的基准直径 D。在规定的张紧力下，V带位于基准直径处的周长为带的基准长度 L_d，见表15-2。

基准长度 L_d 及长度系数 K_L　　　　　　　表 15-2

基准长度 L_d (mm)	带　　　　型						
	Y	Z	A	B	C	D	E
200	0.81						
224	0.82						
250	0.84						
280	0.87						
315	0.89						
335	0.92						
400	0.96	0.87					
450	1.00	0.89					
500	1.02	0.91					
560		0.94					
630		0.96	0.81				
710		0.99	0.82				
800		1.00	0.85				
900		1.03	0.87	0.81			
1000		1.06	0.89	0.84			
1120		1.08	0.91	0.86			

续表

基准长度 L_d (mm)	带型 Y	Z	A	B	C	D	E
1250		1.11	0.93	0.88			
1400		1.14	0.96	0.90			
1600		1.16	0.99	0.93	0.84		
1800		1.18	1.01	0.95	0.85		
2000			1.03	0.98	0.88		
2240			1.06	1.00	0.91		
2500			1.09	1.03	0.93		
2800			1.11	1.05	0.95	0.83	
3150			1.13	1.07	0.97	0.86	
3550			1.17	1.10	0.99	0.89	
4000			1.19	1.13	1.02	0.91	
4500				1.15	1.04	0.93	0.90
5000				1.18	1.07	0.96	0.92
5600					1.09	0.98	0.95
6300					1.12	1.00	0.97
7100					1.15	1.03	1.00
8000					1.18	1.06	1.02
9000					1.21	1.08	1.05
10000					1.23	1.11	1.07
11200						1.14	1.10
12500						1.17	1.12
14000						1.20	1.15
16000						1.22	1.18

§15-2 带传动的工作状态分析

一、带传动的受力分析

在带传动中，带必须以一定的预拉力张紧在带轮上。带传动不工作时，带轮两边带的拉力相等，都等于预拉力 F_0。(图 15-7a)。带传动工作时，由于带与带轮接触面处有摩擦力作用，故传动带绕上主动轮的一边被拉紧，称为紧边，其拉力由 F_0 增大到 F_1（图 15-7b），F_1 称为紧边拉力；带的另一边被放松，称为松边，其拉力由 F_0 减小到 F_2，F_2 称为松边拉力。两边拉力之差就是带传动中的有效圆周力，亦即全部接触面上的总摩擦力 F_f。即

$$F_e = F_f = F_1 - F_2 \tag{15-1}$$

带传动所能传递的功率 P 为

$$P = \frac{F_e \cdot v}{1000} \text{ kW} \tag{15-2}$$

式中 F_e——有效圆周力，N；
v——带的速度，m/s。

可以认为传动带在工作时的总长度不变，则带的紧边拉力的增加量，应等于松边拉力

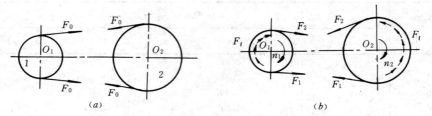

图 15-7 带传动的受力分析

的减少量，即

$$F_1 - F_0 = F_0 - F_2$$

或

$$F_1 + F_2 = 2F_0 \tag{15-3}$$

将式（15-1）代入式（15-3），可得

$$\left. \begin{array}{l} F_1 = F_0 + \dfrac{F_e}{2} \\ F_2 = F_0 - \dfrac{F_e}{2} \end{array} \right\} \tag{15-4}$$

由式（15-4）可知，F_e 一定，预拉力 F_0 愈大，F_1 和 F_2 亦愈大；F_0 一定，有效圆周力 F_e 愈大，则 F_1 加大，F_2 减小。而由式（15-2）可知，带速 v 一定，传递的功率增大，带传动的有效圆周力 F_e 增大。当有效圆周力增大到某一极限值时，传动带与带轮接触面上的摩擦力将达到极限值，如果传递的功率继续增大，带将沿着轮面全面滑动，这种现象称为打滑。带传动产生打滑后，不能继续正常工作，因此，打滑是应该避免的。

带传动即将打滑时，F_1 和 F_2 之间的关系，可用欧拉公式表示，即

$$\frac{F_1}{F_2} = e^{f\alpha} \tag{15-5}$$

式中 f——带与轮面间的摩擦系数；
α——带与带轮接触弧所对圆心角即包角，rad；
e——自然对数的底，$e \approx 2.718$。

由式（15-1）、式（15-5）可得

$$\left. \begin{array}{l} F_1 = F_e \dfrac{e^{f\alpha}}{e^{\alpha f} - 1} \\ F_2 = F_e \dfrac{1}{e^{f\alpha} - 1} \end{array} \right\} \tag{15-6}$$

式中的 F_1、F_2 和 F_e 分别为带传动即将打滑时的紧边拉力、松边拉力和有效圆周力。

将式（15-4）代入式（15-5）即可得

$$F_e = 2F_0 \frac{1 - 1/e^{f\alpha}}{1 + 1/e^{f\alpha}} \tag{15-7}$$

上式表明：预拉力 F_0，包角 α 和摩擦系数 f 的值增大，可使传递的有效圆周力 F_e 增大。由此可知，为避免打滑，应有足够的 f、α、F_0 值。而且工作时的有效圆周力不许超过许用值。

二、带传动的应力分析

带传动工作时，带中应力由以下三部分组成：

1. 由于松边、紧边拉力产生的拉应力

紧边拉应力 $\sigma_1 = \dfrac{F_1}{A}$ MPa

松边拉应力 $\sigma_2 = \dfrac{F_2}{A}$ MPa

式中 F_1、F_2——紧边、松边拉力，N；
A——带的横剖面面积，mm²。

带在绕上主动轮时，拉应力由 σ_1 逐渐降低为 σ_2；而在从动轮一侧，拉应力则由 σ_2 逐渐增大到 σ_1。

2. 由离心力产生的离心拉应力

带以线速度 v 沿带轮轮缘作圆周运动时，将产生离心力，从而使带中产生作用于全部带长上的离心拉应力，并可用下式计算

$$\sigma_c = \dfrac{F_c}{A} = \dfrac{qv^2}{A} \text{ MPa}$$

式中 q——胶带每米长的质量，kg/m（见表 15-1）；
A——带的横剖面面积，mm²；
v——带的线速度，m/s。

3. 绕过带轮产生的弯曲应力

绕过带轮时的那部分胶带将产生弯曲应力，由材料力学公式可得

$$\sigma_b = \dfrac{2yE}{D} \text{ MPa}$$

式中 y——带的中性层到最外层的垂直距离，mm；
E——带的拉压弹性模数，MPa；
D——带轮的基准直径，mm。带轮的直径不同，带在两轮上的弯曲应力也不相同。

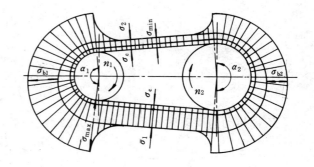

图 15-8 带传动的应力分布

图 15-8 所示为三种应力叠加，得到传动带的应力分布情况。由图可知，在运转过程中，传动带是在变应力状态下工作。最大应力发生在传动带的紧边开始绕上小轮处，其最大应力值为

$$\sigma_{\max} = \sigma_1 + \sigma_{b1} + \sigma_c$$

三、带传动的运动分析

带传动在工作时，传动带受到拉力后要产生弹性变形。但由于紧边和松边的拉力不同，因而弹性变形也不相同。当紧边在 A 点绕上主动轮时（图 15-9），所受的拉力为 F_1，此时带的线速度 v 与主动轮的圆周速度 v_1 相等。在传动带由 A 点转到 B 点的过程中，带所受的拉力由 F_1 逐渐降低到 F_2，带的弹性变形也就随之逐渐减小，因而带沿主动轮的运动是一面绕进，一面向后收缩，所以带的速度逐渐低于主动轮的圆周速度 v_1。这说明带在绕经轮缘

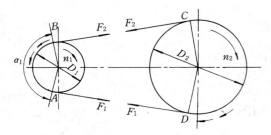

图 15-9 带传动的弹性滑动

时,传动带与主动轮轮缘之间发生了相对滑动。带绕过从动轮时也发生类似现象,但情况恰恰相反,带绕过从动轮时拉力由 F_2 增大到 F_1,弹性变形随之增加,因而带沿从动轮的运动是一面绕进,一面向前伸长,所以带的速度逐渐高于从动轮的圆周速度 v_2,因此,传动带与从动轮轮缘间也将发生相对滑动。这种由于带的弹性变形而引起的带与带轮间的滑动,称为带的弹性滑动。这是带传动正常工作固有的特性,它是不可避免的。

设 D_1、D_2 为主从动轮的基准直径,mm;n_1、n_2 为主、从动轮的转速,r/min;则两轮的圆周速度分别为

$$v_1 = \frac{\pi D_1 n_1}{60 \times 1000} \quad \text{m/s}; \qquad v_2 = \frac{\pi D_2 n_2}{60 \times 1000} \quad \text{m/s}$$

由于弹性滑动,则 $v_1 > v_2$,其相对降低率称为滑动系数 ε,即

$$\varepsilon = \frac{v_1 - v_2}{v_1} = \frac{D_1 n_1 - D_2 n_2}{D_1 n_1}$$

由此得到带传动的传动比

$$i = \frac{n_1}{n_2} = \frac{D_2}{D_1(1-\varepsilon)} \tag{15-8}$$

从动轮转速

$$n_2 = \frac{n_1 D_1 (1-\varepsilon)}{D_2} \tag{15-9}$$

V 带传动的滑动系数 $\varepsilon = 0.01 \sim 0.02$,在一般计算中可不予考虑,传动比计算可简化为

$$i = \frac{n_1}{n_2} \approx \frac{D_2}{D_1} \tag{15-10}$$

§15-3 单根 V 带能传递的功率

综上所述,带传动的主要失效形式为打滑和传动带的疲劳破坏。因此,带传动的设计准则是:保证带传动在工作时不产生打滑,且具有足够的疲劳寿命。依此进行带传动的设计计算。

为使带传动不出现打滑,必须限制传动带所传递的有效圆周力,使之不超过临界值 F_{emax}。由式(15-6)可得,单根 V 带在不打滑时所能传递的最大有效圆周力。

$$F_{emax} = F_1 \left(1 - \frac{1}{e^{f_v \alpha}}\right) = \sigma_1 A \left(1 - \frac{1}{e^{f_v \alpha}}\right)$$

式中 f_v——V 带的当量摩擦系数,$f_v = f/\sin\dfrac{\varphi}{2}$;

φ——由带轮确定的轮槽楔角。

把上式代入 $P=F_e \cdot v/1000$，即可得到单根 V 带满足不打滑条件所能传递的功率 P_0。

$$P_0 = \sigma_1 A \left(1 - \frac{1}{e^{f_v \alpha}}\right) \frac{v}{1000} \text{kW} \tag{15-11}$$

为保证带有一定的寿命，设计时应满足如下的疲劳强度条件，

$$\left. \begin{array}{l} \sigma_{\max} = \sigma_1 + \sigma_{b1} + \sigma_c \leqslant [\sigma] \\ \sigma_1 \leqslant [\sigma] - \sigma_{b1} - \sigma_c \end{array} \right\} \tag{15-12}$$

式中 $[\sigma]$——在一定循环次数下，由带的疲劳实验所确定的许用应力。

把式（15-12）代入式（15-11），即可得到单根 V 带既不打滑又有一定疲劳寿命时所能传递的功率 P_0：

$$P_0 = ([\sigma] - \sigma_{b1} - \sigma_c) \cdot \left(1 - \frac{1}{e^{f_v \alpha}}\right) \cdot \frac{Av}{1000} \text{kW} \tag{15-13}$$

图 15-10 为按实验和计算得到的单根 V 带的许用功率 P_0，条件为载荷平稳，包角 $\alpha=180°$（即 $i=1$），带长 L_p 为特定的长度，强力层材质为化学纤维绳结构的 V 带。当实际工作情况与特定条件不同时，应对 P_0 值加以修正，从而可得实际工作条件下单根 V 带所能传递的功率，称其为许用功率 $[P_0]$。即

$$[P_0] = (P_0 + \Delta P_0) K_\alpha \cdot K_L \quad \text{kW} \tag{15-14}$$

式中 ΔP_0——传递功率的增量。当传动比 $i \neq 1$ 时，$D_2 > D_1$，带绕过大带轮所产生的弯曲应力较小，故带的寿命有所提高，因而许用功率宜应增加 ΔP_0，其值可按下式计算

$$\Delta P_0 = K_b \cdot K_i \cdot n_1 \quad \text{kW} \tag{15-15}$$

式中 n_1——小带轮转速，r/min；
  K_b——弯曲影响系数，见表 15-3；
  K_i——传动比系数，见表 15-4；
  K_α——包角系数，考虑 $\alpha \neq 180°$ 时对传动能力的影响，见表 15-5；
  K_L——长度系数，考虑带长不为特定长度时对寿命的影响，见表 15-2。

弯曲影响系数 K_b　　表 15-3

型 号	K_b
Y	0.06×10^{-3}
Z	0.39×10^{-3}
A	1.03×10^{-3}
B	2.65×10^{-3}
C	7.50×10^{-3}
D	26.6×10^{-3}
E	49.8×10^{-3}

传动比系数 K_i　　表 15-4

传动比 i	K_i
1.00~1.04	1.00
1.05~1.19	1.03
1.20~1.49	1.08
1.50~2.95	1.12
>2.95	1.14

包 角 系 数 K_α 表 15-5

小轮包角	180°	175°	170°	165°	160°	155°	150°	145°	140°	135°	130°	125°	120°	110°	100°	90°
K_α	1	0.99	0.98	0.96	0.95	0.93	0.92	0.91	0.89	0.88	0.86	0.84	0.82	0.78	0.73	0.68

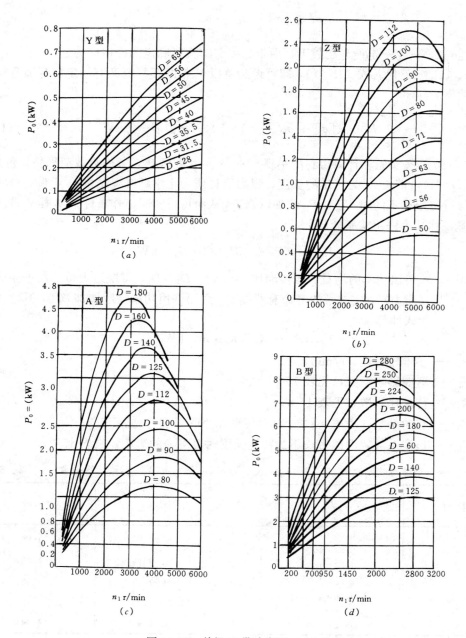

图 15-10　单根 V 带功率图（一）

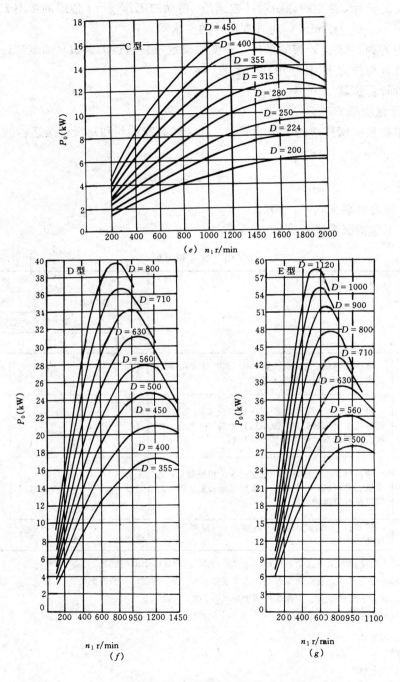

图 15-10 单根 V 带功率图（二）

§15-4 V带传动的设计计算

一、原始数据及设计内容

V带传动的设计,给定的原始设计数据是:传动的工作情况;传递的功率 P(kW);主、从动轮的转速 n_1、n_2 (r/min);对外廓尺寸的要求等。

设计的内容为:确定V带的型号、长度和根数及其它运动参数;确定带轮的材料、结构和尺寸;计算初拉力 F_0 和作用在轴上的力 Q。

二、设计计算步骤

1. 确定计算功率 P_c。

计算功率是根据所传递的名义功率 P,并考虑载荷性质和每天连续运行的时间等因素来确定的。

$$P_c = K_A \cdot P \quad \text{kW} \tag{15-16}$$

式中 P——传递的名义功率,kW;

K_A——工作情况系数,见表15-6。

工作情况系数 K_A　　　　表15-6

工况		k_A					
		软起动			负载起动		
		每天工作小时数 h					
		<10	10～16	>16	<10	10～16	>16
载荷变动微小	液体搅拌机;通风机和鼓风机(≤7.5kW);离心式水泵和压缩机;轻型输送机	1.0	1.1	1.2	1.1	1.2	1.3
载荷变动小	带式输送机(不均匀载荷);通风机(>7.5kW);旋转式水泵和压缩机;发电机;金属切削机床;印刷机;旋转筛;锯木机和木工机械	1.1	1.2	1.3	1.2	1.3	1.4
载荷变动较大	制砖机;斗式提升机;往复式水泵和压缩机;起重机;磨粉机;冲剪机床;橡胶机械;振动筛;纺织机械;重载输送机	1.2	1.3	1.4	1.4	1.5	1.6
载荷变动很大	破碎机(旋转式、颚式等);磨碎机(球磨、棒磨、管磨)	1.3	1.4	1.5	1.5	1.6	1.8

注:1. 软起动—电动机(交流起动、△起动、直流并励),四缸以上的内燃机。
　　负载起动—电动机(联机交流起动、直流复励或串励),四缸以下的内燃机。
2. 反复起动、正反转频繁、工作条件恶劣等场合,K_A 应乘1.2。
3. 增速传动时 K_A 应乘下列系数:

　　增速比　　系数
　　1.25～1.74　1.05
　　1.75～2.49　1.11
　　2.5～3.49　1.18
　　≥3.5　1.28

2. 选择 V 带的型号

根据计算功率 P_c 和小带轮转速 n_1，由图 15-11 初选带的型号。该型号是否符合要求，则应考虑传动的空间位置，并经带的根数计算后方能最后确定。

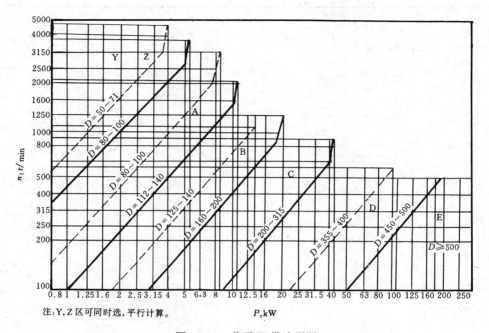

图 15-11　普通 V 带选型图

3. 选取小带轮的基准直径 D_1

如前所述，当带的材质和厚度一定时，带轮直径减小，则带的弯曲应力增大。根据实验研究可知，当带轮直径减小到某一数值时，带的使用寿命将急剧降低。因此，规定了各种型号 V 带带轮的许用最小直径 D_{min}，选择时应使 $D_1 \geqslant D_{min}$，按表 15-7、表 15-8 选取。

普通 V 带带轮最小基准直径　　表 15-7

型号	Y	Z	A	B	C	D	E
D_{min}（mm）	20	50	75	125	200	355	500

4. 验算胶带速度 v

$$v = \frac{\pi D_1 n_1}{60 \times 1000} \text{m/s}$$

一般应使带速在 5～25m/s 范围内，比较适宜的速度为 15～20m/s。若 $v > v_{max}$，则应重选小带轮直径 D_1，因带速太高离心拉应力过大。反之，带速过低，则在传递一定功率条件下，需较大圆周力，这将需增加带的根数。

5. 计算从动轮基准直径 D_2

V 带轮基准直径系列   表 15-8

基准直径 D (mm)	带型 Y	Z	A	B	C	D (mm)	Z	A	B	C	D	E
20	—					224		—	—	—		
25	—					236			—	—		
40	—	—				250		—	—	—	—	
45	—	—				265			—	—		
56	—	—				280		—	—	—	—	
63	—	—				315		—	—	—	—	
71	—	—	—			355		—	—	—	—	
75	—	—	—			375			—	—	—	
80	—	—	—			400		—	—	—	—	
85		—	—			425			—			
90		—	—			450		—	—	—	—	
95		—	—			475			—			
100		—	—			500		—	—	—	—	—
106		—	—			530			—			
112		—	—	—		560			—	—	—	—
118		—	—	—		630			—	—	—	—
125		—	—	—		710				—	—	—
132		—	—	—		800				—	—	—
140		—	—	—		900				—	—	—
150		—	—	—		1000				—	—	—
160		—	—	—	—	1120					—	—
170			—	—		1250					—	—
180			—	—	—	1600					—	—
200			—	—	—	2000						—
212			—	—	—	2500						—

注：—推荐使用。

可由式 $D_2 \approx \frac{n_1}{n_2} D_1$ 计算，并应符合表 15-8 中标准直径系列。

6. 计算中心距 a 和 V 带基准长度 L_d

（1）如果没有给定传动中心距，一般可在 $0.7(D_1+D_2) \leqslant a_0 \leqslant 2(D_1+D_2)$ 范围内初选 a_0；

（2）初定 a_0 后，可根据几何关系求得 V 带的初算基准长度 L'_d，

$$L'_d = 2a_0 + \frac{\pi}{2}(D_1+D_2) + \frac{(D_2-D_1)^2}{4a_0} \text{mm} \tag{15-17}$$

（3）依初算的带长 L'_d 由表 15-2 查取与之相近的标准基准长度 L_d，然后再由标准基准长度 L_d 来计算实际中心距 a。

$$a \approx a_0 + \frac{L_d - L'_d}{2} \text{mm} \tag{15-18}$$

考虑到中心距的调整和保持 V 带的张紧力，中心距 a 可在下列范围内变动：

$$a_{\min} = a - 0.015L_d \brace a_{\max} = a + 0.03L_d} \quad (15\text{-}19)$$

7. 校核小带轮包角 α_1

小带轮包角 α_1 可由下式计算

$$\alpha_1 = 180° - \frac{D_2 - D_1}{a} \times 57.3° \quad (15\text{-}20)$$

小轮包角 α_1 愈小，则传动愈容易产生打滑，带的工作能力不能充分发挥。一般情况V带传动应保证 $\alpha_1 \geqslant 120°$，如 α_1 小于此值，可加大中心距或减小传动化。V 带的传动比 i 一般小于 7，必要时可达 10，而以 $i<5$ 为宜。

8. 确定胶带根数 Z

$$Z = \frac{P_c}{[P_0]} = \frac{P_c}{(P_0 + \Delta P_0)K_a K_L} \quad (15\text{-}21)$$

胶带根数不宜过多，否则将使载荷分布不均，通常 $Z<10$。过多时应重选型号，重新计算。

9. 确定带的初拉力 F_0

适当的初拉力，既能保证传动带有一定的疲劳寿命，又不出现打滑失效。考虑离心力的影响，带的初拉力 F_0 可按下式计算。

$$F_0 = 500 \frac{P_c}{v \cdot Z}\left(\frac{2.5}{K_a} - 1\right) + qv^2 \quad \text{N} \quad (15\text{-}22)$$

式中各符号的意义同前，q 值见表 15-1。

对于中心距不能调整的 V 带传动，安装新带时的初拉力应取上述计算值的 1.5 倍。

10. 计算轴上的压力 Q

为设计计算轴和轴承，应计算出 V 带作用在轴上的压力 Q。可近似地按带两边的初拉力 F_0 的合力计算，如图 15-12 所示。

$$Q = 2Z \cdot F_0 \sin\frac{\alpha_1}{2} \quad \text{N} \quad (15\text{-}23)$$

式中各符号的意义同前述。

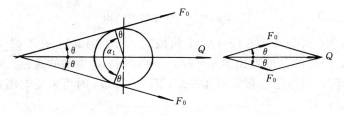

图 15-12 带作用在轴上的压力

§15-5 V带带轮的结构

带轮材料常采用灰铸铁、钢、铝合金或工程塑料等。灰铸铁应用最广，当圆周速度 $v \leqslant$ 25～30m/s 时用 HT150、HT200，速度较高时可用铸钢或钢板冲压—焊接带轮。小功率传动时可用铸铝或塑料制造。

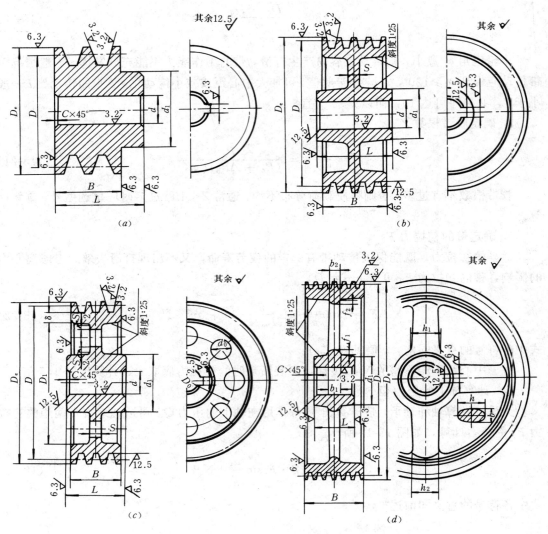

图 15-13　V带带轮结构

带轮的结构有：实心式（图 15-13a）；腹板式（图 15-13b）；孔板式（图 15-13c）；轮辐式（图 15-13d）。带轮的基准直径 $D \leqslant (2.5～3)d$ 时（d 为轴的直径，mm），可采用实心式，$D \leqslant 300$mm 时，可采用腹板式或孔板式，$D \geqslant 300$mm 时可采用轮辐式。带轮结构可参见图 15-14。

表 15-9 给出了 V 带带轮结构尺寸的经验公式（参照图 15-13）。

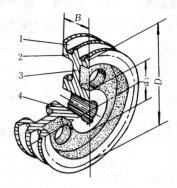

图 15-14 带轮结构剖面
1—轮槽；2—轮缘；3—腹板；4—轮毂

V 带带轮的结构尺寸　　　　　　　　　　　　　　　　　表 15-9

各种结构带轮的外形尺寸		轮辐结构尺寸		腹板、孔板结构尺寸		
L	$(1.5\sim2)d$ d 为轴的直径 （当 $B<1.5d$ 时，$L=B$）	h_1	$290\sqrt[3]{\dfrac{P}{nm}}$　m—轮辐数 n—转速 r/min P—传递的功率	$S_{\min}$	型号	Y　6 Z　8 A　10 B　14 C　18 D　22 E　28
		h_2	$0.8h_1$			
d_1	$(1.8\sim2)d$	b_1	$0.4h_1$			
		b_2	$0.8b_1$	D_1	$D_e-2(H+\delta)$	
D_e	$D+2h_a$	f_1	$0.2h_1$	D_0	$0.5(D_1+d_1)$	
		f_2	$0.2h_2$	d_0	$(0.2\sim0.3)(D_1-d_1)$	

注：H、δ 由表 15-10 查得。

表 15-10 为 V 带带轮的轮槽尺寸。V 带两侧的夹角均为 40°，但在带轮上弯曲时，由于截面变形使其夹角变小，为保持胶带侧面与轮槽工作面接触良好，则轮槽楔角小于 40°。带轮直径愈小，轮槽楔角也愈小。

V 带带轮的轮槽尺寸（mm）　　　　　　　　　　　表 15-10

槽型剖面尺寸		型　号						
		Y	Z	A	B	C	D	E
H		6.3	9.5	12	15	20	28	83
h_a		1.6	2.0	2.75	3.5	4.8	8.1	9.6
t		8	12	15	19	25.5	37	44.5
S		7	8	10	12.5	17	23	29
b_p		5.3	8.5	11	14	19	27	32
δ		5	5.5	6	7.5	10	12	15
B		$B=(z-1)t+2s$　z 为带根数						
φ	32°	$\leqslant60$						
	34°		$\leqslant80$	$\leqslant118$	$\leqslant190$	$\leqslant315$		
	36° D	>60					$\leqslant475$	$\leqslant600$
	38°		>80	>118	>190	>315	>475	>600

【例 15-1】 设计一通风机用 V 带传动装置。原动机为 Y 系列异步电动机,功率 7.5kW,转速 $n_1=1450$r/min,通风机转速 630r/min,每日工作 16h,要求中心距 $a=600\sim 800$mm。

【解】

1. 计算功率 P_c

由表 15-6 查得 $K_A=1.1$

$$P_c = K_A \cdot P = 1.1 \times 7.5 = 8.25 \quad \text{kW}$$

2. 选型

由图 15-11,依 P_c,n_1 选 V 带 A 型

3. 确定带轮基准直径

1) 确定主动轮基准直径 D_1

由表 15-8,选取 $D_1=140$mm

2) 验算带速

$$v = \frac{\pi D_1 n_1}{60 \times 1000} = \frac{3.14 \times 140 \times 1450}{60 \times 1000} = 10.6 \text{m/s}$$

$$5\text{m/s} < 10.6\text{m/s} < 25\text{m/s}$$

3) 确定从动轮基准直径 D_2

$$D_2 = \frac{n_1}{n_2} \cdot D_1(1-\varepsilon) = \frac{1450}{630} \times 140(1-0.01)$$
$$= 319\text{mm}$$

式中 $\varepsilon=0.01$ 取标准直径 $D_2=315$mm

4) 验算传动比变动量

应使 $\Delta i = \frac{i-i'}{i} \times 100\% < \pm 5\%$

式中:

$$i = \frac{n_1}{n_2} = \frac{1450}{630} = 2.3$$

$$i' = \frac{D_2}{D_1(1-\varepsilon)} = \frac{315}{140(1-0.01)} = 2.27$$

$$\Delta i = \frac{2.3-2.27}{2.3} \times 100\% = 1.3\% < \pm 5\% \quad \text{适用}$$

4. 确定 V 带长度及中心距

1) 依题意,初选中心距 $a_0=700$mm

2) 计算 V 带基准长度 L_d'

$$L_d' = 2a_0 + \frac{\pi}{2}(D_1+D_2) + \frac{(D_2-D_1)^2}{4a_0}$$
$$= 2 \times 700 + \frac{\pi}{2}(140+315) + \frac{(315-140)^2}{4 \times 700}$$
$$= 2126\text{mm}$$

3) 选 V 带基准长度 L_d

由表 15-2，选取 $L_d = 2000$mm

4）计算实际中心距 a

$$a = a_0 + \frac{L_d - L'_d}{2} = 700 + \frac{2000 - 2126}{2} = 637.2 \text{mm}$$

5）验算小带轮包角
由式（15-19）计算

$$\alpha_1 = 180° - \frac{D_2 - D_1}{a} \times 57.3°$$

$$= 180° - \frac{315 - 140}{637.2} \times 57.3° = 164.3° > 120° \quad \text{适宜}$$

5. 确定 V 带根数 Z

由式（15-20） $z = \dfrac{P_c}{(P_0 + \Delta P_0) K_a K_L}$

$n_1 = 1450$r/min，$D_1 = 140$mm

查图 15-10c 得 $P_0 = 2.25$kW 得 $\Delta P_0 = 1.67$kW
查表 15-2 $K_L = 1.03$
查表 15-5 $K_a = 0.96$

则 $$Z = \frac{8.25}{(2.25 + 1.67) \times 1.03 \times 0.96} = 2.12 \quad \text{取 } Z = 3 \text{ 根}$$

6. 计算初拉力 F_0

由式（15-22） $F_0 = 500 \dfrac{P_c}{vZ}\left(\dfrac{2.5}{K_a} - 1\right) + qv^2$

查表 15-1 $q = 0.10$kg/m

$$F_0 = 500 \times \frac{8.25}{10.6 \times 3}\left(\frac{2.5}{0.96} - 1\right) + 0.10 \times 10.6^2 = 219\text{N}$$

7. 计算轴上的压力 Q
由式（15-23）

$$Q = 2F_0 Z \sin\frac{\alpha_1}{2} = 2 \times 219 \times 3 \times \sin\frac{164.3}{2} = 1302\text{N}$$

8. 带轮的结构设计　（略）

§15-6　链传动的主要类型、特点和应用

链传动是由主动链轮 1，从动链轮 2 和闭合链条 3 所组成（图 15-15）。它是以链条为中间挠性件，通过链节与链轮轮齿的啮合来传递运动和动力。

与带传动比较，链传动能保持准确的平均传动比，传动效率较高，在传递相同功率的情况下结构较为紧凑；链条张紧力小，作用于轴上的压力也较小；但要求安装精度高，工作时有噪声，不适于高速传动。

与齿轮传动比较，链传动制造和安装精度要求较低，当两轴中心距较大时，结构简单；但不能保持准确的瞬时传动比。由于铰链磨损，链节距伸长，容易引起脱链，导致传动失效。

由于链传动具有上述特点，所以主要用于要求平均传动比准确，两轴间距离较大，工作条件比较恶劣，不宜采用带传动和齿轮传动的场合。

链传动有多种类型，按用途可分为传动链、起重链和牵引链三种。起重链和牵引链用于起重机械和运输机械。在一般机械传动中，最常用的是传动链。传动链的常用范围是：传递功率 $P \leqslant 100\mathrm{kW}$，传动比 $i \leqslant 8$，链速 $v \leqslant 15\mathrm{m/s}$，传动效率 $\eta = 0.95 \sim 0.98$。

传动链的主要类型有滚子链（图 15-15）和齿形链（图 15-16）。两者比较，齿形链传动较平稳，承受冲击载荷的性能好，适用于高速；但结构复杂，重量较大，成本较高。滚子链结构简单，成本较低，目前是应用最广泛的一种传动链，本章将重点介绍滚子链传动的结构，运动特性和一般设计问题。

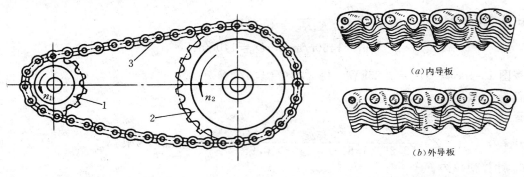

图 15-15　链传动简图
1—小链轮；2—大链轮；3—闭合链条

图 15-16　齿形链
(a) 内导板
(b) 外导板

§15-7　滚子链和链轮结构

一、滚子链

滚子链由内链板 1、外链板 2、销轴 3、套筒 4 和滚子 5 组成（图 15-17）。其中内链板与套筒之间、外链板与销轴之间分别为过盈配合；套筒与销轴之间、滚子与套筒之间分别为间隙配合。当链啮合或脱出链轮轮齿时，内外链节屈伸，即套筒在销轴上自由转动。滚子的作用是减少链轮轮齿与套筒之间的摩擦和磨损。内外链板均制成"8"字形，以使链板各横剖面强度大致相等，并可减轻重量。

滚子链上相邻两销轴中心的距离称为链节距，用 p 表示，它是链传动的最主要的参数。节距越大，链的各元件的尺寸也大，链所能传递的功率也越大；但当链轮齿数一定时，链节距增大将使链轮节距增大。因此，当传递功率较大时，为使链传动的外廓尺寸不致过大，可以采用小节距的双排链（图 15-18）或多排链。多排链由单排链组合而成，其承载能力较大，由于链制造和装配误差的影响，各排链受载大小难于一致，故排数不宜过多。

链条的长度以节数来表示，当链节数为偶数时，链的接头称为连接链节（图 15-19a）。连接链节的形状与外链节相同。为便于拆装，其中一侧的外链板与销轴为过渡配合，常用

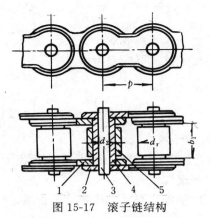

图 15-17 滚子链结构

1—内链板；2—外链板；3—销轴；4—套筒；5—滚子

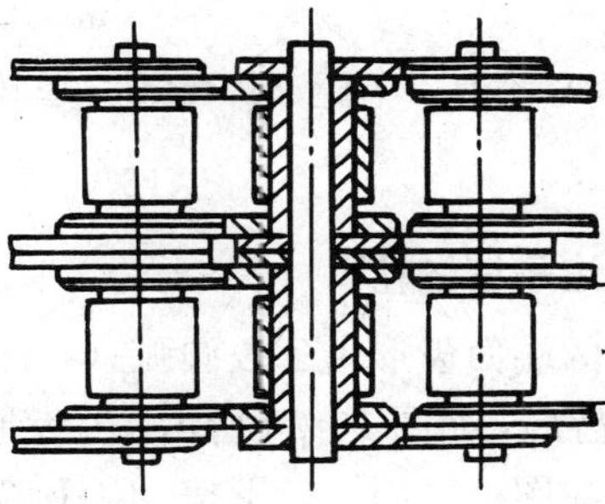

图 15-18 双排滚子链

开口销或弹簧卡片来固定，一般开口销多用于大节距链，弹簧卡片用于小节距链。链节距为奇数时，两个内链节相互对接，因此需要采用过渡链节（图15-19b），过渡链节工作时，链板要受到附加的弯曲，强度较差，应尽量避免使用奇数链节。

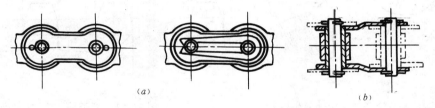

图 15-19 滚子链接头型式

(a) 连接链节；(b) 过渡链节

滚子链已标准化，表 15-11 列出了国家标准（GB1243·1—83）规定的滚子链的基本参数和尺寸。表中链号乘以 $\frac{25.4}{16}$，即为链节距值。

A 系列滚子链基本参数和尺寸（GB1243.1—83）　　表 15-11

链号	节距 p (mm)	多排链排距 P_t (mm)	滚子外径 d_{rmax} (mm)	内节链内宽 b_{1min} (mm)	销轴直径 d_{2max} (mm)	极限拉伸载荷 Q_{min} (N)
08A	12.70	14.38	7.95	7.85	3.96	13800
10A	15.875	18.11	10.16	9.40	5.08	21800
12A	19.05	22.78	11.91	12.57	5.94	31200
16A	25.40	29.29	15.88	15.57	7.92	55600
20A	31.75	35.76	19.05	18.90	9.53	86700
24A	38.10	45.44	22.23	25.22	11.10	124500
28A	44.45	48.87	25.40	25.22	12.70	169000
32A	50.80	58.55	28.58	31.55	14.27	222300
40A	63.50	71.55	39.68	37.85	19.89	346700
48A	76.20	87.83	47.63	47.35	23.80	500100

注：过渡链节的极限拉伸载荷按 0.8Q 计算。

滚子链的标记为

例如 A 系列、节距 25.4mm、单排、90 节的滚子链。可标记为：

16A—1×90GB1234.1—83。

二、滚子链链轮

链轮的端面齿形由三段圆弧（$\overset{\frown}{aa}$、$\overset{\frown}{ab}$、$\overset{\frown}{cd}$）和一段直线（$\overline{bc}$）组成，简称"三圆弧一直线"齿形，如图 15-20 所示。因齿形用标准刀具加工，在链轮工作图中端面齿形不必画出，但要在图上注明"齿形按 3RGB1244-85 规定制造"。

链轮的轴面齿形（图 15-21）需在工作图中画出。轴面齿形的具体尺寸见机械设计手册。

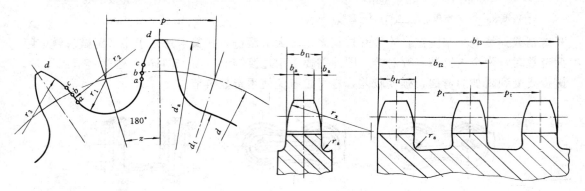

图 15-20 滚子链链轮端面齿形　　　　图 15-21 滚子链链轮轴面齿形

（一）链轮主要几何尺寸（见表 15-12）

链轮主要几何尺寸计算　　　　表 15-12

序号	名称	代号	计算公式	说明
1	分度圆直径	d	$d=\dfrac{p}{\sin\dfrac{180°}{Z}}$	
2	齿顶圆直径	d_a	$d_a=p\left(0.54\mathrm{ctg}\dfrac{180°}{Z}\right)$	
3	齿根圆直径	d_f	$d_f=d-d_r$	d_r—滚子外径
4	最大齿根距离	L_x	偶数齿时　$L_x=d_f$ 奇数齿时　$L_x=d\cos\dfrac{90°}{Z}-d_r$	L_x（见图 15-22）

（二）链轮的材料

链轮的材料应满足强度和耐磨性的要求。常用的材料有碳钢和铸铁，对于重要的链轮可采用合金钢，可根据工作条件和尺寸的大小来选择。推荐的链轮材料和表面硬度见表 15-13。

考虑到小链轮轮齿的啮合次数比大链轮轮齿的啮合次数多，为使两链轮的寿命趋近相等，故小链轮的材料应比大链轮的材料要好些。

（三）链轮结构

链轮的结构如图 15-23 所示。根据链轮的直径来选择。小直径的链轮制成整体实心式（图 15-23a）；中等直径的链轮多采用孔板式（图 15-23b）；大直径的链轮多采用轮辐式或组合式（图 15-23c、d），齿圈与轮芯可用不同材料制成，用螺栓联成一体，齿圈磨损后便于更换。选用多排链时，可采用多排链轮，图 15-23e 所示为双排辐板式链轮结构。

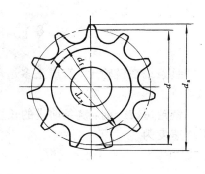

图 15-22　滚子链链轮

链轮常用材料和表面硬度　　　　　表 15-13

材　　料	热处理	齿面硬度	应　用　范　围
15钢、20钢	渗碳、淬火、回火	50～60HRC	$z \leqslant 25$ 有冲击载荷的链轮
35钢	正火	160～200HBS	$z > 25$ 的主、从动链轮
40钢、50钢、45Mn ZG310—570	淬火、回淬	40～50HRC	无剧烈冲击、振动和要求耐磨的主、从动链轮
15Cr、20Cr	渗碳、淬火、回火	55～60HRC	$z < 30$ 传递较大功率的重要链轮
40Cr、35SiMn 35CrMo	淬火、回火	40～50HRC	要求强度较高和耐磨损的重要链轮
Q235、Q255	焊接后退火	≈140HBS	中、低速，功率不大的较大链轮
不低于 HT200 的灰铸铁	淬火、回火	260～280HBS	$z > 50$ 的从动链轮以及外形复杂或强度要求一般的链轮
夹布胶木	—	—	$P < 6kW$，速度较高，要求传动平稳，噪声小的链轮

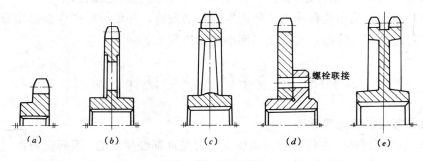

图 15-23　链轮结构

§15-8 链传动的运动分析

链条绕在链轮上,折成正多边形的周边形状。正多边形的边长等于链条的节距 p(见图 15-24)。

链轮每转一周,链条前进的长度应是 zp,因此当两链轮的转速分别是 n_1 和 n_2 时,链的平均速度为

$$v = \frac{z_1 p n_1}{60 \times 1000} = \frac{z_2 p n_2}{60 \times 1000} \quad \text{m/s} \tag{15-24}$$

由上式可得到链传动的平均传动比为

$$i = \frac{n_1}{n_2} = \frac{z_2}{z_1} \tag{15-25}$$

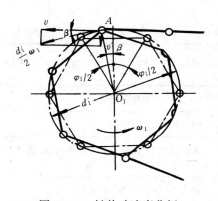

图 15-24 链传动速度分析

以上两式中求得的链速和传动比都是平均值。

由图 15-24 可知,当主动轮以等角速度 ω_1 回转时,铰链 A 的速度,即链轮节圆的圆周速度为 $\frac{d_1'}{2}\omega_1$,它沿链条前进方向的分速度为 $v = \frac{d_1'}{2}\omega_1 \cdot \cos\beta$。每一链节从进入啮合到脱离啮合,$\beta$ 角在 $\pm\frac{\varphi_1}{2}$ 的范围内作周期性变化。所以链条前进速度也由小到大,再由大到小周期性变化。即主动链轮匀速转动(ω_1 为常数),而从动链轮的角速度 ω_2 和瞬时传动比 $\left(\frac{\omega_1}{\omega_2}\right)$ 均作周期性变化,这就是链传动的运动不均匀性。

与此同时,与链条前进方向的垂直分速度 $v' = \frac{d_1'}{2}\omega_1 \cdot \sin\beta$,也是作周期性变化,这将使链条不停地上下抖动。因而产生横向振动。

如果把正多边形的边长减小(也就是把链传动的节距 p 减小),或者把边数增多(也就是把链轮齿数 z 增多),这种运动的不均匀性和冲击作用也随之改善。

链传动的运动不均匀性和冲击,将产生附加动载荷,并使传动产生振动和噪声,加速链的损坏和轮齿磨损。因此,按链速限制小链轮齿数 z_1。

§15-9 滚子链传动的设计计算

一、滚子链传动的失效形式

(一)链条疲劳破坏 在传动中链条所受拉力是周期性变化的,因而链条各元件都在变应力下工作。在正常润滑条件下,经过一定的循环次数,链板产生疲劳断裂或滚子表面产

生疲劳剥落。链条的这种疲劳破坏是闭式链传动的主要失效形式,也是决定链传动能力的主要因素。

(二)链条铰链磨损　链在工作过程中,销轴与套筒的工作表面会因相对滑动而磨损,导致链节的伸长,使滚子与轮齿的啮合点逐渐向齿顶移动。磨损严重时,将破坏链与链轮的正确啮合,产生脱链现象。对开式链传动润滑密封不良时,极易引起铰链磨损,从而降低链条的使用寿命。磨损是主要失效形式。

(三)链条铰链胶合　在润滑不当或链速很高时,销轴与套筒的工作表面会因温度过高而胶合。因而要限制链传动的极限转速。

(四)链条的多次冲击破断　工作过程中,链条由于经常启动、制动、反转或重复承受冲击载荷,将使销轴、套筒和滚子发生冲击破断。

(五)链条过载拉断　在链速很低($v<0.6$m/s)的条件下,若载荷超过链条的静力强度时,链条就会被拉断。这种失效形式常发生在低速、重载或严重过载的传动中。

二、滚子链额定功率曲线

图 15-25 是额定功率曲线。该曲线适用的条件是:$z_1=19$,链长 $L_p=100$ 节,水平安装,单排链,载荷平稳,按推荐润滑方式润滑(图 15-26),链条寿命为 15000h,链条因磨损而引起的相对伸长度(即磨损伸长率)不超过 3%。额定功率曲线表示不同链节的单排链条在不同的转速 n_1 和推荐润滑条件下所能传递的功率,是链传动的设计依据。

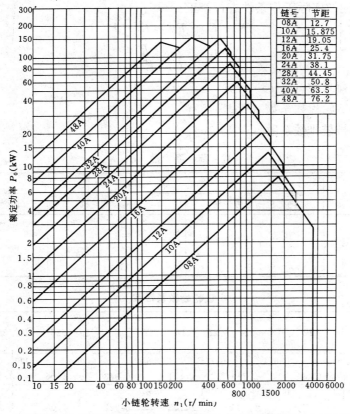

图 15-25　A 系列滚子链的额定功率曲线

选择链节距 p 的根据是额定功率曲线（图 15-25），条件为

$$P_0 \geqslant P$$

式中　P——链传动的传动功率；
　　　P_0——单排链能传递的功率。

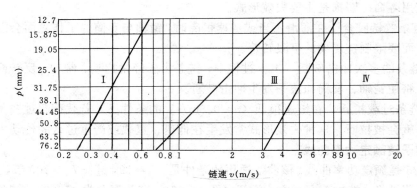

图 15-26　推荐的润滑方式
Ⅰ—人工定期润滑；Ⅱ—滴油润滑；Ⅲ—油浴或飞溅润滑；Ⅳ—压力喷油润滑

由于额定功率曲线是表明在一定条件下，链所能传递的功率曲线。如果工作条件与额定条件不符，则应按实际工作条件进行修正。即

$$K_z \cdot K_m \cdot P_0 \geqslant K_A \cdot P$$

或

$$P_0 \geqslant \frac{K_A \cdot P}{K_z \cdot K_m} \tag{15-26}$$

式中　K_A——载荷系数（表 15-14）；
　　　K_z——小链轮齿数系数（表 15-15）；
　　　K_m——多排链排数系数（表 15-16）。

载荷系数 K_A　　　　表 15-14

载荷性质	输入动力		
	内燃机—液力传动	电动机—汽轮机	内燃机—机械传动
载荷平稳	1.0	1.0	1.2
中等冲击	1.2	1.3	1.4
较大冲击	1.4	1.5	1.7

小链轮齿数系数 K_z　　　　表 15-15

Z_1	9	10	11	12	13	14	15	16	17	18	19	20	21	22	23	24	25
K_z	0.466		0.554		0.664		0.775		0.881		1.00		1.11		1.23		1.34
		0.500		0.609		0.719		0.831		0.943		1.06		1.17		1.29	
K'_z	0.346		0.441		0.566		0.701		0.846		1.00		1.16		1.33		1.51
		0.382		0.502		0.633		0.773		0.922		1.08		1.25		1.42	

注：当工作在图 15-25 中高峰值的左侧时，取 K_z；当工作在图 15-25 中高峰值的右侧时，取 K'_z。

多排链排数系数 K_m 表 15-16

排数 m	1	2	3	4	5	6
排数系数 K_m	1	1.7	2.5	3.3	4.0	4.6

注：当排数 m 大于 6 排时，K_m 可近似按式 $K_m = m^{0.84}$ 计算，或向链条制造厂咨询确定。

三、链传动的主要参数及其选择

（一）链轮齿数 Z_1、Z_2

链轮齿数不能过多或过少。当小链轮齿数 Z_1 过少时，外廓尺寸小，但将导致：

1. 增加传动的不均匀性和附加动载荷；
2. 增大链节间的相对转角，从而加速磨损和功率消耗；
3. 增加铰链承压面间的比压，加速链条和链轮的损坏。

为使链传动的运动均匀和减少动载荷，推荐在动力传动中，滚子链的小链轮齿数 Z_1 可由表 15-17 选取。

小链轮齿数 z_1 表 15-17

链速 v (m/s)	0.6~3	3~8	>8
z_1	≥17	≥21	≥25

大链轮的齿数 Z_2 由下式计算

$$Z_2 = iZ_1 \tag{15-27}$$

最少齿数 Z_{min} 不应小于 17，只有当链轮速度很低时允许取到 $Z_{min} = 9$。

链轮齿数太多，不但外廓尺寸大，还将缩短链的使用寿命。链节磨损后，链节距将由 p 增至 $p + \Delta p$，而链轮节圆直径将由 d' 增至 $d' + \Delta d$，见图 15-27 所示。

$$\Delta d' = \frac{\Delta p}{\sin \frac{180°}{Z}} \tag{15-28}$$

由上式可知，当 Δp 一定时，齿数 Z 愈多，节圆直径的增量就愈大，链节就愈向外移，链条就愈容易从链轮齿上脱落，链条的使用寿命就愈短。滚子链链轮最多齿数取为 $Z_{max} \leq 120$。

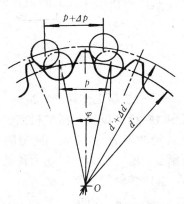

图 15-27 链节磨损对啮合的影响

（二）传动比 i

传动比过大时，会使链条在小链轮上包角过小，啮合齿数减少，这将加速链轮齿的磨损和容易出现跳齿，破坏正常啮合。包角最好不小于 120°。推荐传动比 i =

$2\sim3.5$,限制传动比 $i\leqslant7$。

(三) 链节距 p

链的节距越大,承载能力就越高,但传动速度的不均匀性和动载荷也随之增加。所以在设计时,在满足承载能力条件下,为使结构紧凑、寿命长,应尽量选取小节距的单排链。在高速、大功率时,可选取小节距的多排链。当中心距小,传动比大时,选取小节距多排链。当中心距大、传动比小而速度较高时,可选用大节距单排链。

(四) 中心距 a 和链条节数 L_p

链传动的中心距取得小些,传动尺寸紧凑,但单位时间链条绕转次数增加,链节的屈伸次数和应力循环次数增加,加速链条的磨损和疲劳;同时链条在小链轮上的包角变小,链与链轮啮合齿数减小,轮齿磨损加大。若中心距过大,外廓尺寸大,又会使从动边垂度过大而发生上下颤动,一般 $a_0=(30\sim50)p$,最大中心距 $a_{max}\leqslant80p$。

链条长度一般以链的节数 L_p 表示,按带传动求带长的公式可导出。当中心距 a_0 初步确定后,可用下式求出链条节数 L_p。即

$$L_p = \frac{2a_0}{p} + \frac{z_1+z_2}{2} + \frac{p}{a_0}\left(\frac{z_2-z_1}{2\pi}\right)^2 \quad (15\text{-}29)$$

由此算出的链条节数,须圆整为接近的整数,最好取为偶数。然后将链条节数代入上式,可得中心距。即

$$a = \frac{p}{4}\left[\left(L_p - \frac{z_1+z_2}{2}\right) + \sqrt{\left(L_p - \frac{z_1+z_2}{2}\right)^2 - 8\left(\frac{z_2-z_1}{2\pi}\right)^2}\right] \quad (15\text{-}30)$$

为保证链条松边有一定的初垂度,实际中心距应比计算中心距小 $2\sim5$mm,一般中心距设计成可调的,链节磨损伸长后,可随时调整。

(五) 链速 v

$$v = \frac{Z_1 p n_1}{60 \times 1000} \quad \text{m/s} \quad (15\text{-}31)$$

为限制链传动的动载荷,链速一般为 $v\leqslant12\sim15$m/s。

(六) 链条作用在轴上的力可近似地取为

$$Q \approx (1.2\sim1.3)F \quad \text{N} \quad (15\text{-}32)$$

$$F = \frac{1000P_c}{v} \quad \text{N}$$

式中 F——链条工作拉力,N。

【例 15-2】 设计一压气机用链传动,电动机转速 $n_1=970$r/min,压气机转速 $n_2=330$r/min,传动功率 $P=10$kW,两班制工作,传动中心距不得超过 780mm,中心距可以调节。

【解】 压气机为一般动力传动,可选用滚子链传动,由于中心距可调,故不设张紧轮。

1. 选定链轮齿数 Z_1、Z_2

传动比 $i=\dfrac{n_1}{n_2}=\dfrac{970}{330}=2.94$

假定链速 $v=3\sim 8\text{m/s}$，由表 15-17 选取小链轮齿数 $Z_1=23$，大链轮齿数
$$Z_2=iZ_1=2.94\times 23=68$$

2. 确定链节距 p

计算功率 $P_c=K_A\cdot P=1.3\times 10=13\text{kW}$

式中　载荷系数由表 15-14 查得 $K_A=1.3$，由式（15-26）知

$$P_0\geqslant \frac{K_A\cdot P}{K_Z\cdot K_m}=\frac{1.3\times 10}{1.23\times 1}=10.57\text{kW}$$

式中　K_Z 小链轮齿数系数由表 15-15 查得 $K_Z=1.23$；

K_m 多排链排数系数，由表 15-16 查得 $K_m=1$。

根据 $P_0=10.57\text{kW}$，$n_1=970\text{r/min}$，由图 15-25 选定 12A，链节距 $p=19.05\text{mm}$。

3. 计算中心距 a 和链节数 L_p

初定中心距 $a_0=40p=40\times 19.05=762\text{mm}$

由式（15-29）得

$$L_p=\frac{2a_0}{p}+\frac{Z_1+Z_2}{2}+\frac{p}{a}\left(\frac{Z_2-Z_1}{2\pi}\right)^2$$

$$=\frac{2\times 762}{19.05}+\frac{23+68}{2}+\frac{19.05}{762}\left(\frac{68-23}{2\times 3.14}\right)^2$$

$$=126.8$$

取 $L_p=126$ 节，由于中心距可调，不必再算实际中心距 a。

4. 验算链速 v

$$v=\frac{Z_1pn}{60\times 1000}=\frac{23\times 19.05\times 970}{60\times 1000}=7.1\text{m/s 合适}$$

在假定的链速范围内。

依 v，p 由图 15-26 选择润滑方式为压力喷油润滑。

5. 求作用在轴上的载荷 Q

$$Q=1.2F=1.2\times \frac{1000P_c}{v}=1.2\times \frac{1000\times 13}{7.1}=2197\text{N}$$

6. 求链轮尺寸及绘制链轮零件工作图（略）

§15-10　链传动的布置和张紧

一、链传动的布置

链传动的布置是否合理，对传动的工作能力及使用寿命都有较大的影响。安装调整时，可用松边的下垂量来控制链的张紧程度，当中心距较大或对传动平稳性要求较高时，可设置张紧装置。表 15-18 列出了常用的链传动布置简图。

传动参数	正确布置	不正确布置	说 明
$i>2$ $a=(30\sim50)p$			两轮轴线在同一水平面，紧边在上
$i>2$ $a<30p$			两轮轴线不在同一水平面，松边应在下面，否则松边下垂量增大后，链条易与链轮卡死
$i<1.5$ $a>60p$			两链轮轴线在同一水平面，松边应在下面，否则下垂量增大后，松边会与紧边相碰，需经常调整中心距
i、a 为任意值			两轮轴线在同一铅垂面内，下垂量增大，会减少下链轮的有效啮合齿数，降低传动能力，为此应采用： a. 中心距可调 b. 设张紧装置 c. 上下两轮错开，使其不在同一铅垂面内

表 15-18 链传动的布置简图

二、链传动的张紧

（一）用调整中心距方法张紧。

（二）用张紧轮张紧，如图 15-28 所示。

张紧轮应放在靠近小链轮的松边，张紧轮的直径可略小于链轮的直径。

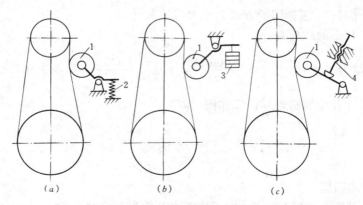

图 15-28 链传动的张紧装置

(a) 利用弹簧自动张紧；(b) 利用重锤自动张紧；(c) 定期调节螺旋张紧

1—张紧轮；2—弹簧；3—重锤；4—调节螺旋

§15-11 钢丝绳传动

一、概述

(一) 钢丝绳传动的特点及应用

由于钢丝绳的强度高、自重轻（与链比较）、承载能力大、运行平稳且无噪声、挠性及弹性好、极少发生整根钢丝绳的突然断裂，故它适用于高速、承受大或冲击载荷的场合，广泛用于机械、造船、采矿、冶金、林业、水产、农业中，如提升重物、变幅、牵引物体或捆绑物体，见图15-29。

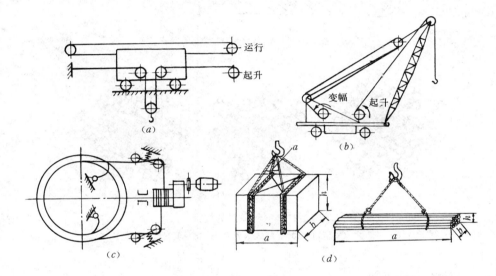

图15-29 钢丝绳的应用
(a) 提升重物；(b) 变幅机构；(c) 牵引或旋转驱动机构；(d) 系物绳

(二) 钢丝绳的组成及种类

钢丝绳是由许多细钢丝首先捻成股，然后将若干股绕绳芯捻成绳。

根据股的构造及股中钢丝接触情况分成：

1. **点接触绳**

   如图15-30a所示，绳股中各层钢丝直径相同而内外各层钢丝的节距不等，相互交叉，形成点接触，因此接触应力高，寿命短。常用的有6×19和6×37两种型式。

2. **线接触绳**

   如图15-30b，绳股由不同直径的钢丝绕成，而各层钢丝的节距相同，外层钢丝位于内层钢丝间的沟槽里形成线接触，因接触面大，故寿命较长，挠性也较好，承载能力高。起重机中应用广泛，并逐渐代替点接触绳。

   按每股绳的构造不同又分为外粗式（X型）、粗细式（W型）、填充式（T型），其截面结构如图15-31。

3. **面接触绳**

   如图15-30c，股内钢丝形状特殊，呈面接触。其优点比线接触绳更显著，但制造工艺

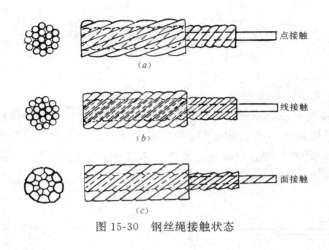

(a)
(b)
(c)

图 15-30　钢丝绳接触状态

(a)　(b)　(c)

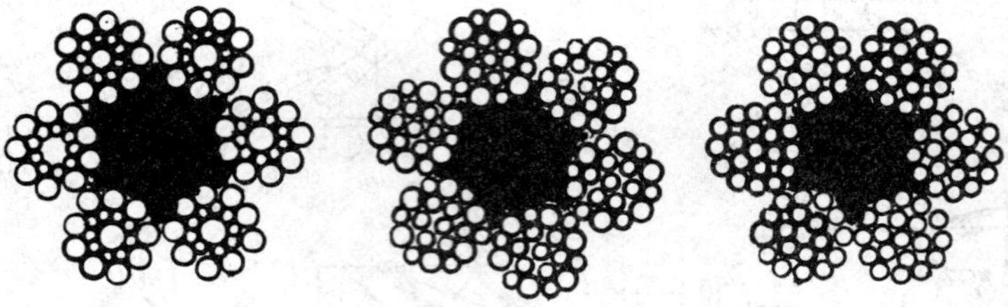

图 15-31　钢丝绳股的构造

(a) 外粗式 (X 型)；(b) 粗细式 (W 型)；(c) 填充式 (T 型)

复杂。

根据绳与股的捻向分成：

1. 交互捻钢丝绳

如图 15-32a 所示，绳与股的捻向相反，这种绳不会扭结或松散，但寿命与挠性较同向捻绳差，常用作起重绳。

2. 同向捻钢丝绳

(a)
(b)
(c)

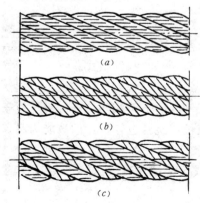

图 15-32　钢丝绳的捻向

(a) 交互捻；(b) 同向捻；(c) 混合捻

如图 15-32b 所示，绳与股的捻向相同，这种绳挠性及寿命较好，但易打结，只能用于经常保持受载张紧的场合，如牵引绳，不宜用作起重绳。

为了使绳不打结，现已有不打结钢丝绳，其内外层绕向相反，扭转趋势相反，相互抵消；还有预变形钢丝绳，是在成绳前，使绳股得到应有的弯曲弯形，成绳后残余内应力很小，能消除扭转、松散现象，且挠性好，寿命长。

3. 混合捻钢丝绳

如图 15-32c 所示，左、右捻的股数各半且相间，性质介于上两者之间，很少应用。

根据股捻成绳的旋向又可分为右捻绳与左捻

绳。如无特殊要求，规定用右捻绳。

钢丝绳在卷筒上的卷绕方向与其本身的捻向应有一定的关系，如图15-33所示，当绳在卷筒上左向卷绕时，应用右捻钢丝绳，反之，用左捻钢丝绳。

根据绳芯材料不同分成

1. 有机芯（棉、麻）绳

其挠性、弹性及储油润滑性能好，但不能承受横向力及用于高温场合。

2. 石棉芯绳

其特点与上述同，但能用于高温场合。

4. 金属芯绳

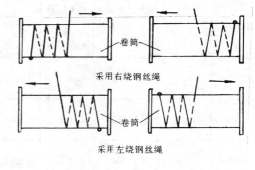

图 15-33 钢丝绳的捻向与在卷筒上的卷向关系

其强度大，能承受大的横向压力，可用于多层卷绕及高温场合，但挠性及弹性较差。近来有用螺旋金属管作绳芯的，管中可储润滑油。

根据股的数目不同，有 6 股绳、8 股绳、18 股绳，如图 15-34a、b、c 所示。

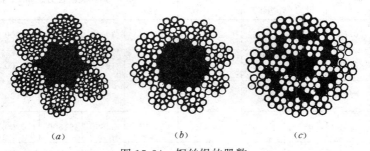

图 15-34 钢丝绳的股数
(a) 6 股钢丝绳；(b) 8 股钢丝绳；(c) 18 股钢丝绳

（三）钢丝绳的标准及标注方法

钢丝绳是标准件，表 15-19 及表 15-20 分别列出了部份点接触及线接触钢丝绳的标准。

点接触钢丝绳 6×37 股 （1＋6＋12＋18） GB1102—74　　　　表 15-19

直径 (mm)		钢丝总截面积 ΣF (mm²)	参考质量 (kg/100m)	钢丝绳公称抗拉强度 σ_B (MPa)				
钢丝绳 d	钢丝 δ			1400	1550	1700	1850	2000
				钢丝破断拉力总和 $\Sigma F \sigma_B$ (N) （不小于）				
8.7	0.4	27.88	26.21	39000	43200	47300	51500	55700
11.0	0.5	43.57	40.96	60900	67500	74000	80600	87100
13.0	0.6	62.74	58.98	87800	97200	106500	116000	125000

续表

直径（mm）		钢丝总截面积 ΣF (mm²)	参考质量 (kg/100m)	钢丝绳公称抗拉强度 σ_B (MPa)				
钢丝绳 d	钢丝 δ			1400	1550	1700	1850	2000
				钢丝破断拉力总和 $\Sigma F\sigma_B$ (N)（不小于）				
15.0	0.7	85.39	80.27	119500	132000	145000	157500	170500
17.5	0.8	111.53	104.8	156000	172500	189500	206000	223000
19.5	0.9	141.16	132.7	197500	218500	239500	261000	282000

线接触钢丝绳粗细式 6W（19）股 $\left(1+6+\dfrac{6}{6}\right)$ GB1102-74　　表 15-20

直径（mm）					钢丝总截面积 ΣF (mm²)	参考质量 (kg/100m)	钢丝绳公称抗拉强度 σ_B (MPa)				
钢丝绳 d	钢丝						1400	1550	1700	1850	2000
	中心	第一层	第二层				钢丝破断拉力总和 $\Sigma F\sigma_B$ (N)（不小于）				
			粗的	细的							
8.0	0.6	0.55	0.6	0.45	26.14	24.31	36500	40500	44000	48000	52000
9.2	0.7	0.65	0.7	0.5	35.16	32.70	49200	54400	59700	65000	70300
11.0	0.8	0.75	0.8	0.6	47.17	43.87	66000	73100	80100	87200	94300
12.0	0.9	0.85	0.9	0.65	59.06	54.93	82600	91500	100000	109000	118000
13.5	1.0	0.95	1.0	0.75	74.37	69.16	104000	115000	126000	137500	148500
14.5	1.1	1.05	1.1	0.8	89.14	82.90	124500	138000	151500	164500	178000

钢丝绳标注方法举例

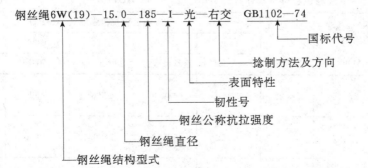

此型号表示公称抗拉强度为 1850MPa、Ⅰ号光面钢丝、右向交互捻 6 股粗细式钢丝绳。标记中的"光"、"右"、"交"可省略不标。"右"、"左"、"同"分别可记为"Z"、"S"、"T"。

二、钢丝绳传动的设计

(一) 受力及失效形式

钢丝绳在工作时受力情况很复杂,它受到的主要应力有:

1. 拉应力 σ_1,主要由工作载荷引起;
2. 弯曲应力 σ_w,由于绳绕在卷筒或滑轮上而产生;
3. 挤压应力 σ_p 包括钢丝间互相作用的挤压应力 σ_{p1} 与钢丝和轮槽接触点间的挤压应力 σ_{p2}。

钢丝绳的失效主要是在长期使用中,钢丝绳的外层钢丝在绕过卷筒或滑轮时,除受到强大的拉力外,还反复受到弯曲与挤压作用而引起疲劳,再加上磨损,结果导致钢丝的折断。当钢丝的折断数大到一定值时,钢丝绳即应报废。报废标准是在一个捻距范围内断丝的百分数:

对交互捻钢丝绳为总丝数的 10%;

对同向捻钢丝绳为总丝数的 5%;

对运送人或危险品的钢丝绳,报废断丝数减半。

当有一股钢丝折断或外层钢丝磨损达钢丝直径的 40%,应立即报废。当磨损不到钢丝直径的 40%,应根据磨损程度折减报废的断丝数标准,见表 15-21。

钢丝绳报废断丝数标准的折减　　　　表 15-21

钢丝直径磨损 (%)	10	15	20	25	30	40
报废断丝数标准折减为 (%)	85	75	70	60	50	报废

(二) 静力计算及选用

钢丝绳工作时,同时受到静、动两种载荷,其中静载荷是影响钢丝绳寿命的主要因素,选用时,可只进行静载荷计算。

为安全工作,钢丝绳必须同时满足两个条件:

1. 具有足够的安全系数

$$S_{ca} = \frac{F_p}{F_{max}} = \frac{\psi \Sigma F \sigma_B}{F_{max}} \geqslant S \tag{15-33}$$

2. 卷筒或滑轮直径符合下列关系

$$D \geqslant (e-1)d \tag{15-34}$$

式中　$\Sigma F \sigma_B$——钢丝破断拉力总和,见标准;

　　　ψ——换算系数,对 6×9,6W (19) 为 0.85,对 6×37,为 0.82;

　　　F_{max}——钢丝绳工作时实际所承受的最大静拉力,计算方法见后;

　　　S_{ca}——计算安全系数;

　　　S——许用安全系数,见表 15-22;

　　　e——直径系数,见表 15-22。

许用安全系数及 e 值　　　　表 15-22

钢丝绳的用途			S	e 固定式	e 流动式
牵引或起重用	钢丝绳手板葫芦		4.5	—	16
	手动绞车		4.0	18	16
	小车牵引绳（轨道水平）		4.0	20	16
	牵引载人的缆车，斜面升船机		6.0	40	—
	电动葫芦		5.5, 6.0	—	20
	其它各类起重机械	工作类型 轻级	5.0	20	16
		工作类型 中级	5.5	25	18
		工作类型 重级、特重级	6.0	30~35	20~25
抓斗用	双绳抓斗（双电动机分别驱动）		6.0	30~40	20~25
	单绳抓斗，马达抓斗，双绳抓斗（单电动机集中驱动）		5.0	30~40	20~25
	抓斗滑轮			25	18
拉紧用	经常用		3.5	25	18
	临时用		3.0	20	16

其余符号意义同前。

如需延长钢丝绳的使用寿命，除降低工作应力和增大比值 D/d 外，尚可考虑：

(1) 选择较软的轮槽材料，并取轮槽半径 $R=0.5d$；

(2) 布置滑轮时，尽量减少绳被弯折的次数和避免反向弯折。

(3) 仔细维修保护，定期润滑。

(三) 钢丝绳绳尾的固定。

常用的绳尾固定方法如图 15-35 所示。

1. 编结法

如图 15-35a 所示，钢丝绳尾绕过套环后与自身编结起来，并用细钢丝扎紧，捆扎长度 $L=(20\sim25)d$，不小于 300mm。固定处的强度约为钢丝绳自身强度的 75~90%。

2. 楔形套筒法

如图 15-35b 所示，利用楔的锁紧作用，在受力时自动夹紧绳尾。固定处强度约为钢丝绳自身强度的 75~85%。此法装拆方便。

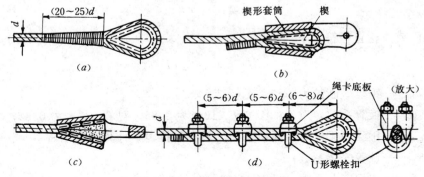

图 15-35　常用绳尾固定方法

(a) 编结法；(b) 楔形套筒法；(c) 锥形套筒灌铅法；(d) 绳卡法

3. 锥形套筒灌铅法

如图 15-35c 所示，绳尾穿过锥形套筒后拆散、洗净，将钢丝末端弯成钩状，浇入熔铅或熔锌。固定处的强度与钢丝绳自身强度大致相同。此法操作复杂，仅用于大直径钢丝绳，如缆索起重机的承载绳。

4. 绳卡固定法

如图 15-35d 所示，安装时，绳卡底板应扣在钢丝绳的工作段上，U 形螺栓扣在钢丝绳的尾段上。固定处的强度约为钢丝绳自身强度的 80～90%。绳卡数和绳卡型号与钢丝绳直径有一定的关系，见有关手册。此法简单、可靠，应用广泛。

三、滑轮和卷筒

滑轮和卷筒是钢丝绳的承装零件，选取是否得当，直接影响钢丝绳的寿命。

（一）滑轮及滑轮组

按用途滑轮分成定滑轮和动滑轮，见图 15-29a、b、c。定滑轮固定不动，用以改变钢丝绳的方向；动滑轮装在可动的心轴上，与定滑轮组成滑轮组可实现省力和增速的目的。提升机构和钢丝绳的变幅机构都是省力滑轮组，而增速滑轮组则用于轮式起重机的吊臂伸缩机构。

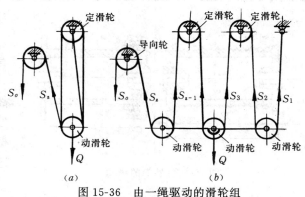

图 15-36 由一绳驱动的滑轮组

钢丝绳依次绕过若干定滑轮和动滑轮组成的装置称滑轮组，如图 15-36 所示。在展开图 b 中，当忽略滑轮的摩擦阻力时，各分支所受的拉力应当相等，为

$$S_1 = S_2 = \cdots\cdots = S_z = S_0 = \frac{Q}{Z} \quad \text{N} \tag{15-35}$$

式中 S_z——钢丝绳靠近自由端分支的拉力；
S_0——滑轮组自由端的拉力即驱动力；
Q——起吊物的重量
Z——动滑轮上承受载荷的钢丝绳分支数。

由式（15-35）知，驱动力 S_0 仅为起吊物重量的 $\frac{1}{Z}$，故 Z 称为该滑轮组的倍率。

实际上滑轮上存在摩擦阻力，因此各分支所受的拉力是不相等的，相邻两分支所受的拉力相差一个滑轮效率 η_R。考虑整个滑轮组中各定滑轮、动滑轮及导向轮的效率，滑轮组自由端的拉力（驱动力）应为

$$S_0 = \frac{Q}{Z \eta \eta_R^n} \quad \text{N} \tag{15-36}$$

式中 η——滑轮组的效率，见表 15-23；
η_R——导向轮的效率，对滚动轴承 $\eta_R = 0.98 \sim 0.99$，对滑动轴承 $\eta_R = 0.96$（正常润滑）；

n——导向滑轮的数目。

滑轮直径可用式(15-34)求得,为了降低钢丝绳经过滑轮时的弯曲应力和挤压应力,其直径不宜过小。滑轮的其它结构尺寸和材料,可参考有关手册。

滑轮组的效率 η　　　　　表15-23

倍　率	2	3	4	5	6	7	8
滑动轴承	0.98	0.96	0.94	0.92	0.91	0.89	0.87
滚动轴承	0.99	0.98	0.97	0.96	0.95	0.94	0.93

(二) 卷筒

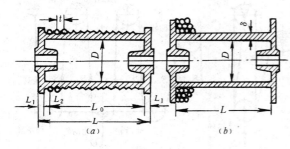

图15-37 卷筒的结构

卷筒外形通常为圆柱形,工作表面有槽面与光面两种,如图15-37所示。

钢丝绳在光面卷筒上为多层卷绕,故容绳量大,卷筒尺寸可以较小。但多层卷绕的钢丝绳彼此挤压力大,相互摩擦力也大,故钢丝绳寿命低。宜用于慢速或轻、中载、起重高度大的场合。

钢丝绳在槽面卷筒上通常为单层卷绕,由于表面有螺旋槽,使钢丝绳与卷筒接触面积增加,减少了接触应力,同时防止了相邻钢丝绳互相摩擦,从而提高了钢丝绳的使用寿命。

卷筒的直径 D 不宜过小,可由式(15-34)求得。

卷筒全长 L 可按下式计算:

$$L = L_0 + L_2 + 2L_1 = \left[\frac{H_{\max}Z}{\pi D} + n\right]t + L_2 + 2L_1 \tag{15-37}$$

式中　L_0——绕圈钢丝绳长度,mm;

　　　$H_{\max}$——最大提升高度,mm;

　　　Z——滑轮组的倍率;

　　　D——卷筒直径,mm;

　　　n——钢丝绳安全圈数,$n \geq 1.5$;

　　　t——绳槽节距,mm;

　　　L_1——卷筒端部长度,按结构需要而定,mm;

　　　L_2——固定钢丝绳所需长度,一般为 $(2\sim3)t$,mm。

卷筒厚度 δ 可按经验公式确定:

铸造卷筒:$\delta = 0.02D + (6\sim12)$ mm (一般大于12mm)

焊接卷筒:$\delta \approx d$ mm。

钢丝绳端部在卷筒上的固定,要安全可靠,便于装拆、调整和检查。具体方法可参见有关手册。

习 题

15-1 带传动有哪些特点，适用于哪些场合？

15-2 带传动允许的最大有效圆周力与哪些因素有关？

15-3 带传动工作时受到哪些应力？从应力分布情况能说明哪些问题？

15-4 带传动中弹性滑动与打滑有何区别？它们对带传动各有什么影响？

15-5 V带传动的中心距 $a=2m$，小带轮直径 $D_1=125mm$，大带轮直径 $D_2=500mm$，求胶带的基准长度和小带轮上的包角 α_1。

15-6 带传动的小带轮直径 $D_1=100mm$，大带轮直径 $D_2=400mm$，若主动小带轮转速 $n_1=600r/min$，V带传动的滑动率 $\varepsilon=2\%$，求从动大带轮转速 n_2。

15-7 用于带动空气压缩机的 V 带传动，传递功率 $P=17.5kW$，主动轮转速 $n_1=1100r/min$，主动带轮的直径 $D_1=250mm$，从动轴转速 $n_2=220r/min$，传动中心距 $a\approx1.2m$，工作情况系数 $K_A=1.5$。此传动若采用 B 型或 C 型时，则各需几根 V 角带？

15-8 设计一螺旋运输机的 V 带传动。已知电机功率 $P=10kW$，额定转速 $n_1=1450r/min$，要求从动轮转速 $n_2=650r/min$，两班制工作，中心距大于 400mm。

15-9 链传动有哪些特点，适用于哪些场合？

15-10 与带传动、齿轮传动相比，链传动有何特点？

15-11 小链轮齿数 Z_1 不允许过少；大链轮齿数 Z_2 不允许过多。为什么？

15-12 滚子链传动有哪些主要失效形式？链传动的设计根据是什么？

15-13 设计一往复式压气机上的滚子链传动。已知电动机转速 $n_1=960r/min$，$P=3kW$，压气机转速 $n_2=330r/min$，试确定大、小链轮齿数，链条节距、中心距和链节数。

15-14 已知 $P=7.5kW$，$n_1=1450r/min$，Y 系列电动机，通过一级链传动驱动一往复泵，传动比 $i=3.2$，试设计此链传动。

15-15 试设计某输送机装置用的滚子链传动，已知电动机（Y132M2-6）的功率 $P=5.5kW$，主动链轮转速 $n_1=960r/min$，从动链轮转速 $n_2=320r/min$，有较大冲击，要求中心距 a 小于 650mm，中心距可调。

15-16 有一手摇绞车，起重量 $Q=19kN$，准备采用 $6\times(19)$ 钢丝绳，试问钢丝绳直径需多大？

15-17 绘出倍率为 3、4 的省力滑轮组简图。若重物所受重力为 Q，上升速度为 v_1，试计算倍率为 4 时，绕出绳的拉力与速度。

第十六章 齿轮传动

§16-1 齿轮传动概述

齿轮传动是机械传动的主要形式之一。它是借有共轭齿廓曲线的一对齿轮轮齿的互相啮合,来实现传递运动和动力。如图16-1所示,当主动齿轮1顺时针转动时,借轮齿间的啮合驱动从动轮2逆时针转动。两个齿轮的瞬时传动比(即角速度比)$i=\dfrac{\omega_1}{\omega_2}$。

目前常用的轮齿齿廓曲线有渐开线、摆线和圆弧等。渐开线齿廓的齿轮传动应用最广泛,本书只讨论渐开线齿轮传动。

齿轮传动的主要优点是:1)传动比稳定准确;2)传递的功率和圆周速度范围广;3)传动的机械效率高;4)使用寿命长;5)工作可靠性较高;6)可以实现空间任意两平行轴、相交轴或交错轴间的运动的传递。主要缺点是:1)要求较高的制造和安装精度,因而成本较高;2)不适宜于距离相距较远的两轴间的传动。

一般齿轮副传动可分为两大类:

一、平行轴齿轮副

这类齿轮副的主要特点是两齿轮的轴线互相平行。属于这类齿轮副的有直齿圆柱齿轮传动和斜齿圆柱齿轮传动,由于它们的相对运动为平面运动,故也称平面齿轮传动;

二、不平行轴齿轮副

这类齿轮副的主要特点是两齿轮的轴线或相交或交错。属于相交轴齿轮副的有直齿圆锥齿轮传动和曲齿圆锥齿轮传动。属于交错轴齿轮副的有准双曲面圆锥齿轮传动和螺旋齿轮传动。就单个齿轮而言,螺旋齿轮与斜齿圆柱齿轮没有什么区别,只是两齿轮啮合传动时,前者两轴线交错,而后者两轴线平行。

由于不平行轴齿轮副的相对运动都是空间运动,故这类齿轮传动也称空间齿轮传动。

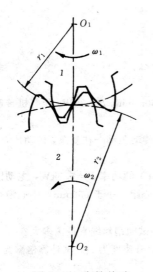

图16-1 齿轮传动

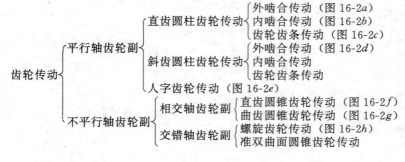

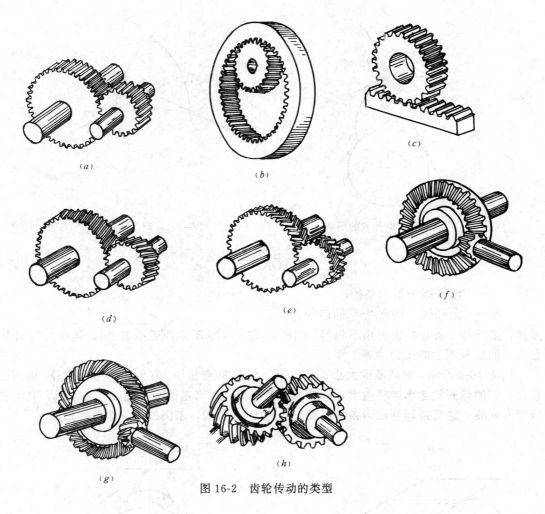

图 16-2 齿轮传动的类型

§16-2 渐开线齿轮传动的原理

一、渐开线齿廓的形成

如图 16-3 所示,当一直线 BK 沿一圆的圆周作纯滚动时,直线上任意点 K 的轨迹 AK 即为该圆的渐开线。该圆称为渐开线的基圆,直线 BK 称为渐开线的发生线。渐开线齿轮的齿廓便是由两条反向的渐开线形成(图 16-4)。

实际上,齿轮的齿廓是一空间曲面。如图 16-5 所示,当发生面 S 沿基圆柱作纯滚动时,其 S 面上任意一条平行于基圆柱轴线的直线 KK 的轨迹展成了直齿圆柱齿轮的渐开线曲面。

从图 16-3 中不难看出,发生线 BK 必切于基圆,其长度等于从位置 I-I 到位置 II-II 时所滚过的弧长,即 $\overline{BK} = \overset{\frown}{AB}$。$BK$ 直线又是渐开线上 K 点的曲率半径,因而也是渐开线在 K 点的法线,也是 K 点所受正压力的方向线。BK 直线与 K 点的圆周速度 v_k 方向线所夹锐角 a_k,称为渐开线 K 点的压力角,其值为

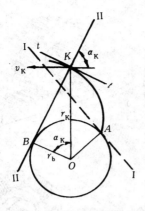
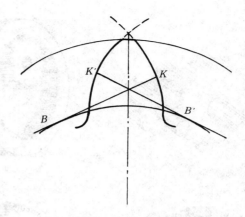

图 16-3 渐开线的形成　　　　图 16-4 渐开线齿廓

$$\alpha_k = \cos^{-1}\frac{OB}{OK} = \cos^{-1}\frac{r_b}{r_k} \tag{16-1}$$

式中　r_b——渐开线基圆的半径；

　　　r_k——渐开线上任意点 K 的向径。

显然，渐开线上各点的压力角不相等。向径 r_k 愈大（即 K 点离轮心愈远），其压力角 α_k 值愈大。而在基圆上的压力角等于零。

如图 16-6 所示，取两基圆大小不等的渐开线在 K 点相切，它们的压力角相等，但基圆愈大，它的渐开线曲率半径愈大，即渐开线愈趋平直。当基圆半径趋于无穷大时，其渐开线变成直线，这就是渐开线齿条的齿廓。从图 16-3 可知，基圆以内无渐开线形成。

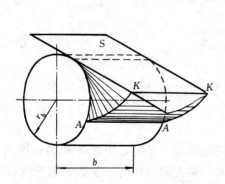
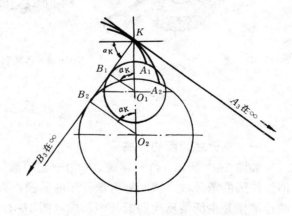

图 16-5 渐开线曲面的形成　　　　图 16-6 基圆大小对渐开线形状的影响

二、渐开线齿廓的啮合原理

如图 16-7 所示，设两个渐开线齿轮的基圆半径分别为 r_{b1} 和 r_{b2}，两齿廓 E_1 和 E_2 在任意点 K 相接触，点 K 称为啮合点。过 K 点作两齿廓的公法线 n-n 必与两基圆相切，其切点分别为 N_1 和 N_2。直线 N_1-N_2 称为理论啮合线。由于两基圆半径和圆心位置均已固定，所以在同一方向的内公切线只有 n-n 直线一条，即不论两齿廓在何处接触（啮合），过接触点所作公法线都必是直线 n-n。因此，n-n 直线与两圆心连心线 O_1O_2 的交点 C 为一定点。而被

C 点所截两线段 $\overline{O_1C}$ 和 $\overline{O_2C}$ 为定长,点 C 称为节点。以 O_1 和 O_2 为圆心,分别过节点 C 所作的两个圆,称为节圆,其半径分别以 r'_1 和 r'_2 表示。

设 K 点在两齿廓上的速度分别为 v_{k1} 和 v_{k2},其值分别为

$$v_{k1} = \omega_1 O_1 K$$
$$v_{k2} = \omega_2 O_2 K \qquad (a)$$

由理论力学知,v_{k1} 和 v_{k2} 在公法线 $n\text{-}n$ 上的分速度 v'_{k1} 和 v'_{k2} 必相等,即

$$v'_{k1} = v_{k1}\cos\alpha_{k1} = v'_{k2} = v_{k2}\cos\alpha_{k2} \qquad (b)$$

由式 (a) 和 (b) 得

$$i = \frac{\omega_1}{\omega_2} = \frac{O_2 K \cos\alpha_{k2}}{O_1 K \cos\alpha_{k1}} \qquad (c)$$

连接 O_1N_1 和 O_2N_2,则在 $\triangle O_1KN_1$ 和 $\triangle O_2KN_2$ 中分别有

$$O_1K\cos\alpha_{k1} = O_1N_1 = r_{b1}$$
$$O_2K\cos\alpha_{k2} = O_2N_2 = r_{b2} \qquad (d)$$

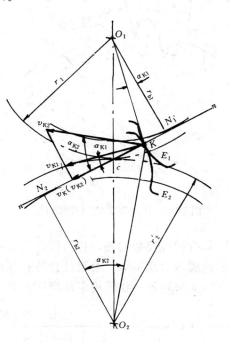

图 16-7 渐开线齿廓啮合原理

又因 $\triangle O_1CN_1 \backsim \triangle O_2CN_2$,故有

$$\frac{O_2N_2}{O_1N_1} = \frac{O_2C}{O_1C} = \frac{r_{b2}}{r_{b1}} = \frac{r'_2}{r'_1} \qquad (e)$$

由式 (c)、(d) 和 (e) 得

$$i = \frac{\omega_1}{\omega_2} = \frac{r_{b2}}{r_{b1}} = \frac{r'_2}{r'_1} = 常数 \qquad (16\text{-}2)$$

上式表明,渐开线齿轮传动的传动比为一恒定值,且等于两齿轮节圆半径的反比,或等于两齿轮基圆半径的反比。

从上面分析中可以引伸出这样的结论:两齿廓在任何位置接触(啮合)时,过接触点的公法线与两齿轮的连心线交于一定点,则两齿轮传动比为恒定值。这就是齿廓啮合的基本定律。凡满足齿廓啮合基本定律的一对齿廓,称为共轭齿廓。

§16-3 渐开线齿轮的参数和几何尺寸

一、标准模数、标准压力角、分度圆

如图 16-8 所示,在齿轮任意直径 d_k 的圆周上,轮齿两侧齿廓间的弧长,称为该圆上的齿厚,以 s_k 表示;相邻两轮齿间的空间弧长,称为该圆上的齿间宽,以 e_k 表示;相邻两齿同侧齿廓间的弧长,称为该圆上的周节,以 p_k 表示。显然,任意圆周上的周节等于该圆上的齿厚与齿间宽之和,即

$$p_k = s_k + e_k$$

设齿轮的齿数为 Z，则任意圆周的直径 d_k 与周节 p_k 应有如下关系

$$\pi d_k = p_k Z$$

即

$$d_k = \frac{p_k}{\pi} Z$$

由于不同直径圆周上的 $\frac{p_k}{\pi}$ 值不相同，且含有无理数 π，这使设计计算、制造和检验颇为不便。为此，将齿轮某一圆周上的 $\frac{p_k}{\pi}$ 值规定为标准的整数或完整的有理数，并用 $m = \frac{p}{\pi}$ 来表示，称 m 为齿轮的模数，其单位为 mm。我国的标准齿轮模数系列见表 16-1。

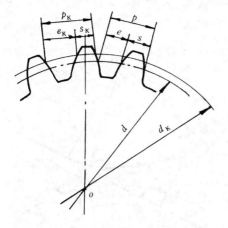

图 16-8 任意圆上的周节和齿厚

具有标准模数的圆，称为齿轮的分度圆，其直径一般以 d 来表示。由于不同直径圆周上的齿廓压力角不等，给设计计算和制造带来不便，为此规定分度圆上的压力角为一标准值，以 α 来表示。我国规定标准压力角 $\alpha=20°$。

标 准 模 数 系 列（mm）　　　　表 16-1

第一系列	1	1.25	1.5	2	2.5	3	4	5	6	8
	10	12	16	20	25	32	40	50		
第二系列	1.75	2.25	2.75	(3.25)	3.5	(3.75)	4.5	5.5	(6.5)	7
	9	(11)	14	18	22	28	36	45		

注：1. 本表摘自 GB1357—87；
　　2. 本标准适用于渐开线齿轮，对斜齿轮系指法面模数；
　　3. 选用时，优先采用第一系列，括号内模数尽可能不用。

分别以 s 和 e 表示分度圆上的齿厚和齿间宽，以 p 表示分度圆上的周节，则有

$$d = \frac{p}{\pi} Z = mZ \quad (16\text{-}3)$$

$$p = s + e = \pi m \quad (16\text{-}4)$$

模数 m 是齿轮的基本参数。模数愈大，p 值愈大，齿轮的几何尺寸也愈大。齿轮的几何尺寸计算都与模数 m 有关。当齿轮的模数一定，齿数 Z 也一定时，其分度圆直径也就一定。

二、齿轮的几何尺寸计算

如图 16-9 所示，由齿轮的齿顶所确定的圆，称为齿顶圆，其直径以 d_a 表示；由各齿槽底部所确定的圆，称

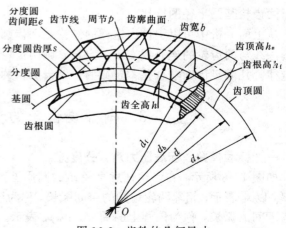

图 16-9 齿轮的几何尺寸

为齿根圆,其直径以 d_f 表示。

当一对齿轮啮合时,必须使一齿轮齿顶与另一齿轮齿根之间留有一定的径向间隙,称为顶隙,以 c 表示。留有顶隙可避免轮齿互相"顶住",同时得以贮存润滑油,并保证齿根处有足够的过渡圆角以减少齿根处的应力集中。

在轮齿上,由分度圆到齿顶圆的径向高度,称为齿顶高,以 h_a 表示;由齿根圆到分度圆的径向高度,称为齿根高,以 h_f 表示;由齿根圆到齿顶圆的径向高度,称为齿全高,以 h 表示,$h=h_a+h_f$。

齿轮的齿顶高和顶隙的大小决定于齿轮的模数 m,即和模数成正比,其比例系数分别称为齿顶高系数 h_a^* 和顶隙系数 c^*。圆柱齿轮标准齿顶高系数和顶隙系数见表16-2。

圆柱齿轮标准齿顶高系数和顶隙系数　　　　　　　　　　　表 16-2

系　　数	正　常　齿	短　齿	系　　数	正　常　齿	短　齿
h_a^*	1	0.8	c^*	0.25	0.3

模数、压力角、齿顶高系数和顶隙系数均为标准值,且分度圆上的齿厚和齿间宽相等的齿轮,称为标准齿轮。标准直齿圆柱齿轮的几何尺寸计算公式列于表16-3。

标准直齿圆柱齿轮的几何尺寸计算公式　　　　　　　　　　表 16-3

名　　称	齿　轮　1	齿　轮　2
分度圆直径 d	$d_1=mZ_1$	$d_2=mZ_2$
齿顶高 h_a	$h_a=h_a^* m$	
齿根高 h_f	$h_f=(h_a^*+c^*)m$	
齿全高 h	$h=h_a+h_f=(2h_a^*+c^*)m$	
顶隙 c	$c=c^* m$	
齿顶圆直径 d_a	$d_{a1}=d_1+2h_a=(Z_1+2h_a^*)m$	$d_{a2}=d_2+2h_a=(Z_2+2h_a^*)m$
齿根圆直径 d_f	$d_{f1}=d_1-2h_f=(Z_1-2h_a^*-2c^*)m$	$d_{f2}=d_2-2h_f=(Z_2-2h_a^*-2c^*)m$
基圆直径 d_b	$d_{b1}=d_1\cos\alpha$	$d_{b2}=d_2\cos\alpha$
周节 p	$p=\pi m$	
分度圆齿厚 s	$s=\dfrac{\pi m}{2}$	
分度圆齿间宽 e	$e=\dfrac{\pi m}{2}$	
齿宽 b	$b=\psi_d d_1$　ψ_d—齿宽系数	

§16-4 渐开线标准齿轮的啮合传动

一、正确啮合条件

渐开线标准齿轮的模数、压力角、齿顶高系数和顶隙系数都已经标准化。因此，一对渐开线标准直齿圆柱齿轮正确啮合的条件为：1) 两个齿轮的模数相同 $m_1=m_2=m$；2) 两个齿轮的分度圆上压力角相等 $\alpha_1=\alpha_2=\alpha\ (=20°)$；3) 两个齿轮的齿顶高系数和顶隙系数分别相等。

二、标准中心距

如图 16-10 所示，一对正确安装的标准齿轮传动应无齿侧间隙存在，否则将产生冲击和噪声，并影响齿轮的传动精度。实际上，由于考虑到轮齿的热变形和润滑等因素，在两个齿廓间留有很微小的齿侧间隙。这种齿侧间隙是根据精度要求和使用场合由制造公差来控制。在计算齿轮传动时，仍须按名义尺寸（即无齿侧间隙）计算。一对正确安装的齿轮传动必须保证顶隙 $c=c^*m$ 为标准值。由图 16-10 可知，满足正确安装条件的一对标准齿轮传动，其节圆与分度圆相重合。一对正确安装的标准齿轮传动的中心距，称为标准中心距，以 a_0 表示，则

$$a_0 = \frac{d'_1 + d'_2}{2} = \frac{d_1 + d_2}{2} = \frac{m}{2}(Z_1 + Z_2) \tag{16-5}$$

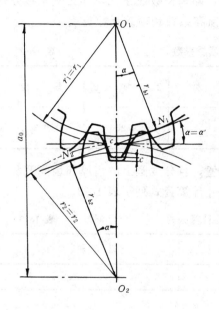

图 16-10 外啮合标准齿轮传动

不难看出，当两个齿轮的中心距稍有增大时，即实际安装的中心距 $a'>a_0$ 时，将产生齿侧间隙，并增大了顶隙 c 值，同时使两个齿轮的节圆增大而不再分别与其分度圆相重合。但从传递运动的角度来看，其传动比并没有改变。因为两个齿轮的基圆半径是固定不变的，由公式 (16-2) 可知，它们的传动比不变。这种特性，称为渐开线齿轮传动中心距的可分离性，它给齿轮的制造与安装带来一定的方便。

过节点 C 作两节圆的公切线与啮合线 N_1N_2 的所夹锐角 α'，称为啮合角。一对正确安装的标准齿轮传动的啮合角等于分度圆的压力角，即 $\alpha'=\alpha=20°$。当实际中心距 $a'\neq a_0$ 时，则 $\alpha'\neq\alpha$。

必须指出，单独一个齿轮不存在节圆和啮合角，只有当一对齿轮啮合传动时才出现节点，也才有节圆和啮合角的存在。而分度圆和分度圆压力角是一个齿轮被加工制成后就已经存在。

通过上面的分析，齿轮传动的传动比又可写成

$$i = \frac{\omega_1}{\omega_2} = \frac{d'_2}{d'_1} = \frac{d_{b2}}{d_{b1}} = \frac{d_2}{d_1} = \frac{Z_2}{Z_1} \tag{16-6}$$

三、齿轮传动的重合度

如图 16-11 所示，一对轮齿的啮合是由主动齿轮的齿根与从动齿轮的齿顶处的接触点 A 开始的。A 点即是从动齿轮的齿顶圆与理论啮合线 N_1N_2 的交点。随着齿轮的转动，接触点在主动齿轮齿廓上将由齿根向齿顶转移；而在从动齿轮的齿廓上将由齿顶向齿根转移。当接触点转移到 B 点时，两齿廓将开始脱离接触。B 点即是主动齿轮齿顶圆与理论啮合线 N_1N_2 的交点。线段 AB 则是一对轮齿从开始接触到脱离接触（即开始啮合到脱离啮合）的实际啮合线长度。不难看出，当该对轮齿在 B 点脱离啮合时，后一对轮齿已在 K 点接触（即提前进入啮合），这样才能保证齿轮传动是连续不断地进行。

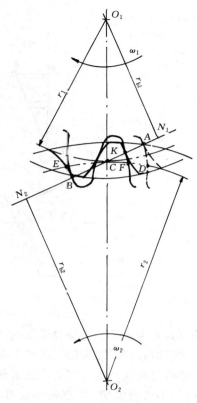

图 16-11　齿轮传动的重合度

由图 16-11 可知，与线段 AB 相对应的分度圆上的弧长 $\overset{\frown}{DE}$ 若大于分度圆上的弧长 $\overset{\frown}{FE}$ 时，则能保证轮齿在 B 点脱离啮合时，使后一对轮齿已在 K 点啮合。弧长 $\overset{\frown}{FE}$ 恰为齿轮分度圆上的周节 p，因此，保证齿轮连续传动的条件为

$$\varepsilon = \frac{\overset{\frown}{DE}}{p} > 1$$

比值 ε 称为齿轮传动的重合度。重合度愈大，则表明同时啮合的轮齿对数愈多，齿轮的传动愈平稳。重合度的详细计算可查阅有关资料。对于标准齿轮传动，因其重合度恒大于 1，故不必进行验算。

§16-5　渐开线齿廓的根切现象和最少齿数

渐开线齿形的切制方法有成型法和范成法两种。成型法是采用有渐开线齿形的成型刀具直接切制出渐开线齿廓。成型法生产率低、精度差，适用于单件生产且精度要求不高的齿轮加工。大批量生产一般采用范成法加工齿轮。范成法是利用一对齿轮（或齿轮与齿条）啮合时，其共轭齿廓互为包络线的原理来切制渐开线齿廓的，把其中一个齿轮（或齿条）做成刀具，便可以切制出与它共轭（即与刀具相对的齿轮毛坯）的渐开线齿廓。范成法有较高的切制精度。

如图 16-12a 所示，用范成法切制齿轮时，当刀具顶部超过理论啮合线的极限点 N_1 时（虚线位置），不但切制不出渐开线齿形，还会将已加工出来的根部渐开线齿廓切去一部分（虚线齿廓），这种现象称为轮齿的根切。严重的根切不但削弱了轮齿的抗弯强度，还会降低齿轮传动的重合度，对齿轮传动产生十分不利的影响。因此，应避免根切的产生。根切发生于齿数较少的齿轮加工中。如图 16-12b 所示，将齿数增多，其分度圆半径和基圆半径增大，轮坯的圆心将由 O_1 移到 O_1' 处，其极限点 N_1 也将随啮合线的增长而上移到 N_1' 点。

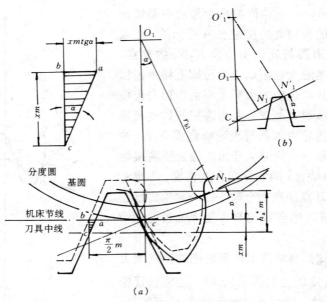

图 16-12 齿轮的根切现象

于是刀具的齿顶线不再超过极限点 N'_1，从而避免了根切。反之，齿数愈少，根切将愈加严重。对于渐开线标准齿轮，不产生根切的最少齿数 $Z_{min}=17$ 齿，对于短齿 $Z_{min}=14$ 齿。

如将刀具从产生根切的位置远移轮坯圆心 O_1 一段距离 xm（图16-12a）时，则当 $Z<Z_{min}$ 时可不产生根切。用这种移置刀具位置切制出的齿轮，称为变位齿轮。刀具移动的距离 xm 称为径向变位量，而 x 称为变位系数。不产生根切的最小变位系数可按下式计算

$$X_{min} = \frac{h_a^*(Z_{min} - Z)}{Z_{min}} \tag{16-7}$$

不难看出，当实际齿数 Z 少于 Z_{min} 时，变位系数 x 为正值，表明刀具应远移轮坯圆心；当 Z 多于 Z_{min} 时，由（16-7）式求得的最小变位系数 x 为负值，表明刀具尚可移近轮坯圆心一段距离 xm 而不致于产生根切。对齿轮副中的小齿轮采用正变位而大齿轮采用负变位，且使变位系数的绝对值相等时，则齿轮传动的中心距仍等于标准中心距，称这种齿轮传动为高度变位圆柱齿轮副。

由图 16-12a 不难看出，高度变位齿轮副中的正变位齿轮的齿顶高增加而齿根高减小；负变位齿轮的齿顶高减小而齿根高增加，其齿全高不变；高度变位齿轮的分度圆也不变。高度变位齿轮的齿顶高和齿根高可用公式 $h_a=(h_a^*+x)m$ 和 $h_f=(h_a^*+c^*-x)m$ 来计算。因此，高度变位齿轮的齿顶圆直径和齿根圆直径也相应改变，其值可用下列公式计算

$$d_a = d + (2h_a^* + 2x)m \tag{16-8}$$

$$d_f = d - (2h_a^* + 2c^* - 2x)m \tag{16-9}$$

高度变位齿轮的分度圆齿厚和齿间宽也发生变化，其值可用下列公式计算

$$s = \frac{\pi m}{2} + 2xm\text{tg}\alpha \tag{16-10}$$

$$e = \frac{\pi m}{2} - 2xm\text{tg}\alpha \tag{16-11}$$

对于正变位齿轮,其齿厚的增加量等于齿槽宽的减少量;负变位齿轮相反。因此,对齿数较少的小齿轮采用正变位,不但可以避免根切,还可以增加其齿根厚度以提高其抗弯强度。而一对标准齿轮传动的小齿轮齿根厚度比大齿轮齿根厚度小。

§16-6 斜齿圆柱齿轮传动

一、斜齿圆柱齿轮齿面形成原理

如图 16-13 所示,当发生平面 S 沿基圆柱作纯滚动时,其 S 面上任意一条斜直线 KK 的轨迹将展成斜齿轮的渐开线齿面。斜直线 KK 与发生面 S 和基圆柱面的接触线的交角 β_b,称为基圆柱上的螺旋角。β_b 值愈大,轮齿的偏斜程度愈大,当 $\beta_b=0°$ 时,就变成直齿圆柱齿轮了。

由于斜齿轮的齿面接触长度是逐渐由零开始到最大,又由最大逐渐缩短,直到脱离接触(图 16-14b),故工作平稳,减小冲击和振动,降低噪声,适合于高速传动场合。

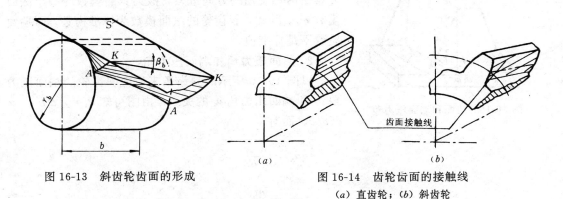

图 16-13 斜齿轮齿面的形成

图 16-14 齿轮齿面的接触线
(a) 直齿轮;(b) 斜齿轮

二、标准斜齿圆柱齿轮传动的参数和几何尺寸

由斜齿轮齿廓的形成可知,其端面(垂直于齿轮轴线的截面)齿廓曲线为渐开线。从端面看,一对啮合的斜齿轮传动相当于一对直齿轮传动,故它也满足齿廓啮合的基本定律。

垂直于斜齿轮轮齿螺旋方向的截面称为法面。法面齿廓曲线和端面的不同,为便于说明,将斜齿轮的分度圆柱展成一矩形,如图 16-15 所示。下面讨论它的参数和几何尺寸。

1. 斜齿轮的螺旋角、周节和模数

由图 16-15 可知,展开后的矩形宽度即为斜齿轮的宽度 b,其矩形长度等于分度圆的周长 πd。分度圆柱上的螺旋线展成为一斜直线,它与轴线的夹角 β 称为分度

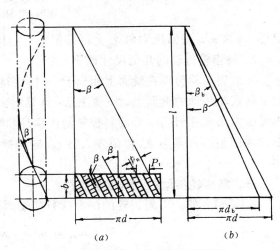

图 16-15 斜齿轮分度圆柱的展开

圆上的螺旋角，该螺旋角即代表斜齿轮的名义螺旋角，可知 $\beta > \beta_b$。斜齿轮的螺旋角值一般取 $\beta = 8 \sim 15°$（不超过 30°）。过大的螺旋角将产生较大的轴向力；螺旋角过小则不能突出斜齿轮传动平稳的特点。

由图 16-15 可知，法面周节 p_n 与端面周节 p_t 应有如下关系

$$p_n = p_t \cos\beta \tag{16-12}$$

由关系式 $p = \pi m$，可有 $p_n = \pi m_n$ 和 $p_t = \pi m_t$，故应有

$$m_n = m_t \cos\beta \tag{16-13}$$

式中　m_n——法面模数；
　　　m_t——端面模数。

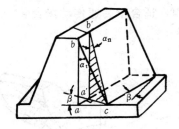

图 16-16　法面和端面压力角

加工斜齿轮时，一般用滚刀或成形铣刀来切齿，其刀具是沿螺旋槽的方向进刀，故刀具的模数应等于法面模数 m_n。因此，斜齿轮的法面模数为标准模数，而端面模数不是标准值。

2. 法面压力角和端面压力角

以图 16-16 所示的斜齿条来研究斜齿轮的法面压力角 α_n 和端面压力角 α_t 的关系。由图可知 $\alpha_n = \angle a'b'c$，$\alpha_t = \angle abc$。而有

$$\text{tg}\alpha_n = \frac{a'c}{a'b'}$$

$$\text{tg}\alpha_t = \frac{ac}{ab}$$

因 $ab = a'b'$，$a'c = ac\cos\beta$，故有

$$\text{tg}\alpha_n = \text{tg}\alpha_t \cos\beta \tag{16-14}$$

显然，$\alpha_n < \alpha_t$。法面压力角 α_n 为标准值 20°，且等于刀具的压力角。

3. 斜齿轮传动的几何尺寸计算

一对斜齿轮传动在端面上相当于一对直齿轮传动，故可将直齿轮的几何尺寸计算公式用于斜齿轮传动的端面上。但须注意，计算斜齿轮端面几何尺寸时，均应按端面模数 m_t 和端面压力角 α_t 来计算。标准斜齿轮的齿顶高和齿根高不论在法面或端面上均相等。但应指出，法面齿顶高系数 h_{an}^* 和顶隙系数 c_n^* 应为标准值。斜齿轮的几何尺寸计算公式列于表 16-4。

三、斜齿轮传动的正确啮合条件

1. 相啮合的一对斜齿轮的法面模数和端面模数分别相等，即

$$m_{n1} = m_{n2} = m（标准值）$$

$$m_{t1} = m_{t2}$$

渐开线标准斜齿轮几何尺寸计算公式　　　　　表 16-4

名　　称	计　算　公　式	
	齿　轮　1	齿　轮　2
分度圆直径 d	$d_1 = m_t Z_1 = \dfrac{m_n Z_1}{\cos\beta}$	$d_2 = m_t Z_2 = \dfrac{m_n Z_2}{\cos\beta}$
齿顶高 h_a	$h_a = h_{an}^* m_n$	
齿根高 h_f	$h_f = (h_{an}^* + c_n^*) m_n$	
齿全高 h	$h = (2h_{an}^* + c_n^*) m_n$	
齿顶圆直径 d_a	$d_{a1} = d_1 + 2h_{an}^* m_n$	$d_{a2} = d_2 + 2h_{an}^* m_n$
齿根圆直径 d_f	$d_{f1} = d_1 - 2m_n(h_{an}^* + c_n^*)$	$d_{f2} = d_2 - 2m_n(h_{an}^* + c_n^*)$

2. 相啮合的一对斜齿轮的法面压力角和端面压力角分别相等，即

$$\alpha_{n1} = \alpha_{n2} = \alpha (= 20°)$$

$$\alpha_{t1} = \alpha_{t2}$$

3. 外啮合时，两螺旋角相等，方向相反，即 $\beta_1 = -\beta_2$；内啮合时，两螺旋角相等，方向相同，即 $\beta_1 = \beta_2$。

斜齿轮螺旋角的方向可如下判定：如图 16-17 所示，顺齿轮的轴线看，若螺旋线由下向上倾斜的方向是由左到右，则为右旋方向（16-17a）；若螺旋线倾斜方向由右到左，则为左旋方向（图 16-17b）。

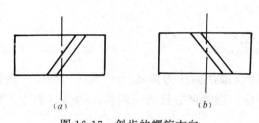

图 16-17　斜齿的螺旋方向

标准斜齿轮传动的中心距为

$$a_0 = \frac{d_1 + d_2}{2} = \frac{m_t}{2}(Z_1 + Z_2) = \frac{m_n}{2\cos\beta}(Z_1 + Z_2) \qquad (16\text{-}15)$$

由上式可知，设计斜齿轮传动时，可用改变螺旋角大小来调整中心距。

四、斜齿轮传动的重合度

如图 16-18 所示，上边为直齿轮展开图；下边为斜齿轮展开图。直齿轮在 B_1B_1 处开始啮合，到 B_2B_2 处完全脱离啮合，其啮合弧长为 $\overparen{B_1B_2}$；而斜齿轮由 B_1B_1 处开始沿齿线长逐渐进入啮合，到 B_2B_2 处时，只是轮齿的一端开始脱离啮合，待到轮齿全部脱离啮合时还要多啮合一段弧长 $\overparen{B_2E}$，其全部啮合弧长为 $\overparen{B_1E}$。设两个齿轮的齿宽 b 相等，则由重合度的定义可得斜齿轮传动的重合度为

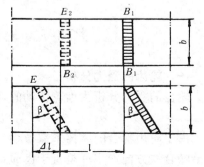

图 16-18　斜齿轮传动的重合度

$$\varepsilon = \frac{\overparen{B_1E}}{p_t} = \frac{\overparen{B_1B_2}}{p_t} + \frac{b\mathrm{tg}\beta}{p_t} = \varepsilon_t + \varepsilon_a \tag{16-16}$$

式中 ε_t——斜齿轮传动的端面重合度，其值等于与斜齿轮端面齿廓相同的直齿轮传动的重合度；

ε_a——斜齿轮传动的轴向重合度，它是由于轮齿的倾斜产生的附加重合度。

由上式可知，斜齿轮传动的重合度大于直齿轮传动的重合度。故斜齿轮传动较直齿轮传动平稳，其承载能力也比直齿轮高。当螺旋角β或齿宽b增大时，其ε_a值也增大，使传动更平稳，故更加适合于高速传动场合。

五、斜齿轮的当量直齿轮和当量齿数

对于斜齿轮，用成形法加工齿轮和在进行强度计算时都需知道它的法面齿形。

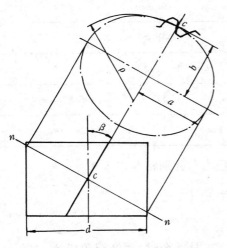

图 16-19 斜齿轮的当量直齿轮

如图 16-19 所示，过斜齿轮分度圆柱上的齿廓上点 c 作齿的法截面 nn，则该法面上分度圆柱被截剖面为一椭圆。其长半轴为 $a = \dfrac{d}{2\cos\beta}$，短半轴 $b = \dfrac{d}{2}$。该椭圆在 c 点的曲率半径 ρ 为

$$\rho = \frac{a^2}{b} = \frac{d}{2\cos^2\beta}$$

以 ρ 为分度圆半径，以斜齿轮法面模数 m_n 为模数，取法面压力角 α_n 为标准压力角作一直齿圆柱齿轮，则该直齿轮称为斜齿轮的当量直齿轮，它的齿数称为该斜齿轮的当量齿数，以 Z_v 表示，其值为

$$Z_v = \frac{2\rho}{m_n} = \frac{d}{m_n\cos^2\beta} = \frac{m_t Z}{m_t\cos^3\beta} = \frac{Z}{\cos^3\beta} \tag{16-17}$$

由上式可知，正常齿标准斜齿轮不发生根切的最少齿数为

$$Z_{\min} = Z_{v\min}\cos^3\beta = 17\cos^3\beta \tag{16-18}$$

§16-7 轮齿的受力分析与计算载荷

一、轮齿的受力分析

轮齿的受力分析为齿轮传动的计算及其轴和轴承等轴系零部件的强度计算提供载荷依据。

由于轮齿啮合的摩擦系数很小，在受力分析时可忽略摩擦力不计，则齿面间的正压力是沿啮合线方向作用并垂直于齿面，如图 16-20 所示。为计算方便，按分度圆上进行受力分析，并以作用在齿宽中点 c 的集中力 F_n 代表全部法向载荷。F_n 可分解为互相垂直的两个分

力,即切向的圆周力 F_t 和径向力 F_r。各力计算如下

$$F_t = \frac{2T_1}{d_1} \text{ N}$$

$$F_r = F_t \text{tg}\alpha \text{ N} \tag{16-19}$$

$$F_n = \frac{F_t}{\cos\alpha} \text{ N}$$

式中 T_1 为主动齿轮所传递的扭矩。设传递的功率为 P (kW),齿轮转速为 n (r/min),则

$$T_1 = 10^6 \frac{P}{\omega_1} = 9.55 \times 10^6 \frac{P}{n_1} \text{ N·mm} \tag{16-20}$$

作用在主动齿轮 1 和从动齿轮 2 上的各对力的大小相等而方向相反。须指出,主动齿轮上的圆周力方向和齿轮转动方向相反;从动齿轮上的圆周力方向和齿轮转动方向相同。两齿轮的径向力分别指向各自的轮心。

对于斜齿圆柱齿轮传动,作用在齿面上的正压力仍垂直于齿面,但分解为互相垂直的三个分力:圆周力 F_t、径向力 F_r 和轴向力 F_a,如图 16-21 所示。各力的计算如下

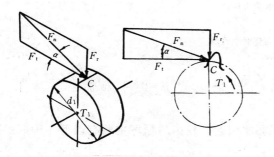

图 16-20 轮齿的受力分析

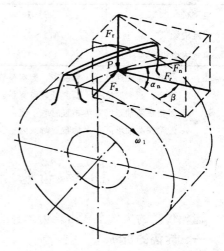

图 16-21 斜齿轮受力分析

$$F_t = \frac{2T_1}{d_1} \text{ N}$$

$$F_r = \frac{F_t \text{tg}\alpha_n}{\cos\beta} \text{ N}$$

$$F_a = F_t \text{tg}\beta \text{ N} \tag{16-21}$$

$$F_n = \frac{F_t}{\cos\alpha_n \cos\beta} \text{ N}$$

主、从动斜齿轮上的圆周力 F_t 和径向力 F_r 的方向同直齿轮一样判断。而轴向力 F_a 是平行于齿轮轴线的,主动斜齿轮所受轴向力 F_{a1} 的方向可如下判断:当主动斜齿轮为右旋时,握紧右手四指代表主动斜齿轮转动方向,而姆指的指向即为轴向力 F_{a1} 的方向;当主动斜齿轮为左旋时,则以左手同样判断。从动斜齿轮所受轴向力 F_{a2} 的方向与主动斜齿轮轴向力 F_{a1} 相反,大小相等。

二、轮齿的计算载荷

上面按名义扭矩 T_1 计算的圆周力 F_t 只是名义工作载荷。实际上，由于齿轮系统外部因素的影响（如原动机和工作机的性能特点）、齿轮制造和安装误差及弹性变形的影响以及轴、轴承和箱体变形的影响等因素，使实际作用载荷有很大的不平稳性和不均匀性，使载荷产生较大变化。因此，在计算时应乘一个大于 1 的载荷系数 K 来综合考虑各种因素的影响，所得到的载荷称为计算载荷，以 F_{tc} 表示

$$F_{tc} = KF_t \quad \text{N}$$

为简化计算，本书建议按表 16-5 直接选用载荷系数 K 的值。需精确计算时须查阅有关国家标准。

载 荷 系 数 K 表 16-5

原 动 机	工 作 机 的 载 荷 特 性		
	均　匀	中 等 冲 击	大 的 冲 击
电动机	1～1.2	1.2～1.6	1.6～1.8
多缸内燃机	1.2～1.6	1.6～1.8	1.9～2.1
单缸内燃机	1.6～1.8	1.8～2.0	2.2～2.4

注：1. 斜齿、圆周速度低、精度高、齿宽系数小时取小值；
　　2. 直齿、圆周速度高、精度低、齿宽系数大时取大值；
　　3. 齿轮在两轴承间对称布置时取小值；
　　4. 齿轮在两轴承间非对称布置时或齿轮悬臂布置时取大值。

§16-8　齿轮传动的失效形式及设计准则

齿轮传动的失效主要由轮齿本身的损坏所引起。轮齿的损坏主要有以下几种形式：

一、轮齿的折断

齿轮工作时，轮齿受有弯曲应力，其齿根部弯曲应力最大，且在齿根圆角处有应力集中存在，故轮齿的折断一般在齿根部发生。轮齿的折断有两种情况：一种是在循环载荷重复作用下的弯曲疲劳折断；另一种是由于短时过载或在冲击载荷作用下引起的过载折断。当轮齿单齿侧工作时，其弯曲应力按脉动循环变化；双齿侧工作时，弯曲应力按对称循环变化。详见 §16-9 内容。

轮齿过载折断主要发生于用淬火钢或铸铁等脆性材料制造的齿轮。

对于斜齿轮或人字齿轮，由于接触线为一斜线，故裂纹往往从齿根沿斜线向齿顶发展，从而产生轮齿的局部折断。

二、齿面疲劳点蚀

轮齿齿廓曲面上任一点的接触应力都是由零到最大值，其应力是按脉动循环变化的。当接触应力超过齿轮材料的接触持久极限时，齿面表层将产生细微的疲劳裂纹，裂纹的继续扩展使金属小块剥落而形成麻点状小坑，即疲劳点蚀。当点蚀扩大连成一片时，便形成剥落斑痕，将使齿轮传动产生强烈振动和噪声，最后导致传动失效。详见 §16-9 内容。

点蚀通常首先在节线附近的齿面上出现,这是因为在节线附近啮合时的相对滑动速度低,不易形成润滑油膜,同时在该处通常为单齿对工作,其接触应力较大。

三、齿面的磨损

当灰尘、金属微粒等落入工作齿面之间时,它们将起磨料的作用而引起齿面的磨损。当采用加工粗糙的硬齿面齿轮时,也会引起齿面的磨损。齿面的磨损将使轮齿失去正确的齿形和使齿厚变薄,严重时导致轮齿折断。

四、齿面的胶合

在高速、重载的闭式齿轮传动中,由于齿面间压力大,相对滑动速度高,发热多,使啮合区的瞬时温度过高,两齿面发生粘焊现象,并随相对滑动而被撕下(通常是较软齿面被撕下),而在齿面上沿相对滑动方向形成沟痕,最后导致传动失效。这种失效形式称为胶合。

对于低速重载的齿轮传动,由于润滑不良,也可产生胶合。这种胶合产生的温度并不高,故称为冷胶合。

提高齿面的硬度和光洁度可增强抗胶合能力。采用抗胶合润滑油也可以提高齿面的抗胶合能力。

五、齿面的塑性变形

对于齿面较软的齿轮,在重载或受较大冲击载荷时,齿面可能产生局部的塑性变形,从而使齿面失去正确的齿形而导致传动失效。适当提高齿面的硬度和润滑油的粘度可防止或减轻齿面的塑性变形。

上述各种失效形式对某一具体齿轮传动而言并不一定会同时发生。因此,应当研究针对不同情况下的主要失效形式来确定相应的设计计算准则。由于目前对磨损和塑性变形等尚未建立可行的计算方法和设计数据,所以设计一般齿轮传动时,通常只按保证齿根弯曲疲劳强度和齿面抗点蚀的接触疲劳强度两个准则进行设计计算。

实践表明,软齿面(HBS≤350)的闭式齿轮传动多因齿面点蚀而失效,故通常以保证齿面抗点蚀能力的接触疲劳强度进行设计计算。对于齿面硬度很高而齿芯强度较低的齿轮或材质较脆的齿轮,主要是轮齿折断失效,故应以保证齿根弯曲疲劳强度进行设计计算。对于开式齿轮传动,由于磨损较快,点蚀还来不及出现或扩展即被磨掉,一般不出现点蚀现象。由于尚无计算磨损的方法,故一般开式齿轮传动仅按齿根的弯曲疲劳强度进行设计计算。对于高速重载(大功率)的齿轮传动,出现胶合的倾向很大,故应保证齿面抗胶合能力的准则进行计算,这方面内容可查阅有关资料,本书不多介绍。

本书对齿轮的弯曲疲劳强度和接触疲劳强度的计算进行较详细地分析,这是目前进行齿轮传动强度计算的行之有效的基本方法。

§16-9 标准圆柱齿轮的强度计算

一、齿根弯曲疲劳强度计算

如图 16-22 所示,为安全计,假定载荷是作用在一对轮齿上,并按载荷作用于齿顶计算,则齿根处所受弯曲应力最大。轮齿根部的危险截面采用 30°切线法来确定,作与轮齿对称中心线成 30°角并与齿根圆弧相切的切线,其切点连线 aa 为危险截面位置。这一假定与实验结果基本相符合。

当不计摩擦力时,作用于齿顶的总载荷 F_n 沿啮合线方向,它与轮齿的对称中心线的交点为力的作用点。其径向分力 $F_2=F_n\sin\alpha_F$ 所产生的压应力和切向分力 $F_1=F_n\cos\alpha_F$ 所产生的剪应力都很小,可以略去不计,只计算由切向分力 F_1 产生的弯曲应力。当轮齿单齿面工作时,其弯曲应力为脉动循环变应力(如图16-23b);当双齿面工作时,其弯曲应力为对称循环变应力(如图16-23a)。齿根在弯曲循环变应力作用下产生的是疲劳断裂,是弯曲疲劳强度计算问题。

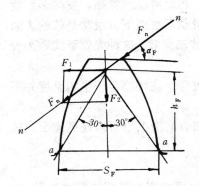
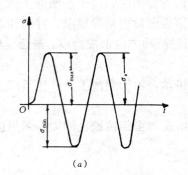
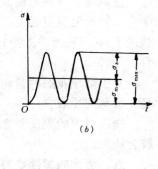

图 16-22　齿根危险断面位置　　　　图 16-23　轮齿弯曲应力的特征

(a) 对称循环弯曲应力:$\sigma_a=\sigma_{max}=-\sigma_{min}$;$\sigma_m=0$;$r=\dfrac{\sigma_{min}}{\sigma_{max}}=-1$;

(b) 脉动循环弯曲应力:$\sigma_a=\sigma_m=\dfrac{1}{2}\sigma_{max}$;$\sigma_{min}=0$;$r=\dfrac{\sigma_{min}}{\sigma_{max}}=0$

当齿轮的几何尺寸已知时,可用下式对轮齿根部进行弯曲疲劳强度校核计算:

$$\sigma_F=\dfrac{2KT_1}{bd_1 m}Y_{Fa}Y_{Sa}=\dfrac{2KT_1}{\psi_d d_1^2 m}Y_{Fa}Y_{Sa}=\dfrac{2KT_1}{\psi_d Z_1^2 m^3}Y_{Fa}Y_{Sa}\leqslant[\sigma]_F \quad \text{MPa} \tag{16-22}$$

式中　b——齿轮轮齿的宽度,mm;

　　　d_1——小齿轮的分度圆直径,mm;

　　　m——齿轮模数,mm;

　　　Z_1——小齿轮齿数;

　　　ψ_d——齿宽系数,其值 $\psi_d=\dfrac{b}{d_1}$,使用时查表16-6;

　　　Y_{Fa}——齿形系数,当齿廓基本参数一定时,其值决定于齿轮的齿数(对圆柱斜齿轮按当量齿数)和变位系数,使用时可由图16-24查取;

　　　Y_{Sa}——齿根的应力集中系数,其值可由图16-25查取;

　　　$[\sigma]_F$——齿轮的弯曲疲劳许用应力,MPa,详见§16-11内容。

应注意,对啮合的一对齿轮应分别按上式进行弯曲疲劳强度校核计算,对大小齿轮,式中仅 Y_{Fa}、Y_{Sa} 及 $[\sigma]_F$ 的值不同,应分别代入计算。

当按齿根弯曲疲劳强度进行设计计算时,其设计计算公式如下:

$$m\geqslant\sqrt[3]{\dfrac{2KT_1}{\psi_d Z_1^2[\sigma]_F}Y_{Fa}Y_{Sa}}\quad \text{mm} \tag{16-23}$$

应注意,进行设计计算时,式中的 Y_{Fa}、Y_{Sa} 及 $[\sigma]_F$ 值对大小齿轮是不同的,计算时应代入

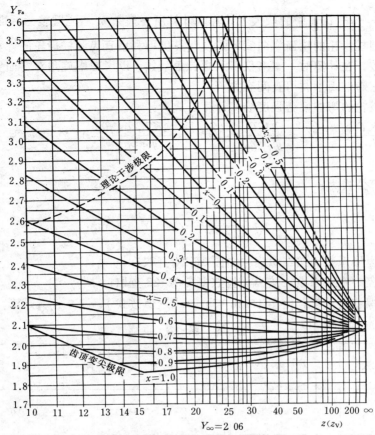

图 16-24 外啮合齿轮的齿形系数 Y_{Fa}

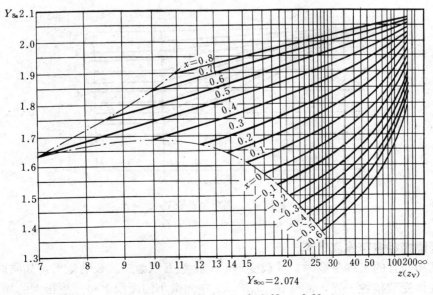

$Y_S(\alpha=20°, h_a^*=1, c^*=0.25, \rho=0.38m)$

图 16-25 外啮合齿轮的应力集中系数 Y_{Sa}

两组 $\dfrac{Y_{Fa1}Y_{Sa1}}{[\sigma]_{F1}}$ 和 $\dfrac{Y_{Fa2}Y_{Sa2}}{[\sigma]_{F2}}$ 比值中的较大者计算。计算所得模数 m 值应圆整为标准模数。

标准斜齿圆柱齿轮的轮齿弯曲疲劳强度计算仍可利用直齿圆柱齿轮的计算公式，但必须改用法面参数。在计算时，本书仅引入螺旋角系数，以考虑螺旋角对弯曲疲劳强度的影响。需计入其它影响因素时可查阅有关资料。

斜齿圆柱齿轮的弯曲疲劳强度校核计算公式为：

$$\sigma_F = \dfrac{2KT_1}{bd_1 m_n} Y_{Fa} Y_{Sa} Y_\beta = \dfrac{2KT_1}{\psi_d d_1^2 m_n} Y_{Fa} Y_{Sa} Y_\beta = \dfrac{2KT_1 \cos^2\beta}{\psi_d z_1^2 m_n^3} Y_{Fa} Y_{Sa} Y_\beta \leqslant [\sigma]_F \quad \text{MPa} \tag{16-24}$$

其设计计算公式为：

$$m_n \geqslant \sqrt[3]{\dfrac{2KT_1 \cos^2\beta}{\psi_d Z_1^2 [\sigma]_F} Y_{Fa} Y_{Sa} Y_\beta} \quad \text{mm} \tag{16-25}$$

式中　Y_{Fa}——齿形系数，按当量齿数由图 16-24 查取；

Y_{Sa}——应力集中系数，按当量齿数由图 16-25 查取；

Y_β——螺旋角系数，由图 16-26 查取，或近似按式 $Y_\beta = 1 - \dfrac{\beta^\circ}{140^\circ}$ 计算。

齿 宽 系 数 ψ_d　　　　　　　　　表 16-6

齿轮相对轴承位置	对 称 布 置	不 对 称 布 置	悬 臂 布 置
ψ_d	0.9～1.4	0.7～1.15	0.4～0.6

注：大小齿轮皆为硬齿面时，ψ_d 取偏小值，否则取偏大值。

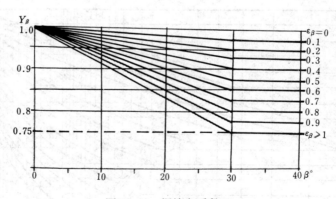

图 16-26　螺旋角系数 Y_β

注：$\varepsilon_\beta = b\sin\beta / \pi m_n = 0.318 \psi_d Z_1 \operatorname{tg}\beta$

二、齿面接触疲劳强度计算

一对互相啮合的齿廓受载时，受载变形后的接触面积为一狭长的矩形，如同两个轴线平行的圆柱体受载接触一样，如图 16-27 所示。在此微小的面积上将产生很大的局部应力，这种局部应力称为接触应力，一般以 σ_H 表示。其最大接触应力发生在接触区的中线上，其值可根据弹性理论由下式计算：

$$\sigma_H = \sqrt{\frac{F_n}{\pi b} \cdot \frac{\frac{1}{\rho_1} \pm \frac{1}{\rho_2}}{\frac{1-\mu_1^2}{E_1} + \frac{1-\mu_2^2}{E_2}}} \qquad (16\text{-}26)$$

式中　F_n——作用在圆柱体上的载荷；

　　　b——接触的长度；

　　ρ_1、ρ_2——分别为两个圆柱体半径；

　　E_1、E_2——分别为两个圆柱体材料的弹性模量；

　　μ_1、μ_2——分别为两个圆柱体材料的泊松比。

外接触取"＋"号；内接触时取"－"号。两个圆柱体产生的接触应力大小相等。

　　由于渐开线齿廓比较复杂，为了简化计算，用两个圆柱体代替，其半径分别等于两齿廓在接触点处的曲率半径，如图 16-28 所示。由于节点处受载最大，且点蚀也首先在节点附近出现，故以节点附近的接触应力为代表进行计算。通常齿廓受脉动载荷作用，其接触应力也是脉动循环变应力，它引起的破坏形式是疲劳点蚀，其强度计算是接触疲劳强度计算问题。根据式（16-26）接触应力基本计算公式，可以推导出齿面接触疲劳强度的计算公式。

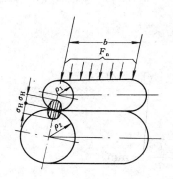
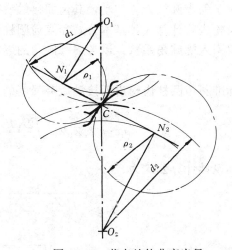

图 16-27　两圆柱体的受载接触　　　　图 16-28　节点处的曲率半径

　　当已知齿轮的几何尺寸时，标准直齿圆柱齿轮的齿面接触疲劳强度可按下式进行校核计算：

$$\sigma_H = Z_E Z_H \sqrt{\frac{2KT_1}{bd_1^2} \cdot \frac{u \pm 1}{u}} \leqslant [\sigma]_H \quad \text{MPa} \qquad (16\text{-}27)$$

式中　σ_H——计算的接触应力，MPa；

　　　d_1——小齿轮的分度圆直径，mm；

　　　b——大齿轮齿宽，mm；

　　　T_1——小齿轮转矩，N·mm；

　　　Z_E——齿轮材料的弹性系数，$\sqrt{\text{MPa}}$，其值决定于配对齿轮的材料，可由表 16-7 选取；

Z_H——齿轮节点的区域系数,其值可由图 16-29 查取。对于标准直齿圆柱齿轮,其值 $Z_H=2.5$;

u——大齿轮齿数与小齿轮齿数的齿数比;

$[\sigma]_H$——齿轮材料的许用接触应力,MPa,其确定方法详见§16-11 内容。

当设计齿轮传动时,可按下式进行设计计算:

$$d_1 \geqslant \sqrt[3]{\left(\frac{Z_E Z_H}{[\sigma]_H}\right)^2 \cdot \frac{2KT_1}{\psi_d} \cdot \frac{u \pm 1}{u}} \quad \text{mm} \tag{16-28}$$

或

$$a \geqslant (u \pm 1) \sqrt[3]{\left(\frac{Z_E Z_H}{2[\sigma]_H}\right)^2 \cdot \frac{KT_1}{\psi_d} \cdot \frac{u \pm 1}{u}} \quad \text{mm} \tag{16-29}$$

式中 d_1 或 a 仅是计算所得待设计的小齿轮分度圆直径或齿轮传动中心距的最小值,然后根据所确定的标准模数再行计算。

必须指出,当两个齿轮的许用接触应力 $[\sigma]_{H1}$ 和 $[\sigma]_{H2}$ 不相等时,上述各式均应代入其中的较小值进行计算。式中的"+"号用于外啮合传动,"-"号用于内啮合传动。

对于斜齿圆柱齿轮传动,其齿面接触疲劳强度的计算,可按在节点处的法面当量直齿圆柱齿轮进行计算。其基本公式和直齿圆柱齿轮一样,只是引入有关影响系数,本书简化计算仅引入螺旋角系数,以考虑螺旋角的影响。需计入其它有关影响系数时,可查阅有关资料。

标准斜齿圆柱齿轮齿面接触疲劳强度的校核计算公式为:

$$\sigma_H = Z_E Z_H Z_\beta \sqrt{\frac{2KT_1}{bd_1^2} \cdot \frac{u \pm 1}{u}} \leqslant [\sigma]_H \quad \text{MPa} \tag{16-30}$$

其设计计算公式为:

$$d_1 \geqslant \sqrt[3]{\left(\frac{Z_E Z_H Z_\beta}{[\sigma]_H}\right)^2 \cdot \frac{2KT_1}{\psi_d} \cdot \frac{u \pm 1}{u}} \quad \text{mm} \tag{16-31}$$

或

$$a \geqslant (u \pm 1) \sqrt[3]{\left(\frac{Z_E Z_H Z_\beta}{2[\sigma]_H}\right)^2 \cdot \frac{KT_1}{\psi_d} \cdot \frac{u \pm 1}{u}} \quad \text{mm} \tag{16-32}$$

式中 Z_H——斜齿圆柱齿轮的节点区域系数,由图 16-29 查取;

Z_β——螺旋角系数,由图 16-30 查取。

弹 性 系 数 $Z_E(\sqrt{\text{MPa}})$ 表 16-7

配对材料	钢	铸 钢	球墨铸铁	铸 铁
铸 铁	162.0	161.4	156.6	143.7
球墨铸铁	181.4	180.5	173.9	
铸 钢	188.9	188.0		
钢	189.8			

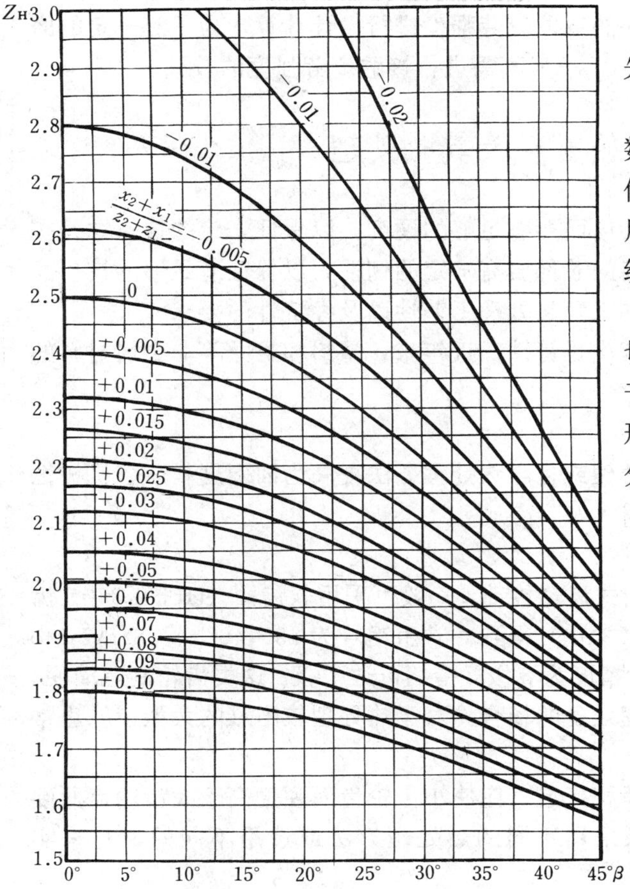

三、设计参数的选择与计算注意事项

利用上述各公式进行设计计算时,首先必须正确地选择有关参数。

1. **齿数比 u 的选择** 大小齿轮的齿数比不宜过大,以尽量减小整个传动的几何尺寸,一般应使 $u \leqslant 7$。当 $u > 7$ 时,应采用二级或三级以二的齿轮传动,以保证单级传动齿数比不致过大。

2. **小齿轮齿数 Z_1 的选取** 为避免根切,标准直齿圆柱齿轮的最少齿数不得小于 17 个齿。对一般闭式传动,其主要失效形式是疲劳点蚀,故在保证一定的小齿轮分度圆直径 d_1 或齿轮传动的中心距 a,并

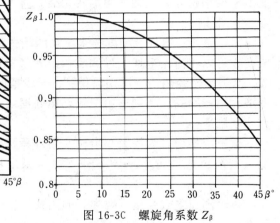

图 16-29 节点区域系数 Z_H
注:图中 x 为变位系数, Z 为齿数, β 为螺旋角

图 16-30 螺旋角系数 Z_β

满足弯曲疲劳强度的条件下,宜将小齿轮的齿数 Z_1 适当选多些(而使模数减小),以增加重合度,从而提高传动的平稳性,同时有利于齿轮的加工。由于降低了齿高而减小滑动速度,减少了磨损并提高了抗胶合能力。但应指出,对传递动力的齿轮,其模数不宜过小(一般 $m > 2 \text{mm}$),以保证有足够的抗断裂能力(特别是有冲击载荷的场合)。

开式齿轮传动的几何尺寸主要决定于轮齿的弯曲疲劳强度,故齿数不宜过多,以避免使传动尺寸过大,一般取 $Z_1 = 17 \sim 20$ 齿。对于硬齿面闭式传动,其传动尺寸有时取决于轮齿的弯曲疲劳强度,其齿数也不宜取得过多。

3. **齿宽系数 ψ_d 的选择** 在载荷一定的条件下,增加齿宽可减小齿轮分度圆直径和传动的中心距,但可使载荷沿齿宽分布更趋于不均匀,故应合理选择 ψ_d 的值。建议按表 16-6 推荐值选取。

还应指出,对软齿面闭式齿轮传动的设计,除按接触疲劳强度进行设计计算外,还应分别对大小齿轮进行弯曲疲劳强度的校核计算,以确保有足够的弯曲疲劳强度。同样,对于硬齿面闭式齿轮传动的设计,除按轮齿的弯曲疲劳强度进行设计计算外,还应校核其接

触疲劳强度，以保证不产生疲劳点蚀。

对于开式齿轮传动的设计，只按齿根的弯曲疲劳强度进行设计计算，为了有一定的磨损寿命，将计算所得的模数加大 10～15%。一般不需进行接触疲劳强度的校核。

§16-10 齿轮材料及其热处理

对齿轮材料机械性能的基本要求是：齿面要有足够的硬度，以保证一定的抗点蚀、抗磨损、抗胶合和抗塑性变形的能力；而齿的芯部要有一定的韧性，以保证有足够的抗折断的能力。另外，选择齿轮材料还应考虑加工和热处理工艺性以及经济性的要求。

制造齿轮的材料主要是各种钢材，其次是铸铁。近年来，塑料和尼龙等非金属材料的应用逐渐增多。

一、钢及合金钢

钢的韧性好，耐冲击，并可通过热处理或化学热处理方法提高齿面硬度和改善机械性能。一般钢材分为锻钢和铸钢两大类。

1. 锻钢

对于强度、速度及精度要求不高的闭式齿轮传动，一般可采用软齿面（HBS≤350）齿轮，它可以将齿轮毛坯经过调质和正火（常化）得到。常用钢号为 45、40Cr、38SiMnMo 等。这类齿轮经热处理后切齿得到。一般精度为 8 级，精切可达 7 级。这类齿轮制造简便、经济、生产率高，特别适用于缺乏热处理设备的场合。对于热处理较困难的大型齿轮也常用此法制造。

这里应指出，为使大小齿轮使用寿命相接近，应使小齿轮齿面硬度高于大齿轮齿面硬度，其高出值约为 30～50HBS，这可以采用不同的热处理方法或选用不同的材料来实现。

对于高速重载及精度要求高的闭式齿轮传动，应采用硬齿面（HBS＞350）齿轮。齿面硬度应达到 58～65HRC，精度达到 5 级或 4 级。这类齿轮的毛坯经过调质或正火热处理后切齿，再做表面硬化处理，最后进行磨齿等精加工。表面硬化处理方法有表面淬火、渗碳、氮化及氰化等方法。

2. 铸钢

铸钢有较高的强度和耐磨性，一般经过退火及常化热处理，适用于尺寸较大的齿轮。常用铸钢牌号有 ZG45 和 ZG55。

二、铸铁

灰铸铁较脆，其抗弯强度、抗冲击能力和耐磨性都较差，但抗胶合能力和抗点蚀能力较强，且容易加工。一般适用于低速、无冲击和功率不大的开式齿轮传动中。

球墨铸铁有较高的强度和抗冲击能力，在闭式传动中可以代替铸钢，因此获得越来越多的应用。

三、非金属材料

在高速、小功率和精度要求不高的齿轮传动中，为减少噪声和动载荷，常用非金属材料（如尼龙）来制造小齿轮，而大齿轮仍用金属材料，以利于散热。

常用齿轮材料及其热处理方法见表 16-8。

常用齿轮材料			表 16-8
类　别	牌　号	热　处　理	硬度（HBS 或 HRC）
普通碳素钢	Q275		140～170HBS
调 质 钢	35	正　火 调　质 表面淬火	150～180HBS 180～210HBS 40～45HRC
	45	正　火 调　质 表面淬火	170～210HBS 210～230HBS 43～48HRC
	50	正　火	180～220HBS
	40Cr	调　质 表面淬火	240～285HBS 52～56HRC
	35SiMn	调　质 表面淬火	200～260HBS 40～45HRC
	40MnB	调　质	240～280HBS
渗 碳 钢	20Cr 20CrMnTi	渗碳淬火 渗碳淬火	56～62HRC 56～62HRC
渗 氮 钢	38CrMoAlA	渗　氮	60HRC
铸　钢	ZG25 ZG45 ZG50	正　火 正　火 正　火	140～170HBS 160～200HBS 180～220HBS
	ZG35SiMn	正　火 调　质	160～220HBS 200～250HBS
灰 铸 铁	HT200 HT300		170～230HBS 187～255HBS
球墨铸铁	QT45～5		170～207HBS

§16-11　齿轮的许用应力

较精确计算齿轮许用应力须查阅有关国家标准。为简化计算，本书建议齿轮接触疲劳许用应力和弯曲疲劳许用应力分别按下式计算

$$[\sigma]_H = \frac{\sigma_{Hlim}}{S_{Hmin}} \cdot Z_N \quad \text{MPa} \tag{16-33}$$

$$[\sigma]_F = \frac{\sigma_{Flim}}{S_{Fmin}} \cdot Y_N \cdot Y_{ST} \quad \text{MPa} \tag{16-34}$$

式中　$[\sigma]_H$、$[\sigma]_F$——分别为齿轮的许用接触应力和许用弯曲应力；

　　　　σ_{Hlim}、σ_{Flim}——分别为试验齿轮的接触疲劳极限和齿根弯曲疲劳极限，MPa；

　　　　S_{Hmin}、S_{Fmin}——分别为齿轮的接触强度最小安全系数和弯曲强度最小安全系数，当失效概率为1%时（一般可靠度），取$S_{Hmin}=1.1$，$S_{Fmin}=1.25$；

　　　　Z_N、Y_N——分别为齿轮的接触疲劳强度计算的寿命系数和弯曲疲劳强度计算寿命系数，可分别按图16-49和图16-50查取；

　　　　Y_{ST}——试验齿轮的弯曲应力修正系数，按本书采用的新国标所给的σ_{Flim}值计算时，取$Y_{ST}=2.0$。

σ_{Hlim}和σ_{Flim}是指某种材料的齿轮经长期持续的重复载荷作用后轮齿保持不破坏的极限应力。其主要影响因素有材料成分，机械性能，热处理及硬化层深度，硬度梯度，残余应力及材料的纯度和缺陷等。图16-31至图16-48中的σ_{Hlim}和σ_{Flim}值是试验齿轮的失效概率为1%时轮齿接触疲劳和弯曲疲劳极限，对于其它失效概率的疲劳极限值，可用适当的统计分析方法求得。试验齿轮的模数$m=3\sim 5$mm，压力角$\alpha=20°$，齿宽$b=10\sim 50$mm，螺旋角$\beta=0°$，载荷系数$K=1$。

必须指出，图中的σ_{Flim}值为轮齿单向弯曲受载状况；对于受对称双向弯曲的齿轮（如中间轮、行星轮），应将图中查得的σ_{Flim}值乘上系数0.7；对于双向运转工作的齿轮，其σ_{Flim}值所乘系数可略大于0.7。

试验齿轮所用材料及相应热处理的σ_{Hlim}和σ_{Flim}值可由图16-31至图16-48中查取。

图中　ME——表示齿轮材料质量和热处理质量达到很高的要求时的疲劳极限取值线。这种要求只有在具备高可靠度的制造过程时才能达到；

　　　MQ——表示齿轮材料质量和热处理质量达到中等要求时的疲劳极限取值线。此中等要求是有经验的工业齿轮制造者以合理的生产成本能达到的；

　　　ML——表示齿轮材料质量和热处理质量达到最低要求时的疲劳极限取值线。

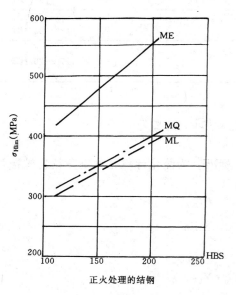

图16-31　正火处理结构钢 σ_{Hlim}

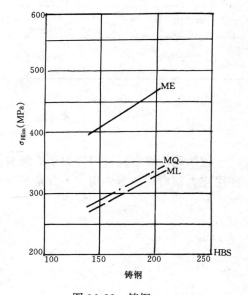

图16-32　铸钢 σ_{Hlim}

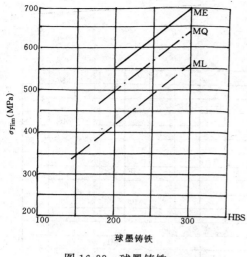

图 16-33 球墨铸铁 σ_{Hlim}

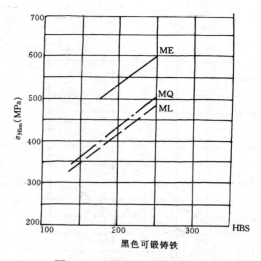

图 16-34 黑色可锻铸铁 σ_{Hlim}

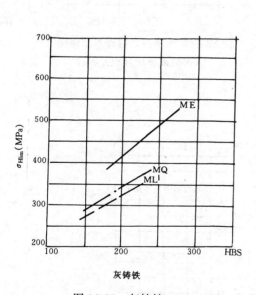

图 16-35 灰铸铁 σ_{Hlim}

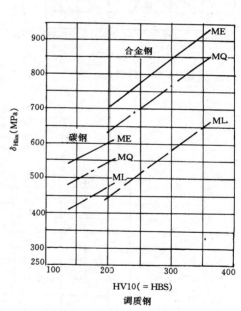

图 16-36 调质钢 σ_{Hlim}

由于绝对尺寸、粗糙度、圆周速度等对齿轮材料的疲劳极限影响不大，故通常不予考虑（必要考虑时可查阅有关资料），而只考虑应力循环次数对疲劳极限的影响，这一影响用寿命系数 Z_N 和 Y_N 分别予以计入。齿轮的应力循环次数 N 可由下式计算：

$$N = 60n\gamma t_h \tag{16-35}$$

式中 n——齿轮转速，r/min；

γ——齿轮每一转中同一齿面啮合次数；

t_h——齿轮工作寿命小时数，h。

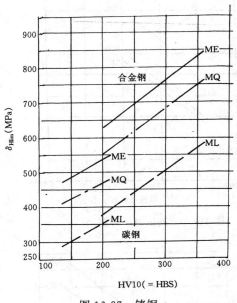

图 16-37 铸钢 σ_{Hlim}

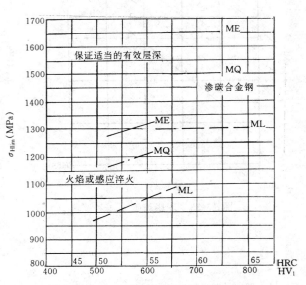

图 16-38 渗碳淬火钢和表面硬化钢
（火焰或感应淬火）σ_{Hlim}

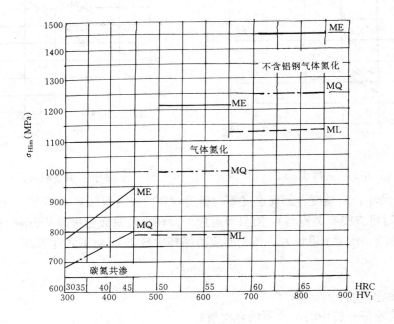

图 16-39 氮化和碳氮共渗钢 σ_{Hlim}

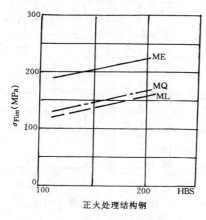

图 16-40 正火处理结构钢 σ_{Flim}

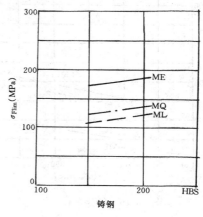

图 16-41 铸钢 σ_{Flim}

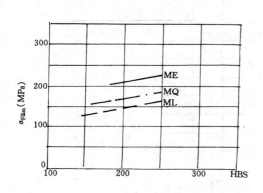

图 16-42 球墨铸铁 σ_{Flim}

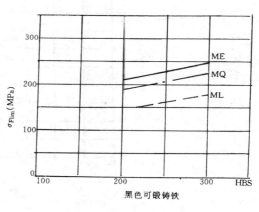

图 16-43 黑色可锻铸铁 σ_{Flim}

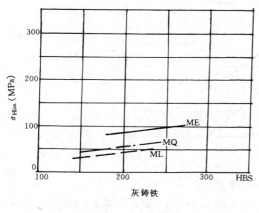

图 16-44 灰铸铁 σ_{Flim}

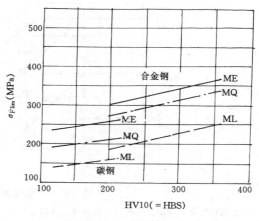

图 16-45 调质钢 σ_{Flim}

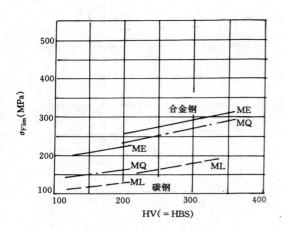

图 16-46 铸钢 σ_{Flim}　　　　图 16-47 渗碳淬火钢 σ_{Flim}

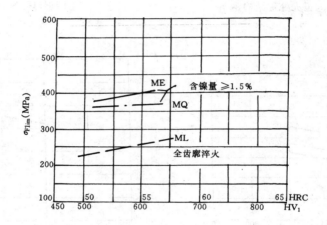

图 16-48 表面硬化钢（火焰或感应淬火）σ_{Flim}

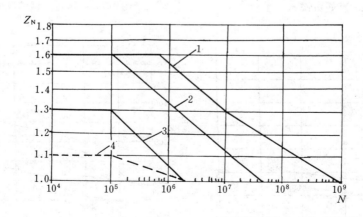

图 16-49 接触疲劳寿命系数 Z_N

1—碳钢正常化、调质、表面淬火及渗碳，球墨铸铁（允许有一定点蚀出现）；2—同1，但不允许出现点蚀；
3—碳钢调质后经气体氮化，氮化钢气体氮化，灰铸铁；4—碳钢调质后经液体氮化

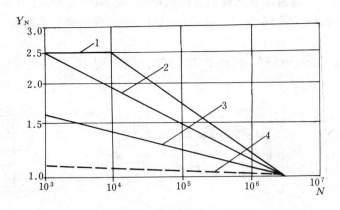

图 16-50 弯曲疲劳寿命系数 Y_N

1—碳钢正常化、调质、球墨铸铁；2—碳钢经表面淬火、渗碳；
3—氮化钢气体氮化，灰铸铁；4—碳钢调质后液体氮化

§16-12　齿轮传动的精度等级与齿轮的结构设计

一、齿轮传动的精度等级及其选择

按渐开线圆柱齿轮传动的精度标准规定，齿轮的精度分为 12 个等级，1 级最高，12 级最低，常用的精度等级为 6、7、8、9 级。表 16-9 列出了常用精度等级的加工方法及应用范围。

齿轮常用精度等级、加工方法和应用范围　　　　　　　　　　　表 16-9

	齿轮的精度等级			
	6级（高精度）	7级（精密）	8级（普通）	9级（低精度）
加工方法	在密精机床上用范成法精磨或精剃	在精密机床上用范成法精插或精滚，对淬火齿轮需磨齿或研齿	用范成法插齿或滚齿	用范成法或成型法
应用范围	用于高速、重载齿轮传动，如飞机、汽车、机床中的重要齿轮或分度机构齿轮传动	用于高速中载或中速重载齿轮传动，如标准系列减速器、汽车和机床中的较重要齿轮传动	一般机械中的齿轮传动和对精度无特殊要求的齿轮传动，如汽车、机床中的不重要齿轮传动，农业机械中的重要齿轮传动	低速及对精度要求低的齿轮传动，如农业机械中的不重要齿轮传动

二、圆柱齿轮的结构设计

通过齿轮的强度计算，只是确定出齿轮的主要参数和尺寸，而齿轮的轮毂、轮辐和轮圈等的结构型式和尺寸等，通常由齿轮的结构设计确定。

齿轮结构设计的型式主要决定于齿轮的几何尺寸、毛坯材料、加工方法、使用要求以及生产批量等因素。一般可首先按齿轮直径大小选择合适的结构型式，然后根据推荐的经验公式和数据进行结构设计。

对于一般钢制齿轮，当齿根圆到键槽底部的距离 $e\leqslant 2m$（图 16-51a）时，宜将齿轮和轴做成一体，称为齿轮轴（图 16-51b）；当 $e>2m$ 时，一般应将齿轮和轴分开制造，然后装配在一起。

当齿顶圆直径 $d_a\leqslant 200$mm 时，可做成实心结构齿轮（图 16-52），这种齿轮可用轧制的圆钢或锻钢制造。

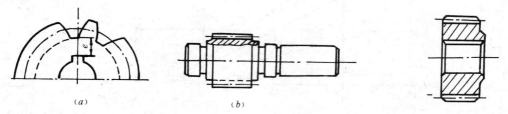

图 16-51　齿轮轴　　　　　　　　图 16-52　实心结构齿轮

当齿顶圆直径 $d_a\leqslant 500$mm 时，可做成腹板式结构（图 16-53），腹板上开孔数目按结构大小和需要而定，这种结构齿轮一般用锻钢制造。

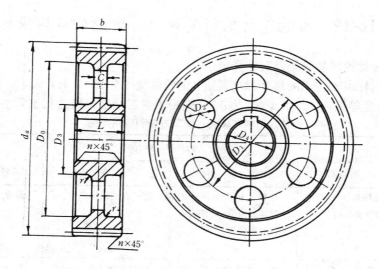

图 16-53　腹板式结构齿轮

$D_3=1.6D_4$（钢）；$D_3=1.8D_4$（铸铁）；$L=(1.2\sim 1.5)D_4\geqslant b$；$C=0.3b$；
$D_0=d_a-10m_n$；$n=0.5m_n$；D_1、D_2 按结构取定

当齿轮的齿顶圆直径 $d_a>500$mm 时，可以做成轮辐式结构（图 16-54），由于受锻造设备能力的限制，常用铸钢或铸铁制造。

对于较大尺寸的贵重合金钢齿轮，为节省材料，可以做成组装齿圈式结构（图 16-55）为使连接可靠，采用紧定螺钉固定。

【例 16-1】　设计一闭式直齿圆柱齿轮传动。传递功率 $P=7.5$kW（电动机驱动），主动齿轮转速 $n_1=750$r/min，传动比 $i=3.1$，有中等冲击，单向运转，齿轮相对轴承对称布置，每天工作 8h，预期寿命 10a（每年工作 300d）。

【解】

1. 选择齿轮材料及热处理要求，确定齿轮精度等级及齿数

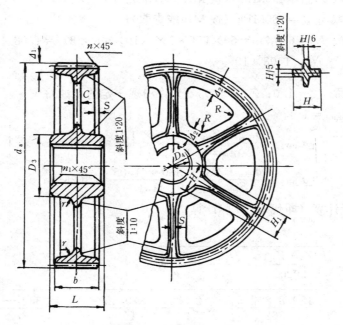

图 16-54 轮辐式结构齿轮

$D_3 = (1.6 \sim 1.8) D_4$；$H = 0.8 D_4$；$H_1 = 0.8 H$；$\Delta_1 = (5 \sim 6) m_n$；$\Delta_2 = 0.2 D_4$；

$C = 0.2 H$；$S = \dfrac{H}{6} > 10$ mm；$L = (1.2 \sim 1.5) D_4 > b$

该传动无特别要求，按一般要求确定为 8 级精度。小齿轮选用 45 钢，调质 210HBS，大齿轮选用 45 钢，正火 180HBS，硬度差为 30，合适。

小齿轮齿数 $Z_1 = 25$，大齿轮齿数 $Z_2 = iZ_1 = 3.1 \times 25 = 77.5$，取 $Z_2 = 80$，实际传动比 $i = 3.2$，误差不超过 ±5%，合适。即齿数比 $u = 3.2$。

2. 按接触疲劳强度进行设计计算

1）确定有关计算参数和许用应力

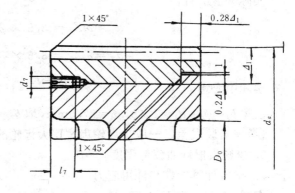

图 16-55 组装齿圈式结构齿轮

$$T_1 = 9.55 \times 10^6 \frac{P}{n_1}$$

$$= 9.55 \times 10^6 \times \frac{7.5}{750} = 9.55 \times 10^4 \ \text{N·mm}$$

查表 16-5，取载荷系数 $K = 1.5$；
查表 16-6，取齿宽系数 $\psi_d = 1.0$；
查图 16-29，取 $Z_H = 2.5$；
查表 16-7，取 $Z_E = 189.8 \sqrt{\text{MPa}}$；

查图 16-36，取 $\sigma_{\text{Hlim1}}=490\text{MPa}$（按 ML 线查取）；
查图 16-31，取 $\sigma_{\text{Hlim2}}=380\text{MPa}$（按 ML 线查取）；
应力循环次数　$N_1=60n_1\gamma t_H=60\times750\times1\times(10\times300\times8)=1.08\times10^9$ 次

$$N_2=\frac{N_1}{i}=\frac{1.08\times10^9}{3.2}\approx3.4\times10^8 \text{ 次}$$

查图 16-49，取 $Z_{N1}=1.0$，$Z_{N2}=1.05$（允许出现一定的点蚀）；
取安全系数 $S_{\text{Hmin}}=1.1$。

$$[\sigma]_{\text{HP1}}=\frac{\sigma_{\text{Hlim1}}\cdot Z_{N1}}{S_{\text{Hmin}}}=\frac{490\times1.0}{1.1}\approx445\text{MPa}$$

$$[\sigma]_{\text{HP2}}=\frac{\sigma_{\text{Hlim}}\cdot Z_{N2}}{S_{\text{Hmin}}}=\frac{380\times1.05}{1.1}\approx362\text{MPa}$$

取较小值进行计算（即代入 $[\sigma]_{\text{H2}}$ 计算）。
2）设计计算

$$d_1\geqslant\sqrt[3]{\left(\frac{Z_E\cdot Z_H}{[\sigma]_{\text{H2}}}\right)^2\cdot\frac{2KT_1}{\psi_d}\cdot\frac{u\pm1}{u}}$$

$$=\sqrt[3]{\left(\frac{189.8\times2.5}{362}\right)^2\times\frac{2\times1.5\times9.55\times10^4}{1}\times\frac{3.2+1}{3.2}}$$

$$=86.43\text{mm}$$

计算模数 $m=\dfrac{d_1}{Z_1}=\dfrac{86.43}{25}=3.457\text{mm}$，取 $m=3.5\text{mm}$

实际分度圆直径

$$d_1=mZ_1=3.5\times25=87.5\text{mm}$$

$$d_2=mZ_2=3.5\times80=280\text{mm}$$

实际中心距　　　　　　　$a=\dfrac{d_1+d_2}{2}=183.75\text{mm}$

齿宽 $b_2=\psi_d\cdot d_1=1\times87.5=87.5\text{mm}$，取 $b_2=88\text{mm}$，小齿轮齿宽 $b_1=b_2+4\text{mm}=92\text{mm}$
（考虑安装误差，一般小齿轮齿宽比大齿轮的略大 5mm 左右）

3. 校核齿根弯曲疲劳强度

1）确定计算参数和许用应力
查图 16-24，取 $Y_{\text{Fa1}}=2.63$，$Y_{\text{Fa2}}=2.22$；
查图 16-25，取 $Y_{\text{Sa1}}=1.65$，$Y_{\text{Sa2}}=1.85$；
查图 16-50，取 $Y_{N1}=1.0$，$Y_{N2}=1.0$；
查图 16-45，取 $\sigma_{\text{Flim1}}=160\text{MPa}$（按 ML 线取值）；
查图 16-40，取 $\sigma_{\text{Flim2}}=152\text{MPa}$（按 ML 线取值）；
取 $Y_{\text{ST}}=2.0$（试验齿轮弯曲应力修正系数）；取 $S_{\text{Fmin}}=1.25$。

$$[\sigma]_{F1}=\frac{\sigma_{\text{Flim1}}}{S_{\text{Fmin}}}\cdot Y_{N1}\cdot Y_{\text{ST}}=\frac{160}{1.25}\times1.0\times2.0=256\text{MPa}$$

$$[\sigma]_{F2}=\frac{\sigma_{\text{Flim2}}}{S_{\text{Fmin}}}\cdot Y_{N2}\cdot Y_{\text{ST}}=\frac{152}{1.25}\times1.0\times2.0=243\text{MPa}$$

2) 弯曲疲劳强度验算

$$\sigma_{F1} = \frac{2KT_1}{bd_1m} \cdot Y_{Fa1} \cdot Y_{Sa1} = \frac{2 \times 1.5 \times 9.55 \times 10^4}{88 \times 87.5 \times 3.5} \times 2.63 \times 1.65 \approx 46 \text{MPa} < [\sigma]_{F1}$$

$$\sigma_{F2} = \sigma_F \frac{Y_{Fa2} \cdot Y_{Sa2}}{Y_{Fa1} \cdot Y_{Sa1}} = 46 \times \frac{2.22 \times 1.85}{2.63 \times 1.65} \approx 43.5 \text{MPa} < [\sigma]_{F2}$$

故满足弯曲疲劳强度要求。

（齿轮几何尺寸计算及齿轮结构设计略）

【例 16-2】 在例 16-1 题中，其它条件不变，要求传动机构紧凑，试设计该齿轮传动。

【解】

1. 选材料及热处理，确定精度等级和齿数

考虑到使机构紧凑，采用硬齿面组合，小齿轮用 20CrMnTi，渗碳淬火 60HRC，大齿轮用 20Cr，渗碳淬火 60HRC。按一般要求采用 8 级精度。

小齿轮齿数 $Z_1 = 22$，大齿轮齿数 $Z_2 = iZ_1 = 3.2 \times 22 = 70.4$，取 $Z_2 = 70$。

2. 按弯曲疲劳强度进行设计计算

1) 确定计算参数

$$T_1 = 9.55 \times 10^4 \text{ N} \cdot \text{mm}$$

取载荷系数 $K = 1.5$，齿宽系数 $\psi_d = 1.0$；

查图 16-24，取 $Y_{Fa1} = 2.75$，$Y_{Fa2} = 2.25$；

查图 16-25，取 $Y_{Sa1} = 1.63$，$Y_{Sa2} = 1.83$；

查图 16-47，取 $\sigma_{Flim1} = \sigma_{Flim2} = 310 \text{MPa}$；

取 $Y_{N1} = 1.0$，$Y_{N2} = 1.0$；

取 $S_{Fmin} = 1.25$；

取 $Y_{ST} = 2.0$（试验齿轮弯曲应力修正系数）。

$$[\sigma]_{F1} = [\sigma]_{F2} = \frac{\sigma_{Flim}}{S_{Fmin}} \cdot Y_{N1} \cdot Y_{ST} = \frac{310}{1.25} \times 1.0 \times 2.0 = 496 \text{MPa}$$

比较

$$\frac{Y_{Fa1} \cdot Y_{Sa1}}{[\sigma]_{F1}} = \frac{2.75 \times 1.63}{496} = 0.009$$

$$\frac{Y_{Fa2} \cdot Y_{Sa2}}{[\sigma]_{F2}} = \frac{2.25 \times 1.83}{496} = 0.008$$

取其中较大值代入计算

2) 设计计算

计算模数 $m \geqslant \sqrt[3]{\dfrac{2KT_1}{\psi_d Z_1^2 [\sigma]_{F1}} \cdot Y_{Fa1} \cdot Y_{Sa1}}$

$$= \sqrt[3]{\frac{2 \times 1.5 \times 9.55 \times 10^4}{1.0 \times 22^2 \times 496} \times 2.75 \times 1.63} \approx 1.75 \text{mm}$$

取标准模数 $m = 2 \text{mm}$

$$d_1 = mZ_1 = 2 \times 22 = 44 \text{mm}$$

$$d_2 = mZ_2 = 2 \times 70 = 140 \text{mm}$$

$$a = \frac{d_1 + d_2}{2} = \frac{44 + 140}{2} = 92 \text{mm}$$

齿宽 $\qquad b_2 = \psi_d d_1 = 1.0 \times 44 = 44 \text{mm}$

取 $\qquad b_1 = b_2 + 4\text{mm} = 44 + 4 = 48 \text{mm}$

3. 校核接触疲劳强度

1) 确定有关计算参数

取 $Z_H = 2.5$，$Z_E = 189.8 \sqrt{\text{MPa}}$；

查图 16-38，取 $\sigma_{Hlim1} = \sigma_{Hlim2} = 1300 \text{MPa}$（按 ML 线）

查图 16-49，取 $Z_{N1} = 1.0$，$Z_{N2} = 1.05$；

取安全系数 $S_{Hmin} = 1.1$

$$[\sigma]_{H1} = \frac{\sigma_{Hlim1}}{S_{Hmin}} Z_{N1} = \frac{1300}{1.1} \times 1.0 \approx 1182 \text{MPa}$$

$$[\sigma]_{H2} = \frac{\sigma_{Hlim2}}{S_{Hmin}} \cdot Z_{N2} = \frac{1300}{1.1} \times 1.05 \approx 1241 \text{MPa}$$

取较小值代入计算

2) 验算接触疲劳强度

$$\sigma_H = Z_E \cdot Z_H \sqrt{\frac{2KT_1}{bd_1^2} \cdot \frac{u+1}{u}}$$

$$= 189.8 \times 2.5 \times \sqrt{\frac{2 \times 1.5 \times 9.55 \times 10^4}{44 \times 44^2} \times \frac{3.2+1}{3.2}}$$

$$= 996.9 \text{MPa} < [\sigma]_{H1}$$

满足接触疲劳强度要求

（齿轮几何尺寸计算及齿轮结构设计略）

【例 16-3】 设计一闭式斜齿圆柱齿轮传动。传递功率 $P = 22\text{kW}$，主动齿轮转速 $n_1 = 1470\text{r/min}$，传动比 $i = 3.5$，双向运转，工作平稳。齿轮相对轴承不对称布置。每天工作 8h，每年工作 300d，使用寿命 10a。

【解】

1. 选齿轮材料及热处理，确定精度等级及齿数

小齿轮用 45 钢，调质 210HBS，大齿轮用 45 钢，正火 180HBS，硬度差 30，合适。精度等级 7 级。

小齿轮齿数 $Z_1 = 26$，大齿轮齿数 $Z_2 = i \cdot Z_1 = 3.5 \times 26 = 91$。初定螺旋角 $\beta = 15°$。齿数比 $u = 3.5$。

2. 按接触疲劳强度进行设计计算

1) 确定计算参数

$$T_1 = 9.55 \times 10^6 \frac{P}{n_1} = 9.55 \times 10^6 \times \frac{22}{1470} = 1.43 \times 10^5 \text{N} \cdot \text{mm}$$

初定当量齿数

$$Z_{v1} = \frac{Z_1}{\cos^3\beta} = \frac{26}{\cos^3 15°} = 28.85$$

$$Z_{v2} = \frac{Z_2}{\cos^3\beta} = \frac{91}{\cos^3 15°} = 100.97$$

查表 16-5，取 $K=1.1$；查表 16-6，取 $\psi_d=0.8$；

查图 16-29，取 $Z_H=2.43$；查表 16-7，取 $Z_E=189.8\sqrt{\text{MPa}}$；

查图 16-36，取 $\sigma_{\text{Hlim1}}=490\text{MPa}$（按 ML 线取值）；

查图 16-31，取 $\sigma_{\text{Hlim2}}=380\text{MPa}$（按 ML 线取值）；

计算应力循环次数

$$N_1 = 60n_1\gamma t_h = 60 \times 1470 \times 1 \times (10 \times 300 \times 8) = 2.11 \times 10^9 \text{ 次}$$

$$N_2 = \frac{N_1}{u} = \frac{2.11 \times 10^9}{3.5} = 6.02 \times 10^8 \text{ 次}$$

查图 16-49，取 $Z_{N1}=1.0$，$Z_{N2}=1.03$；

取安全系数 $S_{\text{Hmin}}=1.1$；

查图 16-30，取 $Z_\beta=0.983$；

$$[\sigma]_{H1} = \frac{\sigma_{\text{Hlim1}}}{S_{\text{Hmin}}} \cdot Z_{N1} = \frac{490}{1.1} \times 1.0 \approx 445\text{MPa}$$

$$[\sigma]_{H2} = \frac{\sigma_{\text{Hlim2}}}{S_{\text{Hmin}}} \cdot Z_{N2} = \frac{380}{1.1} \times 1.03 \approx 356\text{MPa}$$

2）设计计算

$$d_1 \geqslant \sqrt[3]{\left(\frac{Z_E \cdot Z_H \cdot Z_\beta}{[\sigma]_{H2}}\right)^2 \cdot \frac{2KT_1}{\psi_d} \cdot \frac{u+1}{u}}$$

$$= \sqrt[3]{\left(\frac{189.8 \times 2.43 \times 0.983}{356}\right)^2 \times \frac{2 \times 1.1 \times 1.43 \times 10^5}{0.8} \times \frac{3.5+1}{3.5}}$$

$$= 86.88\text{mm}$$

法面模数 $m_n = \dfrac{d_1 \cos\beta}{Z_1} = \dfrac{86.88 \times \cos 15°}{26} = 3.23\text{mm}$

取标准模数 $m_n = 3.5\text{mm}$

中心距 $a = \dfrac{(Z_1+Z_2)m_n}{2\cos\beta} = \dfrac{(26+91) \times 3.5}{2 \times \cos 15°} = 211.96\text{mm}$

圆整后取 $a=212\text{mm}$

修正螺旋角值

$$\beta = \cos^{-1}\frac{(Z_1+Z_2)m_n}{2a} = \cos^{-1}\frac{(26+91) \times 3.5}{2 \times 212} = 15°16'12''$$

修正当量齿数值

$$Z_{v1} = \frac{Z_1}{\cos^3\beta} = \frac{26}{\cos^3 15°16'12''} \approx 28.9$$

$$Z_{v2} = \frac{Z_2}{\cos^3\beta} = \frac{91}{\cos^3 15°16'12''} \approx 101$$

分度圆直径

$$d_1 = \frac{m_n Z_1}{\cos\beta} = \frac{3.5 \times 26}{\cos 15°16'12''} \approx 94.2\text{mm}$$

$$d_2 = \frac{m_n Z_2}{\cos\beta} = \frac{3.5 \times 91}{\cos 15°16'12''} \approx 329.71\text{mm}$$

齿宽 $b_2 = \psi_d \cdot d_1 = 0.8 \times 94.2 = 75.36\text{mm}$

取 $b_2 = 76\text{mm}$

取 $b_1 = b_2 + 4\text{mm} = 76 + 4 = 80\text{mm}$

3. 校核齿根弯曲疲劳强度

1) 确定计算参数

查图 16-24，取 $Y_{Fa1} = 2.58$，$Y_{Fa2} = 2.18$；

查图 16-25，取 $Y_{Sa1} = 1.69$，$Y_{Sa2} = 1.87$；

查图 16-45，取 $\sigma_{Flim1} = 160 \times 0.75 = 120\text{MPa}$

查图 16-40，取 $\sigma_{Flim2} = 152 \times 0.75 = 114\text{MPa}$

（考虑到双向运转乘以系数 0.75）

取 $Y_{ST} = 2.0$（试验齿轮弯曲应力修正系数）

查图 16-50，取 $Y_{N1} = 1.0$，$Y_{N2} = 1.0$；

取 $S_{Fmin} = 1.25$

$$[\sigma]_{F1} = \frac{\sigma_{Flim1}}{S_{Fmin}} \cdot Y_{N1} \cdot Y_{ST} = \frac{120}{1.25} \times 1.0 \times 2.0 = 192\text{MPa}$$

$$[\sigma]_{F2} = \frac{\sigma_{Flim2}}{S_{Fmin}} \cdot Y_{N2} \cdot Y_{ST} = \frac{114}{1.25} \times 1.0 \times 2.0 = 182.4\text{MPa}$$

取 $Y_\beta = 1 - \frac{\beta}{140°} = 1 - \frac{15°16'12''}{140°} = 0.89$

2) 验算弯曲疲劳强度

$$\sigma_{F1} = \frac{2KT_1}{bd_1 m_n} Y_{Fa1} \cdot Y_{Sa1} \cdot Y_\beta$$

$$= \frac{2 \times 1.1 \times 1.43 \times 10^5}{76 \times 94.2 \times 3.5} \times 2.58 \times 1.69 \times 0.89$$

$$= 48.72\text{MPa} < [\sigma]_{F1}$$

$$\sigma_{F2} = \frac{2KT_1}{bd_1 m_n} Y_{Fa2} \cdot Y_{Sa2} \cdot Y_{ST}$$

$$= \frac{2 \times 1.1 \times 1.43 \times 10^5}{76 \times 94.2 \times 3.5} \times 2.18 \times 1.87 \times 0.89$$

$$= 45.6\text{MPa} < [\sigma]_{F2}$$

满足弯曲疲劳强度要求

（齿轮几何尺寸计算及齿轮结构设计略）

§16-13 圆锥齿轮传动

一、圆锥齿轮传动概述

圆锥齿轮的轮齿分布在一个截锥体上。圆锥齿轮齿廓的形成同圆柱齿轮相似，它是一平面沿基圆锥做纯滚动时形成的，对应有分度圆锥、齿顶圆锥和齿根圆锥等。圆锥齿轮有大端和小端之分。

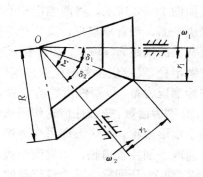

图 16-56 圆锥齿轮传动

圆锥齿轮用于相交两轴间的传动。如图 16-56 所示，设 δ_1 和 δ_2 分别为小锥齿轮和大锥齿轮的分度圆锥角，Σ 为两轴间的交角，R 为分度圆锥的锥距，r_1 和 r_2 分别为两圆锥齿轮大端的分度圆半径，则

$$\Sigma = \delta_1 + \delta_2$$
$$r_1 = R\sin\delta_1$$
$$r_2 = R\sin\delta_2$$

两锥齿轮的传动比为

$$i = \frac{\omega_1}{\omega_2} = \frac{Z_2}{Z_1} = \frac{r_2}{r_1} = \frac{\sin\delta_2}{\sin\delta_1}$$

通常锥齿轮传动的两相交轴为正交，即 $\Sigma = \delta_1 + \delta_2 = 90°$，

则有
$$i = \frac{\omega_1}{\omega_2} = \operatorname{ctg}\delta_1 = \operatorname{tg}\delta_2 \tag{16-36}$$

圆锥齿轮的轮齿有直齿、斜齿和曲线齿（圆弧齿、螺旋齿）等形式。由于直齿圆锥齿轮的设计、制造与安装较容易，应用较广。

二、圆锥齿轮的当量齿轮

一对直齿圆锥齿轮传动时，两轮间的相对运动位于一空间球面上，故圆锥齿轮的齿廓曲线理论上应为能满足齿廓啮合基本定律的球面渐开线。由于球面渐开线不能展成平面，致使圆锥齿轮的设计和制造产生许多困难。

如图 16-57 所示，通过圆锥的轴线作一轴剖面，并以 △OAB 代表分度圆锥，△Obb 和 △Oaa 分别代表齿顶圆锥和齿根圆锥，则圆弧 $\stackrel{\frown}{ab}$ 代表轮齿大端的端面。过大端面上 A

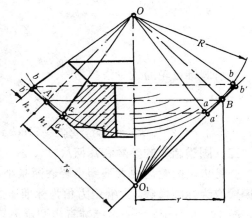

图 16-57 圆锥齿轮的背锥

点作球面的切线 O_1A 与其轴线交于 O_1 点，以 O_1A 为母线作一圆锥（以 $\triangle AO_1B$ 代表），则该圆锥必与球面相切于圆锥齿轮大端的分度圆上，该圆锥称为圆锥齿轮的背锥。将球面渐开线齿形投影在背锥面上（$\overline{a'b'}$ 代表），其投影齿形与球面渐开线齿形误差极微，且背锥面是可以展成平面的，因而可用下面近似的方法求出圆锥齿轮的齿廓。

如图 16-58 所示，将两锥齿轮的背锥展成平面，则各成扇形，其半径分别为两背锥的锥距 r_{v1} 和 r_{v2}。以 r_{v1} 和 r_{v2} 为分度圆半径，以锥齿轮大端模数为模数，并取标准压力角，以两锥齿轮的齿数 Z_1 和 Z_2 分别为齿数，按圆柱齿轮作图法作出两个扇形齿轮，其齿形即可作为锥

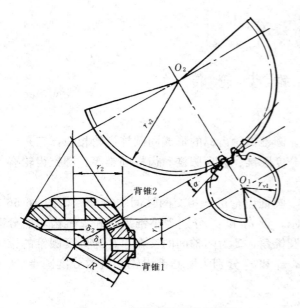

图 16-58　圆锥齿轮的当量齿轮

齿轮大端的近似齿形。若将两扇形齿轮的齿数补足使之成为两个圆柱直齿轮，则这两个假想的圆柱直齿轮分别称为两个锥齿轮的当量齿轮，其齿数 Z_{v1} 和 Z_{v2} 分别称为两个锥齿轮的当量齿数。由图可知

$$r_{v1} = \frac{r_1}{\cos\delta_1} = \frac{mZ_1}{2\cos\delta_1}$$

而

$$r_{v1} = \frac{mZ_{v1}}{2}$$

故

$$Z_{v1} = \frac{Z_1}{\cos\delta_1}$$

同理

$$Z_{v2} = \frac{Z_2}{\cos\delta_2} \tag{16-37}$$

直齿圆锥齿轮的最少齿数为

$$Z_{min} = Z_{vmin}\cos\delta$$

当 $\delta = 45°$、$\alpha = 20°$、$h_a^* = 1$ 时，$Z_{min} = 17\cos45° \approx 12$ 齿。

三、圆锥齿轮的参数和几何尺寸

圆锥齿轮的轮齿由大端到小端逐渐减小，按国标规定以大端的参数作为标准值，即大端模数取为标准模数，大端压力角为标准压力角值。圆锥齿轮的几何尺寸也以大端来计算。

图 16-59 所示，为一对标准直齿圆锥齿轮传动，其节圆锥与分度圆锥重合，轴交角 $\Sigma = 90°$，它的几何尺寸计算列于表 16-10。

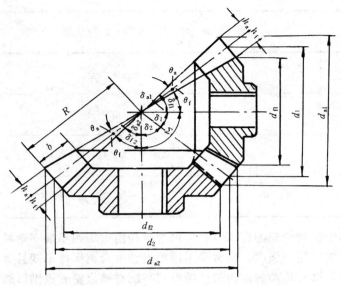

图 16-59 直齿圆锥齿轮传动的几何尺寸

标准直齿圆锥齿轮几何尺寸计算（$\Sigma=90°$） 表 16-10

名　称	计　算　公　式　（以　大　端　计　算）
分度圆锥角 δ_1、δ_2	$\delta_2=\text{tg}^{-1}\dfrac{Z_2}{Z_1}$；$\delta_1=90°-\delta_2$
分度圆直径 d_1、d_2	$d_1=mZ_1$；$d_2=mZ_2$
齿顶高 h_a	$h_a=m$
齿根高 h_f	$h_f=1.2m$
齿全高 h	$h=2.2m$
齿顶间隙 c	$c=0.2m$
齿顶圆直径 d_{a1}、d_{a2}	$d_{a1}=d_1+2m\cos\delta_1$；$d_{a2}=d_2+2m\cos\delta_2$
齿根圆直径 d_{f1}、d_{f2}	$d_{f1}=d_1-2.4m\cos\delta_1$；$d_{f2}=d_2-2.4m\cos\delta_2$
锥顶距 R	$R=\sqrt{r_1^2+r_2^2}=\dfrac{m}{2}\sqrt{Z_1^2+Z_2^2}=\dfrac{d_1}{2\sin\delta_1}=\dfrac{d_2}{2\sin\delta_2}$
齿宽 b	$b=\psi_R\cdot R$，$b\leqslant\dfrac{R}{3}$，齿宽系数 $\psi_R=0.25\sim0.3$

续表

名　称	计算公式（以大端计算）
齿顶角 θ_a	$\theta_a = \text{tg}^{-1}\dfrac{h_a}{R}$
齿根角 θ_f	$\theta_f = \text{tg}^{-1}\dfrac{h_f}{R}$
顶锥角 δ_a	$\delta_{a1}=\delta_1+\theta_a$，$\delta_{a2}=\delta_2+\theta_a$
根锥角 δ_f	$\delta_{f1}=\delta_1-\theta_f$，$\delta_{f2}=\delta_2-\theta_f$

应当注意，由于圆锥齿轮的齿顶厚和齿根圆半径由大端到小端逐渐减小，从而削弱了轮齿的强度。为了提高轮齿强度，通常采用顶隙沿整个齿宽保持不变且等于大端顶隙的等顶隙圆锥齿轮传动。这种传动的锥齿轮顶锥母线与配对锥齿轮的根锥母线互相平行，而两顶锥的顶点不再重合。这使小端在不产生干涉的条件下，尽量加大刀尖圆角半径，从而减小齿根的应力集中。

四、直齿圆锥齿轮的受力分析

为便于计算，设法向压力作用在齿宽中点处（图 16-60），过中点的分度圆称为平均分度圆，其直径以 d_m 表示。由图可知，d_m 可如下计算

$$d_{m1} = d_1 - b\sin\delta_1$$
$$d_{m2} = d_2 - b\sin\delta_2 \tag{16-38}$$

法向力 F_n 可分解为圆周力 F_t、径向力 F_r 和轴向力 F_a，其值分别为

$$F_t = \frac{2T_1}{d_{m1}} \quad \text{N}$$

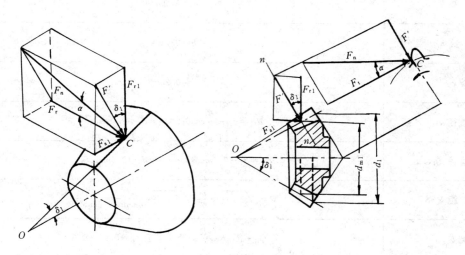

图 16-60　直齿圆锥齿轮受力分析

$$F_{r1} = F_{a2} = F_t \text{tg}\alpha\cos\delta_1 \quad \text{N}$$

$$F_{a1} = F_{r2} = F_t \text{tg}\alpha\sin\delta_1 \quad \text{N} \tag{16-39}$$

$$F_n = \frac{F_t}{\cos\alpha} \quad \text{N}$$

主动锥齿轮的径向力与从动锥齿轮的轴向力相等，方向相反；主动锥齿轮的轴向力与从动锥齿轮的径向力相等，方向相反。各轴向力的方向平行于各自的轴线，且分别指向各自的大端。

五、齿面接触疲劳强度计算

直齿圆锥齿轮的接触疲劳强度校核公式与设计计算公式如下

$$\sigma_H = Z_E Z_H \sqrt{\frac{4KT_1}{\psi_R(1-0.5\psi_R)^2 d_1^3 u}} \leqslant [\sigma]_H \quad \text{MPa} \tag{16-40}$$

$$d_1 \geqslant \sqrt[3]{\left(\frac{Z_E Z_H}{[\sigma]_H}\right)^2 \cdot \frac{4KT_1}{\psi_R(1-0.5\psi_R)^2 u}} \quad \text{mm} \tag{16-41}$$

式中 Z_E、Z_H 和 $[\sigma]_H$ 的确定同直齿圆柱齿轮。

六、齿根弯曲疲劳强度计算

直齿圆锥齿轮的弯曲疲劳强度的校核计算公式与设计计算公式如下

$$\sigma_F = \frac{4KT_1}{\psi_R(1-0.5\psi_R)^2 Z_1^2 m^3 \sqrt{u^2+1}} Y_{Fa} Y_{Sa} \leqslant [\sigma]_F \quad \text{MPa} \tag{16-42}$$

$$m \geqslant \sqrt[3]{\frac{4KT_1}{\psi_R(1-0.5\psi_R)^2 Z_1^2 [\sigma]_F \sqrt{u^2+1}} Y_{Fa} Y_{Sa}} \quad \text{mm} \tag{16-43}$$

式中的 Y_{Fa} 和 Y_{Sa} 按锥齿轮当量齿数分别由图 16-24 和图 16-25 选取。

式中的许用应力 $[\sigma]_F$ 值同圆柱齿轮一样确定。

七、圆锥齿轮的结构设计

同圆柱齿轮一样，根据锥齿的强度计算确定主要几何尺寸后，按推荐的经验公式和数据进行锥齿轮的结构设计。

当圆锥齿轮小端齿根圆到键槽底部的距离 $e<1.6m$ 时（图 16-61），齿轮和轴可做成一体而成为锥齿轮轴（图 16-62）。当齿顶圆直径 $d_a \leqslant 300$mm 时，可采用腹板式结构（图 16-63）。对于铸造锥齿轮，当 $d_a > 300$mm 时，可做成带加强筋的腹板式结构（图 16-64）。

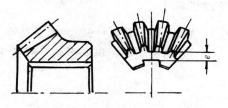

图 16-61 实心结构锥齿轮

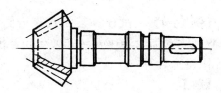

图 16-62 锥齿轮轴

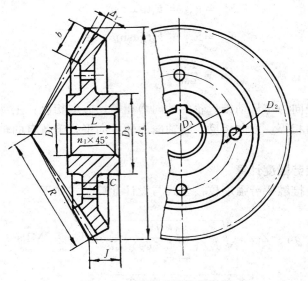

图 16-63 腹板式结构锥齿轮

$D_3=1.6D_4$; $L=(1.2\sim1.5)D_4$; $C=(0.2\sim0.3)b$; $\Delta_1=(2.5\sim4)m$ 但不小于 10mm; D_1、D_2 按结构取定

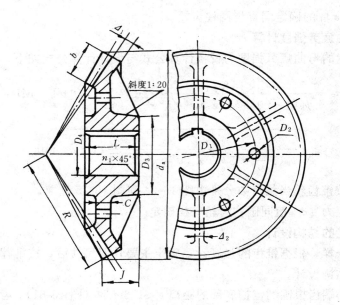

图 16-64 有加强筋腹板式结构锥齿轮

$D_3=(1.6\sim1.8)D_4$; $L=(1.2\sim1.5)D_4$; $C=(0.2\sim0.3)b$; $\Delta_1=(2.5\sim4)m$ 但不小于 10mm;
$\Delta_2=0.8C$; D_1、D_2 按结构取定

【例 16-4】 试计算某闭式直齿圆锥齿轮传动。轴交角正交 $\Sigma=90°$,传递功率 $P=17$kW,主动齿轮转速 $n_1=950$r/min,传动比 $i=3.2$,电动机驱动,单向运转,载荷平稳,按无限寿命计算。

【解】

1. 选材料及热处理,确定精度与齿数

主动锥齿轮选用 40Cr，调质 250HBS，大齿轮用 45 钢，调质 210HBS，硬度差 40，合适。

确定为 7 级精度。

小齿轮齿数 $Z_1=23$，大齿轮齿数 $Z_2=iZ_1=3.2\times23=73.6$，取 $Z_2=74$。齿数比 $u=3.2$。

2. 按齿面接触疲劳强度进行设计计算

1）确定计算参数

$$T_1=9.55\times10^6\frac{P}{n_1}=9.55\times10^6\times\frac{17}{950}=1.7\times10^5 \text{ N}\cdot\text{mm}$$

查表 16-5，取 $K=1.1$，查表 16-10，取 $\psi_R=0.3$；

由图 16-29，取 $Z_H=2.5$，查表 16-7，取 $Z_E=189.8\sqrt{\text{MPa}}$；

查图 16-36，取 $\sigma_{\text{Hlim1}}=510\text{MPa}$（按 ML 线取值）；

查图 16-36，取 $\sigma_{\text{Hlim2}}=480\text{MPa}$（按 ML 线取值）

按无限寿命取 $Z_{N1}=Z_{N2}=1.0$；

取 $S_{\text{Hmin}}=1.1$

$$[\sigma]_{H1}=\frac{\sigma_{\text{Hlim1}}}{S_{\text{Hmin}}}\cdot Z_{N1}=\frac{510}{1.1}\times1.0=463.6\text{MPa}$$

$$[\sigma]_{H2}=\frac{\sigma_{\text{Hlim2}}}{S_{\text{Hmin}}}\cdot Z_{N2}=\frac{480}{1.1}\times1.0=436.3\text{MPa}$$

取较小值代入计算

2）设计计算

$$d_1\geqslant\sqrt[3]{\left(\frac{Z_E\cdot Z_H}{[\sigma]_{H2}}\right)^2\cdot\frac{4KT_1}{\psi_R(1-0.5\psi_R)^2 u}}$$

$$=\sqrt[3]{\left(\frac{189.8\times2.5}{436.3}\right)^2\times\frac{4\times1.1\times1.7\times10^5}{0.3\times(1-0.5\times0.3)^2\times3.2}}$$

$$=108.43\text{mm}$$

计算模数 $m=\dfrac{d_1}{Z_1}=\dfrac{108.43}{23}=4.7\text{mm}$

取标准模数 $m=5\text{mm}$

确定分度圆直径

$$d_1=mZ_1=5\times23=115\text{mm}$$

$$d_2=mZ_2=5\times74=370\text{mm}$$

确定锥顶距 R

$$R=\frac{m}{2}\sqrt{Z_1^2+Z_2^2}=\frac{5}{2}\times\sqrt{23^2+74^2}=193.72\text{mm}$$

齿宽 $b_2=\psi_R\cdot R=0.3\times193.72\approx58\text{mm}$

取 $b_1 = b_2 + 4\text{mm} = 58 + 4 = 62\text{mm}$

（考虑安装调整，取小齿轮宽一些）

3. 校核弯曲疲劳强度

1）确定计算参数

计算分度圆锥角

$$\delta_2 = \text{tg}^{-1}\frac{Z_2}{Z_1} = \text{tg}^{-1}\frac{74}{23} = 72°44'3''$$

$$\delta_1 = 90° - \delta_2 = 90° - 72°44'3'' = 17°15'57''$$

计算当量齿数

$$Z_{v1} = \frac{Z_1}{\cos\delta_1} = \frac{23}{\cos 17°15'57''} = 24.08$$

$$Z_{v2} = \frac{Z_2}{\cos\delta_2} = \frac{74}{\cos 72°44'3''} = 249.3$$

查图 16-24，取 $Y_{Fa1}=2.65$，$Y_{Fa2}=2.1$；
查图 16-25，取 $Y_{Sa1}=1.64$，$Y_{Sa2}=1.97$；
取 $S_{Fmin}=1.25$；
按无限寿命取 $Y_{N1}=Y_{N2}=1.0$；
查图 16-45，取 $\sigma_{Flim1}=210\text{MPa}$（按 ML 线取值）
查图 16-45，取 $\sigma_{Flim2}=160\text{MPa}$（按 ML 线取值）
取 $Y_{ST}=2.0$。

$$[\sigma]_{F1} = \frac{\sigma_{Flim1}}{S_{Fmin}} \cdot Y_{N1} \cdot Y_{ST} = \frac{210}{1.25} \times 1.0 \times 2.0 = 336\text{MPa}$$

$$[\sigma]_{F2} = \frac{\sigma_{Flim2}}{S_{Fmin}} \cdot Y_{N2} \cdot Y_{ST} = \frac{160}{1.25} \times 1.0 \times 2.0 = 256\text{MPa}$$

2）验算弯曲疲劳强度

$$\sigma_{F1} = \frac{4KT_1 Y_{Fa1} \cdot Y_{Sa1}}{\psi_R(1-0.5\psi_R)^2 Z_1^2 m^3 \sqrt{u^2+1}}$$

$$= \frac{4 \times 1.1 \times 1.7 \times 10^5 \times 2.65 \times 1.64}{0.3 \times (1-0.5 \times 0.3)^2 \times 23^2 \times 5^3 \times \sqrt{3.2^2+1}}$$

$$= 67.6\text{MPa} < [\sigma]_{F1}$$

$$\sigma_{F2} = \sigma_{F1} \cdot \frac{Y_{Fa2} \cdot Y_{Sa2}}{Y_{Fa1} \cdot Y_{Sa1}} = 67.6 \times \frac{2.1 \times 1.97}{2.65 \times 1.64}$$

$$= 65.6\text{MPa} < [\sigma]_{F2}$$

满足弯曲疲劳强度要求。

（齿轮几何尺寸计算及结构设计略）

§16-14 齿轮传动的润滑和效率

由于相啮合的轮齿间有相对滑动，将产生摩擦和磨损，从而消耗动力，发热，并降低齿轮的寿命，因此，对齿轮传动必须进行适当的润滑。

齿轮传动的润滑方式主要根据齿轮的圆周速度大小而定。

对开式或半开式齿轮传动，由于一般圆周速度较低，通常可采用人工定期润滑，可用润滑油或润滑脂为润滑剂。

对于闭式齿轮传动，当 $v<12\text{m/s}$ 时，多采用油池润滑，即将大齿轮浸入油池一定深度，借大齿轮将润滑油带到啮合的齿面上润滑，同时也将油甩到箱壁上散热。

当 $v>12\text{m/s}$ 时，应采用喷油润滑，即用一定的压力将润滑油直接喷到齿轮的啮合部位上进行润滑。但应指出，当 $v\leqslant 25\text{m/s}$ 时，喷油嘴可置于轮齿的啮入侧或啮出侧均可，当 $v>25\text{m/s}$ 时，喷油嘴应置于轮齿的啮出侧，以迅速冷却刚刚啮合过的轮齿和进行润滑。

润滑油粘度的推荐值查阅国家标准，根据查得的粘度再确定所用润滑油的牌号。

齿轮传动的平均效率　　　　　　　　　　　　　表 16-11

传动装置	6级或7级精度闭式传动	8级精度闭式传动	开式传动
圆柱齿轮	0.98	0.97	0.95
圆锥齿轮	0.97	0.96	0.93

齿轮传动的功率损耗主要包括：1) 啮合过程中的摩擦损耗；2) 搅动润滑油的油阻损耗；3) 轴承中的摩擦损耗。对于采用滚动轴承的齿轮传动，计入上述各损耗的平均效率，可参阅表 16-11。

习　题

16-1　已知标准直齿圆柱齿轮的模数 $m=3$、$Z_1=22$、$Z_2=51$，试求两个齿轮的分度圆直径、齿顶高、齿根高、齿顶间隙、标准中心距、基圆直径、齿顶圆直径、齿根圆直径、周节、齿厚和齿间宽。

16-2　某直齿圆柱齿轮的齿顶圆直径为 96mm，模数 $m=4$mm，试求其齿顶高、齿根高和分度圆直径。

16-3　已知某一对标准直齿圆柱齿轮传动的中心距 $a_0=150$mm，小齿轮的齿数 $Z_1=20$。传动比 $i=4$，试求该对齿轮的模数和大小齿轮的分度圆直径。

16-4　已知一对标准斜齿圆柱齿轮传动的中心距 $a_0=160$mm，齿数 $Z_1=23$，$Z_2=78$，$m_n=3$mm，试求该对齿轮的螺旋角、端面模数、端面压力角、当量齿数、分度圆直径、齿顶圆直径和齿根圆直径。

16-5　某一标准直齿圆柱齿轮传动的小齿轮齿数 $Z_1=32$，传动比 $i=3$，模数 $m=2.5$mm，小齿轮转速 $n_1=976$r/min，额定功率 $P=10$kW，试计算齿轮上的圆周力 F_t 和径向力 F_r。

16-6　某二级斜齿圆柱齿轮减速器的已知条件如习题 16-6 图所示，试问：1) 低速级斜齿轮的螺旋角方向如何选择才合理？2) 低速级螺旋角 β 应取何值才能使中间轴的轴向力互相抵消？

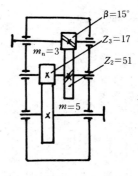

习题 16-6 图

16-7　某闭式标准直齿圆柱齿轮的传动功率 $P=30$kW，主动齿轮转速 n_1

$=750\text{r/min}$,传动比 $i=3$,有中等冲击,单向运转,齿轮相对轴承非对称布置,每天工作 8 小时,使用寿命 10 年(按每年工作 300 天计),试设计该齿轮传动(齿轮结构设计略)。

16-8 如在上题中已知条件不变,要求机构紧凑,大小齿轮均采用硬齿面,试设计该齿轮传动(齿轮结构设计略)。

16-9 某闭式标准直齿圆柱齿轮传动的功率 $P=7.5\text{kW}$,主动齿轮转速 $n_1=1450\text{r/min}$,$Z_1=26$,$Z_2=54$,单向运转,预期使用寿命 12000h,齿轮相对轴承非对称布置,受中等冲击,试设计该齿轮传动(齿轮结构设计略)。

16-10 已知某闭式斜齿圆柱齿轮传动的功率 $P=22\text{kW}$,$n_1=1470\text{r/min}$,$n_2=300\text{r/min}$,双向运转,载荷平稳,齿轮相对轴承对称布置,预期使用寿命为 24000h,小齿轮材料用 40MnB 调质,大齿轮用 35SiMn 调质。试设计该齿轮传动(齿轮结构设计略)。

16-11 试确定某单级斜齿轮减速器所能传递的功率,已知 $n_1=940\text{r/min}$(主动齿轮轴和电动机轴连接),法向模数 $m_n=10\text{mm}$,齿数 $Z_1=18$,$Z_2=81$,螺旋角 $\beta=8°6'34''$,齿宽 $b=200\text{mm}$,预期使用寿命为 36000h,工作中有中等冲击,齿轮相对轴承对称布置,小齿轮材料为 40Cr 调质,大齿轮材料为 45 钢调质。

16-12 已知一对正常齿渐开线标准直齿圆锥齿轮的 $\Sigma=90°$,$Z_1=17$,$Z_2=43$,$m=3\text{mm}$,试求该对锥齿轮的分度圆锥角、分度圆直径、齿顶圆直径、齿根圆直径、锥顶距、齿顶角、齿根角、顶锥角、根锥角和当量齿数。

16-13 某开式直齿圆锥齿轮传动载荷均匀,用电动机驱动,单向转动,$P=1.9\text{kW}$,$n_1=10\text{r/min}$,$Z_1=26$,$Z_2=83$,$m=8\text{mm}$,$b=90\text{mm}$,小齿轮材料为 45 号钢调质,大齿轮材料为 ZG45 正火,试验算其强度。

第十七章 蜗杆传动

§17-1 概　　述

蜗杆传动是由蜗杆 1 和与它相啮合的蜗轮 2 所组成（图 17-1）。它通常用于传递空间垂直交错轴之间的运动和动力，轴交角 $\Sigma=90°$。一般蜗杆为主动件，蜗轮为从动件。

蜗杆传动主要优点是：传动比大而结构紧凑（动力传动中，$i=10\sim60$；分度机构中，$i=1000$）；同时啮合的齿对数较多，故传动平稳，噪声小；当蜗杆的分度圆柱导程角 γ 小于蜗轮轮齿间当量摩擦角 ρ_v 时，蜗杆传动具有自锁性。其主要缺点是：传动效率低，当蜗杆为主动时，效率 $\eta<0.7\sim0.8$，具有自锁性时，效率 $\eta<0.5$；齿面间相对滑动速度大，当润滑、散热不良时，易产生胶合和磨损；蜗轮常用减磨性材料（如青铜）制造，故成本高。由于有上述优点，所以在各类机械如机床、汽车、冶金、矿山、起重运输机械中得到广泛应用。

按蜗杆形状的不同，蜗杆传动可分为圆柱蜗杆传动（图 17-2a）和圆弧面蜗杆传动（图 17-2b）。圆柱蜗杆按其螺旋面的形状又分为阿基米德蜗杆和渐开线蜗杆。

常用的是阿基米德蜗杆，其螺旋面的形成与螺纹的形成相同（图 17-3）。

在普通车床上切制阿基米德蜗杆时，刀具切削刃的平面应通过蜗

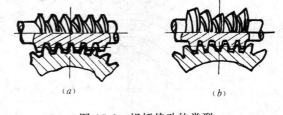

图 17-2　蜗杆传动的类型

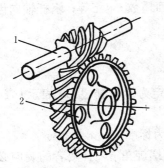

图 17-1　蜗杆传动简图
1—蜗杆；2—蜗轮

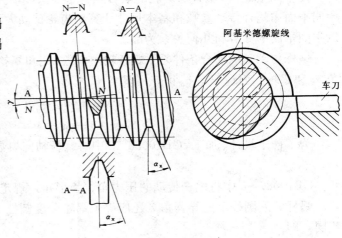

图 17-3　阿基米德蜗杆

杆的轴线，所切得的轴面齿廓侧边为直线，两侧边夹角为 $2\alpha_x=40°$。在垂直于蜗杆轴线的截面上，齿廓为阿基米德螺旋线。

由于阿基米德蜗杆制造简便，应用广泛，本章重点讨论阿基米德蜗杆传动（即普通圆柱蜗杆传动）。

§17-2 普通圆柱蜗杆传动的主要参数和几何尺寸计算

一、主要参数

（一）模数 m 和压力角（齿形角）α

通过蜗杆轴线和连心线构成的平面称为中间平面（图17-4）。

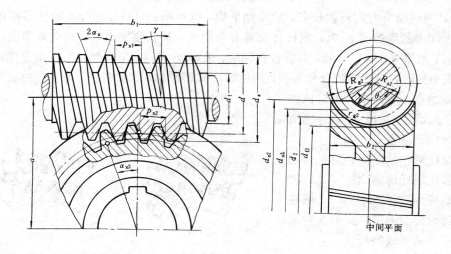

图17-4 圆柱蜗杆传动的基本几何尺寸

在中间平面内，蜗杆与蜗轮的啮合相当于齿条和渐开线齿轮的啮合情况一样，因此，在中间平面内蜗杆传动参数和基本尺寸计算与齿轮传动大致相同，故蜗杆传动的设计计算都以中间平面的参数和几何关系为准。

蜗杆传动正确啮合条件是：蜗杆轴向模数 m_{x1} 和蜗轮端面模数 m_{t2} 相等；蜗杆轴向齿形角 α_{x1} 和蜗轮端面齿形角 α_{t2} 相等，即

$$m_{x1}=m_{t2}=m$$

$$\alpha_{x1}=\alpha_{t2}=\alpha_x$$

为了便于设计、加工，GB10088-88中将蜗杆轴向模数规定为标准值，用 m 表示（表17-1）。

GB10087-88中将蜗杆传动的压力角（齿形角）规定 α_x 为标准值，$\alpha_x=20°$。

蜗杆分度圆柱上的导程角 γ 还应等于蜗轮分度圆柱上的螺旋角 β，且两者的旋向必须相同，即

$$\gamma=\beta$$

动力蜗杆传动蜗杆基本参数（轴交角90°）　　　　表17-1

模数 m (mm)	中圆直径 d_1(mm)	蜗杆头数 x_1	直径系数 q	$m^2 d_1$	模数 m (mm)	中圆直径 d_1(mm)	蜗杆头数 x_1	直径系数 q	$m^2 d_1$
1	18	1	18.000	18	6.3	80	1,2,4	12.698	3175
1.25	20	1	16.000	31		112	1	17.798	4445
	22.4	1	17.900	35	8	63	1,2,4	7.875	4032
1.6	20	1,2,4	12.500	51		80	1,2,4,6	10.000	5120
	28	1	17.500	72		100	1,2,4	12.500	6400
2	18	1,2,4	9.000	72		140	1	17.500	8960
	22.4	1,2,4	12.500	90	10	71	1,2,4	7.100	7100
	28	1,2,4	14.000	112		90	1,2,4,6	9.000	9000
	35.5	1	17.750	142		112	1	11.200	11200
2.5	20	1,2,4	8.000	125		160	1	16.000	16000
	25	1,2,4,6	10.000	156	12.5	90	1,2,4	7.200	14062
	31.5	1,2,4	12.600	197		112	1,2,4	8.960	17500
	45	1	18.000	281		140	1,2,4	11.200	21875
3.15	25	1,2,4	7.937	248		200	1	16.000	31250
	31.5	1,2,4,6	10.000	313	16	112	1,2,4	7.000	28672
	40	1,2,4	12.678	396		140	1,2,4	8.750	35840
	56	1	17.778	556		180	1,2,4	11.250	46080
4	31.5	1,2,4	7.875	504		250	1	15.625	64000
	40	1,2,4,6	10.000	640	20	140	1,2,4	7.000	56000
	50	1,2,4	12.500	800		160	1,2,4	8.000	64000
	71	1	17.750	1136		224	1,2,4	11.200	89600
5	40	1,2,4	8.000	1000		315	1	15.750	126000
	50	1,2,4,6	10.000	1250	25	180	1,2,4	7.200	112500
	63	1,2,4	12.600	1575		200	1,2,4	8.000	125000
	90	1	18.000	2250		280	1,2,4	11.200	175000
6.3	50	1,2,4	7.936	1984		400	1	16.000	250000
	63	1,2,4,6	10.000	2500					

注：1. 表中模数均系第1系列，$m<1$mm 的未列入，>25 的还有31.5、40mm两种。属于第2系列的模数有：1.5，3，3.5，4.5，5.5，6，7，12，14mm。

2. 表中蜗杆中圆直径 d_1 均属第1系列，$d_1<18$mm 的未列入，此外还有355mm。属于第2系列的有：30，38，48，53，60，67，75，85，95，106，118，132，144，170，190，300mm。

3. 模数和中圆直径均应优先选用第1系列。

（二）传动比

当蜗杆转动一周时，蜗轮转过 Z_1 个齿，其传动比为

$$i = \frac{n_1}{n_2} = \frac{Z_2}{Z_1} \tag{17-1}$$

式中　n_1、n_2——分别为蜗杆、蜗轮的转速，r/min；

Z_1、Z_2——分别为蜗杆的头数和蜗轮的齿数。

应当指出，蜗杆传动的传动比不等于蜗轮蜗杆的分度圆直径之反比。

（三）蜗杆头数 Z_1 和蜗轮齿数 Z_2

蜗杆头数通常为 $Z_1=1\sim4$。Z_1 小传动比大，单头蜗杆传动有利于实现反行程自锁，但效率低，不宜做动力传动。当传递较大功率时，可取 $Z_1=4$，以提高传动效率。

蜗轮齿数 $Z_2=iZ_1$。传递动力时，为了保证传动的平稳性和提高传动效率，Z_2 不小于 28，且 Z_2 一般不大于 80，因为蜗轮愈大，蜗杆愈长，蜗杆刚度愈差。

蜗杆的头数 Z_1 和蜗轮的齿数 Z_2 根据传动比和传动蜗杆的效率来确定，可参考表 17-2 推荐值选取。

蜗杆头数 Z_1 与蜗轮齿数 Z_2 推荐值　　　　　　　　　　　　　表 17-2

$i=\frac{Z_2}{Z_1}$	Z_1	Z_2	$i=\frac{Z_2}{Z_1}$	Z_1	Z_2
7～8	4	28～32	25～27	2～3	50～81
9～13	3～4	27～52	28～40	1～2	28～80
14～24	2～3	28～72	≥40	1	≥40

（四）蜗杆直径系数 q 和蜗杆的分度圆柱导程角 γ

为保证蜗杆、蜗轮正确啮合，铣切蜗轮的滚刀的直径和齿形参数必需和相应的蜗杆相同，因此即使模数相同，也会有许多直径不同的蜗杆及相应的滚刀，这是很不经济的。为使刀具标准化，减少滚刀规格，对每一模数规定了一定数量的蜗杆分度圆直径 d_1。

GB10088—88 中将蜗杆分度圆直径 d_1 规定为标准值，见表 17-1。

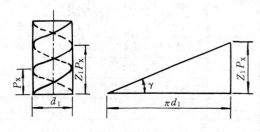

图 17-5　蜗杆螺旋线的几何关系

该蜗杆分度圆直径 d_1 与模数 m 的比值，称为蜗杆的直径系数，用 q 表示，即

$$q = \frac{d_1}{m} \tag{17-2}$$

蜗杆直径系数 q 值，见表 17-1。

普通圆柱蜗杆分度圆柱螺旋线上任一点的切线与端剖面间所夹的锐角称为蜗杆分度圆柱导程角，用 γ 表示，如图 17-5 所示。

$$\text{tg}\gamma = \frac{P_z}{\pi d_1} = \frac{Z_1 P_x}{\pi d_1} = \frac{Z_1 \pi m}{\pi q m} = \frac{Z_1}{q} \tag{17-3}$$

式中　P_z——蜗杆导程；

P_x——蜗杆轴向齿距。

当已知 Z_1 和 q 值后，可求得蜗杆导程角 γ。γ 角的范围为 3.5°～33°。导程角大，传动效率高；导程角小，传动效率低。一般 $\gamma \leqslant 3°30'$ 的蜗杆传动具有自锁性。

（五）齿面间滑动速度 v_s

传动时，在蜗杆蜗轮的啮合齿面间会产生相当大的滑动速度 v_s，由图17-6可知

$$v_s = \frac{v_1}{\cos\gamma} = \frac{\pi d_1 n_1}{60 \times 1000\cos\gamma} \quad \text{m/s} \quad (17-4)$$

式中　v_1——蜗杆分度圆的圆周速度，m/s；
　　　d_1——蜗杆分度圆直径，mm；
　　　n_1——蜗杆的转速，r/min；
　　　γ——蜗杆的分度圆柱导程角。

由于滑动速度 v_s 大于蜗杆的圆周速度 v_1，对蜗杆传动正常工作影响很大，当润滑、散热等条件不良时，齿面易产生磨损和胶合。当具备良好的润滑和形成油膜的条件时，滑动速度增大有助于形成油膜，使齿面间摩擦系数下降，从而提高传动的效率和承载能力。

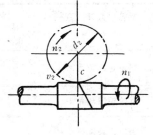
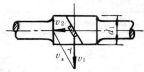

图 17-6　蜗杆传动的滑动速度

二、几何尺寸计算

根据表17-3可计算蜗杆、蜗轮的几何尺寸。

圆柱蜗杆传动基本几何尺寸计算　　　　表 17-3

名　称	计　算　公　式	
	蜗　杆	蜗　轮
齿顶高	$h_{a1}=m$	$h_{a2}=m$
齿根高	$h_{f1}=1.2m$	$h_{f2}=1.2m$
齿高	$h_1=2.2m$	$h_2=2.2m$
分度圆直径	$d_1=mq$	$d_2=mZ_2$
齿顶圆直径	$d_{a1}=m(q+2)$	$d_{a2}=m(Z_2+2)$
齿根圆直径	$d_{f1}=m(q-2.4)$	$d_{f2}=m(Z_2-2.4)$
顶隙	$c=0.2m$	
蜗杆轴向齿距 蜗轮端面齿距	$p_{x1}=p_{x2}=\pi m$	
蜗杆分度圆柱导程角	$\gamma=\text{tg}^{-1}\dfrac{Z_1}{q}$	
蜗轮分度圆柱螺旋角		$\beta=\gamma$
中心距	$a=\dfrac{1}{2}(d_1+d_2)=\dfrac{m}{2}(q+Z_2)$	
蜗杆螺纹部分长度	$Z_1=1、2 \quad b_1\geqslant(11+0.06Z_2)m$ $Z_1=4 \quad b_1\geqslant(12.5+0.09Z_2)m$	
蜗轮咽喉母圆半径		$r_{g2}=a-\dfrac{1}{2}d_{a2}$

续表

名 称	计 算 公 式	
	蜗 杆	蜗 轮
蜗轮最大外圆直径		$Z_1=1$ $d_{e2} \leqslant d_{a2}+2m$ $Z_1=2$ $d_{e2} \leqslant d_{a2}+1.5m$ $Z_1=4$ $d_{e2} \leqslant d_{a2}+m$
蜗轮轮缘宽度		$Z_1=1、2$ $b_2 \leqslant 0.75 d_{a1}$ $Z_1=4$ $b_2 \leqslant 0.67 d_{a1}$
蜗轮轮齿包角		$\theta=2\arcsin\left(\dfrac{b_2}{d_1}\right)$
蜗轮齿顶圆弧半径		$R_{a2}=\dfrac{d_1}{2}-m$
蜗轮齿根圆弧半径		$R_{f2}=d_{a1}/2+0.2m$

§17-3 蜗杆和蜗轮的材料及结构

一、蜗杆和蜗轮的材料选择

由蜗杆传动的特点可知，蜗杆与蜗轮的材料不仅要有足够的强度，更重要的是要有良好的减磨性、耐磨性和抗胶合的能力，为此蜗杆材料一般采用碳钢和合金钢并进行热处理，见表17-4。

蜗杆常用材料及应用　　　　表 17-4

材料牌号	热 处 理	硬 度	应 用
40Cr，38SiMnMo 42CrMo	表面淬火	45～255HRC	中速、中载、一般传动
20Cr，20CrNi 20CrMnTi	渗碳淬火	58～63HRC	高速、重载、重要传动
45	调质	<270HBS	低速、轻中载、不重要传动

蜗轮常用材料为铸锡青铜或无锡青铜，灰铸铁等。蜗轮常用材料见表17-5。

蜗轮的常用材料及应用　　　　表 17-5

材料	牌 号	滑动速度 v_s (m/s)	特 性	应 用
锡青铜	ZCuSn10P1	≤25	耐磨性、跑合性、抗胶合能力、切削性能均好，但强度低、成本高	连续工作的高速、重载的重要传动
	ZCuSn5Pb5Zn5	≤12		速度较高的轻、中、重载传动
无锡青铜	ZCuAl10Fe3	≤10	耐冲击，强度较高，切削性能好，抗胶合能力差，价格较低	速度较低的重要传动
	ZCuAl10Fe3Mn2	≤10		速度较低、载荷稳定的轻、中载传动
黄铜	ZCuZn38Mn2Pb2	≤10		
灰铸铁	HT150 HT200 HT250	≤2	铸造性能、切削性能好，价格低，抗点蚀和抗胶合能力强，抗弯强度低，冲击韧度差	低速、不重要的开式传动；蜗轮尺寸较大的传动；手动传动

圆柱蜗杆传动在GB10089—88中规定了12个精度等级,1级精度最高,12级精度最低。对于动力蜗杆传动,一般选用6~9级精度。

二、蜗杆和蜗轮的结构

多数蜗杆和轴制成一体,称为蜗杆轴(图17-7)。

蜗轮一般可制成整体式和组合式结构。如图17-8a所示为整体式结构,多用于铸铁蜗轮或直径小于100mm的青铜蜗轮。为节约贵重有色金属,对大尺寸的蜗轮可采用组合式结构。图17-8b为轮箍式,青铜齿圈压装在铸铁(或铸钢)轮芯上的

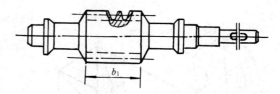

图 17-7 蜗杆传动的结构形式

结构,为了防止发热后出现松动,常在接缝处再拧入4~8个螺钉,螺钉拧入后将头部锯掉。图17-8c为螺栓连接式,多用铰制孔螺栓,常用于尺寸较大的蜗轮。图17-8d为镶铸式,系青铜轮缘浇铸在铸铁的轮芯上的结构。

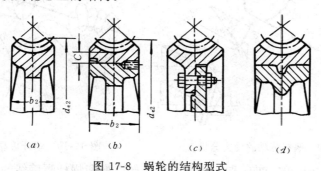

图 17-8 蜗轮的结构型式

蜗轮蜗杆的结构尺寸计算,可参考有关设计手册。

§17-4 蜗杆传动的受力分析和强度计算

一、蜗杆传动的受力分析

蜗杆传动的受力分析和斜齿圆柱齿轮传动相似,设F_n为集中作用于节点C处的正压力,可分解为三个相互垂直的分力:(图17-9)

圆周力 F_t

轴向力 F_a

径向力 F_r

$$F_{t1} = \frac{2T_1}{d_1} = -F_{a2} \quad \text{N} \tag{17-5}$$

$$F_{t2} = \frac{2T_2}{d_2} = -F_{a1} \quad \text{N} \tag{17-6}$$

$$F_{r1} = F_{a1} \cdot \text{tg}\alpha_1 = F_{t2} \cdot \text{tg}\alpha_1 = -F_{r2} \quad \text{N} \tag{17-7}$$

式中 T_2——蜗轮上的转矩 N·mm,$T_2 = T_1 i \eta$;

i——蜗杆传动的传动比;

η——蜗杆传动的总效率。

各力的方向可以这样确定：通常蜗杆是主动件，蜗杆上的圆周力 F_{t1} 与它的旋转方向相反；蜗轮是从动件，蜗轮上的圆周力 F_{t2} 与它的旋转方向相同。蜗杆与蜗轮上的径向力 F_r 都指向各自的轴心。

蜗杆与蜗轮轴向力的方向，由于蜗杆轴与蜗轮轴空间相交成90°，所以蜗杆的轴向力 F_{a1} 应与蜗轮的圆周力 F_{t2} 相等，但方向相反；蜗轮的轴向力 F_{a2} 应与蜗杆的圆周力 F_{t2} 相等，但方向相反。

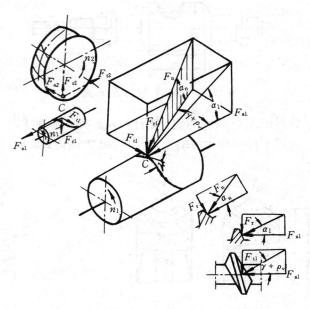
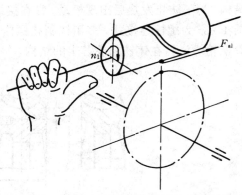

图 17-9　蜗杆传动的受力分析　　　　图 17-10　蜗杆传动轴向力 F_{a1} 的判断

蜗杆所受轴向力 F_{a1} 的方向，取决于蜗杆的旋转方向和蜗杆螺旋线的旋向。具体方法是使用左右手定则来确定。如一右旋蜗杆，用右手按着旋转方向握着蜗杆，大拇指伸直，大拇指指向为蜗杆所受轴向力 F_{a1} 的方向（图 17-10）。

二、蜗杆传动的强度计算

蜗杆传动的失效形式和设计准则与齿轮传动类似。其失效形式有点蚀、胶合、磨损和轮齿折断。在一般情况下，由于蜗轮材料的强度、硬度比蜗杆材料的强度、硬度低，所以失效总是发生在蜗轮轮齿。因为蜗杆传动效率较低，齿面间滑动速度较大，当润滑不良时，由于温升过高而引起胶合和磨损。闭式传动易产生胶合，开式传动易产生磨损。目前尚无适当的胶合与磨损的计算方法。对蜗杆传动强度的计算，主要是针对蜗轮，按齿面接触强度和齿根弯曲强度进行承载能力的计算。选取许用应力时，适当考虑胶合与磨损的影响。

（一）齿面接触强度计算

圆柱蜗杆传动在中间平面上相当于齿条与斜齿轮的啮合传动，所以蜗杆传动的计算方法与斜齿轮传动相似，也是以节点啮合处的相应参数代入赫兹公式导出的。

校核公式：

$$\sigma_H = Z_E \sqrt{\frac{9KT_2}{m^2 d_1 Z_2^2}} \leqslant [\sigma]_H \quad \text{MPa} \tag{17-8}$$

设计公式：

$$m^2 d_1 \geqslant 9KT_2 \left(\frac{Z_E}{Z_2[\sigma]_H}\right)^2 \quad mm^3 \tag{17-9}$$

式中 Z_E——弹性系数。对青铜或铸铁蜗轮与钢蜗杆配对时取 $Z_E = 160\ \sqrt{MPa}$。

K——载荷系数。取 $K = 1.1 \sim 1.3$。

$[\sigma]_H$——许用接触应力，MPa，按表 17-6 及表 17-7 选取。

由式 (17-9) 求得 $m^2 d_1$ 值后，可由表 17-1 查出相应的标准 m 和 d_1 值。

蜗轮材料的许用接触应力 $[\sigma]_H$，许用弯曲应力 $[\sigma]_F$ (MPa)　　　表 17-6

蜗轮材料	铸造方法	滑动速度 v_s (m/s)	$[\sigma]_H$ 蜗杆齿面硬度		$[\sigma]_F$	
			≤350HBS	>45HRC	单侧受载	双侧受载
ZCuSn10P1	砂　模 金属模	≤12 ≤15	180 200	200 220	51 70	32 40
ZCuSn5Pb5Zn5	砂　模 金属模	≤10 ≤12	110 135	125 150	33 40	24 29
ZCuAl10Fe3	砂　模 金属模	≤10	见表 17-7		82 90	84 80
ZCuAl10Fe3Mn2	砂　模 金属模	≤10			— 100	— 90
ZCuZn38Mn2Pb2	砂　模 金属模	≤10			62 —	56 —
HT150	砂　模	≤2			40	25
HT200	砂　模	≤2～5			48	30
HT250	砂　模	≤2～5			56	35

无锡青铜、黄铜及铸铁的许用接触应力 $[\sigma]_H$ (MPa)　　　表 17-7

蜗轮材料	蜗杆材料	滑动速度 v_s (m/s)							
		0.25	0.5	1	2	3	4	5	6
ZCuAl10Fe3 ZCuAl10Fe3Mn2	钢经淬火[①]	—	250	230	210	180	160	120	90
ZCuZn38Mn2Pb2	钢经淬火[①]	—	215	200	180	150	135	95	75
HT200、HT150	渗碳钢	160	130	115	90	—	—	—	—
HT150	调质或淬火钢	140	110	90	70	—	—	—	—

[①] 蜗杆如未经淬火，其 $[\sigma]_H$ 值需降低 20%。

(二) 蜗轮齿根弯曲强度计算

由于材料和齿形的关系，蜗杆齿的弯曲强度高于蜗轮，故通常只需对蜗轮进行齿根弯曲强度计算。计算方法与斜齿圆柱齿轮相似，其公式如下：

校核公式

$$\sigma_F = \frac{1.62 K T_2}{m^2 d_1 Z_2} Y_F Y_\beta \leqslant [\sigma]_F \quad MPa \tag{17-10}$$

设计公式

$$m^2 d_1 \geqslant \frac{1.62 K T_2}{Z_2 [\sigma]_F} Y_F Y_\beta \quad mm^3 \tag{17-11}$$

式中　Y_F——蜗轮的齿形系数，按当量齿数 $Z_v = \dfrac{Z_2}{\cos^3\gamma}$ 由表17-8选取；

　　　Y_β——螺旋角系数，按下式计算 $Y_\beta = 1 - \dfrac{\gamma}{140°}$；

　　　$[\sigma]_F$——蜗轮材料的许用弯曲应力，按表17-6选取。

蜗轮齿形系数 Y_F　　　　　　　　　　表17-8

Z_v	20	24	26	28	30	32	35	37
Y_F	1.98	1.88	1.85	1.80	1.76	1.71	1.64	1.51
Z_v	40	45	50	60	80	100	150	300
Y_F	1.55	1.48	1.45	1.40	1.34	1.30	1.27	1.24

对于开式传动，蜗轮齿根弯曲强度是其主要的设计准则。

§17-5　蜗杆传动的效率、润滑和散热计算

一、蜗杆传动的效率

闭式蜗杆传动的功率损耗包括三部分，即齿面啮合损失，轴承摩擦损失及箱体内润滑油搅动损失。主要是啮合损失，其啮合效率可按螺旋传动效率计算；后两项损耗较小，其效率为 0.95~0.97。当蜗杆为主动时，蜗杆传动的总效率为

$$\eta = (0.95 \sim 0.97) \frac{\mathrm{tg}\gamma}{\mathrm{tg}(\gamma + \rho_v)} \tag{17-12}$$

式中　ρ_v——当量摩擦角，由表17-9查取。

普通圆柱蜗杆传动的当量摩擦角 ρ_v　　　　　　　表17-9

蜗轮齿圈材料	锡青铜		无锡青铜	灰铸铁	
蜗杆齿面硬度	HRC≥45	HRC<45	HRC≥45	HRC≥45	HRC<45
滑动速度 v_s (m/s)	当量摩擦角 ρ_v				
0.25	3°43′	4°17′	5°43′	5°43′	6°51′
0.50	3°09′	3°43′	5°09′	5°09′	5°43′
1.0	2°35′	3°09′	4°00′	4°00′	5°09′
1.5	2°17′	2°52′	3°43′	3°43′	4°34′
2.0	2°00′	2°35′	3°09′	3°09′	4°00′
2.5	1°43′	2°17′	2°52′		
3.0	1°36′	2°00′	2°35′		
4.0	1°22′	1°47′	2°17′		
5.0	1°16′	1°40′	2°00′		
8.0	1°02′	1°29′	1°43′		
10	0°55′	1°22′			
15	0°48′	1°09′			
24	0°45′				

由式（17-12）可知，欲提高蜗杆传动效率，可增大导程角 γ，因此应采用多头蜗杆；但导程角过大使蜗杆加工困难，而且导程角 $\gamma>28°$ 时，效率提高很少，一般导程角均小于 28°。当 $\gamma \leqslant \rho_v$ 时，蜗杆传动将产生自锁，其蜗杆传动效率很低（$\eta<50\%$）。

设计之初，蜗杆传动的总效率 η，可按表 17-10 初步选取。

蜗杆传动效率的估计值　　　　　　　　　　表 17-10

蜗杆头数 Z_1	1	2	4
蜗杆传动效率 η	0.7~0.79	0.8~0.86	0.87~0.92

二、蜗杆传动的润滑

为提高传动效率，减少磨损和防止产生胶合，必须注意蜗杆传动的润滑。根据相对滑动速度和工作条件来选择润滑油粘度及润滑方法。开式蜗杆传动常采用粘度较高的润滑油或润滑脂。闭式蜗杆传动润滑油粘度及润滑方法见表 17-11。

蜗杆传动的润滑油粘度及润滑方法　　　　　　　表 17-11

滑动速度 v_s (m/s)	<1	<2.5	<5	>5~15	>10~15	>15~25	>25
工作条件	重载	重载	中载	—	—	—	—
粘度 cSt40℃ (100℃)	900 (55)	570 (35)	330 (20)	220 (12)	130	100	75
润滑方法	浸　　　油			浸油或喷油	压力喷油润滑及其压力 (MPa)		
					0.07	0.2	0.3

三、蜗杆传动的散热计算

由于蜗杆传动效率低，发热量大，对闭式传动来说，若不及时散热，将会引起箱体内油温升高，润滑失效，以致出现齿面胶合。因此，对连续工作的闭式蜗杆传动要进行热平衡计算。

热平衡计算就是蜗杆传动单位时间内产生的热量应等于或小于箱体单位时间内散逸的热量，这样，油温才能稳定在允许范围内工作。

单位时间内产生的热量
$$P_s = 1000 P_1 (1-\eta) \quad \text{W}$$

单位时间内散逸的热量
$$P_c = K_t A (t_1 - t_0) \quad \text{W}$$

按热平衡的条件 $P_s = P_c$，可求得在既定条件下的油温

$$t_1 \geqslant \frac{1000 P_1 (1-\eta)}{K_t A} + t_0 \quad \text{℃} \tag{17-13}$$

或

$$A \geqslant \frac{1000 P_1 (1-\eta)}{K_t (t_1 - t_0)} \quad \text{m}^2 \tag{17-14}$$

式中　P_1——蜗杆传递的功率，kW；

η——蜗杆传动效率；

K_t——散热系数，一般取 $K_t=10\sim17\mathrm{W/m^2 \cdot ℃}$，通风条件好可取大值；

A——散热面积，$\mathrm{m^2}$，指箱体外壁与空气接触的面积，以及内壁被油飞溅到箱壳面积之和。对于箱外的散热片，按其散热面积的 50% 计算；

t_1——润滑油的工作温度，℃，一般 $t_1<75℃\sim85℃$，不超过 90℃；

t_0——箱体外周围空气的温度，℃，常温情况下，一般取 $t_0=20℃$。

如果工作油温超过允许的范围时，可采用下列散热措施，以提高散热能力。

（一）增加散热面积 A，合理设计箱体结构或增加散热片。

（二）提高散热系数 K_t，在蜗杆轴上装风扇（图 17-11a）；或在箱体油池内装设蛇形冷却水管（图 17-11b）；或用压力喷油循环冷却（图 17-11c）。

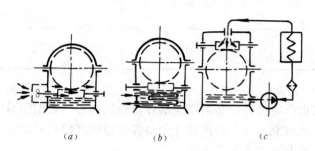

图 17-11 蜗杆减速器的冷却方法
(a) 风扇冷却；(b) 冷却水管冷却；(c) 循环油冷却

【**例 17-1**】 试设计某蜗杆传动。电动机功率 $P_1=10\mathrm{kW}$，蜗杆转速 $n_1=1450\mathrm{r/min}$，传动比 $i=22$，单向运转，载荷平稳。

【**解**】 1. 选择材料并确定许应用力

蜗杆选用 40Cr 表面淬火，由表 17-4 查得 45～55HRC。

蜗轮选用 ZCuSn10P1 砂模铸造，由表 17-6 查得 $[\sigma]_H=200\mathrm{MPa}$，$[\sigma]_F=51\mathrm{MPa}$。

2. 按接触强度确定主要参数

$$m^2 d_1 \geqslant 9KT_2\left(\frac{Z_E}{Z_2[\sigma]_H}\right)^2$$

选择蜗杆头数 Z_1，蜗轮齿数 Z_2

由表 17-2 选取 $Z_1=2$ $Z_2=iZ_1=22\times2=44$

计算蜗轮转速 n_2，并确定蜗轮轴上的扭矩 T_2

$$n_2=\frac{n_1}{i}=\frac{1450}{22}\approx 66\mathrm{r/min}$$

$$T_2=9.55\times10^6\frac{P_1\eta}{n_2}$$

$$=9.55\times10^6\frac{10\times0.82}{66}$$

$$\approx 1.2\times10^6 \ \mathrm{N\cdot mm}$$

初定蜗杆传动效率 $\eta=0.82$

选取载荷系数 K 和弹性系数 Z_E

取 $K=1.2$，$Z_E=160\sqrt{\mathrm{MPa}}$ 将各值代入上式求得

$$m^2 d_1 \geqslant 9KT_2\left(\frac{Z_E}{Z_2[\sigma]_H}\right)^2$$

$$= 9 \times 1.2 \times 1.2 \times 10^6 \left(\frac{160}{44 \times 200}\right)^2$$

$$= 4284 \text{m}^3$$

由表 17-1 选取 $m=8$mm，$d_1=80$mm（$m^2d_1=5120$mm），$q=10$mm

3. 校核蜗轮轮齿弯曲疲劳强度

$$\sigma_F = \frac{1.62KT_2}{m^2d_1Z_2}Y_FY_\beta \leqslant [\sigma]_F$$

选取齿形系数 Y_F

$$\gamma = \text{tg}^{-1}\frac{Z_1}{q}$$

$$= \text{tg}^{-1}\frac{2}{10} = 11°18'36''$$

$$Z_v = \frac{Z_2}{\cos\gamma^3} = \frac{44}{(\cos 11°18'36'')^3} = 44.87$$

由表 17-8 查得

$$Y_F = 1.485$$

计算螺旋角系数 Y_β

$$Y_\beta = 1 - \frac{\gamma}{140°} = 1 - \frac{11°18'36''}{140°}$$

$$\approx 0.92$$

将各值代入上式可得

$$\sigma_F = \frac{1.62KT_2}{m^2d_1Z_2}Y_FY_\beta$$

$$= \frac{1.62 \times 1.2 \times 1.2 \times 10^6 \times 1.485 \times 0.92}{8^2 \times 80 \times 44}$$

$$\approx 14.15 < [\sigma]_F = 51\text{MPa}$$

4. 主要几何尺寸计算（从略）
5. 计算所需散热面积

由公式（17-14）求得面积 A 应为

$$A \geqslant \frac{1000P_1(1-\eta)}{K_t(t_1-t_0)}$$

计算传动效率 η

$$v_1 = \frac{\pi d_1 n_1}{60 \times 1000} = \frac{3.14 \times 80 \times 1450}{60 \times 1000}$$

$$= 6.07 \text{m/s}$$

$$v_s = \frac{v_1}{\cos\gamma} = \frac{6.07}{\cos 11°18'36''}$$

$$\approx 6.19 \text{m/s}$$

由表 17-9 查得 $\rho_v = 1°11'$

$$\eta = (0.95 \sim 0.97) \frac{\mathrm{tg}\gamma}{\mathrm{tg}(\gamma + \rho_v)}$$

$$= (0.95 \sim 0.97) \frac{\mathrm{tg}11°18'36''}{\mathrm{tg}(11°18'36'' + 1°11')}$$

$$\approx 0.88$$

取散热系数 K_t，油温 t_1 和空气温度 t_0。

取 $K_t = 14 \text{W/m}^2\text{℃}$，$t_1 = 70\text{℃}$，$t_0 = 20\text{℃}$，将各值代入上式可得

$$A = \frac{1000 P_1 (1 - \eta)}{K_t (t - t_0)} = \frac{1000 \times 10 (1 - 0.88)}{14 (70 - 20)}$$

$$\approx 1.71 \text{m}^2$$

习 题

17-1 蜗杆传动有何特点？宜在什么情况下采用？

17-2 蜗杆传动的传动比为何不能用 $i = \dfrac{d_2}{d_1}$ 表示？

17-3 什么是蜗杆的直径系数 q？为什么要规定蜗杆直径系数为标准值？

17-4 已知：一圆柱蜗杆传动，模数 $m = 5\text{mm}$，蜗杆分度圆直径 $d_1 = 50\text{mm}$，蜗杆头数 $Z_1 = 2$，传动比 $i = 25$。试计算该蜗杆传动的主要几何尺寸。

17-5 蜗杆传动的主要失效形式是什么？

17-6 标出习题 17-6 图中未注明的蜗杆或蜗轮的转向。

17-7 习题 17-7 图为一标准蜗杆传动。蜗杆 1 为主动件，其上的扭矩 $T_1 = 20\text{N·m}$，模数 $m = 3\text{mm}$，齿形角 $\alpha_1 = 20°$，头数 $Z_1 = 2$，分度圆直径 $d_1 = 36\text{mm}$，蜗轮 2 为从动件，齿数 $Z_2 = 50$，效率 $\eta = 0.75$。试确定

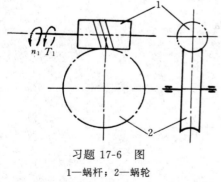

习题 17-6 图
1—蜗杆；2—蜗轮

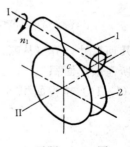

习题 17-7 图
1—蜗杆；2—蜗轮

1. 蜗轮 2 的转向？

2. 蜗杆 1 和蜗轮 2 轮齿上的圆周力 F_t，径向力 F_r，轴向力 F_a 的大小和方向（画在啮合点 C 处）。

17-8 试设计一搅拌机用的闭式蜗杆减速器中普通圆柱蜗杆传动。已知输入功率 $P = 7.3\text{kW}$，蜗杆转速 $n_1 = 1450\text{r/min}$，传动比 $i_{12} = 23$，传动不反向，工作载荷较稳定，但有不大的冲击。

第十八章 轮系及减速器

§18-1 概 述

在一般机器中,原动机多采用转速较高的单速电动机,而工作机构的运动要求则是多种多样的。如起重机卷筒的转速一般较低,需要减速;车床主轴根据不同的工作条件要实现多转速要求变速;汽车转弯时,要求两个后轮的转速按转弯半径大小而不同。因此,用一对齿轮传动已经不可能实现上述各种要求。在原动机和工作装置之间需要有由一系列齿轮组成的减速(或增速)、变速或差动装置。这种由一系列互相啮合的齿轮组成的传动系统称轮系。

减速器和变速器是机械中的独立组成部件,便于系列化和标准化,在机械中获得广泛的应用。

§18-2 轮系的分类

根据轮系中各齿轮的几何轴线是否相对固定,把轮系分成定轴轮系、周转轮系和混合轮系。

一、定轴轮系

当轮系运转时,若所有齿轮的几何轴线均相对固定不动,称为定轴轮系。如图 18-1 所示。

二、周转轮系

组成轮系的某几个齿轮(至少一个)的几何轴线在传动中绕另一齿轮的几何轴线转动者,称为周转轮系。

图 18-2a 所示为一典型的周转轮系。它是由机架、中心轮 1 和 3、行星轮 2 和行星架 H 所组成。在行星架 H 的支承下,行星轮 2 既绕自

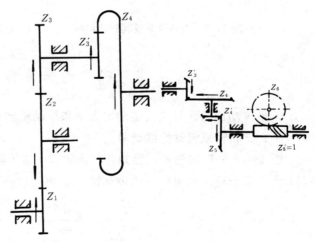

图 18-1 定轴轮系

身的几何轴线转动(自转),又绕行星架 H 的转动中心转动(公转)。为保证轮系能够传动,行星架 H 的转动轴线必须和中心轮的公共轴线重合。凡承受外扭矩,且转动轴线与公共轴线重合的构件称为周转轮系的基本构件。每个周转轮系均有三个基本构件。此周转轮系,因其基本构件是由两个中心轮 (2k) 及一个行星架 H 所组成,故该轮系统称为 2k-H 型周转

轮系。

为使传动时惯性力得到平衡以及减轻轮齿上的啮合载荷，通常采用两个以上完全相同的行星轮（图 18-2a 所示为三个），均匀地分布在中心轮的周围。因行星轮的个数对周转轮系的传动比没有影响，故在讨论各构件的运动关系时，机构简图中只需画出其中的一个行星轮，如图 18-2b 所示。

在周转轮系中，若两个中心轮都能转动，其机构自由度为 2，这种轮系称为差动轮系；若有一个中心轮固定不动，那么其机构自由度为 1，这种轮系称为行星轮系。当行星架 H 固定不动，则周转轮系演变为定轴轮系，如图 18-2c 所示。

三、混合轮系

如图 18-3 所示，在一些机器中，往往同时采用定轴轮系（1、2、2′及 3）和周转轮系（齿轮 4、5、6 及行星架 H）来满足传动的需要，这种轮系称为混合轮系。

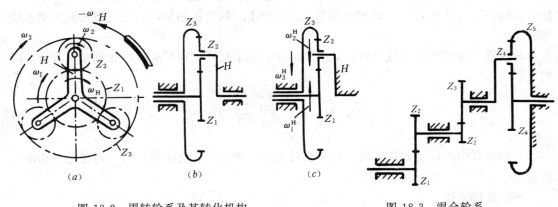

图 18-2 周转轮系及其转化机构　　　　图 18-3 混合轮系

§18-3 轮系传动比的计算

轮系传动比的计算包括传动比大小和从动轮转动方向两个内容。

一、定轴轮系传动比的计算

图 18-1a 的定轴轮系，已知各轮齿数 Z，求传动比 i_{14}。

为了求齿轮 1 和齿轮 4 的传动比 i_{14}，可先求各对齿轮的传动比。由第十六章可知

$$\left. \begin{aligned} i_{12} &= \frac{\omega_1}{\omega_2} = \frac{n_1}{n_2} = -\frac{Z_2}{Z_1} \\ i_{23} &= \frac{\omega_2}{\omega_3} = \frac{n_2}{n_3} = -\frac{Z_3}{Z_2} \\ i'_{34} &= \frac{\omega'_3}{\omega_4} = \frac{n'_3}{n_4} = +\frac{Z_4}{Z'_3} \end{aligned} \right\} \tag{18-1}$$

式中"+"号表示两轮为内啮合，转动方向相同；"-"号表示两轮为外啮合，转动方

向相反。

将式（18-1）的等号两边连乘

得

$$i_{12} \cdot i_{23} \cdot i'_{34} = \frac{\omega_1}{\omega_2} \cdot \frac{\omega_2}{\omega_3} \cdot \frac{\omega'_3}{\omega_4} = \frac{n_1}{n_2} \cdot \frac{n_2}{n_3} \cdot \frac{n'_3}{n_4}$$

$$= \left(-\frac{Z_2}{Z_1}\right)\left(-\frac{Z_3}{Z_2}\right)\left(+\frac{Z_4}{Z'_3}\right)$$

因为 $\omega_3 = \omega'_3$ 或 $n_3 = n'_3$

故

$$i_{14} = \frac{\omega_1}{\omega_4} = \frac{n_1}{n_4} = + \frac{Z_2 \times Z_3 \times Z_4}{Z_1 \times Z_2 \times Z'_3} = + \frac{Z_3 \times Z_4}{Z_1 \times Z'_3}$$

$$= (-1)^m \frac{Z_3 \times Z_4}{Z_1 \times Z'_3} \tag{18-2}$$

上式表明：

1. 定轴轮系的传动比等于组成该轮系的各对齿轮传动比的连乘积。其数值等于所有从动轮齿数的连乘积与所有主动轮齿数的连乘积之比。

2. 齿轮 2 在第一对齿轮传动中是从动轮，在第二对齿轮传动中是主动轮，所以在式 (18-2) 中齿数 Z_2 可以消去。轮系中，这种不影响传动比的大小，仅用来改变转动方向或增大传动中心距的齿轮，称为惰轮。

3. 从动轮的转动方向的确定：对平面轮系（即各轮轴线互相平行），用 $(-1)^m$ 表示，m 为轮系中外啮合齿轮的对数，其传动比为正号时，表示主、从动轮的转向相同；传动比为负号时，则主、从动轮转向相反。对空间轮系（即由圆锥齿轮、蜗杆传动组成），必须用画箭头的方法来确定从动轮的转向，如图 18-1b。

【例 18-1】 如图 18-4 所示为液压推进架柱式煤电钻的传动系统。已知电动机 3 的转速为 $n_1=2880\text{r/min}$，各轮齿数分别为 $Z_1=17$，$Z_2=34$，$Z'_2=17$，$Z_3=56$，$Z_4=21$，$Z_6=43$，$Z_5=Z_7=Z_8=32$，$Z_9=48$，煤钻杆主轴 1

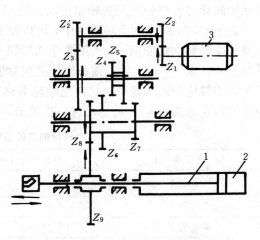

图 18-4 液压推进架柱式煤电钻传动系统

的推进和后退由液压油缸 2 控制，试计算煤钻杆主轴的转速并确定其转向。

【解】 齿轮 4 和 5 为双联滑移齿轮，当齿轮 4 与 6 或 5 与 7 啮合时钻杆主轴可获得两种转速。

(1) 当齿轮 4 与 6 啮合时，有

$$i_{19} = \frac{n_1}{n_9} = (-1)^m \frac{Z_2 \times Z_3 \times Z_6 \times Z_9}{Z_1 \times Z'_2 \times Z_4 \times Z_8}$$

$$= (-1)^4 \frac{34 \times 56 \times 43 \times 48}{17 \times 17 \times 21 \times 32} = +20.24$$

故煤钻杆主轴转速 n_9 为

$$n_9 = \frac{n_1}{i_{19}} = \frac{2880}{20.24} = 142.2 \text{r/min}$$

(2) 当齿轮 5 与 7 啮合时

$$i_{19} = (-1)^m \frac{Z_2 \times Z_3 \times Z_7 \times Z_9}{Z_1 \times Z'_2 \times Z_5 \times Z_8}$$

$$= (-1)^4 \frac{34 \times 56 \times 32 \times 48}{17 \times 17 \times 32 \times 32} = +9.88$$

故

$$n_9 = \frac{n_1}{i_{19}} = \frac{2880}{9.88} = 291.5 \text{r/min}$$

因 i_{19} 为正值，故煤钻杆与电动机的转向 n_1 相同。亦可用画箭头的方法来确定，如图 18-4 所示。

二、周转轮系传动比的计算

在周转轮系中，由于行星轮的运动不是绕固定轴线转动，故其传动比的计算不能直接用定轴轮系传动比的计算方法。但是，如果能保持周转轮系中各构件之间的相对运动不变，而又可使行星架变为固定不动，则周转轮系就转化为一个假想的定轴轮系，可按定轴轮系传动比的计算方法处理周转轮系传动比的问题。这种方法称为相对运动法。

在图 18-2a 所示的周转轮系中，设齿轮 1、2、3 及行星架 H 的绝对转速分别为 n_1、n_2、n_3 及 n_H，其转向如图所示。若给整个周转轮系附加一个与行星架 H 转速大小相等、方向相反的公共转速 $(-n_H)$ 后，则各构件的相对运动不变而行星架 H 却静止不动了。此时，周转轮系即转化为定轴轮系。这一定轴轮系称为原周转轮系的转化机构。在转化机构中，各构件的转速分别以 n_1^H、n_2^H、n_3^H 和 n_H^H 表示，则转化前后各构件的转速见表 18-1。

转化前后轮系中各构件的转速 表 18-1

构 件 名 称	转化前的转速	转化机构中各构件的转速
中心轮 1	n_1	$n_1^H = n_1 - n_H$
行星轮 2	n_2	$n_2^H = n_2 - n_H$
中心轮 3	n_3	$n_3^H = n_3 - n_H$
行星架 H	n_H	$n_H^H = n_H - n_H = 0$

在转化机构中，n_1^H、n_2^H、n_3^H、n_H^H 的上角标 H 表示各构件相对于行星架 H 的相对转速。

转化机构中任意两轮的传动比均可用定轴轮系传动比的计算方法求得。对于图 18-2 所示的周转轮系，其转化机构中的齿轮 1 对齿轮 3 的传动比 i_{13}^H 为

$$i_{13}^H = \frac{n_1^H}{n_3^H} = \frac{n_1 - n_H}{n_3 - n_H} = (-1)^m \frac{Z_2 \cdot Z_3}{Z_1 \cdot Z_2} = -\frac{Z_3}{Z_1} \tag{18-3}$$

将上式推广到一般情况，设 n_G 和 n_K 为周转轮系中任意两个齿轮 G 和 K 的转速，则转化机构传动比的计算公式为

$$i_{GK}^H = \frac{n_G^H}{n_K^H} = \frac{n_G - n_H}{n_K - n_H}$$

$$= (-1)^m \frac{GK \text{ 间各从动轮齿数的连乘积}}{GK \text{ 间各主动轮齿数的连乘积}} \qquad (18\text{-}4)$$

式中指数 m 为转化机构中由齿轮 G 到 K 之间外啮合对数

式（18-3）包含了行星轮系中各构件的转速和各轮齿数之间的关系，是求解行星轮系传动比的基本公式，只要已知 n_1、n_3 和 n_H 中两个值，便可求得第三构件的转速。对行星轮系，只要已知一个构件的转速，就可求出另一构件的转速，即：

$$i_{13}^H = \frac{n_1 - n_H}{n_3 - n_H} = \frac{n_1 - n_H}{n_H} = 1 - \frac{n_1}{n_H} = 1 - i_{1H}$$

故 $\qquad i_{1H} = 1 - i_{13}^H$

或 $\qquad i_{H1} = \dfrac{1}{i_{1H}} = \dfrac{1}{1 - i_{13}^H} \qquad (18\text{-}5)$

应用式（18-3）及（18-4）时须注意以下几点：

（一）代入各构件的转速时，应将符号一起代入，可规定顺时针方向为正，逆时针方向为负，所求得的转向就可按此正负号来定方向。

（二）对于由圆锥齿轮所组成的周转轮系，如图 18-7 所示，利用式（18-4）只能计算齿轮 1 与齿轮 3 之间的传动比。即

$$i_{13}^H = \frac{n_1^H}{n_3^H} = \frac{n_1 - n_H}{n_3 - n_H} = -\frac{Z_3}{Z_1}$$

却不能计算齿轮 1（或齿轮 3）与齿轮 2 之间的传动比，即

$$i_{12}^H = \frac{n_1^H}{n_2^H} \neq \frac{n_1 - n_H}{n_2 - n_H}$$

因 n_2 与 n_H 不是在同一平面内运动，其转速不能用代数加减。即

$$n_2^H \neq n_2 - n_H$$

也就是说，不能用式（18-4）来计算圆锥齿轮组成的行星轮系中行星轮的转速。

（三）注意 $i_{13}^H \neq i_{13}$，两者概念不同，不要混淆。

【例 18-2】 在图 18-5 所示的差动轮系中，已知各轮齿数 $Z_1 = Z_2 = 16$，$Z_3 = 48$，当齿轮 1 和齿轮 3 的转速分别为 $n_1 = 1\text{r/min}$，$n_3 = -1\text{r/min}$ 时，求行星架 H 的转速 n_H。

【解】 由式（18-4）知

$$i_{13}^H = \frac{n_1^H}{n_3^H} = \frac{n_1 - n_H}{n_3 - n_H} = -\frac{Z_2 \cdot Z_3}{Z_1 \cdot Z_2} = -\frac{16 \cdot 48}{16 \cdot 16} = -3$$

代入 n_1 和 n_3，得

$$\frac{1 - n_H}{-1 - n_H} = -3$$

整理得 $\quad n_H = -\dfrac{1}{2}\text{r/min}$

计算表明，当齿轮 1 顺时针转一周，齿轮 3 逆时针转一周时，则行星架 H 将逆时针转 $\dfrac{1}{2}$ 周。

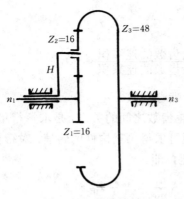

图 18-5 差动轮系

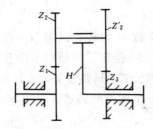

图 18-6 大传动比行星轮系

【例 18-3】 在图 18-6 所示的行星轮系中，当 $Z_1=100$，$Z_2=101$，$Z'_2=100$，$Z_3=99$ 时，求传动比 i_{H1}。

$$i_{13}^H = \frac{n_1-n_H}{n_3-n_H} = +\frac{Z_2 \cdot Z_3}{Z_1 \cdot Z'_2}$$

即

$$\frac{n_1-n_H}{-n_H} = \frac{101\times 99}{100\times 100}$$

所以

$$i_{1H} = \frac{1}{10000}$$

或

$$i_{H1} = 10000$$

必须注意，这种类型的行星轮系，如用作减速时，其效率随减速比增大而降低。所以，一般只适用于辅助装置的传动，不宜传动大功率。如用于增速运动，则可能发生自锁。

三、混合轮系传动比的计算

对于由定轴轮系和周转轮系组成的混合轮系，在计算其传动比时，首先要分清轮系，然后分别计算定轴轮系和周转轮系的传动比，再根据结构的联系条件联立求解。

【例 18-4】 如图 18-7 所示汽车后轿差速器，发动机的动力通过圆锥齿轮 5、4 传给差动轮系，其中圆锥齿轮 4 为行星架 H，齿轮 2 为行星轮，齿轮 1、3 为中心轮，并分别与汽车左、右后轮固连。此轮系的自由度为 2。

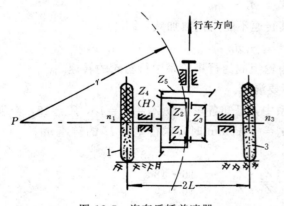

图 18-7 汽车后轿差速器

当汽车直线行驶时，由于两轮直径相等，即 $n_1=n_3$。由 $i_{13}^H = \frac{i_1^H}{i_3^H} = \frac{n_1-n_H}{n_3-n_H} = -\frac{Z_3}{Z_1} = -1$，可解得 $2n_H = 2n_4 = n_1+n_3$，即 $n_4=n_1=n_3$。这说明齿轮 1、3 和 H 之间无相对运动，齿轮 1、2 和 3 如同一个整体，随轮 4 一起转动，此时差动轮系不起作用（即行星轮 2 只有公转而无自转）。

当汽车转弯时（左转弯），两轮绕 P 点滚动，左轮转得慢，右轮转得快，它们的转速分

别与转弯半径 r 成正比，即

$$\frac{n_1}{n_3} = \frac{r-L}{r+L} \quad (a)$$

由前有

$$2n_4 = n_1 + n_3 \quad (b)$$

联立 (a)、(b) 两式，可解得两后轮的转速为：

$$\left.\begin{array}{l} n_1 = \dfrac{r-L}{r}n_4 \\ n_3 = \dfrac{r+L}{r}n_4 \end{array}\right\} \quad (18\text{-}6)$$

式中 n_4 可由轮 4、5 组成的定轴轮系求得：

$$i_{45} = \frac{n_4}{n_5} = \frac{Z_5}{Z_4}$$

$$\therefore \quad n_4 = n_5 \frac{Z_5}{Z_4}$$

式 (18-6) 说明：当汽车转弯时，差速器可以将主动轮的转速 n_5 分解成两个转速 n_1、n_3。由于汽车不可能沿绝对直线行走，所以汽车无差速器是无法行驶的。

【例 18-5】 图 18-8 为美国凯斯公司制造的 2870 型（300HP，即 220.6kW）拖拉机负载换档行星变速机构简图。动力通过轴 A 输入，轴 B 输出。各齿轮齿数如图所示。换档时，各档位及液控离合器的状态见表 18-2，试述各档位传动关系并计算其传动比。

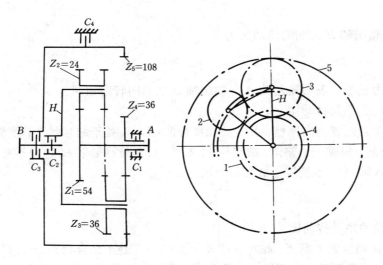

图 18-8 美国 2870 型拖拉机负载换档行星变速机构

表 18-2

档 位	离 合 器			
	C_1	C_2	C_3	C_4
I	结 合	结 合	脱 开	脱 开
II	结 合	脱 开	结 合	脱 开
III	脱 开	结 合	结 合	脱 开
R	脱 开	结 合	脱 开	结 合

【解】 I 档位传动关系及传动比

手柄处于 I 档位置传动比最大，为低速档。此时液控离合器 C_1、C_2 处于结合状态，C_3、C_4 处于脱开状态，使齿轮 4 固定不动，内齿轮 5 空转。动力由输入轴 A 输入，经齿轮 1、行星轮 2、3 和中心轮 4，由行星架 H 与 B 轴结合而输出。此机构为 2k-H 型行星轮系，其传动比计算式为

$$i_{A4}^{H} = \frac{n_A - n_H}{n_4 - n_H} = (-1)^3 \frac{Z_2 Z_3 Z_4}{Z_1 Z_2 Z_3} = -\frac{Z_4}{Z_1}$$

∵ $n_4 = 0$，可解得 $\quad i_{AH} = i_{AB} = 1 + \frac{Z_4}{Z_1} = 1 + \frac{36}{54} = +1.66$

计算结果为正号，表明输入轴 A 与输出轴 B 的转向相同。

II 档位传动关系及传动比

手柄处于 II 档位为中速档。此时液控离合器 C_1、C_3 处于结合状态，C_2、C_4 处于脱开状态，使齿轮 4 固定不动，动力由输入轴 A 输入，经齿轮 1、2、3、行星架 H 和中心轮 4、5，内齿轮 5 与 B 轴结合而输出。此机构为一复合行星轮系，即 3k 型轮系。所以在轮 1、2、3、4 和 H 中

$$i_{45}^{H} = \frac{n_4 - n_H}{n_5 - n_H} = (-1) \frac{Z_3 Z_5}{Z_4 Z_3} = -\frac{Z_5}{Z_4}$$

∵ $n_4 = 0$，可解得 $\quad i_{H5} = i_{HB} = \frac{1}{1 + \frac{Z_4}{Z_5}} = \frac{1}{1 + \frac{36}{108}} = \frac{3}{4}$

故输入轴 A 与输出轴 B 之间的传动比为

$$i_{AB} = i_{AH} \cdot i_{HB} = +1.25$$

计算结果为正号，表明输入轴 A 与输出轴 B 之间的转向相同。

III 档位传动关系及传动比

手柄处于 III 档位置为高速档。此时液控离合器 C_2、C_3 处于结合状态，使齿轮 5 与行星架 H 闭封在一起，构成一个整体，故齿轮 1、2、3、4、5 与行星架 H 之间不发生相对运动，整个轮系与输入轴 A 同步旋转。故其传动比为

$$i_{AB} = 1$$

R 档位传动关系及传动比

手柄处于 R 档位置为倒档。此时液控离合器 C_2、C_4 处于结合状态，C_1、C_3 处于脱开状态，使内齿轮 5 固定不动，中心轮 4 空转。动力由输入轴 A 输入，经中心轮 1、5，行星轮 2、3，并由行星架 H 与 B 轴结合而输出（此机构为 2k-H 型行星轮系）。其传动比计算式为

$$i_{A5}^{H} = \frac{n_4 - n_H}{n_5 - n_H} = (-1)^2 \frac{Z_2 Z_3 Z_5}{Z_1 Z_2 Z_3} = \frac{Z_5}{Z_1}$$

∵ $n_5 = 0$，可解得 $\quad i_{AH} = i_{AB} = 1 - \frac{Z_5}{Z_1} = 1 - \frac{108}{54} = -1$

计算结果表明，输入轴 A 与输出轴 B 的转速相等，但转向相反，故为倒档。

【例 18-6】 图 18-9 所示为贯流式水轮发电机组的齿轮增速器。水轮机叶轮的转数 n_1

$=28.2$r/min,输出功率 $N=27$kW。通过齿轮增速器使发电机轴获得较高的转速 $n_4=1000$r/min,试列出传动比 i_{14} 的计算式。

【解】 该齿轮增速器为一混合轮系。齿轮 $3'$、5 及 1 绕固定轴线转动,故组成定轴轮系。而齿轮 4、3 为中心轮,齿轮 2 为行星轮,H 为行星架,故组成差动轮系。由于 H 与 Z_1 固连,可见该轮系实质上是一封闭式差动轮系。通过上述定轴轮系把差动轮系的行星架 H 和中心轮 3 联系起来,组成混合轮系,其自由度仍为 1。

下面分别列出定轴轮系和差动轮系传动比的计算式。

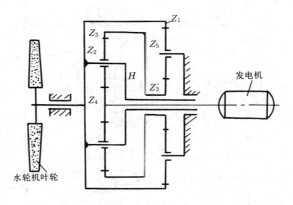

图 18-9 贯流式水轮发电机组的齿轮增速器

对于定轴轮系有

$$i'_{13}=\frac{n_1}{n'_3}=-\frac{Z'_3}{Z_1} \qquad (a)$$

对于差动轮系有

$$i^H_{43}=\frac{n_4-n_H}{n_3-n_H}=-\frac{Z_3}{Z_4} \qquad (b)$$

由图 18-9 可知

$$n_3=n'_3,\ n_H=n_1$$

将 (a)、(b) 两式联立,消去 n_3,整理后得

$$i_{41}=\frac{n_4}{n_1}=\left(1+\frac{Z_3}{Z_4}+\frac{Z_3\cdot Z_1}{Z_4\cdot Z'_3}\right)$$

§18-4 减 速 器

减速器的功能在于将原动机较高的转速降低到工作机所需的较低转速,同时增大其扭矩。由于减速器已做成独立的标准部件,且结构紧凑、工作可靠、效率较高、寿命长、维修方便,便于成批生产,直接选用,可节省设计时间,所以应用广泛。为满足不同的工作要求,种类很多,可分成普通减速器和特种减速器两大类,前者某些类型已有标准系列产品,可直接选用,也可自行设计制造。后者的标准正在制定和推广中。本书仅介绍前者。

一、普通减速器的类型、特点和应用

按传动类型,可分为齿轮、蜗杆和齿轮——蜗杆减速器;
按传动级数,可分为单级、双级和多级减速器;
按轴在空间位置,可分为卧式和立式减速器;
按传动的布置形式,可分为展开式、同轴式和分流式减速器。

常用普通减速器类型及其传动比范围见表18-3。

常用普通减速器型式 表18-3

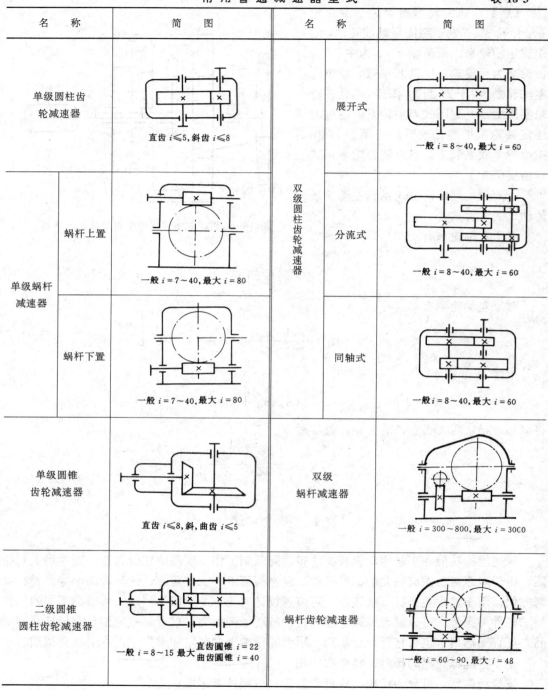

展开式减速器由于齿轮相对于轴承位置不对称，因此，轴应具有较大的刚度，高速级齿轮应布置在远离扭矩输入端，这样，轴在扭矩作用下产生的扭转变形将减弱轴的弯曲变形所引起的载荷沿齿宽分布不均匀现象。高速级可做成斜齿，低速级可做成直齿；当高低

速级都做成斜齿时,其中间轴上两齿轮的螺旋角如取成同方向,则轴向力的方向相反。这种型式适用于载荷较平稳的场合。

分流式减速器,其结构较复杂。由于低速级齿轮相对轴承对称布置,致使载荷沿齿宽分布均匀,轴承受载亦平均分配,而中间轴危险剖面上的扭矩相当于轴所传递功率之半。高速级多采用斜齿轮传动,低速级可做成人字齿或直齿。这种型式适用于变载荷的场合。

同轴式双级减速器,这种型式的箱体长度较小,但轴向尺寸较大,两大齿轮浸入润滑油中的深度大致相同。高速级齿轮的承载能力难以充分发挥,中间轴承润滑困难,中间轴刚性较差,载荷沿齿宽分布不均匀,重量较大,只适用于输入轴和输出轴同轴线安装的场合。

圆锥齿轮减速器适用于低速传动,一般圆周速度 $v<3m/s$,转速 $n<1000r/min$。由于输入和输出轴相垂直,制造复杂,故仅在机构布置必要时才应用。两级圆锥——圆柱齿轮减速器,由于小圆锥齿轮悬装在轴端,不宜受重载,故只作高速级,圆柱齿轮可为直齿或斜齿。

蜗杆蜗轮减速器与齿轮减速器相比,主要优点是在减速器外廓尺寸较小的条件下,能实现较大的传动比,工作平稳,无噪声。一般的蜗杆蜗轮传动具有自锁的特点,可满足某些机械(如起重机械)在工作时的特殊需要。蜗杆蜗轮传动的主要缺点是效率低,导致蜗杆蜗轮减速器发热。

下置式单级蜗杆减速器,这种型式有利于啮合处的冷却和润滑,同时蜗杆轴承润滑也方便。但当蜗杆圆周速度太大时,油的搅动损失较大,一般用于蜗杆圆周速度 $v \leqslant 4m/s$ 的情况。上置式单级蜗杆减速器,拆装方便,蜗杆圆周速度可高些。蜗轮-齿轮减速器,这种型式有齿轮传动在高速级和蜗杆传动在高速级两种型式,前者结构较紧凑,后者效率较高。

二、减速器的结构

减速器一般由箱体、传动零件、轴、轴承、联接零件及若干附件组成。单级圆柱齿轮减速器的结构见配套教材《机械基础课程设计》有关章节。

三、标准减速器

齿轮和蜗轮减速器已制定出相应的标准系列,可根据传动比、转速、载荷大小及其变化性质、寿命、在机械总体配置中的要求等已知条件,结合减速器的适用条件,主要参数及效率,外廓尺寸、重量、价格和运转费用等各项指标,进行综合分析比较,选定减速器的类型和规格进行外购。

下面介绍渐开线圆柱齿轮标准减速器的适用范围,代号和主要参数。

(一)适用范围

ZDY(单级)、ZLY(两级)、ZSY(三级)外啮合渐开线斜齿圆柱齿轮减速器。主要适用于冶金、矿山、运输、水泥、建筑、化工、纺织、轻工等行业。

应用条件:

减速器高速轴转速不大于 1500r/min;

齿轮传动圆周速度不大于 20m/s;

工作环境温度为 $-40 \sim +45$℃。低于 0℃时,启动前润滑油应预热。

(二)代号

在减速器的代号中,包括减速器的型号,单级减速器的中心距或多级减速器的低速级中心距,公称传动比及装配型式。

减速器型号：
ZDY 表示单级传动圆柱齿轮减速器；
ZLY 表示两级传动圆柱齿轮减速器；
ZSY 表示三级传动圆柱齿轮减速器；
标记示例：

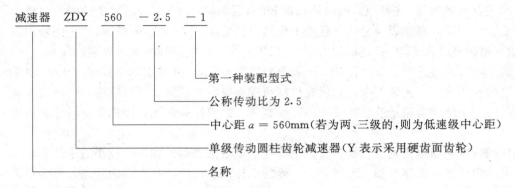

（三）单级圆柱齿轮减速器的基本参数

1. 中心距：见表 18-4。

一级减速器和二级同轴线式减速器的中心距 a（mm）　　　　表 18-4

系列1	63	—	71	—	80	—	90	—	100	—	112	—	125	—
系列2	—	67	—	75	—	85	—	95	—	106	—	118	—	132
系列1	140	—	160	—	180	—	200	—	224	—	250	—	280	—
系列2	—	150	—	170	—	190	—	212	—	236	—	265	—	300
系列1	315	—	355	—	400	—	450	—	500	—	560	—	630	—
系列2	—	335	—	375	—	425	—	475	—	530	—	600	—	670
系列1	710	—	800	—	900	—	1000	—	1120	—	1250	—	1400	—
系列2	—	750	—	850	—	950	—	1060	—	1180	—	1320	—	1500

注：1. 优先选用系列 1。
　　2. 当表中数值不够选用时，允许系列 1 按 R20、系列 2 按 R40 优先数系延伸。

2. 传动比：见表 18-5。

一级减速器公称传动比 i　　　　表 18-5

1.25	1.4	1.6	1.8	2	2.24	2.5	2.8
3.15	3.55	4	4.5	5	5.6	6.3	7.1

减速器的实际传动比相对公称传动比的允许相对偏差 Δi：一般减速器 $|\Delta i| \leqslant 3\%$，两级减速器 $|\Delta i| \leqslant 4\%$，三级减速器 $|\Delta i| \leqslant 5\%$。

3. 齿宽系数：见表 18-6。

减速器的齿轮齿宽系数 b_a^*   表 18-6

| 0.2 | 0.25 | 0.3 | 0.35 | 0.4 | 0.45 | 0.5 | 0.6 |

注：$b_a^* = \dfrac{b}{a}$；a—本齿轮副传动中心距；b—工作齿宽。对于人字齿轮（双斜齿轮）为一个斜齿轮的工作齿宽。

（四）减速器的承载能力（单级）：见表 18-7。

ZDY 减 速 器 功 率 P_1   表 18-7

公称传动比 i	公称转速 (r/min) 输入 n_1	公称转速 (r/min) 输出 n_2	规格 80	100	125	160	200	250	280	315	355	400	450	500	560
			公称输入功率 P_1 (kW)												
1.25	1500	1200	57	103	205	360	633	1121	—	—	—	—	—	—	—
1.25	1000	800	40	69	140	260	446	807	—	—	—	—	—	—	—
1.25	750	600	31	52	105	190	348	636	—	—	—	—	—	—	—
1.4	1500	1070	53	96	194	326	616	1109	—	—	—	—	—	—	—
1.4	1000	715	37	65	132	240	433	794	—	—	—	—	—	—	—
1.4	750	535	29	48	102	180	337	624	—	—	—	—	—	—	—
1.6	1500	940	49	92	180	310	587	1068	1473	1996	2766	—	—	—	—
1.6	1000	625	34	63	125	217	410	760	1051	1430	1992	—	—	—	—
1.6	750	470	27	50	98	168	319	595	824	1124	1569	—	—	—	—
1.8	1500	835	45	87	173	290	557	1024	1411	1925	2663	—	—	—	—
1.8	1000	555	31	62	120	206	389	726	1002	1372	1906	—	—	—	—
1.8	750	415	24	48	95	160	302	567	784	1074	1497	—	—	—	—
2	1500	750	39	80	158	278	526	970	1339	1827	2536	—	—	—	—
2	1000	500	27	55	110	194	367	684	946	1296	1806	2547	3578	4793	—
2	750	375	21	43	85	150	284	534	738	1013	1414	1999	2821	3775	5169
2.24	1500	670	36	70	141	264	484	914	1236	1711	2377	—	—	—	—
2.24	1000	445	25	49	98	183	337	645	874	1207	1683	2402	3397	4512	—
2.24	750	335	19	38	76	142	262	503	682	941	1314	1878	2667	3533	4833
2.5	1500	600	32	64	127	245	447	855	1154	1617	2264	—	—	—	—
2.5	1000	400	22	45	88	170	311	601	812	1136	1596	2235	3185	4353	—
2.5	750	300	17	35	68	132	241	468	633	884	1243	1742	2492	3406	4645
2.8	1500	535	27	53	115	224	409	789	1063	1489	2068	—	—	—	—
2.8	1000	360	19	37	80	155	284	552	746	1048	1456	2049	2945	4000	—
2.8	750	270	15	29	62	120	220	429	580	816	1134	1593	2296	3118	4232
3.15	1500	475	23	47	96	203	375	709	990	1359	1924	2658	3790	5036	6666
3.15	1000	315	16	33	67	140	260	496	695	952	1352	1877	2681	3607	4807
3.15	750	235	13	25	52	109	202	385	540	740	1052	1458	2084	2802	3747

续表

公称传动比 i	公称转速 (r/min) 输入 n_1	公称转速 (r/min) 输出 n_2	规格 80	100	125	160	200	250	280	315	355	400	450	500	560
			公称输入功率 P_1 (kW)												
3.55	1500	425	20	41	85	179	337	639	898	1210	1730	2410	3407	4460	6119
3.55	1000	280	14	28	59	124	234	446	628	845	1210	1694	2396	3196	4395
3.55	750	210	11	22	46	96	181	346	488	655	940	1312	1856	2483	3419
4	1500	375	17	34	69	155	300	570	774	1095	1555	2146	2981	3985	5651
4	1000	250	12	24	48	107	208	396	539	764	1088	1501	2090	2838	4033
4	750	187	9	18	37	83	161	307	418	590	844	1160	1618	2199	3128
4.5	1500	335	14	29	55	137	260	495	703	997	1367	1878	2619	3635	4912
4.5	1000	220	9.5	20	38	95	180	344	488	694	953	1311	1832	2582	3485
4.5	750	166	7	15	30	73	139	266	378	536	738	1015	1416	1997	2694
5	1500	300	11	25	48	121	229	451	608	864	1179	1680	2340	3149	4400
5	1000	200	8	17	33	84	159	313	422	599	820	1168	1629	2231	3125
5	750	150	6	13	26	65	123	242	326	462	633	900	1257	1724	2418
5.6	1500	270	10	20	40	109	211	389	531	779	1031	1564	2038	2791	3778
5.6	1000	180	7	14	27	75	146	270	368	540	716	1088	1417	1969	2670
5.6	750	134	5	11	21	59	113	208	285	416	554	838	1092	1519	2061
6.3	1500	240	—	16	36	90	175	353	465	651	944	1313	1804	2547	3342
6.3	1000	160	—	11	25	63	121	244	322	451	655	911	1262	1795	2356
6.3	750	120	—	9	19	49	94	189	249	349	507	704	964	1388	≤817

注：标准施工图样无 $i=6.3$，如欲采用 $i=6.3$，需特殊设计齿轮轮轴与轴承结构。

（五）减速器热功率 P_{c1}、P_{c2}（单级）：见表18-8。

ZDY 减速器热功率 P_{c1}、P_{c2}　　　　　表 18-8

散热冷却条件			规格 80	100	125	160	200	250	280	315	355	400	450	500	560
没有冷却措施	环境条件	环境气流速度 (m/s)	P_{c1} (kW)												
没有冷却措施	空间小、厂房小	≥0.5	13	20	31	48	77	115	145	182	228	286	365	440	542
没有冷却措施	较大的房间、车间	≥1.4	18	29	43	68	110	160	210	270	320	415	515	620	770
没有冷却措施	在户外露天	≥3.7	24	38	58	92	145	220	275	360	425	550	690	840	1020
盘状管冷却或循环油润滑	环境条件	水管内径 d (m)	0.08	0.08	0.08	0.12	0.12	0.15	0.15	0.20	0.20	0.20	0.20	0.20	0.20
盘状管冷却或循环油润滑	环境条件	环境气流速度 (m/s)	P_{c2} (kW)												
盘状管冷却或循环油润滑	空间小、厂房小	≥0.5	43	65	90	180	300	415	490	610	695	870	1010	1190	1300
盘状管冷却或循环油润滑	较大的房间、车间	≥1.4	48	75	100	200	330	465	550	695	790	1000	1160	1380	1530
盘状管冷却或循环油润滑	在户外露天	≥3.7	54	90	120	220	365	520	625	790	900	1140	1340	1600	1780

注：当采用循环油润滑时，可按润滑系统计算适当提高 P_{c2}。

（六）减速器的装配型式

根据减速器在机械总体配置中的要求，选择相应的装配型式。对于 ZDY 型减速器有 8 种装配型式用 Ⅰ～Ⅷ表示，见图 18-10a；对于 ZLY 和 ZSY 型减速器有 5 种装配型式用 Ⅰ～Ⅴ表示，见图 18-10b。

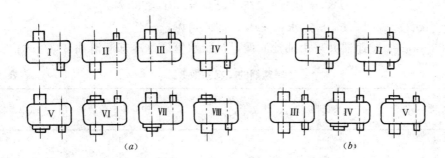

图 18-10　减速器的装配型式

四、标准减速器的选用

减速器的承载能力受机械强度和热平衡许用功率两方面的限制。因此减速器的选用必须通过两个功率表。

首先按减速器机械强度许用公称功率 P_1 选用，如果减速器的实用输入转速与承载能力表中的三档（1500、1000、750r/min）转速中的某一档转速之相对误差不超过 4%，可按该档转速下的公称功率选用相当规格的减速器。如果转速相对误差超过 4%，则应按实用转速折算减速器的公称功率选用。然后校核减速器热平衡许用功率 P_{c1}、P_{c2}。

【例 18-7】　输送大件物品的皮带输送机减速器，电动机驱动，电动机转速 $n_1=1200$r/min，传动比 $i=4.5$，传动功率 $P_2=380$kW，每日工作 24h，最高环境温度 $t=38℃$，厂房较大，自然通风冷却，油池润滑。要求选用规格相当的第 Ⅰ 种装配形式标准减速器。

【解】　（1）按减速器的机械强度功率表选取。一般情况下要计入工作情况系数 K_A，特殊情况下还要考虑安全系数。

皮带输送机载荷为中等冲击，查表 18-9 得：$K_A=1.5$，计算功率 P_{2m} 为：
$$P_{2m} = P_2 K_A = 380 \times 1.5 = 570 \text{kW}$$

要求 $P_{2m} \leqslant P_1$

按 $i=4.5$ 及 $n_1=1200$r/min 接近公称转速 1000r/min，查表 18-7 得：ZDY280，$i=4.5$，$n_1=1000$r/min，$P_1=488$kW。当 $n_1=1200$r/min 时，折算公称功率 P_1 为：
$$P_1 = 488 \times \frac{1200}{1000} = 585.6 \text{kW}$$

满足　　　　　　　　　　$P_{2m}=570 \leqslant P_1=585.6$kW

可以选用 ZDY280 减速器。

（2）校核热功率 P_{2t} 能否通过，要计入系数 f_1、f_2、f_3，应满足：
$$P_{2t} = P_2 \cdot f_1 \cdot f_2 \cdot f_3 \leqslant P_{c1}$$

查表 18-10、18-11 及表 18-12 得：
$$f_1 = 1.35$$

$$f_2 = 1(每日 24h 连续工作)$$
$$f_3 = 1.075(P_2/P_1 = 380/585.6 = 0.6489 \approx 65\%)$$
$$P_{2t} = 380 \times 1.35 \times 1 \times 1.075 = 551.475 \text{kW}$$

查表 18-8 得：ZDY280，
$$P_{c1} = 145 \sim 275 < P_{2t} = 551.475 \text{kW}$$

只有采用盘状管冷却时，$P_{c2} \approx 550 \text{kW} \approx P_{2t}$，因此可以选定：

ZDY280-4.5-1 减速器并采用油池润滑，盘状水管通水冷却润滑油。

减速器的工况系数 K_A　　　　　　表 18-9

原 动 机	每日工作小时	轻微冲击．(均匀)载荷	中等冲击载荷	强冲击载荷
电动机	~3	0.8	1	1.5
汽轮机	>3~10	1	1.25	1.75
水力机	>10	1.25	1.5	2
4~6缸的活塞发动机	~3	1	1.25	1.75
	>3~10	1.25	1.5	2
	>10	1.5	1.75	2
1~3缸的活塞发动机	~3	1.25	1.5	2
	>3~10	1.5	1.75	2.25
	>10	1.75	2	2.5

注：表中载荷分类是工作机的载荷性质。

环境温度系数 f_1　　　　　　表 18-10

f_1 环境温度 t℃ 冷却条件	10	20	30	40	50
无冷却	0.9	1	1.15	1.35	1.65
冷却管冷却	0.9	1	1.1	1.2	1.3

载 荷 率 系 数 f_2　　　　　　表 18-11

小时载荷率 %	100	80	60	40	20
载荷系数 f_2	1	0.94	0.86	0.74	0.56

减速器公称功率利用系数 f_3　　　　　　表 18-12

$P_2/P_1 \times 100$	30%	40%	50%	60%	70%	80~100%
f_3	1.5	1.25	1.15	1.1	1.05	1

注：P_1—公称功率。
　　P_2—载荷功率。

如果不采用盘状管冷却,则需另选较大规格的减速器。按以上程序重新计算。

减速器的许用瞬时尖峰载荷 $P_{2max} \leqslant 1.8P_1$。此例未给出运转中的瞬时尖峰载荷,故不校核。

习 题

18-1 习题18-1图所示为矿用电煤钻传动机构。已知各轮的齿数为 $Z_1=15, Z_3=105$,电动机 M 的转速为 3000r/min,试计算钻头 H 的转速及齿轮2的齿数 Z_2。

18-2 在习题18-2图所示的滚齿机工作台传动中,已知 $Z_1=15, Z_2=28, Z_3=15, Z_4=35, Z_8=1, Z_9=40$。$A$ 为单线滚刀,固定在由蜗轮带动的工作台上。被切齿轮 B 为64齿。若滚刀 A 转一转,齿坯 B 转过一齿,试求传动比 i_{75}。

18-3 在习题18-3图所示的起重装置中,各轮齿数为 $Z_1=12, Z_2=28, Z'_2=14, Z_3=54$,$A$ 为主动链轮,B 为起重链轮,求传动比 i_{AB}。

18-4 习题18-4图为脚踏车里程表机构。图中 A 为车轮轴,各轮齿数分别为 $Z_1=17, Z_3=23, Z_4=19, Z'_4=20, Z_5=24$。轮胎受压变形后的车轮有效直径为 0.7m。当车行 1km 时,表上的指针 B 刚好转动一周,求齿轮2的齿数应为若干?

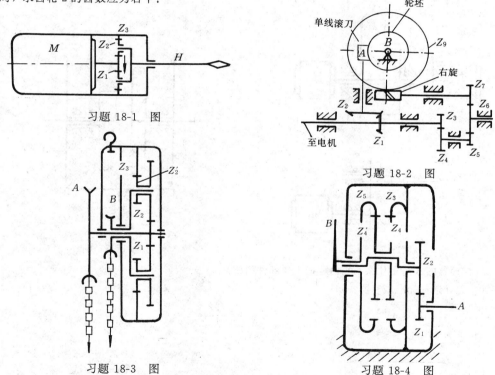

习题 18-1 图

习题 18-2 图

习题 18-3 图

习题 18-4 图

18-5 习题18-5图所示为飞机发动机减速传动机构。已知 $Z_1=Z_4=35, Z_2=Z_5=31, Z_3=Z_6=97$。试求传动比 i_{1H}。

18-6 习题18-6图所示为马铃薯挖掘机构。已知齿轮4固定不动,挖叉 A 固联在齿轮3上,挖薯时十字架1转动,挖叉始终保持一定方向。问各轮的齿数有何关系?

18-7 习题18-7图所示为一吊车起升机构。已知各轮齿数分别为 $Z_1=19, Z_2=67, Z_3=110, Z_4=15, Z_5=36, Z_6=87$。电动机 m_1 和 m_2 的转速为 750r/min。求:1)两台电动机同时工作时,与行星架 H 相固联的卷筒 T 的转速等于多少?2)当电机 m_1 发生故障停止工作时卷筒 T 的转速等于多少?3)当电机 m_2

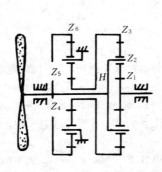

习题 18-5 图

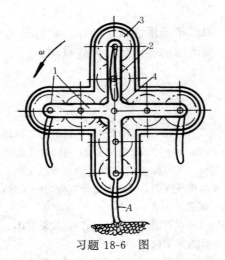

习题 18-6 图

发生故障停止工作时,卷筒 T 的转速等于多少?

18-8 在习题 18-8 图所示的轮系中,已知 $Z_5=Z_2=25$,$Z'_2=20$,各轮的模数相同,求传动比 i_{54}。

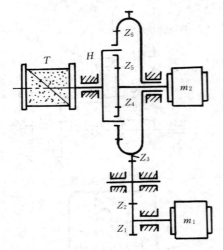

习题 18-7 图

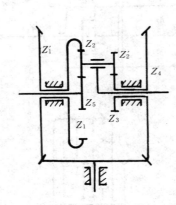

习题 18-8 图

18-9 减速器的作用是什么?它由哪些主要部件组成?

18-10 怎样选择标准减速器?

第十九章 轴、轴毂连接及联轴器

§19-1 轴的类型及材料

轴是机械系统中的重要零件,其功用是支承转动零件和传递扭矩。

轴按受载情况可以分三种类型,即心轴、传动轴及转轴。心轴工作时只受弯矩不受扭矩。当工作时心轴转动则称为转动心轴,如图 19-1a 所示火车车厢轮轴;当工作时心轴不转动则称为固定心轴,如图 19-1b 所示起重支承滑轮轴。

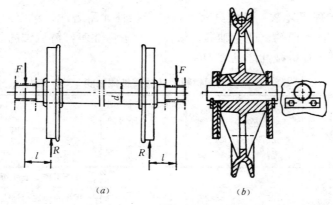

图 19-1 心轴

(a) 转动心轴;(b) 固定心轴

传动轴工作时只传递扭矩不受弯矩或受很小弯矩,如图 19-2 所示汽车传动轴。转轴工作时同时受弯矩和扭矩,如图 19-3 所示减速器中的输入轴和输出轴。

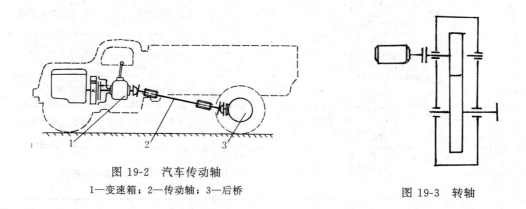

图 19-2 汽车传动轴

1—变速箱;2—传动轴;3—后桥

图 19-3 转轴

按几何形状轴可分为直轴和曲轴。一般机器中常用直轴,曲轴用在专用场合(如内燃机和柴油机等)。通常场合用实心轴,而某些场合也用空心轴,如利用轴孔输送润滑油、冷却液或压缩空气以及满足制造工艺要求等。转轴的结构形状通常为阶梯轴。

轴的失效多为疲劳破坏,因此要求轴的材料应具有足够的强度及刚度,对应力集中敏感性应低,同时应考虑良好的工艺性及经济性。轴的材料主要是碳钢和合金钢。钢制轴的毛坯多用轧制圆钢和锻钢。

1. **碳素钢** 碳素钢较合金钢价廉,对应力集中的敏感性较小,故应用较广。常用的有30、35、40、45和50等优质碳素钢,其中45钢最为常用。为改善其机械性能,常进行调质或正火处理。滑动轴承的支承轴颈部分应进行表面淬火以提高其耐磨性。

对于受力较小和不重要的轴可用Q235等普通碳素钢。

2. **合金钢** 合金钢具有较好的机械性能和热处理性能,但对应力集中较敏感而价格也较高。当要求强度高、尺寸小、重量轻、以及耐磨性好,或有耐高温耐腐蚀等特殊要求时可采用合金钢。常用中碳合金钢有40Cr,40MnB,35SiMn等,低碳合金钢有20Cr,20CrMnTi等。

3. **合金铸铁和球墨铸铁** 铸铁具有良好的吸振性和耐磨性,对应力集中敏感性较低,易于得到合理外形,如曲轴、凸轮轴等。缺点是冲击韧性差,铸造轴的质量不易控制。

轴的常用材料及其机械性能见表19-1。

轴的常用材料及其主要机械性能   表 19-1

材料代号	热处理	毛坯直径 (mm)	硬度 (HBS)	抗拉强度极限 σ_B (MPa)	抗拉屈服极限 σ_S (MPa)	应用说明
Q235				440	240	用于不重要或载荷不大的轴
35	正火	25 ≤100	<187 143～187	530 510	314 265	有好的塑性和适当的强度,可做一般转轴
45	正火	25	≤241	600	360	用于较重要的轴,应用最为广泛
	正火 回火	≤100 >100～300	170～217 162～217	600 580	300 290	
	调质	≤200	217～255	650	360	
40Cr	调质	25 ≤100 >100～300	241～286 241～286	1000 750 700	800 550 500	用于载荷较大,而无很大冲击的重要轴
35SiMn 42SiMn	调质	25 ≤100 >100～300	229～286 217～269	900 800 750	750 520 450	性能接近于40Cr,用于中小型轴
40MnB	调质	25 ≤200	241～286	1000 750	800 500	性能接近于40Cr,用于重要的轴
20Cr	渗碳 淬火 回火	15 30 ≤60	表面 56～62 HRC	800 650 650	550 400 400	用于要求强度、韧性及耐磨性均较高的轴
20CrMnTi	渗碳 淬火 回火	<60	表面 56～62 HRC	1100	850	用于汽车、拖拉机等重要的轴

§19-2 轴的结构设计

轴的结构设计主要决定于轴系结构。轴系结构是指轴与被支承零件、轴与轴承及其支座（轴承座或箱体支座），以及与轴相关的其它零部件的装配总成。具体进行轴结构设计时应考虑轴的受载情况、轴上零件的布置与固定方式、轴承类型与尺寸、轴的工艺结构等因素。

图 19-4 为图 19-3 所示一级圆柱齿轮减速器输出轴的轴系结构。轴上被支承零件是大齿轮和联轴器。与轴相关零件有定位套筒及透盖。两支承采用向心球轴承及箱体支座。

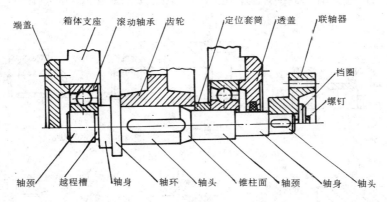

图 19-4 轴及轴系结构

从轴的右端依次装入大齿轮、定位套筒、滚动轴承、透盖及联轴器等。左端装入左端轴承。为装拆方便及轴上零件定位需要，通常转轴的结构为由两端向中部渐次增大直径的阶梯形状。由于轴径有突变，从而引起应力集中。为减少应力集中，轴径变化处须有适当的圆角或采用锥柱面过渡。

与轴承相配合的轴段称为轴颈，与被支承零件配合的轴段称为轴头，连接轴头与轴颈的轴段称为轴身。

轴上被支承零件的轴向定位与固定是借助于轴环或轴肩与其它固定零件配合实现的。轴上不起定位作用但方便于零件的装拆的轴肩称为非定位轴肩，当相邻两段轴径相差较大时宜采用锥柱面过渡。轴环定位方便可靠，通常用于受轴向力较大的零件的轴向定位；一般轴肩定位不能承受较大的轴向力而主要起定位作用。与滚动轴承配合处的轴肩结构与轴承类型有关，当受有轴向力采用向心推力轴承时，要求定位面紧密相靠贴，为保证配合要求采用磨削加工时须留有砂轮越程槽。以上结构见图 19-5。定位轴肩相关尺寸与非定位轴肩自由表面过渡圆角半径须查手册确定。滚动轴承轴肩的圆角半径另有规定须查手册确定。

套筒定位（图 19-6）适用于零件间距离较短的场合。当无法采用套筒或套筒过长时宜采用圆螺母与止推垫片固定（图 19-7a）或双圆螺母固定（图 19-7b）。用上述各种方法定位时，轮毂宽度均应略大于配合轴段的长度，以保证定位侧面相互紧靠。加工螺纹部分应留有退刀槽。

轴端挡圈固定（图 19-8）仅适用于轴端零件的轴向固定。紧定螺钉固定（图 19-9a）和弹性挡圈固定（图 19-9b）只适用于承受不大轴向力的场合。

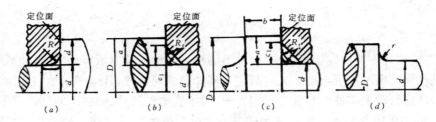

图 19-5 轴肩与轴环结构

(a) 滚动轴承轴肩；(b) 定位轴肩；(c) 轴环；(d) 非定位轴肩

注：r—轴肩圆角半径；R—轮毂圆角半径；C_1—轮毂倒角；a—轴肩高。要求 $a>c_1>r$；$R>r$

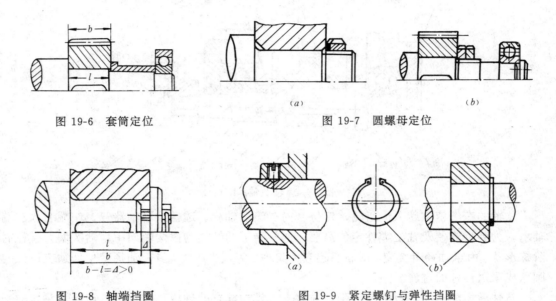

图 19-6 套筒定位　　　　　图 19-7 圆螺母定位

图 19-8 轴端挡圈　　　　　图 19-9 紧定螺钉与弹性挡圈

轴上零件的周向固定通常采用平键连接。当传递载荷很大时可采用花键连接。
有关轴的结构尺寸有些已经标准化，设计时须查阅有关机械设计手册。

§19-3 轴 的 强 度 计 算

传动轴只传递扭矩，按扭转强度计算；心轴只受弯矩，按弯曲强度计算；对于转轴则按弯、扭合成强度计算。

设计转轴时，轴的结构设计尚未确定之前，支承跨距是未知的，故支承反力和弯矩大小无法计算。通常的设计方法是，初步按扭转强度估算轴的最小直径，然后根据轴上零件的布置与定位、采用轴承的类型与尺寸、轴的工艺因素等进行轴的结构设计。从而确定轴的支承跨距，然后计算支承反力和所受弯矩，最后对轴进行弯、扭合成强度计算。对某些特别重要的轴，有时需进行安全系数校核计算（有关计算方法可查阅其它资料）。

一、轴的扭转强度计算

当所传递扭矩和轴径已知时，轴的扭转强度计算公式为

$$\tau_T = \frac{T}{W_T} \leqslant [\tau]_T \quad \text{MPa}$$

对实心轴取抗扭截面模量 $W_T = 0.2d^3 \text{mm}^3$,扭矩 $T = 9550 \times 10^3 \left(\frac{P}{n}\right) \text{N} \cdot \text{mm}$,代入上式得

$$\tau_T = \frac{9550 \times 10^3 P}{0.2 d^3 n} \leqslant [\tau]_T \quad \text{MPa} \tag{19-1}$$

轴的设计计算公式为

$$d \leqslant \sqrt[3]{\frac{9550 \times 10^3}{0.2[\tau]_T}} \cdot \sqrt[3]{\frac{P}{n}} = A\sqrt[3]{\frac{P}{n}} \text{mm} \tag{19-2}$$

式中　d——轴截面直径,mm;
　　　P——轴传递的功率,kW;
　　　n——轴的转速,r/min;
　　　A——决定于许用扭转应力 $[\tau_T]$ 的系数,见表 19-2。

常用材料的 $[\tau]_T$ 值及 A 值　　　　　　　　　　　　　　　表 19-2

轴的材料	Q235、20	35	45	40Cr、35SiMn
$[\tau]_T$ (MPa)	12～20	20～30	30～40	40～52
A	160～135	135～118	118～107	107～98

注:当弯矩作用较扭矩小或只受扭矩时,$[\tau]_T$ 取较大值,A 取较小值;反之,$[\tau]_T$ 取较小值,A 取较大值。当用 Q235 及 35SiMn 钢时,A 取偏大值。

当轴上有一个键槽时 d 值增大 3%;一个断面上有两个键槽时增大 7%。

对于空心轴,可用下式计算

$$d \geqslant A\sqrt[3]{\frac{P}{n(1-\gamma^4)}} \quad \text{mm} \tag{19-3}$$

式中 $\gamma = \frac{d_0}{d}$,即内径 d_0 与外径 d 之比,一般取 $\gamma = 0.5 \sim 0.6$。

对于转轴,可利用上述公式初步估算轴的最小直径 $d_{\min}$,然后进行轴的结构设计,初步确定轴的几何形状和尺寸。

二、轴的弯扭合成强度计算

轴的结构初步确定后,这时轴的支承跨距和轴上载荷的大小,方向及作用点的位置和载荷种类均已确定,然后进行轴的受力分析,按照弯扭合成强度计算轴的危险断面(有时是几个危险断面)的直径,一般计算顺序如下

1. 画出轴空间受力简图。
2. 画水平面上的受力简图和水平面弯矩图 M_x。
3. 画垂直面上的受力简图和垂直面弯矩图 M_y。
4. 以公式 $M = \sqrt{M_x^2 + M_y^2}$ 求合成弯矩 M,并画合成弯矩图。
5. 画扭矩图 T。
6. 以公式 $M_e = \sqrt{M^2 + (\alpha T)^2}$ 求出当量弯矩并画当量弯矩图。

式中，α 是根据扭矩性质而定的应力校正系数。因一般由弯矩所产生的弯曲应力是对称循环的变应力，而扭转剪应力常与弯曲应力变化性质不同，故在计算时需计入这种应力特性差异的影响，为此引入系数 α 值。

平稳的扭矩，取 $\alpha = \dfrac{[\sigma_{-1}]_b}{[\sigma_{+1}]_b}$，对钢轴可取 $\alpha \approx 0.3$；

脉动的扭矩，取 $\alpha = \dfrac{[\sigma_{-1}]_b}{[\sigma_0]_b}$，对钢轴可取 $\alpha \approx 0.6$；离心泵轴可取 $0.57 \sim 0.61$。

对称循环的扭矩，取 $\alpha = 1$。例如正反转的通风机 $\alpha = 1$。

式中，$[\sigma_{+1}]_b$，$[\sigma_0]_b$，和 $[\sigma_{-1}]_b$ 分别为材料在静应力，脉动循环和对称循环应力状态下的许用弯曲应力，其值可查表 19-3。

转轴和心轴的许用弯曲应力（MPa） 表 19-3

材料	σ_B	$[\sigma_{+1}]_b$	$[\sigma_0]_b$	$[\sigma_{-1}]_b$
碳素钢	400	130	70	40
	500	170	75	45
	600	200	95	55
	700	230	110	65
合金钢	800	270	130	75
	1000	330	150	90
铸钢	400	100	50	30
	500	120	70	40
灰铸铁	400	650	3	25

转轴所受的扭剪应力，在理论上虽然是静应力，但实际上由于机器运转不均匀，以及不可避免的扭转振动的存在，因此扭剪应力是变化的，一般取为脉动的扭矩，计算时 $\alpha \approx 0.6$。

7. 按当量弯矩 M_e 进行强度校核和设计计算。强度条件为

$$\sigma_b = \frac{M_e}{W} \leqslant [\sigma_{-1}]_b \tag{19-4}$$

式中　W——弯曲截面模量，mm^3，实心轴 $W = 0.1 d^3$；

M_e——当量弯矩，N·mm；

$[\sigma_{-1}]_b$——对称循环应力的许用弯曲应力，MPa，其值查表 19-3。

转轴的设计计算公式为

$$d \geqslant \sqrt[3]{\frac{M_e}{0.1 [\sigma_{-1}]_b}} \quad mm \tag{19-5}$$

空心轴可用下式计算

$$d \geqslant \sqrt[3]{\frac{M_e}{0.1 [\sigma_{-1}]_b (1 - \gamma^4)}} \quad mm \tag{19-6}$$

计算出的直径与结构设计初步确定的直径比较，若结构设计确定的直径小于计算直径，则应增大相应各段轴的直径；若计算直径小于结构设计初定直径，除非相差悬殊，一般不

必须修改而以结构设计确定的直径为准。

应注意，键的强度计算、滚动轴承工作寿命的计算等，对轴的设计有一定影响。当键的强度不够或滚动轴承计算寿命不够时，需要相应地改变轴的有关尺寸以满足其要求。因此，设计计算过程中应相互配合进行。

【例 19-1】 设计图 19-3 所示减速器的低速轴。减速器传动比 $i=3.5$，效率 $\eta=0.96$，电动机功率 $P=7.5$kW，电动机转速 $n=1450$r/min。轴上齿轮螺旋角 $\beta=15°$（左旋），齿数 $Z_2=77$，模数 $m_n=3.5$，齿轮轮毂宽 $l=60$mm，转向从 K 向看为顺时针。伸出端装有联轴器。

【解】

1. 选择材料与热处理

选用 45 钢，调质处理 217~255HBS，$\sigma_B=650$MPa（查表 19-1）

2. 初算轴最小直径 d_{min} 进行初步结构设计

1) 计算轴功率 $P_2=\eta \cdot P=0.96 \times 7.5=7.2$kW

2) 计算轴转速 $n_2=n_1/i_1=1450/3.5=414.3$r/min

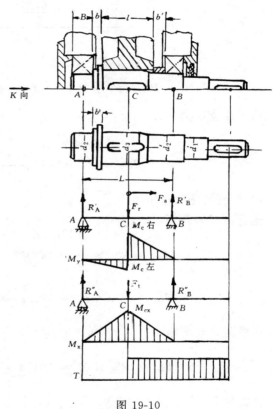

图 19-10

3) 计算最小直径 $d_{min}=A\sqrt[3]{\dfrac{P_2}{n_2}}=108\times\sqrt[3]{\dfrac{7.2}{414.3}}\approx 28$mm

选 HL_2 型联轴器（钢），轴孔直径 $d_{min}=28$mm，考虑开有一个键槽，取 $d_{min}=1.03\times 28=28.84$mm，取 $d_{min}=30$mm，取 $d_1=34$mm。

4) 初步结构设计（图 19-10）

初选与滚动轴承配合轴颈直径 $d_2=35$mm（两端轴承同型号）；齿轮轮毂与轴配合处直径 $d_3=40$mm，查手册齿轮处轴肩高 $a_1=5$mm，轴承处轴肩高 $a_2=4$mm，一般滚动轴承内端面与减速器内壁距离取 3~5mm，齿轮端面与减速器内壁距离取 10~15mm，故取轴环宽度 $b=20$mm，取定位套筒宽度 $b'=20$mm，初选 6307 轴承，宽度 $B=21$mm，轴的初步结构形状与尺寸如图 19-10 所示。轴的支承跨距 $L=l+b+b'+B=60+20+20+21=121$mm。

3. 轴的弯、扭合成强度计算

1) 轴的载荷计算

$$T_2=9550\times 10^3\dfrac{P_2}{n_2}=9550\times 10^3\times\dfrac{7.2}{414.3}\approx 166\times 10^3 \text{N}\cdot\text{mm}$$

2）计算斜齿轮载荷

计算分度圆直径 $d_2 = \dfrac{m_n Z_2}{\cos\beta} = \dfrac{3.5 \times 77}{\cos 15°} = 279.27\text{mm}$

圆周力 $F_t = \dfrac{2T_2}{d_2} = \dfrac{2 \times 166 \times 10^3}{279.27} = 1188.8\text{N}$

径向力 $F_r = F_t \times \dfrac{\text{tg}\alpha}{\cos\beta} = 1188.8 \times \dfrac{\text{tg}20°}{\cos 15°} = 448.4\text{N}$

轴向力 $F_a = F_t \cdot \text{tg}\beta = 1188.8 \times \text{tg}15° = 318.5\text{N}$

3）计算支反力

垂直面支反力

$$R'_A = \dfrac{F_a \times \dfrac{d_2}{2} - F_r \times \dfrac{L}{2}}{L}$$

$$= \dfrac{318.5 \times \dfrac{279.27}{2} - 448.4 \times \dfrac{121}{2}}{121}$$

$$= 143.35\text{N}$$

$$R'_B = F_r + R'_A = 448.4 + 143.35 = 591.75\text{N}$$

水平面支反力

$$R''_A = R''_B = \dfrac{F_t \times \dfrac{L}{2}}{L} = \dfrac{F_t}{2} = 594.4\text{N}$$

4）绘弯矩图和扭矩图

垂直面 C 点弯矩

$$M_{cy左} = R'_A \times \dfrac{L}{2} = 143.35 \times \dfrac{121}{2} \approx 8673\text{ N}\cdot\text{mm}$$

$$M_{cy右} = R'_B \times \dfrac{L}{2} = 591.75 \times \dfrac{121}{2} \approx 35801\text{ N}\cdot\text{mm}$$

水平面 C 点弯矩

$$M_{cx} = R''_A \times \dfrac{L}{2} = 594.4 \times \dfrac{121}{2} \approx 35961\text{ N}\cdot\text{mm}$$

合成弯矩（C 点最大弯矩）

$$M_c = \sqrt{M_{cy右}^2 + M_{cx}^2} = \sqrt{35801^2 + 35961^2}$$

$$= 50743.5\text{N}\cdot\text{mm}$$

5）计算危险截面（C）的当量弯矩

取 $\alpha = 0.6$，

$$\alpha T_2 = 0.6 \times 166 \times 10^3 = 99600\text{N}\cdot\text{mm}$$

$$M_{ec} = \sqrt{M_c^2 + (\alpha T_2)^2} = \sqrt{50743.5^2 + 99600^2}$$
$$= 111781 \text{N} \cdot \text{mm}$$

6) 校核危险截面（C）的强度

$$\sigma_b = \frac{M_{ec}}{0.1 d_3^3} = \frac{111781}{0.1 \times 40^3} = 17.7 \text{MPa}$$

由表 19-3 查得 $[\sigma_{-1}]_b = 60$MPa

故 $\sigma_b < [\sigma_{-1}]_b$，满足强度要求。

§19-4 轴的刚度计算

在外载荷作用下，若轴的刚度不足，将会产生过大的变形而影响轴上零件的工作能力和机器的整体性能。

轴的刚度分为弯曲刚度和扭转刚度。弯曲刚度以挠度或偏角来度量；扭转刚度以扭转角来度量。轴的刚度计算通常是计算变形量，而控制变形量在允许的范围内。

一、轴的扭转刚度计算

在扭矩作用下轴产生扭转变形（图 19-11a），其扭转角可按下式计算

实心光轴 $\varphi_0 = 584 \dfrac{TL}{Gd^4}$ deg (19-7)

实心阶梯轴 $\varphi_0 = \dfrac{584}{G} \sum\limits_{i=1}^{n} \dfrac{T_i L_i}{d_i^4}$ deg (19-8)

空心阶梯轴 $\varphi_0 = \dfrac{584}{G} \sum\limits_{i=1}^{n} \left(\dfrac{T_i L_i}{d_i^4 - d_{0i}^4} \right)$ deg (19-9)

式中　　　T——轴传递的扭矩，N·mm；

　　　　　L——轴受扭矩作用的长度，mm；

　　　　　G——材料的剪切弹性模量，MPa，对于钢 $G = 8.1 \times 10^4$MPa；

　　　　　d——轴的直径，mm；

$T_i、L_i、d_i、d_{0i}$——分别为阶梯轴第 i 段上所传递的扭矩、轴段长度、外径和空心轴内孔直径；

　　　　　n——阶梯轴的段数。

许用扭转角 $[\varphi]$ 值可参考表 19-4

轴的许用扭转角 $[\varphi]$ (deg/m)　　　　　表 19-4

传 动 要 求	$[\varphi]$
一般传动	0.5～1
较精密传动	0.25～0.5
重要传动	<0.25

实心圆钢光轴的扭转刚度计算可用下式

$$\varphi = \frac{T}{0.1387 d^4} \leqslant [\varphi] \quad \text{deg/m} \tag{19-10}$$

按扭转刚度设计轴径公式为

$$d \geqslant \sqrt[4]{\frac{T}{0.1387[\varphi]}} = \sqrt[4]{\frac{9550 \times 10^3}{0.1387[\varphi]}} \cdot \sqrt[4]{\frac{P}{n}} = B\sqrt[4]{\frac{P}{n}} \quad \text{mm} \tag{19-11}$$

式中 B 是由 $[\varphi]$ 值确定的常数,见表 19-5。

由 $[\varphi]$ 确定的 B 值　　　　　表 19-5

$[\varphi]$ (deg/m)	0.25	0.5	0.75	1	1.5	2.0
B	129	109	98.5	91.5	82.5	77

二、轴的弯曲刚度

轴在弯矩作用下将产生弯曲变形(图 19-11b)。精确计算轴的挠度或偏角较为复杂。轴承间隙、轴上零件刚度及轴本身局部削弱等都影响轴的变形。轴的挠度 y 和偏角 θ 的计算可按材料力学中的有关公式和方法进行。

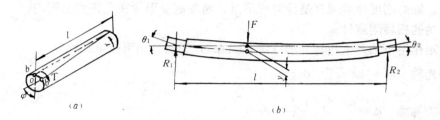

图 19-11　轴的扭转变形与弯曲变形

轴的允许挠度 $[y]$ 和许用偏角 $[\theta]$ 值可参考表 19-6。

轴的许用挠度 $[y]$ 和偏角 $[\theta]$　　　　　表 19-6

轴的适用场合	$[y]$ (mm)	轴的部位	$[\theta]$ (rad)
一般用途轴	$\leqslant (0.0003\sim0.0005)L$	滑动轴承处	$\leqslant 0.001$
刚度要求较高轴	$\leqslant 0.0002L$	深沟球轴承处	$\leqslant 0.005$
安装齿轮的轴	$\leqslant (0.01\sim0.03)m_n$	调心球轴承处	$\leqslant 0.05$
安装蜗轮的轴	$\leqslant (0.02\sim0.05)m_t$	圆柱滚子轴承处	$\leqslant 0.0025$
蜗杆轴	$\leqslant (0.01\sim0.02)m_t$	圆锥滚子轴承处	$\leqslant 0.0016$
电机轴	$\leqslant 0.1\triangle$	安装齿轮处	$\leqslant 0.001\sim0.002$

注:L—支承跨距,mm;m_n—齿轮法面模数,mm;m_t—蜗轮端面模数,mm;$\triangle$—电机定子与转子间气隙,mm。

§19-5　轴的临界转速计算

一、轴的临界转速计算

在某些机器中,如离心式通风机、汽轮机等,轴的尺寸设计通常不是根据强度条件,而是根据抗振条件、工艺性及与轴相关零件的特性,以及其它运转条件来确定的。

轴是一个弹性体,当其旋转时由于轴和轴上零件的材质不均,制造安装误差等原因造成轴系重心偏移,因而回转时将产生离心力,使轴受到周期性的干扰力,从而引起轴的弯曲振动（或横向振动）。当这种强迫振动的频率与轴的自振频率相同或接近时，就会出现共振现象。轴发生共振时的转速称为临界转速。如果轴的转速停滞在临界转速附近，轴的变形将迅速增大，以至使轴甚至整个机器破坏。

1. 不计轴的质量时单盘转轴的临界转速

当轴本身的质量比轴上旋转零件的质量小得很多时，为简化分析，在讨论轴的横向振动时轴的质量可忽略不计。

如图 19-12 两端铰支承的轴上装有一个质量为 m 的圆盘，其重心 c 与轴线的偏距为 e，如圆盘位于轴的跨距 L 中间，轴的弹性模量为 E，截面惯性矩为 I，当轴静止时（图 19-12a）在圆盘重力 $G=mg$ 作用下产生的静挠度为 y_0

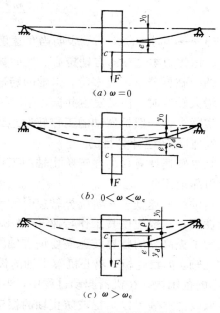

图 19-12 单盘转轴的横向振动

$$y_0 = \frac{GL^3}{48EI} \quad 或 \quad G = \frac{48EI}{L^3} y_0 = k y_0$$

式中的 $k=\dfrac{G}{y_0}$ 为轴的刚度系数，是使轴产生单位变形所需之力。

当圆盘以角速度 ω 旋转时，由于离心力 F 的影响轴的变形增大，而产生动挠度 y_d，即总挠度由 y_0 增大到 (y_0+y_d)（图 19-12b），此时圆盘重心 c 距静挠度轴线的距离为

$$\rho = y_d + e$$

所产生的离心力 F 为

$$F = m\rho\omega^2 = m(y_d + e)\omega^2$$

按虎克定律，轴的变形量与外力成正比，即离心力与挠度成正比。

$$F = k \cdot y_d = m(y_d + e)\omega^2$$

由此可得

$$y_d = \frac{me\omega^2}{k - m\omega^2} = \frac{e}{\dfrac{k}{m\omega^2} - 1} \tag{19-12}$$

当 $\omega=0$ 时，$y_d=0$，ω 逐渐增大，y_d 也逐渐增大。当 ω 增大使 $m\omega^2=k$ 时，$y_d\to\infty$，表明轴产生共振。由此轴的第一阶临界角速度为

$$\omega_{c1} = \sqrt{\frac{k}{m}} \quad \text{rad/s} \tag{19-13}$$

以 $\omega_{c1}=\dfrac{\pi n_{c1}}{30}$ 代入上式得轴的一阶临界转速为

$$n_{c1} = \frac{30}{\pi} \sqrt{\frac{k}{m}} \quad \text{r/min}$$

因 $m=\dfrac{G}{g}$，$k=\dfrac{G}{y_0}$，取 $g=9810\text{mm/s}^2$，y_0 单位取 mm，则得

$$n_{c1} = \frac{30}{\pi}\sqrt{\frac{g}{y_0}} = 946\sqrt{\frac{1}{y_0}} \quad \text{r/min} \tag{19-14}$$

由此可知，轴临界转速的计算实际上是计算轴的最大静挠度 y_0 的值。

将式 (19-13) 代入式 (19-12) 可得

$$y_d = \frac{e}{\dfrac{k/m}{\omega^2} - 1} = \frac{e}{\left(\dfrac{\omega_{c1}}{\omega}\right)^2 - 1} \tag{19-15}$$

当 $\omega \to \infty$ 时，$y_d = -e$，表明当角速度很大时，圆盘重心 c 将与静挠度轴线重合（图19-12c），称此为柔性轴的自动定心。此时离心力 $F = m(-e+e)\omega^2 = 0$。

轴的临界转速可有多阶。当轴的转速超过轴的一阶临界转速 n_{c1} 后，轴的共振消失。而继续增大转速时，轴又发生共振，相应转速称为二阶临界转速 n_{c2}，类此尚有三阶临界转速等。实际上，一般机器轴的工作转速达到二阶临界转速的情形亦比较少见。

2. 临界转速计算目的

临界转速计算目的在于防止轴的工作转速接近临界转速，以避免发生共振，保证机器安全可靠地工作。

当轴的转速低于一阶临界转速时称为刚性轴。一般离心泵、通风机、压缩机等主轴都是刚性轴，一般应使其工作转速 $n < 0.8 n_{c1}$。

为了提高轴的临界转速需要增加轴的刚度，因而使轴的重量增加。为不增加重量可采用柔性轴，如汽轮机、离心机等主轴的设计。柔性轴的稳定工作转速应限制在 $1.4 n_{c1} < n < 0.7 n_{c2}$ 的范围内。在机器起动过程中，当轴转速由 $0.8 n_{c1}$ 到 $1.4 n_{c1}$ 时的短暂过渡时间内应采用减振或消振装置以阻尼或防止轴的振动。

二、几种风机轴的临界转速计算

（一）C 式和 D 式传动风机轴临界转速计算

图 19-13 所示为 C 式和 D 式传动风机主轴。假定忽略带轮或联轴器及轴本身重量不

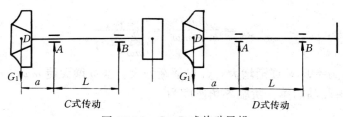

图 19-13 C、D 式传动风机

计，而仅考虑风机转子本身的重量 G_1，则风机转子的临界转速可用下式计算：

$$n_{c1} = 946\sqrt{\frac{1}{y_0}} = \frac{162.3 \times 10^3 \times d_2^2}{\sqrt{G_1 a^3 \left[\left(\dfrac{d_2}{d_1}\right)^4 + \left(\dfrac{L}{a}\right)\right]}} \quad \text{r/min} \tag{19-16}$$

式中 G_1——转子重量，N；

a——G_1 至支承点 A 的距离，mm；

L——两支承间跨距，mm；
d_1——外伸悬臂端轴段直径，mm；
d_2——两支承间轴段直径，mm。

（二）E 式和 F 式传动风机主轴临界转速计算

图 19-14 所示为 E 和 F 式传动风机主轴。忽略带轮或联轴器及轴本身重量，仅考虑转子本身重量，则转子的临界转速可用下式计算

$$n_{c1} = 946\sqrt{\frac{1}{y_0}} = \frac{163 \times 10^3 \times d^2}{a(L-a)}\sqrt{\frac{L}{G_1}} \quad \text{r/min} \tag{19-17}$$

如 $a = \dfrac{L}{2}$ 时，则上式可简化为

$$n_{c1} = \frac{652 \times 10^3 d^2}{\sqrt{G_1 L^3}} \quad \text{r/min} \tag{19-18}$$

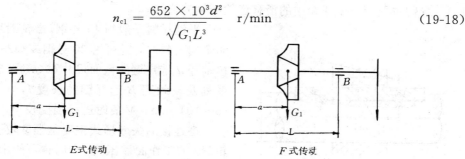

图 19-14　E 式和 F 式传动风机

上两式中 d 为两支承间轴段直径，如为阶梯轴，则 d 为计算直径，其值可用下式计算

$$d = \frac{d_1 + d_2 + 2d_{max}}{4} \quad \text{mm} \tag{19-19}$$

式中　d_{max}——轴段的最粗直径，mm；

d_1、d_2——轴段最粗直径相邻两端轴的直径，mm；

§19-6　轴　毂　连　接

轴毂连接是指轴与轴上零件的周向固定，通常采用键连接、花键连接、销连接及过盈配合连接等方式。

一、键连接

键连接的类型有几种，都是标准件。一般可根据连接的具体要求与工作条件按轴径大小选用其类型与尺寸，必要时进行强度校核。

（一）平键连接

平键分为普通平键和导键。平键的两侧面为工作面，上平面与轮毂槽底间留有一定间隙，工作时靠键与键槽的侧面传递扭矩（图 19-15）。

普通平键端部可制成圆头（A 型）、方头（B 型）或半圆头（C 型），如图 19-

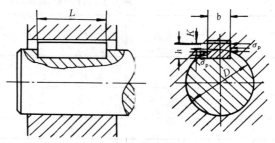

图 19-15　平键连接

16所示。A型键槽是用端铣刀加工，键在键槽中轴向固定较好，但键槽引起轴的应力集中较大；B型键槽用盘铣刀加工，对轴引起的应力集中较小，C型键主要用于轴的端部。

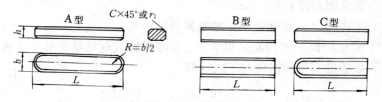

图 19-16　普通平键类型

导键用螺钉固定在轴槽内，轴上零件的毂槽与键是间隙配合，故能沿轴向移动（图19-17）。导键主要用于变速箱中的滑移齿轮与轴的连接。

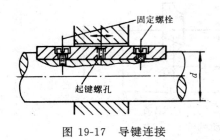

图 19-17　导键连接

平键材料一般用45号钢。当轮毂用非铁金属或非金属材料时，键可用20号钢或Q235钢制做。当按轴径d选定键的截面尺寸$b\times h$后，参照键的长度系列及轮毂宽B选择键的长度l，一般取$l=B-(5\sim 10)$ mm，必要时进行强度校核。

键连接的失效形式主要是强度较弱件（通常为轮毂）的工作面被压溃，有时也可能出现键被剪断。键连接的挤压强度和剪切强度可分别由下式计算

$$\sigma_p = \frac{2T}{DKl} \times 10^3 \leqslant [\sigma]_p \quad \text{MPa} \tag{19-20}$$

$$\tau_T = \frac{2T}{Dbl} \times 10^3 \leqslant [\tau]_T \quad \text{MPa} \tag{19-21}$$

式中　T——键连接传递的扭矩，N·mm；

　　　D——轴的直径，mm；

　　　l——键的工作长度，mm；对A型键取$l=L-b$，对B型键取$l=L$；

　　　b——键的宽度，mm；

　　　K——键与毂槽的接触高度，$K\approx \dfrac{h}{2}$，mm；

　　　$[\sigma]_p$——键与轮毂二者较弱材料的许用挤压应力，MPa，查表19-7；

　　　$[\sigma]_T$——键材料的许用剪切应力，MPa，查表19-7。

键连接的许用挤压应力和许用剪切应力（MPa）　　　表 19-7

	连接方式	材料	载荷性质		
			静载荷	轻微冲击	冲击
$[\sigma]_p$	静连接	钢 铸铁	125～150 70～80	100～120 50～60	60～90 30～45
	动连接（导键连接）	钢	50	40	30
$[\sigma]_T$		45钢	120	90	60

注：若轮毂的键槽表面经过淬火热处理，则动连接的$[\sigma]_p$值可提高2～3倍。

当需用两个键共同承受载荷连接时,应布置成180°。考虑到载荷分配不均匀,只按1.5个键进行校核计算。

(二)半圆键连接(图19-18)半圆键也以两侧面为工作面实现周向固定。半圆键可在轴槽内摆动以适应毂槽底面装配方便。半圆键的轴槽较深,对轴的强度削弱较大,只适于轻载连接和锥形轴端连接。

(三)楔键连接(图19-19)楔键的上下面是工作面,楔键上表面有1:100的斜度,轮毂键槽底也是1:100的斜度。装配时键的上下面楔紧在轴与轴

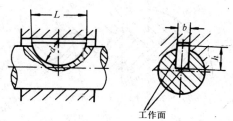

图 19-18 半圆键连接

毂之间,其工作面上产生很大预紧力 N,工作时靠上下面产生的摩擦力传递扭矩,并能轴向固定零件和承受单方向的轴向力。

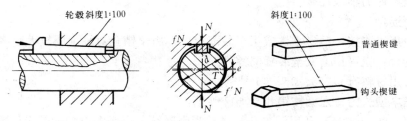

图 19-19 楔键连接

楔键楔紧时破坏了轴与轴上零件的对中性,所以不适宜要求运动精度高的连接。

楔键分为普通楔键和钩头楔键,钩头楔键的钩头供拆键时使用。

二、花键连接

轴和零件毂孔周向均布的凸齿和凹槽,构成花键连接。花键连接的工作面是齿侧面,由于有多个键工作,因此花键连接有较高的承载能力。由于键与键槽为均布,所以有较好的定心性和导向性。齿轴一体,且齿槽较浅,齿根应力集中较小,被连接件的强度削弱较少,适用于载荷大,定心要求较高的静连接和动连接。但花键加工需用专门设备,制造成本较高。

花键连接按齿形不同分为矩形花键(图19-20),渐开线花键(图19-21)和三角形花键(图19-22)。

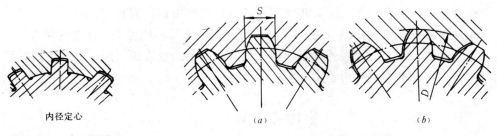

图 19-20 矩形花键   图 19-21 渐开线花键

(一)矩形花键 键的齿侧面为相互平行的平面,易于加工,可用磨削方法获得较高精

度，故应用得最多。矩形花键的尺寸已标准化，可依不同的载荷选取不同的矩形花键系列。

为了保证轴上零件的运动平稳性，花键连接具有一定的定心精度。矩形花键采用内径定心方式（图19-20）。内径定心是利用内圆的精确配合保证定心精度。

（二）渐开线花键连接（图19-21）其齿形为渐开线。可用加工齿轮方法进行加工，制造精度较高。与矩形花键相较因根部较厚，故强度高，承载能力大，齿根圆角较大，应力集中较小，但成本较高。多用于传递大扭矩的大直径轴。渐开线花键主要有两种定心方

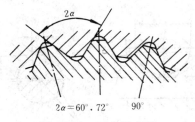

图 19-22 三角形花键

式：齿形定心（图19-21a）与外径定心（图19-21b）。

（三）三角形花键连接 （图19-22）三角形花键的内花键齿形为直线齿形，外花键齿形为分度圆压力角等于45°的渐开线。三角形花键的键齿细小，承载能力较低，常用于直径较小或薄壁零件的轴毂连接。

三、销连接

销一般用以连接，锁定零件或用于装配定位。由于销孔对轴削弱较大，多用于轻载的不重要的场合，也可作为安全装置的零件。

销的常用材料有 Q235、35、45 号钢。

销的基本型式为普通圆柱销和普通圆锥销。

圆柱销（图19-23a）利用销与孔间过盈紧固联结，但经多次装拆其定位精度要降低。

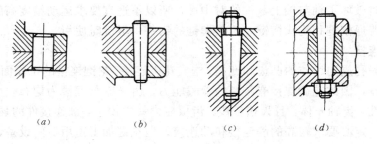

图 19-23 销联接类型

圆锥销（图19-23b）具有 1∶50 的锥度，便于安装对中，一般用作定位件和连接件，多次装拆对定位精度影响较小，因此常用于经常拆卸的地方。

外螺纹圆锥销（图19-23c）用于不通孔或很难打出销钉的孔中。

小端带外螺纹的圆锥销（图19-23d）可用螺母锁紧，适用于有冲击的场合。

定位销的尺寸一般由经验确定，但一般同一面上的定位销用两个。各类销的尺寸及有关技术条件可参阅有关手册。

§19-7 联 轴 器

联轴器主要用来连接两轴，使之一同旋转并传递扭矩，有时也可以用作安全装置。在机器运转时被连接的两轴不能分离，必须在停车后经拆卸才能使两轴脱开。

联轴器是标准部件，在选择时可根据工作要求，按被连接轴的直径、计算扭矩和转速选择适用的类型、型号和结构尺寸。必要时对其主要零件进行强度验算。

联轴器的计算扭矩 T_c，主要取决于机械不稳定运转时的动载荷和起动过载情况，可按下式计算：

$$T_c = KT \tag{19-22}$$

式中　K——工作情况系数，见表 19-8；
　　　T——联轴器传递的公称扭矩，N·mm。

工作情况系数 K　　　　　　　表 19-8

工作机	原 动 机	
	电动机、汽轮机	内燃机
扭矩变化很小的机械，如发电机，小型通风机，小型离心泵	1.3	1.5～2.2
扭矩变化小的机械，如透平压缩机，木工机床，运输机	1.5	1.7～2.4
扭矩变化中等的机械，如搅拌器，增压泵，有飞轮的压缩机，冲床	1.7	1.9～2.6
扭矩变化和冲击载荷中等的机械，如织布机，水泥搅拌机，拖拉机	1.9	2.1～2.8
扭矩变化和冲击载荷大的机械，如造纸机械，挖掘机，起重机，碎石机	2.3	2.5～3.2
扭矩变化大并有极强烈冲击载荷的机械，如压延机械，无飞轮的活塞泵，重型初轧机	3.1	3.3～4.0

注：原动机为内燃机时，多缸取小值，单缸取大值。

一、联轴器类型及特点

按被连接的两根轴的相对位置和位置的变动情况，联轴器可分为固定式和可移式两类，而可移式的又有刚性可移和弹性可移之分。

固定式联轴器用以连接相对位置不变的两同心轴，其类型有凸缘式、套筒式和夹壳式等。这类联轴器要求两轴对中准确，宜用于联轴器两端部件安装在同一底座或基础上，工作中两轴不会发生相对位移。

联轴器所连接的两轴，由于制造和安装误差以及受力变形和热变形等影响，被连接两轴的轴线往往要产生相对偏斜与位移，常见的相对位移如图 19-24 所示。图中所示的各种偏移得不到补偿时，将会在轴、轴承、联轴器及其它转动零件间引起附加载荷，使机器工作情况恶化。这就要求在设计联轴器时，从结构上采取不同措施，使其具有一定补偿能力，以适应两轴的不对中性。具有这

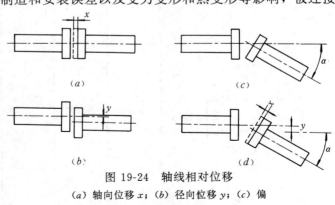

图 19-24　轴线相对位移
(a) 轴向位移 x；(b) 径向位移 y；(c) 偏角位移 α；(d) 综合位移 x,y,α

种偏移补偿能力的联轴器，称为可移式联轴器。

在可移式联轴器中，由于结构不同，位移补偿方法不同。刚性可移式是利用联轴器工作零件间的间隙构成的动连接来实现补偿，如双啮合齿式联轴器、滑块联轴器、万向联轴器等；弹性可移式是利用联轴器中弹性元件的变形来补偿，如弹性套柱销联轴器、弹性柱销联轴器等。弹性元件可以是金属的或非金属的。非金属材料如橡胶、塑料等，重量轻、减振能力很强；金属材料的如弹簧，强度高、尺寸小、寿命长。弹性联轴器在启动频繁、变载荷、高速运转、经常反向和两轴不能严格对中的场合使用。在低速、载荷较平稳的连接中，可选用刚性可移式联轴器。这是由于该类联轴器中无弹性元件，在工作中同时也传递了冲击和振动，而零件间的动连接补偿偏移，加大了磨损，易产生冲击和附加动载荷。

二、常用的联轴器

常用联轴器的类型很多，其性能、特点及应用可参阅表 19-9。一般对低速、刚忙大的短轴可选用固定式联轴器；对低速、刚性小的长轴，则宜选用可移式刚性联轴器，如滑块联轴器；对扭矩大的重型机械，可用齿式联轴器；对高速有振动的轴应选用弹性联轴器，如弹性套柱销联轴器等；对于轴线相交的两轴，则可选用万向联轴器等。

常用联轴器的性能、特点及使用条件 表 19-9

名 称	参 数 范 围						应用特点
	扭矩范围 (N·m)	轴径范围 (mm)	最高转速范围 (r/min)	允许偏差(mm)			
				x	y	$\alpha°$	
套筒联轴器 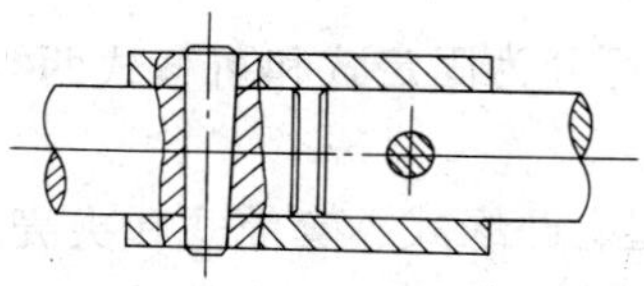	0.3～4000	4～100	低				用于两轴同心度高、工作平稳处，装拆时须将轴作轴向移动，用于小功率传动轴系
凸缘联轴器 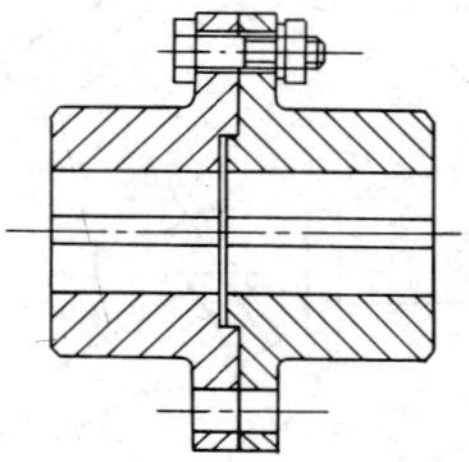	16～20000	10～180	2300～13000				对所连接两轴的对中性要求较高。适用于扭矩大、转速较低、工作平稳、刚性大的轴。制造精度高时，也可用于高速

续表

名称	参数范围						应用特点
	扭矩范围 (N·m)	轴径范围 (mm)	最高转速范围 (r/min)	允许偏差(mm)			
				x	y	$a°$	
滑块联轴器 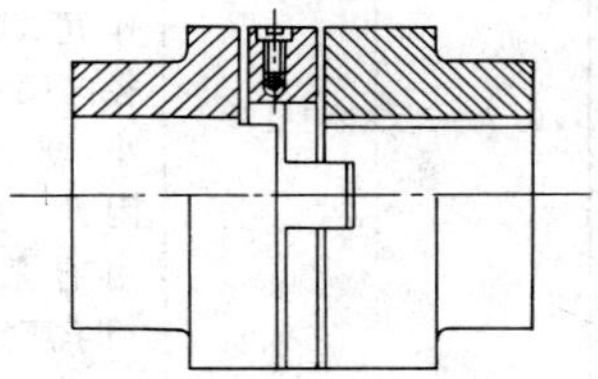	金属滑块: 120～20000 非金属滑块: 17～3430	金属滑块: 15～150 非金属滑块: 15～950	金属滑块: 100～250 非金属滑块: 1700～8200	较大	金属 $0.04d$ 非金属 $0.01d$ +0.25 d—轴径	金属 30′ 非金属 40′	主要用于两轴间相对径向位移较大、无冲击、传递扭矩大而转速不高的两轴连接，工作时应注意润滑，不适宜于垂直传动轴
弹性套柱销联轴器 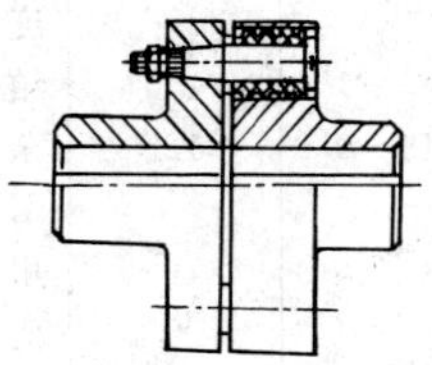	6.3～16000	6～160	1150～8800	较大	0.2～0.6	30′～1°30′	通过弹性套传递扭矩，可缓冲吸振，主要用于载荷平稳的中小功率的场合
双啮合型齿式联轴器 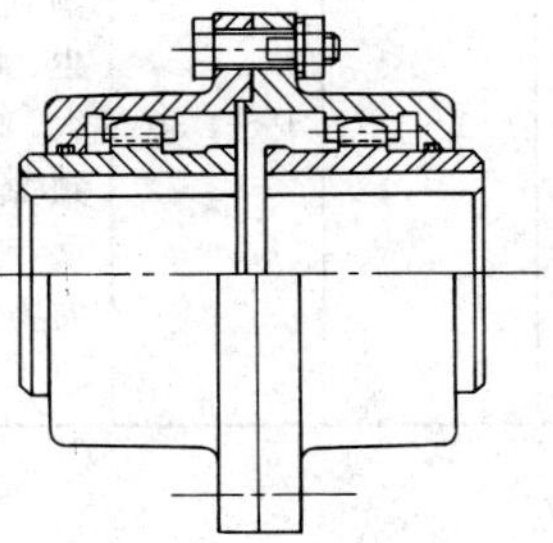	CL型 710～10^6 CL—H型 1430～15040	CL型 18～560 CL—H型 60～130	CL型 300～3780 CL—H型 9700～18000	较大	0.4～6.3	直齿 ≤30′ 鼓形齿 ≤1°30′	该联轴器外形小，承载能力大，容许较大的位移量，适用于正反转多变，起动频繁场合，在大功率、水平传动机械中广泛应用

续表

名 称	参 数 范 围						应用特点
	扭矩范围 (N·m)	轴径范围 (mm)	最高转速范围 (r/min)	允许偏差(mm)			
				x	y	$α°$	
蛇形弹簧联轴器 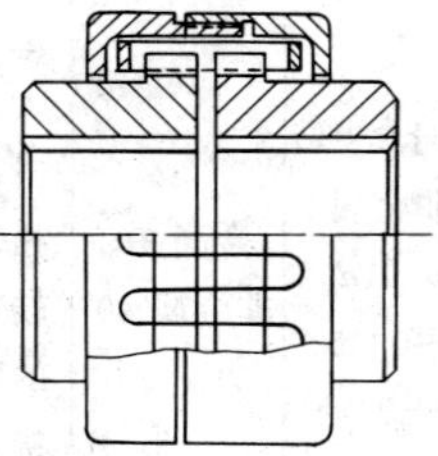	36～270000	15～300	450～15000	4～20	0.7～3	1°15′	传递扭矩范围大，缓冲吸振能力较强，工作可靠，径向尺寸小，加工困难，使用有限，用于严重冲击载荷的重型机械上
径向弹性联轴器 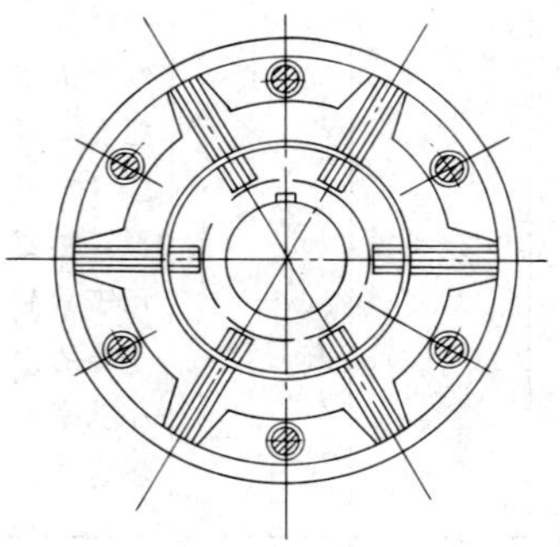	6100～502000	25～250	1050～3600	1.5～5	0.45～0.9	12′	具有高的弹性，良好的阻尼性，刚度可变，结构复杂，制造困难。适用于扭矩变化或有一定冲击、振动的场合
轮胎联轴器 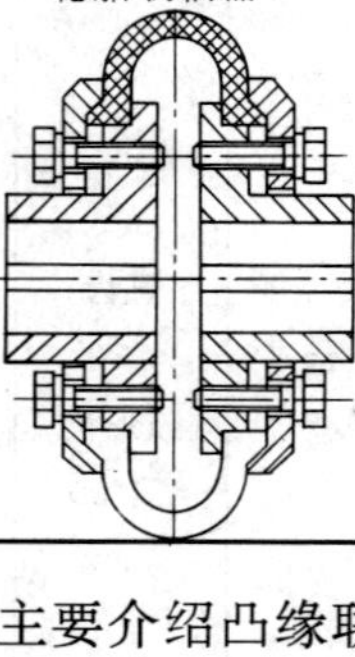	10～25000	11～180	800～5000	1～8	1～5	1°～1°30′	适用于潮湿、多尘、冲击大、起动频繁、正反转多变的场合

下面主要介绍凸缘联轴器和弹性套柱销联轴器。

1. 凸缘联轴器

凸缘联轴器是应用最广泛的一种固定式联轴器，可以连接不同直径的两轴，也可连接圆锥形轴颈。两个带凸缘的半联轴器分别用键和两轴连接在一起，再用螺栓把两半联轴器连成一体（图 19-25）。

凸缘联轴器一般有两种对中方式，图 19-25a 用两个半联轴器上的凸肩和凹槽对中，这种凸缘加工方便，对中精度高，靠拧紧螺栓在接触面间产生摩擦传递扭矩，但拆装时需沿轴向移动。图 19-25b 为铰制孔用螺栓对中，这种螺栓连接是依靠螺栓和螺栓孔壁之间挤压来传递扭矩和对中的，减少了螺栓的预紧力，拆装时不需沿轴向移动。

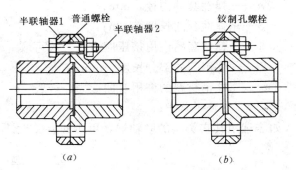

图 19-25 凸缘联轴器

凸缘联轴器结构简单，使用、维护方便，能传递较大扭矩，但要求准确保持凸缘端面与轴线垂直。主要用于载荷较平稳的两轴连接，提高制造和装配精度，亦可用于高速重载。

联轴器的材料为 35、45、ZG45 钢，转速较低时可用铸铁 HT200。

必要时可对螺栓连接进行强度验算，可参照螺栓连接的计算。

2. 弹性套柱销联轴器

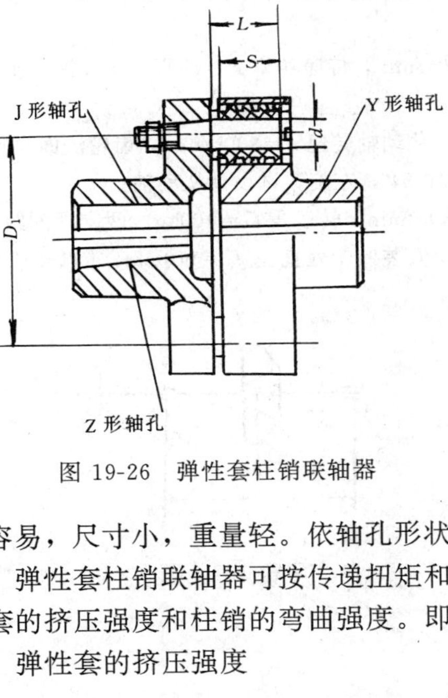

弹性套柱销联轴器结构与凸缘联轴器相似（图 19-26），用带有橡胶弹性套的柱销代替了连接螺栓，柱销的一端以圆锥面和螺母与半联轴器凸缘上的锥形销孔形成固定配合，另一端带有弹性套，装在另一半联轴器凸缘上的柱销孔中。弹性套的外表带有梯形槽以增加弹性变形量，并由于弹性套外径略小于销孔直径，从而获得补偿两轴相对位移的性能，但弹性套工作时受挤压发生的变形量不大，其配合间隙不宜太大，补偿两轴相对位移量较小，否则弹性套的磨损加剧，容易损坏。

图 19-26 弹性套柱销联轴器

弹性套柱销联轴器结构简单，安装方便，更换容易，尺寸小，重量轻。依轴孔形状的不同，有 Y、J、Z 三种类型。

弹性套柱销联轴器可按传递扭矩和轴的转速，按标准选择适用的类型，必要时验算弹性套的挤压强度和柱销的弯曲强度。即

弹性套的挤压强度

$$\sigma_P = \frac{2T_c}{0.8D_1ZdS} \leqslant [\sigma]_P \quad \text{MPa} \tag{19-23}$$

柱销的弯曲强度条件

$$\sigma = \frac{10T_cL}{0.8D_1Zd^3} \leqslant [\sigma] \quad \text{MPa} \tag{19-24}$$

式中　T_c——联轴器的计算扭矩，N·mm；
　　　D_1——弹性套中心的分布圆直径，mm；

Z——柱销数；

d——弹性套的内径，mm；

S——弹性套的长度，mm；

$[\sigma]_P$——弹性套的许用挤压应力，一般可取 $[\sigma]_P=2$MPa；

L——柱销圆柱部分长度，mm；

$[\sigma]$——柱销材料的许用弯曲应力，一般 $[\sigma]=(0.4\sim0.5)\sigma_s$，对于 45 钢，$[\sigma]=80\sim90$MPa。

如需选用其它类型的联轴器，可参阅有关设计资料。

习 题

19-1 轴最常用的材料是什么？如果优质碳素钢的轴刚度不足，改用合金钢能否解决问题？为什么？

19-2 在考虑轴的结构时，应注意满足哪些基本要求？

19-3 公式 $d \geqslant A\sqrt[3]{\dfrac{P}{n}}$ 有何用处？其中 A 值取决于什么？计算出的 d 值是哪一段轴径值？

19-4 简述轴的设计计算步骤。

19-5 在当量弯矩计算公式 $M_e=\sqrt{M_c^2+(\alpha T)^2}$ 中，系数 α 的意义怎样？如何确定？

19-6 键常用材料有哪些？当轴与轮毂的材料不同时，应如何选取键连接中的许用挤压应力 $[\sigma]_P$？

19-7 标准联轴器如何选择？

19-8 一离心泵由电机直接带动，已知泵轴转速 $n=960$r/min，传递功率 $P=3$kW，试按许用扭应力计算轴径。

19-9 已知鼓风机斜齿轮减速器从动轴功率 $P=10$kW，从动轴转速 $n=360$r/min，齿轮法面模数 $m_n=5$mm，从动轮齿数 $Z_2=80$，齿宽 $b=80$mm，螺旋角 $\beta=8°6'34''$，左旋，试设计从动轴。

19-10 8-18-11No12F 型离心通风机，主轴转速 $n=1450$r/min，转子重 $G=400$kg，两支承间距 $L=1070$mm，叶轮距左支承 $a=645$mm，轴承处直径 $d_1=90$mm，安装叶轮处直径 $d_2=110$mm，求转子临界转速。

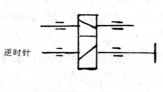

习题 19-9 图

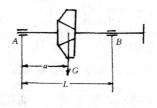

习题 19-10 图

第二十章 滑 动 轴 承

轴承的功用有二：一为支承轴及轴上零件并保持轴的旋转精度；二为减少轴与支承间的摩擦和磨损。

根据轴承工作时的摩擦性质，可分为滑动摩擦轴承（简称滑动轴承）和滚动摩擦轴承（简称滚动轴承）。本章主要讨论滑动轴承。

§20-1 滑动轴承的种类、特点和应用

一、滑动轴承的种类

滑动轴承按其工作表面的摩擦状态可分为两类：

（一）液体摩擦轴承（图 20-1a）

轴颈与轴承之间的工作表面完全被润滑油膜隔开，从而消除了金属表面之间的摩擦和磨损，在这种状况下工作的轴承，称为液体摩擦轴承，这种轴承的工作阻力是润滑油膜的内部摩擦，摩擦系数很低，约为 0.001～0.008。

根据相对运动的表面压力油膜形成原理的不同，液体摩擦轴承又可分为

1. 液体动压润滑轴承

在充分供油的条件下，利用轴颈和轴承的工作表面之间一定的相对滑动速度，把润滑油带入摩擦表面之间建立起来的压力油膜的轴承。

2. 液体静压润滑轴承

用油泵把压力油输入到轴承与轴颈两工作表面之间，从而形成油膜的轴承。

（二）非液体摩擦轴承（图 20-1b）

当轴承不具备形成液体摩擦的条件时，轴颈与轴承的工作表面之间虽有润滑油存在，但不能将工作表面完全隔开，仍有部分凸起表面金属发生直接接触，在这种状况下工作的轴承称为非液体摩擦轴承。这种轴承的摩擦系数大约为 0.01～0.08，因而磨损较大。

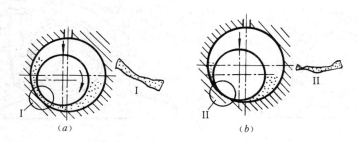

图 20-1 滑动轴承的摩擦状态

在机械中，虽然广泛地采用滚动轴承，但在许多情况下又必须采用滑动轴承，这是因为滑动轴承具有一些滚动轴承不能代替的特点。

二、滑动轴承的特点和应用

与滚动轴承比较，滑动轴承具有下列主要优点：

1. 寿命长、适于高速。如汽轮机、大型电动机等多用液体摩擦滑动轴承。
2. 耐冲击、能吸振、承载能力大。如冲床、轧钢机械以及往复式机械中多用滑动轴承。
3. 回转精度高、运转平稳而无噪声。如磨床主轴和其他精密机床的主轴多用滑动轴承。

非液体摩擦滑动轴承结构简单、装拆方便、成本低廉，广泛应用于水泥搅拌机、滚筒清砂机、破碎机等。

滑动轴承也有一些缺点：液体摩擦轴承设计、制造、润滑维护要求较高；非液体摩擦轴承摩擦损失大，磨损严重，但因结构简单，在机械中的应用仍然比较广泛。

下面主要介绍非液体摩擦滑动轴承。

§20-2 非液体摩擦滑动轴承的结构

滑动轴承按承受载荷的方向，可分为向心滑动轴承（承受径向载荷）和推力滑动轴承（承受轴向载荷）两大类：

一、向心滑动轴承的结构

常用的向心滑动轴承，我国机械工业部已制订了有关标准，通常可根据工作条件选用。其主要结构形式有整体式和部分式两种：

（一）整体式滑动轴承

如图 20-2 所示，整体式滑动轴承由轴承座 1、轴套 2 和紧定螺钉 3 组成，轴承座的顶部设有装油杯的螺纹孔。这种轴承构造简单、制造方便、成本低廉。但装拆时必须经过轴端，而且磨损后轴颈和轴套之间的间隙无法调整，故多用于轻载、低速或间歇工作的机械上，如手动机械、农业机械等。这种轴承结构尺寸已经标准化。

（二）剖分式滑动轴承

这种轴承通常由轴承座 1、轴承盖 2、剖分轴瓦 3 和螺栓 4 组成。根据载荷方向的不同，它分有水平剖分（图 20-3）和斜剖分两种。径向载荷的作用线不应超出中心线左右 35°。

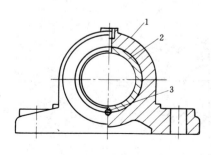

图 20-2 整体式滑动轴承
1—轴承座；2—轴套；3—紧定螺钉

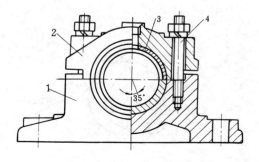

图 20-3 剖分式滑动轴承
1—轴承座；2—轴承盖；3—剖分轴瓦；4—螺栓

为了防止轴承盖和轴承座横向错动和便于装配对中,轴承盖和轴承座的剖分面均制成阶梯状。当轴承受到横向力时,还能防止轴承盖与轴承座的相对移动,避免螺栓受横向载荷。剖分面间放有少量垫片,以便在轴瓦磨损后,借助减少垫片来调整轴颈与轴瓦之间的间隙。轴承盖顶部有螺纹孔用以安装油杯。

轴承座和轴承盖一般用灰铸铁制造,只有在载荷很大或有冲击时才用铸钢制造。

剖分式轴承便于装拆和调整间隙,因此得到广泛应用,其结构尺寸已标准化。

二、推力滑动轴承的结构

图20-4所示是一种常见的推力轴承的结构型式。它由轴承座1、轴套2、向心轴瓦3和推力轴瓦4组成。为了便于对中,推力轴瓦底部制成球面,销钉5用来防止推力轴瓦4随轴转动。润滑油从下部油管注入,从上部油管导出。

轴颈的结构(图20-5)有空心、环形、和多环等型式,其工作表面是轴的端面或环形平面。载荷较小时,可采用空心端面推力轴颈(图20-5a)和环形轴颈(图20-5b)。载荷较大时,可采用多环形推力轴颈(图20-5c)。多环轴颈可承受双向轴向载荷。推力轴颈基本尺寸可按表20-1经验公式确定。

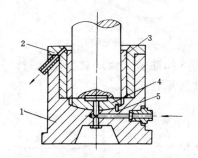

图20-4 推力滑动轴承
1—轴承座;2—轴套;3—向心轴瓦
4—推力轴瓦;5—销钉

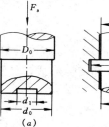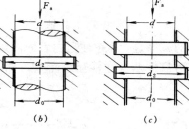

图20-5 几种型式的推力轴颈
(a) 空心;(b) 单环形;(c) 多环形

推力轴颈基本尺寸 表20-1

符号	名称	说明
D_0、d	轴直径	由计算决定,多环推力轴承的承压面积为
d_0	推力轴颈直径	$A=\dfrac{\pi}{4}(d_2^2-d_0^2)Z$
d_1	空心轴颈内径	$(0.4\sim 0.6)d_0$
d_2	轴环外径	$(1.2\sim 1.6)d$
b	轴环宽度	$(0.11\sim 0.15)d$
K	轴环距离	$(2\sim 3)b$
Z	轴环数	$Z\geqslant 1$ 由计算和结构定

§20-3 轴瓦结构和轴瓦材料

轴瓦是轴承中直接与轴颈接触的部分。非液体润滑轴承的工作能力与使用寿命在很大程度上取决于轴瓦的结构和材料的选择是否合理。

一、轴瓦的结构

根据安装条件的不同,轴瓦可以制成整体式和剖分式两种。

(一)整体式轴瓦(轴套)

图 20-6a 是光滑轴套。图 20-6b 是带纵向油槽的轴套。

轴瓦的公称直径(内径)与轴颈的直径相同。轴瓦宽度按选定的宽径比 B/d 确定。轴瓦外径 D 可按有关标准或按 $D \approx (1.15 \sim 1.30)d$ 确定。

(二)剖分式轴瓦

图 20-7 所示为铸造剖分式轴瓦,它是由下、上两半组成。为使轴瓦既有一定的强度,又

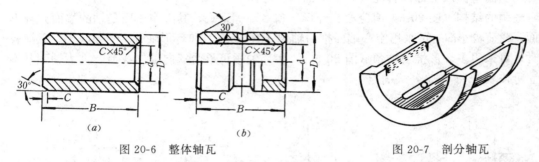

图 20-6 整体轴瓦　　　　　　图 20-7 剖分轴瓦

具有良好的减摩性,常在轴瓦内表面浇注一层减摩性好的材料(如轴承合金),称为轴承衬。轴承衬应可靠地贴合在轴瓦表面上,其结合形式,如图 20-8 所示。

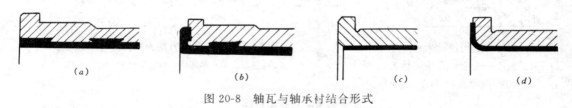

图 20-8 轴瓦与轴承衬结合形式

轴瓦上开有油孔和油沟,常见的油沟形式如图 20-9 所示。轴向油沟也不应在轴瓦全长方向开通,以免润滑油由端部泄漏。

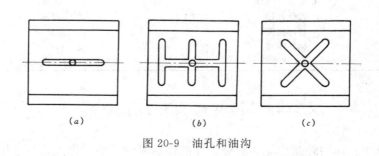

图 20-9 油孔和油沟

二、轴瓦的材料

主要指轴瓦和轴承衬材料。常见的失效形式是磨损和胶合。因此，对轴承材料的主要要求是：

1. 良好的减摩性、耐磨性和抗胶合性；
2. 良好的跑合性、顺应性和嵌藏性；
3. 足够的抗压强度和疲劳强度；
4. 良好的导热性、加工工艺性和耐腐蚀性等；
5. 成本低。

一种材料要完全具备上述性能是不可能的，而且某些性能彼比矛盾。因此，应根据具体情况满足主要使用要求和性能来选择材料。

常用的轴瓦和轴承衬材料有下列几种：

（一）轴承合金（又称巴氏合金或白合金）。

主要是锡（Sn）、铅（Pb）、锑（Sb）、铜（Cu）的合金。轴承合金分为以锡基和铅基为基本成份的锡锑轴承合金和铅锑轴承合金两大类：锡锑轴承合金常用于高速重载的轴承；但价格较贵且机械强度较差，因此只能作为轴承衬材料。铅锑轴承合金，一般用于中速、中载的轴承；这种材料较脆，不宜受冲击载荷。

（二）铜合金

主要有锡磷青铜、锡锌铅青铜和铝铁青铜。锡磷青铜性能最好，它与锡锌铅青铜多用于整体轴瓦或轴套，一般用于中速重载或中速中载。铝铁青铜机械强度高、硬度也较高，与其相配合的轴颈必须淬硬，一般用于低速重载的轴承。

（三）其他轴承材料

含油轴承，用粉末冶金法（经制粉、成型、烧结等工艺）做成的轴承，是一种多孔性组织，孔隙内贮存一定量的润滑油。加一次油可用较长时间，常用于加油不方便的场合。

橡胶轴承，有弹性，可减轻振动，运转平稳，常用于砂石清洗机、钻机等有泥沙的场合。

塑料轴承，具有摩擦系数低，可塑性与饱和性能良好，耐磨与耐蚀，可以用水、油及化学溶液润滑等优点；但是它导热性差，膨胀系数较大，容易变形，可将薄层塑料作为轴承衬材料粘附在金属轴瓦上使用。

表 20-2 中给出常用轴瓦及轴承衬材料的性能。

常用轴承材料的性能　　　　　　　　　　表 20-2

轴瓦材料		最大许用值			最高温度 t（℃）	最小轴颈硬度 (HBS)	应　用
		$[p]$ (MPa)	$[v]$ (m/s)	$[pv]$ (MPa·m/s)			
铸锡锑轴承合金	ZChSnSb11Cu6	平稳载荷			150	150	用于高速、重载下工作的重要轴承，变载荷下易疲劳，价高
		25	80	20			
		冲击载荷					
		20	60	15			
铸铅锑轴承合金	ZChPbSb16Sn16Cu2	15	12	10	150	150	用于中速、中等载荷，不易受冲击载荷

续表

轴瓦材料		最大许用值			最高温度 t（℃）	最小轴颈硬度（HBS）	应用
		$[P]$ (MPa)	$[v]$ (m/s)	$[Pv]$ (MPa·m/s)			
铸锡青铜	ZCuSn10P1	15	10	15	280	300～400	用于中速、重载及变载荷的轴承
	ZCuSn5Pb5Zn5	5	3	10			用于中速、中等载荷的轴承
铸铅青铜	ZCuPb30	21～28	12	30	250～280	300	用于高速、重载、承受变载和冲击载荷
铸铝青铜	ZCuAl10Fe3	15	4	12	280		用于低速、重载轴承，润滑要充分
铸黄铜	ZCuZn38Mn2Pb2	10	1	10	200	200	用于低速、中等载荷轴承
三层金属	（镀轴承合金）	14～35	—		170	200～300	以低碳钢为瓦背，铜、铝为中间层，上镀轴承合金
灰铸铁	HT150、HT200、HT250	0.1～0.6	3～0.75	0.3～4.5	150	200～250	用于低速、轻载不重要轴承，价格低
非金属材料	酚醛塑料	40	12	0.5	110	—	抗胶合性好，强度好，导热性差，可用水润滑
	聚四氟乙烯	3.5	0.25	0.035	280	—	摩擦系数低，自润滑性好，耐腐蚀性好
	碳—石墨	4	12	0.5	420	—	用于要求清洁工作的机器中，有自润滑性，耐化学腐蚀
	橡胶	0.35	20		80	—	用于与水、泥浆接触的轴承，能隔振，导热性差
	木材	14	10	0.4	90	—	有自润滑性，耐油、酸及其它化学药品

§20-4 润滑剂和润滑装置

轴承的润滑目的在于降低摩擦功耗，减轻磨损，同时还起冷却、吸振和防锈的作用。

一、润滑剂

润滑剂可分为：液体润滑剂—润滑油；半固体润滑剂—润滑脂；固体润滑剂—石墨、二硫化钼等。

润滑性能最好的是润滑油，但润滑脂比较经济，固体润滑剂主要应用于某些特殊场合。其中以润滑油和润滑脂用得最多。

二、润滑油及润滑脂的主要性能指标

最常用的润滑油是矿物油；最常用的润滑脂是钙基润滑脂、钠基润滑脂和锂基润滑脂，其主要物理、化学性能指标有：

（一）粘度 粘度是润滑油的重要性能指标，它反映了润滑油流动时内摩擦阻力的大小，

是润滑油膜厚度和承载能力的主要影响因素。

图 20-10 为两块平行平板被润滑油隔开作相对运动的情况。

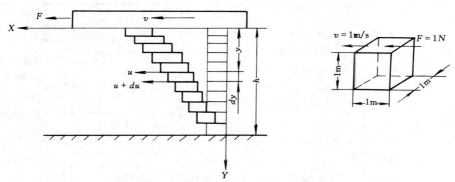

图 20-10　平板间粘性流体的流动及动力粘度

两板间的油膜厚度为 h，下板静止不动，上板在切向力 F 的作用下以速度 v 移动。若忽略板自重，吸附在上板上的油层随上板运动；吸附在下板上的油层随下板保持静止，中间油层发生相对滑动，各油层受到的水平剪切应力为

$$\tau = \frac{F}{A}$$

式中　A——移动平板的面积；
　　　F——上板所受切向力。

根据牛顿流体流动定律，剪切应力 τ 与流体速度梯度成正比，即

$$\tau = -\mu \frac{\mathrm{d}u}{\mathrm{d}y}$$

或

$$\mu = -\frac{F}{A} \frac{1}{\dfrac{\mathrm{d}u}{\mathrm{d}y}} \qquad (20\text{-}1)$$

式中　比例常数 μ 称为动力粘度；负号表示流体速度 u 随 y 的增加而减小。

由上式可知，剪切应力就是油层单位面积上的内摩擦阻力。在其它条件一定时，动力粘度 μ 大，液体摩擦阻力就大；μ 小则内摩擦阻力小。在国际单位制中，μ 的单位是 $N \cdot s/m^2$，记为 $Pa \cdot s$。

润滑油的粘度还可以用动力粘度 μ 与同温度下润滑油密度 ρ 的比值表示，称为运动粘度，用 ν 表示，即

$$\nu = \frac{\mu}{\rho}$$

ν 的国际单位制是 m^2/s。常用的矿物油密度 $\rho = 850 \sim 900 kg/m^3$。

工业上常用运动粘度来标定润滑油的粘度。根据国家标准，润滑油产品油标号一般按运动粘度的平均值（单位为 mm^2/s）划分。例如 N32 机械油，即表示在 40℃ 时的运动粘度平均值为 $32mm^2/s$。常用润滑油粘度牌号及性质见表 20-3。

常用润滑油粘度牌号及其性质　　　　　表 20-3

名称	牌号	运动粘度 (mm²/s)		闪点 不低于 (℃)	凝点 不高于 (℃)	主要用途
		40℃	50℃			
机械油 (GB443-84)	5	4.14～5.06	3.27～3.91	110	−10	用于对润滑油无特殊要求的轴承、齿轮和其他低负荷机械
	7	6.12～7.48	4.63～5.52			
	10	9.00～11.00	6.53～7.83	125		
	15	13.5～16.5	9.43～11.3	165	−15	
	22	19.8～24.2	13.6～16.3	170		
	32	28.8～35.2	19.0～22.6			
	46	41.4～50.6	26.1～31.3	180	−10	
	68	61.2～74.8	37.1～44.4	190		
	100	90.0～110	52.4～66.0	210	0	
	150	135～165	75.9～91.2	220		

润滑油的温度对油的粘度影响很大。油温升高，粘度减小；油温下降，粘度增大。这一特性称为粘温特性，几种常用润滑油的粘温特性可用如图 20-11 所示的粘度—温度曲线表示。

(二)凝点　它是润滑油冷却到不能流动时的最高温度值。表示了润滑油耐低温的性能。在低温情况下工作的轴承，应选用凝点低的润滑油。

(三)闪点　闪点是润滑油在火焰下闪烁时的最低温度。表示了润滑油耐高温的性能。在高温情况下工作的轴承，其工作温度应低于润滑油的闪点 20℃～30℃，以保证安全。

(四)针入度　针入度是表征润滑脂稀稠度的指标。针入度越小，表示润滑脂越稠；反之，流动性越大。

三、润滑剂的选择

(一) 润滑油的选择

润滑油的选择一般是指润滑油粘度的选择。选择粘度时，应考虑轴承压力、滑动速度、摩擦表面状况及润滑方式等条件。一般原则是：

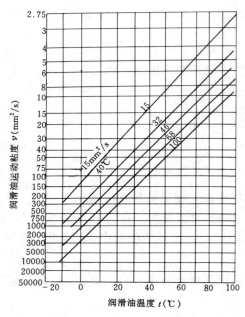

图 20-11　机械油粘度—温度曲线

1. 压力大或冲击、变载荷等工作条件下，应选用粘度较高的润滑油。
2. 滑动速度高，易形成油膜，应选用粘度较低的润滑油。
3. 轴承工作温度较高，应选用粘度高的润滑油。
4. 摩擦工作面粗糙或未经跑合，应选用粘度高的润滑油。

润滑油的选择可参考表 20-4。

滑动轴承润滑油选择（工作温度＜60℃） 表 20-4

轴颈速度 v (m/s)	平均比压 $p<3$MPa	轴颈速度 v (m/s)	平均比压 $p=3\sim7.5$MPa
＜0.1	160、150 机械油	＜0.1	50 机械油
0.1～0.3	68、100 机械油	0.1～0.3	100、150 机械油
0.3～2.5	46、68 机械油	0.3～0.6	100 机械油
2.5～5	32、46 机械油	0.6～1.2	68、100 机械油
5～9	15、22、32 机械油	1.2～2	68 机械油
＞9	7、10、15 机械油		

（二）润滑脂的选择

润滑脂的选择主要根据轴承的工作温度。钙脂应用于 55℃～75℃以下；钠脂比钙脂耐热，但怕水，工作温度可达 120℃；锂脂有一定的抗水性和较好的稳定性，适用于−20℃～120℃、较潮湿的环境中工作的轴承润滑。一般在轴承相对滑动速度 v 低于 1～2m/s 时或不易注润滑油的场合。

四、润滑方法和润滑装置

为了保证轴承良好的润滑状态，除合理地选择润滑剂外，润滑方法和润滑装置的选择也是十分重要的。下面介绍常用的润滑方法和润滑装置。

（一）油润滑　分间歇润滑和连续润滑两种。

1. 间歇润滑　一般用油壶或油杯向油孔注入润滑油。这种润滑方法只适用于低速不重要的轴承或间歇工作的轴承。

2. 连续润滑　常用的有以下几种：

（1）针阀式油杯（图 20-12a）

当手柄 5 直立时，针阀 2 被提起，润滑油则经油孔自动滴到轴颈上。不需供油时，将手柄横放，针阀即堵住油孔。调节螺母 4 可调节针阀下端油口大小以控制供油量。

（2）芯捻式油杯（图 20-12b）

依靠毛线或棉纱的毛细管作用，将油杯中的润滑油滴入轴承。虽然给油是自动连续的，但不能调节供油量。停车时仍在继续供油，不太经济。

（3）油环润滑（图 20-12c）

油杯靠摩擦力随轴转动，将附着在油环上的油飞溅到箱壁上经油沟导入轴承或直接甩到轴承工作面上润滑轴承。

此外，还有压力循环润滑，是利用油泵将一定压力的油经油路导入轴承。这种供油方法供油量充足，润滑可靠，并有冷却和冲洗轴承的作用。但润滑装置结构复杂、费用较高。常用于重载、高速或载荷变化较大的轴承中。

（二）脂润滑　只能间歇供油。常用润滑装置，如图 20-13a 所示的旋盖注油油杯和图 20-

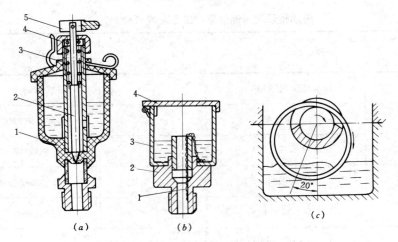

图 20-12 供油方法与供油装置
(a) 针阀油杯；(b) 芯捻油杯；(c) 油环润滑
1—杯体；2—针阀；3—弹簧；1—油芯；2—接头；
4—调节螺母；5—手柄；3—杯体；4—盖

13b 所示的压注油杯。旋盖注油油环靠旋紧杯盖将杯内润滑脂压入轴承工作面；压注油杯靠油枪压注润滑脂至轴承工作面。

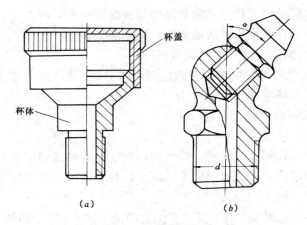

图 20-13 脂润滑装置
(a) 旋盖注油油杯；(b) 压注油杯

§20-5 非液体摩擦滑动轴承的计算

非液体润滑轴承可以用润滑油或润滑脂润滑。对于速度低、载荷大、有冲击或间歇工作的轴承，往往按非液体润滑轴承设计。

非液体摩擦滑动轴承的工作表面，在工作时可能有局部的金属接触，摩擦和磨损较大，严重时可引起轴承过度发热和胶合。因此，设计时主要是使轴颈和轴承之间保持一定的润滑油膜，以减少轴承磨损和发热。但是影响油膜的因素很复杂，目前还不能用简单的计算公式表达。实践证明，可适当限制平均比压 $p \leqslant [p]$，摩擦功 $pv \leqslant [pv]$，相对滑动速度 $v \leqslant [v]$，以保证轴承的摩擦状态。

一、向心滑动轴承的设计计算

在设计向心滑动轴承时，首先根据使用要求及工作条件，确定轴承类型和结构。通常，轴颈直径 d、转速 n 和轴承载荷 F 已知，轴承工作宽度 B 可按宽径比 $B/d=0.8\sim1.5$ 选定，由表 20-2 选取轴瓦材料，然后按下述方法进行计算。

（一）限制轴承的平均比压 p

限制平均比压目的是为了防止在载荷作用下润滑油被完全挤出，应保证一定的润滑而不致造成过度的磨损，其验算式为

$$p = \frac{F}{Bd} \leqslant [p] \quad MPa \tag{20-2}$$

式中　F——作用在轴承上的径向载荷，N；
　　　B——轴瓦的工作宽度，mm；
　　　d——轴颈直径，mm；
　　　$[p]$——许用比压，MPa，其值见表 20-2。

（二）限制轴承的 pv 值

v 是轴颈表面圆周速度（m/s），pv 值表征轴承单位投影面积的摩擦功耗，pv 值愈大，摩擦产生的热愈多，轴承温升愈高，润滑油的粘度下降，轴承可能产生胶合，因此要限制 pv 值，即

$$pv = \frac{F}{Bd} \cdot \frac{\pi dn}{60 \times 1000} = \frac{Fn}{19100B} \leqslant [pv] \quad MPa \cdot m/s \tag{20-3}$$

式中　n——轴颈转速，r/min；
　　　$[pv]$——pv 的许用值，见表 20-2。

（三）限制轴承的相对滑动速度 v

载荷较轻、速度较高的轴承，即使 p 与 pv 值都在许用范围内，也可能由于过高的相对滑动速度而引起轴承加速磨损，因此，还应限制相对滑动速度。即

$$v = \frac{\pi dn}{60 \times 1000} \leqslant [v] \quad m/s \tag{20-4}$$

式中　$[v]$——轴承材料的许用速度，m/s，见表 20-2。

轴承宽度与轴颈直径之比（B/d）称为宽径比。轴承太宽或太窄，都会降低承载能力。如轴承太宽，则当轴颈偏斜时会产生边缘接触，破坏油膜，引起边缘迅速磨损；如轴承太窄，则由于润滑油自轴承两端很快泄漏，同样会造成过快的摩损。一般推荐 $B/d=0.8\sim1.5$。对于 $B/d>1.5$ 的轴承，应采用自动调位轴承。

二、推力滑动轴承的设计计算

推力滑动轴承的计算方法和向心滑动轴承相同，其计算公式为（参见图 20-5）

（一）限制轴承的比压 p

$$p = \frac{F_a}{\frac{\pi}{4}(d_2^2 - d_0^2)\varphi z} \leqslant [p] \quad MPa \tag{20-5}$$

式中　F_a——作用在轴承上的轴向载荷，N；
　　　d_2，d_0——分别为轴环外径和轴颈直径，mm（图 20-5）；
　　　　　φ——考虑油沟使止推面面积减小的系数，通常取 $\varphi=0.9\sim0.95$；
　　　　　z——推力环数目；
　　　　$[p]$——许用比压 MPa（参见表 20-2）。

（二）计算 pv_m 值

$$pv_m \leqslant [pv] \quad \text{MPa·m/s} \tag{20-6}$$

$$v_m = \frac{\pi d_m n}{60 \times 1000} \quad \text{m/s}$$

$$d_m = \frac{d_2 + d_0}{2} \quad \text{mm}$$

式中　v_m——环形推力面的平均速度，m/s；
　　　d_m——环形推力面的平均直径，mm；
　　$[pv]$——pv_m 的许用值（参见表 20-2）。

从理论上讲，载荷一定时，增加环数 z，可以减小轴承的径向尺寸，但实际上 z 越大，各环受力越不均匀。因此，多环轴颈的环数不宜太多。考虑到各环受力的不均匀，多环轴承的 $[p]$ 和 $[pv]$ 值按表 20-2 中所列数值的 50% 计算。

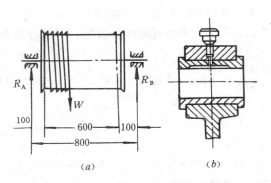

图 20-14　电动绞车两端的滑动轴承

【例 20-1】　试按非液体润滑状态设计电动绞车中卷筒两端的滑动轴承。钢绳拉力 W 为 20000N，卷筒转速为 25r/min，结构尺寸如图 20-14a 所示，其中轴颈直径 $d=60$mm。

【解】

1. 确定轴承结构及润滑方式

采用剖分式向心滑动轴承；旋盖式黄油杯注油润滑。

2. 选择材料

该轴承为低速、重载，选用铸铝青铜 ZCuAl10Fe3 材料，与其相配合的轴颈必须淬硬。由表 20-2 查得 $[p]=15$MPa，$[v]=4$m/s，$[pv]=12$MPa·m/s。

3. 求滑动轴承上的径向载荷 F

当钢绳在卷筒中间时，两端滑动轴承受力相等，且为钢绳上拉力之半。但是，当钢绳绕在卷筒边缘时，一侧滑动轴承上受力达最大值为

$$F = R_B = W \times \frac{700}{800}$$
$$= 20000 \times \frac{700}{800}$$
$$= 17500\text{N}$$

4. 确定轴承宽度

轴承载荷为重载，取宽径比为 $B/d=1.2$，则

$$B = 1.2 \times 60 = 72\text{mm}$$

5. 校核轴承平均比压 p，相对滑动速度 v 和 pv 值

$$p = \frac{F}{Bd} = \frac{17500}{72 \times 60} = 4.05\text{MPa}$$
$$< 15\text{MPa}$$

$$v = \frac{\pi dn}{60 \times 1000} = \frac{3.14 \times 60 \times 25}{60 \times 1000}$$
$$= 0.08\text{m/s} < 4\text{m/s}$$

$$pv = \frac{Fn}{19100B} = \frac{17500 \times 25}{19100 \times 72}$$
$$= 0.32\text{MPa} \cdot \text{m/s} < 12\text{MPa} \cdot \text{m/s}$$

由计算可知所选轴承材料和尺寸符合要求。

习 题

20-1 试述滑动轴承润滑状态的类型，各有何特点？

20-2 为什么滑动轴承要分为轴承座和轴瓦，有时又在轴瓦上覆以一层轴承衬？

20-3 轴承材料通常应满足哪些要求？常用的轴承材料有哪些？

20-4 已知向心滑动轴承，所受径向载荷 $F_r = 15000\text{N}$，轴颈转速为 $n = 900\text{r/min}$，轴瓦材料为 ZCuSn10P1，当轴瓦宽径比 $B/d = 1$ 时，求轴瓦尺寸。

20-5 已知一起重机卷筒的滑动轴承所承受的载荷 $p = 100000\text{N}$，轴颈直径 $d = 90\text{mm}$，轴的转速 $n = 9\text{r/min}$，轴承材料采用铸造青铜，试设计此轴承。

20-6 已知一减速器中的滑动轴承，轴承衬材料 ZChPbSb16Sn16Cu2，承受径向载荷 $F = 35000\text{N}$，轴颈直径 $d = 190\text{mm}$，工作宽度 $B = 250\text{mm}$，转速 $n = 150\text{r/min}$，试校核轴承是否可用。

第二十一章 滚 动 轴 承

滚动轴承是机械设备中广泛使用的机械零件之一。滚动轴承已经标准化，由专门的工厂进行生产。对机械设计者来说，主要是正确的选用轴承的类型和尺寸，并合理地进行滚动轴承组合的结构设计。

§21-1 滚动轴承的结构、类型和代号

一、滚动轴承的结构

滚动轴承通常由内圈 1、外圈 2、滚动体 3 和保持架 4 组成，如图 21-1 所示。

一般内、外圈上有滚道，其作用一方面可限制滚动体沿轴向移动，同时又能降低滚动体与内、外圈之间的接触应力。

滚动体有多种形式，以适应不同类型滚动轴承的结构要求。常见的滚动体形状有球形、短圆柱滚子、圆锥滚子、球面滚子、滚针等，如图 21-2 所示。

保持架把滚动体彼此隔开，避免滚动体相互接触，以减少摩擦与磨损。

工作时轴承内圈与轴颈配合，外圈与轴承座配合。常见的是内圈随轴一起转动，外圈固定不动，但也可以是外圈转动而内圈不动，或内、外圈同时转动。

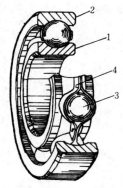

图 21-1 滚动轴承的构造
1—内圈；2—外圈；
3—滚动体；4—保持架

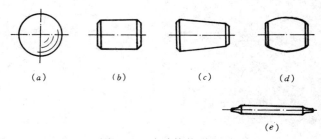

图 21-2 滚动体的形状

内、外圈和滚动体的材料应具有较高的硬度和接触疲劳强度，良好的耐磨性和冲击韧性。常用 GCr15 或 GCr15SiMn 等含铬合金钢并淬火制成。经热处理后硬度可达 HRC61～65。保持架多用软钢或青铜冲压而成，也可用塑料等材料制造。

二、滚动轴承的基本类型和特点

接触角是滚动轴承的一个主要参数，滚动轴承的分类和受力分析都与接触角有关。表 21-1 列出了各类轴承（以球轴承为例）的公称接触角。

各类轴承的公称接触角　　　　　　　　表 21-1

轴承种类	向心轴承		推力轴承	
	径向接触	角接触	角接触	轴向接触
公称接触角 α	$\alpha=0°$	$0°<\alpha\leq45°$	$45°<\alpha<90°$	$\alpha=90°$
图例（以球轴承为例）				

滚动体与套圈接触处的法线与轴承径向平面（垂直于轴承轴心线的平面）之间的夹角 α 称为公称接触角。公称接触角越大，轴承承受轴向载荷的能力也越大。

按滚动轴承所能承受的载荷方向或公称接触角的不同可分为：

（一）向心轴承　主要用于承受径向载荷，其公称接触角为 $0°\sim45°$。

（二）推力轴承　主要用于承受轴向载荷，其公称接触角为 $45°\sim90°$（见表 21-1）。

滚动轴承按其滚动体的形状不同，可分为球轴承和滚子轴承。滚子轴承按滚子种类又分为圆柱滚子轴承；圆锥滚子轴承；球面滚子轴承和滚针轴承等（见图 21-2）。

滚动轴承外圈滚道是球面形的，球心在轴孔中心线上，能适应两滚道轴心线不同心或轴变形而产生的角偏差，这种轴承称为调心轴承（如图 21-3）所示。

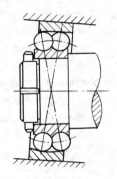

图 21-3　自动调心

常用滚动轴承类型及主要特性（见表 21-2）。

三、滚动轴承代号的构成

滚动轴承的类型很多，而各类轴承又有不同的结构、尺寸、精度和技术要求，为了便于组织生产和选用，国家标准 GB/T272—93 规定了滚动轴承的代号。轴承代号由基本代号、前置代号和后置代号构成，其排列按下图。

　　　　前置代号　　基本代号　　后置代号

（一）基本代号（滚针轴承除外）

基本代号由轴承类型代号、尺寸系列代号、内径代号构成（见表 21-3）。

表 1 中类型代号用阿拉伯数字（以下简称数字）或大写拉丁字母（以下简称字母）表示，尺寸系列代号和内径代号用数字表示。

例：6204　6—类型代号，2—尺寸系列（02）代号，04—内径代号

　　　N2210　N—类型代号，22—尺寸系列代号，10—内径代号

常用滚动轴承的基本类型特性和应用　　　　表 21-2

轴承名称	深沟球轴承	调心球轴承	圆柱滚子轴承	调心滚子轴承	滚针轴承	角接触球轴承	圆锥滚子轴承	推力球轴承	推力调心滚子轴承
结构简图及类型代号	6000	1000	N000	20000C	NA0000	7000	$\alpha = 11°\sim 16°$ 3000	50000	29000
承载方向	↔	↔	↑	↔	↑	↱	↱	↓	⊥
允许偏转角	$2'\sim 10'$	$2°\sim 3°$	$2'\sim 4'$	$2°\sim 3°$	$2'\sim 6'$	$2'\sim 10'$	$2'$	不允许	$2°\sim 3°$
主要特性和应用	主要承受径向载荷，同时也可以承受一定量的轴向载荷。当转速较高，轴向载荷不大时，可以代替推力球轴承承受纯轴向载荷。承载能力较低，不耐冲击，不适用于重载	主要承受径向载荷，同时也能承受少量的轴向载荷。能自动调心，适用于轴变形较大及难以准确安装之处	能承受较大的径向载荷，不能承受轴向载荷，可轴向游动。内、外圈可以分别安装。适用于刚度较大的轴及轴承孔有较高的同心度的支承上	能承受很大的径向载荷，同时也可以承受少量的轴向载荷。能自动调心，适用于载荷较大，轴变形较大之处	只能承受径向载荷，径向尺寸小，一般无保持架，滚针间摩擦大。可以不带内圈或外圈。安装时要内外圈轴线平行。不允许内外圈轴线倾斜	内、外圈可分别安装。能同时承受径向和轴向载荷。接触角愈大承受轴向载荷的能力愈大。承受径载时会引起内部轴向力，因此，一般常成对使用 7000AC $\alpha = 25°$ 7000B $\alpha = 40°$ 7000C $\alpha = 15°$ 内外圈不能分离	主要承受以径向载荷为主的径向与轴向载荷。内外圈可分别安装，游隙可以调整。承受径向载荷时，会引起轴向力，一般成对使用	只能承受轴向载荷，且载荷作用线必须与轴承轴线重合，不允许有角偏位。高速时，较大的离心力使滚动体与保持架摩擦，发热严重。故一般用于轴向载荷大而转速较低之处	能承受很大的轴向载荷和一定的径向载荷。能自动调心，适用于重负荷和要求调心性能好的场合

表 21-3

基 本 代 号		
类 型 代 号	尺寸系列代号	内 径 代 号

1. 类型代号

轴承类型代号用数字或字母按表 21-4 表示。

表 21-4

代号	轴 承 类 型	代号	轴 承 类 型
0	双列角接触球轴承	N	圆柱滚子轴承
1	调心球轴承		双列或多列用字母 NN 表示
2	调心滚子轴承和推力调心滚子轴承	U	外球面球轴承
3	圆锥滚子轴承		
4	双列深沟球轴承	QJ	四点接触球轴承
5	推力球轴承		
6	深沟球轴承		
7	角接触球轴承		
8	推力圆柱滚子轴承		

注：在表中代号后或前加字母或数字表示该类轴承中的不同结构。

2. 尺寸系列代号

尺寸系列代号由轴承的宽（高）度系列代号和直径系列代号组合而成。

向心轴承、推力轴承尺寸系列代号（见表 21-5）。

表 21-5

直径系列代号	向 心 轴 承								推 力 轴 承			
	宽 度 系 列 代 号								高 度 系 列 代 号			
	8	0	1	2	3	4	5	6	7	9	1	2
	尺 寸 系 列 代 号											
7	—	—	17	—	37	—	—	—	—	—	—	—
8	—	08	18	28	38	48	58	68	—	—	—	—
9	—	09	19	29	39	49	59	69	—	—	—	—
0	—	00	10	20	30	40	50	60	70	90	10	—
1	—	01	11	21	31	41	51	61	71	91	11	—
2	82	02	12	22	32	42	52	62	72	92	12	22
3	83	03	13	23	33	—	—	—	73	93	13	23
4	—	04	—	24	—	—	—	—	74	94	14	24
5	—	—	—	—	—	—	—	—	—	95	—	—

3. 常用的轴承类型、尺寸系列代号及由轴承类型代号、尺寸系列代号组成的组合代号按表 21-6。

表 21-6

轴承类型		简图	类型代号	尺寸系列代号	组合代号	标准号
调心球轴承			1 (1) 1 (1)	(0) 2 22 (0) 3 23	12 22 13 23	GB/T281
调心滚子轴承			2 2 2 2 2 2 2 2	13 22 23 30 31 32 40 41	213 222 223 230 231 232 240 241	GB/T283
圆锥滚子轴承			3 3 3 3 3 3 3 3 3 3	02 03 13 20 22 23 29 30 31 32	302 303 313 320 322 323 329 330 331 332	GB/T297
推力球轴承	推力球轴承		5 5 5 5	11 12 13 14	511 512 513 514	GB/T301
	双向推力球轴承		5 5 5	22 23 24	522 523 524	GB/T301
深沟球轴承			6 6 6 6 16 6 6 6 6	17 37 18 19 (0) 0 (1) 0 (0) 2 (0) 3 (0) 4	617 637 618 619 160 60 62 63 64	GB/T276 GB/T4221
角接触球轴承			7 7 7 7 7	19 (1) 0 (0) 2 (0) 3 (0) 4	719 70 72 73 74	GB/T292

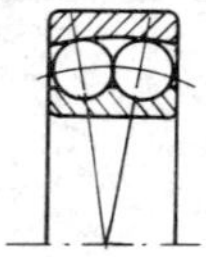

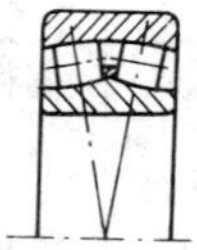

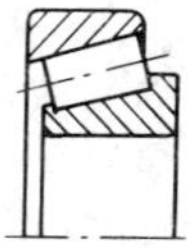

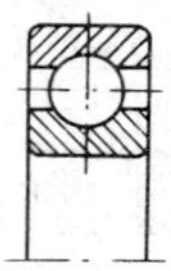

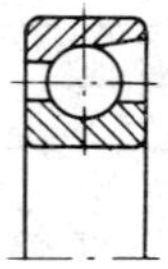

续表

轴承类型	简图	类型代号	尺寸系列代号	组合代号	标准号
外圈无挡边圆柱滚子轴承		N N N N N	10 (0) 2 22 (0) 3 23 (0) 4	N10 N2 N22 N3 N23 N4	GB/T283
内圈无挡边圆柱滚子轴承		NU NU NU NU NU NU	10 (0) 2 22 (0) 3 23 (0) 4	NU10 NU2 NU22 NU3 NU23 NU4	
内圈单挡边并带平挡圈圆柱滚子轴承		NUP NUP NUP NUP	(0) 2 22 (0) 3 23	NUP2 NUP22 NUP3 NUP23	
四点接触球轴承		QJ QJ	(0) 2 (0) 3	QJ2 QJ3	GB/T294

注：表中用"（ ）"号括住的数字表示在组合代号中省略。

4. 轴承公称内径代号（见表21-7）。

表 21-7

轴承公称内径 （mm）	内 径 代 号	示 例
0.6 到 10（非整数）	用公称内径毫米数直接表示，在其与尺寸系列代号之间用"/"分开	深沟球轴承 618/2.5 $d=2.5$
1 到 9（整数）	用公称内径毫米数直接表示，对深沟球轴承及角接触球轴承7、8、9直径系列，内径与尺寸系列代号之间用"/"分开	深沟球轴承 62 5 618/5 $d=5$mm
10 到 17	10　　　　00 12　　　　01 15　　　　02 17　　　　03	深沟球轴承 62 00 $d=10$mm
20 到 480（22, 28, 32 除外）	公称内径除以5的商数，商数为个位数，需在商数左边加"0"，如08	调心滚子轴承 232 08 $d=40$mm
大于和等于500以及22, 28, 32	用公称内径毫米数直接表示，但在与尺寸系列之间用"/"分开	调心滚子轴承 230/500 $d=500$mm 深沟球轴承 62/22 $d=22$mm

例：调心滚子轴承 23224，2—类型代号　32—尺寸系列代号　24—内径代号　$d=120$mm

（二）前置、后置代号

前置、后置代号是轴承在结构形状、尺寸、公差、技术要求等有改变时，在其基本代号左右添加的补充代号（见表21-8）。

表21-8

轴 承 代 号

前置代号	基本代号	后 置 代 号（组）							
		1	2	3	4	5	6	7	8
成套轴承分部件		内部结构	密封与防尘套圈变型	保持架及其材料	轴承材料	公差等级	游隙	配置	其他

1. 前置代号

前置代号用字母表示。代号及其含意见表21-9。

表21-9

代 号	含 意	示 例
L	可分离轴承的可分离内圈或外圈	LNU207 LN207
R	不带可分离内圈或外圈的轴承 （滚针轴承仅适用于NA型）	RNU207 RNA6904
K	滚子和保持架组件	K81107
WS	推力圆柱滚子轴承轴圈	WS81107
GS	推力圆柱滚子轴承座圈	GS81107

2. 后置代号

后置代号用字母（或加数字）表示。用到时查GB/T272—93。

（三）精度等级（见表21-10）

表21-10

代 号 对 照		示 例 对 照	
本标准	原标准	本 标 准	原标准
—	G	6203 公差等级为普通级的深沟球轴承	203
/P6	E	6203/P6 公差等级为6级的深沟球轴承	E203
/P6x	Ex	30210/P6x 公差等级为6x级的圆锥滚子轴承	Ex7210
/P5	D	6203/P5 公差等级为5级的深沟球轴承	D203
/P4	C	6203/P4 公差等级为4级的深沟球轴承	C203
/P2	B	6203/P2 公差等级为2级深沟球轴承	B203

表中/P2精度最高，—精度最低，即普通级。

【例 21-1】 试说明轴承代号 6203/P4 和 30210 的含意。

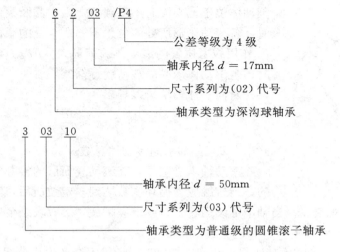

§21-2 滚动轴承类型的选择

滚动轴承是标准件，各类滚动轴承有不同的特性，因此选择滚动轴承类型时，必须根据轴承实际工作情况合理选择，一般应考虑下列因素：

一、载荷性质、大小和方向

1. 在相同外廓尺寸条件下，滚子轴承比球轴承承载能力和抗冲击能力大。故载荷大、有振动和冲击时应选用滚子轴承；载荷小，无振动和冲击时应选用球轴承。

2. 轴承主要承受径向载荷，应选向心轴承。轴承主要承受轴向载荷，应选推力轴承。轴承既承受径向载荷又承受轴向载荷，应选用角接触球轴承或圆锥滚子轴承。当轴向载荷比径向载荷大很多时，应选用向心轴承和推力轴承组合在一起的结构，以分别承受径向和轴向载荷。

二、转速的高低

在尺寸、精度等级相同时，球轴承的极限转速比滚子轴承高，故球轴承宜用于高速；而滚子轴承宜用于低速。

三、调心性能

对支点跨距大刚度差的轴，多支点轴或由其它原因而弯曲变形较大的轴，为适应轴的变形，应选用能适应内、外圈轴线有较大相对偏斜的调心轴承，如图 21-3 所示。

四、便于安装和拆卸

经常需要装拆和调整轴向间隙的轴承，应选用分离型的轴承，如圆锥滚子轴承。

五、球轴承比滚子轴承价廉，所以只要能满足基本要求，应优先选用球轴承

§21-3 滚动轴承的计算

一、滚动轴承的失效形式

（一）疲劳点蚀 图 21-4 所示为径向间隙为零的轴承，受纯径向载荷 F_r 时，各滚动体受力分布情况。设工作时轴承外圈固定，内圈转动，则内圈及滚动体位于上半圈时不受载荷。当内圈及滚动体位于下半圈时，各滚动体随所处的位置不同所承受的载荷也不同。处于 F_r 作用线上位置的滚动体载荷最大（F_{Qmax}），而远离作用线时，各滚动体承受的载荷就逐渐减小。

对向心球轴承可以导出

$$F_{Qamx} \approx \frac{5F_r}{Z}$$

式中　Z——轴承的滚动体总数。

滚动轴承受载后，其滚动表面层的接触应力是循环变化的，当接触应力循环次数达到一定数值后，滚动体或套圈滚

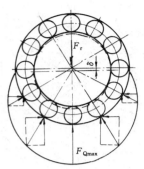

图 21-4　径向载荷的分布

道工作表面发生微观裂纹。当轴承继续运转，裂纹继续扩展，形成表层金属微小的片状剥落，即疲劳点蚀。

（二）塑性变形　当轴承转速很低或间歇摆动时，一般不会产生疲劳损坏。但在很大的静载荷或冲击载荷作用下，滚动体或内外圈滚道表面会产生过大的塑性变形使轴承失效。

此外，由于润滑不良，密封不严或保养不当等因素，能引起轴承磨损、擦伤和锈蚀，也可能引起内外圈及保持架破裂等不正常失效。实践证明，对设计合理、制造良好、安装和维护正常的轴承，最常见的失效形式是疲劳点蚀和塑性变形。对转动的滚动轴承，主要失效形式是疲劳点蚀，应进行轴承寿命计算；对不转动、摆动或低速轴承，主要失效形式是塑性变形，应进行静强度计算。

二、滚动轴承的寿命计算

（一）寿命计算的基本概念和计算公式

轴承寿命和基本额定寿命　轴承寿命是指一套滚动轴承，其中一个套圈或滚动体的材料出现第一个疲劳扩展迹象之前，一个套圈相对另一个套圈的转速。基本额定寿命是指对于一套滚动轴承或一组在同一条件下运转的近于相同的滚动轴承，该寿命是与 90% 的可靠性、常用的材料和加工质量以及常规的运转条件相关的寿命。

基本额定动载荷　是指基本额定寿命为一百万转（10^6 转）时，轴承所能承受的载荷，用 C 表示，可查滚动轴承附表 21-1～21-5。径向基本额定动载荷是指一套滚动轴承假想能承受的恒定径向载荷，在这一载荷作用下的基本额定寿命为一百万转，用 C_r 表示。轴向基本额定动载荷是指假想地作用于滚动轴承的恒定的中心轴向载荷，在该载荷作用下滚动轴承的基本额定寿命为一百万转，用 C_a 表示，不同型号的轴承有不同的基本额定动载荷值，它表征了不同型号轴承的承载特性。

滚动轴承寿命计算公式

大量试验表明：对于相同型号的轴承，在不同载荷 P_1、P_2、P_3……作用下，若轴承的基本额定寿命分别为 L_1、L_2、L_3……（10^6 转），则它们之间有如下的关系：

$$L_1 P_1^\varepsilon = L_2 P_2^\varepsilon = L_3 P_3^\varepsilon \cdots\cdots$$

如图 21-5 表示 6208 轴承载荷与寿命关系曲线图，它表示不破坏概率为 90% 时轴承所受载荷与相应的寿命之间关系。曲线上相应于寿命为 1 的载荷 C 即为轴承基本额定动载荷。而其曲线方程为

$$P^\varepsilon L = 常数$$

已知滚动轴承载荷为基本额定动载荷时，其相应额定寿命为 1（10^6 转）。

所以 $P^\varepsilon \cdot L = C^\varepsilon$

即
$$L = \left(\frac{C}{P}\right)^\varepsilon \quad (10^6 \text{ 转}) \tag{21-1}$$

式中 L——额定寿命，10^6 转；

C——额定动载荷，N；

P——当量动载荷，N；

ε——寿命指数，对球轴承 $\varepsilon=3$；对滚子轴承 $\varepsilon=\frac{10}{3}$。

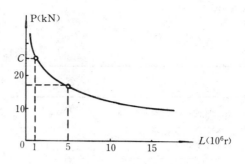

图 21-5 滚动轴承的 $P\text{-}L$ 曲线

实际计算时，用一定转速下的工作小时数表示寿命比较方便。如令 n（r/min）代表轴承的转速，则轴承的每小时的旋转次数为 $60n$，故式（21-1）可改写为小时数表示的轴承寿命 L_h，即

$$L_h = \frac{10^6}{60n}\left(\frac{C}{P}\right)^\varepsilon \tag{21-2}$$

当轴承工作温度高于 100℃时，会降低轴承的寿命，影响额定动载荷 C。因此，需将该数值乘以温度系数 f_t（表 21-11）这时式（21-2）变为

$$L_h = \frac{10^6}{60n}\left(\frac{f_t C}{P}\right)^\varepsilon \tag{21-3}$$

如果载荷 P 和转速 n 为已知，预期计算寿命 L'_h 又已取定，可用下式计算轴承的基本额定动载荷 C_j 即

$$C_j = \frac{P}{f_t}\sqrt[\varepsilon]{\frac{60L_h}{10^6}} \tag{21-4}$$

温 度 系 数 f_t 表 21-11

轴承工作温度（℃）	≤120	125	150	175	200	225	250	300
f_t	1	0.95	0.9	0.85	0.8	0.75	0.70	0.60

另外，在进行轴承的寿命计算时，有时必须先根据机器的类型、使用条件及对可靠性的要求确定一个恰当的预期使用寿命（即设计机器时所要求的轴承寿命）。表 21-12 中给出了某些机器上轴承的预期使用寿命推荐值。可供选用轴承时参考。

（二）当量动载荷

径向当量动载荷 是指一恒定的径向载荷，在该载荷作用下，滚动轴承具有与实际载荷作用下相同的寿命，用 P_r 表示。对于只承受纯径向载荷 F_r 的向心轴承，径向当量动载荷为

$$P_r = F_r \tag{21-5}$$

轴向当量动载荷 是指一恒定的中心轴向载荷，在这一载荷作用下，滚动轴承具有与实际载荷作用下相同的寿命，用 P_a 表示。对于只承受纯轴向载荷 F_a 的推力轴承，轴向当量

动载荷为

$$p_a = F_a \qquad (21\text{-}6)$$

轴承预期寿命的荐用值   表 21-12

机器种类		预期寿命（h）
不经常使用的仪器及设备		500
航空发动机		500～2000
间断使用的机器	中断使用不致引起严重后果的手动机械、农业机械等	4000～8000
	中断使用会引起严重后果，如升降机、运输机、吊车等	800～12000
每天工作 8 小时的机器	利用率不高的齿轮传动、电机等	12000～20000
	利用率较高的通风设备、机床等	20000～30000
连续工作 24 小时的机器	一般可靠性的空气压缩机，电机，水泵等	50000～60000
	高可靠性的电站设备，给排水装置等	>100000

当量动载荷 是指一个假想的载荷，在该载荷作用下，滚动轴承具有与实际载荷作用下相同的寿命，用 P 表示。对于既承受径向载荷 F_r 又承受轴向载荷 F_a 的轴承，当量动载荷为

$$P = XF_r + YF_a \qquad (21\text{-}7)$$

式中 F_r——径向载荷，N；

        F_a——轴向载荷，N；

        X——径向系数；

        Y——轴向系数；

X、Y 值，可分别按 $F_a/F_r > e$ 或 $F_a/F_r \leqslant e$ 两种情况，由表 21-13 查得。表中参数 e 反映了轴向载荷对轴承能力的影响，其值与轴承类型及相对轴向载荷 F_a/C_0 有关（C_0 是轴承的径向额定静载荷，后边介绍）。

径向系数 X 和轴向系数 Y（摘自 GB9361—86）   表 21-13

轴承类型	相对轴向载荷 F_a/C_0	e	$F_a/F_r > e$		$F_a/F_r \leqslant e$	
			X	Y	X	Y
深沟球轴承 （0000）	0.014 0.028 0.056 0.084 0.11 0.17 0.28 0.42 0.56	0.19 0.22 0.26 0.28 0.30 0.34 0.38 0.42 0.44	0.56	2.30 1.99 1.71 1.55 1.45 1.31 1.15 1.04 1.00	1	0

续表

轴承类型		相对轴向载荷 F_a/C_0	e	$F_a/F_r > e$		$F_a/F_r \leq e$	
				X	Y	X	Y
角接触球轴承	$\alpha=15°$ 7000C	0.015 0.029 0.058 0.087 0.12 0.17 0.29 0.44 0.58	0.38 0.40 0.43 0.46 0.47 0.50 0.55 0.56 0.56	0.44	1.47 1.40 1.30 1.23 1.19 1.12 1.02 1.00 1.00	1	0
	$\alpha=25°$ 7000AC	—	0.68	0.41	0.87	1	0
	$\alpha=40°$ 7000B	—	1.14	0.35	0.57	1	0
圆锥滚子轴承 (30000)		—	$1.5\mathrm{tg}\alpha^*$	0.4	$0.4\mathrm{ctg}\alpha^*$	1	0
调心球轴承 (1000)			$1.5\mathrm{tg}\alpha^*$	0.65	$0.65\mathrm{ctg}\alpha^*$	1	$0.42\mathrm{ctg}\alpha^*$

注：带 * 者根据轴承型号由轴承手册查取（部分 30000 类轴承的 e 见附表 21-4）。

由式（21-5）、式（21-6）、式（21-7）求得的当量动载荷只是一个假想的名义载荷。实际上，由于机器的惯性、零件的不精确性及其它因素的影响，应引入一个载荷系数 f_p，其值见表 21-14。故实际计算时，轴承的当量动载荷应分别为

$$P = f_p F_r \tag{21-5a}$$

$$P = f_p F_a \tag{21-6a}$$

$$P = f_p(XF_r + YF_a) \tag{21-7a}$$

载 荷 系 数 f_p 表 21-14

载荷性质	f_p	举 例
无冲击或轻微冲击	1.0~1.2	电机、汽轮机、通风机等
中等冲击	1.2~1.8	车辆、动力机械、起重机、造纸机、冶金机械、选矿机、水力机械、卷扬机、木材加工机械、传动装置、机床等
强大冲击	1.8~3.0	破碎机、轧钢机、钻探机、振动筛

（三）角接触轴承轴向载荷的计算

角接触轴承（角接触球轴承、圆锥滚子轴承）在承受径向载荷 F_r 时，会产生内部轴向力 S。

角接触轴承的结构特点是在滚动体与滚道接触处存在着接触角 α，当它承受径向载荷 F_r 时，在承载区内第 i 个滚动体上的法向力 F_i 可分解为径向分力 F_{ri} 和轴向分力 S_i（图 21-6）。各滚动体上所受的轴向分力之和即为轴承的内部轴向力 S。

1. 内部轴向力 S

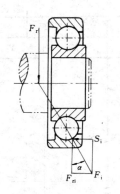

图 21-6 角接触轴承的受力

经过分析,可得角接触轴承内部轴向力为

$$S \approx 1.25 F_r \text{tg}\alpha$$

产生的轴向分量,其近似值见表 21-15。

2. 轴向载荷 F_a 的计算

分析角接触轴承的轴向载荷时,既要考虑轴承内部轴向力 S,也要考虑轴上传动零件作用于轴承上的轴向力(如斜齿轮、蜗轮等产生的轴向力 F_A)。

在图 21-7a 中,F_{r1}、F_{r2} 为两轴承的径向载荷(即径向支反力,F_r 距轴承外侧距离可查轴承手册)。相应产生的内部轴向力为 S_1 与 S_2。轴上斜齿轮作用于轴上的轴向力为 F_A。作用于轴上的各轴向力如图 21-7b 所示。

角接触球轴承内部轴向力 S 表 21-15

轴承类型	角 接 触 球 轴 承			圆锥滚子轴承
	7000C ($\alpha=15°$)	7000AC ($\alpha=25°$)	7000B ($\alpha=40°$)	$F_r/2Y$
S	$0.4F_r$	$0.7F_r$	F_r	(Y 是 $\frac{F_a}{F_r}>e$ 时的轴向系数)

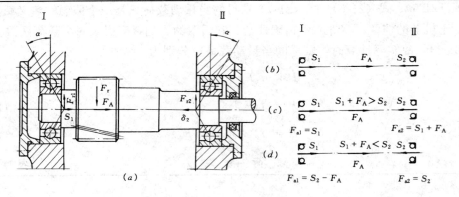

图 21-7 角接触轴承的轴向力

现将轴和轴承内圈视为一体,按下述两种情况分析轴承 I、II 所受的轴向力。

(1) 若 $S_1+F_A>S_2$(图 21-7c),则轴有右移的趋势,使轴承 II 压紧,轴承 I 放松。由于轴承外圈已被端盖轴向定位,不能左移,故轴承 II 处应产生平衡反力 S'_2($S'_2=S_1+F_A-S_2$),才能使轴系平衡。由此可得轴承 II 的轴向载荷 F_{a2} 为

$$F_{a2}=S_2+S'_2=S_2+S_1+F_A-S_2=S_1+F_A$$

此时轴承 I 的轴向载荷则为其内部轴向力 S_1,即

$$F_{a1}=S_1$$

综上所述,当 $S_1+F_A>S_2$ 时,I、II 两轴承所承受的总轴向力为

$$\left.\begin{array}{l} F_{a1}=S_1 \\ F_{a2}=S_1+F_A \end{array}\right\} \tag{21-8}$$

(2) 若 $S_1+F_A<S_2$（图 21-7d），则轴有左移趋势，轴承 I 为压紧端，轴承 II 为放松端。同理，两轴承轴向载荷分别为

$$\left. \begin{array}{l} F_{a1}=S_1+S'_1=S_1+(S_2+F_A-S_1)=S_2+F_A \\ F_{a2}=S_2 \end{array} \right\} \quad (21-9)$$

当外加轴向载荷 F_A 与图 21-8 相反或内部轴向力相反时，同理可按上述分析确定两轴承的轴向载荷。

【**例 21-2**】 一离心泵主轴，轴颈直径 $d=35\text{mm}$，转速 $n=2900\text{r/min}$，轴承径向载荷 $F_r=1810\text{N}$，轴向载荷 $F_a=740\text{N}$，预期使用寿命 $L_h=5000\text{h}$，工作中有轻微冲击，拟选用深沟球轴承，试选择轴承型号。

【**解**】 因轴承型号未定，故 C_0 与 e 值未定，因此只能根据工作条件假定一个轴承型号进行试算，如果不符再进行修正验算。

1. 根据轴颈直径初选 6407 轴承

查附表 21-1，可得 $C_0=31900\text{N}$，

$\dfrac{F_a}{C_0}=\dfrac{740}{31900}=0.023$，按表 21-13 近似取 $\dfrac{F_a}{C_0}=0.028$，查得 $e=0.22$。

因 $\dfrac{F_a}{F_r}=\dfrac{740}{1810}=0.409>e$，由表 21-13 查得 $X=0.56$， $Y=1.99$

2. 计算当量动载荷

由表 21-14，轻微冲击 $f_p=1.1$，由式（21-7a）

$$\begin{aligned} P &= f_p(XF_r+YF_a) \\ &= 1.1(0.56\times 1810+1.99\times 740) \\ &= 2735\text{N} \end{aligned}$$

3. 确定轴承型号

计算轴承应具有的额定动载荷 C_j，由式（21-4）

$$\begin{aligned} C_j &= \dfrac{P}{f_r}\sqrt[\varepsilon]{\dfrac{60nL'_h}{10^6}} \\ &= \dfrac{2735}{1}\sqrt[3]{\dfrac{60\times 2900\times 5000}{10^6}} \\ &= 26109\text{N} \end{aligned}$$

由表 21-11，温度正常 $f_r=1$。

由附表 21-1，6407 轴承 $C=43500\text{N}$。

因 6407 轴承额定动载荷超过轴承应具有的额定动载荷过多，故改用 6307 轴承。

由附表 21-1，6307 轴承 $C=26200\text{N}$，$C_0=17900\text{N}$。

$\dfrac{F_a}{C_0}=\dfrac{740}{17900}=0.041$， 由表 21-13 查得 $e=0.24$。

因 $\dfrac{F_a}{F_r} > e$，$X = 0.56$，$Y = 1.85$（精确计算用插值法）

故 $\qquad P = 1.1(0.56 \times 1810 + 1.85 \times 740)$
$\qquad\qquad = 2620\text{N}$

$$C_j = 2620\sqrt[3]{\dfrac{60 \times 2900 \times 5000}{10^6}}$$
$\qquad\qquad = 25011\text{N}$

6307轴承 $C = 26200\text{N} > C_j$ 满足要求。

【**例 21-3**】 已知一空气压缩机传动装置中的滚动轴承（图 21-8），轴承承受的径向载荷 $F_{r1} = 4200\text{N}$，$F_{r2} = 900\text{N}$，轴向外载荷 $F_A = 1350\text{N}$，轴的转速 $n = 500\text{r/min}$，轴承型号 30211，有中等冲击，工作温度正常。试计算该轴承寿命。

【**解**】 1. 计算内部轴向力

由表 21-13 或附表 21-4 查得 30211 轴承 $e = 1.5\text{tg}\alpha$，取 $\alpha = 15°$，则 $e = 0.41$，$Y = 1.5$，由表 21-15 查得

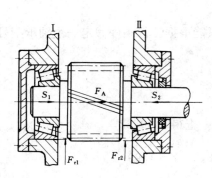

图 21-8 减速器主动轴

$$S_1 = \dfrac{F_{r1}}{2Y} = \dfrac{4200}{2 \times 1.5} = 1400\text{N}$$

$$S_2 = \dfrac{F_{r2}}{2Y} = \dfrac{900}{2 \times 1.5} = 300\text{N}$$

2. 计算两轴承轴向力

$\qquad S_1 + F_A = 1400 + 1350 = 2750\text{N}$
$\qquad S_2 = 300\text{N}$

因 $\qquad S_1 + F_A > S_2$

故 $\qquad F_{a2} = S_1 + F_A = 2750\text{N}$
$\qquad F_{a1} = S_1 = 1400\text{N}$

3. 求当量动载荷

$$\dfrac{F_{a1}}{F_{r1}} = \dfrac{1400}{4200} = 0.333 < e = 0.41$$

查表 21-13，$X_1 = 1$，$Y_1 = 0$

$$\dfrac{F_{a2}}{F_{r2}} = \dfrac{2750}{900} = 3.05 > e = 0.41$$

查表 21-13，$X_2 = 0.4$，$Y_2 = 1.5$
查表 21-14，中等冲击载荷 $f_p = 1.5$

$$P_1 = f_p(X_1 F_{r1} + Y_1 F_{a1})$$
$\qquad\quad = 1.5(1 \times 4200 + 0 \times 1400)$
$\qquad\quad = 6300\text{N}$

$$P_2 = f_p(X_2 F_{r2} + Y_2 F_{a2})$$
$$= 1.5(0.4 \times 900 + 1.5 \times 2750)$$
$$= 6728\text{N}$$

因 $P_2 > P_1$，故取 $P = P_2 = 6728\text{N}$

4. 计算轴承寿命

查附表 21-4，30211 轴承额定动载荷 $C = 48500\text{N}$，由式（21-3）

$$L_h = \frac{10^6}{60n}\left(\frac{f_t \cdot C}{P}\right)^\varepsilon = \frac{10^6}{60 \times 500}\left(\frac{1 \times 48500}{6728}\right)^{\frac{10}{3}}$$
$$= 24121\text{h}$$

（四）滚动轴承静载荷计算：

为了限制滚动轴承在静载荷或冲击载荷作用下产生过大的塑性变形，需进行静载荷计算。

额定静载荷　轴承的额定静载荷是限制塑性变形的极限载荷值。

径向额定静载荷　是指在最大载荷滚动体与滚道接触中心处引起与下列计算接触应力相当的径向静载荷，用 C_{or} 表示。

4600MPa　调心轴承

4200MPa　所有其他的向心球轴承

4000MPa　所有向心滚子轴承

轴向额定静载荷　是指在最大载荷滚动体与滚道接触中心处引起与下列计算接触应力相当的中心轴向静载荷，用 C_{oa} 表示。

4200MPa　推力球轴承

4000MPa　所有推力滚子轴承

C_o 可由附表中查得。

当量静载荷　对于同时承受径向载荷 F_r 和轴向载荷 F_a 的轴承，应按当量静载荷 P_o 进行计算。

径向当量静载荷　是指在最大载荷滚动体与滚道接触中心处，引起与实际载荷条件下相同接触应力的静载荷，用 P_{or} 表示。

轴向当量静载荷　是指在最大载荷滚动体与滚道接触中心处，引起与实际载荷条件下相同接触应力的中心轴向静载荷，用 P_{oa} 表示。

对于向心轴承、角接触轴承、调心轴承及推力轴承其当量静载荷的计算见表 21-16。

滚动轴承当量静载荷计算公式　　　　表 21-16

径向当量静载荷	向心轴承	$P_{or} = X_o F_r + Y_o F_a$	取两者较大值
	角接触轴承	$P_{or} = F_r$	
	调心轴承		
轴向当量静载荷	推力轴承 $\alpha \neq 90°$	$P_{oa} = 2.3 F_r \text{tg}\alpha + F_a$	
	推力轴承 $\alpha = 90°$	$P_{oa} = F_a$	

表中公式　　X_o——径向载荷系数，见表 21-17；
　　　　　　Y_o——轴向载荷系数，见表 21-17。

当量静载荷的 X_o、Y_o 系数　　表 21-17

轴承类型		单列轴承		双列轴承	
		X_o	Y_o	X_o	Y_o
深沟球轴承		0.6	0.5	0.6	0.5
调心轴承		0.5	0.22ctgα①	1	0.44ctgα①
角接触球轴承	$\alpha=15°$	0.5	0.46	1	0.92
	$\alpha=25°$	0.5	0.38	1	0.76
	$\alpha=40°$	0.5	0.26	1	0.52
圆锥滚子轴承		0.5	0.22ctgα*	1	0.44ctgα*
推力轴承（$\alpha\neq90°$）		2.3tgα*	1	2.3tgα*	1

① 根据轴承型号由手册查取。

静载荷计算　控制轴承塑性变形的静载荷计算公式为

$$\frac{C_{or}}{P_{or}} \geqslant S_0 \text{ 或 } \frac{C_{oa}}{P_{oa}} \geqslant S_0 \tag{21-10}$$

式中　　S_0——静载荷安全系数，见表 21-18。

转速较高的轴承，应先进行寿命计算。然后校验静载荷是否满足要求。对于低速（$n\leqslant 10\text{r/min}$）或摆动轴承，主要应按静载荷计算，并作寿命校核。

静载荷安全系数 S_0　　表 21-18

工　作　条　件	S_0
旋转精度和平稳性要求高或受强大冲击载荷轴承	1.2～2.5
一般情况	0.8～1.2
旋转精度低，允许摩擦力矩较大、没有冲击振动轴承	0.5～0.8

§21-4　滚动轴承的组合设计

为了保证轴承正常工作，不仅要正确选用轴承类型和尺寸，而且还要进行合理的结构设计，处理好轴承与其相邻零件之间的关系。必须要考虑轴承的固定、间隙的调整、轴承的配合与装拆，以及轴承润滑和密封等问题。

一、轴承的固定

轴承的固定常见的有两种方式

（一）两支点单向固定　如图 21-9a 所示，使轴的两个支点中每一个支点都能限制轴的单向移动、两个支点合起来就限制了轴的双向移动。这种支承形式结构简单，适用于工作温度变化不大的短轴（跨距≤350mm）。考虑到轴受热后伸长，一般在轴承端盖与轴承外圈端面间留有热补偿间隙 $C=0.2\sim0.3\text{mm}$（图 21-9b）。间隙的大小，通常用一组垫片来调整。

（二）一端固定、一端游动

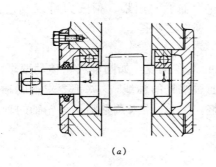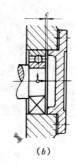

图 21-9 两端固定支承

当轴的跨距≥350mm 或工作温度变化较大时,轴的伸缩量较大,可采用一端轴承双向固定,另一端轴承游动的形式,如图 21-10 所示。固定端轴承可承受双向轴向载荷。游动端轴承端面与轴承盖间的间隙可较大,且外圈与机座孔之间为动配合,以便轴伸缩时能在座孔中自由游动,显然它不能承受轴向载荷。选用向心球轴承作为游动支承,应在轴承外圈与端盖间留适当间隙(图 21-10a)。轴承一端需在轴上加轴用弹性挡圈。

二、轴承组合调整

(一) 轴承间隙的调整

1. 靠加减轴承盖与机座间垫片厚度进行调整(图 21-11a)。

2. 利用螺钉 1 通过轴承外圈压盖 3 移动外圈位置进行调整(图 21-11b),调整后,用螺母 2 锁紧防松。

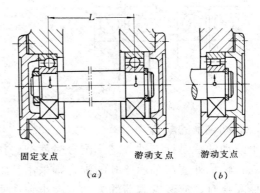

图 21-10 一端固定、一端游动支承

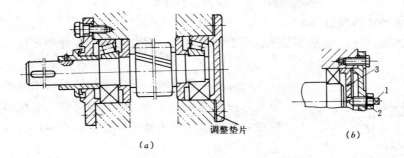

图 21-11 轴承间隙的调整
1—螺钉;2—螺母;3—外圈压盖

(二) 轴承的预紧

对于某些内部间隙可调整的轴承,在安装时给予一定的轴向作用力(预紧力),使内外圈产生相对位移,因而消除了游隙,并在套圈和滚动体接触处产生了弹性预变形,借此提高轴的旋转精度和刚度,这种方法称为轴承的预紧。预紧力可以利用金属垫片(图21-12a)或磨窄内或外套圈(图21-12b)等方法获得。

(三)轴承组合位置的调整

有时轴上零件在安装时要有准确的工作位置,如圆锥齿轮传动要求两齿轮的锥顶重合于一点;蜗杆传动要求蜗轮中间平面通过蜗杆的轴线,这些都要求轴的轴向位置能调整。图21-13为圆锥齿轮轴承组合位置的调整,垫片1用来调整圆锥齿轮轴的轴向位置,而垫片二则用来调整轴承间隙。

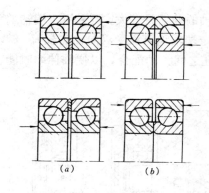

图21-12 轴承的预紧

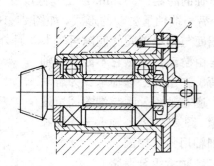

图21-13 轴承组合位置的调整

三、滚动轴承的配合

由于滚动轴承是标准件,选择配合时就把它作为基准件。因此轴承内圈与轴的配合采用基孔制,轴承外圈与轴承座孔的配合则采用基轴制。

选择配合时,应考虑载荷的方向、大小和性质、轴承类型、转速高低以及使用条件等因素。一般情况下,内圈随轴一起转动,可取紧一些的具有过盈的过渡配合,轴颈公差带代号分别取 n6、m6、k6 或 js6 等;而外圈与座孔常取较松的过渡配合,座孔公差带代号分别为 K7、J7、H7 或 G7 等。选择时参考机械设计手册。

四、滚动轴承的装拆

设计轴承组合时,应考虑怎样有利于轴承装拆,以使在装拆过程中不致损坏轴承和其他零件。

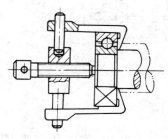

图21-14 用钩爪器拆卸轴承

(一)轴承的安装　对中小型轴承可用软锤直接敲入或用钢管顶住敲入;对于大型轴承可用压力机将内圈压入轴颈或先将轴承放在热油(油温在80℃～100℃)中预热,然后进行安装。

(二)轴承的拆卸　拆卸轴承一般可用压力机或拆卸工具(图21-14)。为了便于拆卸轴承,设计时应注意轴肩不可过高;外圈拆卸应留出拆卸高度 h_1(图21-15a、b)或在壳体上做出能放置拆卸螺钉的螺孔(图21-15c)。

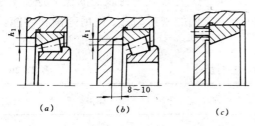

图 21-15 拆卸高度

五、滚动轴承的润滑和密封

润滑和密封、对滚动轴承的使用寿命有很大影响。

（一）滚动轴承的润滑

润滑的主要目的是减少摩擦与磨损，还有冷却、吸振、防锈等作用。

常用的润滑剂为润滑油和润滑脂两种。润滑

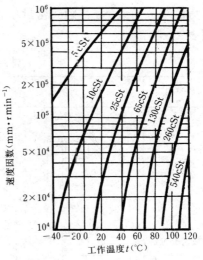

图 21-16 润滑油粘度线图

油的选择，一般根据轴承的工作温度及速度因数 dn 值来定，d 代表轴承内径（mm）；n 代表轴承转速（r/min），dn 值间接地反映了轴颈的圆周速度，参考润滑油粘度线图（图21-16），选出润滑油具有的粘度值，然后根据此粘度从润滑油产品目录中选出相应的润滑油牌号。根据滚动轴承的 dn 值，由表21-19选择相应的润滑方式。当 $dn<(1.5\sim2)\times10^5$ mm·r/min 时，一般滚动轴承可采用润滑脂润滑。润滑脂不足或过多，均会导致轴承过热，一般以填入轴承和机座壳体空间的 1/3～1/2 为宜。

各种润滑方式下轴承的允许 dn 值　　　　　表 21-19

轴承类型	脂润滑	油润滑			
		油浴飞溅润滑	滴油润滑	压力循环喷油润滑	油雾润滑
深沟球轴承 调心球轴承	160000	250000	400000	600000	＞600000
角接触球轴承 圆柱滚子轴承	120000				
圆锥滚子轴承	100000	160000	230000	300000	—
推力球轴承	40000	60000	120000	150000	—
推力调心滚子轴承	80000	120000		250000	

注：1. 对压力循环喷油润滑和油雾润滑的数值适用于高精度和具有高速保持架的轴承。
　　2. 对重载荷应取上述数值的 85%。

（二）滚动轴承的密封

密封的主要目的是防止灰尘、水分等进入轴承，并阻止润滑剂的流失。

滚动轴承密封方法的选择与润滑的种类、工作环境、温度、密封表面的圆周速度有关。密封方法可分两大类：接触式密封和非接触式密封。它们的密封型式、适用范围和性能，可参阅表 21-20。

常用的滚动轴承密封型式　　　　　　　　表 21-20

密封类型	图例	适用场合	说明
接触式密封	毛毡圈密封 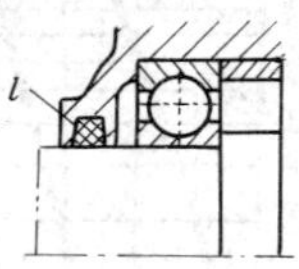	脂润滑。要求环境清洁，轴颈圆周速度 $v<4\sim5$m/s，工作温度不超过 90℃	矩形断面的毛毡圈1被安装在梯形槽内，它对轴产生一定的压力而起到密封作用
	皮碗密封 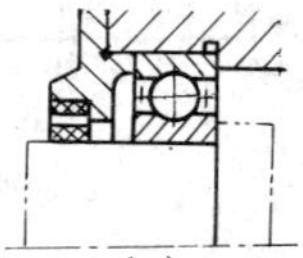 (a) 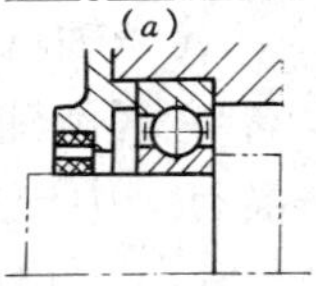 (b)	脂或油润滑。轴颈圆周速度 $v<7$m/s，工作温度范围 $-40\sim100$℃	皮碗用皮革、塑料或耐油橡胶制成，有的具有金属骨架，有的没有骨架，皮碗是标准件。图 a) 密封唇朝里，目的防漏油；图 b) 密封唇朝外，主要目的防灰尘、杂质进入
非接触式密封	间隙密封 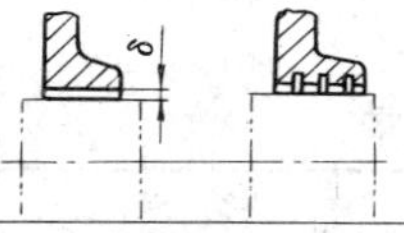	脂润滑。干燥清洁环境	靠轴与盖间的细小环形间隙密封，间隙愈小愈长，效果愈好，间隙 δ 取 $0.1\sim0.3$mm
	迷宫式密封 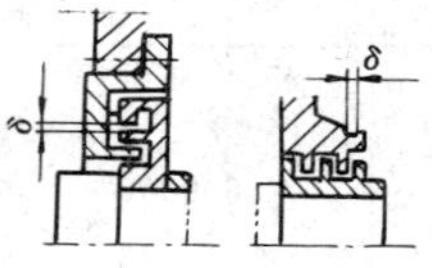 (a) (b)	脂润滑或油润滑。工作温度不高于密封用脂的滴点。这种密封效果可靠	将旋转件与静止件之间的间隙做成迷宫（曲路）形式，在间隙中充填润滑油或润滑脂以加强密封效果。分径向、轴向两种：图 a) 径向曲路，径向间隙 δ 不大于 $0.1\sim0.2$mm；图 b) 轴向曲路，因考虑到轴要伸长，间隙取大些，$\delta=1.5\sim2$mm
组合密封	毛毡加迷宫密封 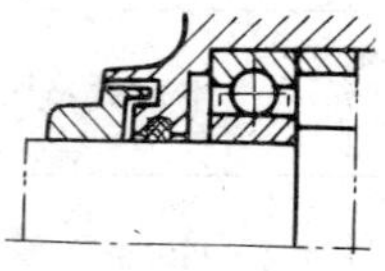	适用于脂润滑或油润滑	这是组合密封的一种型式，毛毡加迷宫，可充分发挥各自优点，提高密封效果。组合方式很多，不一一列举

习　题

21-1　说明下列轴承代号的含义，如 6105/p2、7210AC、30209/U26X、23224。

21-2　滚动轴承失效形式和计算准则是什么？

21-3 滚动轴承组合设计中应考虑哪几方面的问题？

21-4 已知6304深沟球轴承承受径向载荷$F_r=4kN$，载荷平稳，转速$n=960r/min$，室温下工作，试求该轴承的基本额定寿命L_h。

21-5 一矿山机械的转轴，两端用6313深沟球轴承；每个轴承受径向载荷$F_r=5400N$，轴上的轴向载荷$F_A=2650N$，轴的转速$n=1250r/min$，运转中有轻微冲击，预期寿命$L_h=5000h$，问是否适用？

21-6 风机主轴由两个7206角接触球轴承（习题21-6图）支承。已知$F_{rI}=690N$，$F_{rII}=1250N$，$F_A=255N$，主轴转速$n=1450r/min$，工作温度正常，要求轴承寿命5000h，试验算此两轴承能否满足要求。

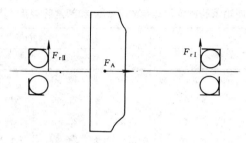

习题 21-6 图

21-7 一单级悬臂式水泵主轴，转速$n=1450r/min$，两轴承径向支反力$F_{rI}=2000N$，$F_{rII}=1000N$，叶轮前后静压差产生的不平衡轴向力$F_A=4000N$，工作中有中等冲击，要求寿命$L_h=5000h$，安装轴承处轴颈$d=45mm$，试选择滚动轴承型号。

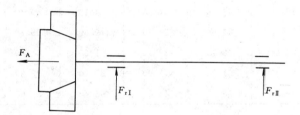

习题 21-7 图

附 表

深沟球轴承的额定动载荷 C (kN) 和额定静载荷 C_0 (kN)

附表 21-1

轴承内径 (mm)	6000		6200		6300		6400	
	C	C_0	C	C_0	C	C_0	C	C_0
20	7.35	4.55	10.00	6.30	12.50	7.95	24.10	17.10
25	7.90	5.05	11.00	7.10	17.60	11.60	29.20	20.30
30	10.40	7.00	15.20	10.20	22.10	15.10	37.20	27.20
35	12.50	8.70	20.10	13.90	26.20	17.90	43.50	31.90
40	13.20	9.45	25.60	18.10	32.00	22.70	50.30	37.10
45	16.30	12.40	25.60	18.10	37.80	26.70	60.40	46.40
50	16.30	12.40	27.50	20.20	48.40	36.30	71.80	56.40
55	22.10	17.30	34.00	25.50	56.00	42.60	78.70	63.70
60	24.00	18.50	41.00	31.50	64.10	49.40	85.60	71.40
65	25.20	20.10	44.80	34.70	72.60	56.70	92.60	79.60
70	30.30	24.60	48.70	38.10	81.60	64.50	113.00	107.00
75	31.60	26.50	51.90	41.90	88.90	72.80	120.00	117.00
80	35.60	29.60	56.90	45.40	96.40	81.60	128.00	127.00

圆柱滚子轴承的额定动载荷 C (kN) 和额定静载荷 C_0 (kN)

附表 21-2

轴承内径 (mm)	N1000		N200		N300		N400	
	C	C_0	C	C_0	C	C_0	C	C_0
20	10.10	5.65	12.10	6.75	17.70	10.20		
25	10.60	6.15	13.80	8.00	24.60	14.80	41.20	25.90
30			18.80	11.40	32.60	20.60	55.60	36.30
35			27.80	17.50	39.80	25.60	68.90	46.50
40	20.60	13.30	36.50	24.00	47.30	31.00	87.90	60.90
45			38.50	25.70	64.90	43.60	99.00	68.80
50	24.40	16.60	42.00	29.20	74.30	50.70	117.00	82.30
55	34.70	24.20	51.20	36.20	95.00	66.40	126.00	89.80
60	37.70	26.90	61.00	44.00	113.00	81.30	151.00	110.00
65			71.30	52.50	121.00	86.90	166.00	121.00
70			71.30	52.50	142.00	105.00	210.00	158.00
75			86.40	65.40	161.00	120.00	244.00	185.00
80			99.50	76.00	170.00	129.00	277.00	214.00

角接触球轴承的额定动载荷 C（kN）和额定静载荷 C_0（kN）　　附表 21-3

轴承内径 (mm)	7100C		7200C		7300C		7000AC		7200AC		7300AC		7400AC	
	C	C_0	C	C_0	C	C_0	C	C_0	C	C_0	C	C_0	C	C_0
10	4.20	2.50	5.15	3.05	7.00	4.35	4.00	2.30	4.95	2.80	6.80	4.00		
12	4.60	280	5.60	3.40	8.40	5.40	4.35	2.55	5.35	3.10				
15	4.65	2.80	6.85	4.35	9.65	6.15	4.65	2.80	6.50	4.00				
17	5.25	3.35	9.45	6.25	13.10	8.90	5.35	3.10	9.00	5.75				
20			12.30	8.50	14.60	10.00	7.35	4.55	11.70	7.80	14.00	9.20		
25			13.10	9.25	22.00	16.20	8.70	5.90	12.40	8.50	21.10	14.90		
30	12.00	8.70	18.20	13.30	27.00	20.40	11.20	8.00	17.10	12.20	25.60	18.70	43.30	32.60
35	14.50	10.80	25.40	19.60	35.10	27.50	14.20	10.60	23.90	18.00	33.40	25.20	54.70	43.10
40	15.70	12.30	30.60	23.70	41.40	33.40	16.40	11.30	28.80	21.80	29.20	30.70	62.90	50.00
45			32.30	25.60	50.50	41.00	17.30	13.70	30.40	23.60	48.10	37.70	67.70	53.60
50			33.90	27.60	59.20	48.80	19.20	16.30	31.90	25.40	56.20	44.90	77.50	65.00
55			41.90	34.90	72.52	62.50	25.20	21.50	39.20	32.10				
60			50.70	43.10	83.00	72.50	25.90	22.70	47.60	39.60	78.80	66.60	103.00	91.80

圆锥滚子轴承的额定动载荷 C（kN）和额定静载荷 C_0（kN）　　附表 21-4

轴承代号	轴承内径 (mm)	C	C_0	e	Y	轴承指号	轴承内径 (mm)	C	C_0	e	Y
30202	15	7.40	6.30	0.45	1.3	30302	15	12.20	9.55	0.27	2.2
30203	17	11.40	11.40	0.31	1.9	30303	17	15.70	13.20	0.36	1.7
30204	20	15.80	15.80	0.36	1.7	30304	20	17.20	16.00	0.30	2.0
30205	25	19.90	17.90	0.36	1.7	30305	25	26.30	22.80	0.36	1.7
30206	30	24.80	22.30	0.36	1.7	30306	30	33.40	30.00	0.34	1.8
30207	35	29.40	26.30	0.37	1.6	30307	35	39.80	35.20	0.32	1.9
30208	40	34.00	31.00	0.38	1.6	30308	40	49.40	44.40	0.28	2.1
30209	45	38.20	36.10	0.41	1.5	30309	45	64.80	61.20	0.29	2.1
30210	50	44.40	40.60	0.37	1.6	30310	50	78.40	73.40	0.31	1.9
30211	55	48.50	46.10	0.41	1.5	30311	55	88.00	84.80	0.33	1.8
30212	60	60.40	58.50	0.35	1.7	30312	60	101.00	101.00	0.30	2.0

调心轴承的额定动载荷 C（kN）和额定静载荷 C_0（kN）　　附表 21-5

轴承内径 (mm)	1200		1300		2200		2300	
	C	C_0	C	C_0	C	C_0	C	C_0
20	7.80	3.5	9.80	4.10	9.8	3.95	14.20	5.40
25	9.50	4.10	14.10	6.10	9.8	4.35	19.20	7.60
30	12.30	5.90	16.70	7.90	12.00	5.80	24.60	10.20
35	12.40	6.75	19.70	10.00	17.00	8.40	30.90	13.00
40	15.00	8.70	23.20	12.40	17.60	9.65	35.10	16.00
45	17.10	9.75	29.90	16.20	18.20	10.90	42.40	19.80
50	17.80	10.00	33.90	17.80	18.20	11.50	50.40	23.90
55	21.00	13.50	40.30	22.90	21.00	13.50	59.10	28.60
60	23.60	15.90	44.90	27.10	26.80	17.00	68.30	33.60
65	24.30	17.50	48.60	29.90	34.20	21.90	75.20	39.30
70	27.10	19.10	58.30	35.90	34.40	23.20	85.80	45.40
75	30.50	21.80	62.10	39.10	34.70	24.40	96.60	51.90

第二十二章 弹 簧

§22-1 概 述

弹簧的作用是利用材料的弹性和弹簧结构的特点，在产生和恢复变形时，把机械功或动能转变为变形能，或把变形能转变为动能或机械功。弹簧的主要功用有：控制机构的运动或零件间的相对位置，例如凸轮机构上的控制弹簧和内燃机上的阀门弹簧；缓冲及吸振，例如车辆及锻压设备上用的缓冲弹簧；储存能量，例如钟表、仪器中的发条弹簧；测量力的大小，例如弹簧秤和测力器中的弹簧。各种不同用途的弹性元件也属于弹簧的范围。

常用的弹簧类型见表 22-1。

弹簧的类型及其特性线　　表 22-1

按载荷分	按结构形状分		
	螺旋形	其它	
拉伸	(图)		
压缩	压缩弹簧 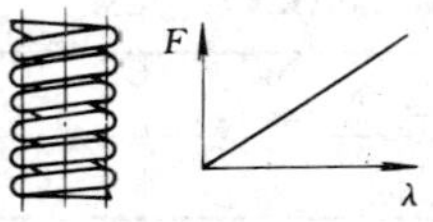	环形弹簧 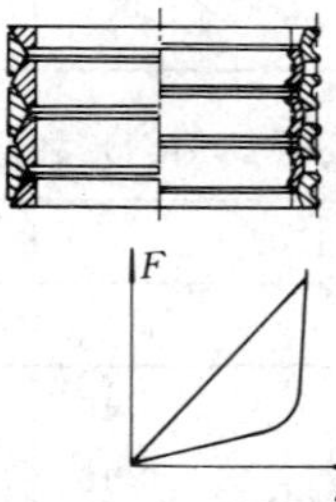	碟形弹簧 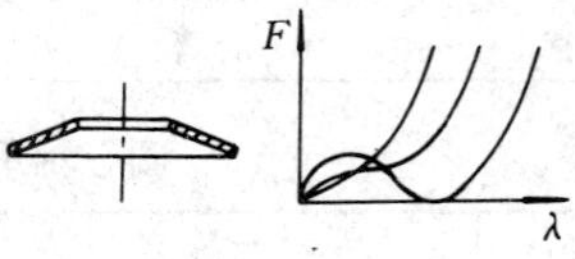 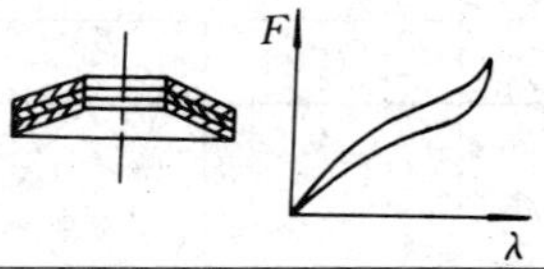
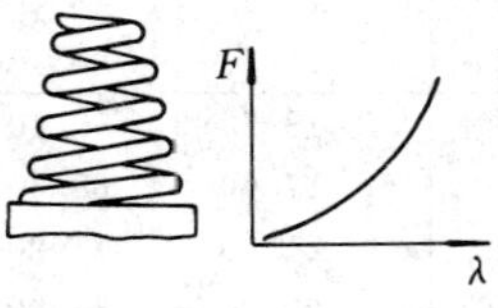	橡胶弹簧 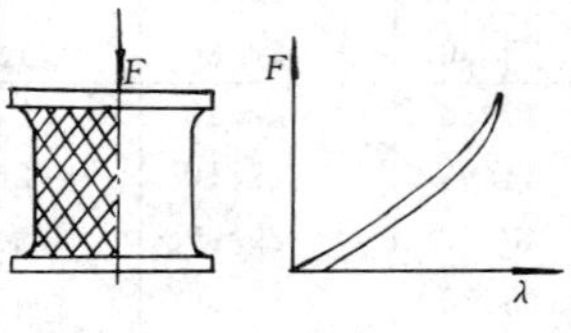		空气弹簧 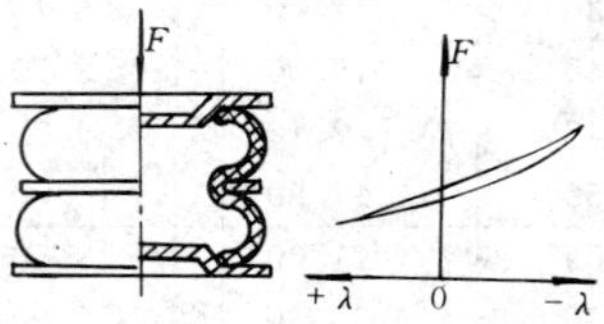 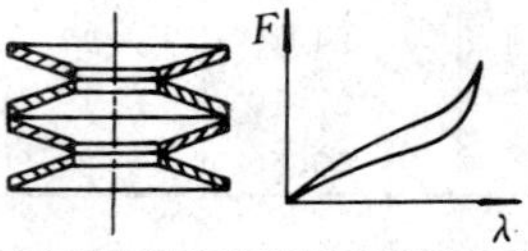

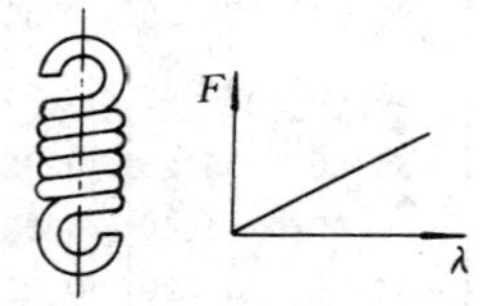

续表

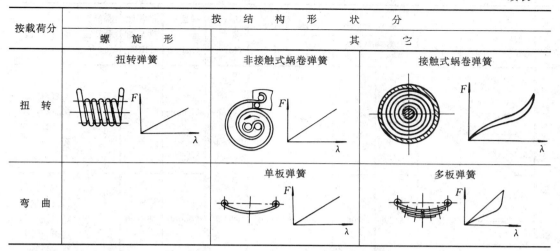

弹簧的类型很多，应用广泛，本章主要讲述在一般机械中，最常用的圆柱形螺旋弹簧的结构和计算。

§22-2 弹簧的制造、材料和许用应力

一、弹簧的制造

弹簧的制造过程包括：卷绕、端面加工（或挂钩的制作），热处理和工艺试验等。

弹簧的卷绕方法可分为冷卷和热卷两种。冷卷法适用于簧丝直径在 8～10mm 以下的弹簧，用预热处理的优质碳素弹簧钢丝在常温下卷成，经低温回火以消除内应力。热卷法适用于簧丝直径较大的强力弹簧，热卷弹簧需经淬火和回火处理。弹簧卷绕和热处理后要进行表面检验及工艺性试验，以鉴定弹簧的质量。

为提高承载能力，可对弹簧进行强压处理。即将弹簧压缩到超过材料的屈服极限，并保持一定时间后卸载，使弹簧丝表层产生残余应力，弹簧在工作时可抵消部分工作应力，提高了弹簧承载能力。承受变载荷的压缩弹簧，可用喷丸处理，提高疲劳寿命。

二、弹簧的材料和许用应力

为使弹簧可靠而持久地工作，要求在较大载荷作用下，不产生塑性变形。因此，要求弹簧材料必须具有较高的抗拉强度极限、弹性极限、疲劳极限，不易松弛；同时要具有较高的冲击韧性、塑性和良好的热处理性能。常用的弹簧材料见表22-2。

在选择弹簧材料时，应考虑到弹簧的使用条件（包括弹簧的载荷性质、大小及循环特性，工作持续时间，工作温度和周围介质情况等），功用及重要程度，以及加工、热处理和经济性等因素，同时也可以参照现有设备中使用的弹簧进行类比分析，选择合适的材料。

弹簧（弹性元件）也可以使用非金属材料，主要是橡胶和纤维增强塑料。选用时可参照有关设计资料。

弹簧材料的许用剪应力 $[\tau]$ 和许用弯曲应力 $[\sigma]_b$ 的大小和载荷的性质有关。按弹簧的受载情况的不同其许用应力不同，见表22-2。弹簧钢丝的抗拉强度极限 σ_b 列于表22-3。

常用弹簧材料及其性能和用途　　　　表 22-2

类别	牌号	许用剪应力 $[\tau]$ (MPa)			许用弯曲应力 $[\sigma]_b$ (MPa)		切变模量 G (MPa)	弹性模量 E (MPa)	推荐硬度范围 (HRC)	推荐使用温度 (℃)	特性及用途
		Ⅰ类弹簧	Ⅱ类弹簧	Ⅲ类弹簧	Ⅱ类弹簧	Ⅲ类弹簧					
钢丝	碳素弹簧钢丝 Ⅰ、Ⅱ、Ⅱa、Ⅲ	$0.3\sigma_b$	$0.4\sigma_b$	$0.5\sigma_b$	$0.5\sigma_b$	$0.625\sigma_b$	$d=0.5\sim4$ 83000$\sim$80000 $d>4$ 80000	$d=0.5\sim4$ 207500$\sim$20500 $d>4$ 200000	—	$-40\sim120$	强度高，性能好，适用于做小弹簧
	65Mn 60Si2Mn 60Si2MnA	480	640	800	800	1000	80000	200000	45～50	$-40\sim200$	弹性好，回火稳定性好，易脱碳，用于受大载荷的弹簧
	65Si2MnWA	570	760	950	950	1190	80000	200000	47～52	$-40\sim250$	强度高，耐高温，弹性好
	30W4Cr2VA	450	600	750	750	940	80000	200000	43～47	$-40\sim350$	高温时强度高，淬透性好
不锈钢丝	1Cr18Ni9 1Cr18Ni9Ti	冷拔 330/750 热轧	440/340	550/420	550/420	680/520	73000	197000	—	$-250\sim300$	耐腐蚀，耐高温，适用于小尺寸弹簧
	4Cr13	450	600	750	750	940	77000	219000	48～53	$-40\sim300$	耐腐蚀、耐高温，适用于大尺寸弹簧
	Co40CrNiMo	510	680	850	850	1020	78000	200000	—	$-40\sim400$	耐腐蚀，高强度，无磁，低后效，高弹性
青铜丝	QSi3-1 QSn4-3 QSn6.5-0.1	270	360	450	450	560	41000$\sim$40000	95000	HB90～100	$-40\sim120$	耐腐蚀，防磁好
	QBe2	360	450	560	560	750	43000	132000	37～40	$-40\sim120$	耐腐蚀，防磁、导电性及弹性好

注：1. 弹簧的许用应力按所受载荷分为三类：Ⅰ类—受载荷作用次数在 10^6 以上的弹簧；Ⅱ类—受载荷作用次数在 $10^3\sim10^5$ 及冲击载荷的弹簧；Ⅲ类—受变载荷作用次数在 10^3 以下的弹簧。
2. 工作极限剪应力 τ_{lim}，Ⅰ类取 $\tau_{lim}\leqslant1.67[\tau]$；Ⅱ类取 $\tau_{lim}\leqslant1.26[\tau]$；Ⅲ类取 $\tau_{lim}\leqslant1.12[\tau]$。
3. 经强压处理的弹簧，许用应力可提高 25% 左右；拉伸弹簧的许用剪应力为压缩弹簧的 80%。

弹簧钢丝的抗拉强度极限 σ_b（MPa）　　　　　表 22-3

碳素弹簧钢丝				特殊用途碳素弹簧钢丝				重要用途弹簧钢丝	
钢丝直径 d (mm)	Ⅰ 组	Ⅱ 组 Ⅱa 组	Ⅲ 组	钢丝直径 d (mm)	甲 组	乙 组	丙 组	钢丝直径 d (mm)	65Mn
0.32～0.6	2599	2157	1667	0.2～0.55	2844	2697	2550	1～1.2	1765
0.63～0.8	2550	2108	1667						
0.85～0.9	2501	2059	1618					1.4～1.6	1716
1	2452	2010	1618	0.6～0.8	2795	2648	2501		
1.1～1.2	2354	1912	1520					1.8～2	1667
1.3～1.4	2256	1863	1471						
1.5～1.6	2157	1814	1422	0.9～1	2750	2599	2452	2.2～2.5	1618
1.7～1.8	2059	1765	1373						
2	1961	1965	1373	1.1		2599	2452	2.8～3.4	1569
2.2	1863	1667	1373						
2.5	1765	1618	1275	1.2～1.3	—	2501	2354	3.5	1471
2.8	1716	1618	1275						
3	1667	1618	1275					3.8～4.2	1422
3.2	1667	1520	1177						
3.4～3.6	1618	1520	1177					4.5	1373
4	1569	1471	1128	1.4～1.5	—	2403	2256		
4.5～5	1471	1373	1079					4.8～5.2	1324
5.6～6	1422	1324	1030						
6.3～8	—	1226	981					5.5～6	1275

注：表中 σ_b 均为下限值。

§22-3　普通圆柱形螺旋弹簧的设计计算

圆柱形螺旋弹簧有压缩弹簧（Y型）、拉伸弹簧（L型）和扭转弹簧（N型）。

一、弹簧的结构和基本几何尺寸

圆柱形螺旋弹簧的结构见图 22-1。图中 d 为弹簧丝直径，D、D_1 和 D_2 分别为弹簧的外径、内径和中径，α 为螺旋角，t 为弹簧在自由状态下的节距，H_0 为弹簧的自由高度。

压缩弹簧在自由状态下，各圈间留有一定的间距 δ，以备受载时变形，图 22-1a 为压缩弹簧的结构图，弹簧两端为支承圈，它与弹簧支座相接触。弹簧支承圈由 3/4～1¾圈并紧的结构，称为死圈。工作时死圈不参与弹簧的变形，死圈的两端面应保持与弹簧的轴线垂直，其结构有磨平端（图 22-2a）和不磨平端（图 22-2b）。重要的弹簧应采用磨平端结构。支承圈的磨平长度不少于 3/4 圈，末端厚度约为 $d/4$。

拉伸弹簧在自由状态时，各圈互相并紧，如图 22-1b 所示。

螺旋弹簧基本几何尺寸计算见表 22-4。

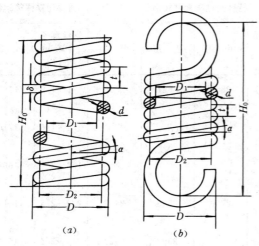
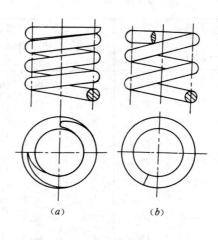

图 22-1 圆柱形螺旋弹簧结构　　　　图 22-2 圆柱形弹簧端面结构

螺旋弹簧基本几何参数关系式　　　　表 22-4

参数名称	压缩弹簧	拉伸弹簧
外径 D	$D=D_2+d$	
内径 D_1	$D_1=D_2-d$	
间距 δ	$\delta \geqslant \lambda_2/0.8n$	$\delta=0$
节距 t	$t=d+\delta$	$t=d$
余隙 δ_1	$\delta_1 \geqslant 0.1d$	—
有效工作圈数 n	n 按弹簧变形量计算确定	
死圈数 n_2	冷卷弹簧 $n_2=2\sim2.5$ Y Ⅱ、热卷弹簧 $n_2=1.5\sim2$	—
弹簧总圈数 n_1	$n_1=n+n_2$（尾数 $\frac{1}{2}$ 圈）	$n_1=n$
螺旋角 α	$\alpha=\mathrm{arctg}\dfrac{t}{\pi D_2}$ 需满足 $\alpha=5°\sim9°$	
弹簧自由高度 H_0	两端并紧、磨平 $H_0=n\delta+(n_1-0.5)d$ 两端并紧不磨平 $H_0=n\delta+(n_1+1)d$	$H_0=nd+$挂钩尺寸
簧丝展开长度 L	$L=\dfrac{\pi D_2 n_1}{\cos\alpha}$	$L=\pi D_2 n+$挂钩展开长度

注：死圈数栏 Y Ⅱ 代号表示两端圈并紧，不磨或磨平（热卷弹簧）。

二、弹簧的特性线

表示弹簧工作载荷和变形量之间关系的曲线，称为弹簧特性线。

特性线是弹簧设计的依据，也是制造弹簧进行检验和试验的依据。

图 22-3 所示，为压缩弹簧的特性线。弹簧未受外力时自由长度为 H_0，安装压缩弹簧时，需预加一个初始载荷 F_1，以便使弹簧稳定在安装位置上。在初始载荷 F_1 作用下，弹簧被压缩到长度 H_1，其变形量为 λ_1。当弹簧承受最大工作载荷 F_2 时，弹簧被压缩至长度 H_2，其变形量为 λ_2，λ_2 与 λ_1 的差为弹簧的工作行程 h，$h=\lambda_2-\lambda_1$。弹簧被加载至极限载荷 F_3，此刻弹簧丝内的应力达到弹簧材料的弹性极限，与此相应，弹簧压缩到长度 H_3，其变形量为 λ_3。

等节距的圆柱螺旋弹簧的载荷与变形成正比，则特性线为一直线，如图 22-3 所示，其关系式为

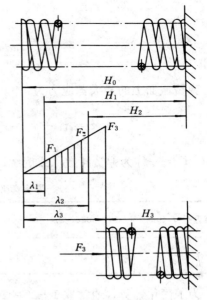

图 22-3 压缩弹簧特性曲线

$$k = \frac{F_1}{\lambda_1} = \frac{F_2}{\lambda_2} = \frac{F_i}{\lambda_i} = 常数$$

式中 k——弹簧刚度，它是弹簧的主要参数之一，N/mm；

F_i——外载荷，N；

λ_i——外载荷作用下产生的变形量，mm。

压缩弹簧的初始载荷 F_1，一般取为 $F_1=(0.1\sim0.5)F_2$；最大工作载荷 F_2 依工作条件决定。实际应用中，最大载荷要小于极限载荷，通常应满足 $F_2\leqslant 0.8F_3$。

三、压缩（拉伸）弹簧的计算

1. 强度计算与弹簧丝直径

承受轴向外载荷的螺旋拉伸及压缩弹簧，其轴向外力均沿弹簧的轴线作用。它们的强度计算是一样的，故以压缩弹簧为例进行分析。

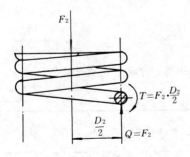

图 22-4 压缩弹簧受力分析

图 22-4 所示为一压缩弹簧的受力情况，轴向载荷 F_2 作用在弹簧轴线上，因弹簧的螺旋升角 α 很小（$\alpha<9°$），可以近似认为在弹簧的轴向截面上的弹簧约为一圆形剖面，在此剖面上作用有扭矩 $T=F_2\cdot\dfrac{D_2}{2}$ 和剪力 $Q=F_2$。剪力引起的剪切应力为

$$\tau_1 = \frac{4F_2}{\pi d^2}$$

扭矩引起扭剪应力为

$$\tau_2 = \frac{T}{\dfrac{\pi d^3}{16}} = \frac{F_2 \cdot \dfrac{D_2}{2}}{\dfrac{\pi d^3}{16}} = \frac{8F_2 D_2}{\pi d^3}$$

弹簧截面上的最大剪应力为

$$\tau = \tau_1 + \tau_2 = \frac{4F_2}{\pi d^2} + \frac{8F_2 D_2}{\pi d^3} = \frac{4F_2}{\pi d^2}(1 + 2C)$$

式中 $C = \dfrac{D_2}{d}$ 称为弹簧指数（或旋绕比），常用范围 4~16，选用时可参考表 22-5。

弹簧指数（旋绕比）C 的选用范围　　　　表 22-5

钢丝直径 d (mm)	0.2~0.4	0.5~1	1.2~2.2	2.5~6	7~16	18~50
$C = \dfrac{D_2}{d}$	7~14	5~12	5~10	4~9	4~8	4~6

为了简化计算，通常取 $1+2C \approx 2C$。但考虑到弹簧丝的升角和曲率对弹簧中应力的影响，以及忽略了 τ_1 的影响，引进一个补偿系数 K（或曲度系数），则弹簧丝截面的强度条件为

$$\tau = K \cdot \frac{8F_2 C}{\pi d^2} \leqslant [\tau] \tag{22-1}$$

由式（22-1）可得弹簧丝直径 d 的计算式

$$d \geqslant 1.6\sqrt{\frac{KF_2 C}{[\tau]}}$$

式中　$[\tau]$ —— 弹簧丝材料的许用剪应力，由表 22-2、表 22-3 选取；
　　　K —— 补偿系数（曲度系数），用下式计算

$$K = \frac{4C-1}{4C-4} + \frac{0.165}{C} \tag{22-2}$$

圆剖面弹簧丝的直径系列及中径系列根据 GB2089-80 的规定，见表 22-6。

表 22-6

直径系列	1　1.2　1.6　2　2.5　3　3.5　4　4.5　5　6　8　10　12　16　20　25　30　35　40
中径（平均直径）系列	4　4.5　5　6　7　8　9　10　12　16　20　25　30　35　40　45　50　55　60　70　80　90　100　110　120　130　140　150　160　180　200　220　240　260　280　300

注：两者均为优选用的第一系列。

2. 变形计算与弹簧刚度

螺旋弹簧受载后，其轴向变形量 λ 由材料力学中公式可知

$$\lambda = \frac{8FD_2^3 n}{Gd^4} = \frac{8FC^3 n}{G \cdot d} \qquad (22\text{-}3)$$

式中 G——弹簧材料的切变模量，MPa（见表 22-2）；

n——弹簧的有效工作圈数，可由式（22-3）得

$$n = \frac{G\lambda d}{8FC^3} = \frac{G\lambda d^4}{8FD_2^3} \qquad (22\text{-}4)$$

当 n 较多时应验算弹簧的稳定性指标，保证压缩弹簧的稳定工作，弹簧的高径比 $b = \frac{H_0}{D_2}$ 不应超过许用值。即

两端固定时，应使 $b < 5.3$；

一端固定，另一端自由转动时应使 $b < 3.7$；

两端自由转动时，应使 $b < 2.6$。

若 b 超过许用值，要进行稳定性验算（参阅有关资料）。

弹簧刚度的计算公式

$$k = \frac{F}{\lambda} = \frac{Gd}{8C^3 n} \qquad (22\text{-}5)$$

由式（22-5）可知，当其它条件相同时，弹簧指数 C 愈小，弹簧刚度 k 愈大，即弹簧愈硬；C 值过小会使弹簧卷绕困难；C 值大，刚度 k 小，弹簧愈软，C 值过大，弹簧易产生颤动。选择时可参考表 22-5，常用值为 5～8。

【例 22-1】 一立式锅炉，顶上采用弹簧安全阀（图 22-5）。阀座通径 $D_0 = 32$mm，要求阀门起跳汽压 $p_1 = 0.35$MPa，阀门行程 $h = 2$mm，全开时弹簧受力 $F_2 = 400$N。结构要求弹簧的内径 $D_1 \geqslant 16$mm。试设计此安全阀上的压缩弹簧。若现有 $d = 4$mm 的 65Mn 钢丝，问能否使用？

【解】

1. 确定弹簧钢丝直径 d

（1）选择材料

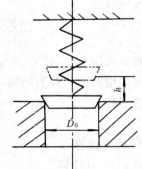

图 22-5 安全阀弹簧示意图

较重要弹簧，Ⅱ类载荷，选 65Mn；由表 22-2 查得 $[\tau] = 0.4\sigma_b = 0.4 \times 1422 = 568.8$MPa（按 $d = 4$mm 查 σ_b）

（2）确定弹簧指数 C 和曲度系数 K 根据条件要求，暂取 $D_1 = 18$mm。$D_2 = D_1 + d = 18 + 4 = 22$mm

$$C = \frac{D_2}{d} = \frac{22}{4} = 5.5$$

$$K = \frac{4C-1}{4C-4} + \frac{0.165}{C} = \frac{4 \times 5.5 - 1}{4 \times 5.5 - 4} + \frac{0.165}{5.5}$$

$$= 1.197$$

(3) 计算弹簧丝直径 d

由公（22-1）解得：

$$d \geqslant 1.6\sqrt{\frac{KF_2C}{[\tau]}}$$

$$= 1.6\sqrt{\frac{1.197 \times 400 \times 5.5}{568.8}} = 3.44\text{mm}$$

采用 4mm 的钢丝能满足条件

2. 确定弹簧圈数 n，n_2，n_1

(1) 计算有效工作圈数 n

由公式 (22-4)、(22-5)，有效工作圈数

$$n = \frac{G\lambda d}{8FC^3} = \frac{Gd}{8C^3k}$$

查表 22-2 得，$G = 80000\text{MPa}$，弹簧起跳时压力 F_1

$$F_1 = p\frac{\pi d_0^2}{4} = 0.35 \times \frac{\pi}{4} \times 32^2 = 281.5\text{N}$$

弹簧刚度

$$k = \frac{F_2 - F_1}{h} = \frac{400 - 281.5}{2} = 59.3 \text{ N/mm}$$

则有效圈数

$$n = \frac{80000 \times 4}{8 \times 5.5^3 \times 59.3} = 4.05 \text{ 圈} \quad \text{取 } n = 4 \text{ 圈}$$

(2) 确定死圈 n_2

两端均采用磨平、并紧结构，取 $n_2 = 2$ 圈

(3) 总圈数 n_1

由表 22-4 $\qquad n_1 = n + n_2 = 4 + 2 = 6$ 圈

3. 几何尺寸计算

利用表 22-4 可计算

内径 $\qquad D_1 = D_2 - d = 22 - 4 = 18\text{mm} \quad (>16\text{mm}，符合要求)$

外径 $\qquad D = D_2 + d = 22 + 4 = 26\text{mm}$

最大变形量 $\qquad \lambda_2 = \frac{F_2}{k} = \frac{400}{59.3} = 6.74\text{mm}$

间距 $\qquad \delta \geqslant \frac{\lambda_2}{0.8n} = \frac{6.74}{0.8 \times 4} = 2.1\text{mm} \quad \text{取 } \delta = 2.5\text{mm}$

节距 $\qquad t = d + \delta = 4 + 2.5 = 6.5\text{mm}$

螺旋升角 $\qquad \alpha = \text{tg}^{-1}\frac{t}{\pi D_2} = \text{tg}^{-1}\frac{6.5}{\pi \times 22} = 5.3° \quad (在 5°\sim 9° 之间)$

簧丝展开长度

$$L = \frac{\pi D_2 n_1}{\cos\alpha} = \frac{\pi \times 22 \times 6}{\cos 5.3°} = 416.2596 \text{mm}$$

自由高度

$$H_0 = n\delta + (n_1 - 0.5)d$$
$$= 4 \times 2.5 + (6 - 0.5) \times 4 = 32 \text{mm}$$

验算稳定性 $\quad b = \dfrac{H_0}{D_2} = \dfrac{34}{22} = 1.54$

结构为一端固定,一端自由转动,则 $b<3.7$ 符合要求

初始变形 $\quad \lambda_1 = \dfrac{F_1}{k} = \dfrac{281.5}{59.3} = 4.75 \text{mm}$

安装高度 $\quad H_1 = H_0 - \lambda_1 = 32 - 4.75$
$= 27.25 \text{mm}$

4. 绘制弹簧的特性线与工作图

弹簧工作极限应力 τ_{lim}

由表 22-2 注 2

$$\tau_{\text{lim}} = 1.26[\tau] = 1.26 \times 568.8$$
$$= 716.7 \text{MPa}$$

$$F_{\text{lim}} \leqslant \frac{\pi d^2}{8kC}\tau_{\text{lim}}$$
$$= \frac{\pi \times 4^2}{8 \times 1.197 \times 5.5} \times 716.7$$
$$= 68.4 \text{N}$$

$$\lambda_{\text{lim}} = \frac{F_{\text{lim}}}{k} = \frac{684}{59.3}$$
$$\doteq 11.53 \text{mm}$$

5. 工作图(见图 22-6)

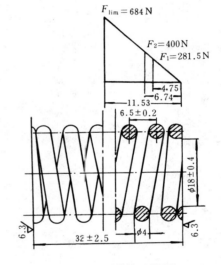

图 22-6 弹簧工作图

技术要求

1) 总圈数 6 ± 0.25;2) 工作圈数 4;3) 旋向右旋;4) 展开长度 $L=416.2596 \text{mm}$;5) 热处理硬度

习 题

22-1 弹簧有哪些种类?说明各类弹簧的结构及用途。

22-2 弹簧材料应具备哪些要求?列举制造弹簧的常用材料。

22-3 在弹簧的应力计算中,为什么要引进曲度系数 K?

22-4 弹簧指数 C 对弹簧的刚度和变形有何影响?

22-5 工作时若发现弹簧太硬,欲得较软弹簧,可改变哪些设计参数?

22-6 螺旋压缩弹簧的平均直径 $D_2=16 \text{mm}$,钢丝直径 $d=3 \text{mm}$,材料为碳素弹簧钢丝Ⅱ组,承受静载荷,弹簧工作圈数 $n=4$,其中端圈并紧不磨平。试计算:

(1) 此弹簧所能承受的最大载荷 F_2 及最大载荷下的变形量 λ_2;

(2) 弹簧节距 t,自由高度 H_0 及总圈数 n_1;

(3) 校核此弹簧是否稳定；

(4) 弹簧所需钢丝的长度。

22-7 试设计一支承用圆柱螺旋压缩弹簧。已知条件：弹簧最小工作载荷 $F_1=220$N，最大工作载荷 $F_2=500$N，工作行程 $h=9$mm，由结构要求弹簧最小允许内径为 16mm，最大允许外径为 30mm，属 I 类工作载荷。

第二十三章 压 力 容 器

§23-1 容器的构造、分类及基本要求

一、容器的构造及分类

在暖通及燃气等设备中,广泛应用着一类设备:如锅炉的锅筒、贮存液氨、液化石油气及天然气的贮罐、运输油料或散装水泥的罐车等。尽管它们的功用不同,尺寸大小不一,结构形状也不同,但它们都具有一个外壳,这个外壳就叫容器。

容器由筒体(又称壳体)、封头(又称端盖)、法兰、支座、接管及人孔、液面计(或视镜)等组成(见图 23-1)。

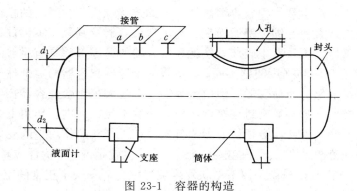

图 23-1 容器的构造

容器的分类方法很多,常见的是按容器形状、承压性质及承压能力来进行分类。

1. 按容器的形状分类

(1) 方形或矩形容器 这类容器由平板焊成,制造简单,但承载能力低,故只用作小型常压贮存器。

(2) 球形容器 这类容器常由数块弓形板(球瓣)拼焊而成,承压能力强,但由于安装内件不便和制造困难,故一般多用作贮罐。如天然气站及石化厂的液化石油气贮罐多为球罐。

(3) 圆筒形容器 这类容器由圆柱形筒体和各种成型封头(半球形、椭圆形、碟形封头等)所组成。容器的主体是圆柱形筒体,制造容易,安装内件方便,且承压能力较好。因此,这类容器应用最广。

2. 按承压性质分类

按承压性质,可将容器分为内压容器与外压容器两类。当容器内部介质压力大于外界压力时为内压容器;反之,则为外压容器。

3. 按承受压力分类

对内压容器，按其所能承受的工作压力，可划分为常压、低压、中压、高压和超高压五类。区分它们的压力界限是：

(1) 常压容器——工作压力 $p<0.1$ MPa；

(2) 低压容器——工作压力 $0.1\leqslant p<1.6$ MPa；

(3) 中压容器——工作压力 $1.6\leqslant p<10$ MPa；

(4) 高压容器——工作压力 $10\leqslant p<100$ MPa；

(5) 超高压容器——工作压力 $p\geqslant 100$ MPa。

本章只介绍承受内压的钢制中、低压容器的筒体和封头的应力分析、强度计算、容器的压力试验和密封性试验及容器制造的基本知识。

二、对容器的基本要求

容器的总体尺寸（如容积的大小、长度与直径的比例、传热方式及传热面积的大小，接口管的数目、方位及尺寸等）是依据工艺生产的要求，通过化工工艺计算和生产经验决定的。除此之外，容器还应满足如下要求：

1. 强度　强度是指容器在确定的压力（或其它外载荷）作用下，是否发生破裂或过量的塑性变形。如压力容器筒体会因所承受的内压过大而产生塑性变形，使其直径不断扩大，器壁越来越薄，最后产生裂纹导致容器破坏。又如连接螺栓，在过大的拉伸载荷下产生塑性变形，长度变长，直径变细，最后断裂。为了保证容器及其承压零部件在预定载荷作用下，能够安全地工作而不致发生破坏，这就要求容器的各零部件具有足够的强度。

2. 刚度　刚度问题与强度问题不同，它所指的是容器和容器的零部件虽然不会因强度不足而发生破裂或过量的塑性变形，但由于弹性变形过大，也会使容器丧失正常工作的能力。例如法兰、螺栓、封头等密封连接件，由于刚性不足，在内压作用下会因变形过大而使密封结构发生泄漏。因此，必须使容器的各构件在工作载荷作用下的变形数值不超过工程中所给定的允许范围，从而保证能够正常地工作。也就是说，各构件应具有足够的刚度。

3. 稳定性　当容器在载荷作用下形状发生突然变化而丧失了正常的工作能力，这类问题称为稳定性问题。要使容器的各构件在承受预定载荷时能保持原有的形状，以保证能正常工作，这就要求各构件具有足够的稳定性。

强度、刚度和稳定性，这三类问题在压力容器的设计中都会遇到。但对于某一具体的容器或容器的承压零部件而言，往往只有一个问题是主要的。对于大多数压力容器来说，主要是强度问题。因此，本章以介绍压力容器的强度问题为主。

此外，还有一些问题也十分重要，在设计容器时必须注意：

1. 耐久性　容器的耐久性是根据所要求的使用年限来决定的。容器的使用年限一般为 10～15 年，而实际使用年限往往超过这个范围。容器的耐久性主要取决于抗腐蚀能力，为了保证设备的耐久性，必须选择适当的材料或采用必要的防腐措施和正确的施工方法。

2. 密封性　容器的密封性是一个十分重要的问题，密封的可靠性是容器安全生产和正常工作的重要保证之一。因此，容器必须具有可靠的密封性，以保证安全和良好的劳动环境以及维持正常的操作条件。

3. 节约材料和便于制造。

4. 运输、安装、操作及维修均应方便。

§23-2　内压薄壁圆筒与球壳的强度计算

一、内压薄壁圆筒的强度计算

由内压薄壁容器的应力分析知，中径为 D、壁厚为 S 的圆筒形壳体在承受气体介质内压力 p 时，其径向应力 σ_z 与环向应力 σ_t 分别为

$$\sigma_z = \frac{pD}{4S}, \qquad \sigma_t = \frac{pD}{2S}$$

根据强度理论知，对壳体强度起决定作用的是环向应力 σ_t，容器的爆破试验也已证明了这一点。因此，圆筒的强度条件应力

$$\sigma_t = \frac{pD}{2S} \leqslant [\sigma] \qquad (a)$$

容器的圆筒多由钢板卷焊而成，而焊缝及其附近金属材料的强度低于钢板本体的强度，故 (a) 式中的许用应力应该用考虑了焊缝影响的许用应力 $[\sigma]\phi$ 来代替。ϕ 为小于 1 的焊缝系数（见表 23-3）。为了便于计算，用圆筒的内径来代替中径，即 $D=D_i+S$。再考虑焊缝影响，(a) 式可改写为

$$\frac{p(D_i+S)}{2S} \leqslant [\sigma]\phi \qquad (b)$$

从 (b) 式解出 S，并改用 S_0 来表示，于是可得内压圆筒的计算壁厚 S_0 为

$$S_0 = \frac{pD_i}{2[\sigma]\phi - p} \qquad (23\text{-}1)$$

考虑到钢板厚度不均匀、介质对筒壁的腐蚀作用以及冷、热加工中的减薄与损耗等因素，在确定所需要的钢板厚度时，还应在计算壁厚 S_0 的基础之上再增加一个壁厚附加量 C。则内压圆筒壁厚的计算公式最后应写为

$$S_c = \frac{pD_i}{2[\sigma]^t\phi - p} + C \qquad (23\text{-}2)$$

式中　S_c——考虑了壁厚附加量的圆筒壁厚，mm；

　　　p——设计压力，MPa；

　　$[\sigma]^t$——设计温度下圆筒材料的许用应力，MPa；

　　　ϕ——焊缝系数；

　　　C——壁厚附加量，mm。

由式 (23-2) 计算所得的壁厚 S_c，最后还应根据钢板的规格圆整到钢板的标准厚度，用 S 表示。

将式 (23-2) 稍加变换，便可以用来确定已有设备允许的最大工作压力及对容器进行强度校核。进行强度校核和确定最大工作压力的计算公式分别为

$$\sigma^t = \frac{p[D_i+(S-C)]}{2(S-C)} \leqslant [\sigma]^t\varphi \qquad (23\text{-}3)$$

及
$$[p] = \frac{2(S-C)}{D_i + (S-C)}[\sigma]^t \phi \qquad (23-4)$$

式中 σ^t——设计温度下壳壁的计算应力，MPa；
$[p]$——圆筒允许承受的最高压力，即许用工作压力，MPa。

二、内压球壳的强度计算

由内压薄壁容器应力分析知，内压球壳上各点的应力是一样的，为 $\sigma_z = \sigma_t = \frac{pD}{4S}$。则其强度条件为：

$$\frac{pD}{4S} \leqslant [\sigma]^t \phi$$

采用与前述内压圆筒类似的推导过程，可以得到内压球壳的强度计算公式、确定最大工作压力的计算公式及壁厚计算公式：

$$\sigma^t = \frac{p[D_i + (S-C)]}{4(S-C)} \leqslant [\sigma]^t \phi \qquad (23-5)$$

$$[p] = \frac{4(S-C)}{D_i + (S-C)}[\sigma]^t \phi \qquad (23-6)$$

及
$$S_c = \frac{pD_i}{4[\sigma]^t \Phi - p} + C \qquad (23-7)$$

式中符号的意义同前。

比较圆筒与球壳的强度计算公式可知，球壳的承压能力高于圆筒，球筒的壁厚可比相同条件下圆筒的壁厚减薄一半，而当容积相同时，球壳具有最小的表面积。所以大型压力贮罐采用球罐最为适宜。

三、设计参数的确定

（一）设计压力

容器的主要外载荷是容器的工作压力。最高工作压力是指容器内部介质在工作过程中可能达到的最高表压力。设计压力是在相应的设计温度下用来确定容器计算壁厚的压力，通常取略高于或等于最高工作压力。当容器内液体静压相对较大时（如超过最高工作压力的5%），设计压力应计入液体静压力。

对装有液化气的容器，应按可能达到的最高温度下介质的饱和蒸气压来确定设计压力。

（二）许用应力

许用应力是一个重要参数。许用应力等于材料的极限应力除以安全系数，即

$$[\sigma] = \frac{\sigma_{\lim}}{S}$$

极限应力 $\sigma_{\lim}$ 的选取决定于容器的设计准则。对于常温容器，工程实践中实际采用的许用应力取下列二式中的较小值：

$$[\sigma] = \frac{\sigma_b}{S_b} \qquad 及 [\sigma] = \frac{\sigma_s}{S_s}$$

随着温度升高，金属材料的机械性能指标将发生变化。对于中温条件下使用的钢制容

器，许用应力取下列二式中的较小值：

$$[\sigma] = \frac{\sigma_b}{S_b} \quad \text{及} \quad [\sigma]^t = \frac{\sigma_s^t}{S_s}$$

对碳钢及普通低合金钢制压力容器，设计温度超过420℃时，还必须同时考虑由高温持久强度极限及蠕变强度极限决定的许用应力。

因此，对于钢制压力容器，其许用应力应取以下三者中的最小值：

$$\left.\begin{array}{l}[\sigma] = \dfrac{\sigma_b}{S_b} \\[2mm] [\sigma]^t = \dfrac{\sigma_s^t}{S_t} \\[2mm] [\sigma]^t = \dfrac{\sigma_D^t}{S_D} \quad \text{或} \quad [\sigma]^t = \dfrac{\sigma_n^t}{S_n}\end{array}\right\} \qquad (23\text{-}8)$$

式中　　σ_b——材料在常温下的强度极限，MPa；

σ_s^t——材料在设计温度下的屈服极限，MPa；

σ_D^t——材料在设计温度下的持久强度极限（10^5h），MPa；

σ_n^t——材料在设计温度下的蠕变极限（约10^5h 蠕变率为1％），MPa；

S_b、S_s、S_D、S_n——分别为按照σ_b、σ_s^t、σ_D^t及σ_n^t设计时所取的安全系数，见表23-1。

安　全　系　数　　　　　　　　　　　　　　　表 23-1

材　料	常温下的抗拉强度极限 σ_b	常温及设计温度下的屈服极限 σ_s（或σ_s^t）	设计温度下的持久强度极限（10^3h）		设计温度下的蠕变极限（10^5h 蠕变率为1％）σ_n
			σ_D 平均值	σ_D 最小值	
碳素钢低合金钢	$S_b \geqslant 3$	$S_s \geqslant 1.6$	$S_D \geqslant 1.5$	$S_D \geqslant 1.25$	$S_n \geqslant 1$

表23-1为《钢制石油化工容器设计规定》所推荐。表中的安全系数之值，不仅考虑了材料的质量、计算方法的准确性、可靠性和受力分析的精确度等基本因素，同时还考虑了容器制造的技术水平及容器的工作条件（如压力、温度及其波动程度）和容器在生产中的重要性和危险性等特殊因素。

根据表23-1规定的安全系数，再从有关标准中查取材料的机械性质，就可计算出许用应力。为了便于使用，有关部门已将常用钢材在不同工作温度下的最低许用应力制成表23-2，计算时可直接查取。

（三）焊缝系数

焊缝系数ϕ的大小，主要依焊缝无损探伤的检验要求和焊接接头的形式按表23-3选取。

（四）壁厚附加量

壁厚附加量由钢板厚度负偏差C_1、腐蚀裕量C_2和加工减薄量C_3三部分组成，即

$$C = C_1 + C_2 + C_3 \qquad (23\text{-}9)$$

碳素钢、普通低合金钢钢板许用应力　　表 23-2

钢 号	板 厚 (mm)	常温机械性能 σ_b (MPa)	常温机械性能 σ_s (MPa)	在下列温度（℃）下材料的许用应力（MPa） ≤20	100	150	200	250	300	350	400	425	450	475	500
Q235F（热轧）	≤12	380	240	114	114	114	112	104							
Q235（热轧）	≤16	380	240	114	114	114	112	104	950	870					
Q235R（热轧）	6～16	380	240	127	127	127	125	116	106	97	91	87	62	41	
	17～36	380	230	127	127	125	119	109	100	94	88	84	62	41	
	38～60	380	220	127	127	122	116	106	97	91	84	81	62	41	
20g（热轧）	6～16	410	250	137	137	137	131	122	113	103	97	87	62	41	
	17～25	410	240	137	137	131	125	119	109	100	94	87	62	41	
	26～60	410	230	137	131	125	119	113	106	97	91	87	62	41	
20R（热轧或正火）	6～16	400	245	133	133	132	123	110	101	92	86	83	61	41	
	17～25	400	235	133	132	126	116	104	95	86	79	78	61	41	
	26～36	400	225	133	126	119	110	101	92	83	77	75	61	41	
	37～60	400	215	133	119	113	104	95	86	79	74	72	61	41	
16MnR（热轧或正火）	≤16	520	350	173	173	173	173	159	147	138	127	95	67	43	
	17～26	500	330	167	167	167	163	150	138	128	122	95	67	43	
	27～36	500	310	167	167	166	153	141	128	122	116	95	67	43	
	38～60	480	290	160	160	156	144	134	122	116	109	95	67	43	
15MnVR（正火）	6～20	510	370	170	170	170	170	170	163	150	138	（正在制定）			
	21～38	500	350	167	167	167	167	166	153	141	128				
	40～60	490	330	163	163	163	163	156	144	134	122				
09Mn2VR（正火）	6～20	470	330	157	157	157	－70℃以上低温用钢								

注：钢板厚度标准为：4～6mm，间隔为 0.5mm；6～30mm，间隔为 1.0mm；30～60mm，间隔为 2.0mm。

钢板厚度负偏差 C_1 由表 23-4 查取；钢管厚度负偏差见表 23-5。

腐蚀裕量 C_2 是根据腐蚀速度（mm/a）和容器使用寿命（一般为 10～15 年）来确定的。在无特别腐蚀的情况下，对碳钢和低合金钢一般取 C_2 不小于 1mm；可参照表 23-6 选取。

加工减薄量 C_3，对冷卷的筒体来说，可取为零；对于热卷成型的筒体或热压成型的封头，可按计算壁厚 S_0 的 10%（但不大于 4mm）来确定，也可由制造厂依加工工艺条件自定。

焊 缝 系 数 ϕ　　表 23-3

焊缝结构	简 图	焊缝系数 ϕ 100%无损探伤	局部无损探伤	不作无损探伤
双面焊的对接焊缝		1.0	0.85	0.7
单面焊的对接焊缝，在焊接过程中沿焊缝根部全长有紧贴基本金属的垫板		0.9	0.8	0.65
单面焊的对接焊缝，无垫板		—	0.7	0.6

注：自动焊、半自动焊和手工电弧焊的焊缝系数均相同。

钢 板 负 偏 差 C_1 值 mm   表 23-4

钢板厚度	2.0	2.2	2.5	2.8～3.0	3.2～3.5	3.8～4.0	4.5～5.5
负偏差 C_1	0.18	0.19	0.2	0.22	0.25	0.3	0.5
钢板厚度	6～7	8～25	26～30	32～34	36～40	42～50	52～60
负偏差 C_1	0.6	0.8	0.9	1.0	1.1	1.2	1.3

钢 管 负 偏 差   表 23-5

钢管种类	壁 厚 （mm）	负 偏 差 （%）
碳素钢 低合金钢	≤20 ＞20	15 12.5
不锈钢	≤10 ＞10～20	15 20

腐 蚀 裕 量 C_2 的 约 值   表 23-6

腐 蚀 速 度	腐 蚀 裕 量 C_2（mm）	
	单面腐蚀	双面腐蚀
介质对容器器壁腐蚀速度≤0.05mm/a	1	2
介质对容器器壁腐蚀速度在 0.05～0.1mm/a	1～2	2～4
介质对容器器壁腐蚀速度超过 0.1mm/a	根据腐蚀速度和使用期限决定	

【例 23-1】 有一圆筒形锅炉汽包，内径 $D_i=1200$mm，工作压力为 4MPa（表压），此时蒸汽温度为 250℃，汽包上装有安全阀，材料为 20g，筒体采用热卷带垫板的对接焊缝，100% 无损探伤，试设计该汽包的壁厚。

【解】

1. 确定设计参数

$$p = 1.1 p_{工作} = 1.1 \times 4 = 4.4 \text{MPa}$$

设筒壁壁厚在 26～60mm 范围内，按材料为 20g，工作温度 $t=250$℃，由表 23-2 查得

$$[\sigma]^t = 113 \text{MPa}$$

由表 23-3 查得焊缝系数 $\phi = 0.9$

2. 计算壁厚

$$S_c = \frac{pD_i}{2[\sigma]^t \phi - p} + C$$

$$= \frac{4.4 \times 1200}{2 \times 113 \times 0.9 - 4.4} + C$$

$$= 26.5 + C \quad \text{mm}$$

3. 确定壁厚附加量 C

由表 23-4 查得 $C_1=0.9$mm，取 $C_2=1$mm、$C_3=2.7$mm，则有
$$C = C_1 + C_2 + C_3 = 0.9 + 1 + 2.7 = 4.6 \text{mm}$$

4. 计算汽包实际所需壁厚 S_c
$$S_c = 26.5 + C = 26.5 + 4.6 = 31.1 \text{mm}$$

可知原假设的壁厚范围正确。应选厚度为 $S=32$mm 的 20g 钢板来制造此锅炉汽包。

四、容器的最小壁厚

当设计压力较低（<0.6MPa）时，按强度条件确定的壁厚就太小，以至不能满足制造、运输和安装时的刚度要求，这时必须按刚度要求来确定容器的最小壁厚。

对碳钢和低合金钢制的容器，当内径 $D_i \leqslant 3800$mm 时，最小壁厚 $S_{\min} \geqslant \dfrac{2D_i}{1000}$mm，且不小于 3mm，另外还需再加腐蚀裕量。当内径 $D_i > 3800$mm 时，最小壁厚 $S_{\min}$ 按运输和现场制造安装条件确定。

§23-3 内压薄壁容器封头的强度计算

一、受内压的半球形封头

图 23-2 所示为一半球形封头，它是由半个球壳构成的。它的壁厚计算公式与球壳相同，即
$$S_c = \frac{pD_i}{4[\sigma]^t \phi - p} + C$$

强度计算公式、确定最大工作压力的计算公式均与球壳相同。

半球形封头的壁厚可以比相同直径与设计压力的圆筒体减薄一半。但在实际使用中，考虑到封头上开孔对强度的削弱及封头与筒体对焊的方便和降低筒体与封头由于第一曲率半径不连续而产生的边缘应力，半球形封头常和筒体取相同的厚度。

二、受内压的椭圆形封头

椭圆形封头的纵剖面呈半椭圆形，如图 23-3 所示。椭圆的长轴为 D_i，短轴为 $2h_i$。高度为 L 的短圆筒部分（又称为直边），主要是用来避免边缘应力叠加在封头与筒体的连接环焊缝上。

椭圆形封头分为标准椭圆形封头与非标准椭圆形封头两种。常用的是标准椭圆形封头，它的长、短轴之比

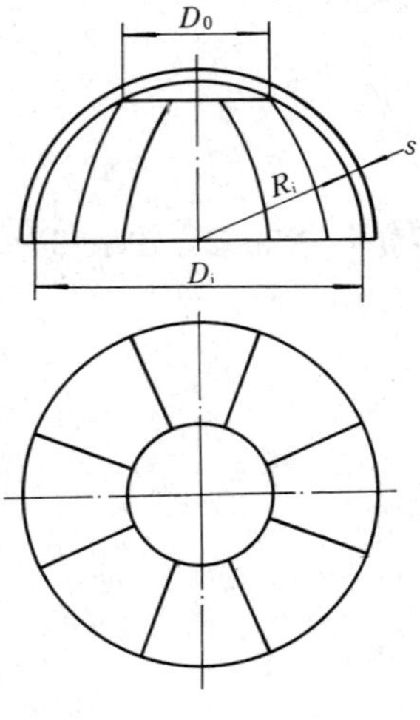

图 23-2 半球形封头

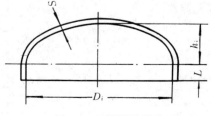

图 23-3 椭圆形封头

$\left(\dfrac{D_i}{2h_i}\right)$ 为 2，其型式及尺寸应符合《椭圆形封头型式与尺寸》(JB1154-73) 的规定。

对于标准椭圆形封头，其壁厚计算公式、许用压力计算公式及强度计算公式分别为：

$$S_c = \dfrac{pD_i}{2[\sigma]^t\phi - 0.5p} + C \tag{23-10}$$

$$[p] = \dfrac{2(S_c - C)[\sigma]^t\phi}{D_i + 0.5(S_c - C)} \tag{23-11}$$

$$\sigma^t = \dfrac{p[D_i + 0.5(S_c - C)]}{2(S_c - C)} \leqslant [\sigma]^t\phi \tag{23-12}$$

非标准椭圆形封头的计算方法，可参阅有关资料。

三、受内压的碟形封头

碟形封头又称为带折边的球形封头，如图 23-4 所示。它是由三部分组成的：第一部分是内半径为 R_i 的球面；第二部分是高度为 L 的圆筒形直边；第三部分是连接第一、第二两部分的过渡区，其内半径为 r。

《设计规定》中的碟形封头壁厚计算公式为

$$S = \dfrac{MpR_i}{2[\sigma]^t\phi - 0.5p} + C \tag{23-13}$$

式中　M——碟形封头的形状系数；

$$M = \dfrac{1}{4}\left[3 + \sqrt{\dfrac{R_i}{r}}\right]$$

R_i——碟形封头球面部分内半径，mm；

r——碟形封头过渡区转角内半径，mm。

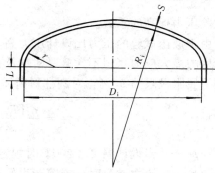

图 23-4　碟形封头

碟形封头的许用压力按下式计算：

$$[p] = \dfrac{2[\sigma]^t\phi(S - C)}{MR_i + 0.5(S - C)} \tag{23-14}$$

碟形封头的强度计算公式为：

$$\sigma^t = \dfrac{p[MR_i + 0.5(S - C)]}{2(S - C)} \leqslant [\sigma]^t\phi \tag{23-15}$$

§23-4　容器的压力试验及密封性试验

一、容器的压力试验

容器制成以后或经检修投入生产之前应进行压力试验，其目的在于检查容器的宏观强度（有无异常变形）和致密性（有无渗漏）。

压力试验分为液压试验与气压试验两种。液压试验一般为水压试验。对于极少数不适合作液压试验的容器，例如容器内不允许有微量残留液体或由于结构原因不能充满液体的容器，可用气压试验代替液压试验。

对于设计温度在200℃以下的压力容器，其液压试验压力为$1.25p$且不小于$p+0.1$MPa，其中p为设计压力 MPa。

液压试验一般在常温下进行。因此，试验时的温度往往与设计温度不一致。当设计温度≥200℃时，钢材的强度有所下降，容器的工作条件比常温时恶劣。因此，需相应地提高试验压力，使容器在试验条件下与工作条件下的应力安全状况基本相当。此时液压试验的试验压力为

$$p'_T = \frac{[\sigma]}{[\sigma]^t} p_T = \eta p_T \tag{23-16}$$

式中　　p'_T——设计温度≥200℃的内压容器的试验压力；
　　　　p_T——规定的液压试验压力；
　　　　$[\sigma]$——试验温度下材料的许用应力，MPa；
　　　　$[\sigma]^t$——设计温度下材料的许用应力，MPa。

$\frac{[\sigma]}{[\sigma]^t}$之比值叫做耐压试验系数，以$\eta$表示。$\eta$值即为当温度升高引起容器材料强度下降时要求试验压力提高的系数。

由于液压试验的压力比设计压力高，为了防止产生过大的应力，要求容器在试验压力下产生的最大应力（用不含壁厚附加量在内的计算壁厚来计算）不得超过所用材料在试验温度下屈服极限的90%，对圆柱形筒体，即

$$\sigma_T = \frac{p_T[D_i + (S-C)]}{2(S-C)} \leqslant 0.9\sigma_s\phi \tag{23-17}$$

式中　　p_T——当设计温度<200℃时规定的试验压力，当设计温度≥200℃时定为p'_T；
　　　　σ_T——压力试验时，器壁产生的最大应力；
　　　　σ_s——器壁材料在常温下的屈服极限。

因此，筒体壁厚除应满足式（23-2）外，还必须同时满足式（23-17），否则还应加大壁厚。

对于球壳及各种形状的封头，也可以得出与式（23-17）相似的各式，这里不一一列举了。

对立式容器进行卧置耐压试验时，试验压力还应计入液柱的静压力。

水压试验的温度一般限制在40℃以下，不应超过60℃；用碳素钢及16MnR钢制造的容器作液压试验时，液体温度不得低于5℃；其它低合金钢制容器（不包括低温容器），液压试验的液温不低于15℃。

规定气压试验的试验压力比液压试验的试验压力低一些，一般为$p_T = 1.15p$，p为设计压力。同样，对设计温度高于200℃的容器，作气压试验时的压力也需相应提高，情况与液压试验相同。对于在气压试验时产生的最大应力也应进行校核。最大应力不得超过材料屈服极限的80%，对圆柱形筒体即为

$$\sigma_T = \frac{p_T[D_i + (S-C)]}{2(S-C)} \leqslant 0.8\sigma_s\phi \tag{23-18}$$

式中各符号的意义与式（23-17）相同。

气压试验的气体介质温度应不低于15℃。

二、容器的密封性试验

容器的密封性试验是容器整体检验的一部分，用以保证容器在压力作用下工作可靠。

1. 气密性试验

容器在水压试验之后，再用压力为1.05倍工作压力的压缩空气进行充压，稳压10分钟。可把容器浸在水中进行试验，容器顶部到水面的距离为20~40mm。不允许或不便浸入水中的容器，可在焊缝上抹肥皂水，以检查容器的密封性。

2. 煤油试验

在焊缝能够检查的一面，清理干净后涂抹白粉浆晾干。在焊缝另一面涂煤油2~3次，使表面得到足够的煤油浸润。在半小时内，以白粉上未发现油渍为合格，否则应修补后重做试验。

【例 23-2】 例23-1中的锅炉汽包，算出的壁厚为32mm，试在其它条件不变的情况下，对汽包进行液压试验时的强度校核。

【解】

1. 确定试验压力

因设计温度为250℃＞200℃，故液压试验压力为：

$$p'_T = \eta p_T, \quad 而\ \eta = \frac{[\sigma]}{[\sigma]^t}$$

$$p_T = 1.25p = 1.25 \times 4.4 = 5.5 \text{MPa}$$

由表23-2有

$$[\sigma] = 137\text{MPa}, \quad [\sigma]^t = 113\text{MPa}$$

则

$$p'_T = \frac{137}{113} \times 5.5 = 6.67 \text{MPa}$$

取

$$p'_T = 6.7 \text{MPa}$$

2. 计算液压试验时产生的最大应力

$$\sigma_T = \frac{p'_T [D_i + (S-C)]}{2(S-C)}$$

$$= \frac{6.7[1200 + (32 - 4.6)]}{2(32 - 4.6)}$$

$$= 150 \text{MPa}$$

由表23-2知20g钢板的$\sigma_s = 230$MPa，而$0.9\sigma_s\phi = 0.9 \times 230 \times 0.9 = 186.3MPa> \sigma_T = 150$MPa。

故知该锅炉汽包在液压试验时的强度足够。

§23-5 容器的开孔及其补强

各种容器由于工艺操作及检修的方便，往往需要在壳体及封头上开各种用途的孔，如人（手）孔、装卸料口和仪表的接管口等。开孔以后，在孔的边缘应力值显著增加，其最大值（又称峰值）往往为容器壁内正常工作应力的数倍，这就是常说的开孔应力集中现象。

实践证明,很多破坏都是由此开始的。因此,在容器上开孔必须小心。需要考虑的问题是:开孔的位置及大小,连接结构和开孔补强等。一般来说,在满足工艺和操作的前提下,开孔的数量越少越好;开孔的尺寸越小越好。开孔的位置要避开应力集中区,尽可能避开焊缝。以下着重介绍开孔的补强问题。

开孔的补强方法有两种:局部补强和整体补强。

一、局部补强

就是在开孔处的一定范围内增加筒壁的厚度,使该处达到局部增强的目的。常用的补强结构有两种:补强圈补强及加强管补强。

补强圈补强如图 23-5 所示。在开孔周围焊上一个补强圈,考虑到焊接的方便,常将补强圈放在容器外边作单边补强(见图 23-6)。补强圈与器壁要很好地焊接,使其与器壁一起受力,否则起不到补强

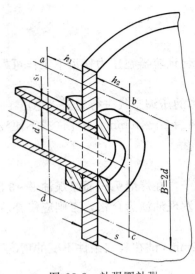

图 23-5 补强圈补强

作用。

补强圈已有标准,使用时可参照选取。

由于补强圈为搭接焊接结构,会产生较大的局部应力;而且高强度钢的淬硬性强,容易产生焊接裂纹,故采用补强圈结构时要求:

1. 补强圈材料的屈服极限 $\sigma_s < 400\text{MPa}$;
2. 补强圈厚度不超过 1.5 倍壳体壁厚;
3. 壳体壁厚 ≤38mm。

如果不符合这些要求,应采用加强管补强结构。

图 23-7 所示为加强管补强结构。这种结构是在开孔处焊接一根特意加厚的短管,用它加厚的部分作为补强金属。这种结构用于补强的金属全部处于峰值应力区域内,因而能有效地降低开孔周围的应力集中。

用加强管补强,结构简单、焊缝少、焊接质量容易检验。现在广泛推荐采用的低合金高强度钢对应力集中比低碳钢敏感。因此,

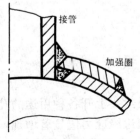

图 23-6 单面补强

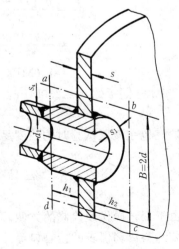

图 23-7 加强管补强

452

采用加强管补强较为合适。

二、整体补强

这是用增加壁厚来降低开孔附近应力的方法。当筒体上开设排孔或封头上开孔较多时，可以采用整体补强法。

关于局部补强及整体补强的计算方法，可参阅有关资料，本章不再介绍。

§23-6　压力容器焊接质量的检验

焊接质量检验包括外观检查、无损检验和机械性能试验等内容，常以无损检验为主。

1. 外观检查及规定　外观检查主要以肉眼或用5～20倍放大镜进行观察。对表面发现的缺陷按 JB741—80 的规定处理。

主要的外观缺陷有：

（1）咬边　靠近焊缝表面的基本金属部分产生凹陷。对咬边缺陷的要求是：深度不得大于0.5mm，咬边连续长度不得大于100mm，每条焊缝咬边总长（缝两侧咬边长之和）不得超过该焊缝长度的10%，如超出，应铲除缺陷重焊，或在咬边处补焊。

（2）焊瘤　焊缝金属流溢到焊缝以外而形成的瘤状物。它的存在易引起应力集中，所以必须清除。

除此之外，凡发现裂纹、夹渣、气孔等均需铲除重焊。

2. 无损检验　对于焊缝内部的夹渣、气孔、裂纹，只有用无损检验才能发现。常用的无损检验分为射线探伤、超声波探伤及致密性试验几种。表23-7到表23-9列出了这几种无损检验方法的工作原理、特点及适用情况，供选用时参考。

各种无损检验方法的技术要求及检验质量的评级标准，可参阅有关技术资料及国家标准。

（1）射　线　探　伤　　　　　　　　　表 23-7

分　类		原　　　理	特　　点	适用情况
按射线源分类	X射线	 1—X射线管； 2—X射线； 3—探伤工件； 4—底片； 5—增感屏； 6—暗盒	与γ射线探伤比较： 1. X射线透照时间短，速度快。 2. 被探伤工件大于30mm。 3. 穿透能力比γ射线小。 4. 设备复杂，维护不便，成本高。 5. 对人体有害，切实注意防护	1. 需要复杂的供电设备及机构，故适用于实验室及车间使用。 2. X射线较γ射线贯穿能力小，普通X射线可探30～130mm的钢焊缝。高能X射线可探50～500mm钢焊缝。 3. 灵敏度较低，一般为1～2% 4. 国内外应用广泛，美国至今把该方法列为最可靠的方法
		利用X射线管产生的X射线所具有的能贯穿金属等物质，并为物质所衰减、能使照相底片感光、引起气体电离、激发物质放出荧光等特性，来显示出工件内部的缺陷。常用的是照相显示		

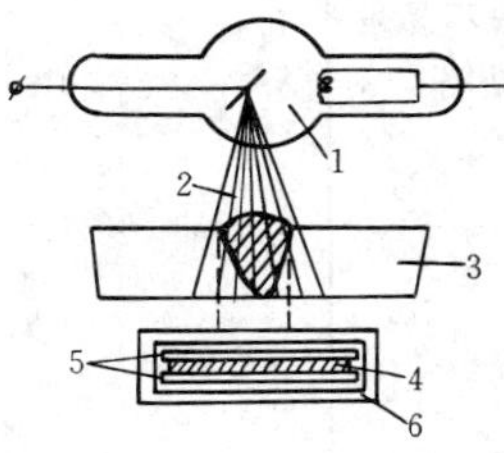

续表

分 类		原 理	特 点	适用情况
按射线源分类	γ射线	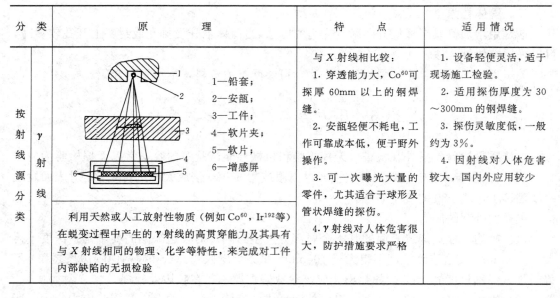 1—铅套；2—安瓿；3—工件；4—软片夹；5—软片；6—增感屏 利用天然或人工放射性物质（例如 Co^{60}，Ir^{192}等）在蜕变过程中产生的γ射线的高贯穿能力及其具有与X射线相同的物理、化学等特性，来完成对工件内部缺陷的无损检验	与X射线相比较： 1. 穿透能力大，Co^{60}可探厚60mm以上的钢焊缝。 2. 安瓿轻便不耗电，工作可靠成本低，便于野外操作。 3. 可一次曝光大量的零件，尤其适合于球形及管状焊缝的探伤。 4. γ射线对人体危害很大，防护措施要求严格	1. 设备轻便灵活，适于现场施工检验。 2. 适用探伤厚度为30～300mm的钢焊缝。 3. 探伤灵敏度低，一般约为3%。 4. 因射线对人体危害较大，国内外应用较少

(2) 超 声 波 探 伤　　　表23-8

分 类		原 理	特 点	适用情况
按波型分类	纵波探伤	1—超声探头；2—工件；3—超声波束；4—缺陷；A—始脉冲；B—底脉冲；F—伤脉冲 由图可看出，由高频发生器产生的高频电脉冲作用于直探头内的压电晶片，便产生逆压电效应，发射出超声波（纵波）。超声波具有在固定介质中沿直线传播及在不同的界面上有反射、折射等的特性。当将超声波导入工件内，遇到缺陷及工件底面的界面被反射回来，作用于探头内的压电晶体，产生压电效应，将超声波转换成电讯号，经接收放大器放大后送到荧光屏，显示出始脉冲、伤脉冲、底脉冲。由伤脉冲的有无即可判断工件内有无缺陷	超声波探伤与射线探伤相比较： 1. 超探法灵敏度高。 2. 灵活方便，周期短，效率高，成本低。 3. 对探伤人员无害，也无须防护。 4. 对探伤工件表面状况要求高，射线探伤无此要求。 5. 对缺陷辨别能力差，不直观。 6. 纵波探伤法不易发现与表面垂直的缺陷	1. 纵波探伤法不适用于凹凸不平焊缝的探伤。 2. 可适用厚钢板、铸件、轴类、轮等几何形状简单的工件探伤。 3. 在压力容器的制造过程中，广泛用于钢板、铸锻件的探伤，迅速而成本低。 4. 探伤厚度可达10m

(3) 致密性试验

表 23-9

致密性试验	气密性试验	为检查容器气密性，而进行试验，试验压力：$p_{试}=1.05p_{设计}$ 缓慢升到试验压力，保压 10min 后，降到设计压力，对焊缝进行泄漏检查	1. 设备简单，试验方便； 2. 进行气密性试验，防爆，切实注意焊缝质量	适用于对气密性要求高、不能用其他方法检查的压力容器
	氨渗漏试验	因氨气渗透性很强，将含氨1%（体积比）的压缩空气通入容器内，在容器外面焊缝上贴上浸有酚酞液试纸，从试纸上是否出现红色而判别有否渗漏现象	1. 试验方便，价格便宜； 2. 要注意清除焊缝上的碱性渣，以免影响试验准确性	适用检验近于常压的设备和管道
	煤油试验	利用煤油的高渗透性，在焊缝一面涂上煤油，另一面涂上白石灰，经过一段时间后，观察白石灰的基底上有否显示缺陷的痕迹而判别有无泄漏现象	1. 试验方便，成本低； 2. 试验后油渍难以清除，补焊缺陷时易产生气孔	常用于敞口容器，亦可用于其他容器的致密性检验

3. **机械性能检验** 对接头机械性能的试验是用试验板进行的。试板最好在筒节端与纵缝一起焊成，以保证施工条件一致。在实际生产中，机械性能的检验只对焊接没经验的新钢种进行。

习 题

23-1 某厂生产的锅炉汽包，工作压力为 2.5MPa（表压），汽包圆筒内径为 1200mm，壁厚 $S=16mm$，试求汽包圆筒壁内的应力是多少？

23-2 有一承受内压的薄壁容器，器身为圆筒形，两端封头为椭圆形，已知 $D=2000mm$，壁厚 $S=20mm$，工作压力 $p=2MPa$，试确定：

(1) 筒体上的径向应力 σ_z 和环向应力 σ_t；
(2) 若封头为标准椭圆形封头，求封头上最大的 σ_z 和 σ_t 值。

23-3 有一长期不用的压力容器，实测壁厚为 10mm，内径为 1.2m，材料为 Q235 钢，纵向焊缝为双面对接焊缝，是否作过检查不清楚，今欲利用该容器承受 0.1MPa 内压，工作温度为 200℃，介质无腐蚀性，容器上装有安全阀。试判断该容器是否能用？

23-4 某工厂冷却塔的塔体内径为 700mm，壁厚 $S=12mm$，材料为 20g，其 200℃时的 $\sigma_s=210MPa$，$\sigma_b=410MPa$；塔的最高工作压力 $P=2MPa$，工作温度为 180℃，塔体为圆柱形，采用单面手工电弧焊，局部无损探伤，腐蚀裕度为 1mm，试校核该塔体在工作条件下的强度及水压试验强度。

23-5 试确定液氨贮罐的筒体及椭圆形封头的壁厚。已知筒体内径 $D_i=1200mm$，液氨在 40℃时的饱和蒸汽压为 1.6MPa，贮罐上装有安全阀，贮罐材料为 16MnR，焊缝采用双面对接焊，局部无损探伤，腐蚀裕量 C_2，为 2mm。

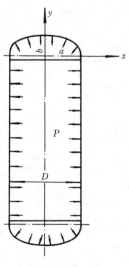

习题 23-2 图

参 考 文 献

1. 刘泽深、郑贵臣主编．机械基础第一版，北京：中国建筑工业出版社，1989
2. 刘泽深、郑贵臣主编．机械基础课程设计，北京：中国建筑工业出版社，1993
3. 张万昌、金问楷、赵敖生主编．机械制造实习，北京：高等教育出版社，1991
4. 邓文英主编．金属工艺学，北京：高等教育出版社，1990
5. 谈荣生等编．金属工艺学，江苏科技出版社，1981
6. 吴宗泽、罗圣国主编．机械设计课程设计手册，北京：高等教育出版社，1992
7. 孙桓、傅则绍主编．机械原理（第四版），高等教育出版社，1990 年
8. 黄锡恺、郑文纬主编．机械原理（第六版），高等教育出版社，1989
9. 杨可桢、程光蕴主编．机械原理（第三版），高等教育出版社，1990
10. 同济大学主编．机械原理，人民教育出版社，1987
11. 钱寿铨、白春林主编．机械设计基础（近机类），机械工业出版社，1993
12. 王世彤主编．机械原理与零件，高等教育出版社，1992
13. 胡西樵主编．机械设计基础（上册），高等教育出版社，1990
14. 邱宣怀主编．机械设计（第三版），高等教育出版社，1989
15. 天津大学机械零件教研主编．机械零件，天津科学技术出版社，1983
16. 北京化工学院编．化工设备机械基础，中央广播电视大学出版社，1985
17. 徐灏主编．机械设计手册（第 3、4 卷），机械工业出版社，1991
18. 高泽远主编．机械设计（第二版），东北工学院出版社，1991
19. 郭学陶主编．机械设计，航空工业出版社，1992